AutoCAD 2014 建筑设计从入门到精通

李 波 李明洋 编著

轻松入门

灵活实用

快速精通

兵器工业出版社

北京希望电子出版社

Beijing Hope Electronic Press

www.bhp.com.cn

内 容 简 介

本书主要讲解如何使用中文版 AutoCAD 2014 绘制建筑图块、建筑平面施工图、结构施工图、设备施工图、室内装饰装潢图等。

全书共分 12 章，分别介绍了 AutoCAD 2014 建筑设计基础入门、建筑设计的基本图块、房屋建筑统一标准 GB/T 50001-2010、绘制学校总平面图、住宅建筑平面图的绘制、住宅建筑立面图的绘制、住宅建筑剖面图的绘制、住宅建筑详图的绘制、建筑结构图的绘制、建筑水暖电施工图的绘制、别墅室内装潢设计图的绘制和医院后勤洗涤中心建施图的绘制等。

本书主要适用于 AutoCAD 初、中级用户，以及对建筑制图比较了解的技术人员，旨在帮助读者用较短的时间快速掌握使用中文版 AutoCAD 2014 绘制各种建筑设计图的方法和应用技巧，并提高建筑制图的设计品质。

为方便广大读者直观地学习本书，特随书赠送多媒体光盘，其中包含全书实例操作过程视频教学（即配音录屏 avi 文件）、实例源文件和图块文件等。

图书在版编目（CIP）数据

AutoCAD 2014 建筑设计从入门到精通 / 李波，李明洋编著．—北京：兵器工业出版社，2013.8

ISBN 978-7-80248-956-1

I. ①A… II. ①李…②李… III. ①建筑设计－计算机辅助设计－AutoCAD 软件 IV. ①TU201.4

中国版本图书馆 CIP 数据核字（2013）第 172458 号

出版发行：兵器工业出版社　北京希望电子出版社
邮编社址：100089　北京市海淀区车道沟 10 号
　　　　　100085　北京市海淀区上地 3 街 9 号
　　　　　　　　　金隅嘉华大厦 C 座 610
电　　话：010-62978181（总机）转发行部
　　　　　010-82702675（邮购）010-82702698（传真）
经　　销：各地新华书店　软件连锁店
印　　刷：北京市双青印刷厂
版　　次：2013 年 8 月第 1 版第 1 次印刷

封面设计：深度文化
责任编辑：林利红　焦昭君
责任校对：刘　伟
开　　本：787mm×1092mm 1/16
印　　张：26
印　　数：1-3 500
字　　数：599 千字
定　　价：58.00 元（配 1 张 DVD 光盘）

前　言

AutoCAD是由美国Autodesk公司于20世纪80年代初为微机上应用CAD技术（Computer Aided Design，计算机辅助设计）而开发的绘图程序软件包，并于2013年4月推出最新版本AutoCAD 2014。经过不断的完善，它现在已经成为国际上流行的计算机辅助绘图工具，被广泛应用于机械、建筑、电子、航天、造船、石油化工、木土工程、冶金、地质、气象、纺织、轻工、商业等领域。

✓ 本书特点

本书内容丰富，结构清晰，语言简练，实例丰富，叙述深入浅出，有很强的实用性，适用于AutoCAD的初、中级用户，以及对建筑制图比较了解的技术人员，旨在帮助用户在较短的时间内快速掌握使用中文版AutoCAD 2014绘制各种建筑设计图的应用技巧，并提高建筑制图的设计品质。

✓ 本书内容

第1章：AutoCAD 2014建筑设计基础入门。首先让用户初步掌握AutoCAD的应用、启动与退出方法，然后依次讲解了工作界面、图形文件的管理、绘图环境的配置、使用命令与系统变量、辅助绘图功能的设置、图形对象的选择、图形的显示控制，以及坐标系统、图层设置、文字样式和标注样式等。

第2章：建筑设计的基本图块。首先讲解了建筑图的作用、种类和特点，再依次讲解了图块的创建、插入和编辑，然后通过实例的方法讲解了常用建筑图块的创建和保存方法。

第3章：房屋建筑统一标准GB/T 50001-2010。其中讲解了最新的房屋建筑制图标准，包括常用术语、图纸幅面及规格、图线、符号、定位轴线、常用建筑图例等，然后讲解了建筑图样的画法、尺寸标注规范等，最后讲解了计算机制图文件、图层规范、计算机制图规则等。

第4章：绘制学校总平面图。其中讲解了建筑总平面图的图示内容、图线、绘图单位、绘制要点及常用图例，通过实例的方式讲解了某教学校建筑总平面图在AutoCAD中的绘制方法和技巧，最后给出了某办公楼建筑总平面图的效果，让读者自行去演练。

第5章：住宅建筑平面图的绘制。其中讲解了建筑平面图的形成、绘制内容、绘制要求及绘制步骤，通过实例的方式讲解了某住宅楼二层平面图在AutoCAD中的绘制方法和技巧。

第6章：住宅建筑立面图的绘制。其中讲解了建筑立面图的形成、绘制内容、命令方式、绘制要求及绘制步骤等，通过实例的方式讲解了某农村住宅正立面图在AutoCAD中的绘制方法和技巧，最后给出了该农村住宅楼的其他立面图效果，让读者自行去演练。

第7章：住宅建筑剖面图的绘制。其中讲解了建筑剖面图的形成、图示内容、绘制要求、剖切位置的选择、绘制步骤及识读方法等，并以实例的方式讲解了某农村住宅楼2-2剖面图在AutoCAD中的绘制方法和技巧，最后给出了该农村住宅楼1-1剖面图的实例效果，让读者自行去演练。

第8章：住宅建筑详图的绘制。首先讲解了建筑详图的形成、特点、图示内容、绘制步骤、表示方法、剖切材料及图例，再讲解了门窗、楼梯、墙身详图的识读方法，然后通过实例的方式讲

解了楼梯平面图　楼梯A–A剖面图在AutoCAD中的绘制方法和技巧，最后给出了某马头墙立面图及剖面详图的效果，让读者自行去演练。

第9章：建筑结构图的绘制。首先讲解了建筑工程的结构类型、结构图的识读方法，结构图的绘制要求、步骤和内容，接着讲解了结构图的常用图例代号和AutoCAD中钢筋符号的输入、框架建筑结构平面图的表示方法，然后以实例的方式讲解了某结构3.900标高的梁配筋图、基础结构详图、柱配筋图、板配筋图在AutoCAD中的绘制方法和技巧，最后给出了该结构7.200标高的梁配筋图、基础结构详图、柱配筋图、板配筋图的效果，让读者自行去演练。

第10章：建筑水暖电施工图的绘制。通过实例的方式分别讲解了办公楼首层给水平面图、办公楼首层排水平面图、实验室空调平面图、居民楼照明平面图、居民楼电视电话平面图的绘制等，并分别穿插讲解了室内给水排水系统的组成、分类、制图规定、绘制内容及要求等。

第11章：别墅室内装潢设计图的绘制。其中讲解了装饰平面图、顶棚图、立面图、剖面图、详图的施工的形成、比例、识读方法及图示内容等，并以实例的方式讲解了某别墅一层平面布置图、顶棚布置图、各房间立面图、剖面图及结构大样图的绘制方法和技巧。

第12章：医院后勤洗涤中心建施图的绘制。以某医院后勤洗建筑施工图为例，首先列出来该施工图的图纸目录、门窗表及门窗大样、总说明、总平面图的图示效果，然后以实例的方式讲解了该洗涤中心一层平面图的绘制方法和技巧，最后给出了该建施图的其他图纸效果，让读者自行去演练。

✓ 附书光盘内容

为了让广大读者更方便、更快捷地学习和使用本书，随书附赠1张DVD光盘，光盘中收录了本书部分案例调用的原始源文件、图形的最终效果文件、图块对象以及全书实例操作过程视频教学（即配音录屏avi文件）等，读者可以比照学习。

光盘内容如下。

"案例"目录下存放的是本书部分原始源文件、图形的最终效果文件、图块对象等。

"视频"目录下存放的是本书部分案例的视频教学文件。

✓ 其他声明

本书由李波、李明洋编写，其中李波编写了第1~6章内容，淄博职业学院的李明洋老师编写了第7~12章内容。同时感谢冯燕、师天锐、徐作华、郝德全、王利、刘冰、王敬艳、王洪令、姜先菊、李友、李松林、张进、荆月鹏等人的大力帮助。希望本书能够对大家的AutoCAD使用水平有所帮助和提高。由于作者水平有限，书中难免有疏漏与不足之处，敬请专家与读者批评指正。

编著者

Contents 目录

第1章 AutoCAD 2014建筑设计基础入门

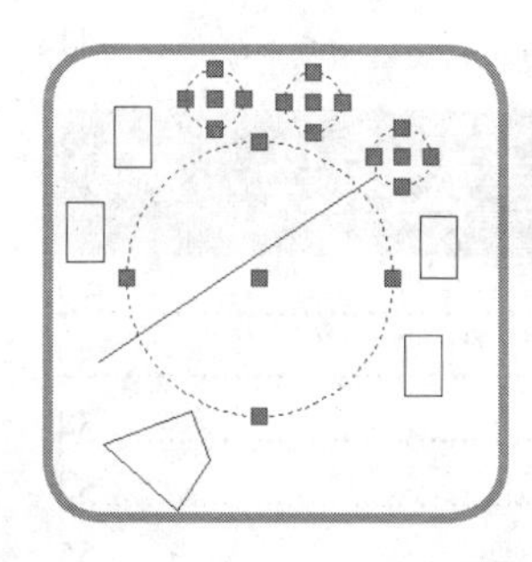

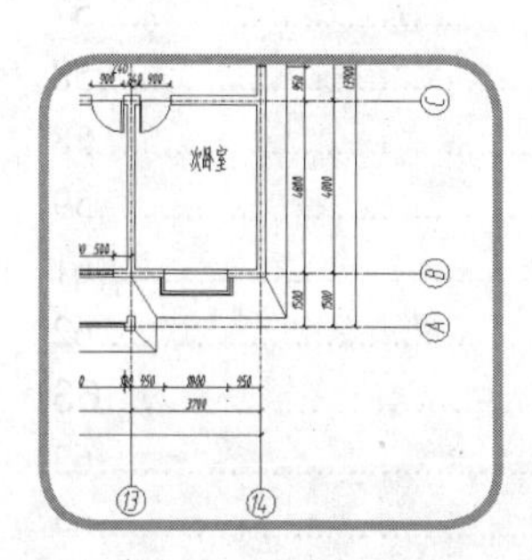

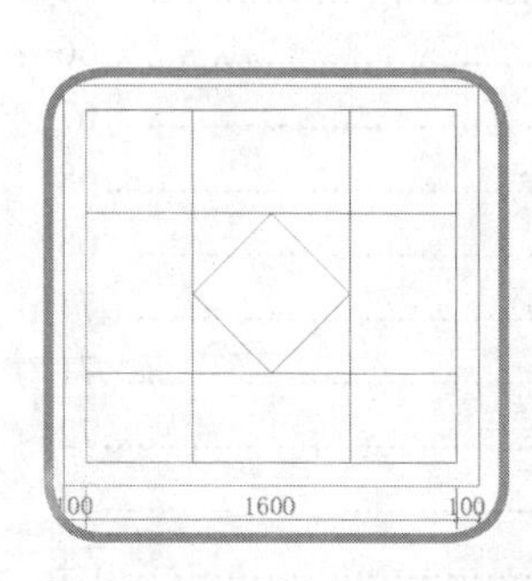

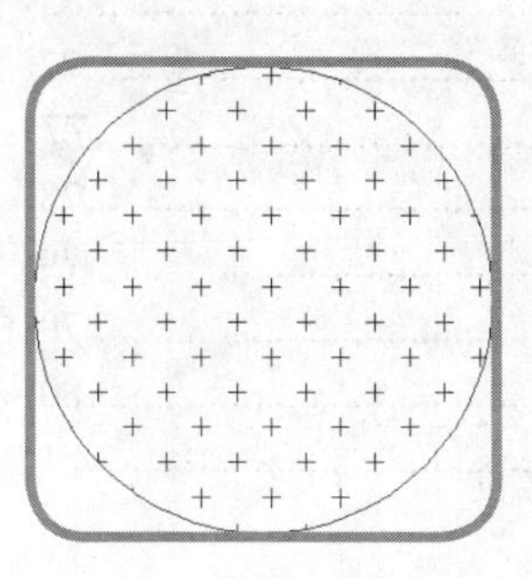

第2章 建筑设计的基本图块

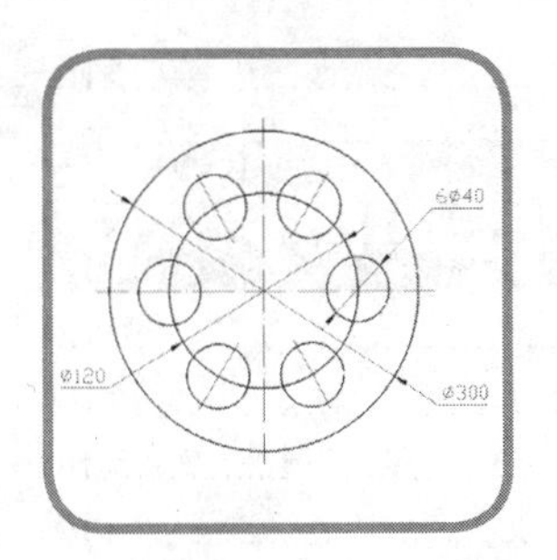

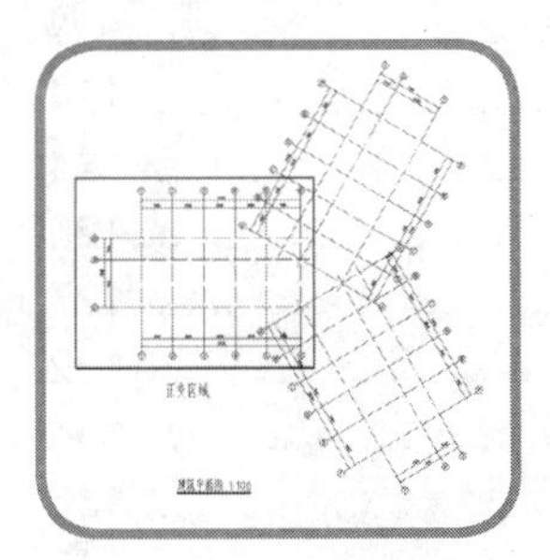

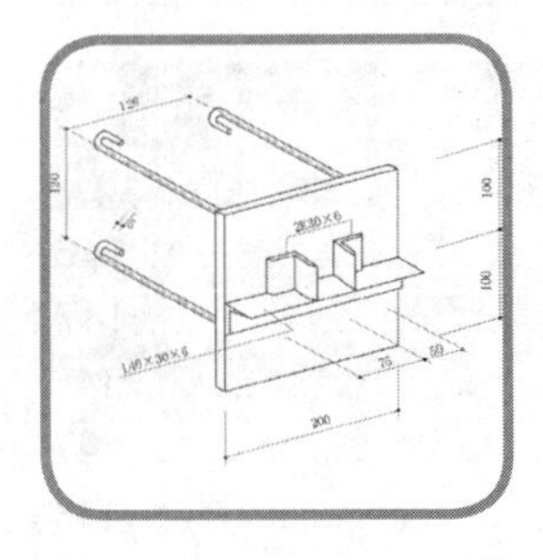

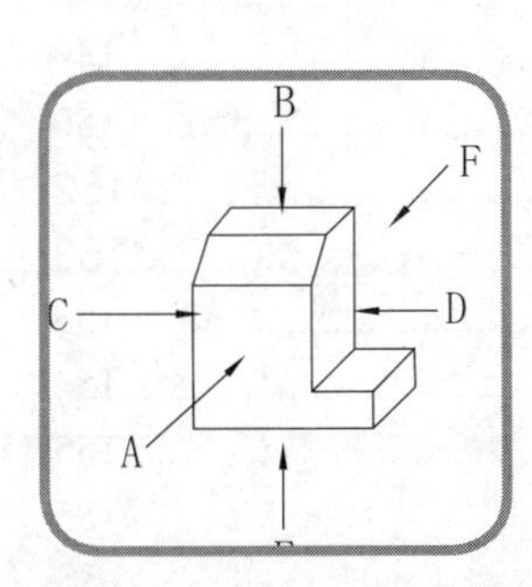

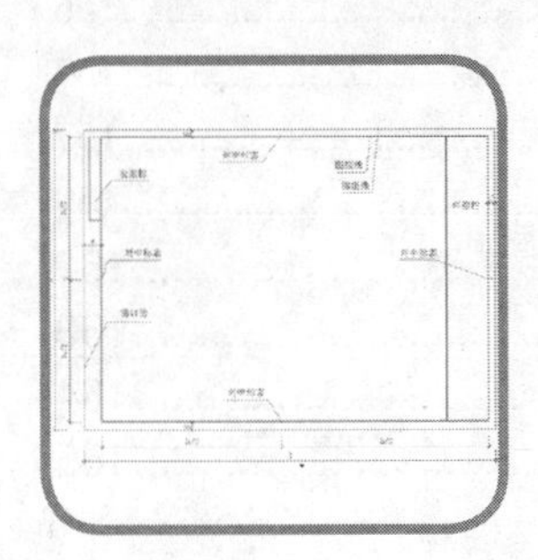

第3章 房屋建筑统一标准GB/T 50001-2010

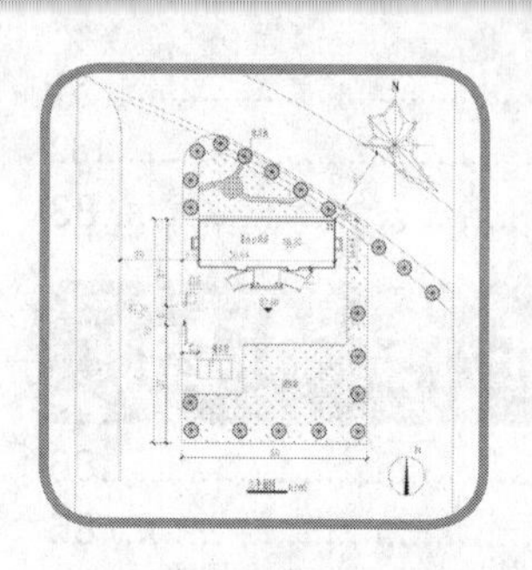

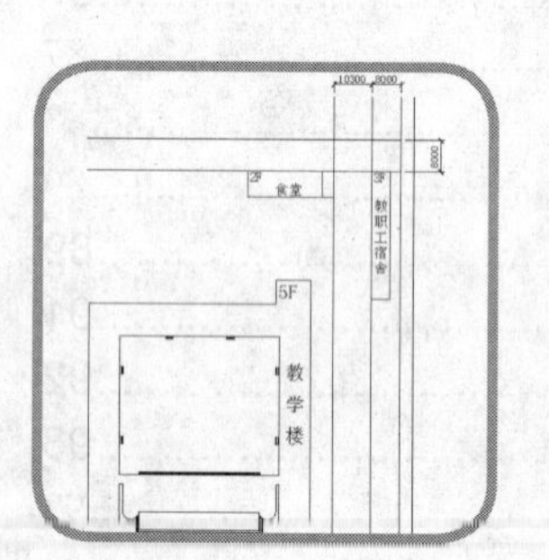

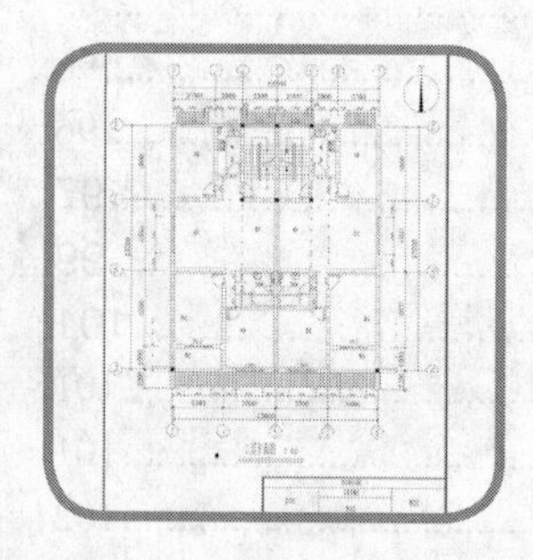

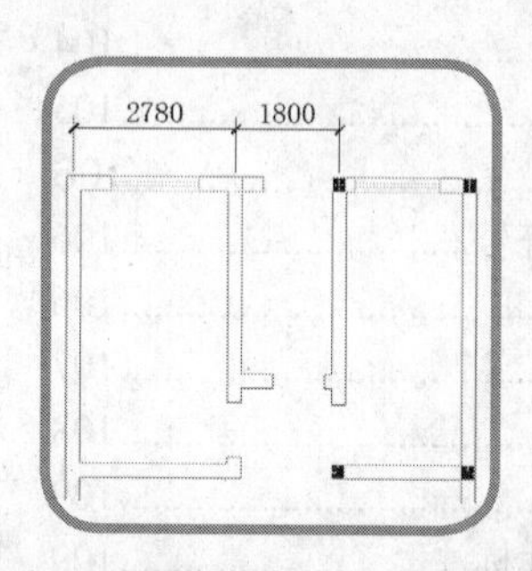
2780
1800

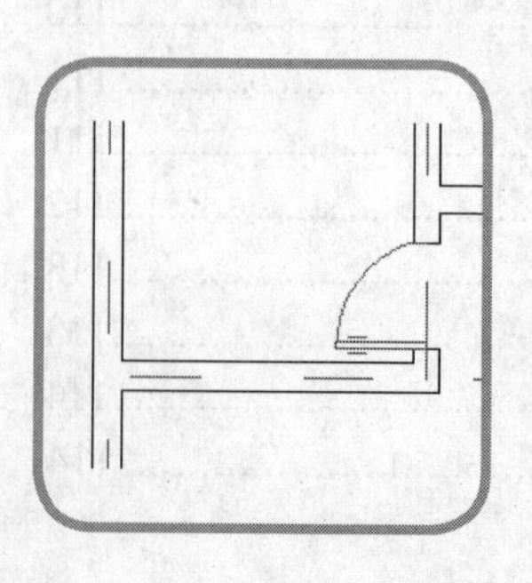

第6章 住宅建筑立面图的绘制

第7章 住宅建筑剖面图的绘制

第8章 住宅建筑详图的绘制

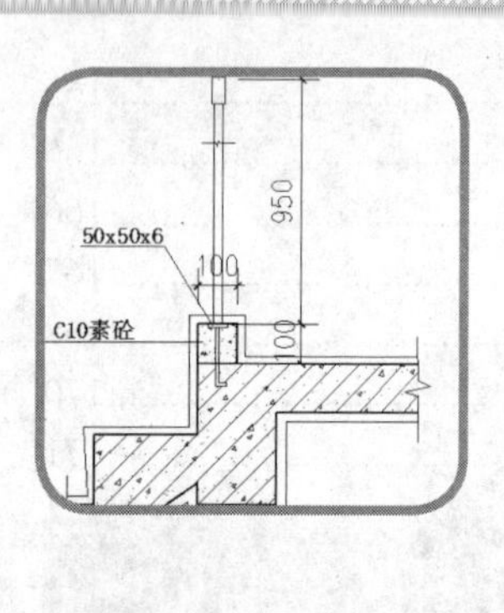

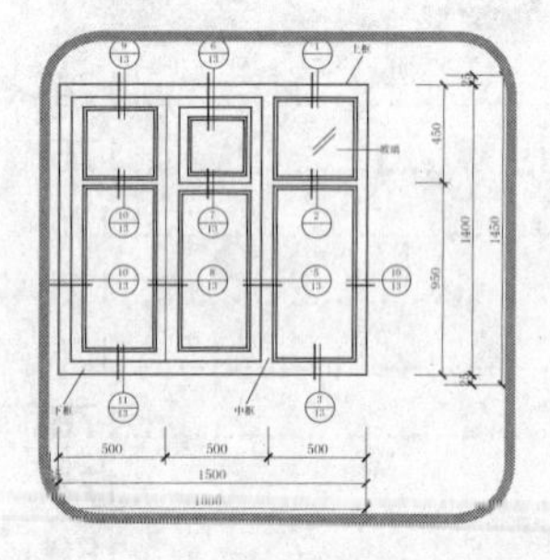

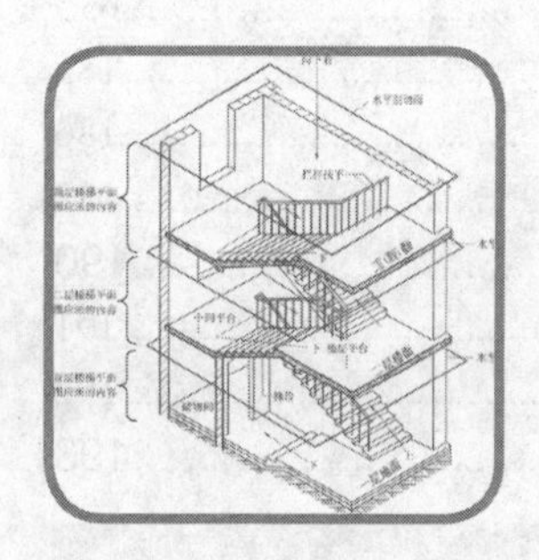

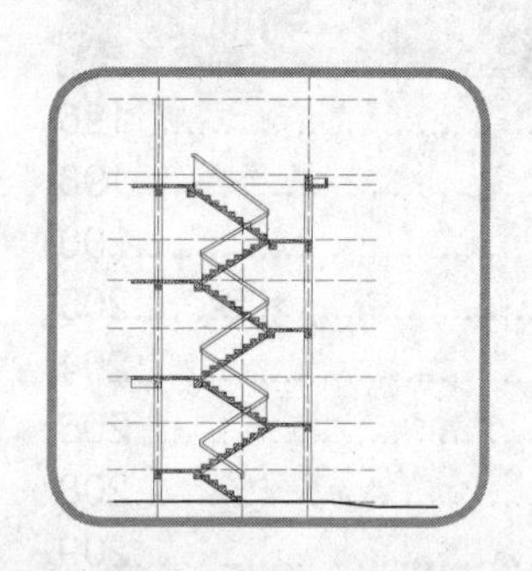

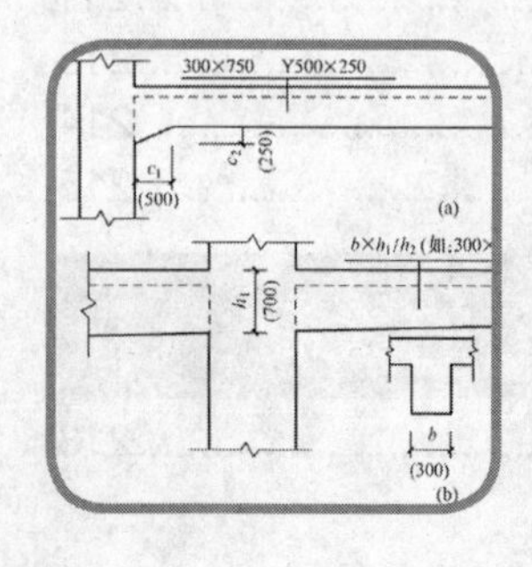

第9章 建筑结构图的绘制

第10章 建筑水暖电施工图的绘制

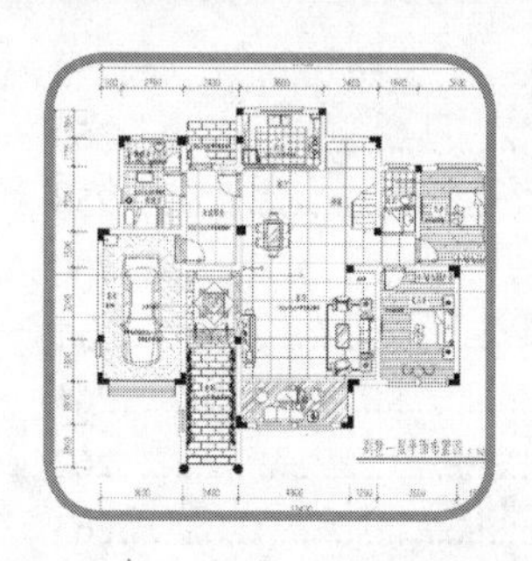

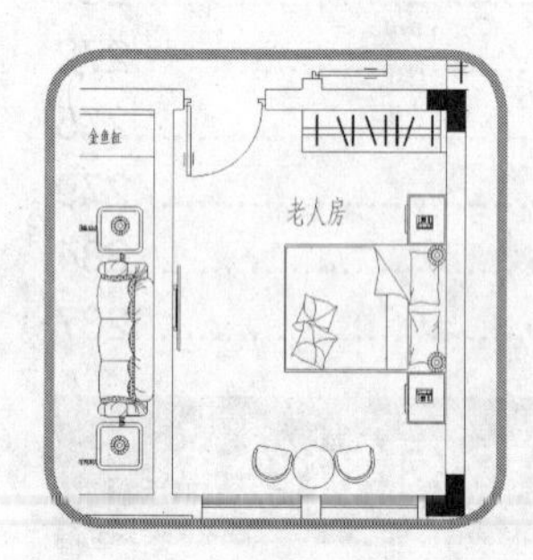

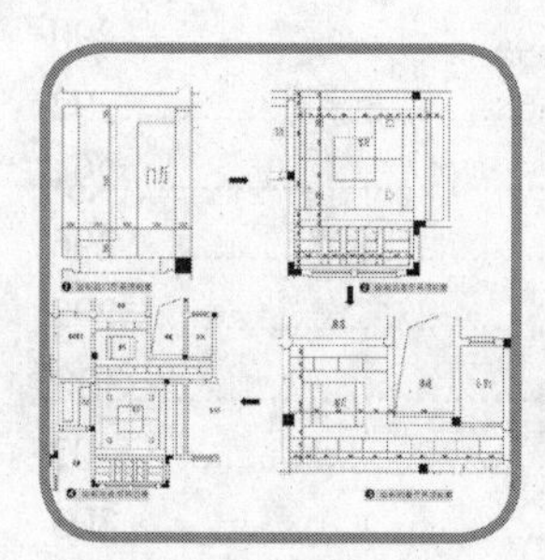

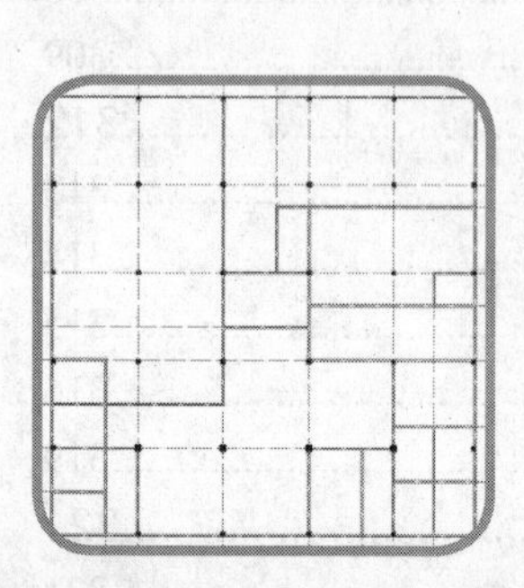

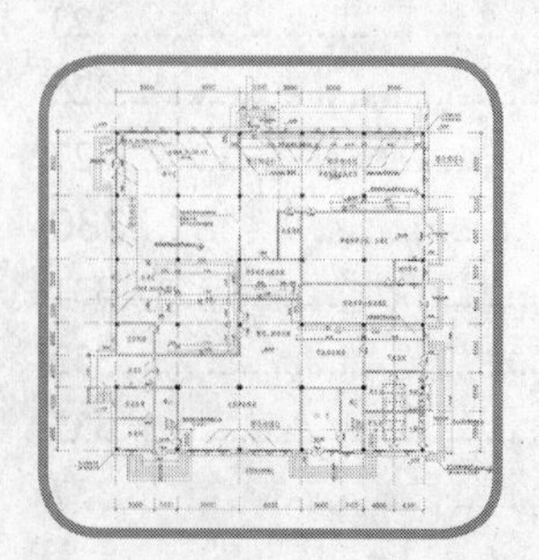

第11章　别墅室内装潢设计图的绘制

第12章　医院后勤洗涤中心建施图的绘制

Chapter

01

第1章 AutoCAD 2014建筑设计基础入门

随着计算机辅助绘图技术的不断普及和发展，用计算机绘图全面代替手工绘图将成为必然趋势，只有熟练地掌握计算机图形的生成技术，才能够灵活自如地在计算机上表现自己的设计才能和天赋。

在本章中首先讲解了AutoCAD 2014的新增功能及操作界面，以及图形文件的新建、打开、保存、输入与输出等操作，并讲解了AutoCAD的图形文件管理、配置绘图系统、使用命令及系统变量、绘图辅助功能、图形对象的选择、图层与图形特性控制、坐标系统等，然后讲解了AutoCAD中图层的设置、文字样式与标注样式等，使用户能够初步掌握AutoCAD 2014软件的基础。

主要内容

- ✓ 了解AutoCAD 2014在建筑方面的应用
- ✓ 初步认识AutoCAD 2014及其新增功能和工作界面
- ✓ 掌握AutoCAD 2014中图形文件的管理
- ✓ 掌握绘图环境的配置
- ✓ 掌握命令与系统变量的使用
- ✓ 掌握绘图辅助功能的设置
- ✓ 掌握图形中对象的选择方法
- ✓ 掌握图形的显示控制
- ✓ AutoCAD的坐标系统
- ✓ 掌握图层的设置与控制方法
- ✓ 掌握文字样式与标注样式的设置

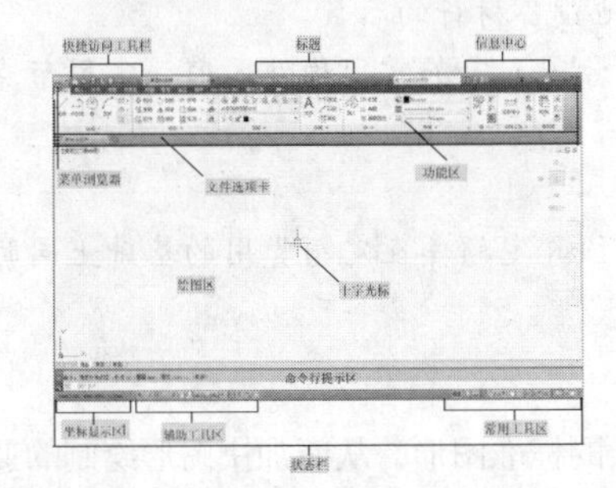

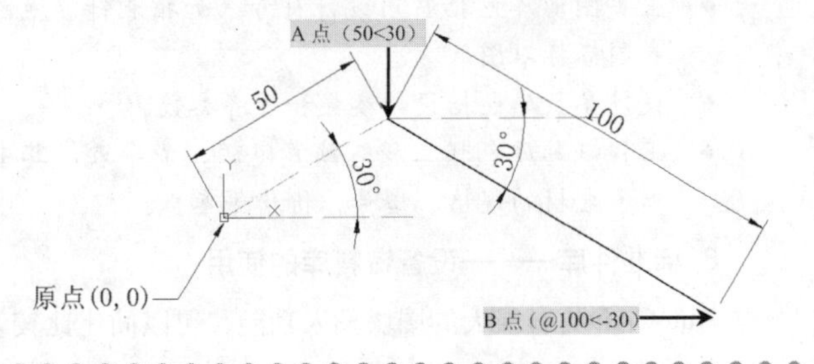

1.1 初步认识AutoCAD 2014

AutoCAD 2014软件是美国Autodesk公司开发的产品，是目前世界上应用最广泛的CAD软件之一。它已经在机械、建筑、航天、造船、电子、化工等领域得到了广泛的应用，并且取得了硕大的成果和巨大的经济效益。目前，AutoCAD的最新版本为AutoCAD 2014。

1.1.1 AutoCAD的工程应用

AutoCAD是一个通用的计算机辅助设计软件包，是常见和有效的绘图工具，是一种功能很强的绘图软件，主要在计算机上使用，它能根据用户的指令迅速而准确地绘制所需要的图样。它可以进行多文档管理，用户可以在屏幕上对多张图样进行操作，快速调用已有的资源，并能输出清晰的图纸。它具有符合人性化的设计界面，操作方式用方便，适用性强，能够最大限度地满足用户的需要。

在建筑方面的应用主要是绘制相关的图纸，AutoCAD通过其相关命令进行建筑设计、结构设计、装修设计、道桥设计、环保设计、机械加工设计、模具设计等。

为保证上述目的的实现，AutoCAD技术在工程应用中共被分为计算机图形、工程数据库、标准件库和AutoCAD数据交换四部分。这四部分内容表现为既相对独立又相辅相成，缺一不可。

1. 计算机图形技术

工程设计的主要最终产品是图纸，利用AutoCAD技术制成图纸是计算机图形技术应用的直接表现。即使随着工程技术的不断完善，可以开发出不依赖人工干预就能自动形成图纸的硬件或软件产品，这种产品也不能满足实际工程的要求，因为实际工程的使用者是人，所以AutoCAD技术也不应当向着完全自动的方向发展，而应坚持辅助设计的原则。作为工程技术人员也就是AutoCAD软件产品的直接使用者，最需要的是具有非常灵活的编辑功能的软件产品，而不是“自动设计”的产品。另外需要强调的是绘图和设计的区别，一般来说绘图是指绘图员根据设计人员的设计结果（也许在图纸上）在计算机上生成其工作图；而设计是指设计者基于功能或美观方面的要求由想象创作出新产品。强调这种区别的意义在于设计者对软件的要求不同于绘图者，需要的是具备一定概括能力的软件，在由粗到细的设计过程中，从方案确定到施工图实施，不同阶段需要不同特色的软件。

2. 工程数据库的建立

工程数据库是工程数据的集合，按数据组合方式的不同，其操作方法也许可以借助已有管理系统，也许需要另外开发。但工程数据库及其操作方法的建立在设计中是非常必要的。全面的数据库资源是系统功能实现的重要基础，也使系统如虎添翼，数据库的使用可使设计者基本摆脱必须经常查阅工具书的麻烦，为工程设计提供了强有力的支持。系统数据库基本分成如下几类。

- 设备材料库的主要参数，各种管材的主要参数，其他设备材料的参数。
- 主要图形库包括常用设计符号（如指北针、地图符号等），如常用构件图形、常用节点图和国标标准图。
- 设计参数库包括设计参数和经济参数。
- 工程概算库包括工程概预算定额、费率表，其中概预算定额库在定额费用的基础上同时增加了主材的规格、型号、价格等参数。

3. 标准件库——设备资料库的使用

AutoCAD具有强大的图块插入功能，可以简化比较复杂的标准图形，从而加快图形绘制的速度和准确性。在建筑给排水工程设计中，标准件主要是材料和设备，材料由图纸中的图例表示，而设备则牵扯到选型、计算和布置等较多方面。目前的软件产品一般提供了较完备的材料库，有的甚至提供能自行扩充维护的材料库，但设备资料相对较少。

4. AutoCAD在建筑工程辅助设计绘图的应用

在现在的工程设计中，存在着许多与实际施工相抵触的地方、不符合现场实际施工的或不经济的地方，这就要求现场技术人员对施工图纸进行二次设计或者优化设计，对于房地产开发企业可以降低投资成本、简化工程难度。对于施工企业可以降低制造成本、简化工程难度、增加甲方对施工企业的信任程度。

AutoCAD可依据设计者的设计意图由计算机完成繁杂的计算和重复性的劳动。对于所生成图纸的不满意之处，设计者可及时更改。设计过程中只需随时单击相关的图标，然后弹出相应的对话框即可完成不同的计算功能，待数据、图形传过来后自动生成图纸。

1.1.2 AutoCAD 2014的新增功能

AutoCAD 2014相比AutoCAD 2013，主要之处在于新增了图形文件选项卡、支持地理位置、自定义搜索等功能，而自动更正、同义词搜索、注释功能、绘图功能、图层管理、点云等功能在AutoCAD 2014中得到了增强。

1. 自动更正、同义词、自定义搜索功能

如果命令输入错误，不会再显示“未知命令”，而是会自动更正成最接近且有效的AutoCAD命令。例如，如果输入了TABEL，那就会自动启动TABLE命令。

用户还可以自定义自动更正和同义词条目：在“管理”选项卡中，通过选择“编辑自动更正列表”或者“编辑同义词列表”命令，来设定适合自己拼写与更正的词汇，如图1-1所示。

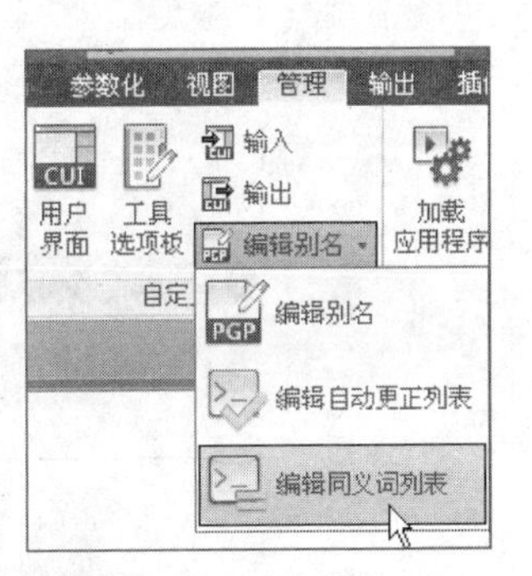

图1-1 选择命令

若要自定义搜索内容，可以在命令行右击，在弹出的快捷菜单中选择“输入搜索选项”命令（如图1-2所示），则弹出“输入搜索选项”对话框，此时会发现AutoCAD 2014在命令行中新增了块、图层、图案填充、文字样式、标注样式、视觉样式等搜索内容，如图1-3所示。

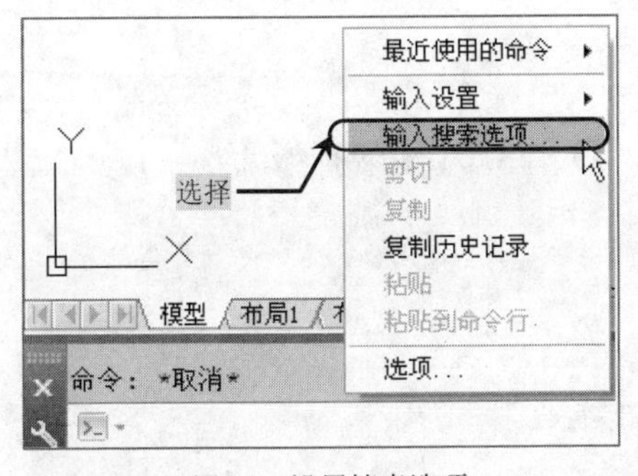

图1-2 设置搜索选项

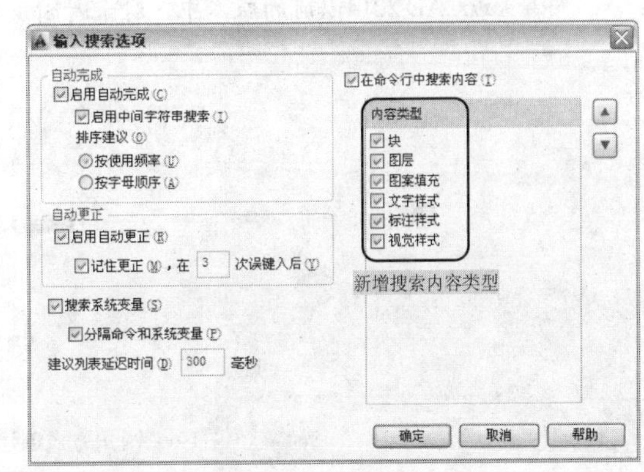

图1-3 新增搜索类型

例如，在命令行键入CROSS，在同义词搜索中，将会看到图案填充的样例名“图案填充：CROSS”，选择该命令，即可通过命令行对图形进行填充操作，如图1-4所示。

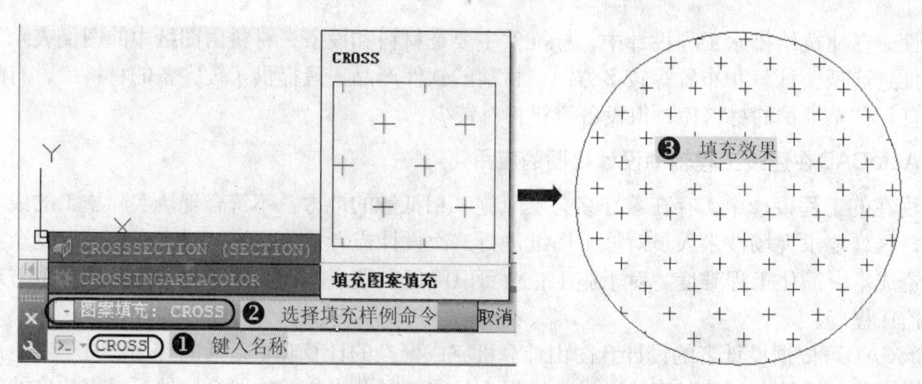

图1-4　应用命令行填充

2. 绘图增强

AutoCAD 2014中包含了大量的绘图增强功能，以帮助用户更高效地完成绘图。

◆　圆弧：按住Ctrl键来切换要绘制的圆弧的方向，这样可以轻松地绘制不同方向的圆弧，如图1-5所示。

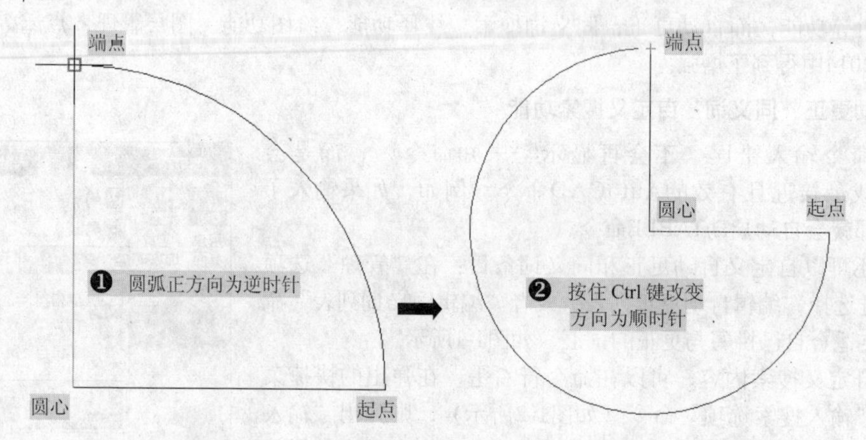

图1-5　应用命令行填充

◆　多段线：在AutoCAD 2014中，多段线可以通过自我圆角来创建封闭的多段线，如图1-6所示。而在AutoCAD 2014以前的版本中，对未封闭多段线进行圆角或倒角时，会提示“无效”。

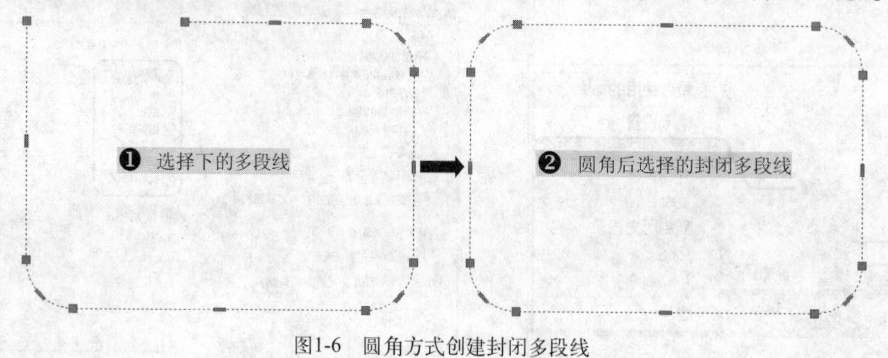

图1-6　圆角方式创建封闭多段线

3. 图形文件选项卡

AutoCAD 2014版本提供了图形选项卡，在打开的图形间切换或创建新图形时非常方便。可以使用“视图”选项卡中的“文件选项卡”控件来打开或关闭图形选项卡工具条，当文件选项卡打开后，在图形区域上方会显示所有已经打开的图形的选项卡，如图1-7所示。

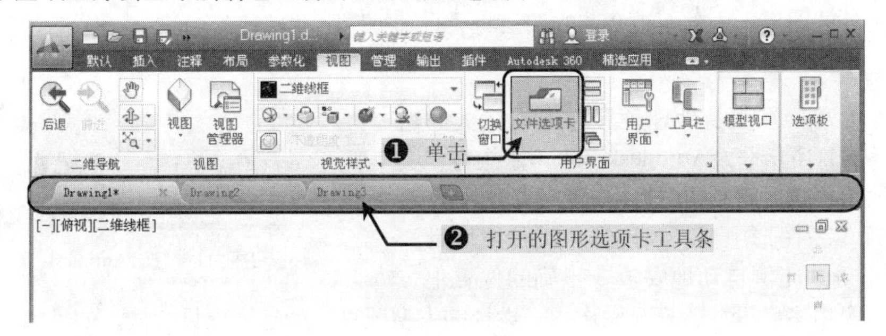

图1-7　启用“图形选项工具条”

文件选项卡是以文件打开的顺序来显示的，可以拖动选项卡来更改图形的位置，如图1-8所示为拖动图形1到中间位置的效果。

图1-8　拖动图形1

如果打开的图形过多，已经没有足够的空间来显示所有的文件选项卡，此时会在其右端出现一个浮动菜单来访问更多打开的文件，如图1-9所示。

如果选项卡有一个锁定的图标，则表明该文件是以只读的方式打开的，如果有个冒号则表明自上一次保存后此文件被修改过，当把光标移动到文件标签上时，可以预览该图形的模型和布局。如果把光标移到预览图形上时，则相对应的模型或布局就会在图形区域临时显示出来，并且打印和发布工具在预览图中也是可用的。

在“文件选项卡”工具条上，单击鼠标右键，将弹出快捷菜单，可以新建、打开或关闭文件，包括可以关闭除所单击文件外的其他所有已打开的文件，但不关闭软件程序，如图1-10所示。也可以复制文件的全路径到剪贴板或打开资源管理器并定位到该文件所在的目录。

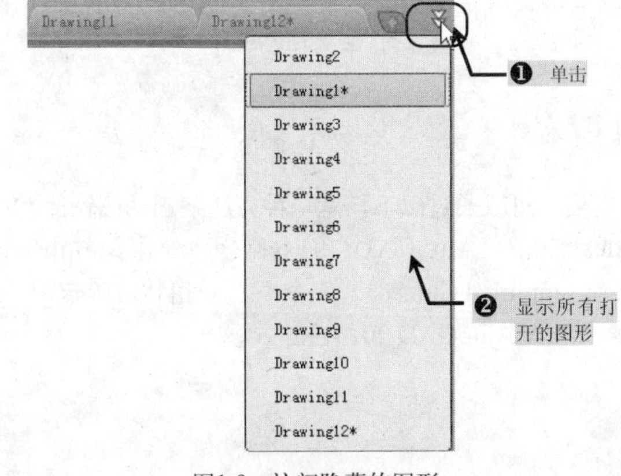

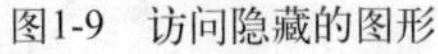

图1-9　访问隐藏的图形

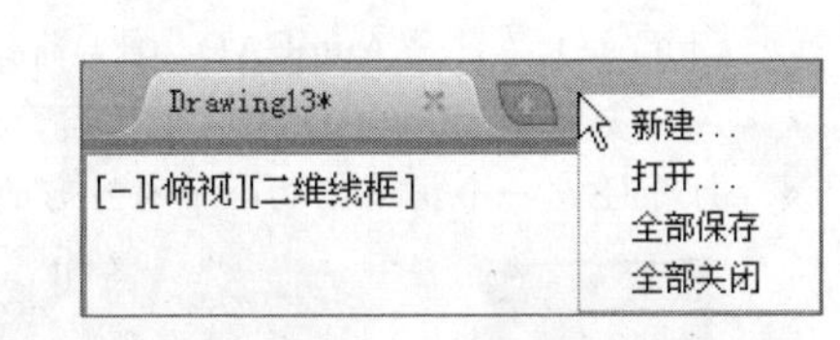

图1-10　右键快捷菜单

图形右边的加号图标可以使用户更容易地新建图形，在图形新建后其选项卡会自动添加进来。

4. 图层的排序与合并功能

显示功能区上的图层数量增加了。图层现在是以自然排序显示出来。例如，图层名称是1、4、25、6、21、2、10，现在的排序法是1、2、4、6、10、21、25，而不像以前的1、10、2、21、25、4、6。

在图层管理器上新增了合并选择，它可以从图层列表中选择一个或多个图层并将在这些层上的对象合并到另外的图层上去，而被合并的图层将会自动被图形清理掉。

5. 地理位置

AutoCAD 2014在支持地理位置方面有较大的增强，必须如图1-11所示登录Autodesk 360，才能将“实时地图数据”添加到所绘制的图形中。

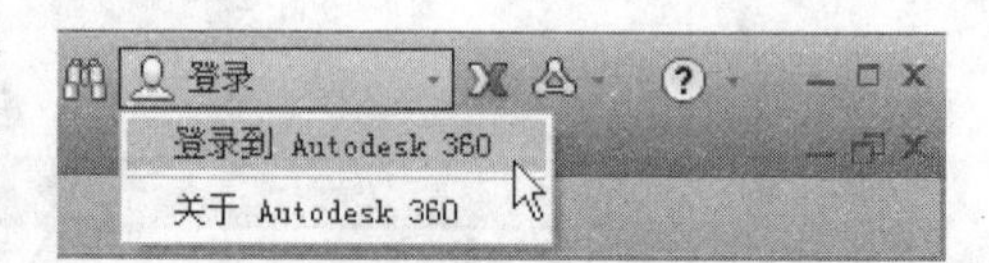

图1-11 登录Autodesk 360

当在地理参考图形中插入地理参考图片或块时，它们会按照正确的比例自动地安放在正确的位置上。例如，想象一个由多名设计师分开操作同一设计的大型项目，如建筑项目大楼。如果每一位设计师都用同样的坐标系，则当这些图纸合并为一个单一文件时，这些图会插入到合适的位置。可以在图上感兴趣的地方做特殊标记，了解这些点对应的逻辑地理位置。同时，如果当前计算机上有GPS装置，就可以看到在图纸中当前所处的位置，并且还可以对你走的路线作位置标记。还可以在“插入”功能区选项卡上选择“设置位置”工具，然后在图形中设置地理位置。可选择从一个地图中设置位置或通过选择一个KML或KMZ文件来完成。

当登录到Autodesk账户时，实时地图数据在AutoCAD 2014中将自动变成可用状态。当要从地图中指定地理位置时，可以搜索一个地址或经纬度。如果发现多个结果，可以在结果列表中点开每一个搜索结果来查看相应的地图，并且还可以显示这个地图的道路或航拍资料。

6. AutoCAD点云支持

点云功能在AutoCAD 2014中得到增强，除了以前版本支持的PCG和ISD格式外，还支持插入由Autodesk ReCap产生的点云投影（RCP）和扫描（RCS）文件。

用户可以使用从“插入”功能区选项卡的点云面板上的“附着”工具来选择点云文件。

在点云附着后，与此被选点云上下文关联的选项卡将会显示，使得操作点云更为容易。现在可以基于下面几种方式来改变点云的风格（着色）：在原有扫描颜色（扫描仪捕捉到的色彩）的基础上，或对象彩色（指定给对象的颜色），或普通（基于点的法线方向着色）或强度（点的反射值）。如果普通或强度数据没有被扫描捕获，那这些格式就是无效。除此之外，更多的裁剪工具显示在功能区上，使它更容易剪点云。

1.1.3 AutoCAD 2014的启动与退出

当用户在电脑上正常安装好AutoCAD 2014软件之后，可以通过以下任意一种方法来启动该软件。

- 依次执行“开始”｜“程序”｜“Autodesk”｜“AutoCAD 2014-简体中文（Simplified Chinese）”｜“AutoCAD 2014-简体中文（Simplified Chinese）”命令，如图1-12所示。
- 成功安装好AutoCAD 2014软件后，双击桌面上的AutoCAD 2014图标。
- 打开任意一个扩展名为dwg的图形文件。

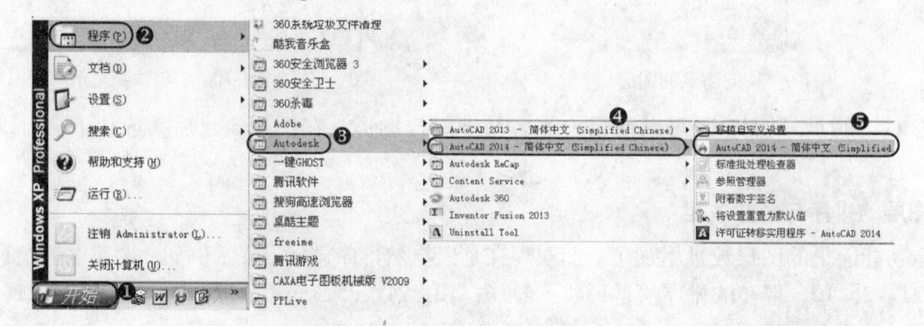

图1-12 启动AutoCAD 2014的方法

要退出AutoCAD 2014软件，可以通过以下任意一种方法来完成。

- 在命令行中输入Quit或Exit命令后按Enter键。
- 在键盘上按组合键Alt+F4。
- 在AutoCAD 2014软件环境中单击右上角的“关闭”按钮x。

在退出AutoCAD 2014时，如果当前所编辑的图形对象没得到最后的保存，此时会弹出如图1-13所示的对话框，提示用户是否对当前图形文件进行保存。

图1-13 提示是否保存

1.1.4 AutoCAD 2014的工作界面

当用户启动了AutoCAD 2014软件时，系统将以“草图与注释”的工作空间模式进行启动，其中“草图与注释”空间的界面如图1-14所示。

在AutoCAD 2014中还包含“AutoCAD经典”、“三维基础”、“三维建模”等工作空间。由于AutoCAD的“三维基础”、“三维建模”工作空间模式是针对AutoCAD三维设计部分，所以这里讲解其中最常用的“草图与注释”工作空间的各个组成部分。

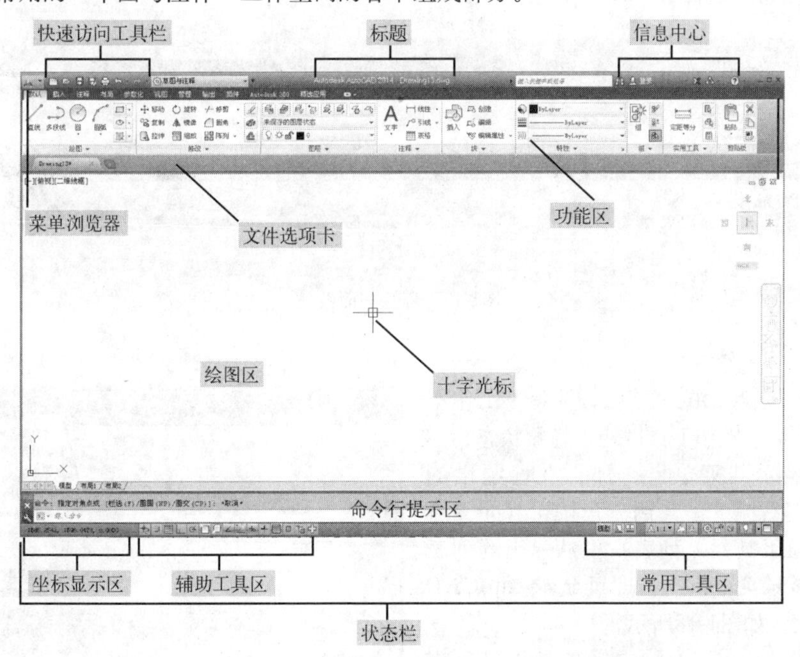

图1-14 AutoCAD 2014的工作界面

1. 标题栏

标题栏中包括菜单浏览器按钮、快速访问工具栏（包括新建、打开、保存、另存为、打印、放弃、重做等按钮）、软件名称、标题名称、“搜索”框、“登录”按钮、窗口控制区（即“最小化”按钮、“最大化”按钮和“关闭”按钮），如图1-15所示。

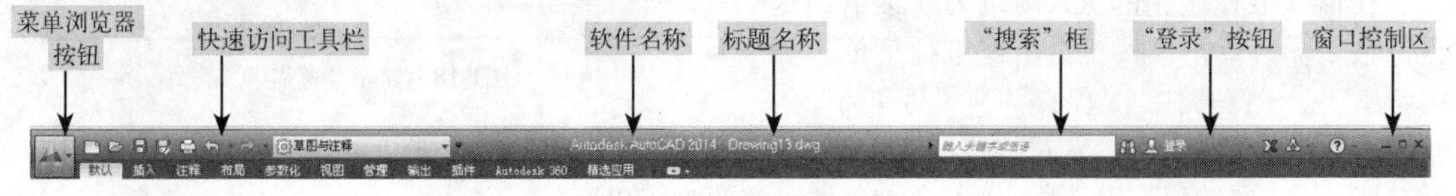

图1-15 标题栏

2. 标签与面板

在标题栏下侧的每个标签下包括许多面板。例如“默认”选项标题中包括绘图、修改、图层、注释、块、特性、组、实用工具、剪贴板等面板，如图1-16所示。

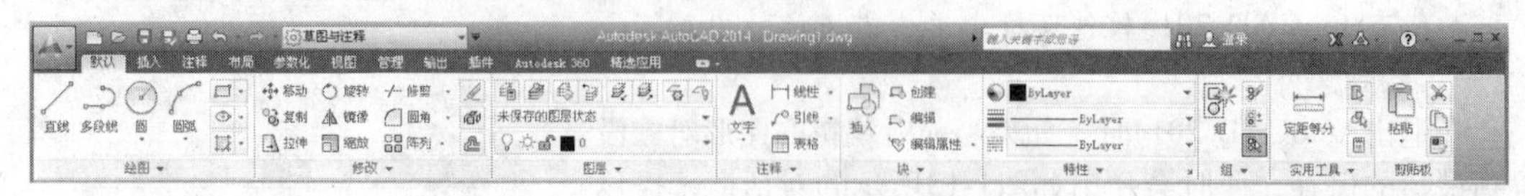

图1-16 标签与面板

在标签栏的名称最右侧显示了一个倒三角，单击按钮，将弹出一个快捷菜单，在其中可以进行相应的单项选择，如图1-17所示。

图1-17 标签与面板

3. 菜单栏和工具栏

在AutoCAD 2014的“草图与注释”工作空间状态下，其菜单栏和工具栏处于隐藏状态。

如果要显示其菜单栏，那么在标题栏的“工作空间”右侧单击其倒三角按钮（即“自定义快速访问工具栏”列表），从弹出的列表框中选择“显示菜单栏”，即可显示AutoCAD的常规菜单栏，如图1-18所示。

如果要将AutoCAD的常规工具栏显示出来，用户可以执行“工具”｜“工具栏”命令，从弹出的下级菜单中选择相应的工具栏即可，如图1-19所示。

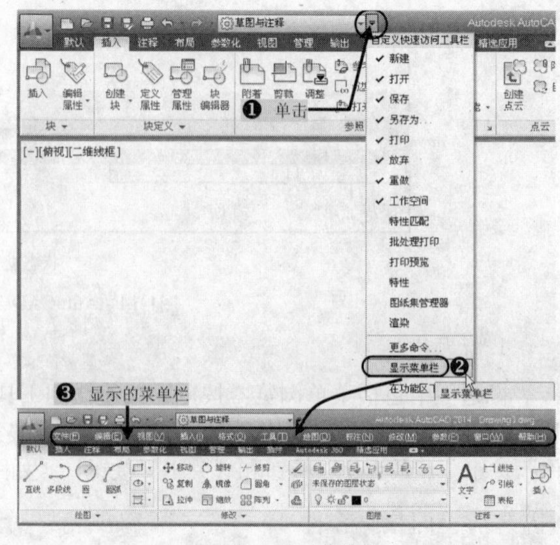

图1-18 显示菜单栏

4. 菜单浏览器和快捷菜单

在窗口最左上角的大A按钮为“菜单浏览器”按钮，单击该按钮会出现下拉菜单，如“新建”、“打开”、“保存”、“另存为”、“输出”、“打印”、“发布”等，另外还增加了很多新的项目，如“最近使用的文档”、“打开文档”、“选项”和“退出AutoCAD”按钮，如图1-20所示。

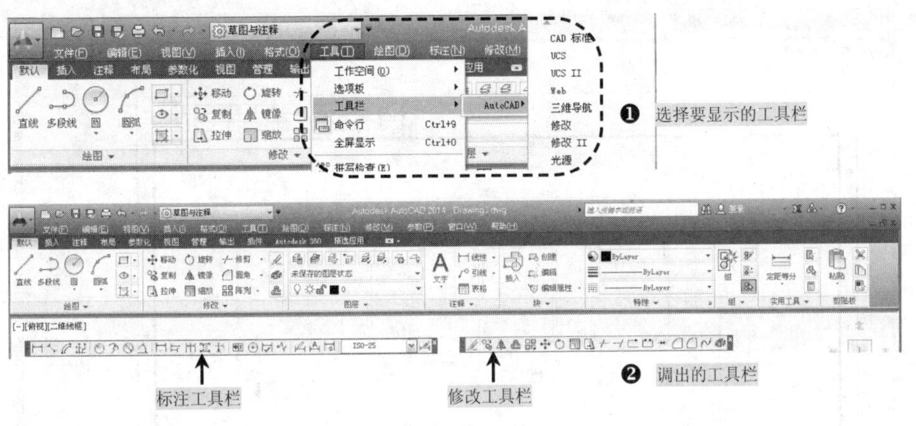

图1-19　显示工具栏

在绘图区、状态栏、工具栏、模型或布局选项卡上右击时，系统会弹出一个快捷菜单，该菜单中显示的命令与右击对象及当前状态相关，会根据不同的情况出现不同的快捷菜单命令，如图1-21所示。

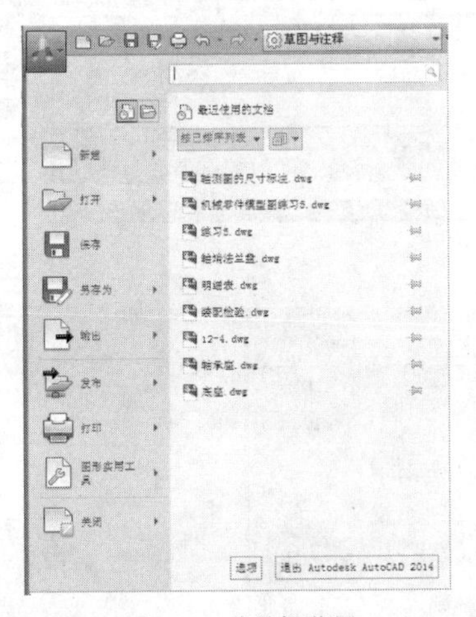

图1-20　菜单浏览器

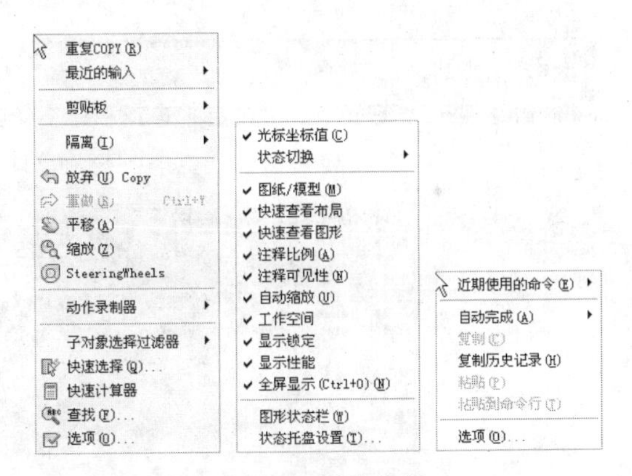

图1-21　快捷菜单

5. 绘图区

在AutoCAD 2014中，绘图窗口是用户绘图的工作区域，所有的绘图结果都反映在这个窗口中。用户可以根据需要关闭一些“工具栏”，以扩大绘图的空间。如果图纸比较大，需要查看未显示的部分时，可以单击窗口右边与下边滚动条上的箭头，或拖动滚条上的滑块来移动图纸。在绘图窗口中除了显示当前的绘图结果外，还显示了当前使用的坐标系类型及坐标原点、*x*轴、*y*轴、*z*轴的方向等。

在默认情况下，坐标系为世界坐标系（WCS），绘图窗口的下方有“模型”和“布局”选项卡，单击其选项卡可以在模型空间或图纸空间之间进行切换，如图1-22所示。

6. 命令行

命令行与文本窗口位于绘图窗口的下方，用于显示提示信息和输入数据，如命令、绘图模式、变量名、坐标值和角度值等，如图1-23所示。

文本窗口也称专业命令窗口，主要用于记录在窗口中操作的所有命令，如单击按钮和选择菜单选项等。在此窗口中输入命令，按下Enter键可以执行相应的命令。用户可以根据需要改变其窗口的大小，也可以将其拖动为浮动窗口，如图1-24所示。

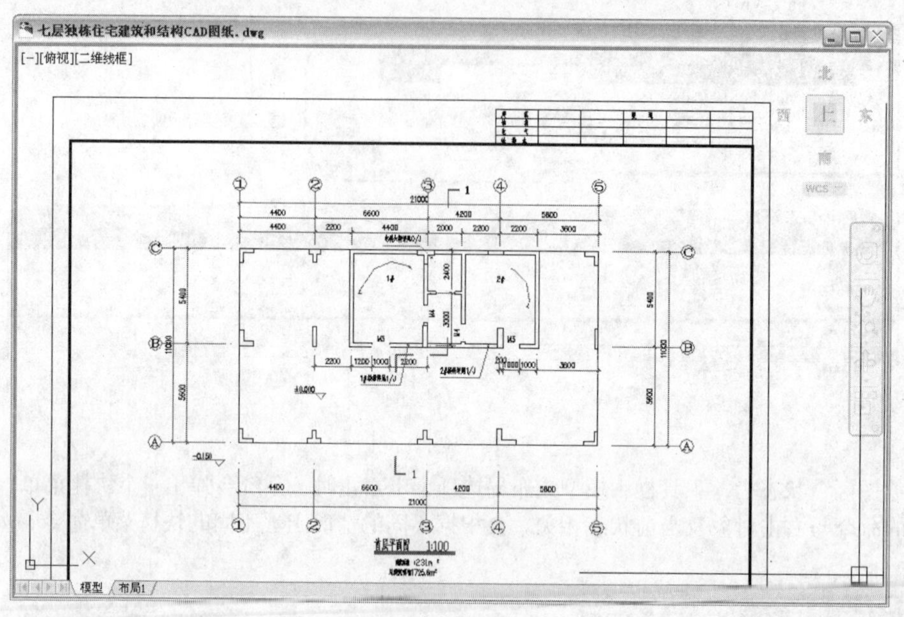

图1-22　绘图区域

RECTANG
指定第一个角点或 [倒角(C)/标高(E)/圆角(F)/厚度(T)/宽度(W)]:
指定另一个角点或 [面积(A)/尺寸(D)/旋转(R)]:

图1-23　命令行

AutoCAD 文本窗口 - 电机座.dwg

编辑(E)

正在打开 AutoCAD 2007/LT 2007 格式的文件。
正在用 [gbcbig.shx] 替换 [romans.shx]。
正在用 [gbcbig.shx] 替换 [romans.shx]。
正在用 [gbcbig.shx] 替换 [txt.shx]。
正在重生成模型。

AutoCAD 菜单实用工具 已加载。
命令:

Autodesk DWG。 此文件上次由 Autodesk 应用程序或 Autodesk 许可的应用程序保存。

命令:
命令: REC
RECTANG
指定第一个角点或 [倒角(C)/标高(E)/圆角(F)/厚度(T)/宽度(W)]:
指定另一个角点或 [面积(A)/尺寸(D)/旋转(R)]:
命令:
命令: *取消*

命令:

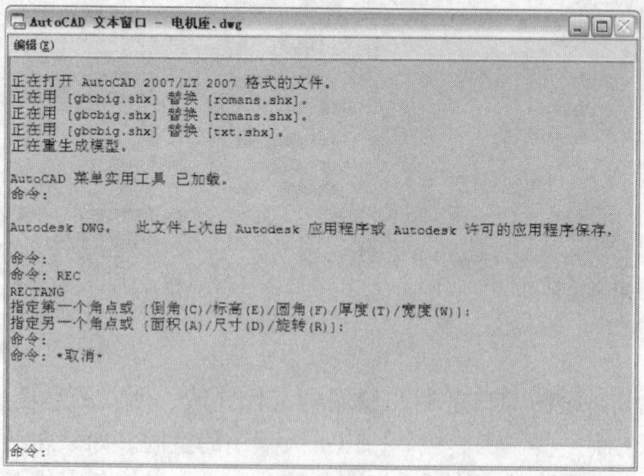

图1-24　文本窗口

7. 状态栏

状态栏位于AutoCAD 2014窗口的最下方，用于显示当前光标的状态，如x、y、z的坐标值，还包括“推断约束”、“捕捉模式”、“栅格显示”、“正交模式”、“极轴追踪”、“对象捕捉”、“三维对象捕捉”、“对象捕捉追踪”、“允许/禁止动态UCS”、“动态输入”、“显示/隐藏线宽”、“显示/隐藏透明度”、“快捷特性”、“选择循环”等按钮，以及“模型”、“快速查看布局”、“快速查看图形”、“注释比例”、“注释可见性”、“切换空间”、“锁定”、“硬件加速关”、“隔离对象”、“全屏显示”等按钮，如图1-25所示。

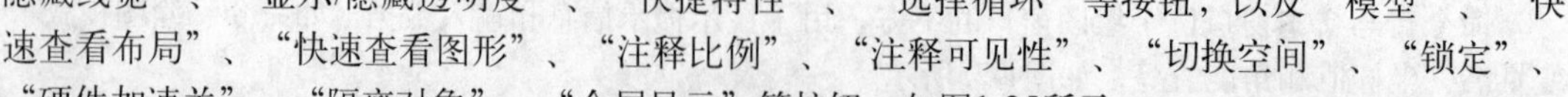

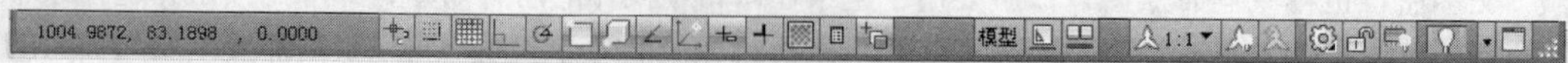

图1-25　状态栏

1.2 图形文件的管理

在AutoCAD 2014中，图形文件管理包括创建新的图形文件、打开已有的图形文件、保存图形文件、加密图形文件夹，以及输入与输出图形文件和关闭文件夹等操作。

1.2.1　创建新的图形文件

通常用户在绘制图形之前，首先要创建新图的绘图环境和图形文件，可使用如下方法。

- 执行“文件”｜“新建”命令。
- 单击快速访问工具栏中的“新建”按钮。
- 按下组合键Ctrl+N。
- 在命令行输入New命令并按Enter键。

以上任意一种方法都可以创建新的图形文件，此时将打开“选择样板”对话框，单击“打开”按钮，从中选择相应的样板文件来创建新图形，此时在右侧的“预览框”中将显示出该样板的预览图形，如图1-26所示。

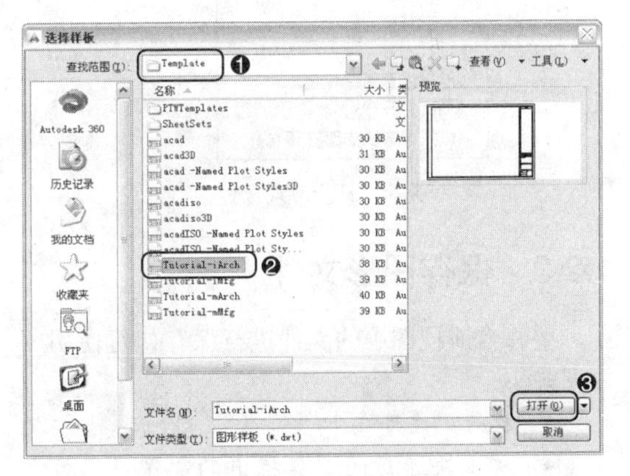

图1-26　“选择样板”对话框

利用样板来创建新图形，可以避免每次绘制新图时需要进行的有关绘图设置的重复操作，这样不仅提高了绘图效率，而且保证了图形的一致性。样板文件中通常含有与绘图相关的一些通用设置，如图层、线性、文字样式、尺寸标注样式、标题栏、图幅框等。

1.2.2　打开图形文件

要将已存在的图形文件打开，可使用如下方法。

- 执行“文件”｜“打开”命令。
- 单击快速访问工具栏中的“打开”按钮。
- 按下组合键Ctrl+O。
- 在命令行输入Open命令并按Enter键。

以上任意一种方法都可打开已存在的图形文件，将弹出“选择文件”对话框，选择指定路径下的指定文件，则在右侧的“预览”栏中显示出该文件的预览图像，然后单击“打开”按钮，将所选择的图形文件打开，其步骤如图1-27所示。

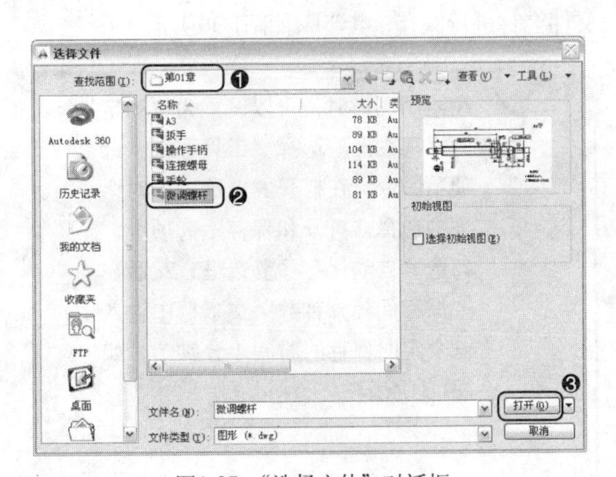

图1-27　“选择文件”对话框

单击“打开”按钮右侧的倒三角按钮，将显示打开文件的4种方式，如图1-28所示。

在AutoCAD 2014中，可以以“打开”、“以只读方式打开”、“局部打开”和“以只读方式局部打开”4种方式打开文件。当以“打开”、“局部打开”方式打开图形时，可以对打开的图形进行编辑，当以“以只读方式打开”、“以只读方式局部打开”方式打开图形时，则无法对图形进行编辑。

如果选择“局部打开”、“以只读方式局部打开”打开图形，这时将打开“局部打开”对话框，如图1-29所示。可以在“要加载几何图形的视图”选项区选择要打开的视图，在“要加载几何图形的图层”选项区中选择要选择的图层，然后单击“打开”按钮，即可在选定区域视图中打开选择图层上的对象，便于用户有选择地打开自己所需要的图形内容，以加快文件装载的速度。特别是针对大型工程项目中，一个工程师通常只负责一小部分的设计，使用局部打开功能，能够减少屏幕上显示的实体数量，从而大大提高工作效率。

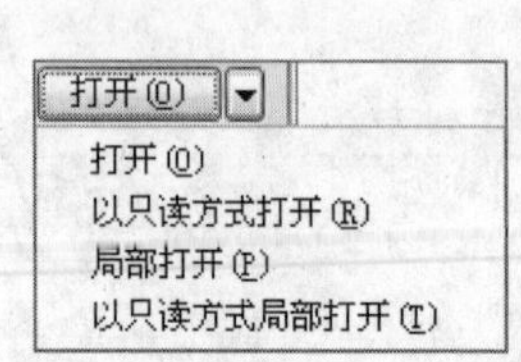

图1-28　打开方式

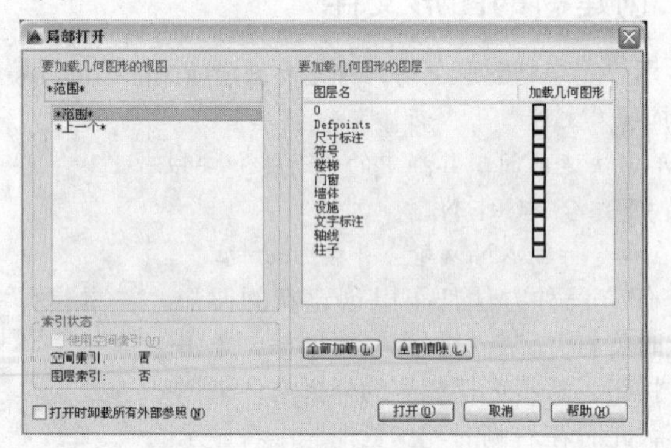

图1-29　“局部打开”对话框

1.2.3　保存图形文件

要将当前视图中的文件进行保存，可使用如下方法。

- 执行“文件”|“保存”命令。
- 单击快速访问工具栏中的“保存”按钮。
- 按下组合键Ctrl+S。
- 在命令行输入Save命令并按Enter键。

通过以上任意一种方法，将以当前使用的文件名保存图形。如果选择“文件”|“另存为”命令，要求用户将当前图形文件以另外一个新的文件名称进行保存，其步骤如图1-30所示。

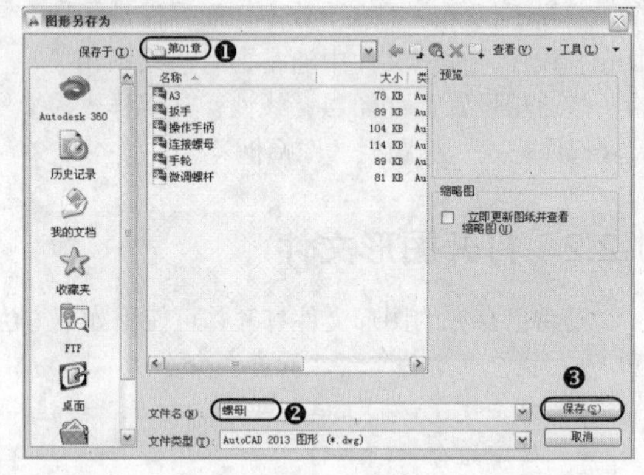

图1-30　“图形另存为”对话框

在绘制图形时，可以设置为自动定时保存图形。选择“工具”|“选项”命令，在打开的“选项”对话框中选择“打开和保存”选项卡，勾选“自动保存”复选框，然后在“保存间隔分钟数”文本框中输入一个定时保存的时间（分钟），如图1-31所示。

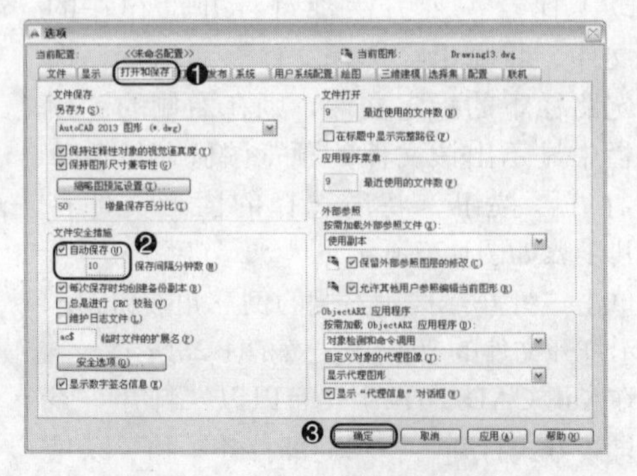

图1-31　自动定时保存图形文件

1.2.4　图形文件的加密

在AutoCAD 2014中保存文件可以使用密码保护功能对文件进行加密保存。执行“文件”|“保存”或“文件”|“另存为”命令时，将打开“图形另存为”对话框，在该对话框中选择“工具”|“安全选项”命令，打开“安全选项”对话框，如图1-32所示。在“密码”选项卡的“用于打开此图形的密码或短语”文本框中输入密码，然后单击“确定”按钮打开“确认密码”对话框，如图1-33所示，并在“再次输入用于打开此图形的密码”文本框中确认密码，这时可以在“密码”选项卡中单击“高级选项”按钮设置加密级别及加密长度。在打开加密的文件时系统将打开“密码”对话框，如图1-34所示，在该对话框中输入正确密码才能将此加密文件打开，否则将无法打开此图形。

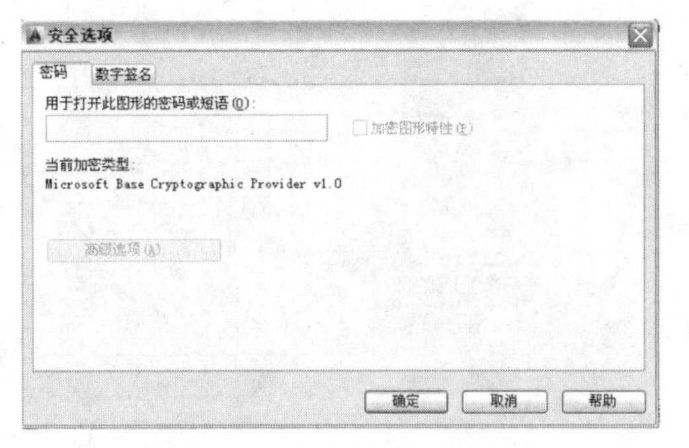

图1-32　“安全选项”对话框

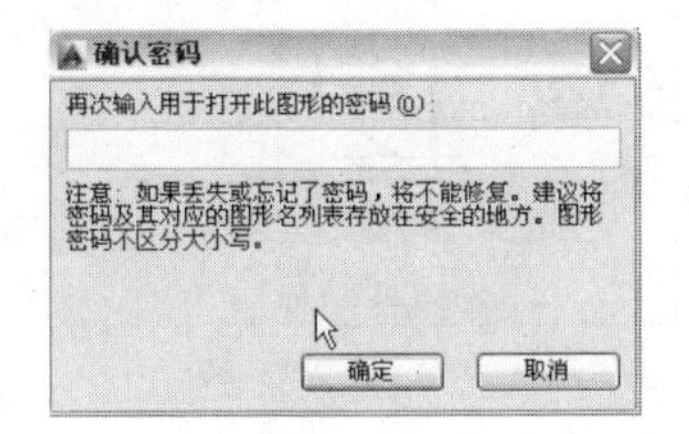

图1-33　“确认密码”对话框

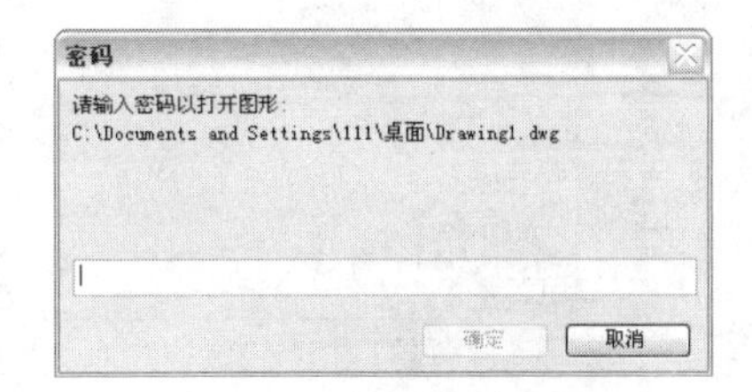

图1-34　“密码”对话框

在进行密码设置时，可以选择40位、128位等多种加密长度，以使所设置的密码级别更高。

1.2.5　输入与输出图形文件

在AutoCAD 2014环境中，执行“文件”|“输入”命令，弹出“输入文件”对话框，然后选择需要输入到AutoCAD 2014环境中的文件名称或图形类型，单击“打开”按钮即可，如图1-35所示。

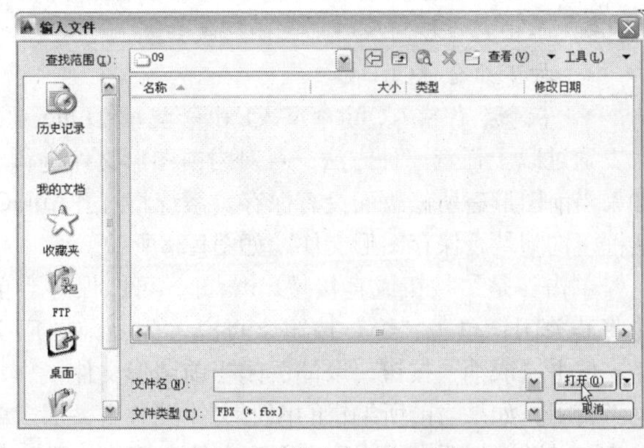

图1-35　“输入文件”对话框

在AutoCAD 2014中，用户可以将其他的对象插入到当前的图形文件中。执行“插入”|“OLE对象”命令，将弹出“插入对象”对话框，在“对象类型”列表框中选择相应的对象类型，然后关闭并返回，则在AutoCAD环境中将显示该对象内容，如图1-36所示。

在AutoCAD 2014中可以将图形输出为其他类型的文件，如dwf、wmf、bmp等。执行“输出”命令，将弹出“输出数据”对话框，选择输出的路径、类型和文件名，再单击“保存”按钮，系统将提示选择要输出的对象，用户可以使用“画图”等程序来打开输出的图形对象观看、修改等，如图1-37所示。

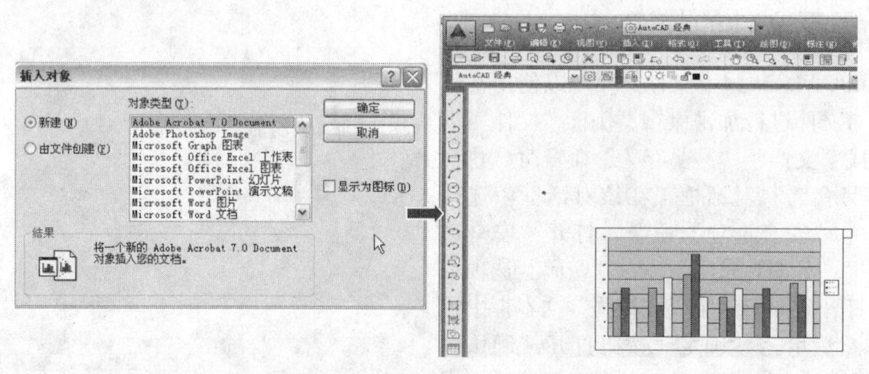

图1-36 “插入对象”对话框

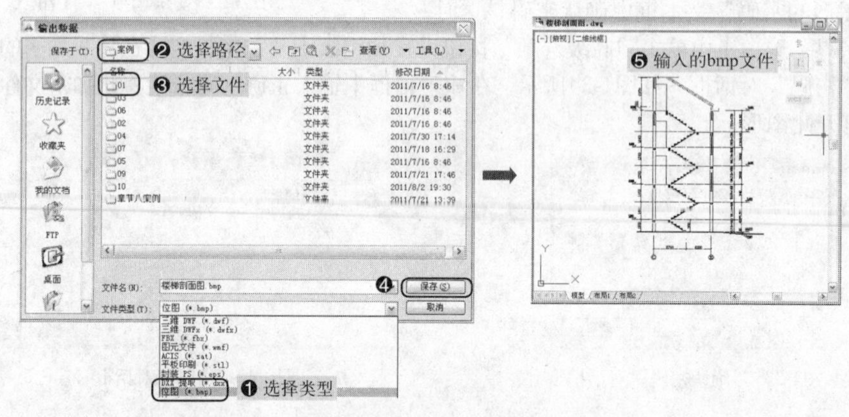

图1-37 “输出数据”对话框

1.2.6 关闭图形文件

要将当前视图中的文件关闭，可使用如下方法。

- 执行“文件”|“关闭”命令。
- 单击窗口控制区的“关闭”按钮×。
- 按下组合键Ctrl+Q。
- 在命令行输入Quit命令或Exit命令并按Enter键。

通过以上任意一种方法，可对当前图形文件进行关闭操作。如果当前图形有所修改而没有保存，系统将打开AutoCAD提示对话框，询问是否保存图形文件，如图1-38所示。

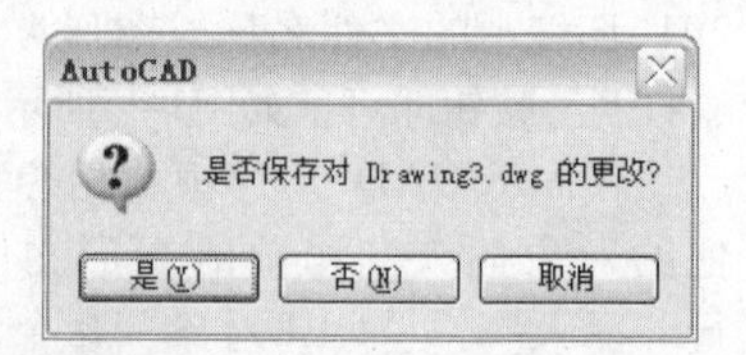

图1-38 AutoCAD提示框

单击“是”按钮或直接按Enter键，可以保存当前图形文件并将其关闭；单击“否”按钮，可以关闭当前图形文件但不保存；单击“取消”按钮，取消关闭当前图形文件操作，既不保存也不关闭。如果当前所编辑的图形文件没命名，那么单击“是”按钮后，AutoCAD会打开“图形另存为”对话框，要求用户确定图形文件存放的位置和名称。

1.3 配置绘图系统

绘制不同的图形对象对AutoCAD的绘图环境有不同的要求。在绘制图形之前，用户可根据绘制图形对象对绘图环境进行设置。

1.3.1 显示配置

执行“工具”|“选项”命令，在弹出的“选项”对话框中，对“显示”选项卡进行设置。“显示”选项卡用于设置是否显示AutoCAD屏幕菜单，是否显示滚动条，是否在启动时最小化AutoCAD窗口，以及AutoCAD图形窗口和文本窗口的颜色和字体等，如图1-39所示。

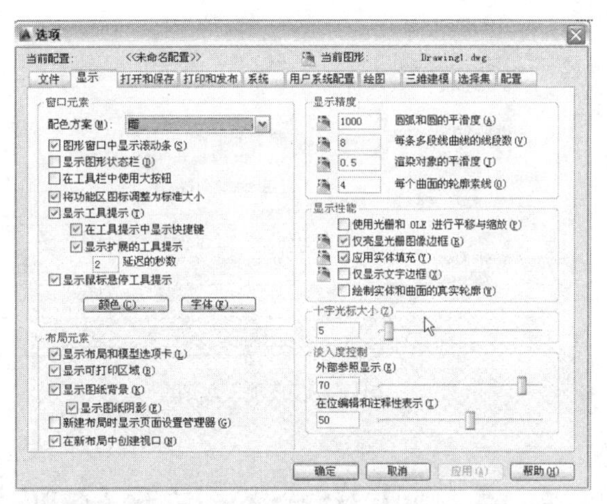

图1-39 “显示”选项卡

单击“颜色”按钮，在对话框上部的图例中单击要修改颜色的元素，在“界面元素”列表框中将显示该元素的名称，“颜色”下拉列表中将显示该元素的当前颜色，然后在“颜色”下拉列表中选择一种新颜色，单击“应用并关闭”按钮退出，如图1-40所示。

单击“字体”按钮将显示“命令行窗口字体”对话框，可以在其中设置命令行文字的字体、字号和样式，如图1-41所示。

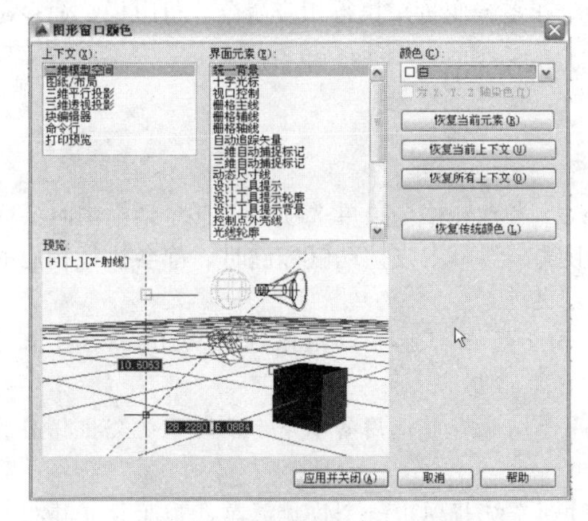

图1-40 “图形窗口颜色”对话框

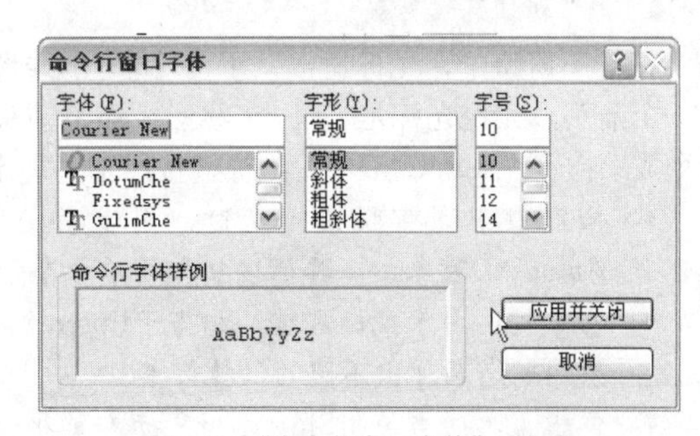

图1-41 “命令行窗口字体”对话框

通过修改“十字光标大小”框中光标与屏幕大小的百分比，用户可调整十字光标的尺寸。

“显示精度”和“显示性能”选项区用于设置着色对象的平滑度、每个曲面轮廓线数等。所有这些设置均会影响系统的刷新时间与速度，并进而影响操作的流畅性。

1.3.2 系统配置

“用户系统配置”选项卡用于设置优化 AutoCAD 工作方式的一些选项。“AutoCAD 设计中心”中的“源内容单位”设置在没有指定单位时被插入到图形中的对象的单位。“目标图形单位”设置没有指定单位时当前图形中对象的单位，如图 1-42 所示。

单击“线宽设置”按钮将弹出“线宽设置”对话框，在此对话框中可以设置线宽的显示特性和缺选项，同时还可以设置当前线宽，如图1-43所示。

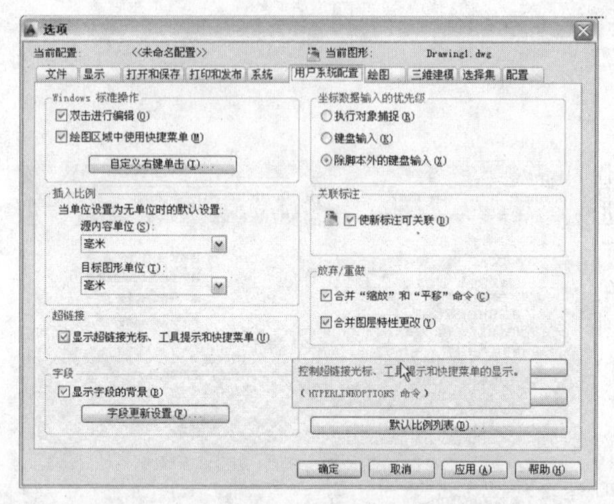

图1-42 “选项”对话框

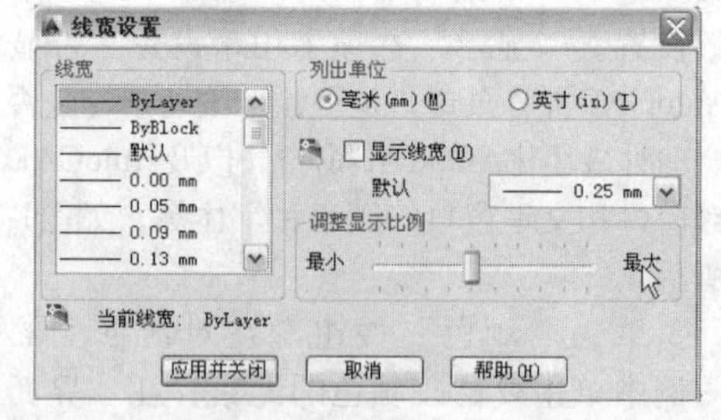

图1-43 “线宽设置”对话框

1.4 使用命令与系统变量

在AutoCAD中，菜单命令、工具按钮、命令和系统变量大都是相互对应的。可以选择某一菜单命令，或单击某个工具按钮，或在命令行中输入命令和系统变量来执行相应命令，可以说，命令是AutoCAD绘制与编辑图形的核心。

1.4.1 使用鼠标操作执行命令

在绘图窗口中，光标通常显示为“+”字线形式。当光标移至菜单选项、工具对话框内时会变成一个箭头。无论光标是“+”字线形式还是箭头形式，当单击或按动鼠标键时，都会执行相应的命令或动作。在AutoCAD中，鼠标键按照下述规定定义。

- 拾取键：通常指鼠标左键，用于指定屏幕上的点，也可以用来选择Windows对象、AutoCAD对象、工具栏按钮和菜单命令等。
- 回车键：用于鼠标右键，相当于Enter键，用于结束当前使用的命令，此时系统会根据当前绘图状态而弹出不同的快捷菜单。
- 弹出菜单：当使用Shift键和鼠标右键组合时，系统将弹出一个快捷菜单，用于设置捕捉点的方法。对于三键鼠标，弹出按钮通常是鼠标的中间按钮。

1.4.2 使用“命令行”执行

在AutoCAD 2014中，默认情况下“命令行”是一个可固定窗口，可以在当前命令提示下输入命令、对象参数等内容。在“命令行”窗口中单击鼠标右键，AutoCAD将显示一个快捷菜单，如图1-44所示。在命令行中，还可以通过使用BackSpace或Delete键删除命令行中的文字；也可以选中历史命令，并执行“粘贴到命令行”命令，将其粘贴到命令行中。

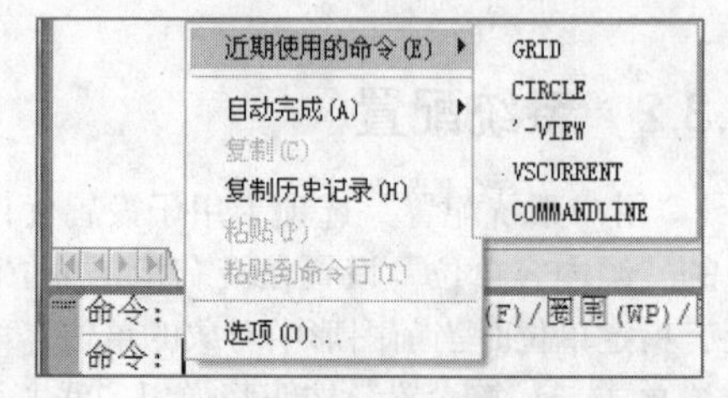

图1-44 “命令行”快捷菜单

1.4.3 使用透明命令执行

在AutoCAD中，透明命令是指在执行其他命令的过程中可以执行的命令。通常使用的透明命令多为修改图形设置的命令、绘图辅助工具命令，例如Snap、Grid、Zoom等命令。

要以透明方式使用命令，应在输入命令之前输入单引号（'）。在命令行中，透明命令行的提示有一个双折符号（>>），完成透明命令后，将继续执行原命令，详细操作如下。

```
    命令: C                                                              \\按Enter键
    CIRCLE 指定圆的圆心或 [三点(3P)/两点(2P)/切点、切点、半径(T)]:       \\指定圆心
    指定圆的半径或 [直径(D)]: 'GRID
    >>指定栅格间距(X) 或 [开(ON)/关(OFF)/捕捉(S)/主(M)/自适应(D)/界限(L)/跟随(F)/纵横向间距(A)]
<10.0000>:                                  \\L按Enter键
    >>显示超出界限的栅格 [是(Y)/否(N)] <是>:    \\按Enter键确定“是”
    正在恢复执行 CIRCLE 命令。
    指定圆的半径或 [直径(D)]:                   \\捕捉点确定圆半径
```

1.4.4 使用系统变量

在AutoCAD中，系统变量用于控制某些功能和设计环境、命令的工作方式，它可以打开或关闭捕捉、正交或栅格等绘图方式，设置默认的填充图案，或存储当前图形和AutoCAD配置相关的信息。

系统变量通常是6~10个字符长度的缩写名称。许多系统变量有简单的开关设置。例如GRIDMODE系统变量用来显示或者关闭栅格，当命令行显示“输入GRIDMODE的新值<1>: ”提示时，输入0时，可以关闭栅格显示；输入1时，可以打开栅格显示。有些系统变量用来存储数值或文字，例如DATE系统变量来存储当前日期。

用户可以在对话框中修改系统变量，也可以直接在命令行中修改系统变量。例如要使用ISOLINES系统变量修改曲面的线框密度，可在命令行提示下输入该系统变量名称并按Enter键，然后输入新的系统变量值并按Enter键即可，详细操作如下。

```
    命令: ISOLINES                              \\输入系统变量名称
        输入 ISOLINES 的新值 <5>: 32            \\输入系统变量的新值
```

1.4.5 命令的终止、撤销与重做

在AutoCAD环境中绘制图形时，对所执行的操作可以进行终止、撤销以及重做操作。

1. 终止命令

在执行命令过程中，如果用户不准备执行正在进行的命令，可以随时按Esc键终止执行的任何命令；或者右击鼠标，在弹出的快捷菜单中选择“取消”命令。

2. 撤销命令

执行了错误的操作或放弃最近一个或多个操作有多种方法，都可使用UDON命令来放弃单个操作，也可以一次撤销前面进行的多步操作。在命令提示行中输入UDON命令，然后在命令行中输入要放弃的数目。用户可以在“标准”工具栏中单击“放弃”按钮，或者按组合键Ctrl+Z进行撤销最近一次的操作。

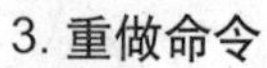

3. 重做命令

如果错误地撤销了正确的操作，可以通过重做命令进行还原。或者需要重复AutoCAD命令，都可以再按Enter键或空格键，或者在绘图区域中右击，在弹出的快捷菜单中选择“重复”命令；在“标准”工具栏中单击“重做”按钮，或者按组合键Ctrl+Y进行撤销最近一次操作。

1.5 设置绘图辅助功能

在绘图过程中，用户在绘制或修改图形对象时，虽说使用鼠标操作简便，但有时精度不高，绘制的图形界限不精确，远不能满足制图要求，这时就可以使用系统提供的绘图辅助功能进行设置。

1.5.1 设置捕捉与栅格

“捕捉”用于设置鼠标光标移动间距，“栅格”是一些标定位置的小点，使用它可以提供直观的距离和位移参照。在“草图设置”对话框的“捕捉和栅格”选项卡中，可以启用或关闭“捕捉”和“栅格”功能，并设置“捕捉”和“栅格”的间距与类型，如图1-45所示。

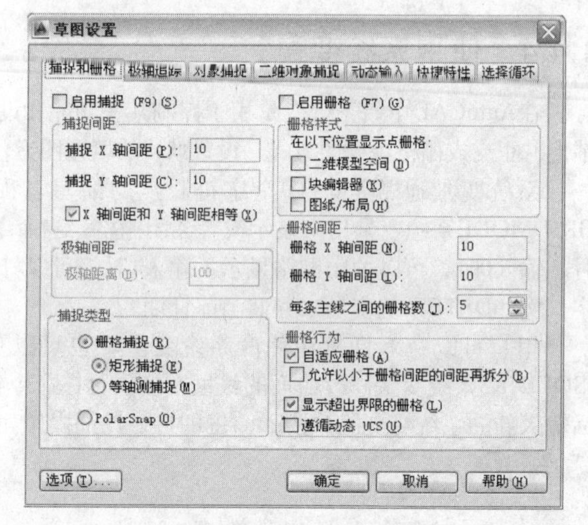

图1-45 “捕捉和栅格”选项卡

在“捕捉和栅格”选项卡中，各主选项的含义如下。

- “启用捕捉”复选框：用于打开或关闭捕捉方式，可以按F9键进行切换，也可以在状态栏中单击按钮进行切换。
- “捕捉间距”选项区：用于设置x轴和y轴的捕捉间距。
- “启用栅格”复选框：用于打开或关闭栅格显示，可以按F7键进行切换，也可以在状态栏中单击按钮进行切换。当打开栅格状态时，用户可以将栅格显示为点矩阵或线矩阵。
- “栅格间距”选项区：用于设置x轴y轴的栅格间距，并且可以设置每条主轴的栅格数。若栅格的x轴和y轴的间距为0，则栅格采用捕捉x轴和y轴的值，如图1-46所示。
- “栅格捕捉”单选按钮：可以设置捕捉样式为栅格。若选中“矩形捕捉”单选按钮，其光标可以捕捉一个矩形栅格；若选中“等轴测捕捉”单选按钮，其光标可以捕捉一个等轴测栅格。
- “PolarSnap”单选按钮：可以设置捕捉样式为极轴捕捉，并且可以设置极轴间距，此时光标沿极轴转角或对象追踪角度进行捕捉。
- “自适应栅格”复选框：用于设置界限缩放时的栅格密度。
- “显示超出界限的栅格”复选框：用于确定是否显示图像界限之外的栅格。
- “遵循动态UCS”复选框：跟随动态UCS和xy平面而改变栅格平面。

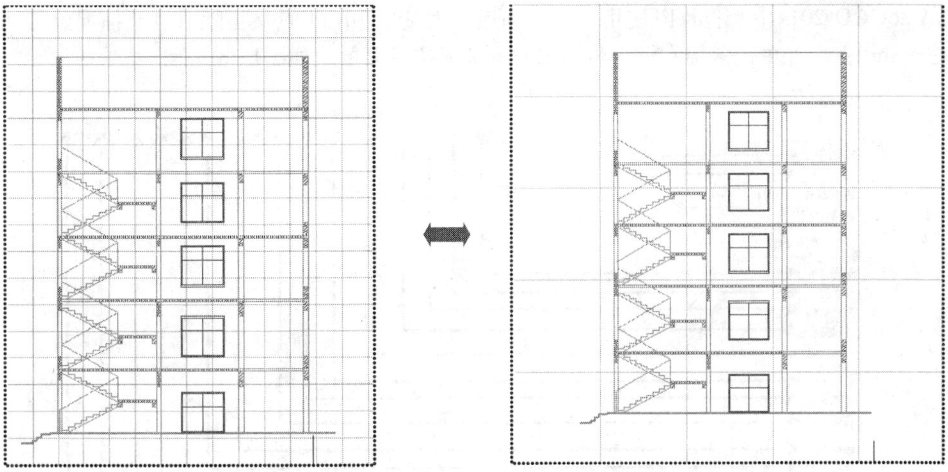

图1-46　设置不同的栅格间距

1.5.2　设置正交模式

所谓正交，是指在绘制图形时指定第一个点后，连续光标和起点的直线总是平行于x轴或y轴。若捕捉设置为等轴测模式时，正交还迫使直线平行于第三个轴中的一个。

正交命令的启动方法如下。

- 在状态栏中单击“正交”按钮。
- 在命令行输入或动态输入Ortho命令，然后按Enter键，或按F8键。

当正交模式打开时，只能在垂直或水平方向画线或指定距离，而不管光标在屏幕上的位置。其线的方向取决于光标在x轴、y轴方向上的移动距离变化。如果x方向的距离比y方向上的距离大，则画水平线，反之则画垂直线。

1.5.3　设置对象的捕捉模式

在实际绘图过程中，有时经常需要找到已知图形的特殊点，如圆形点、切点、直线中点等，这时可以启动对象捕捉功能。

对象捕捉与捕捉不同，对象捕捉是把光标锁定在已知图形的特殊点上，它不是独立的命令，是在执行命令过程中结合使用的模式。而捕捉是将光标锁定在可见或不可见的栅格点上，是可以单独执行的命令。

要设置对象捕捉模式，只需在“草图设置”对话框中单击“对象捕捉”选项卡，分别勾选要设置的捕捉模式即可，如图1-47所示。

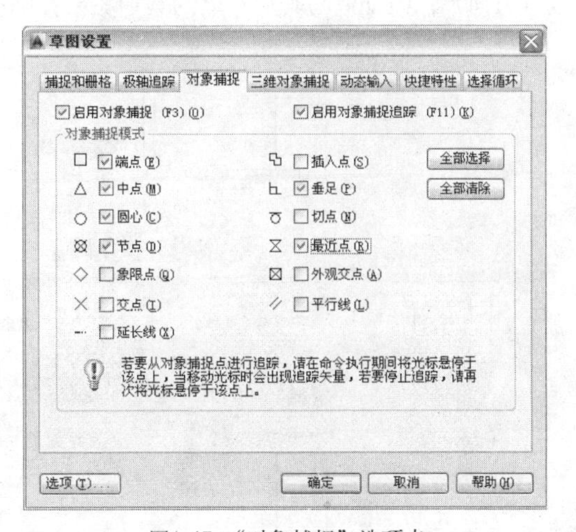

图1-47　“对象捕捉”选项卡

设置好捕捉选项后，在状态栏中激活“对象捕捉”按钮，按F3键，或者按组合键Ctrl+F，即可在绘图过程中启用捕捉选项。启用对象捕捉后，在绘制图形对象时，当光标移动到图形对象的特点位置时，将显示捕捉模式的标志符号，并在其下侧显示捕捉类型的文字信息。

在AutoCAD 2014中，也可以使用“对象捕捉”工具栏中的工具按钮随时打开捕捉。另外，按住Ctrl键或Shift键，并单击鼠标右键，将弹出对象捕捉快捷菜单，如图1-48所示。

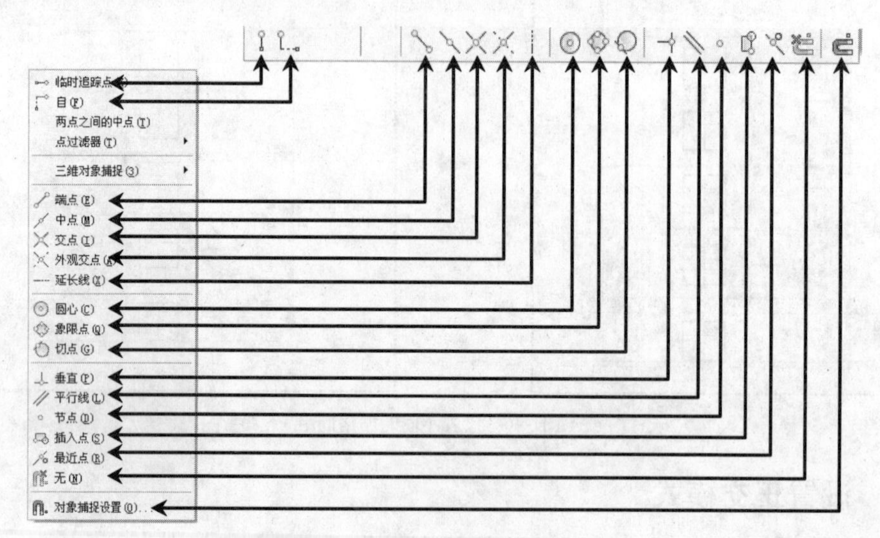

图1-48 对象捕捉快捷菜单

1.5.4 设置自动与极轴追踪

自动追踪实质上也是一种精确定位的方法，当要求输入的点在一定的角度线上，或者输入的点与其他的对象有一定关系时，可以非常方便地利用自动追踪功能来确定位置。

自动追踪包括两种追踪方式：极轴追踪和对象捕捉追踪。极轴追踪是按事先给定的角度增加追踪点；而对象追踪是按追踪与已绘图形对象的某种特定关系来追踪，这种特定的关系确定了一个用户事先并不知道的角度。

如果用户事先知道要追踪的角度（方向），即可以用极轴追踪；如果事先不知道具体的追踪角度（方向），但知道与其他对象的某种关系，则用对象捕捉追踪，如图1-49所示。

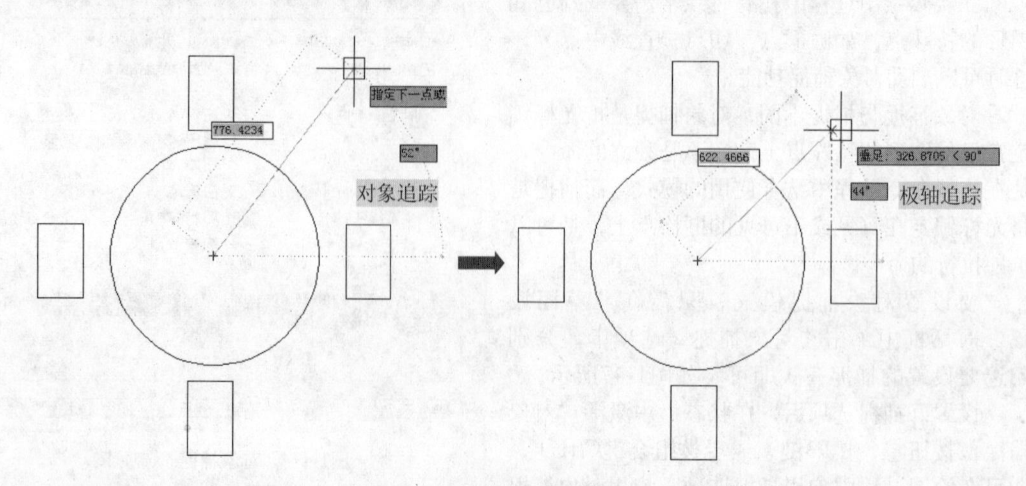

图1-49 对象追踪和极轴追踪

要设置极轴追踪的角度或方向，在“草图设置”对话框中选择“极轴追踪”选项卡，然后启用极轴追踪并设置极轴的角度即可，如图1-50所示。

下面针对“极轴追踪”选项卡中的各种功能进行讲解。

- “极轴角设置”设置区：用于设置极轴追踪的角度。默认的极轴追踪角度是90，用户可以在“增量角”下拉列表中选择角度的增加量。若该下拉列表中的角度不能满足用户的要求，可将下侧的“附加角”复选框选中。用户也可以单击“新建”按钮并输入一个新的角度值，将其添加到附加角的列表框中。
- “对象捕捉追踪设置”设置区：若选择“仅正交追踪”单选按钮，可在启用对象捕捉追踪的同时，显示获取的对象捕捉的正交对象捕捉追踪路径；若选择“用所有极轴角设置追踪”单选按钮，则在命令执行期间，将光标停于该点上，当移动光标时，会出现关闭矢量；若要停止追踪，则再次将光标停于该点上。
- “极轴角测量”设置区：用于设置极轴追踪对其角度的测量基准。若选择“绝对”单选按钮，表示以当用户坐标UCS和x轴正方向为0时计算极轴追踪角；若选择“相对上一段”单选按钮，可以基于最后绘制的线段确定极轴追踪角度。

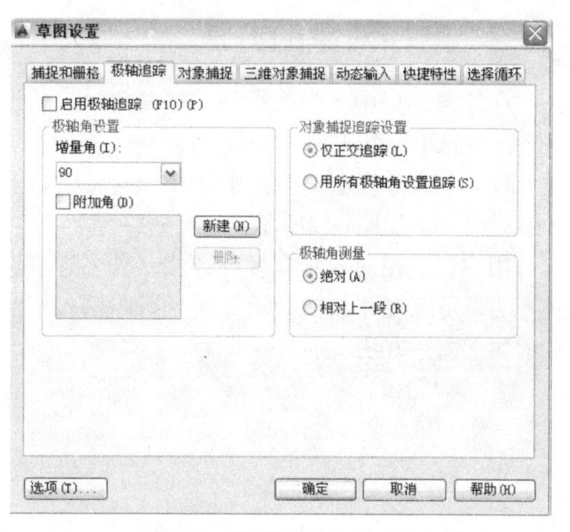

图1-50　“极轴追踪”选项卡

1.6　图形对象的选择

用户在AutoCAD 2014中绘制或修改图形时，很多时候需要进行对象的选择操作。选择图形对象的方法很多，用户可以通过鼠标单击对象逐个拾取，也可以利用矩形窗口或者交叉窗口等来选择。

1.6.1　设置选择模式

用户在对较复杂的图形对象进行编辑操作时，经常需要同时对几个图形对象进行编辑。只有设置好较为恰当的选择模式，才能更方便、快捷地对指定的对象进行选择及操作。

在AutoCAD 2014中，执行“格式”｜“绘图设置”命令，此时将弹出“草图设置”对话框，单击“选项”按钮进行设置；或者执行“工具”｜“选项”命令，将弹出“选项”对话框，切换到“选择集”选项卡，即可在“选择集模式”选项区下设置选择模式；同时，可以设置拾取框大小、选择集模式、夹点大小、夹点颜色等，如图1-51所示。

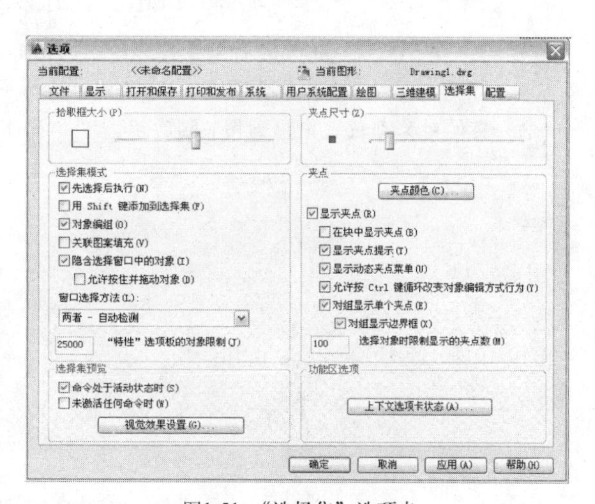

图1-51　“选择集”选项卡

1.6.2 选择对象的方法

在绘图过程中，当执行到某些命令时，将提示“选择对象”，此时出现矩形拾取光标□，将光标放在要选择的对象位置时，将亮显对象，单击则选择该对象（也可以逐个选择多个对象），如图1-52所示。

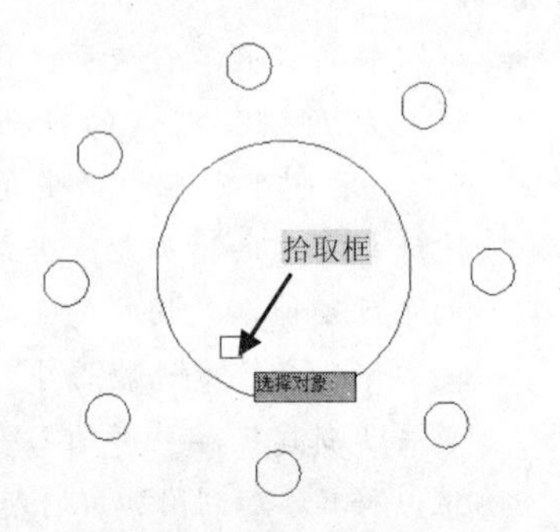

图1-52 拾取选择对象

用户在选择对象时有多种方法，若要查看选择对象有哪些方法，可以在“选择对象”命令行内输入“？”，这时将显示如下选择方法。

> 选择对象:？
> *无效选择*
> 需要点或窗口(W)/上一个(L)/窗交(C)/框(BOX)/全部(ALL)/栏选(F)/圈围(WP)/圈交(CP)/编组(G)/添加(A)/删除(R)/多个(M)/前一个(P)/放弃(U)/自动(AU)/单个(SI)

根据上面的提示，用户输入其大写字母命令，可以指定对象的选择模式。

- 需要点：可逐个拾取所需对象，该方法为默认设置。
- 窗口（W）：使用鼠标拖动一个矩形窗口将选择的对象框住，凡在窗口内的目标均被选中，如图1-53所示。

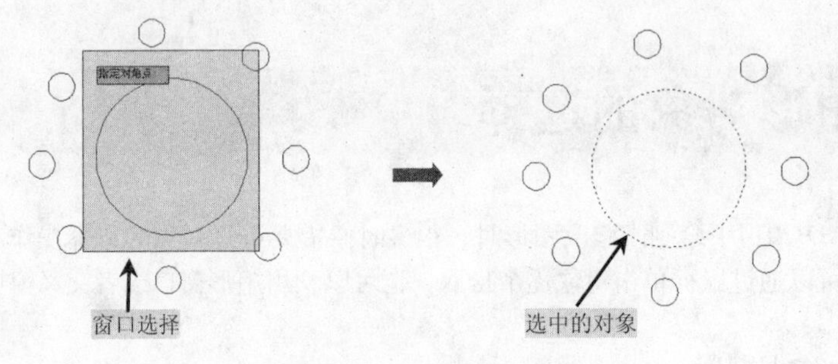

图1-53 “窗口”选择方式

- 上一个（L）：此方式将用户最后绘制的图形作为编辑对象。
- 窗交（C）：选择该方式后，使用鼠标拖动一个矩形窗口，凡在窗口内和与此窗口四边相交的对象都被选中，如图1-54所示。

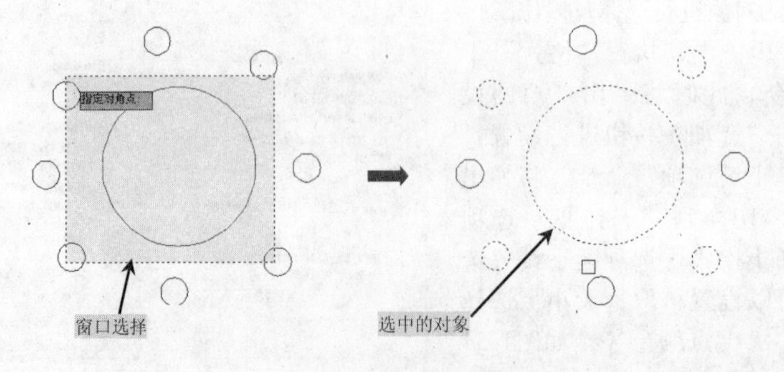

图1-54 “窗交”选择方式

- 框（BOX）：当用户使用鼠标拖动一个矩形窗口时，其第一角点位于第二角点的左侧，此方式与窗口（W）选择方式相同；其第一角点位于第二角点右侧时，此方式与窗交（C）方式相同。
- 全部（ALL）：图形中所有的对象均被选中。
- 栏选（F）：用户可用此方式绘制任何折线，凡是被折线相交的对象均被选中，如图1-55所示。

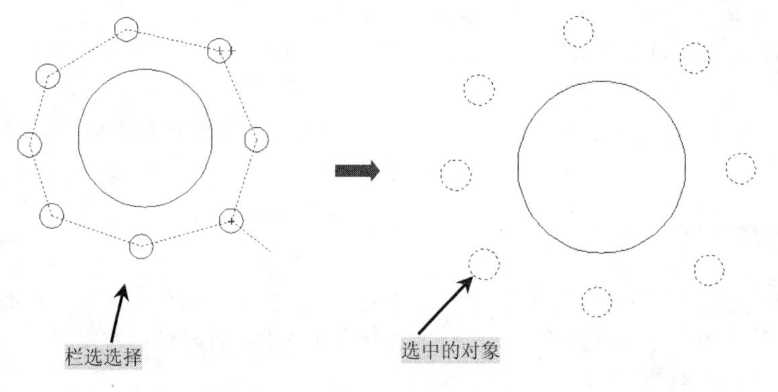

图1-55 “栏选”选择方式

- 圈围（WP）：该选项与窗口（W）选择方式相似，但它可构造任意形状的多边形区域，包含在多边形窗口内的图形均被选中，如图1-56所示。

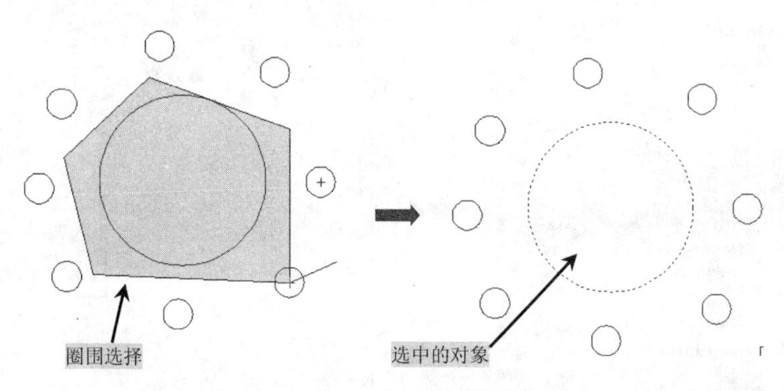

图1-56 “圈围”选择方式

- 圈交（CP）：该选项与窗交（C）选择方式类似，但它可以构造任意形状的多边形区域，包含在多边形窗口内的图形或与该多边形窗口相交的任意图形均被选中，如图1-57所示。

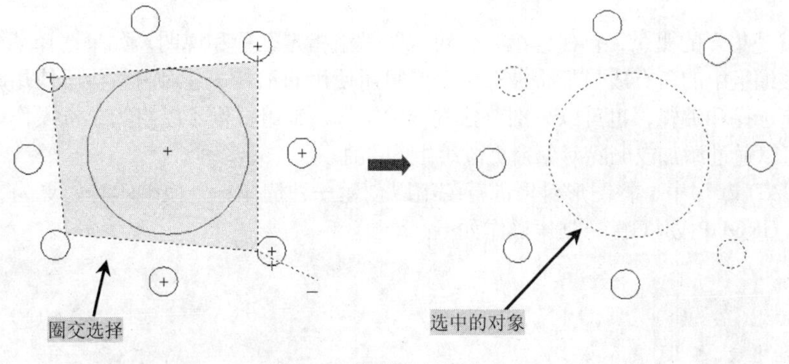

图1-57 “圈交”选择方式

- 编组（G）：输入已定的选择集，系统将提示输入编组名称。

- 添加（A）：当用户完成目标选择后，还有少数没有选中时，可以通过此方法将目标添加到选择集中。
- 删除（R）：把选择集中的一个或多个目标对象移除选择。
- 多个（M）：指一次选择多个对象。
- 前一个（P）：此方法用于选中前一次操作所选择的对象。
- 放弃（U）：取消上一次所选中的目标对象。
- 自动（AU）：若拾取框正好有一个图形，则选中该图形；反之，则用户指定另一角点以选中对象。
- 单个（SI）：当命令行中出现“选择对象”时，光标变为矩形拾取光标□，点取要选中的目标对象即可。

1.6.3 快速选择对象

当用户在绘制一些较为复杂的对象时，经常需要使用多个图层、颜色、图块、线框、线型等来绘制不同的图形对象，从而使某些图形对象具有共同的特性。用户可以利用对象的共同特性来进行选择和操作。

执行“工具”｜“快速选择”命令，或在视图空白位置右击鼠标，从弹出的快捷菜单中选择“快速选择”命令，将弹出“快速选择”对话框，根据自己的需要选择相应的对象，如图1-58所示为选择图中所有的圆对象。

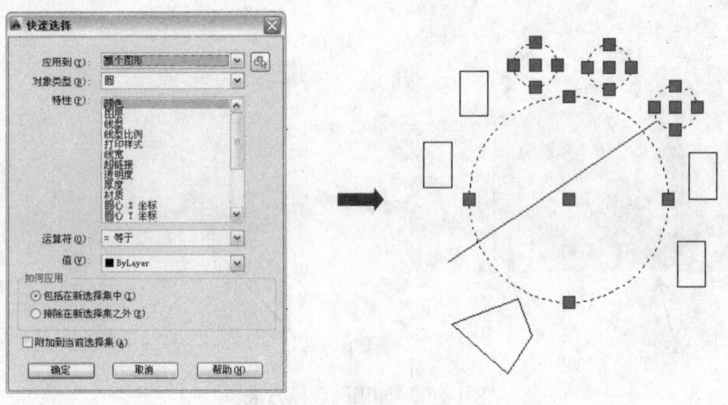

图1-58 快速选择所有的圆对象

1.6.4 使用编组操作

编组，就是集合的概念，创建编组时，可以为编组指定名称和说明。如果选择某个组中的一个成员，那么该编组中的所有成员都将被选中，对组所使用的工具，是对组整体所使用的。编组可以根据需要一起选择和编辑，也可以分别单独进行编辑等。编组提供了以组为单位操作图形元素的简单方法，还可以通过添加或删除对象来更改编组的部件。

在AutoCAD 2014中，将图形对象进行编组以创建一种选择集，使编辑对象更为灵活。通过在命令行中输入GROUP或按G键，具体操作如下。

```
命令: G                                                  \\执行编组命令
选择对象或 [名称(N)/说明(D)]:N                            \\选择“名称(N)”选项
输入编组名或 [?]: LT                                      \\输入编组名
选择对象或 [名称(N)/说明(D)]:指定对角点: 找到 2 个，1 个编组  \\选择编组对象
编组已创建                                                \\编组创建完成
```

1.7 图形的显示控制

在绘制图形过程中，用户常需要在AutoCAD中对图形进行缩放、平移等操作。只要能够灵活、熟练地掌握对图形的控制，就可以更加精确、快速地绘制所需要的图形。

1.7.1　缩放与平移视图

在AutoCAD环境中，用户可以通过多种方法对图形进行缩放、平移视图的操作，执行“视图”｜“平移”命令，在其下拉菜单中将会显示平移的多种方法。在“缩放”工具栏中也可以执行相应的操作，如图1-59所示。

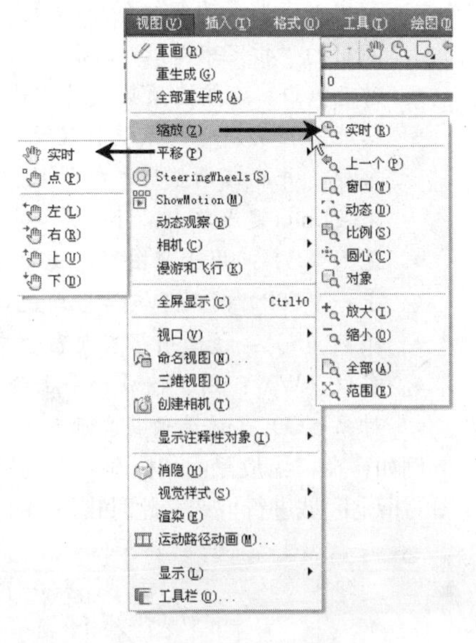

图1-59　“缩放”与“平移”命令

1. 平移视图

用户可以通过多种平移视图的方法来重新确定图形在绘图区域的位置。平移视图的方法如下。

- 在菜单栏中执行“视图”｜“平移”｜“实时”命令。
- 在工具栏中单击“标注/实时平移”按钮。
- 在命令行中输入或动态输入PAN或P，然后按Enter键。

在执行平移命令的时候，鼠标形状将变为手形图标，按住鼠标左键可以对图形对象进行上下、左右移动，此时所拖动的图形对象大小不会改变，如图1-60所示。用户也可以通过按住鼠标中键不放来对图形对象进行移动。

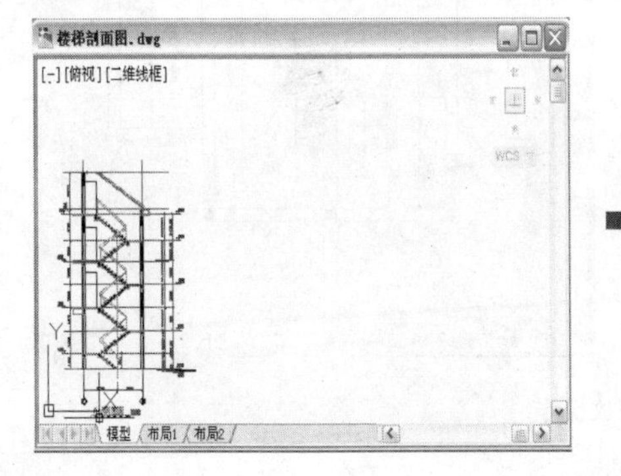

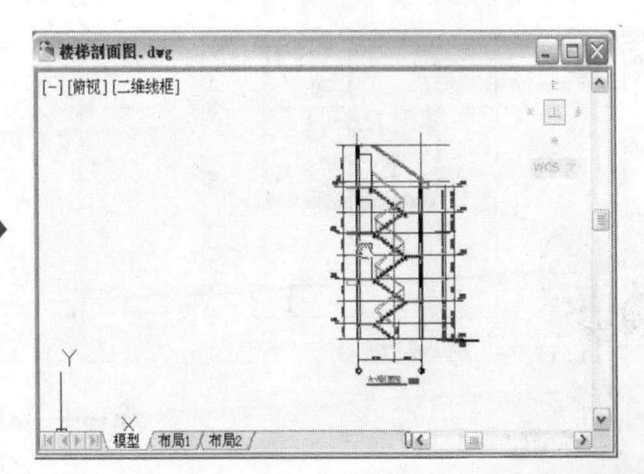

图1-60　平移的视图

2. 缩放视图

用户在绘制图形时，经常需要将局部视图放大，或者缩放视图全局效果，这时就可以使用AutoCAD 2014提供的视图缩放功能。缩放视图的方法如下。

- 选择“视图”｜“缩放”命令，在其下级菜单中选择相应的命令。
- 在“缩放”工具栏中单击相应的功能按钮之一。
- 在命令行中输入或动态输入ZOOM或Z，并按Enter键。

若用户选择“视图”｜“缩放”｜“窗口”命令，系统将提示如下信息。

命令: Z或ZOOM
指定窗口的角点，输入比例因子 (nX 或 nXP)，或者[全部(A)/中心(C)/动态(D)/范围(E)/上一个(P)/比例(S)/窗口(W)/对象(O)] <实时>:

在该命令提示中给出了多个选项，各个选项含义如下。

- 全部（A）：用于在当前视口显示整个图形，其大小取决于图形界限设置或者有效绘图区域，这是因为用户可能没有设置图形界限或有些图形超出了绘图区域。
- 中心（C）：该选项要求确定一个中心点，然后绘出缩放系数（后跟字母X）或一个高度值。之后，AutoCAD就缩放中心点区域的图形，并按照缩放系数或高度值显示图形，所选的中心点将成为视口的中心点。如果保持中心点不变，而只想改变缩放系数或高度值，则在新的“指定中心点：”提示符下按Enter键即可。
- 动态（D）：该选项集成了“平移”命令或“缩放”命令中的“全部”和“窗口”选项的功能。在使用时，系统将显示一个平移观察框，拖动它至适当位置并单击，将显示缩放观察框，并能够调整观察框的尺寸。随后，如果单击鼠标，系统将再次显示平移观察框。如果按Enter键或单击鼠标，系统将利用该观察框中的内容填充视口。
- 范围（E）：用于将图形的视口内最大限度地显示出来。
- 上一个（P），用于恢复当前视口中上一次显示的图形，最多可以恢复10次。
- 比例（S）：该选项将当前窗口中心作为中心点，并且依据输入的相关数值进行缩放。
- 窗口（W）：用于缩放一个由两个角点所确定的矩形区域。
- 对象（O）：该选项将当前对象作为中心点进行缩放。

例如，在“缩放”或“标准”工具栏中单击“窗口缩放”按钮，然后利用鼠标的十字光标在视图的指定区域进行框选，此时视图将框选的图形对象填充整个视图来显示，如图1-61所示。

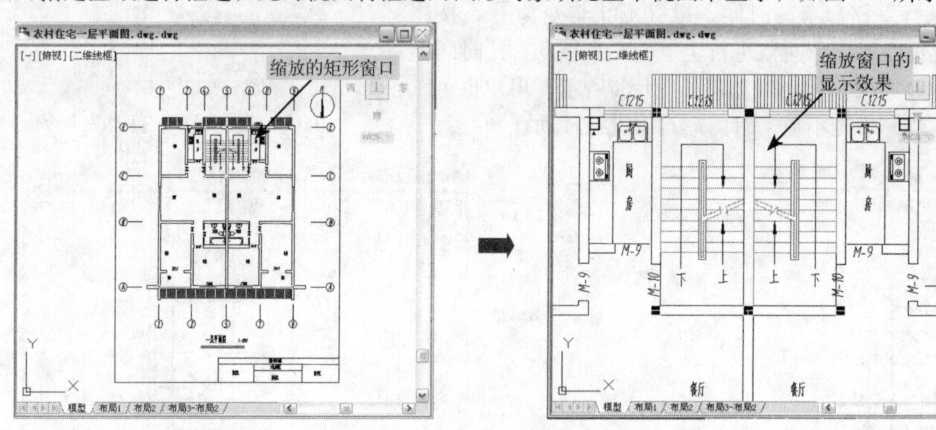

图1-61　窗口缩放操作

1.7.2　命名视图的命名与恢复

在AutoCAD环境中，可以通过命名视图的方式将视图区域、缩放比例、透明设置等信息保存起来。而恢复表示将某一视图的状态以某种名称保存起来，然后在需要的时候将其恢复为当前显示，以提高绘图效率。

例如，在绘制建筑图的过程中，若每次需要放大显示“阳台”区，首先要通过窗口缩放的方式，将其“阳台”区域进行最大化显示在窗口中，执行“视图”｜“命名视图”命令，将弹出“视图管理器”对话框，然后单击“新建”按钮后弹出“新建视图”对话框，在其对话框中输入新建的视图名称（YT），设置边界参数，然后单击“确定”按钮，此时在“视图管理器”窗口中就可以看到新建的视图名称，如图1-62所示。

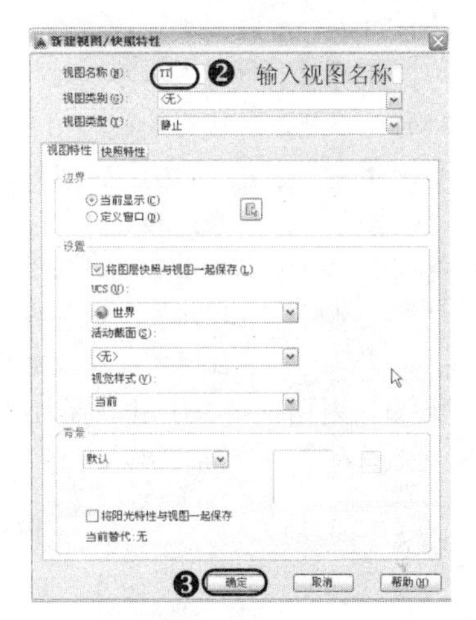

图1-62　命名视图

如果需要对命名视图进行恢复，执行“视图”｜“命名视图”命令，弹出“视图管理器”对话框，在其对话框中可以看见先前已经命名的视图，选择该视图名称，再单击“置为当前”按钮即可，如图1-63所示。

图1-63　恢复命名视图

1.7.3　使用平铺视口

在AutoCAD中绘制图形时，常常需要将图形局部进行放大，从而显示细节以便于编辑。当需要图形的整体效果时，仅使用一个窗口无法满足需要，这时可以使用AutoCAD的平铺视口功能，将绘图窗口划分为若干视口。

平铺视口是指把绘图窗口分成多个矩形区域，从而创建不同的绘图区域，每一个区域都可以来查看图形的不同部分。

1. 创建平铺视口

要创建平铺视口，用户可以通过以下几种方式。

- 执行“视图”｜“视口”｜“新建视口”命令。
- 在“视口”工具栏中单击“显示视口对话框”按钮。
- 在命令行中输入或动态输入VPOINTS。

此时将打开“视口”对话框，使用“新建视口”选项卡可以显示标准视口配置列表、创建并设置新平铺视口，如图1-64所示。

在创建平铺视口时，需要在“新名称”文本框中输入新建的平铺视口名称，在“标准视口”列表框中选择可用的标准视口配置，此时“预览”区将显示所选视口配置以及已经赋予每个视口默认视图预览图像，利用相应的选项可进行设置。

- “应用于”下拉列表：设置所选的视口配置是用于整个显示屏幕还是当前视口，包括“显示”和“当前视口”两个选项。其中，“显示”选项卡用于设置所选视口配置用于模型空间的整个显示区域为默认选项；“当前视口”选项卡用于设置将所选的视口配置用于当前的视口。
- “设置”下拉列表：指定二维或三维设置。如果选择“二维”选项，则使用视口中的当前视口来初始化视口配置；如果选择“三维”选项，则使用正交的视图来配置视口。
- “修改视图”下拉列表：选择一个视口配置代替已选择的视口配置。
- “视觉样式”下拉列表：可以从中选择一种视觉样式代替当前的视觉样式。

在“视口”对话框中，使用“命名视口”选项卡可以显示图形中已命名的视口配置。当选择一个视口配置后，配置的布局将显示在预览窗口中，如图1-65所示。

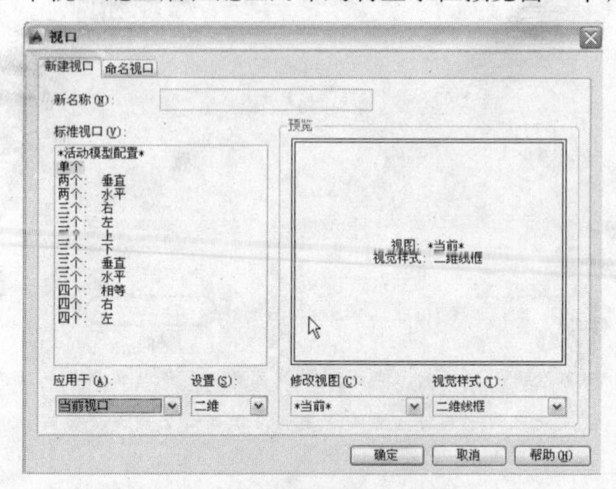

图1-64 “新建视口”选项卡

图1-65 “命名视口”选项卡

2. 分割与合并

在AutoCAD 2014中，执行“视图”｜“视口”菜单中的命令，可以改变视口显示的情况下分割或合并当前视口。

例如，打开下面的图形，执行“视图”｜“视口”｜“三个视口”命令，即可将打开的图形文件分成4个窗口进行操作，如图1-66所示。若执行“视图”｜“视口”｜“合并”命令，系统将要求选择一个视口作为主视口，再选择相邻的视口，即可将所选择的两个视口进行合并，如图1-67所示。

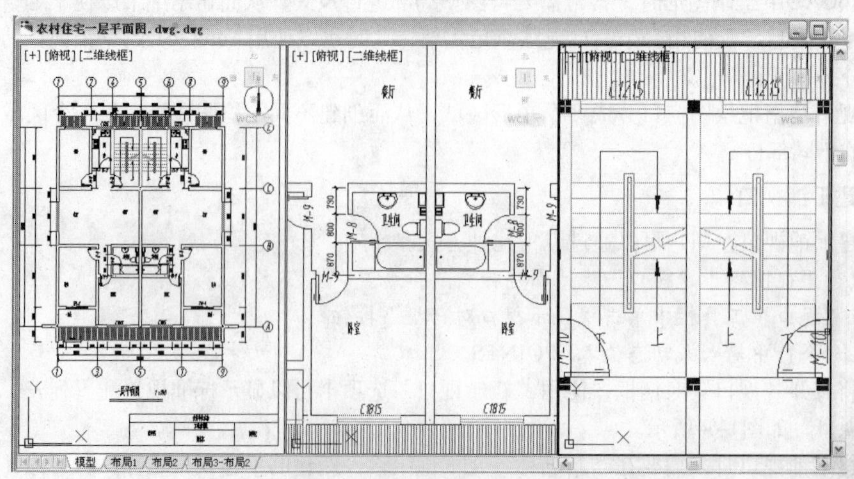

图1-66 分割视口

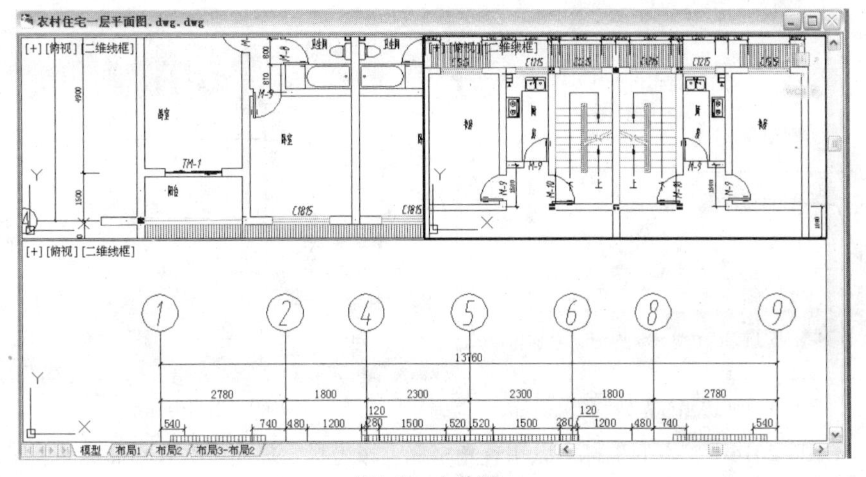

图1-67　合并视口

3. 平铺视口的特点

当打开一个新的图形时，默认情况下将用一个单独的视口填满模型空间的整个绘图区域。而当系统变量TILEMODE被设置为1后（即在模型空间模型下），就可以将屏幕的绘图区域分割成多个平铺视口。在AutoCAD 2014中，平铺视口具有以下特点。

- 每个视口都可以平移和缩放，设置捕捉、栅格和用户坐标系等，且每个视口都可以有独立的坐标系统。
- 在命令执行期间，可以切换视口以便在不同的视口中绘图。
- 可以命名视口中的配置，以便在模型空间中恢复视口或者应用到布局。
- 只有在当前视口中指针才显示为“+”字形状，指针移除当前视口后变成为箭头形状。
- 当在平铺视口中工作时，可全局控制所有视口图层的可见性。如果在某一个视口中关闭了某一个图层，系统将关闭所有视口中的相应图层。

1.8 AutoCAD的坐标系统

用户在绘图过程中，使用坐标系作为参照，可以精确定位某个对象，以便精确地拾取点的位置。AutoCAD 2014的坐标系提供了精确绘制图形的方法，利用坐标（x,y）可以表示具体的点。

1.8.1　坐标系

在AutoCAD中存在着两种坐标，即世界坐标（WCS）和用户坐标。进入AutoCAD 2014时，出现的坐标就是世界坐标，为固定的坐标系统，如图1-68所示。世界坐标系为坐标系统中的基准，绘制图形时多数情况下都是在这个坐标系统下进行的。

在用户坐标系中，可以任意指定或移动原点和选择坐标轴，从而将世界坐标系改为用户坐标系，如图1-69所示，其用户坐标轴的交汇处没有方形标记“□”。

要改变坐标的位置，首先在命令行中输入UCS命令，此时使用鼠标将坐标移至新的位置，然后按Enter键即可。若要将用户坐标系改为世界坐标系，在命令行中输入UCS命令，然后在命令行中选择“世界（W）”选项即可。

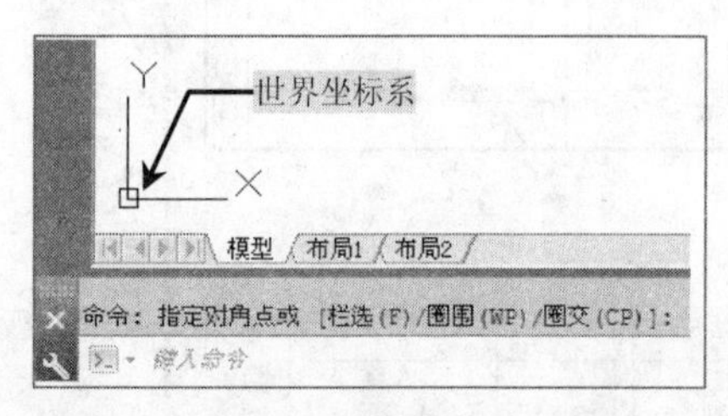

图1-68　世界坐标系

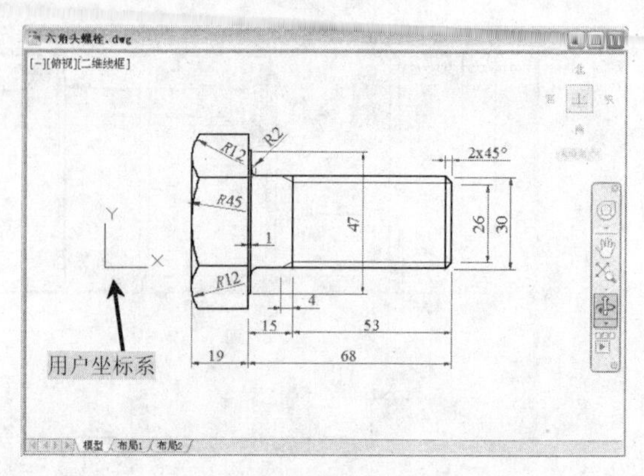

图1-69　用户坐标系

在AutoCAD 2014中，点的坐标可以用直角坐标、极坐标、球面坐标和柱面标注表示，每一种坐标又分有两种坐标输入方式：绝对坐标与相对坐标，一般最常用的为直角坐标和极坐标。接下来主要讲解的是它们的输入方法。

（1）直角坐标法

指用点的x、y坐标值表示的坐标。例如：在命令行中输入点的坐标提示下，输入“30,10”，表示输入了一个x、y的坐标值分别为“30,10”的A点，此为绝对坐标输入方式，表示该点的坐标是相对于当前坐标原点的坐标值。如果再在A点（30,10）的基础上输入“@100,50”，则为相对坐标输入方式，表示该点B的坐标是相对于前一点（30,10）的坐标值，如图1-70所示。

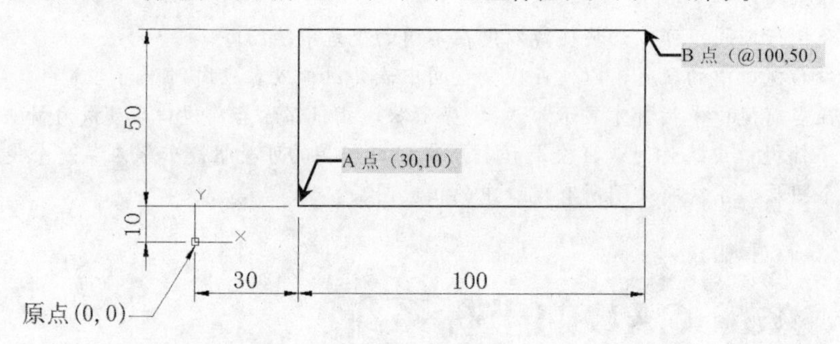

图1-70　直角坐标法

（2）极坐标法

在绝对坐标输入方式下，表示为：“长度<角度”，如A点“50<30”，其中长度为该点到坐标原点的距离为50，角度为该点至原点的连线与x轴正向的夹角为30°。

在相对坐标输入方式下，表示为：“@长度<角度”，如“@100<-30”，其中长度为该点到前一点A的距离为100，角度为该点至前一点的连线与x轴正向的夹角为-30°，如图1-71所示。

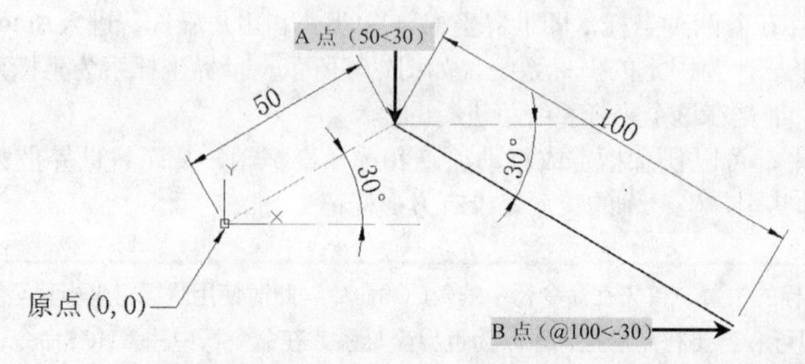

图1-71　极坐标法

1.8.2　动态数据输入

单击“动态输入”按钮，系统将启动动态输入功能，可以在屏幕上动态输入某些参数数据。例如，要绘制一个100×50的矩形，且左下角点距原点(0,0)的位置为（30,10），其操作步骤如下。

1. 在命令行中执行“矩形”命令。
2. 在屏幕上的鼠标指针位置显示“指定第一个角点或”的动态指针，这时输入30，按Tab键或输入逗号（，），再输入10，如图1-72所示。
3. 在键盘上按Enter键，从而确定矩形的一个起始角点。
4. 这时在动态鼠标指针位置显示“指定另一个角点：”，这时输入“@100”，按Tab键或输入逗号（，），再输入50，如图1-73所示。

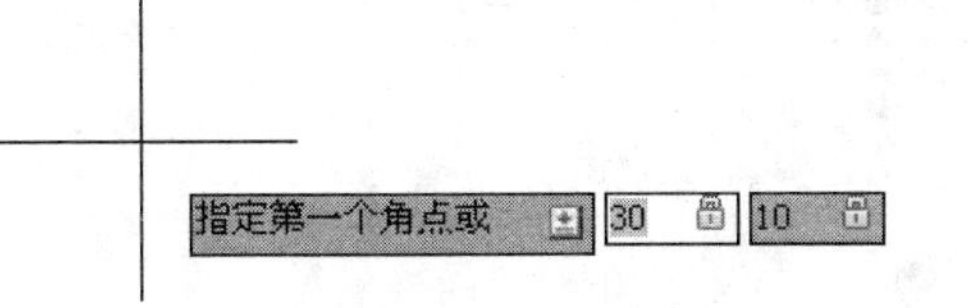

图1-72　动态输入矩形起始角点

图1-73　动态输入矩形对角点

5. 在键盘上按Enter键，确定矩形的对角点，从而在视图中绘制好相应的矩形对象，如图1-74所示。

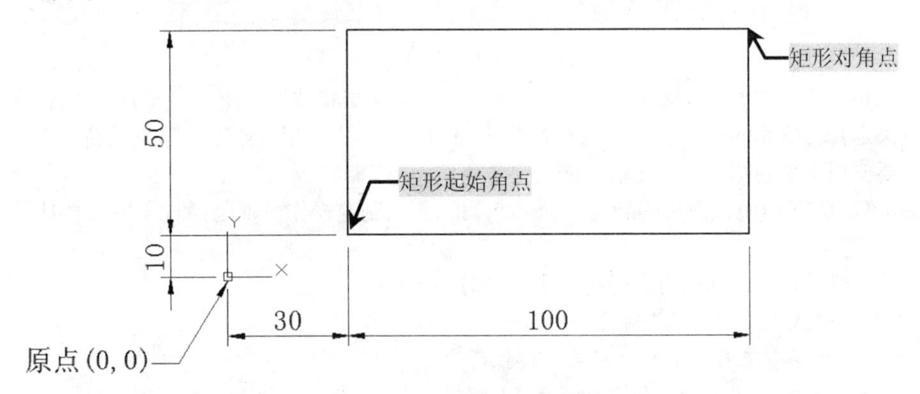

图1-74　动态绘制矩形

1.9　图层设置

图层是用户组织和管理图形的强有力工具。在一个复杂的图形中，有许多不同类型的图形对象，这些图形对象都具有图层、颜色、线宽和线型这4个基本属性，为了方便区分和管理，可以通过创建多个图层，有效控制对象的显示、编辑，从而提高绘制复杂图形的效率和准确性。

1.9.1　规划图层

在中文版AutoCAD 2014中，所有图形对象都具有图层、颜色、线型和线宽这四个基本属性。用户可以使用不同的图层、不同的颜色、不同的线型和线宽绘制不同的对象和元素，方便控制了对象的显示和编辑，从而提高绘制复杂图形的效率和准确性。

1.“图层特性管理器”面板的组成

图层是AutoCAD提供的一个管理图形对象的工具，用户可以根据图层对图形几何形象、文字、标注等进行归类处理，使用图层来管理它们，这不仅能使图形的各种信息清晰、有序，便于观察，而且也会给图形的编辑、修改和输出带来很大方便。

AutoCAD提供了图层特性管理器，利用该工具用户可以很方便地创建图层及设置其基本属性。执行“格式”｜“图层”命令，即可打开“图层特性管理器”面板，如图1-75所示。

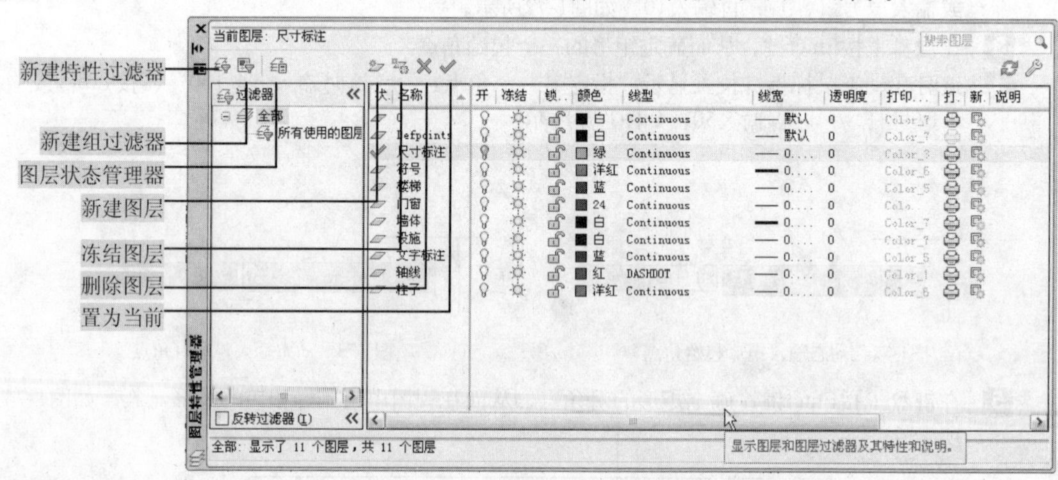

图1-75 “图层特性管理器”面板

在默认情况下，AutoCAD默认的图层是0图层，且该图层将被指定使用7号颜色（白色或黑色，由背景色决定）、Continous线型、默认线宽及Normal打印样式，用户不能删除或重新命名该图层，如果用户要使用更多的图层组织图形，就需要创建新图层。

在AutoCAD 2014中，图层的新建、命名、删除、控制等操作，都是通过“图层特性管理器”面板来操作的。

“图层特性管理器”面板可以通过以下几种方法启动。

- 执行“格式”｜“图层”命令。
- 单击“图层”工具栏中的“图层”按钮。
- 在命令行中输入Layer命令（快捷方式LA）。

要新建图层时，可在“图层特性管理器”面板中单击“新建图层”按钮，此时列表中将显示名为“图层1”的图层。如果用户更改图层名称，用鼠标单击该图层，并按F2键，然后重新输入图层名称即可。在为图层命名时，图层名最长可达255个字符，可以是数字、字母或其他字符，但不允许有>、<、\、:、=等，否则系统将弹出如图1-76所示的提示框。

此时新建的图层继承了0图层的颜色、线型等，如果需要对新建图层进行颜色、线型等的重新设置，则选中列表中当前图层的特性（颜色、颜色等），单击鼠标左键，进行重新设置。如果要使用默认设置创建图层，则不要选择列表中的任何一个图层，或在创建新图层前选择一个具有默认设置的图层。

2. 设置图层颜色

颜色在图形中具有非常重要的作用，可用来表示不同的组件、功能和区域。图层的颜色实际上是图层中图形对象的颜色。每个图层都拥有自己的颜色，对不同的图层可以设置相同的颜色，也可以设置不同的颜色，绘制复杂图形时就可以很容易区分图形的各部分。

新建图层后，要改变图层的颜色，可在“图层特性管理器”面板中单击图层的“颜色”列对应的图标，打开“选择颜色”对话框，如图1-77所示。

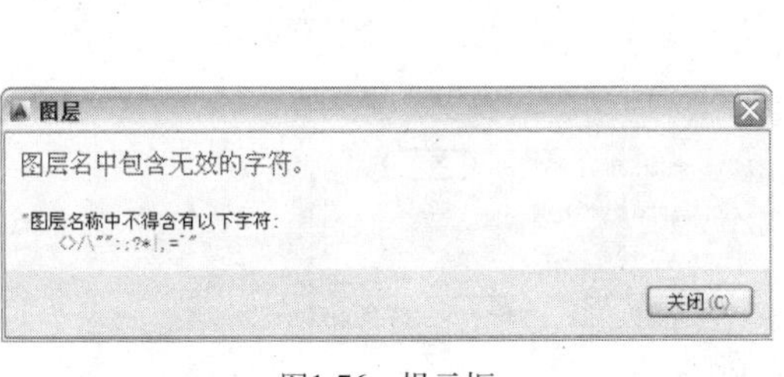

图1-76　提示框

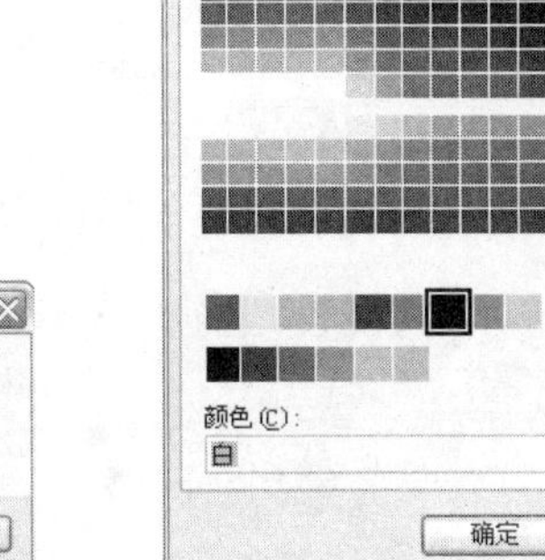

图1-77　“选择颜色”对话框

3. 设置图层线型

在绘制图形时要使用线型来区分图形元素，就需要对线型进行设置。在默认情况下，图层的线型为Continuous。要改变线型，可在图层列表中单击“线型”列的Continuous，打开“选择线型”对话框，如图1-78所示。在“已加载的线型”列表框中选择线型，然后单击“确定”按钮。

4. 加载线型

默认情况下，在“选择线型”对话框的“已加载的线型”列表框中只有Continuous一种线型，如果要使用其他线型，必须将其添加到“已加载的线型”列表框中。可单击“加载”按钮打开“加载或重载线型”对话框，如图1-79所示，从当前线型库中选择需要加载的线型，然后单击“确定”按钮。

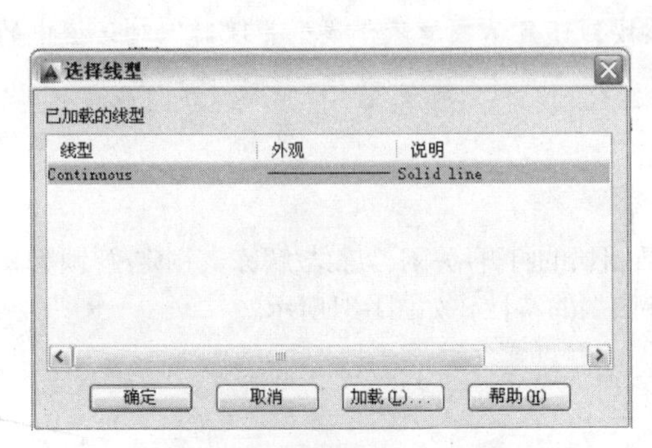

图1-78　“选择线型”对话框

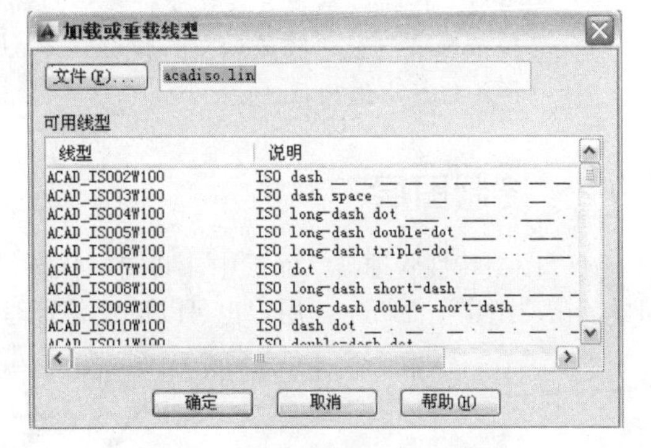

图1-79　“加载或重载线型”对话框

AutoCAD中的线型包含在线型库定义文件acad.lin和acadiso.lin中。其中，在英制测量系统下，使用线型库定义文件acad.lin；在公制测量系统下，使用线型库定义文件acad.lin。可以根据需要，单击对话框中的“文件”按钮，打开“选择文件线型”对话框，然后选择合适的线型库定义文件。

5. 设置线型比例

在加载线型时，系统除了提供实线线型外，还提供了大量的非连续线型，包括重复的短线、间隔及可选择的点。由于非连续线型受图形尺寸的影响，因此当图形的尺寸不同时，图形中绘制的非连续型外观也将不同。

在AutoCAD中，可以通过设置线型比例来改变非连续型外观。可执行“格式”｜“线型”命令，打开“线型管理器”对话框，通过改变“全局比例因子”来设置图形中的线型比例，如图1-80所示。

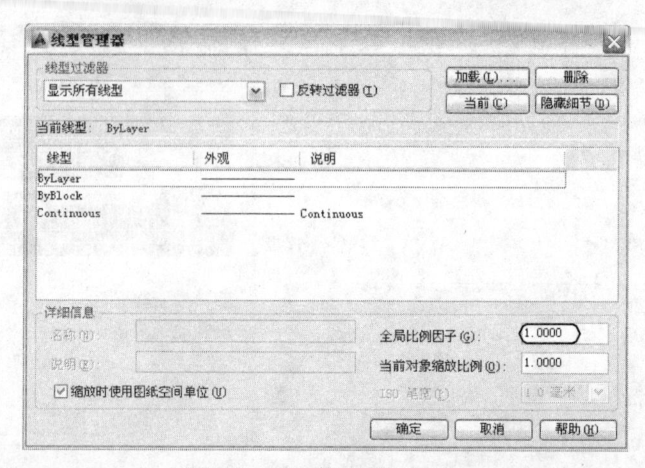

图1-80 “线型管理器”对话框

“线型管理器”对话框中显示了当前使用的线型和可选择的其他线型。当在线型列表中选择了某一线型，并且单击“显示细节”按钮后，可以在“详细信息”选项区中设置线型的“全局比例因子”和“当前对象缩放比例”。其中，“全局比例因子”用于设置图形中所有线型的比例。“当前对象缩放比例”用于设置当前选中线型的比例。

此外，在“线型管理器”对话框中还包含其他一些选项和按钮，其功能如下。

- “线型过滤器”下拉列表：可根据过滤条件控制主列表框中显示已加载的线型，如果选中“反转过滤器”复选框，则仅显示未通过过滤器的线型。
- “加载”按钮：单击该按钮可打开“加载或重载”对话框，加载其他所需的线型。
- “删除”按钮：单击该按钮可删除在线型列表框中选中的线型。
- “当前”按钮：单击该按钮可将选中的线型设置为当前线型。
- “显示细节”或“隐藏细节”按钮：单击该按钮可显示或隐藏“线型管理器”对话框中的“详细信息”选项区。

1.9.2 控制图层

在“图层特性管理器”面板中，其图层状态包括图层的打开/关闭、冻结/解冻、锁定/解锁等。同样，在“图层”面板中，用户也可以设置并管理各图层的特性，如图1-81所示。

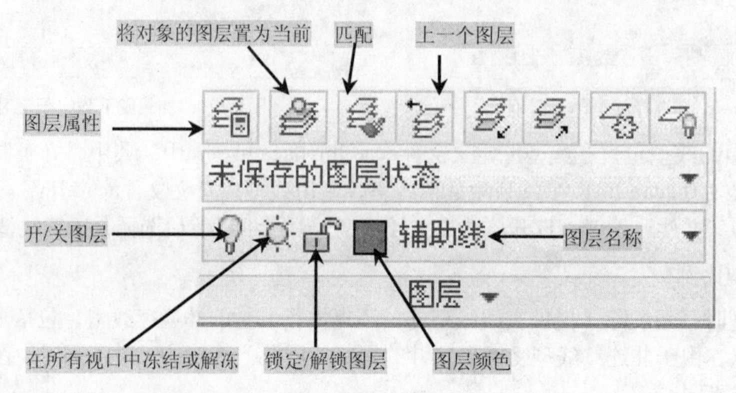

图1-81 图层状态

- 打开/关闭图层：在“图层”工具栏的列表中，单击相应图层的小灯泡图标，可以打开或关闭图层。在打开状态下，灯泡颜色为黄色，该图层的对象将显示在视图中，可以在输出设置上打印出来；在关闭状态下，灯泡显示的颜色为灰色，该图层的对象不能在视图中显示出来，也不能打印出来，如图1-82所示为打开或关闭图层时的对比效果。

- 冻结/解冻图层：在“图层”工具栏的“图层控制”下拉列表中，单击相应图层的太阳图标或雪花图标可以冻结和解冻图层。在图层被冻结时，显示为图标，其图层的图形对象不能被显示和打印出来，也不能编辑或修改图层上的图形对象；在图层被解冻时，显示为太阳图标，此时图层上的对象可以被编辑。
- 锁定/解锁图层：在“图层”工具栏列表中，单击相应的图层小锁图标，可以锁定或解锁图层。在图层被锁定时，显示为图标，此时不能编辑锁定图层上的对象，但仍然可以在锁定的图层对象上绘制新的图形。

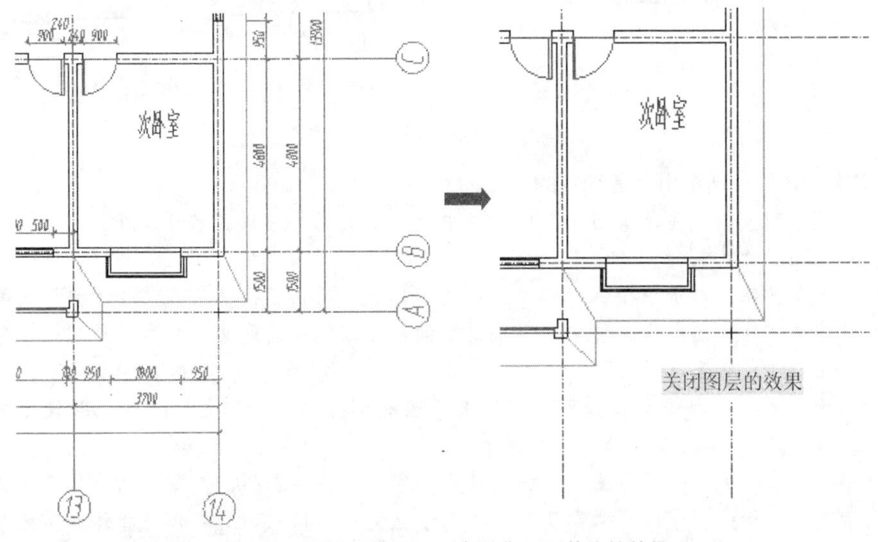

图1-82　显示与关闭“尺寸标注”图层的比较结果

关闭图层和冻结图层的区别在于，冻结图层可以减少系统重生成图形的时间。若用户的计算机性能较好，且所绘制的图形较简单，则一般不会感觉到冻结图层的优越性。

1.10 文字样式与标注样式

在AutoCAD中，使用“文字样式”和“标注样式”可以控制文字与标注的格式、外观，建立强制执行的绘图标准，并有利于对文字、标注的格式进行修改。

1.10.1 设置文字样式

在AutoCAD 2014中，所有文字都有与之相关联的文字样式。在默认情况下，文字注释和尺寸标注使用的是当前的样式，用户可以根据绘制对象的要求重新设置文字样式和创建新的样式。文字样式包括“字体”、“字型”、“高度”、“宽度系数”、“倾斜角”、“反向”、“倒置”以及“垂直”等参数。

创建文字样式时可以通过下面三种方式来操作。

- 执行“格式”｜“文字样式”命令。

- 在“文字”工具栏中单击“文字样式”按钮A。
- 在命令行中输入或动态输入stlye命令（快捷方式ST）。

执行文字样式命令之后，系统将打开“文字样式”对话框，利用该对话框可以修改或创建文字样式，并设置文字的当前样式，如图1-83所示。

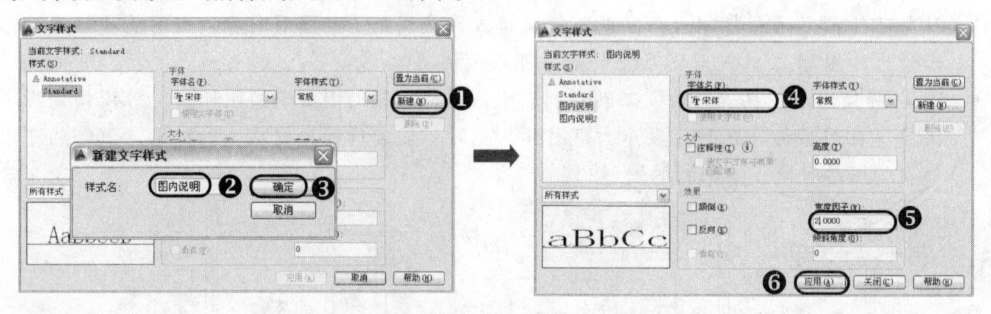

图1-83 “创建文字样式”说明

在“文字样式”对话框中，各选项的含义如下。

- “样式”列表框：显示了当前图形文件中所有定义的文字样式名称，默认文字样式名称为“Standard”。
- “新建”按钮：单击该按钮打开“新建文字样式”对话框，然后在“样式名”文本框中输入新建文字样式名称后，再单击“确定”按钮可以创建新的文字样式，新建的文字样式将显示在“样式”下拉列表中。
- “删除”按钮：单击该按钮可以删除某一已有文件样式，但无法删除已经使用的文件样式、当前文字样式和默认的Standard样式。
- “字体”选项区：用于设置文字样式使用的字体和字高属性。其中，“字体名”下拉列表用于选择字体；“字体样式”下拉列表用于选择字体格式，如斜体、粗体和常规字体等；“高度”文本框用于设置文字高度。勾选“使用大字体”复选框，“文字样式”下拉列表将变为“大字体”下拉列表，用于勾选大字体文件。
- “大小”选项区：可以设置文字的高度。如果将文字的高度设为0，在使用TEXT命令标注文字时，命令行将显示“指定高度：”提示，要求指定文字高度。如果在“高度”文本框中输入文字高度，在AutoCAD 2014中将按此高度标注文字，而不再提示指定高度。
- “效果”选项区：可以设置文字的颠倒、反向、垂直等显示效果。在“宽度因子”文本框中可以设置文字字符的高度和宽度之比；在“倾斜角度”文本框中可以设置文字的倾斜角度，角度为0°时不倾斜，角度为正值时向右倾斜，为负值时向左倾斜。

1. 创建单行文字

在AutoCAD中用户可以使用如图1-84所示的“文字”工具栏创建和编辑文字。对于单行文字来说，每一行都是一个文字对象，因此可以用来创建内容比较简短的文字（如标签），并且可以进行单独编辑。

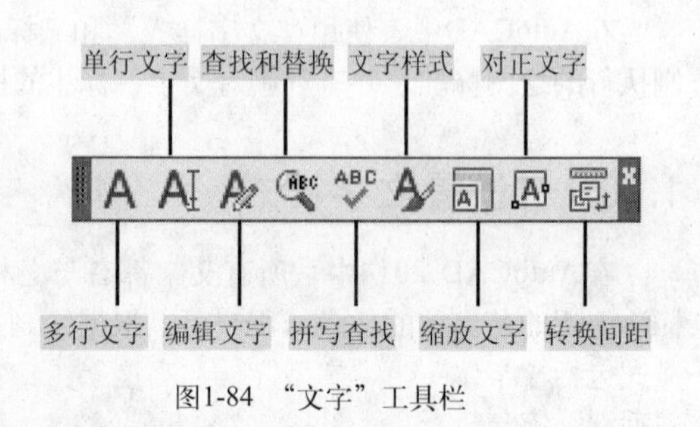

图1-84 “文字”工具栏

选择“绘图”|“文字”|“单行文字”命令（DTEXT），或在“文字”工具栏中单击“单行文字”按钮AI，都可以创建单行文字对象。执行该命令时，命令行显示如下提示信息。

```
指定文字的起点或 [对正(J)/样式(S)]:
```

（1）指定文字的起点

默认情况下，将通过指定单行文字基线的起点位置创建文字。如果当前文字样式的高度设置为0，系统将显示“指定高度：”提示信息，要求指定文字高度，否则不显示该提示信息，而使用“文字样式”对话框可设置文字高度。

然后系统提示显示“文字旋转角度<0>：”提示信息，要求指定文字的旋转角度。文字旋转角度是指文字排列方向与水平线的夹角，默认角度为0，最后输入文字即可。也可以切换到Windows的中文输入反方式后输入中文文字。

（2）设置对正方式

在“指定文字的起点或[对正(J)样式(S)]：”提示信息后输入J，可以设置文字的排列方式，此时命令行显示如下提示信息。

[对齐(A)/布满(F)/居中(C)/中间(M)/右对齐(R)/左上(TL)/中上(TC)/右上(TR)/左中(ML)/正中(MC)/右中(MR)/左下(BL)/中下(BC)/右下(BR)]:

在输入文字的过程中，可以随时改变文字的位置。如果在输入文字过程中想改变后面输入文字的内容，可以将光标移动到新位置并按拾取键，原标注行结束，标志出现新确定的位置后可以在此继续输入文字。但在标注文字时，不论采取哪种排列方式，输入文字时在屏幕上显示的文字是按左对齐的方式排列，直到结束TEXT命令后，才按指定的排列方法重新生成。

（3）设置文字样式

在“指定文字的起点或[对正(J)/样式/(S)]：”提示下输入S，可以设置当前使用的文字样式。选择该选项时，命令行显示下列提示信息。

输入样式名或[?]<Mytext>:

可以直接输入文字样式的名称，也可以输入“？”，在“AutoCAD文本窗口”中显示当前图形已有的文字样式，如图1-85所示。

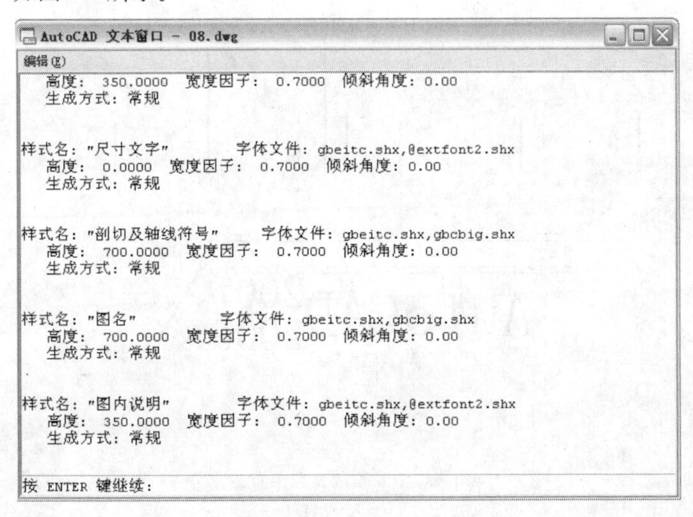

图1-85 AutoCAD文本窗口

（4）使用文字控制符

在实际绘图中，往往需要标注一些特殊的字符。例如，在文字上方或下方添加划线、标注度（°）、±等特殊符号。这些特殊符号不能从键盘上直接输入，因此AutoCAD提供了相应的控制符，以实现这些标注要求。

AutoCAD的控制符由两个百分号（%%）及在后面紧接一个字符构成，常用的控制符如表1-1所示。

表1-1 常用控制符

控制符号	功 能
%%O	打开或关闭文字上划线
%%U	打开或关闭文字下划线
%%D	标注度（°）符号
%%P	标注正负公差（±）
%%C	标注直径（Ø）

在AutoCAD的控制符中，%%O和%%U分别是上划线与下划线的开关。第一次出现此符号时，可打开上划线或下划线，第2次出现该符号时，则会关掉下划线。

在“输入文字”提示下，输入控制符时，这些控制符也临时显示在屏幕上，当结束文本创建命令时，这些控制符将从屏幕上消失，转换为相应的特殊字符。

2. 创建与编辑多行文字

多行文字又称段落文字，是一种更易于管理的文字对象，可以由两行以上的文字组成，而且将各多行文字作为一个整体处理。在机械图中，常使用多行文字功能创建较为复杂的文字说明，如图样的技术要求等。

（1）创建多行文字

选择“绘图”|“文字”|“多行文字”命令（MTEXT），或在“文字”工具栏中单击“多行文字”按钮A，还可在“面板”选项板的“文字”选项区中单击“多行文字”按钮A，然后在绘图窗口中指定一个用来放置多行文字的区域，将打开“文字格式”工具栏和文字输入窗口。利用它们可以设置多行文字的样式、字体及大小等属性，如图1-86所示。

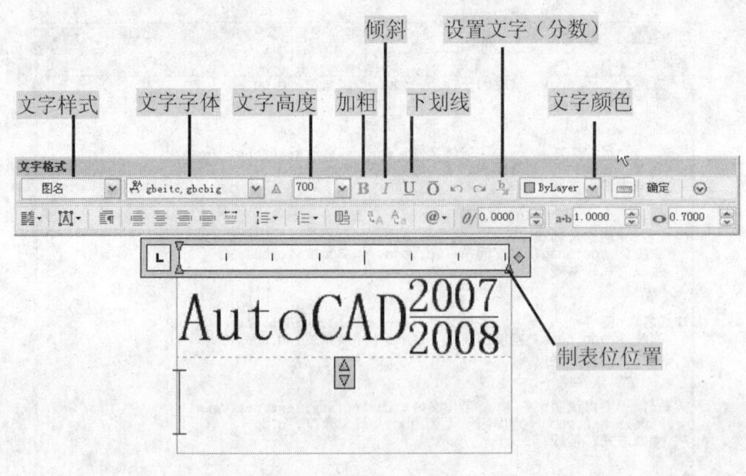

图1-86 “文字格式”工具栏

在“文字格式”工具栏中各主要选项的功能如下。

- “文字样式”下拉列表：选择用户设置的文字样式，当前样式保存在系统变量TEXTSTYLE中。如果将新样式应用到现有的多行文字对象中，字体、高度、粗体或斜体属性的字符格式将被替换，堆叠、下划线和颜色属性将保留在应用新样式的字符中。

◆ “文字字体”下拉列表：为新输入的文字指定字体或改变选定文字的字体。TrueType字体按字体的名称列出。AutoCAD的线形（SHX）字体按字体所在的文件名顺序列出。自定义字体或第三方字体在编辑器中显示为Autodesk提供的代替字体。
◆ “文字高度”下拉列表：按图形单位设置新文字的字符高度或更改选定文字的高度，如果当前文字的样式没有固定高度，则文字高度为系统变量TEXTSIZE的储存值。多行文字对象可以包含不同文字的高度。
◆ “加粗”、“倾斜”和“下划线”按钮：单击可以为输入文字或选定文字设置加粗、倾斜或下划线效果。
◆ “取消”按钮：单击该按钮可以取消前一次操作。
◆ “重做”按钮：单击该按钮可以重复前一次操作。
◆ “堆叠/非堆叠”按钮：单击该按钮，可以创建堆叠文字（堆叠文字是一种垂直对齐的文字或分文字）。在使用时，需要分别输入分子和分母，其间使用/、#、或^分隔，然后选择这一部分文字，单击按钮，则可输入2011/2014，然后选中该文字并单击按钮，效果如图1-87所示。如果输入2011/2014后按Enter键，将打开“自动堆叠特性”对话框，在其中可以设置是否在自动x/y、x#y、x^y的表达式时自动堆叠，还可以设置堆叠的其他特性，如图1-88所示。

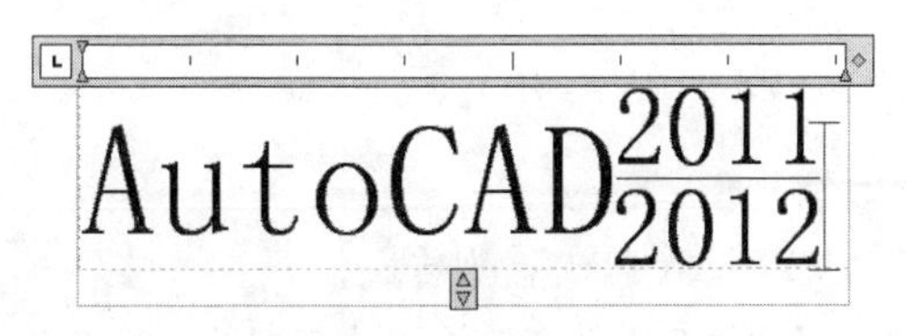

图1-87　文字堆叠效果

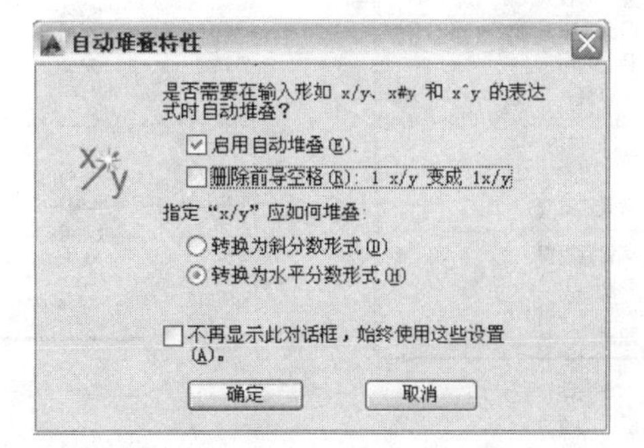

图1-88　“自动堆叠特性”对话框

◆ “文字颜色”下拉列表：为新输入的文字指定颜色或修改选定文字的颜色。可以为文字指定与所在图层相关联的颜色（BYLAYER）或所在块关联的颜色（BYBLOCK），也可以从颜色列表中选择一种颜色。
◆ “标尺”按钮：打开或关闭输入窗口上的标尺。
◆ “确定”按钮：单击该按钮，可以关闭多行文字创建模式并保存用户的设置。

（2）设置缩进、制表位和多行文字宽度

在文字输入窗口的标尺上右击，这时在弹出的快捷菜单中选择“段落”命令，打开“段落”对话框，如图1-89所示。可以从中设置缩进和制表位置。其中，在“制表位”选项区中可以设置制表位置，单击“添加”按钮可以设置新制表位，单击“清除”按钮可以清除列表框中的所有位置；在“左缩进”选项区的“第一行”和“悬挂”文本框中可以设置首行和段落的左缩进位置；在“右缩进”选项区的“右”文本框中可以设置段落右缩进位置。

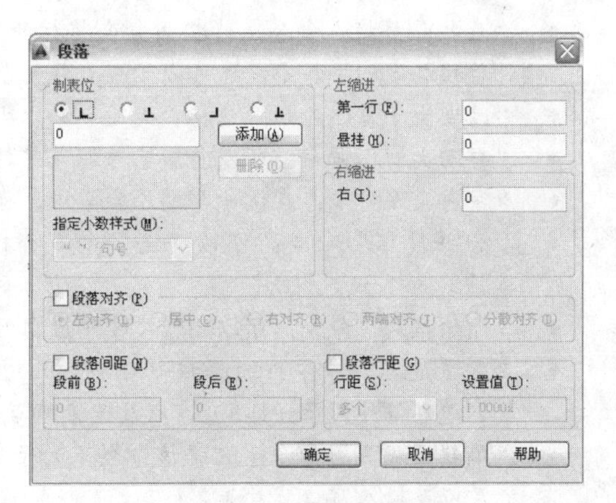

图1-89　“段落”对话框

（3）使用选项菜单

在文字输入窗口中右击，将弹出一个快捷

菜单，如图1-90所示。该快捷菜单与选项菜单中的主要命令的作用相同。

在多行文字选项菜单中，各命令的功能说明如下。

- "插入字段"命令：选择该命令将打开"字段"对话框，在其中可以选择需要插入的字段。
- "符号"命令：选择该命令下的子命令，可以在实际设计绘图中插入一些特殊的字符。例如，度数、正/负和直径等符号，如果选择"其他"命令，将打开"字符映射表"对话框，可以插入其他特殊字符，如图1-91所示。

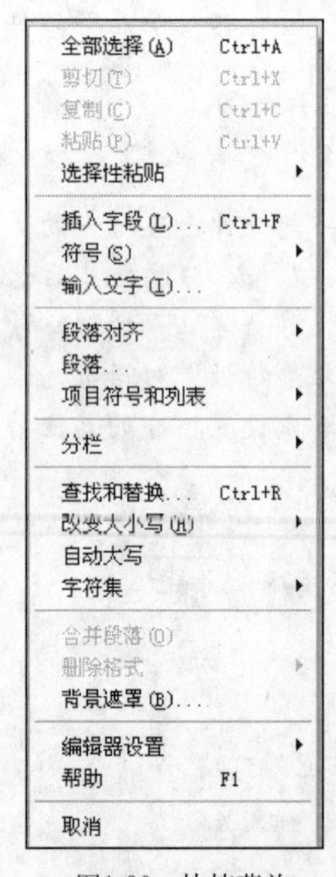

图1-90　快捷菜单

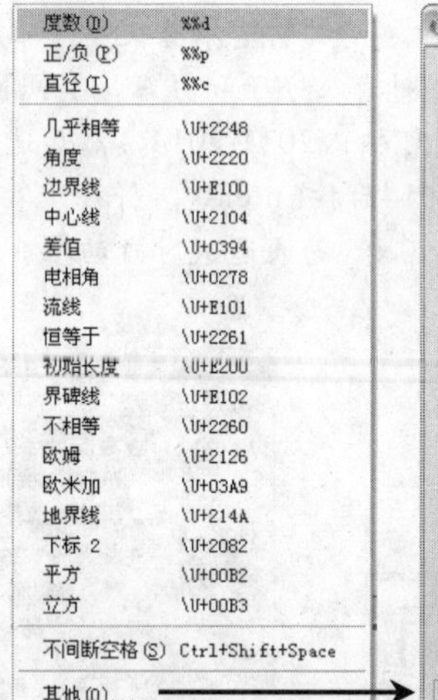

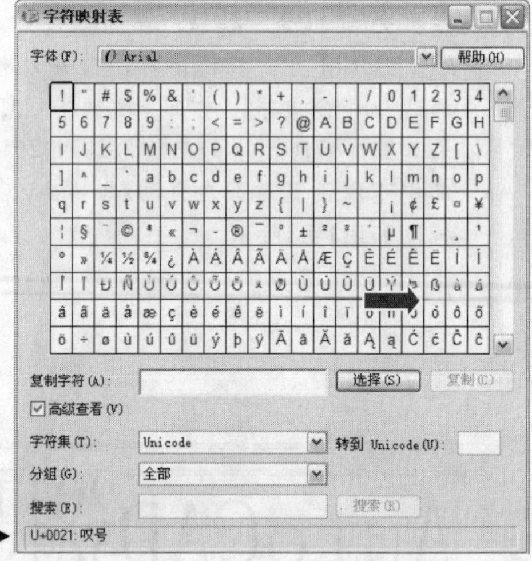

图1-91　"字符映射表"对话框

- "输入文字"命令：选择该命令将打开"选择文件"对话框，在其中可以导入在其他文本编辑中创建的文字。
- "段落对齐"命令：选择该命令下的子命令可以设置段落的对齐方式。
- "段落"命令：选择该命令将打开"段落"对话框，可以设置缩进和制表位。
- "项目符号和列表"命令：可以使用字母（包括大小写）、数字作为段落文字的项目符号。
- "分栏"命令：选择该命令下的子命令可以设置分栏效果。
- "查找和替换"命令：选择该命令将打开"替换"对话框，如图1-92所示。可以搜索或同时替换指定的字符串，也可以设置查找的条件，如是否全字匹配、是否区分大小写等。
- "改变大小写"命令：包括"大写"和"小写"两个命令，可以改变文字中的大小写等。
- "自动大写"命令：可以将新输入的文字转换成大写，自动大写不会影响已有的文字。
- "字符集"命令：在该命令的子命令中，可以选择字符集。
- "合并段落"命令：可以将选定的多个段落合并为一个段落，并用空格代替每段的回车符。
- "删除格式"命令：可以删除文字中应用的格式，例如加粗和倾斜等。
- "背景遮罩"命令：选择该命令将打开"背景遮罩"对话框，可以设置是否使用背景遮罩、边界偏移因子（1~5），以及背景遮罩的填充颜色，如图1-93所示。
- "编辑器设置"命令：选择该命令下的子命令可以用于确定是否显示工具栏、工具选项、标尺以及输入窗口背景等。

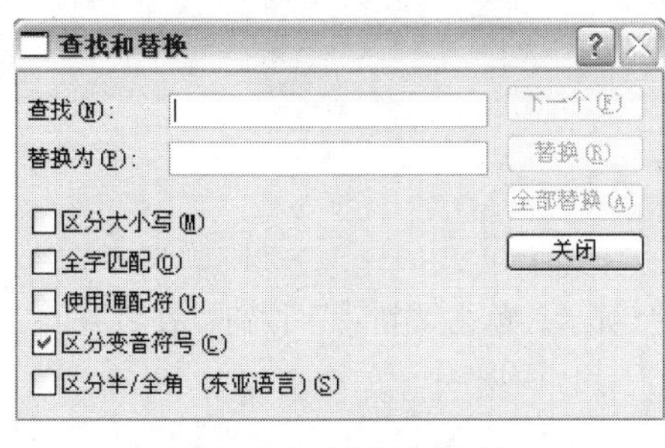

图1-92　“查找和替换”对话框

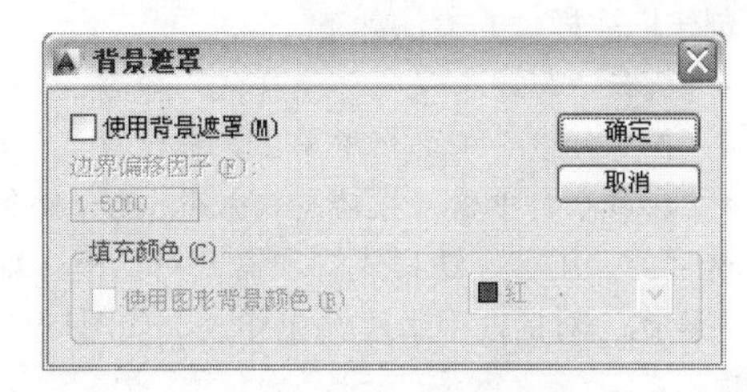

图1-93　“背景遮罩”对话框

（4）输入文字

在多行文字的文字输入窗口中，可以直接输入多行文字，也可以在文字输入窗口中右击，从弹出的快捷菜单中选择“输入文字”命令，将已经在其他文字编辑器中创建的文字内容直接导入到当前图形中。

（5）编辑多行文字

要编辑创建的多行文字，可以选择“修改”｜“对象”｜“文字”｜“编辑”命令（DDEDIT），并单击创建的多行文字，打开多行文字编辑窗口，然后参照多行文字的设置方法修改并编辑文字。

也可以在绘图窗口中双击输入多行文字，或在输入的多行文字上右击，从弹出的快捷菜单中选择“重复编辑多行文字”命令或“编辑多行文字”命令，来打开多行文字编辑窗口。

（6）拼写检查

在AutoCAD 2014中，可以使用系统提供的拼写检查命令SPELL，或选择“工具”｜“拼写检索”命令，检查输入文本的正确性。执行该命令时，系统首先选择要检查的文本对象，或输入ALL表示检查所有的文本对象。AutoCAD可以对块定义的所有文本对象进行拼写检查。

SPELL命令可以检查单行文字、多行文字以及属性文字的拼写。当AutoCAD怀疑单词出错时，将打开“拼写检查”对话框，如图1-94所示。

如果要更正某个字，可从“建议”列表框中选择一个替换字或直接输入一个字，然后单击“修改”或“全部修改”按钮，要保留某个字不改变，可单击“忽略”或“全部忽略”按钮。要保留某个字不变并将其添加到自定义的词典中，可以单击“添加”按钮（用户通过将某些非单词名称，如人民、产品名称等）添加到用户词典中，以减少不必要的拼写错误提示。

图1-94　“拼写检查”对话框

单击“词典”按钮，打开“词典”对话框，还可更改用于拼写检查的词典。

要更改主词典，可以在“主词典”下拉列表中进行选择。更改自定义词典时，可从“自定义词典”下拉列表中选择名称为.cus的文件。要向自定义词典中添加单词，可在“自定义词典词语”文本框中输入单词后，单击“添加”按钮。如果要从自定义词典中删除单词，可从单词列表中选定该单词，然后单击“删除”按钮即可。

1.10.2　设置标注样式

在AutoCAD中，用户可以根据绘制图形对象标注的需要，设置不同的标注样式，只要通过设置不同的尺寸标注样式，就可以对标注的格式和外观进行修改。

创建标注样式的方法如下。

- 执行“标注”｜“标注样式”命令。
- 在“标注”工具栏中单击“标注样式”按钮。
- 在命令行中输入或动态输入dimstyle命令（快捷方式D）。

这时会弹出“标注样式管理器”对话框，如图1-95所示。单击“新建”按钮，在打开的“创建新标注样式”对话框中新建标注样式，如图1-96所示。

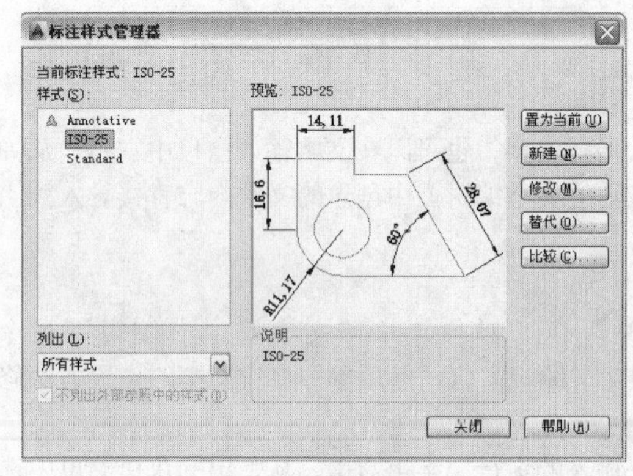

图1-95 “标注样式管理器”对话框

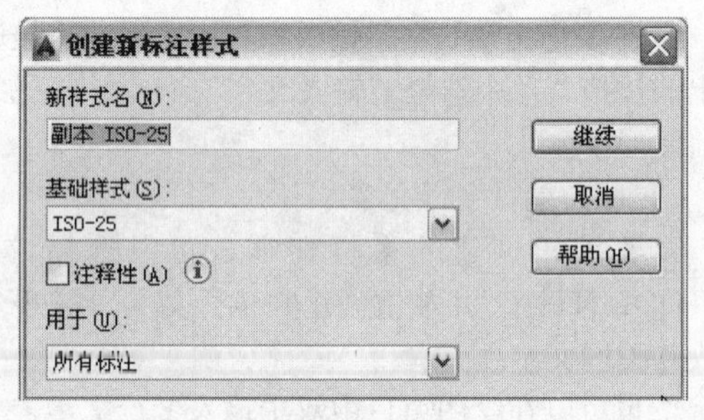

图1-96 “创建新标注样式”对话框

在如图1-96所示对话框中各选项的含义如下。

- “新样式名”文本框：用于输入新标注样式的名称。
- “基础样式”下拉列表：用于选择一种基础样式，新样式将在该样式基础上进行修改。
- “用于”下拉列表：用于指定新建样式的适用范围。可适用范围有“所有标注”、“线型标注”、“角度标注”、“半径标注”、“直径标注”、“坐标标注”和“引线和公差”等。

标注样式的命名要遵循“有意义、易识别”的原则，如图“1-50立面图”表示该标注样式是用于1∶50绘图比例的立面图。又如“1-100大样”表示该标注样式用于标注大样图尺寸。

设置了新的样式名称、基础样式和适用范围后，单击该对话框中的“继续”按将打开“新建标注样式”对话框，可以创建标注样式中的线、符号和箭头、文字、单位等内容，如图1-97所示。

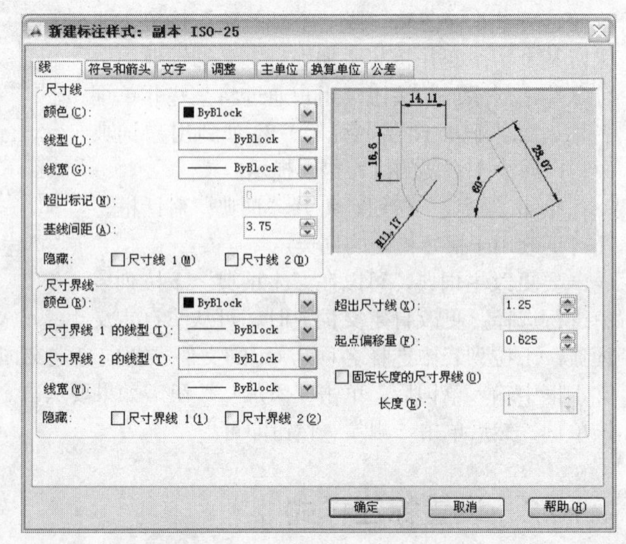

图1-97 “新建标注样式”对话框

1. 设置尺寸线

在“线”选项卡中，可以设置尺寸线、尺寸界线、超出尺寸线长度值、起点偏移量等。

- 线的颜色、线型、线宽：在AutoCAD中，每个组图都有自己的颜色、线型、线宽，并且可以设置具体的数字参数。以颜色为例，可以将某个图形的颜色设置为蓝色、红色、线型、线宽设置为BYLOCK（随块）和BYLAYER（随层）两种逻辑值；BYLAYER（随层）是与图层颜色设置一致，或BYLOCK（随块）是指随图块定义图层。

通常情况下，对尺寸标注的颜色、线宽无需进行特别的设置，采用AutoCAD默认的BYLOCK（随块）即可。

◆ 超出标记：当用户采用“建筑符号”作为箭头符号时，该选项即可激活，从而确定尺寸超出尺寸界线的长度，如图1-98所示。

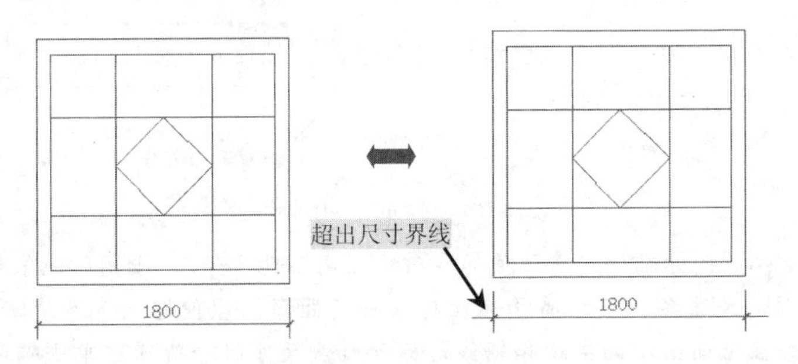

图1-98　不同的超出标注

◆ 基线间距：用于限定“基线”标注命令标注尺寸线离尺寸标注的距离，在建筑图中标注多道尺寸线时使用，其他情况也可以不进行特别设置，如图1-99所示。如果要设置应该尽量在7~10之间。

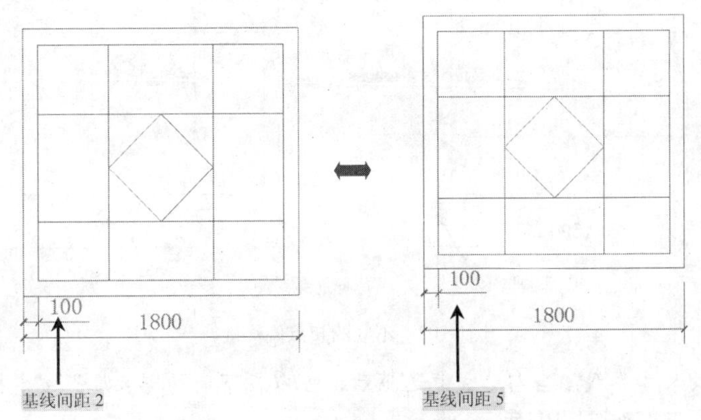

图1-99　不同的基线间距

◆ 隐藏：用来控制标注尺寸线是否隐藏，如图1-100所示。

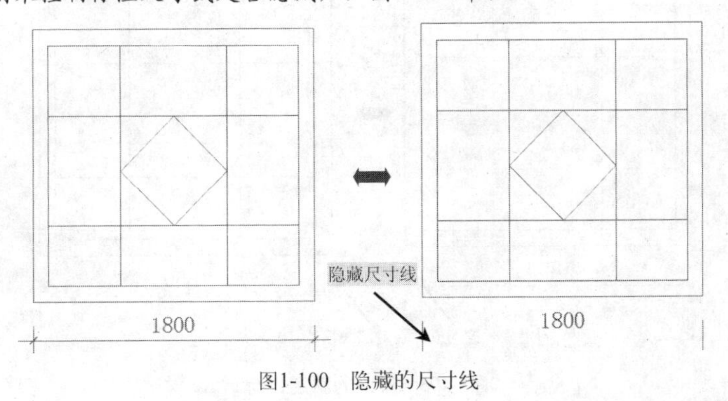

图1-100　隐藏的尺寸线

◆ 超出尺寸线：制图规范规定输出的图样值为2~3，如图1-101所示。

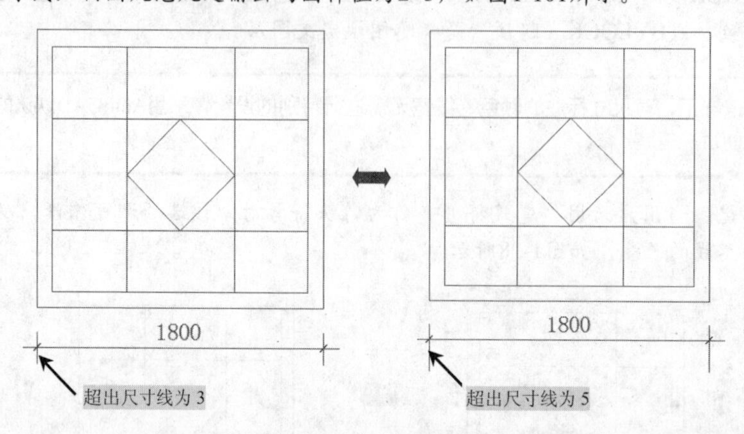

图1-101　不同的超出尺寸

◆ 起点偏移量：制图标准规定离开被标注对象距离不能小于2。绘图时应依据具体情况设定，一般情况下，尺寸界线应该离开标注对象一定距离，以使图面表达清晰易懂，如图1-102所示。比如在平面图中的主子和轴线，标注轴线尺寸时一般通过单击轴线交点确定尺寸线的起止点，为了使标注的轴线和柱子平面轮廓冲突，应根据柱子的截面尺寸设置足够大的“起点偏移量”，从而使尺寸界线离开柱子一定距离。

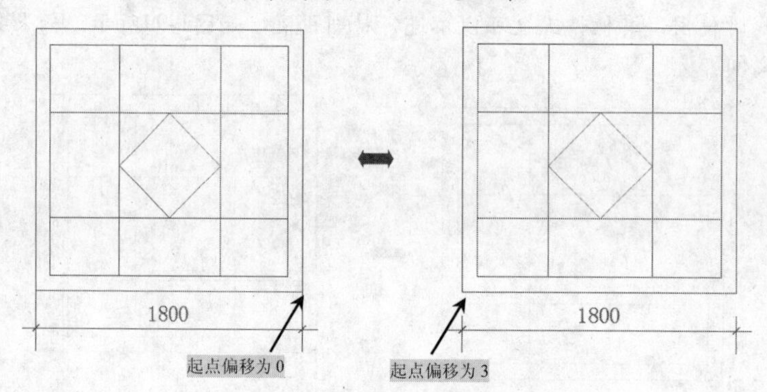

图1-102　不同的起点偏移量

◆ 固定长度的尺寸界线：当勾选该复选框后，可以在下面的“长度”文本框中输入尺寸界线的固定长度值，如图1-103所示。

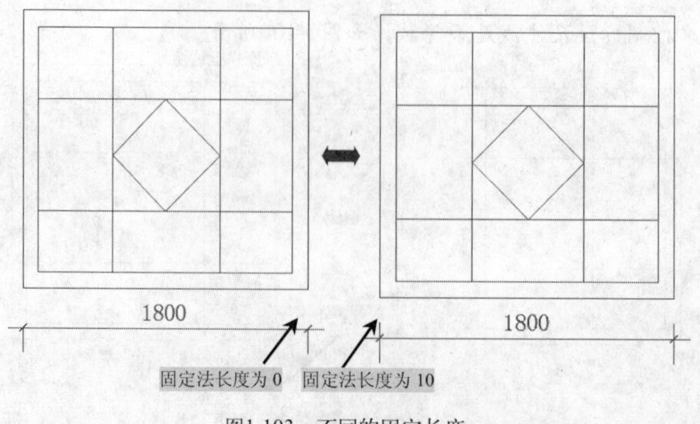

图1-103　不同的固定长度

- "隐藏"尺寸界线：用来控制标注的尺寸界线即延长线是否隐藏，如图1-104所示。

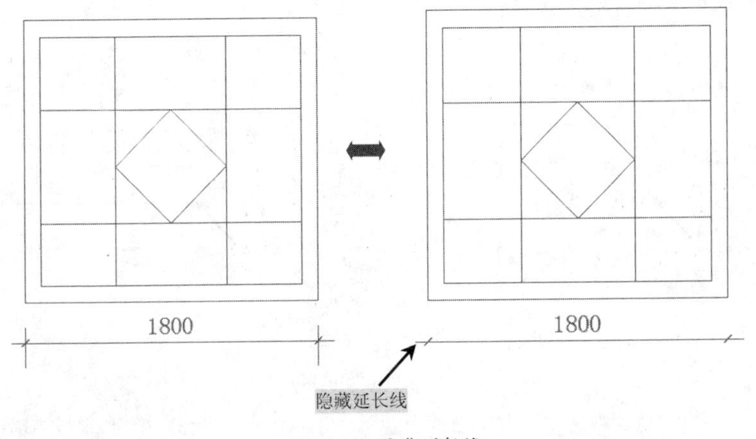

图1-104 隐藏延长线

2. 设置符号和箭头

在如图1-105所示的"符号和箭头"选项卡中可以设置箭头类型、大小、引线类型、圆心标记、折断线标注等。

- "箭头"选项区：为了适应不同类型图形的标注需要，AutoCAD提供了20多种箭头样式。在AutoCAD中，其"箭头"标记就是建筑制图标准的尺寸起止符，制图标准规定尺寸线起止符应该选用中粗45°角斜短线，短线的图样长度为2~3。其"箭头大小"定义的值指箭头的水平或竖直投影长度，如值1.5时，实际绘制的斜短线总长度为2.12，如图1-106所示。"引线"标注在建筑绘图中时常用到，制图规范规定引线标注无需箭头。

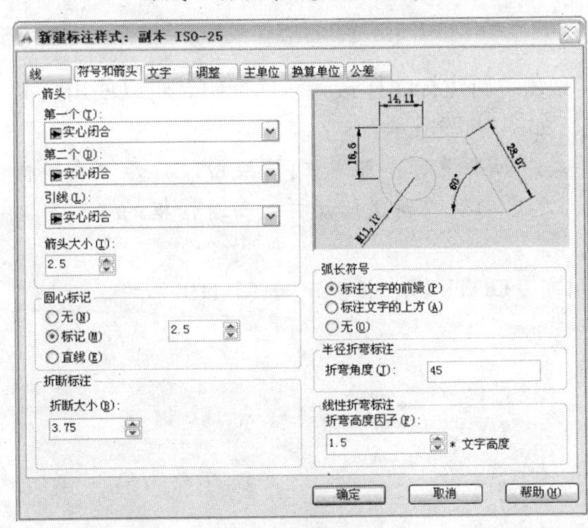

图1-105 "符号和箭头"选项卡

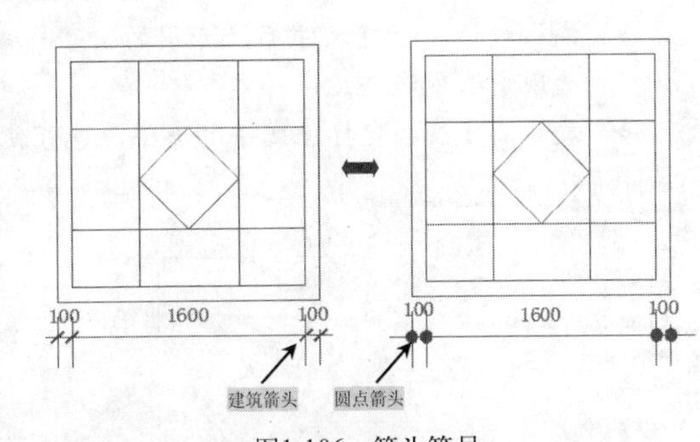

图1-106 箭头符号

- "圆心标记"选项区：用于标注圆心位置。在圆形区任意绘制两个大小相同的圆后，分别将圆心标记定位2或4，执行"圆心"｜"圆心标记"命令后，分别标记刚绘制的两个圆，如图1-107所示。
- "折断标注"选项区：当尺寸线在所遇到的其他图元处被打断后，其尺寸界线的断开距离。
- "线性折弯标注"选项区：通过形成折弯角度的两个顶点之间的距离确定折弯高度。"折断标注"和"线性折弯"都是属于AutoCAD中"标注"菜单下的标注命令，执行两个命令后，被打断的折弯尺寸标注效果如图1-108所示。

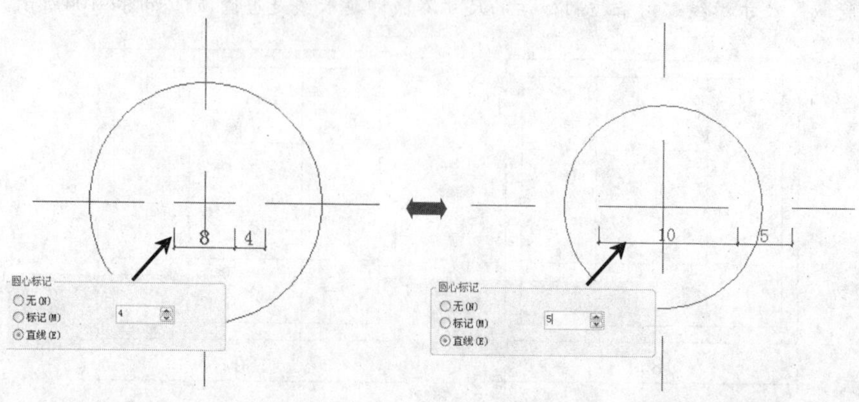

图1-107　圆心标记设置

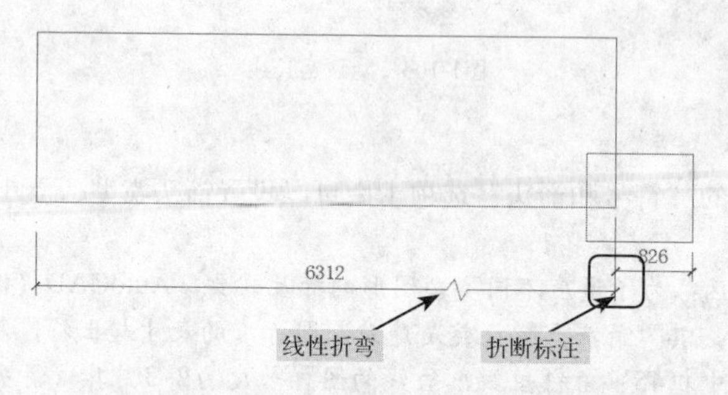

图1-108　折断标注或线性折弯标注设置

◆　"半径折弯标注"选项区：用于设置标注圆弧半径时标注线的折弯角度大小。

3. 设置标注文字

尺寸文字设置是标注样式定义的一个重要内容。在"新建标注样式"对话框中，可以使用"文字"选项卡设置标注文字的外观、位置和对齐方式，如图1-109所示。

◆　文字样式：应使用仅供尺寸标注的文字样式，如果没有，可单击⋯按钮，打开"文字样式"对话框新建尺寸标注专用的文字样式，之后回到"新建标注样式"对话框的"文字"选项卡选用这个文字样式。

◆　文字高度：指定标注文字的大小，也可使用变量DIMTXT来设置，如图1-110所示。

图1-109　"文字"选项卡

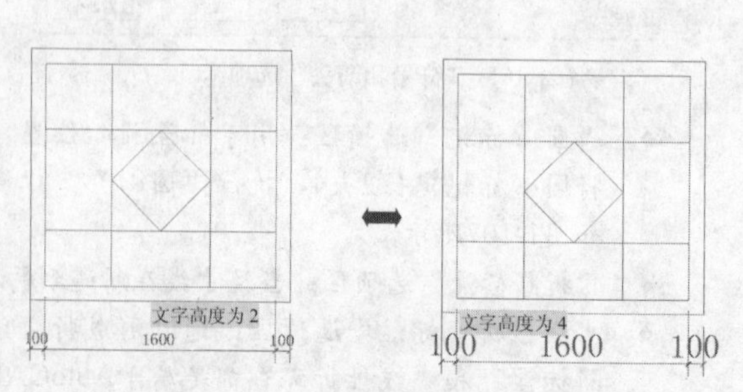

图1-110　设置文字高度

- 分数高度比例：建筑制图中不同分数高度标注单位。
- 绘制文字边框：设置是否为标注文字添加边框，建筑制图一般不适用。
- “文字位置”选项区：用于设置尺寸文本相对于尺寸线和尺寸界线的放置位置，如图1-111所示。

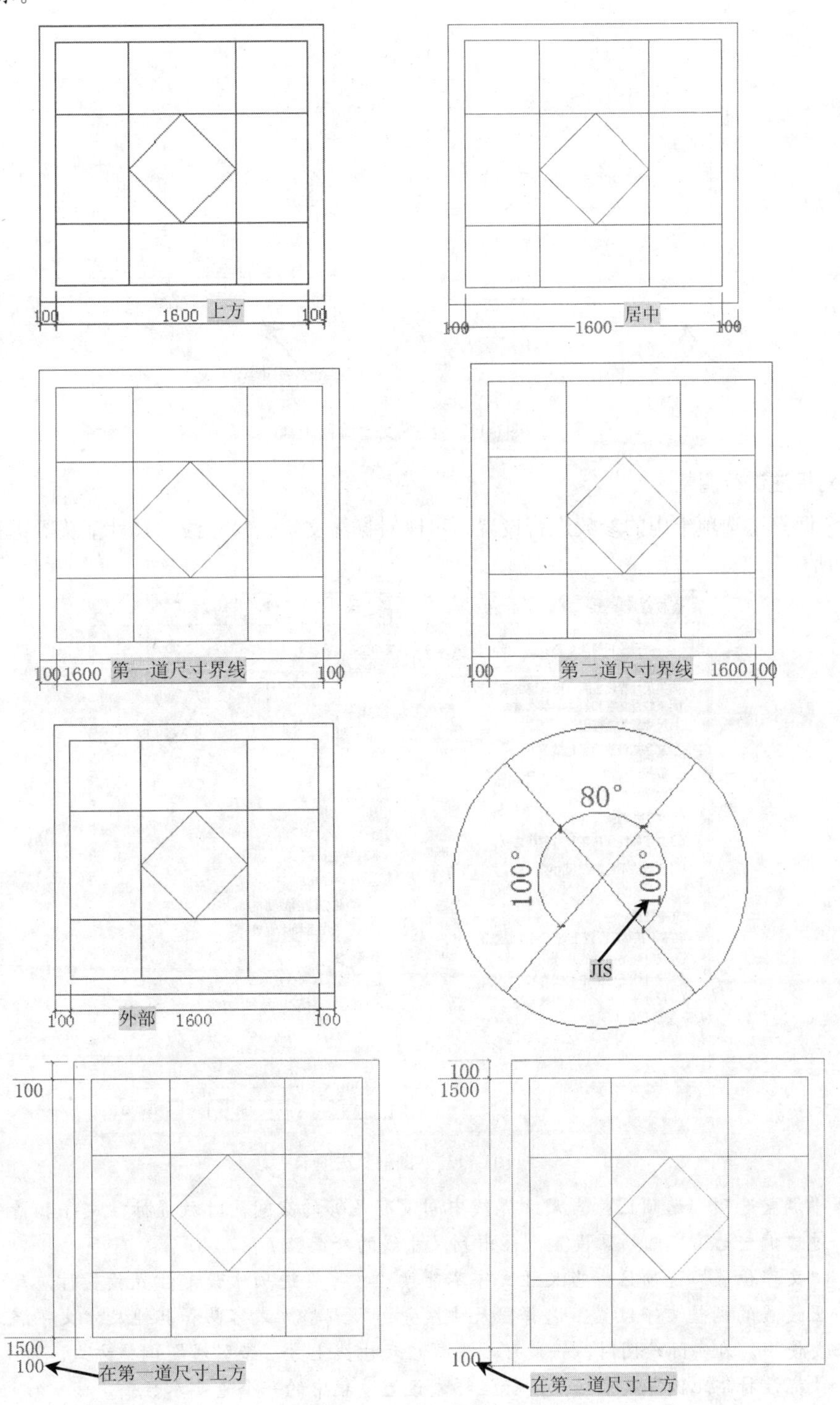

图1-111 标注文字的位置

- 从尺寸线偏移：可以设置一个数值以确定尺寸文本和尺寸线的中间，则表示断开处尺寸端点与尺寸文字的间距，如图1-112所示。

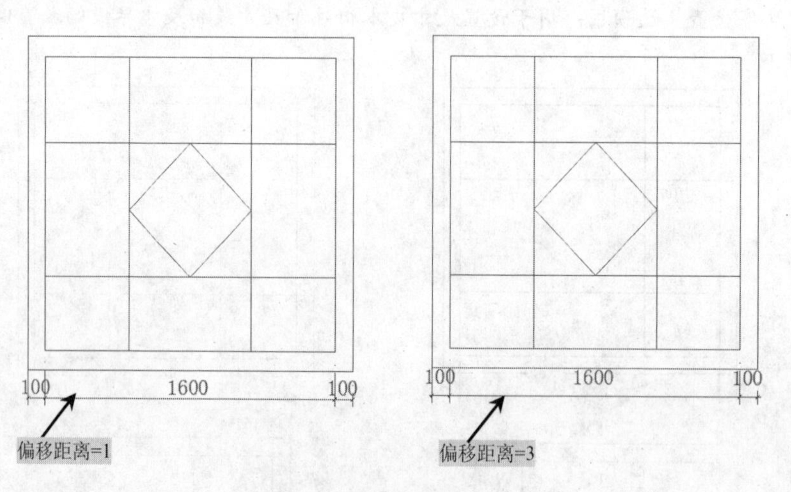

图1-112 设置文本偏移距离

4. 对标注进行调整

对“调整”选项卡中的参数进行设置，可以对标注文字、尺寸线、尺寸箭头等进行调整，如图1-113所示。

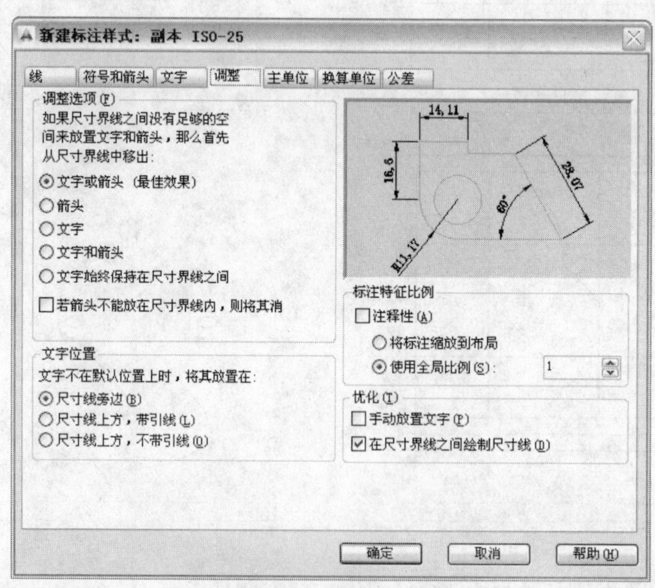

图1-113 “调整”选项卡

- “调整选项”选项区：当尺寸界线中间没有足够的空间同时放置标注文字和箭头时，可通过“调整选项”选项区设置，移出到尺寸线的外面。
- “文字位置”选项区：当尺寸文字不能按“文字”选项卡设定位置放置时，尺寸文字按这里设置的调整文字位置。选择“尺寸线旁边”调整方式容易和其他尺寸文字混淆，建议不要使用。在实际绘图时，一般可以选择“尺寸线上方，带引线”调整方式。
- “标注特征比例”选项区：是标注样式设置过程中的一个重要参数。
- “注释性”复选框：注释性标注时需要勾选。

◆ “将标注缩放到布局”单选按钮：在布局卡上激活视口后，在视口内进行标注。按此项设置标注时，尺寸参数将自动按所在视口的视口比例放大。
◆ “使用全局比例”单选按钮：全局比例因子的作用是将标注样式中的所有几何数值都按其因子值放大后，再绘制到图形中，如文字高度为3.5，全局比例因子为100，则图形内尺寸文字高度为350。在模型卡上进行尺寸标注时，应按打印比例或视口比例设置此项参数值。

5. 设置主单位

“主单位”选项卡用于设置单位格式、精度、比例因子等参数，如图1-114所示。

图1-114 “主单位”选项卡

◆ 单位格式：设置除角度标注之外的其余各标注类型的尺寸单位，建筑绘图选“小数”方式。
◆ 精度：设置除角度标注之外的其他标注的尺寸精度，建筑绘图取“0.0”。
◆ 比例因子：尺寸标注长度为标注对象图形测量值与该比例的乘积。
◆ 仅应用到布局标注：在没有视口被激活的情况下，直接标注尺寸时，如果勾选了“仅应用到布局标注”复选框，则此时标注长度为测量值与该比例的乘积。而在激活视口内或在模型卡上的标注值则与该比例无关。
◆ “角度标注”选项区：可以使用“单位格式”下拉列表设置标注角度单位，使用“精度”下拉列表设置标注的小数位。

读·书·笔·记

Chapter

02

第2章 建筑设计的基本图块

在AutoCAD绘制过程中，图中经常都会出现相同的内容，比如说图框、标题栏、标准构件、符号等，通常大家都是画好一个后再采取复制粘贴的方式，这确实比较能够快速地绘制图形。但是如果用户了解建筑图块操作的话，就会发现插入图块比复制粘贴的方式更加高效。

本章首先介绍了建筑图块的作用和种类，讲解了建筑图块的特点，以及图块尺寸和文字的标注方法，然后讲解了CAD中建筑图块的创建、插入和编辑方法，最后通过推拉门、墙体、阳台、楼梯和柱子图块的创建方法。

主要内容

✓ 了解建筑基本图块的作用和种类
✓ 掌握建筑图块的特点与基本尺寸和文字的标注
✓ 掌握在AutoCAD中建筑图块的创建、插入与编辑方法
✓ 掌握推拉门和墙体图块的绘制方法
✓ 掌握阳台、楼梯和柱子图块的绘制方法

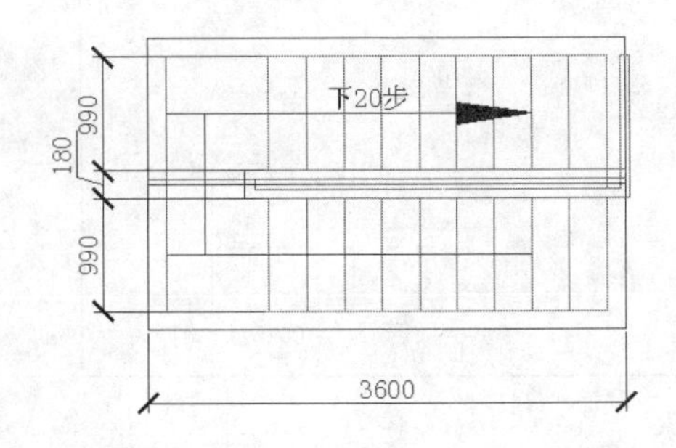

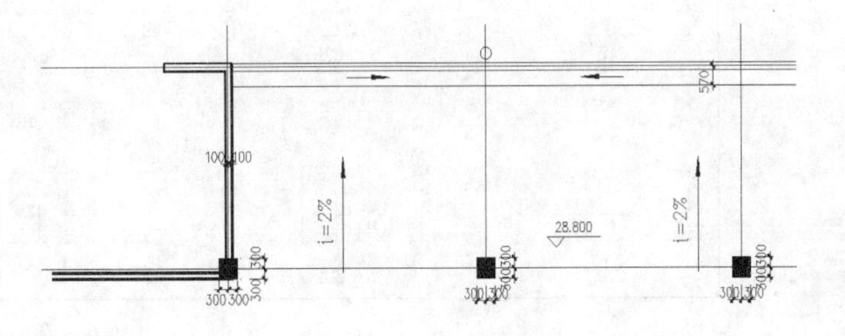

2.1 建筑基本图块概述

块也称图块，是AutoCAD图形设计中的一个重要概念。用户在绘制图形时，如果图形中有很多相同或相似的对象，或者所绘制的图形与已绘制的图形对象相同，这时可以将重复绘制的图形对象创建为块，然后在需要时插入即可。若在另一个文件中需要使用已有图形文件中的图层、块、文件样式等，则可以通过“设计中心”来进行复制操作，从而达到高效制图的目的。

当然，也可以使用外部参照功能，把已有的图像文件以参照的形式插入到当前图形中。在绘制图形时，如果一个图形需要参照其他图形或者图像来绘图，而又不希望占用太多的储存空间，这时可以使用AutoCAD的外部参照功能。

2.1.1 建筑图块的作用

在AutoCAD中，块是一个或多个对象组成的对象集合，常用于绘制复杂、重复的图形。使用块可以提高绘图速度、节省储存空间、便于修改图形并能够为其添加属性。

如图2-1所示为某建筑物的相应立面平面门窗表及图块对象。

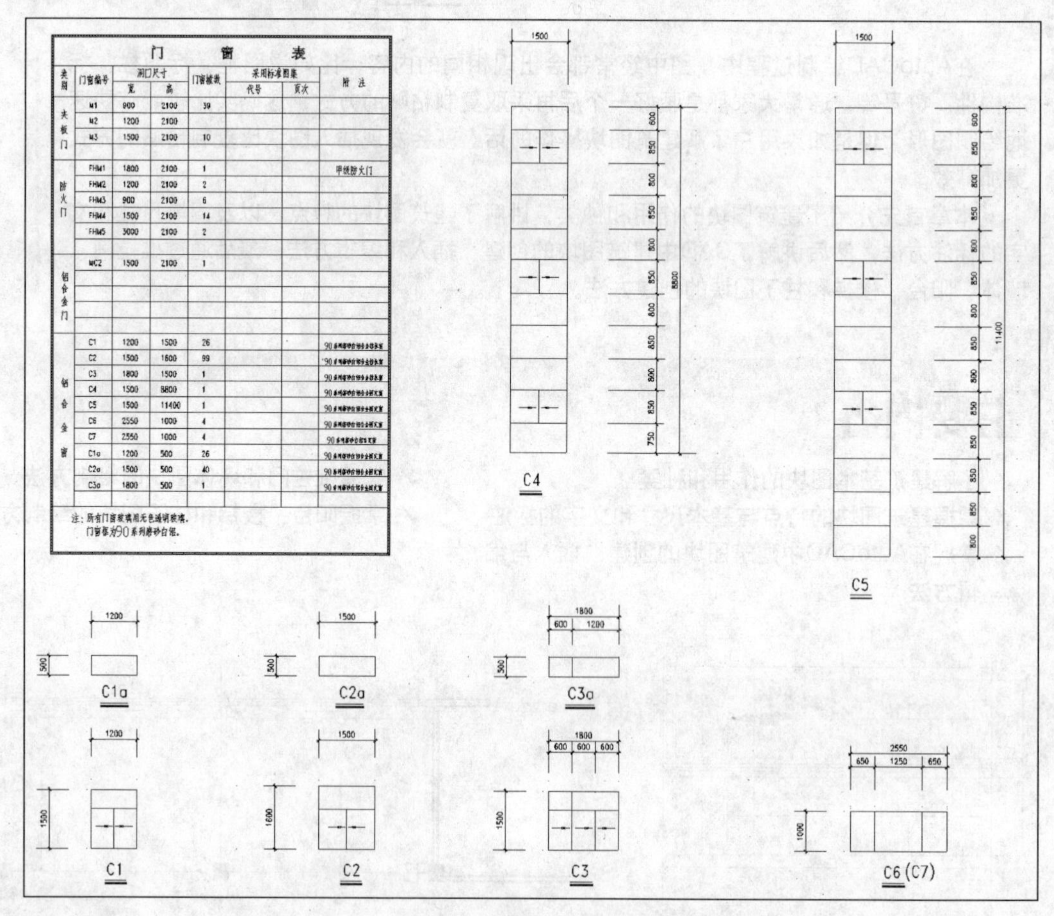

门窗表

类别	门窗编号	洞口尺寸		门窗樘数	采用标准图集		附注
		宽	高		代号	页次	
夹板门	M1	900	2100	39			
	M2	1200	2100				
	M3	1500	2100	10			
防火门	FHM1	1800	2100	1			甲级防火门
	FHM2	1200	2100	2			
	FHM3	900	2100	6			
	FHM4	1500	2100	14			
	FHM5	3000	2100	2			
铝合金门	MC2	1500	2100	1			
铝合金窗	C1	1200	1500	26			[illegible]
	C2	1500	1600	99			[illegible]
	C3	1800	1500	1			[illegible]
	C4	1500	8800	1			[illegible]
	C5	1500	11400	1			[illegible]
	C6	2550	1000	4			[illegible]
	C7	2550	1000	4			[illegible]
	C1a	1200	500	26			[illegible]
	C2a	1500	500	40			[illegible]
	C3a	1800	500	1			[illegible]

注：所有门窗玻璃用无色透明玻璃。
门窗框为90系列磨砂白铝。

图2-1　门窗表及图块对象

如图2-2所示为各种不同类型的平面门图块效果。

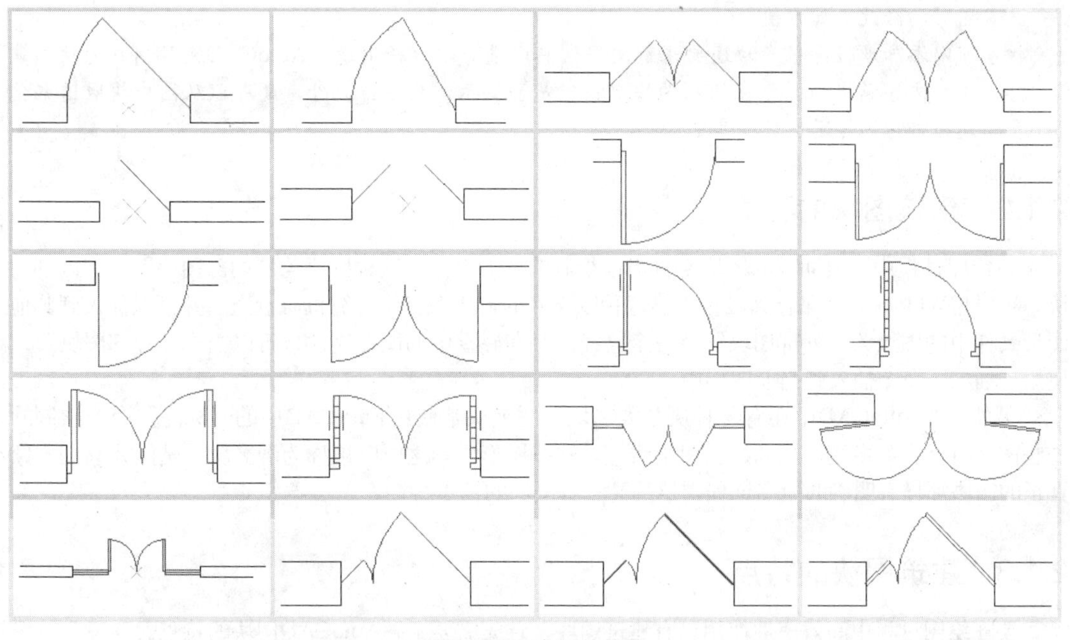

图2-2　平开门图块效果

如图2-3所示为双跑楼梯不同楼层的平面图块效果。

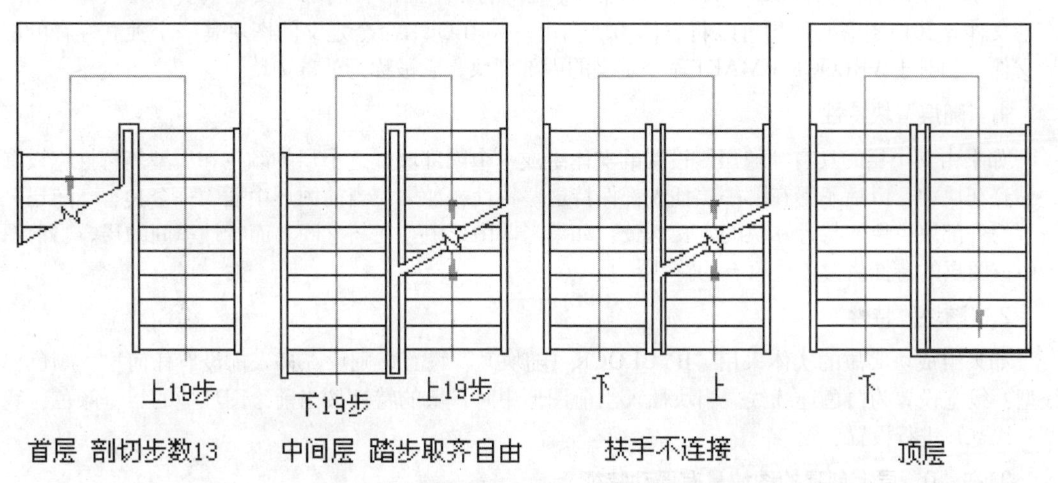

图2-3　双跑楼梯不同楼层的平面图块效果

总的来说，AutoCAD中的块具有以下特点。

- ◆ 提高绘图速度：在AutoCAD中绘图时，常常需要绘制一些重复出现的图形，如果把这些图形做成块保存起来，就形成了图块。以后再需要绘制这些图形时就可以用块的方法实现，从而提高工作效率。
- ◆ 节省储存空间：AutoCAD要保存图纸的每一个对象相关信息，如对象的类型、位置、图层、线型及颜色等。这些信息都要占用储存空间。如果一个图形对象包含大小相同的图形，就会占用大量储存空间。但是使用块命令，每个块在图形文件中只储存一次，在多次插入时，计算机只保留有关插入信息（即图块名、插入点、缩放比例、旋转角度等），而不需要把整个图块重复存储，这样就节省了磁盘的存储空间。
- ◆ 便于图形修改：当某个图块修改后，所有原先插入图形中的图块全部随之更新，这样就使图形的修改更加方便。

- 可以添加属性：很多块还要求有文字信息以进一步解释用途。AutoCAD允许用户为块创建这些文字属性，并可在插入的块中指定是否显示该属性。此外，还可以从图中提取这些信息并将它们传送到数据库中。

2.1.2 建筑图块的种类

在绘图过程中，要插入的图块来自当前绘制的图形之内，这种图块为“内部图块”。“内部图块”可以用Wblock命令保存到磁盘上，这种以文件的形式保存于计算机磁盘上，并可以插入到其他图形文件中的图块为“外部图块”。一个已经保存在磁盘中的图形文件也可以当成“外部图块”，使用“插入”命令插入到当前图形中。

另外，在AutoCAD中还有一种块是匿名块。匿名块是使用AutoCAD中的“标注”命令绘制的一些图元组合，如多线、尺寸线、引出线等，这些图形元素之所以被称为匿名块，是因为它们不像真正的图块那样有明确的命名过程，但是又具有图块的基本特性。

2.1.3 建筑图块的特点

要在绘图过程中高效率地使用已有建筑图块，首先需要了解AutoCAD图块的特点。

内部图块的特点：内部块只能在定义图块的图形文件中调用，而不能在其他文件中调用。

外部图块的特点：WBLOCK可以将图形文件中的整个图形、内部块或某些实体写入一个新的图形文件，其他图形文件均可以将它作为块调用。WBLOCK命令定义的图块是一个独立存在的图形文件，相对于WBLOCK/BMAKE命令定义的内部图块，它被称为外部图块。

1.“随层”块特性

如果由某个层的具有“随层”设置的实体组成一个内部块，这个层的颜色和线型等特性将设置并储存在块中，以后不管在哪一层插入都保持这些特性。如果在当前图形中插入一个具有“随层”设置的外部块，块的特性和块的定义一致；如果当前图形中存在与之同名而特性不同的层，当前图形中该图层的特性将覆盖块原有的特性。

2.“随块”特性

如果组成块实质的实体采用“BYBLOCK（随块）”设置，则块在插入前没有任何层，颜色、线型、线宽设置为白色连续线。当块插入当前图形中时，块的特性按当前绘图环境的层（颜色、线型、线宽）进行设置。

3. 在“0”层上创建的图块具有浮动特征

在进入AutoCAD绘图环境之后，AutoCAD默认的图层是“0”层。如果组成块的实体是在“0”层上绘制的并且用“随层”设置特性，则该块无论插入哪一层，其特性都采用当前插入层的设置。

4. 关闭或选定层上的块

当非“0”层块在某一层插入时，插入块实际上仍处于创建该块的图层中（“0”层块除外），因此不管它的特性怎样随插入层或绘图环境变化，当关闭该插入层时，图块仍会显示出来，只有将建立该块的层关闭或插入层冻结，图块才不再显示。

而在“0”层上建立块，无论它的特性怎样随插入层或绘图环境变化，当关闭插入层时，插入的“0”层块随着关闭。即“0”层上建立的块时随各插入层浮动的，插入哪层，“0”层块就置于哪层上。

2.1.4　建筑基本图块的文字和尺寸

在实际绘图过程中，对图形进行尺寸标注、填写文字说明是经常遇到的绘图操作。在建筑基本图块（如楼梯、阳台等）中，尺寸标注也是不可缺少的。

1. 图块的文字与主图文字的一致性

图块内文字与主图不匹配时，首先需要把图块分解，再检查图块文字所采用的文字样式。选中图块文字，它所用的文字样式即会显示在“文字”工具栏的“选择文字样式”下拉列表中。

执行“修改”｜“特性”命令，打开“特性”管理器，单击“特性”管理器中的“快速选择”按钮，快速选取图块的文字，通过“特性”管理器可将图块文字样式修改成与主图一致的文字样式，具体操作过程如图2-4所示。

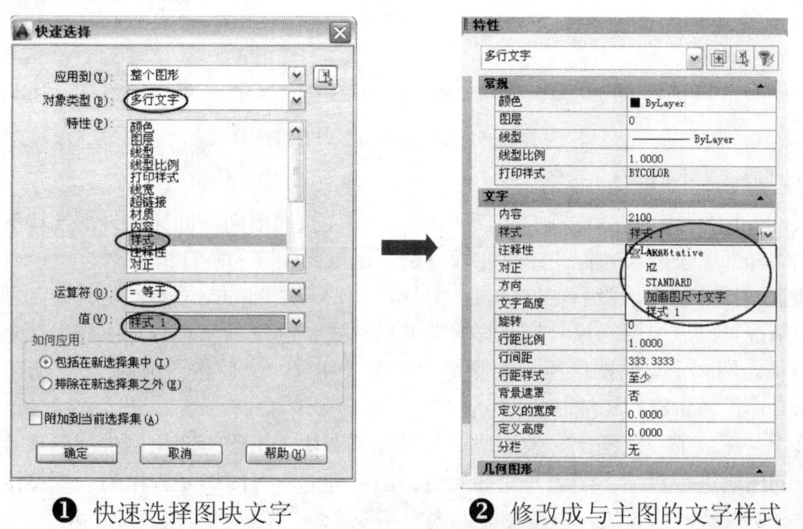

图2-4　异比例外部图块尺寸标注的修改

2. 图块的尺寸标注与主图的一致性

在建筑制图中，有的建筑基本图块是主图的一些基本单元，如在建筑平面图中插入已有的家具、厨卫设备等基本建筑图块，这些图块称之为同比例图块。还有一些建筑图块如某部分的建筑详图，当将它们插入到建筑主图中时，往往它与主图具有不同的绘图比例，如建筑平面图的绘图比例是1∶100，建筑详图的绘图比例是1∶20，这类图块称之为异比例图块。考虑到建筑制图标准要求在同一张图之中，图面文字需要按同一个标准和大小，因此在进行图块的创建和插入时需要特别注意图面文字的一致性。

（1）同比例内部图块的尺寸标注

同比例内部图块的尺寸标注，应该选择与主图相同的标注样式，这样可保证同一张图纸内尺寸标注的一致性。

（2）异比例内部图块的尺寸标注

图内异比例图块的标注，首先要在图块图线绘制完成之后进行。图块图线的绘制一般首先按照1∶1的比例进行绘制，之后对将要创建到这个异比例图块内的所有图线缩放一个比例后再进行尺寸标注。缩放比例取图块与主图绘图比例之间的相对值。如果主图的最后绘图比例是1∶100，图块的比例是1∶50，则图块图线的缩放比例为2。

（3）同比例外部图块的尺寸标注

当一个同比例外部图块插入到当前图形之后，如果外部图块有尺寸标注，首先需要观察插入后的外部图块的尺寸文字是否与当前图具有一致性。如果不一致，则需要将图块分解，之后选中图块的尺寸线后，再单击“标注”工具栏中的“选择标注样式”下拉列表，将外部图块的标注样式修改成当前主图所使用的标注样式，操作过程如图2-5所示。

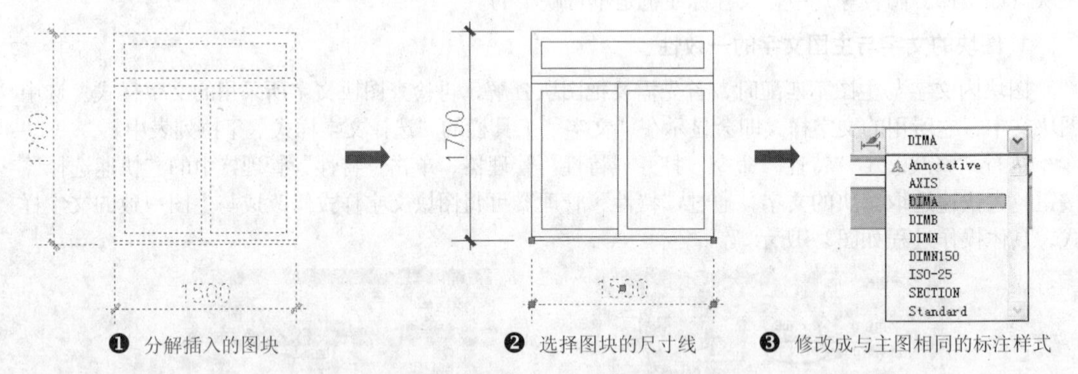

图2-5　异比例外部图块不同尺寸标注的修改

（4）异比例外部图块的尺寸标注

如果插入的异比例图块尺寸标注与主图不统一，不能按照前面的同比例外部图块的修改方式进行修改。异比例外部图块的尺寸标注修改比较复杂，这里要区分为两种情况。

第一种情况是图块插入后没有变比插入，异比例图块与主图的比例不同是其绘制创建图块之前造成的。这种情况可以以主图的尺寸标注样式为基础样式，创建一个新的标注样式，之后修改标注样式参数的测量比例因子与原图块所用的测量比例因子相同。之后按照前面（3）所述的方式修改图块的尺寸标注样式为新建的标注样式即可。

第二种情况是图块的变比插入导致图块成为异比例图块。由于绘图比例或图形尺寸的变化，经常需要对插入的图块进行放缩。图块变比插入后，图块内的所有图形元素作为一个整体，都将按照插入时的缩放比例做统一的缩放，但是图元的内容不变。

例如，如果一个图块内包括一个长度为100的直线及对应这个直线的尺寸线（尺寸文字样式高度为3，尺寸文字内容为100），图块变比二倍插入后，图块内的直线和尺寸线外观都变为原来的二倍，尺寸文字高度也是原来的二倍，但是尺寸文字内容仍为100。此时如果对插入的图块进行分解，尺寸线从块内分解出来后变成了真正的尺寸线，则情况又会发生变化，分解后的图形大小仍是原来的二倍，但是尺寸文字高度按标注样式规定变为3，尺寸文字内容变为200。

变比插入的异比例外部图块应按照第一种情况，把测量比例因子修改成插入比例的倒数。

由于同一幅图中文字高度及文字高宽比必须一致，而图块变比插入后会使得这些图面元素发生变化，因此，必须对其进行一致性编辑。为了找到方便有效的图形编辑方法，首先需要深入理解块变比插入时其内部图元所表现的特性。

2.2 建筑图块的创建、插入与编辑

在AutoCAD中，为用户提供了创建图块的三种方法：一是创建外部图块（W）；二是创建内部图块（B）；三是创建带属性属块。同时还为用户提供了插入图块的两种方法：一是插入图块；二是插入外部参照的方式。当用户插入了图块对象过后，还可以对其所创建或插入的图块对象进行编辑，以及修改图块的属性等。

2.2.1　图块的创建

图块的创建就是将图形中选定的一个或几个图形对象组合成一个整体，并为其取名保存，这样它就被视作一个实体对象在图形中随时进行调用和编辑，即所谓的“内部图块”。

创建图块主要有以下三种方式。

- ◆ 执行“绘图”｜“块”|“创建”命令。
- ◆ 在“绘图”工具栏中单击“创建块”按钮。
- ◆ 在命令行中输入或动态输入block（快捷方式B）。

启动创建图块命令之后，系统将弹出“块定义”对话框，单击“选择对象”按钮切换到绘图区中选择构成块的对象后返回，单击“拾取点”按钮选择一个点作为特定的基点后返回，再在“名称”文本框中输入块的名称，然后单击“确定”按钮即可，如图2-6所示。

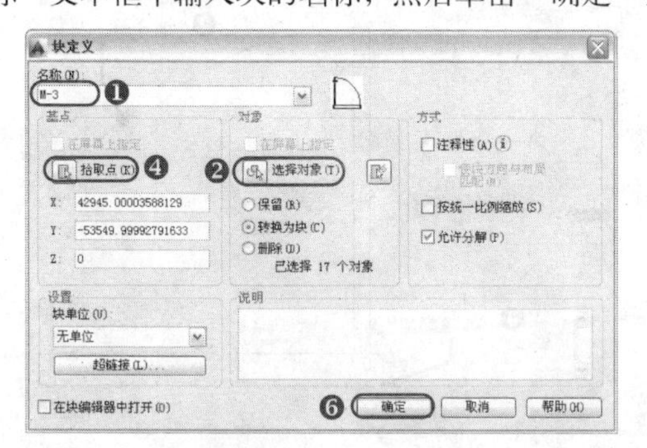

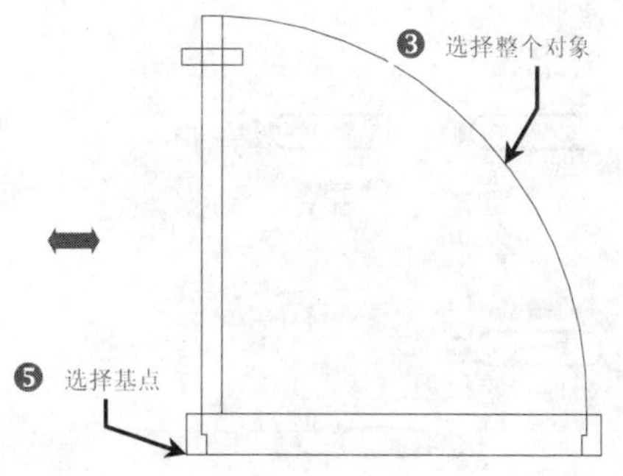

图2-6　创建图块的方法

在“块定义”对话框中各选项的含义如下。

- ◆ “名称”文本框：输入块名称，最多可以使用255个字符。当行中包含多个块时，还可以在下拉列表中选择已有的块。
- ◆ “基点”选项区：设置块的插入基点位置，用户可以直接在X、Y、Z文本框中输入，也可以单击“拾取点”按钮，切换到绘图窗口并选择基点。一般基点选在块的对称中心、左下角或其他特征位置。
- ◆ “对象”选项区：设置组成块的对象。其中，单击“选择对象”按钮，可切换到绘图窗口选择组成图块的对象；单击“快速选择”按钮，可以使用弹出的“快速选择”对话框设置所选择对象的过滤条件；选择“保留”单选按钮，创建块仍在绘图窗口中保留组成块的各对象；选择“转换为块”单选按钮，创建块后将组成块的各对象保留并把它们转换成块；选择“删除”单选按钮，创建块后删除绘图窗口上组成块的原对象。
- ◆ “方式”选择区：设置组成块的对象的显示方式。选择“按统一比例缩放”复选框，设置对象是否按统一的比例进行缩放单位；选择“允许分解”复选框，设置对象是否允许被分解。
- ◆ “设置”选项区：设置块的基本属性。打开“块单位”下拉列表，可以选择从AutoCAD设计中心拖动时的缩放单位；单击“超链接”按钮，将打开“插入超链接”对话框，在该对话框中可以选择超链接的文档，如图2-7所示。
- ◆ “说明”文本框：用来输入当前块的说明部分。

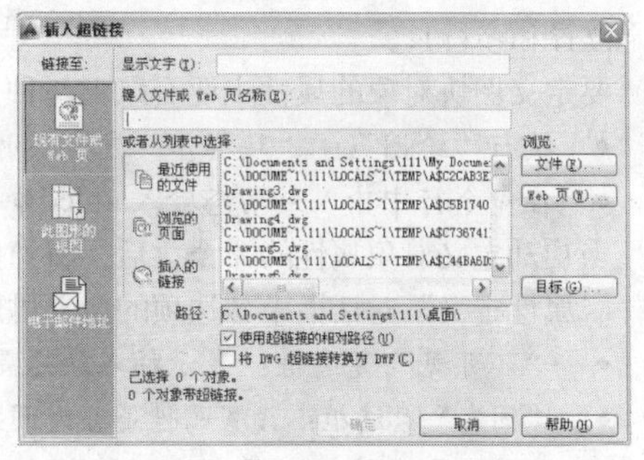

图2-7　“插入超链接”对话框

2.2.2 图块的存储

前面介绍了图块的创建和插入的内容，读者已基本掌握了图块的应用方法。但是用户创建图块后，只能在当前图形中插入，而其他图形文件无法引用创建的图块，这将很不方便。为解决这个问题，使实际工程设计绘图时创建的图块实现共享，AutoCAD 为用户提供了图块的存储命令，通过该命令可以将已创建的图块或图形中的任何一部分（或整个图形）作为外部图块进行保存。用图块存储命令保存的图块与其他的图形文件并无区别，同样可以打开和编辑，也可以在其他的图形文件中进行插入。

要进行图块的存储操作，在命令行中输入wblock命令（快捷方式W），此时将弹出“写块”对话框，利用该对话框可以将图块或图形对象存储为独立的外部图块，如图2-8所示。

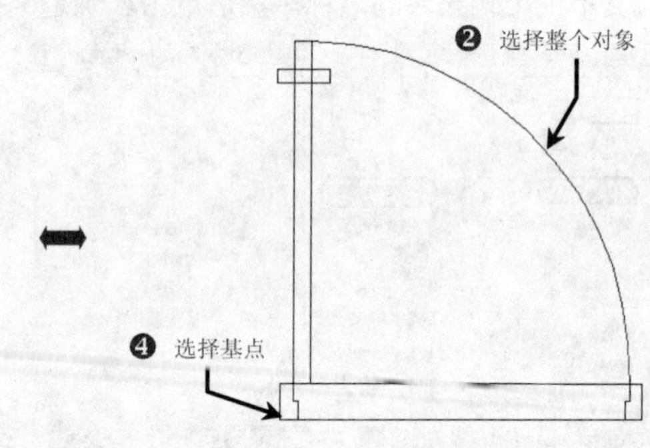

图2-8　存储图块的方法和步骤

用户可以使用SAVE 或 SAVEAS 命令创建并保存整个图形文件，也可以使用EXPORT或WBLOCK命令从当前图形中创建选定的对象，然后保存到新图形中。无论使用哪一种方法创建一个普通的图形文件，它都可以作为块插入到任何其他图形文件中。如果需要作为相互独立的图形文件来创建几种版本的符号，或者要在不保留当前图形的情况下创建图形文件，建议使用 WBLOCK命令。

2.2.3 属性图块的定义

AutoCAD允许为图块附加一些文本信息，以增强图块的通用性，这些文本信息称为属性。如果某个图块带有属性，那么用户在插入该图块时可根据具体情况，通过属性来为图块设置不同的文本信息。特别对于那些经常要用到的图块来说，利用属性尤为重要。

要创建属性，首先创建包含属性特征的属性定义。特征包括标记（标识属性的名称）、插入块时显示的提示、值的信息、文字格式、块中的位置和所有可选模式（不可见、常数、验证、预设、锁定位置和多行）。

要定义图块对象的属性主要有以下两种方式。

◆ 执行“绘图”｜“块”｜“定义属性”命令。
◆ 在命令行中输入或动态输入attded命令（快捷方式ATT）。

当启动定义对象属性的命令之后，将弹出“属性定义”对话框，如图2-9所示。

“属性定义”对话框中各选项的含义讲解如下。

◆ “不可见”复选框：表示插入块后是否显示其属性值。
◆ “固定”复选框：设置属性是否为固定值。当为固定值时，插入块后该属性值不再发生变化。
◆ “验证”复选框：用于验证所输入的属性值是否正确。

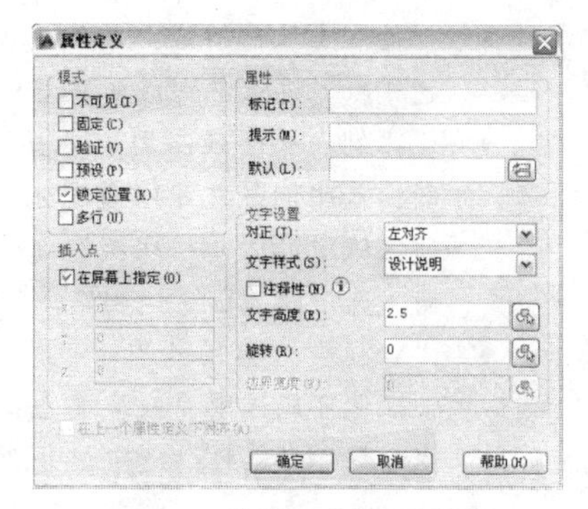

图2-9　“属性定义”对话框

- “预设”复选框：表示是否将该值预置为默认值。
- “锁定位置”复选框：表示固定插入块的坐标位置。
- “多行”复选框：表示可以使用多行文字来标注块的属性值。
- “标记”文本框：用于输入属性的标记。
- “提示”文本框：输入插入块时系统显示的提示信息内容。
- “默认”文本框：用于输入属性的默认值。
- “文字位置”选项区：用于设置属性文字的对正方式、文字样式、高度值、旋转角度等格式。

在通过“属性定义”对话框定义属性后，还要使用前面的方法来创建或存储图块。

例如，要定义一个带属性的轴号对象，其操作步骤如图2-10所示。同样，再使用创建图块（B）和存储图块（W）命令对其进行操作。

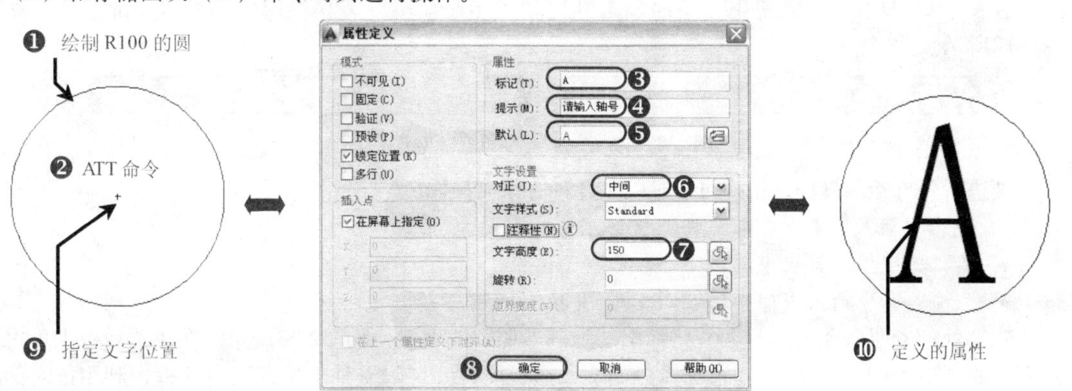

图2-10　定义属性对象的方法和步骤

2.2.4　建筑图块的插入与外部参照

在AutoCAD中将其他图形调入到当前图形中有两种方法。

1. 块的插入

执行“插入”|“块”命令，将打开“插入”对话框，如图2-11所示。使用该对话框，可以在图形中插入块或其他图形，在插入的同时还可以改变所插入块或图形的比例与旋转角度。

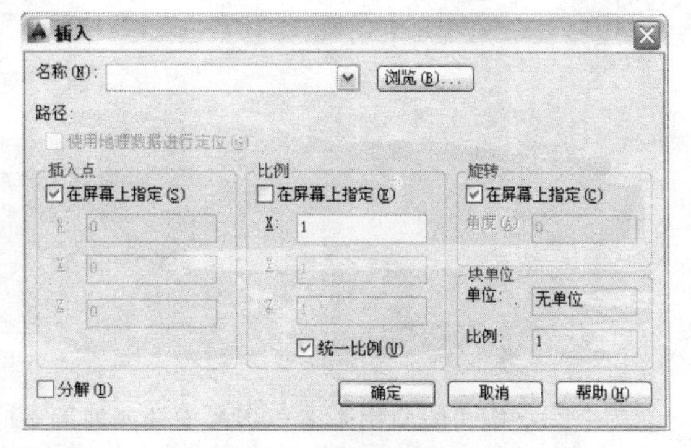

图2-11　“插入”对话框

“插入”对话框中各主要选项的功能说明如下。

- “名称”下拉列表：用于选择块或图形名称。也可以单击其后的“浏览”按钮，打开“选择图形文件”对话框，选择保存的块和外部图形。

◆ “插入点”选项区：用于设置块的插入点位置。可直接在X、Y、Z文本框中输入点坐标，也可以通过选中“在屏幕上指定”复选框，在屏幕上指定插入点位置。
◆ “比例”选项区：用于设置块的插入比例。可直接在X、Y、Z文本框中输入块在3个方向的插入比例；也可以通过选中“在屏幕上指定”复选框，然后在屏幕上指定。此外，该选项区域中的“统一比例”复选框用于确定所插入块在X、Y、Z三个方向的插入比例是否相同，选中时表示比例相同，用户只需要在X文本框中输入比例即可。
◆ “旋转”选项区：用于设置块插入时的旋转角度。可直接在“角度”文本框中输入角度值，也可以选中“在屏幕上指定”复选框，在屏幕上指定旋转角度。
◆ “分解”复选框：选中该复选框，可以将插入的块分解成组成块的各基本对象。

2. 外部参照

外部参照与块有相似的地方，但它们主要的区别是：一旦插入了块，该块就永久性地插入到当前图形中，成为当前图形的一部分。而以外部参照方式将图形插入到某一图形时（称之为主图形）后，被插入图形文件的信息不直接加入到主图形中，主图形只是记录参照的关系。例如，参照图形文件的路径等信息。另外，对主图形的操作不会影响外部参照图形文件的内容。当打开具有外部参照的图形时，系统会自动将各外部参照图形文件重新调入内存并在当前图形中显示出来。

在AutoCAD中，可以使用“参照”工具栏和“参照编辑”工具栏编辑和管理外部参照，如图2-12所示。

图2-12 “参照”和“参照编辑”工具栏

要进行外部参照操作，用户可通过以下几种方法来操作。

◆ 执行“插入”|“外部参照”命令。
◆ 在“参照”工具栏中单击“外部参照”按钮。
◆ 在命令行中输入或动态输入XREF，并按Enter键。

启动外部参照命令之后，系统将弹出“外部参照”选项板，如图2-13所示。在该选项板上单击左上角的“附着DWG”按钮，选择参照文件后，将打开“附着外部参照”对话框，利用该对话框可以将图形文件以外部参照的形式插入到当前图形中，如图2-14所示。

图2-13 “外部参照”选项板

图2-14 “附着外部参照”对话框

从图2-14中可以看出来，在图形中插入外部参照的方法与插入块的方法相同，只是在“外部参照”对话框中多了几个特殊选项。

在“参照类型”选项区中，可以确定外部参照的类型，包括“附着型”和“覆盖型”两种类型。如果选择“附着型”单选按钮，将显示出嵌套参照中的嵌套内容；选择“覆盖型”单选按钮，则不显示嵌套参照中的嵌套内容。

在AutoCAD中，可以使用相对路径附着外部参照，它包括“完整路径”、“相对路径”和“无路径”3种类型，各选项功能如下。

- “完整路径”选项：当前使用完整路径附着外部参照时，外部参照的精确位置将保存到主图形中。此选项的精确度高，但灵活性小。如果移动工程文件夹，AutoCAD将无法融入任何使用完整路径附着的外部参考。
- “相对路径”选项：使用相对路径附着外部参照时，将保存外部参照相对于主图形的位置。此选项的灵活性大。如果移动工程文件夹，AutoCAD仍可以融入使用相对路径附着的外部参照，只要此外参照相对主图形的位置未发生变化。
- “无路径”选项：在不使用路径附着外部参照时，AutoCAD首先在主图形的文件夹中查找外部参照。当外部参照文件与主图形位于同一个文件夹时，此选项非常有用。

2.2.5　编辑图块的属性

当用户在插入带属性的对象后，可以对其属性值进行修改操作。编辑图块的属性主要有以下三种方式。

- 执行“修改”|“对象”|“属性”|“单个”命令。
- 在“修改II”工具栏中单击“编辑属性”按钮，如图2-15所示。
- 在命令行中输入或动态输入ddatte命令（快捷方式ATE）。

启动编辑块属性命令并且系统提示“选择对象”后，用户使用鼠标在视图中选择带属性块的对象，系统将弹出“增强属性编辑器”对话框，根据要求编辑属性块的值即可，如图2-16所示。

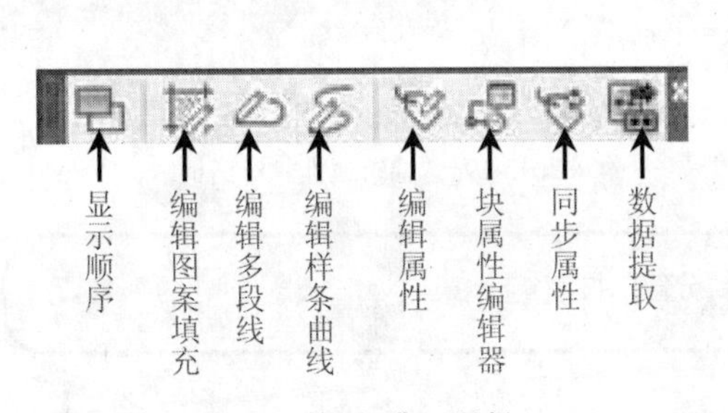

图2-15　“修改II”工具栏

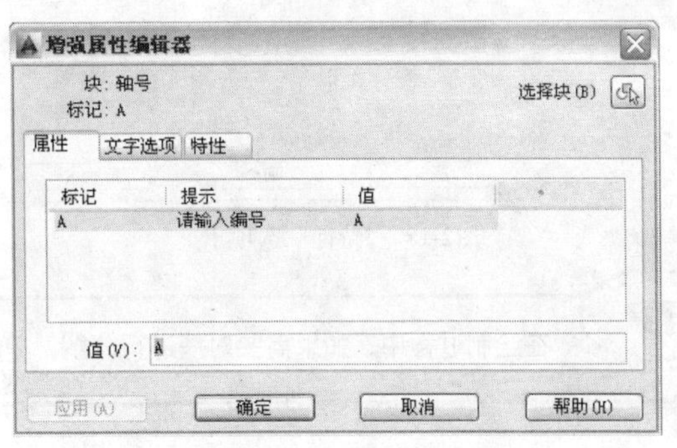

图2-16　“增强属性编辑器”对话框

1.“属性”选项卡

“属性”选项卡的列表框中显示了块中每一个属性的标识、提示和值。在列表框中选择某一属性后，在“值”文本框中将显示出该属性对应的属性值，用户可以通过它来修改属性值。

2.“文字选项”选项卡

“文字选项”选项卡用于修改属性文字的格式，该选项卡如图2-17所示。可以在“文本样式”下拉列表中设置文字样式，在“对正”下拉列表中设置文字的对齐方式，在“高度”文本框中设置文字高度，在“旋转”文本框中设置文字的旋转角度，使用“反向”复选框来确定文字行是否反向显示，使用“倒置”复选框确定是否上下颠倒显示，在“宽度因子”文本框中设置文字的宽度系数，以及在“倾斜角度”文本框中设置文字的倾斜角度等。

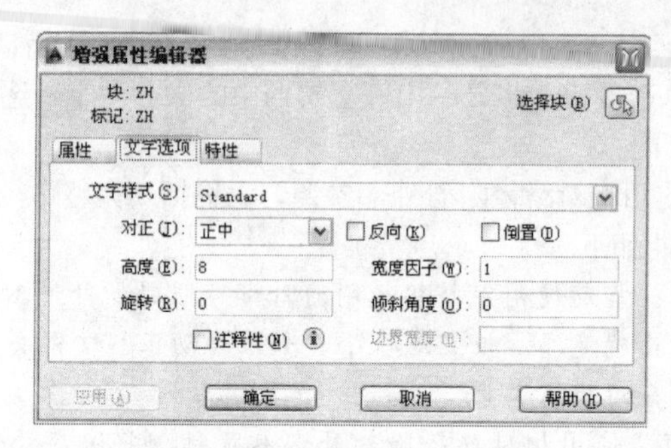

图2-17 “文字选项”选项卡

3. “特性”选项卡

“特性”选项卡用于修改属性文字的图层、线宽、线型、颜色及打印样式等，该选项卡如图2-18所示。

在“增强属性编辑器”对话框中，除上述三个选项卡外，还有“选择卡”和“应用”等按钮。单击“选择块”按钮，可以切换绘图窗口并选择要编辑的块对象。单击“应用”按钮，可以确认已进行的修改。

此外，用户也可以使用ATTEDIT（属性）命令编辑块属性。执行该命令并选择需要编辑的块对象后，系统将弹出“编辑属性”对话框，如图2-19所示，在其中即可编辑或修改块属性值。

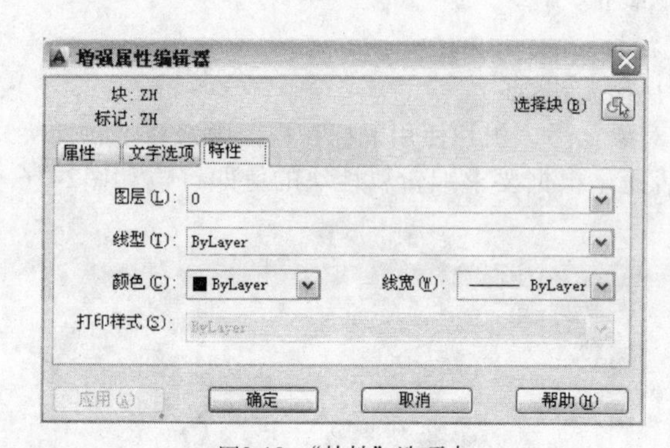

图2-18 “特性”选项卡

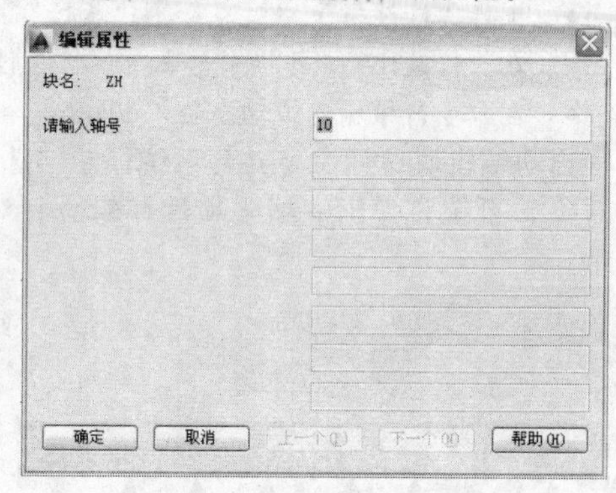

图2-19 “编辑属性”对话框

在绘制过程中，如果需要对块进行分解，单击“分解”按钮。

2.2.6 修改块属性

执行“修改”|“对象”|“文字”|“编辑”命令（DDEDIT）或双击块属性，打开“增强属性编辑器”对话框，在“属性”选项卡的列表中选择文字属性，然后在下面的“值”文本框中可以编辑块中定义的标记和值属性，如图2-20所示。

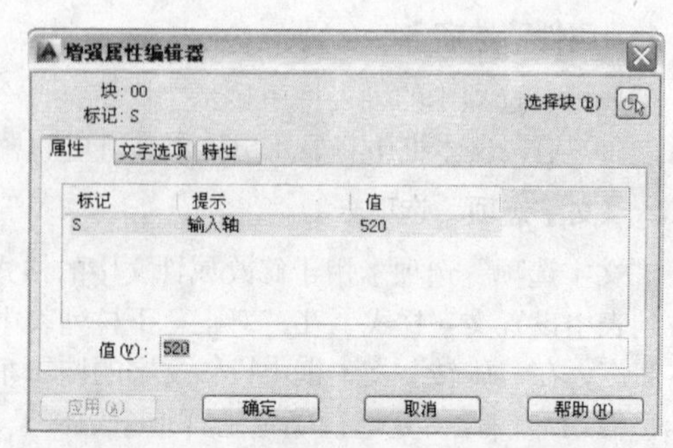

图2-20 “增强属性编辑器”对话框

执行“修改”|“对象”|“文字”|“比例”命令（SCALETEXT），或在“文字”工具栏中单击“缩放文字”按钮，可以

按同一比例因子同时修改多个属性定义比例。

执行“修改”｜“对象”｜“文本”｜“对正”命令（JUSTIFYTEXT），或在“文字”工具栏中单击“对正”按钮，可以在不改变属性定义位置的前提下重新定义文字插入基点。

2.3 绘制推拉门平面

视频文件：视频\02\推拉门.avi
结果文件：案例\02\推拉门.dwg

在绘制推拉门图块时，首先应设置绘图环境，然后根据操作步骤绘制其图形元素并创建图块，其效果如图2-21所示。

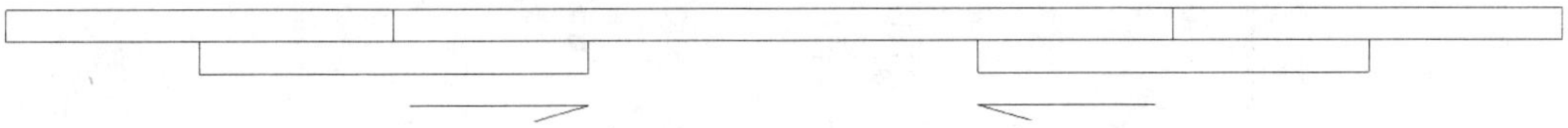

图2-21　推拉门图块

2.3.1　绘图区设置

在开始绘制推拉门平面之前，首先要设置与所绘图形相匹配的绘图环境。推拉门平面没有文字和尺寸标注，仅有图线，因此它的绘图环境主要包括绘图区设置、图层设置，然后再使用AutoCAD的相关命令来绘制推拉门块。

绘图区设置包括绘图单位和图形界限的设定。根据建筑制图标准的规定，推拉门图使用的长度单位为毫米，角度单位是度。图形界限是指所绘制图形对象的范围。在绘制图形时，为了使得绘图更加方便，应该以1∶1的比例直接绘制图形。AutoCAD中默认的图形界限为A3图纸大小，如果不修正该默认值，有时可能会使按实际尺寸绘制的图形不能全部显示在窗口之内。由于门平面尺寸相对较小，可以设置绘图极限为5000×5000的矩形范围。

1. 正常启动AutoCAD 2014软件，单击工具栏中的“新建”按钮，打开“选择样板”对话框，然后选择“acadiso”作为新建的样板文件，如图2-22所示。
2. 执行“格式”｜“单位”命令，打开“图形单位”对话框，把长度单位类型设定为“小数”，精度为“0.000”，角度单位类型设定为“十进制度数”，精度精确到小数点后二位“0.00”，如图2-23所示。
3. 执行“格式”｜“图形界限”命令，依照提示，设定图形界限的左下角为（0,0），右上角为（5000,5000）。
4. 在命令行中输入快捷方式Z，按Enter键后，选择“全部（A）”选项，使输入的图形界限区域全部显示在图形窗口内。

图2-22　“选择样板”对话框

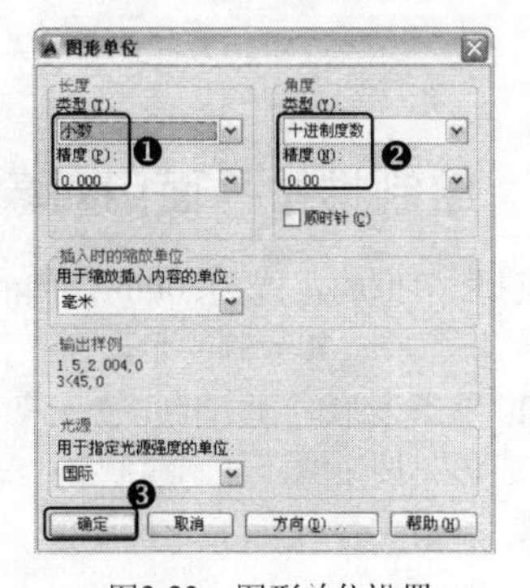

图2-23　图形单位设置

2.3.2 图层规划

绘制门平面时的图层规划主要需要设置正确的线型、线宽以及适当的颜色。依据建筑制图标准规定，门窗轮廓为细线，在此采用的宽度为0.09mm。

1 单击“图层”工具栏中的“图层”按钮，打开“图层特性管理器”面板，在“图层特性管理器”面板中单击“新建图层”按钮，AutoCAD自动创建名为“图层1”的新图层，将其名称改为“门块”，再单击“图层管理器”按钮，将新建的图层置为当前，如图2-24所示。

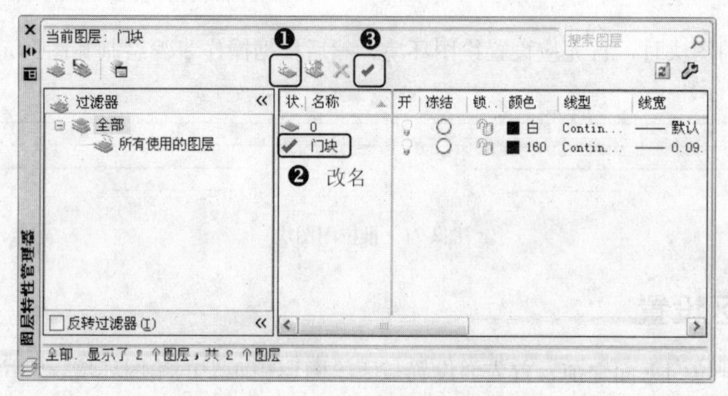

图2-24 “图层特性管理器”面板

2 单击图层状态行的颜色项，打开“选择颜色”对话框，选取红色，然后单击“确定”按钮完成颜色设置，如图2-25所示。

3 单击图层状态行的线宽项，打开“线宽”对话框，选取0.09毫米，然后单击“确定”按钮完成线宽设置，如图2-26所示。然后关闭“图层管理器”面板。

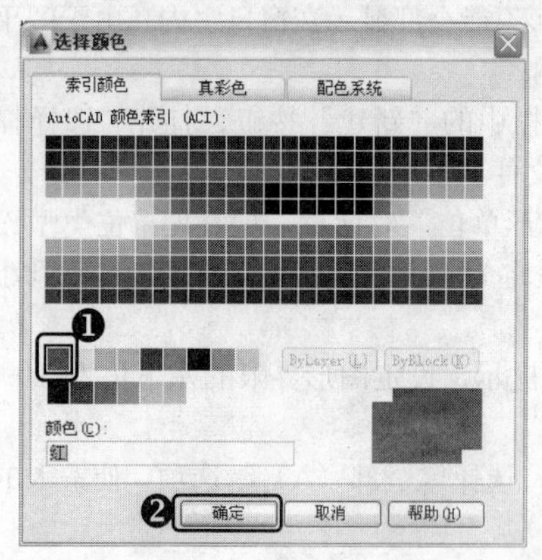

图2-25 图层颜色设置

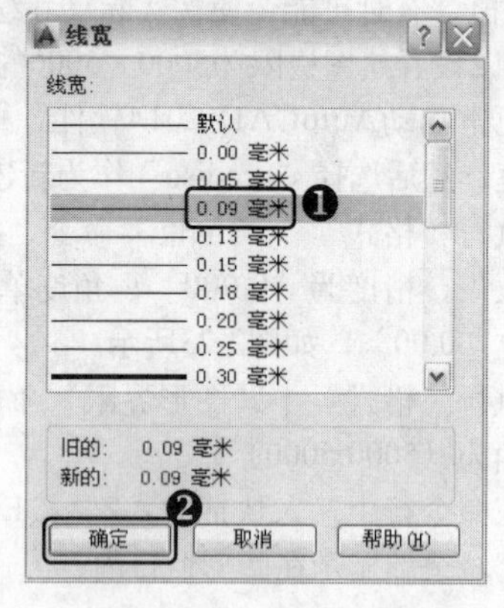

图2-26 图层线宽设置

2.3.3 绘制推拉平面门对象

现已知门框的宽度为60mm，门的总宽度为3000mm，门两边为750mm的固定扇，中间为二扇750mm的推拉扇，其绘制的步骤如下。

1 单击图形区下方的“正交”按钮，采用正交绘图模式，单击“绘图”工具栏中的“矩形”按钮，开始绘制750×60的矩形。

2 单击“修改”工具栏中的“复制”按钮，将矩形依次向右侧连续复制三次，如图2-27所示。

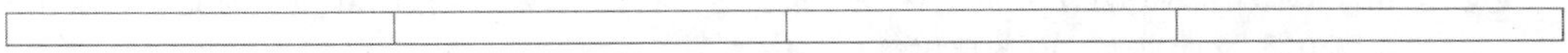

图2-27 绘制矩形并复制

3 右击状态栏中的“对象捕捉”按钮□，从弹出的浮动菜单中选择“设置”命令，打开“草图设置”对话框，勾选“中点”对象捕捉方式。关闭操作设置对话框，单击图形区下方的“对象捕捉”按钮□，进入对象捕捉绘图状态。中点捕捉方式设置如图2-28所示。

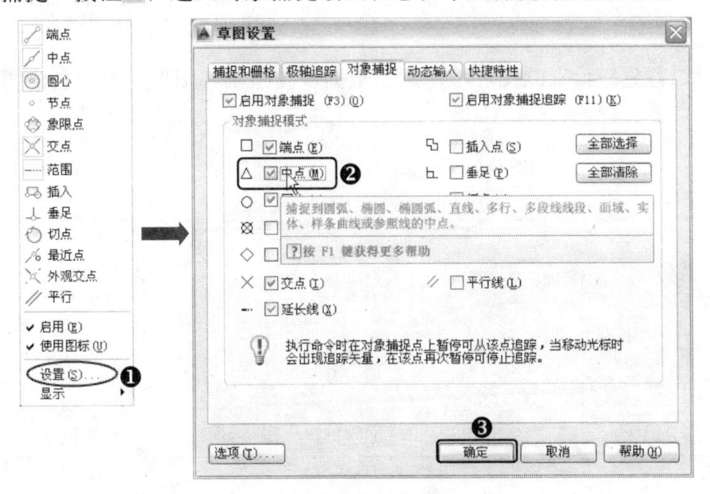

图2-28 选择中点对象捕捉方式

4 单击“移动”按钮，选择中间的一个矩形后右击鼠标结束选择，然后按照如图2-29所示分别给出移动基点和目的点，将矩形向左下方移动。

❶ 选择移动基点 ❷ 向右移动目的点

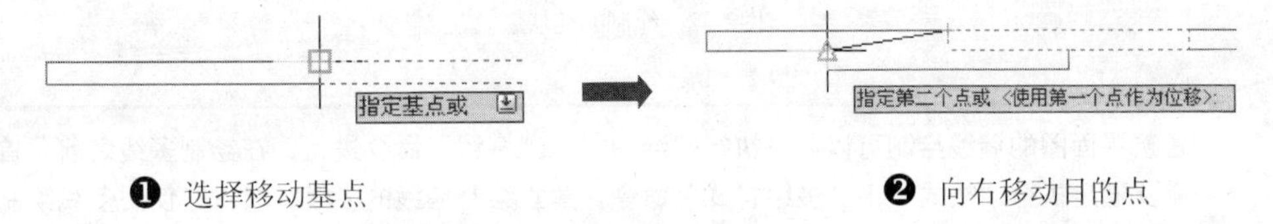

图2-29 异比例外部图块尺寸标注的修改

5 采用同样的方法，把中间的另一个矩形向右下方移动。

6 使用“直线”命令分别在两边矩形之间绘制两条直线后，单击图形区下方的“对象追踪捕捉”按钮，再使用“直线”命令在门下方适当位置绘制开启指示箭头，门最后绘制完成，如图2-30所示。

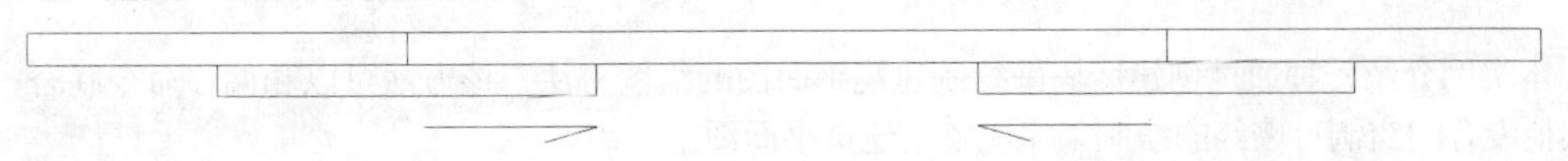

图2-30 推拉门平面图

7 输入base命令，选择门框左下角为图块基点，如图2-31所示。

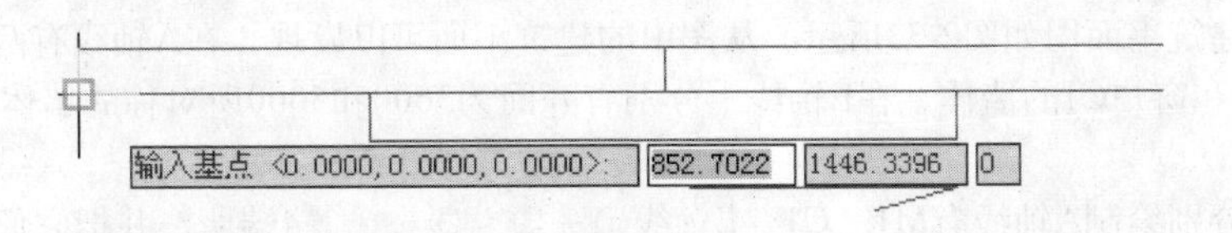

图2-31 给出外部图块的基点

8 单击AutoCAD 2014左上角的“保存”按钮，将图形以“推拉门.dwg”为文件名保存到“案例\02”文件夹下，以备后用。

2.4 绘制墙块对象

视频文件：视频\02\墙块.avi
结果文件：案例\02\墙块.dwg

在绘制墙块时，首先应设置绘图环境，然后根据步骤绘制其图形元素并创建图块，其效果图如图2-32所示。

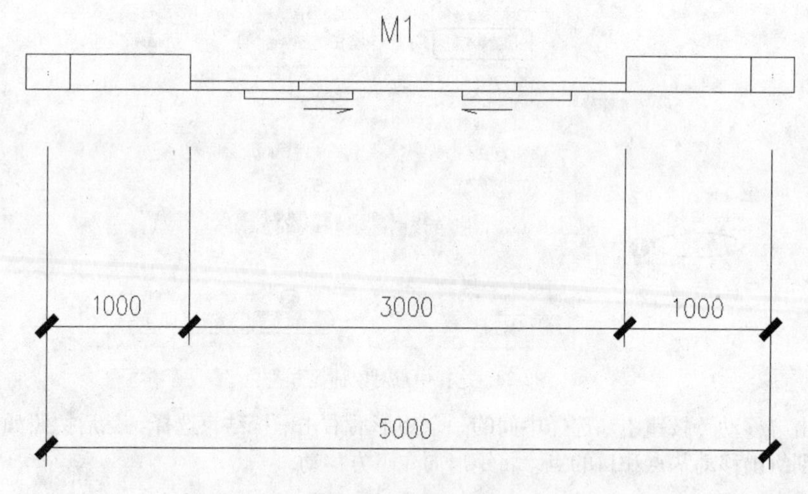

图2-32 绘制的墙块

建筑平面图的墙线绘制可以通过执行“绘图” | “多线”命令进行，在绘制多线之前，首先需要通过执行“格式” | “多线样式”命令，建立绘制墙线的多线样式。在使用多线绘制好建筑平面的墙线之后，仅仅完成了建筑平面图绘制的一部分，后面还需要进行包括多线对象的编辑、门窗洞口的绘制及墙线的剪裁、尺寸的标注等很多工作，而这些工作是十分烦琐复杂的。因此，在某些情况下，为了提高绘图速度，应该考虑采用其他一些绘图方法：如通过轴线偏移出墙线轮廓，之后再绘制窗户并进行剪裁修改，或者通过其他的绘图软件如天正建筑等进行。

本实例介绍一种通过创建墙块来绘制建筑平面图的绘图方法，该方法可以和偏移命令联合，完成其他没有门窗洞口墙线的绘制来完成整个建筑平面图。

2.4.1 建筑平面图的规律分析

本实例中建筑平面图如图2-33所示。从图中的建筑平面可以发现，在A轴线有两个通往阳台的房间推拉门M1和窗户C1的墙体，在E轴线上分别有开间为3600和5000所对称的墙体，且有C2的窗户6个。

如果事先分别绘制A轴线有M1、C1，E轴线①～③、③～④等4端墙，并把它们制作成图块，就可以很方便地把它们插入到建筑平面图中，而不必重复进行烦琐的剪裁工作。

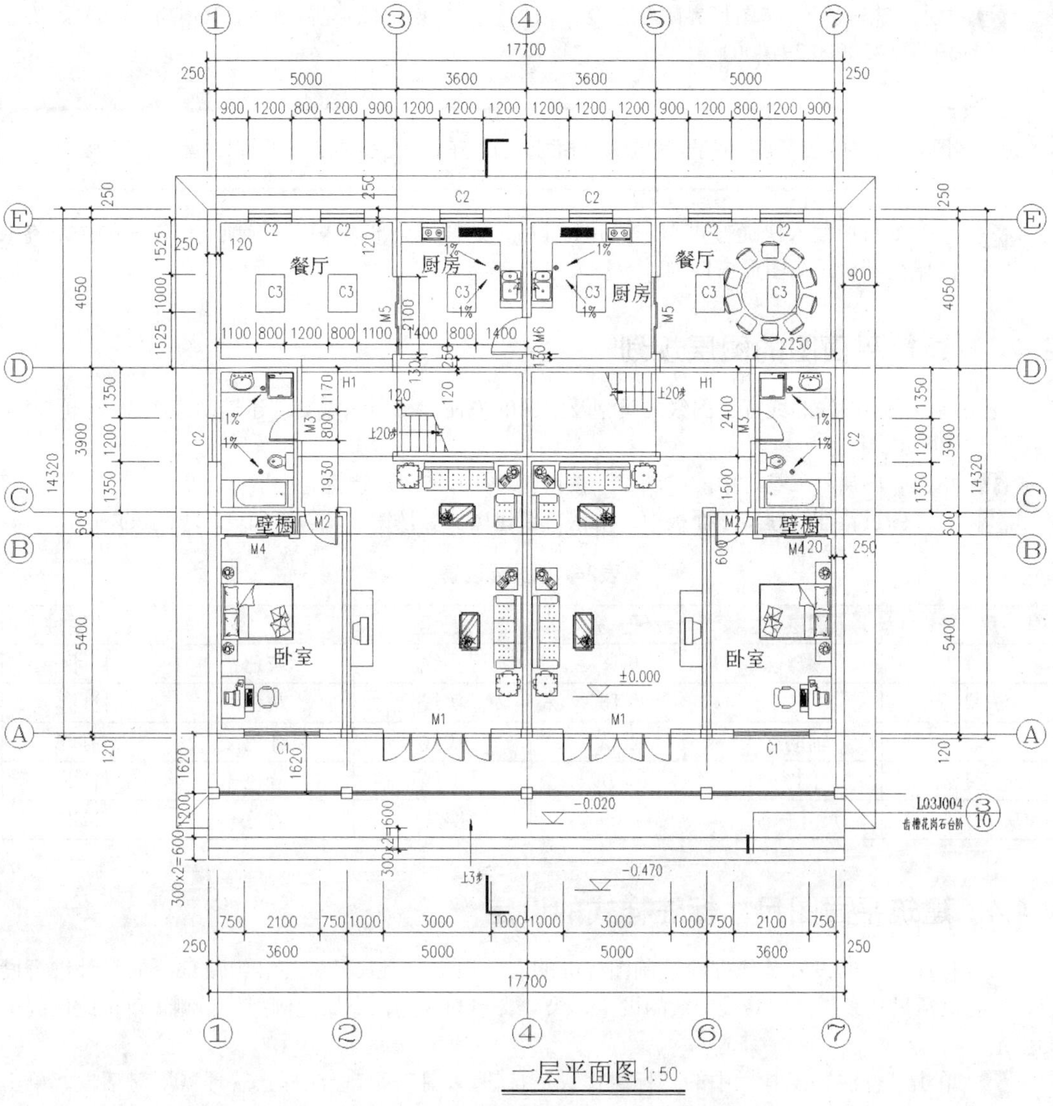

一层平面图 1:50

图2-33 招待所辅楼示意图

2.4.2 建筑平面图的绘制环境设置

依据制图标准，建筑平面图中的墙体轮廓线要用中粗线，门窗及尺寸标注需要用细线，因此需要创建不同的图层。同时为了加快绘图效率，在绘制的墙体块中同时要进行尺寸标注，需要进行尺寸标注样式设定。

绘图环境设置包括设置绘图比例、图形极限等。在实际绘图时，需要根据实际情况决定是否执行此步操作，具体操作步骤如下。

1. 正常启动AutoCAD 2014软件，单击“标准”工具栏中的“新建”按钮，打开“选择样板”对话框，然后选择“acadiso”作为新建的样板文件。
2. 执行“格式”|“单位”命令，打开“图形单位”对话框，将长度单位类型设置为“小数”，精度设置为“0.000”，角度单位类型设定为“十进制”，精度精确到小数点后二位“0.00”。

3 执行“格式”|“图形界限”命令，依照提示，设定图形界限的左下角为（0,0），右上角为（420000,297000）。

图形界限的设置不必拘泥于与图形大小相同的值，在实际绘图过程中，可以设置一个大致区域。

4 在命令行中输入快捷方式Z，按Enter键后，选择“全部（A）”选项，使输入的图形界限区域全部显示在图形窗口内。

2.4.3 建筑平面图的图层规划

考虑墙体块中图线的线宽、图线的类型及绘图的方便性，用户需要创建辅助线、墙线、门窗、尺寸标注等图层。

1 单击“图层”工具栏中的“图层”按钮，打开“图层特性管理器”面板。

2 在“图层特性管理器”面板中，单击“新建图层”按钮，创建如表2-1所示的图层。

表2-1 图层设置

序 号	图层名	线 宽	线 型	颜 色	打印属性
1	墙线	0.18	实线	灰色	打印
2	柱	0.18	实线	灰色	打印
3	辅助线	默认	实线	红色	不打印
4	门窗	0．09	实线	蓝色	打印
5	尺寸标注	0.09	实线	黑色	打印

2.4.4 建筑平面图尺寸标注样式的设定

尺寸标注样式的设置是依据建筑制图标准的有关规定，对尺寸标注各组成部分的尺寸进行设置，主要包括尺寸线、尺寸界线参数的设定，尺寸文字的设定，全局比例因子、测量单位比例因子的设定。

1 单击“标注”工具栏中的“标注样式”按钮，打开“标注样式管理器”对话框，单击“新建”按钮，打开“创建新标注样式”对话框，新建样式名定义为“墙体尺寸”，单击“继续”按钮，如图2-34所示。

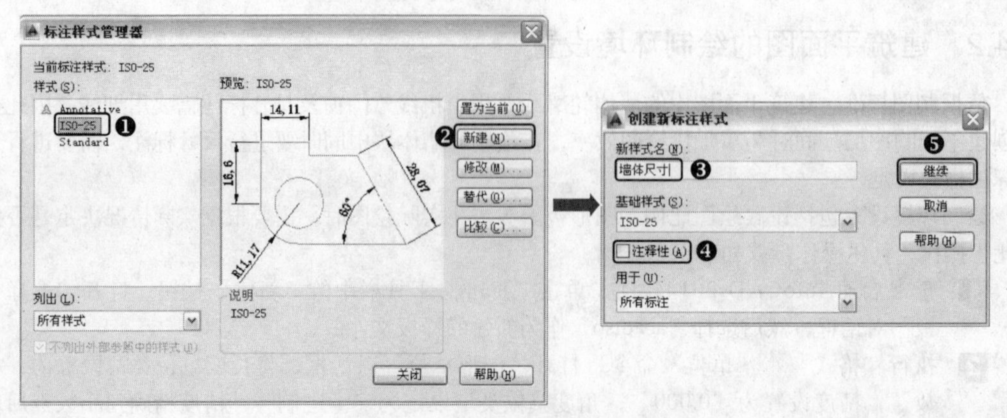

图2-34 新建“墙体尺寸”标注样式

2 此时打开“新建标注样式”对话框，单击“线”选项卡，设置尺寸线、尺寸界线的参数。在“尺寸线”选项区，各选项的内容一般不需作任何修改；在“延伸线”选项区，前4个选项的内容一般不作修改，将“超出尺寸线”的数值设为2～3，“起点偏移量”的数值设为10，如图2-35所示。

对于“起点偏移量”值，制图标准规定离开被标注对象距离不能小于2mm，绘图时应根据选取尺寸线的起止点位置而设定。

3 单击“符号和箭头”选项卡，将“箭头”选项区前两个选项的内容都选为“建筑标记”，第四个选项“箭头大小”的数值设为2。“圆心标记”、“弧长符号”、“折断标注”等选项区的内容一般不需设置，如图2-36所示。

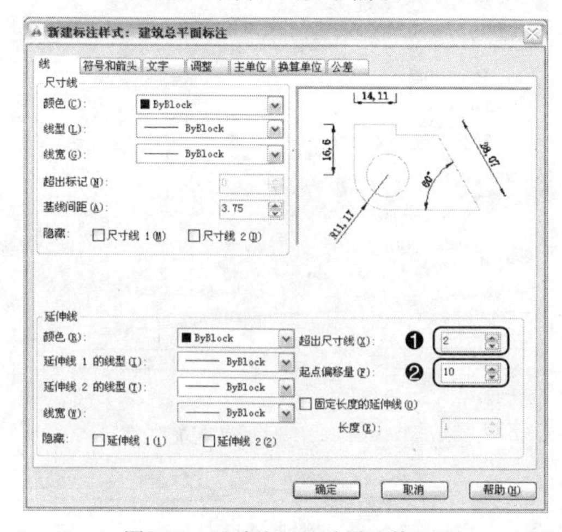

图2-35　尺寸线及尺寸界线的设置

图2-36　符号和箭头的设置

4 进入“文字”选项卡，单击“文字外观”选项区中的“文字样式”下拉列表右侧的□按钮，打开“文字样式”对话框，创建标注尺寸用的文字样式，如图2-37所示。

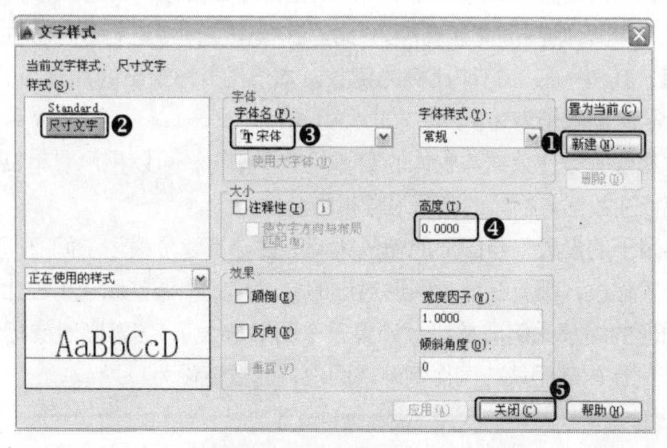

图2-37　创建文字样式

5 同时创建文字样式“门窗名称”，设置字体为“simplex.shx”，字体高度为175。

“门窗名称”文字用来通过单行文字命令在图形内书写门窗名称，由于门窗名称文字打印到图纸上的高度是3.5，此时图形的打印比例预设为1∶50，所以文字样式内文字高度为3.5×50等于175。

6 选择前面专门为尺寸标注设置的文字样式“尺寸文字”，“文字颜色”和“填充颜色”内容不作修改，设置“文字高度”为3.5；在“文字位置”选项区中，“垂直”选择“上”，“水平”选择“居中”，“从尺寸线偏移”的数值可不作修改；在“文字对齐”选项区，选择“与尺寸线对齐”单选按钮，如图2-38所示。

7 单击“调整”选项卡，其中“调整选项”选项区用于设置当尺寸界线之间没有足够的空间同时放置标注文字和箭头时，将其如何移到尺寸线的外面，一般选择“文字或箭头”；“文字位置”选项区用于当尺寸文字不能按“文字”选项卡设定的位置放置时，尺寸文字按这里设置的位置放置，一般选择“尺寸线上方，带引线”调整方式；在“标注特征比例”选项区中选择“使用全局比例”，并将值设置为打印比例的倒数50，如图2-39所示。

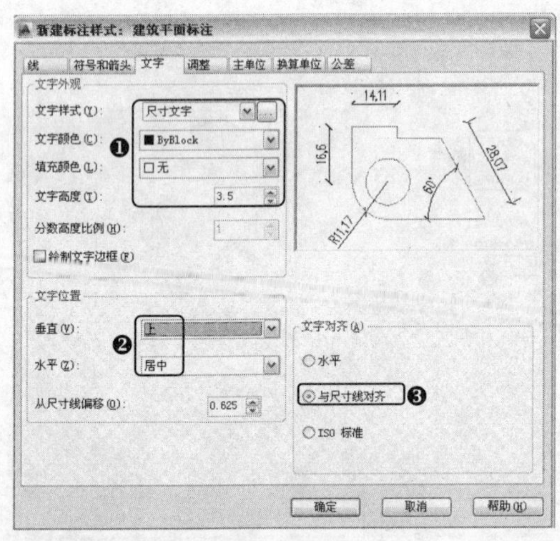

图2-38 “文字”选项卡设置

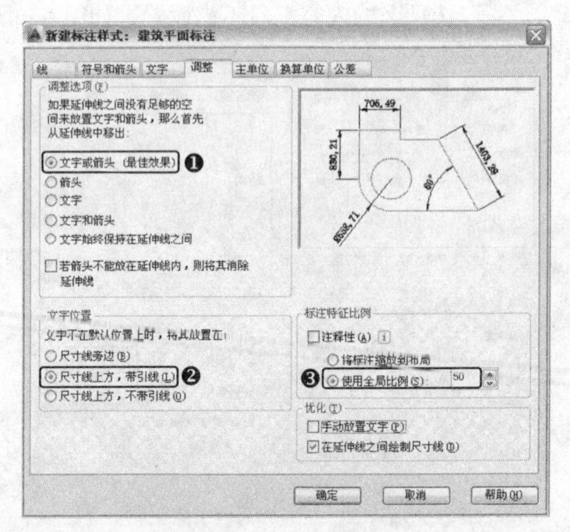

图2-39 “调整”选项卡设置

全局比例因子的作用是整体放大或缩小标注的全部基本元素的几何尺寸，如文字高度设定为3.5，全局比例因子为100，则图形文字高度为350。在模型空间中进行尺寸标注时，应根据打印比例设置此项参数值，其值一般为打印比例的倒数。本节图2-33给出的建筑平面图打印比例是1∶50，则本实例的全局比例因子为50。

当标注实物时获得的标注数据与物体的实际尺寸不相符，可以用测量单位比例对标注数据进行放大或缩小，使标注数据与物体的实际尺寸相吻合。

测量单位比例因子的设置只与图形的缩放比例有关。不管是模型空间打印还是图纸空间打印，只要对图形进行了缩放，都要在缩放图形对应的标注样式中调整测量单位比例因子。测量单位比例因子的值与图形的缩放比例成反比，如果一个图形放大了5倍，则对应标注样式的测量单位比例就是1/5，对于同比内部图块或同比例外部图块，此数值设为1。

8 单击“主单位”选项卡，在“线性标注”选项区中的“单位格式”下拉列表中选择小数，精度选择0。在“角度标注”选项区中的“单位格式”下拉列表中选择十进制度数，精度也选为0，本例在绘图时不存在图形缩放问题，所以测量单位比例因子设为1，如图2-40所示。

9 在建筑制图中一般不需要设置“换算单位”和“公差”选项卡中的任何内容。

10 单击“关闭”按钮，关闭“标注样式管理器”对话框，完成尺寸标注样式的设置。

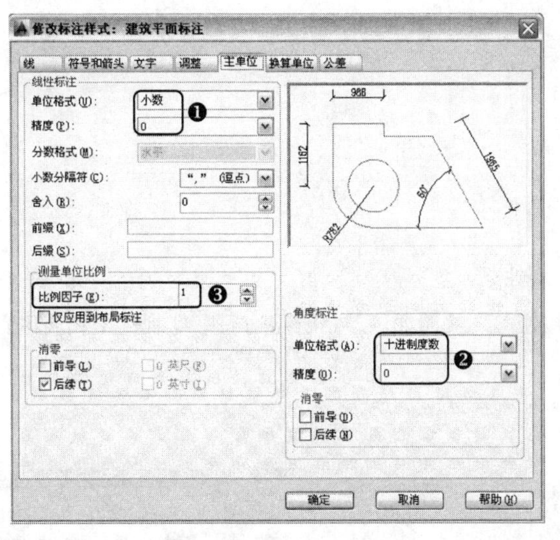

图2-40 "主单位"选项卡设置

2.4.5 建筑平面图辅助线的绘制

在绘制墙块时，为了便于墙体定位，首先需要绘制相应的辅助线。辅助线主要根据建筑轴线绘制，其长度和位置不需要十分准确，选择适当的位置和长度即可。

1. 单击"图层"工具栏中的"图层控制"下拉列表，将"辅助线"设置为当前层，如图2-41所示。
2. 按F8键打开"正交"模式，利用"直线"命令或"偏移"命令，在图形窗口的适当位置绘制辅助线。辅助线的绘制方法是用line命令绘制第一条垂直直线，再用offset命令偏移5000生成第二条竖直辅助线，之后用line命令绘制一条水平辅助线，如图2-42所示。

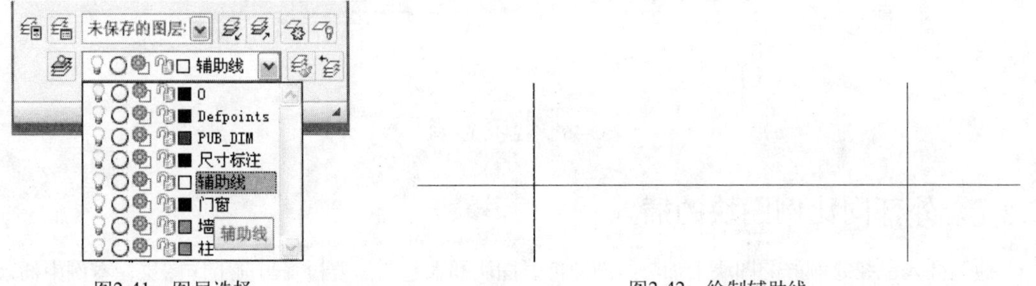

图2-41 图层选择

图2-42 绘制辅助线

2.4.6 建筑平面图中柱子和墙体的绘制

墙体和柱子可以通过绘制矩形命令进行，在这里运用透明命令from，很方便地通过辅助线交点为绘图参考基点进行墙体和柱子定位。另外在绘制墙体和柱子过程中，通过使用复制命令，可以加快绘图速度。

1. 单击"图层"工具栏中的"图层控制"下拉列表，将"柱"置为当前层，并单击"线宽"显示按钮，打开线宽显示。单击"矩形"按钮后，输入from透明命令，选择辅助线交点为基点，之后输入(@-150,-120)给出柱子左下角第一点，再输入（@300,240）绘制柱子，如图2-43所示。

2 将当前层改成“墙”层，使用▭命令，选择柱子右下角为第一点，以（@850,240）为第二点绘制墙，如图2-44所示。

图2-43　绘制柱子　　　图2-44　绘制墙体

3 单击“复制”按钮，按照如图2-45所示的顺序复制柱子和墙体到另一端，得到如图2-46所示的图形。

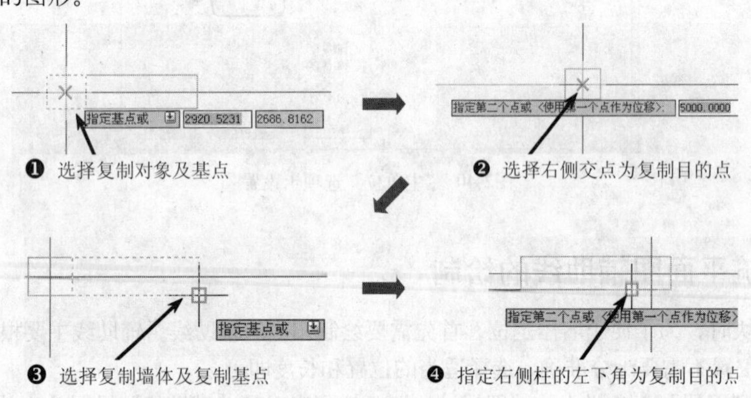

图2-45　复制柱子和墙体

图2-46　复制后的图形

2.4.7　外部同比例图块的插入

通过插入已经绘制好的图块来加快绘图速度。图块插入之前需要检查当前工作图层，本例中插入的推拉门图块是建立在“推拉门”图层上的，所以插入到当前图层后，当前图层对它没有控制效应。如果“推拉门”是建立在浮动图层0层上，则要特别注意当前工作图层对浮动图块的控制效应。

单击“插入”按钮，从光盘上找到文件“案例\02推拉门.dwg”，将其插入到前面绘制的图形中，图块插入比例取为1：1，得到如图2-47所示的图形。

图2-47　插入推拉门后的图形

2.4.8　图形对象尺寸及文字的标注

标注文字和尺寸是要注意选择适当的尺寸标注和文字标注样式，同时采用适当的尺寸标注方式。

1 单击“文字”工具栏中的“选择文字样式”下拉列表，将“门窗名称”设置为当前文字样式，如图2-48所示；单击“单行文字”按钮，在图形的推拉门上方选择文字输入点及文字行角度为0之后，输入“M1”，按Enter键结束门窗名称输入。

2 单击“标注样式”按钮，打开标注样式管理器，将“墙体尺寸”标注样式设置为当前样式，之后通过“线型标注”，标注如图2-49所示左边第一道1000尺寸线，再通过“连续标注”标注3000和1000尺寸线，最后用“线型标注”标注轴线尺寸5000。

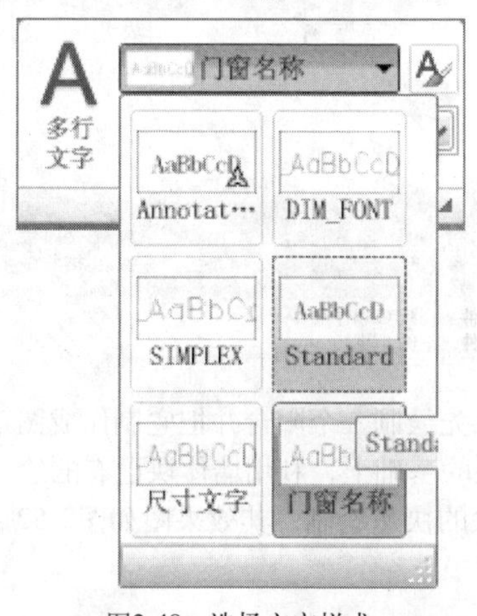

图2-48　选择文字样式

M1
1000
3000
1000
5000

图2-49　标注尺寸

3 输入base命令，选择辅助线左边交点为图块基点。

4 单击“图层”工具栏中的“图层管理器”按钮，打开“图层特性管理器”面板，如图2-50所示。单击“辅助线”图层对应的 图标，将它变成 ，将“辅助线”图层关闭。操作完毕后关闭“图层特性管理器”面板，可以见到图形窗口内看不到红色辅助线了，如图2-51所示。

5 单击“绘图”工具栏中的“创建图块”按钮，打开“图块创建”对话框，创建名称为“M1”的内部图块。

6 将图形以“墙块.dwg”为文件名，将外部图块保存以备后用。

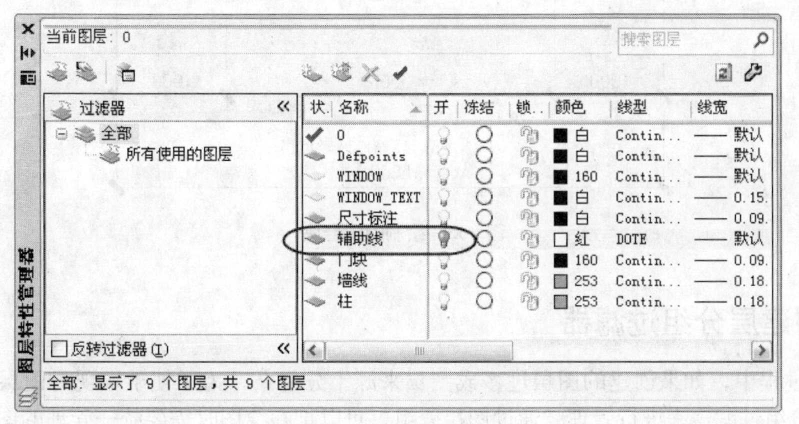

图2-50　关闭“辅助线”图层

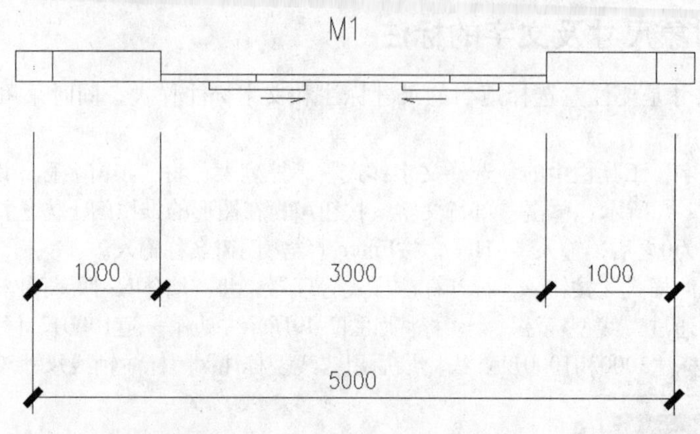

图2-51　关闭辅助线图层之后的图形

2.5 绘制阳台对象

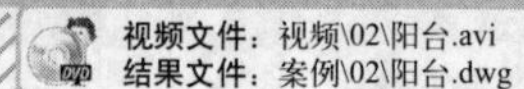
视频文件：视频\02\阳台.avi
结果文件：案例\02\阳台.dwg

与墙体块一样，如果一个建筑平面有多个相同的阳台，也可以先绘制一个阳台并把它制作成图块，之后插入到其他有同样的阳台的房间。本部分将在前面墙体块的基础上，利用墙体块已有的绘图环境及绘图设置，通过创建图层分组以及图案填充，实现阳台块的快速绘制，其效果图如图2-52所示。

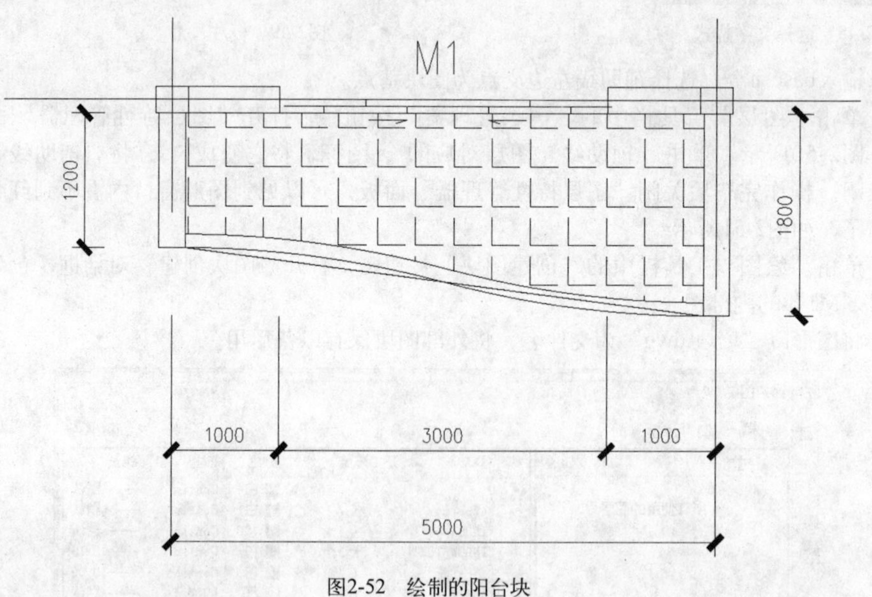

图2-52　绘制的阳台块

2.5.1　创建层分组过滤器

在绘图过程中，如果创建的图层过多或图层来源十分复杂，为了便于实现对图层的管理，应该使用图层分组过滤器来进行管理。通过图层分组，可以把在绘图时需要统一管理的图层分到一个组，这样就可以方便地实现图层的关闭、冻结等操作。

1 单击AutoCAD 2014界面左上角的“打开”按钮，打开“墙体.dwg”文件。

2 单击“图层”工具栏中的“图层特性”按钮，打开“图层特性管理器”面板后，单击位于面板框左上位置的“新建组过滤器”按钮，创建名称为“参考图组”的层组。采用同样的操作，建立“阳台”图层组。

3 先选中“图层特性管理器”面板左侧“过滤器”栏目下的“所有使用的图层”，之后在面板右边图层列表下方，按下鼠标左键后不要释放，向左上方移动鼠标选中所有图层，继续向左移动到“过滤器”的“参考图组”上，释放鼠标左键。此时选中的图层就会被划分到“参考图组”，如图2-53所示。

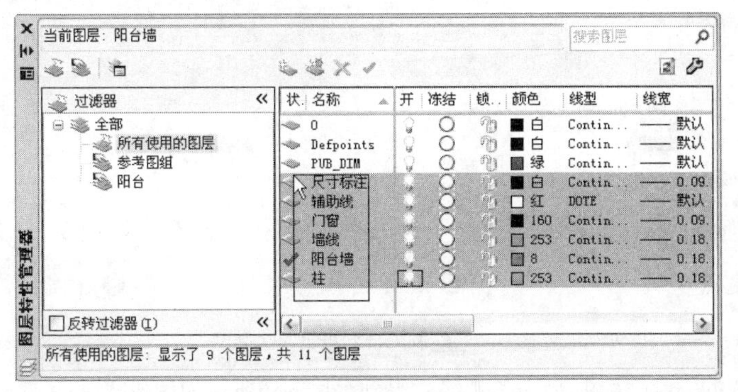

图2-53 创建图层分组

4 选取如图2-53所示的“阳台墙”层后，再单击“新建图层”按钮，创建用于绘制阳台的图层，并对图层的线宽、颜色进行设定，并将“阳台墙”图层设置为当前层，设定结果如图2-54所示。

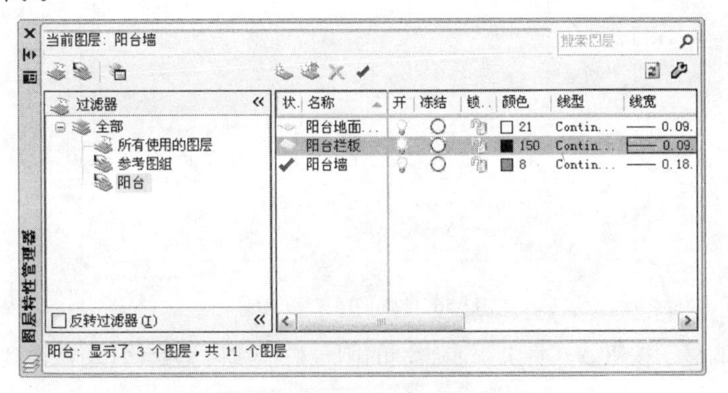

图2-54 阳台图层分组中的新建图层列表

2.5.2 绘制阳台墙体

阳台墙体的绘制包括用直线和圆弧命令绘制直线墙和弧形栏板。在绘制阳台两端的直墙时用到选择基点透明命令from、相对坐标画线方式、对象捕捉方式确认二线垂足等操作。弧形栏板绘制用到（起点、端点、方向）弧线的画法，以及通过偏移命令得到栏板的另一面弧线。

1 确认图形区下方的“对象捕捉”按钮被按下，进入对象捕捉绘图方式。

2 单击“直线”按钮后，输入from命令，选中红色辅助线左边的交点为绘制前提参考基点，之后依次输入相对坐标（-120,0）、（0,-1200）、（-240,0），移动光标到交点附近的柱子轮廓之上，AutoCAD会自动捕捉到正在绘制的直线段与柱子轮廓的垂足后，按下鼠标左键绘制阳台左边的墙体。

3 同样选择辅助线右侧的交点为参考点，通过相对坐标（120,0）、（0, 1800）、（-240,0）以及自动捕捉垂足功能，绘制阳台右边的墙体。

4 设置“辅助线”图层为当前图层，单击“直线”按钮，通过阳台两端墙的角点绘制一条参考直线。

5 通过“图层特性管理器”面板，将“阳台栏板”图层置为当前层。

6 单击“画弧”按钮右边的按钮，展开被遮挡的其他画弧方式工具栏，选中其中的“（起点、端点、方向）”画弧方式，单击按钮，按照如图2-55所示的过程绘制阳台栏板弧线。

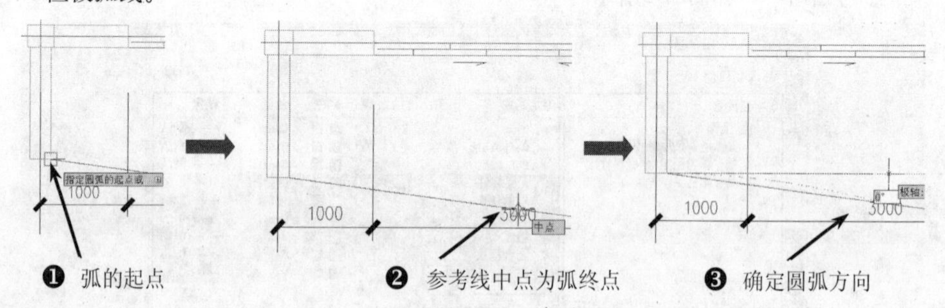

图2-55　绘制阳台栏板第一条弧线

7 采用同样的方法，绘制另一条弧线，得到如图2-56所示的图形。

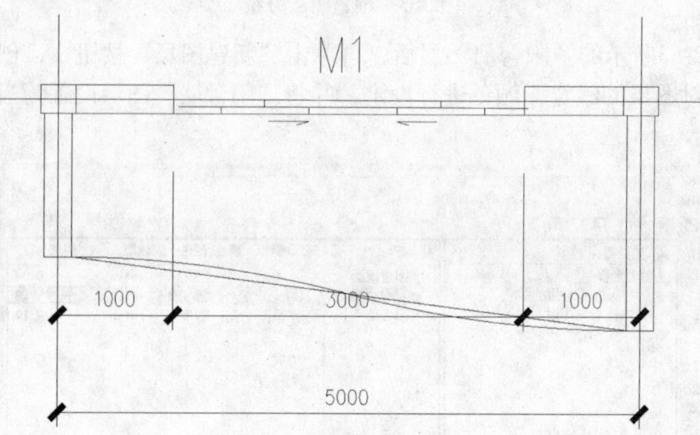

图2-56　绘制阳台栏板弧线

8 单击“偏移”按钮，将上一步绘制的阳台栏板线向里偏移120，得到如图2-57所示的图形。

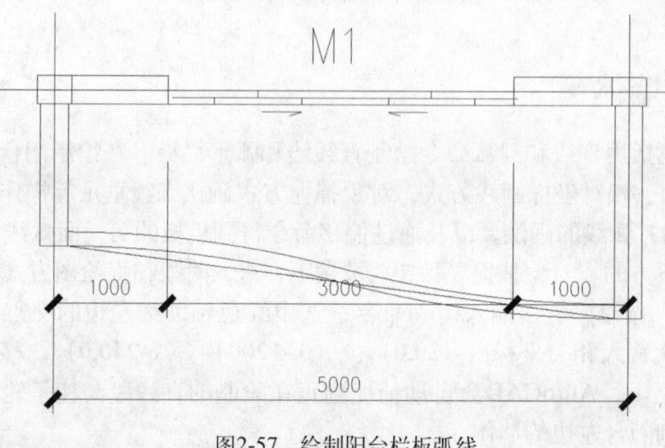

图2-57　绘制阳台栏板弧线

2.5.3　绘制阳台地面图案

阳台地面面砖图案可以通过图案填充来实现。图案填充的关键是选择填充图案和设定填充比例，图案填充时必须保证填充区域是密闭的，在填充比例不好确定的情况下，可以通过填充预览观察填充效果，当预览效果不佳时，可以继续用鼠标左键单击填充区域，回到“图案填充和渐变色”对话框中修改填充比例。

1 单击“绘图”工具栏中的“图案填充”按钮，打开“图案填充和渐变色”对话框，如图2-58所示。选择填充图案为“ANGLE”，填充比例设为50后，单击“添加：拾取点”按钮，对话框会自动隐藏，之后在阳台地面内任意点位置单击鼠标左键，AutoCAD自动捕捉到的填充区域边界会用虚线显示出来，此时可以继续单击其他填充区域，填充区域选择完毕后右击鼠标，选择快捷菜单中的“预览”命令，观察填充效果，如果效果适当，右击鼠标结束填充。

2 设置“阳台尺寸标注”图层为当前图层，选择“墙体尺寸”标注样式为当前标注样式，标注阳台墙尺寸，如图2-59所示。

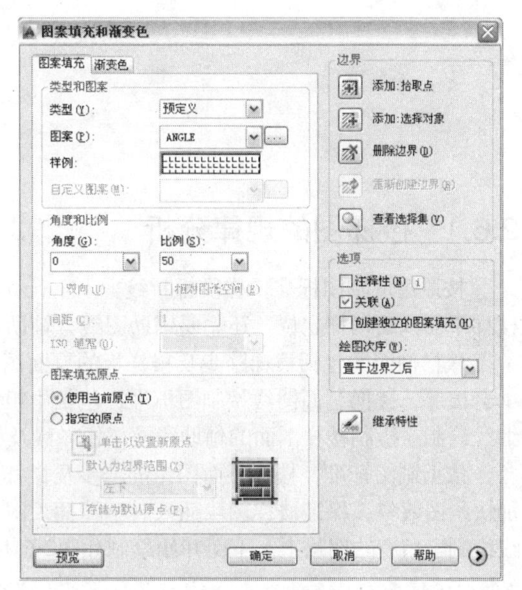

图2-58　“图案填充和渐变色”对话框

3 通过base命令设置左侧辅助线交点为图形基点。

4 打开“图层特性管理器”面板，选中“参考图组”图层分组过滤器，选中“参考图层”图层分组所有图层，单击图标，关闭该组所有图层。

5 执行“文件”｜“保存”命令，将图形以“阳台.dwg”为文件名进行保存。

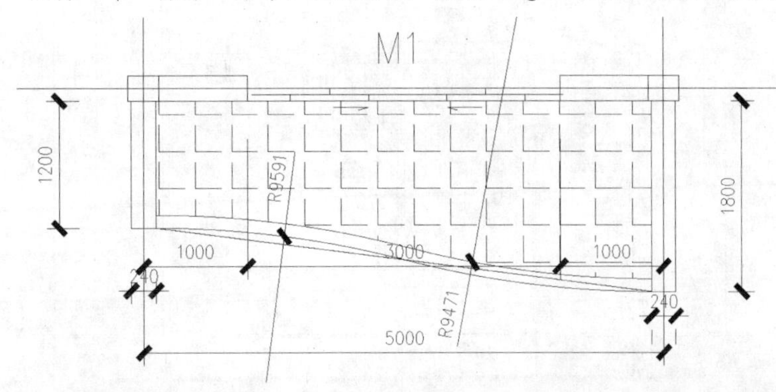

图2-59　阳台地面面砖填充及尺寸标注

2.6　绘制楼梯对象

视频文件：视频\02\楼梯.avi
结果文件：案例\02\楼梯.dwg

楼梯是多高层建筑中必不可少的建筑部件，在建筑制图中楼梯的绘制是一项经常进行的重要工作。为了加快图纸的绘制速度，通常需要把楼梯绘制成内部或外部图块，以便在不同的建筑或建筑的不同楼层中重复使用，其效果如图2-60所示。

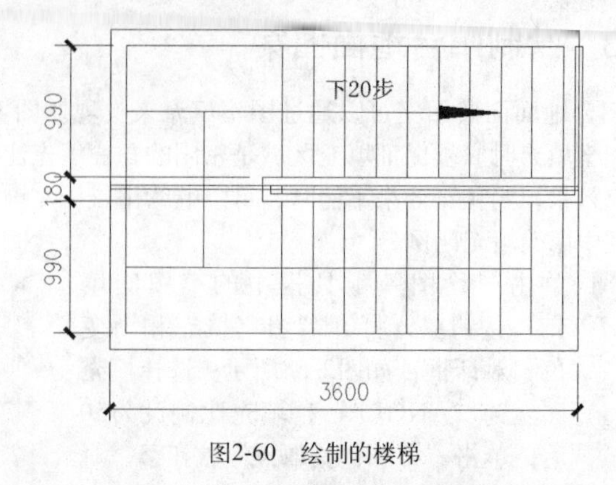

图2-60　绘制的楼梯

2.6.1　楼梯图的规律分析

按照建筑制图标准，梯段折断线、上下行标志符等这些线条都是实细线。另外，为了便于绘制楼梯平面以及楼梯定位，还需要辅助图线。辅助图线通常与楼梯间的轴线重合。

楼梯剖面图包括楼梯踏步及楼梯板的剖面图线、楼梯踏步及楼梯段的投影线、楼梯栏杆、楼梯平台板等。楼梯剖面图线按制图标准，包括中粗实线、细实线等。必要的尺寸及标高符号，也要以细线绘制。绘制楼梯剖面的辅助线按楼梯轴线及楼面等所在位置绘制。

依据制图标准，楼梯平面图中的踏步及栏杆投影等要用细实线，还有绘图用的辅助线等。为了加快绘图效率，保证楼梯图块插入时不随插入图层的图线设置，需要创建不同的图层，把不同的图线绘制于相应的图层上。下面开始绘制如图2-61所示建筑平面图的楼梯，并创建内部图块。

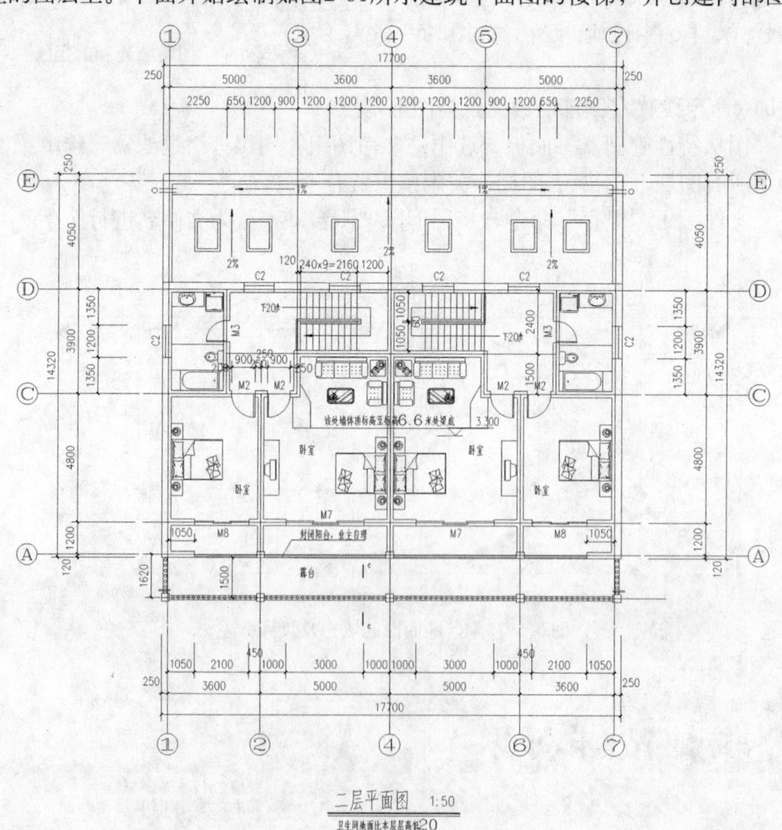

图2-61　某建筑平面图

2.6.2　楼梯绘图环境的设置

如果是在绘制建筑平面图之前单独创建楼梯图块，则需要进行包括绘图比例、图形极限等的绘图环境设置。在实际绘图时，需要根据实际情况决定是否执行此操作。

1. 正常启动AutoCAD 2014软件，单击工具栏中的“新建”按钮，打开“选择样板”对话框，然后选择“acadiso”作为新建的样板文件。
2. 执行“格式”｜“单位”命令，打开“图形单位”对话框，将长度单位类型设置为“小数”，精度设置为“0.000”，角度单位类型设置为“十进制”，精度精确到小数点后二位“0.00”。
3. 执行“格式”｜“图形界限”命令，依照提示，设定图形界限的左下角为（0,0），右上角为（420000,297000）。图形界限的设置不必拘泥于与图形大小相同的值，在实际绘图过程中，可以设置一个大致区域。
4. 在命令行中输入快捷方式Z，按Enter键后，选择“全部（A）”选项，使输入的图形界限区域全部显示在图形窗口内。
5. 参照前面的方法，创建如图2-62所示的图层。

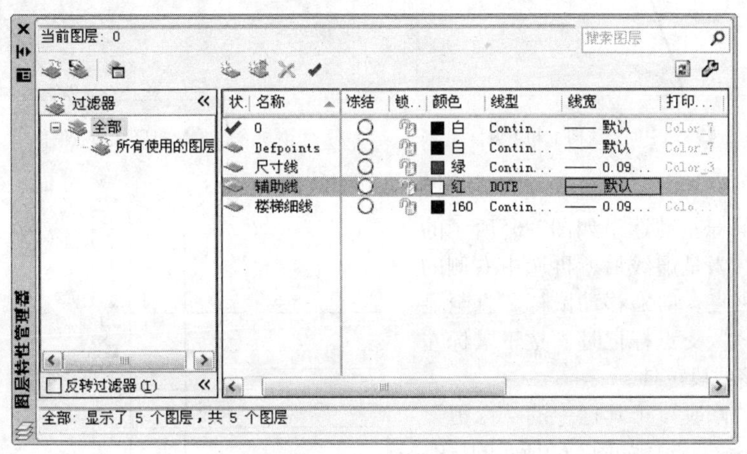

图2-62　创建图层

2.6.3　绘制辅助线及楼梯内轮廓

在前面设置好楼梯的绘图环境后，即可开始绘制辅助线及楼梯内部的轮廓图形。

1. 在“图层特性管理器”面板上选中图层列表中的“辅助线”层，单击“置为当前”按钮，将该层置为当前。
2. 单击“绘图”工具栏中的“矩形”按钮，在图形区适当位置绘制大小3600×2400的矩形。单击“修改”工具栏中的“偏移”按钮，输入偏移距离120，选中前面绘制的矩形并将它向内偏移。选中偏移之后的矩形，单击“图层”工具栏中的“图层控制”下拉框，将该矩形修改到“楼梯细线”图层，其绘制过程如图2-63所示。

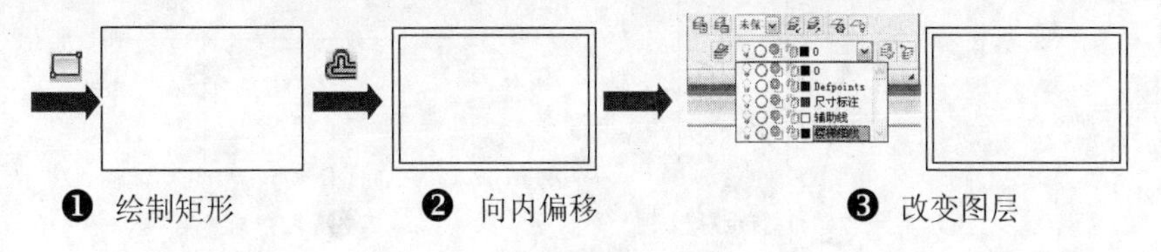

图2-63　绘制辅助线及楼梯内轮廓

2.6.4 绘制楼梯平面右侧栏杆

1 将图层切换到“辅助线图层”，单击图形窗口下方的“对象捕捉”按钮□后，取辅助线矩形的两个竖线中点为端点，绘制一条直线。单击“修改”工具栏中的“偏移”按钮，分别将刚绘制的水平辅助线分别按30和60距离向上和向下偏移后，并将偏移后得到的线改为“楼梯细线”图层。

2 执行“修改”|“分解”命令，分解中间的小矩形。

3 单击“修改”工具栏中的“偏移”按钮，分别按90和150的距离把分解后的中间矩形右侧竖线向右偏移。

4 再用直线分别连接偏移线段的上、下两个端点，如图2-64所示。

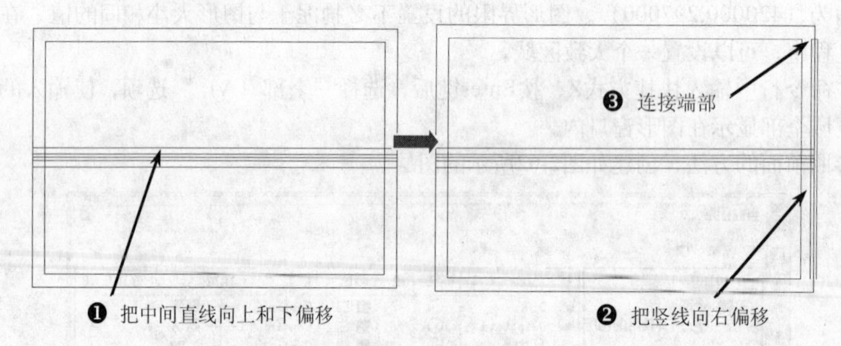

图2-64 绘制楼梯栏杆

5 使用鼠标左键选中如图2-65所示的线段，当呈虚线后，再选中右侧的红色夹点，向右移动鼠标，直至显示“×”交点标记时，按下鼠标左键，将线段拉伸。

6 单击“修改”工具栏中的“修剪”按钮后，选择如图2-66所示的标有圆圈的图线为剪裁边界，剪掉标记有“×”号的图线段，对图形进行修剪。

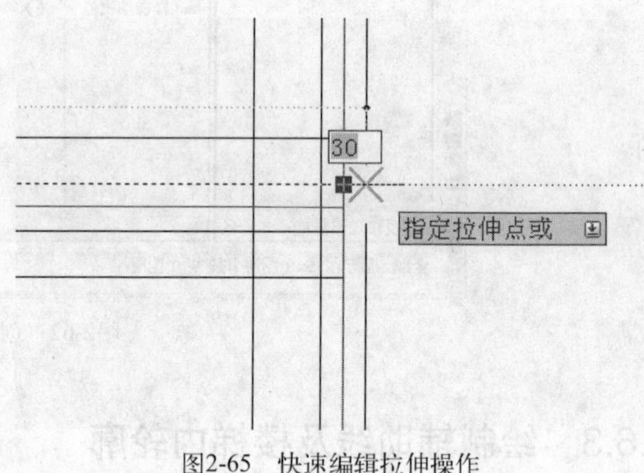

图2-65 快速编辑拉伸操作

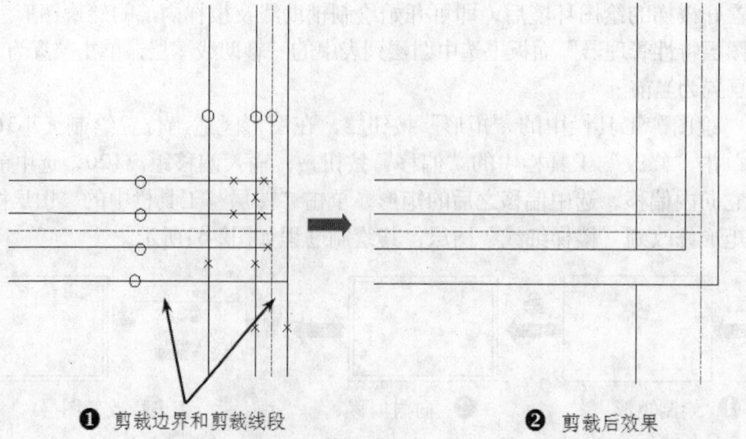

图2-66 图形剪裁

2.6.5　绘制楼梯的踏步

1 单击“修改”工具栏下侧的◢符号，展开该工具栏，单击“阵列”按钮品，选择图2-67中标记圆圈的直线为阵列对象后，再选择“计数（C）”选项，设置行数为1、列数为10、列间距为-240，使用矩形阵列命令绘制下方踏步板投影线，结果如图2-67所示。

2 单击“修改”工具栏中的“镜像”按钮，选择上步阵列所得图线为镜像对象后，再单击中间红色辅助线端点为镜像对称轴，镜像得到如图2-68所示的图形。

图2-67　阵列图形

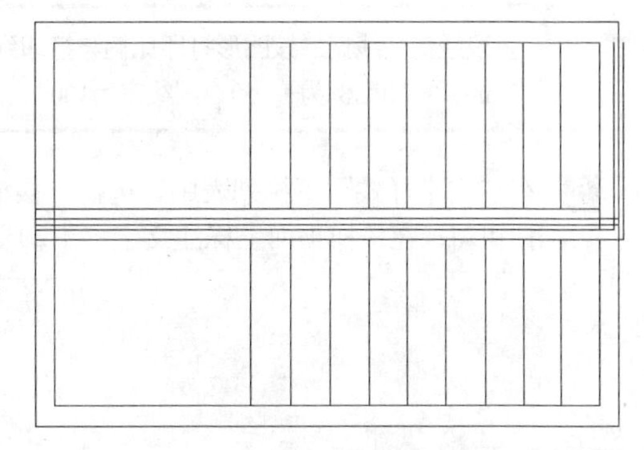

图2-68　镜像图形

3 使用“直线”命令绘制直线，并分别将直线向左偏移90及150，之后修剪得到如图2-69所示的最终图形效果。

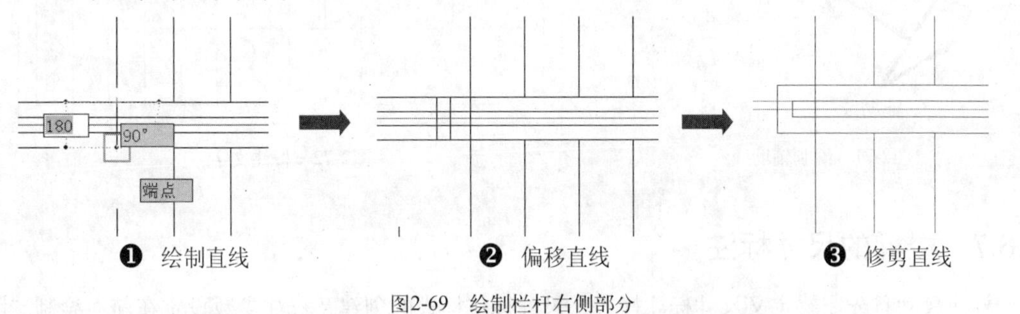

图2-69　绘制栏杆右侧部分

2.6.6　标注楼梯踏步步数

“门窗名称”文字用来通过单行文字命令在图形内书写门窗名称，若踏步步数标注文字打印到图纸上的高度是2.5mm，此时图形的打印比例预设为1：50，所以文字样式内文字高度为2.5×50等于125。

1 单击“文字”工具栏中的“文字样式”按钮A，打开“文字样式”对话框，创建“楼梯步数”文字样式，如图2-70所示设置文字字体和文字高度，并将“楼梯步数”文字样式设置为当前样式。

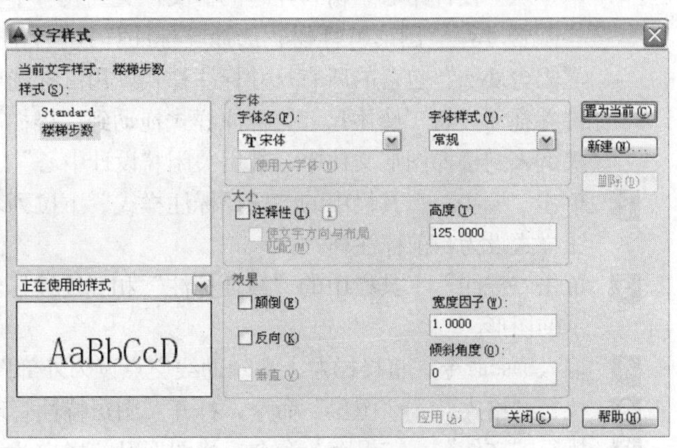

图2-70　创建文字样式

2 单击“正交模式”按钮进入正交绘图模式，并确认处于“对象捕捉”状态。

3 将当前图层改为“辅助线”，单击“直线”按钮，从右向左绘制水平辅助线，如图2-71所示。

4 将当前图层改成“楼梯细线”，单击“绘图/多段线”按钮，捕捉左垂直线段的中点向右绘制水平多段线，向右继续拖动，根据命令提示，选择“宽度（W）”选项，输入起始宽度为100，终止宽度为0，向右绘制箭头。

多段线箭头线宽的按图形打印比例与打印到图纸上箭头宽度的乘积，若打印到图纸上箭头宽度为2mm，打印比例为1∶50，则线宽为100。

5 在“文字样式”下拉列表中，选择“楼梯步数”文字样式后，单击文字样式“单行文字”按钮，在楼梯平面上标注文字“下20步”，如图2-72所示。

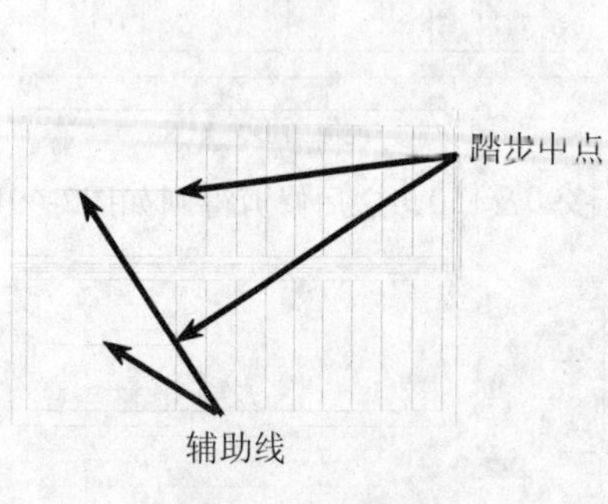

图2-71 绘制辅助线

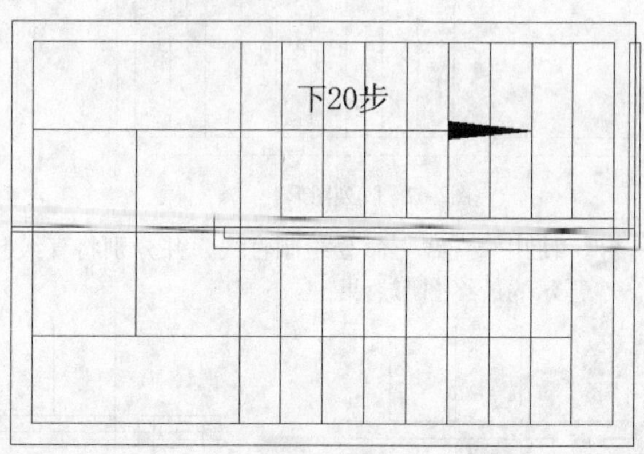

图2-72 标注文字

2.6.7 楼梯的尺寸标注

标注尺寸首先需要定义尺寸标注样式。尺寸标注样式的创建及标注参数设定在前面绘制“阳台”的实例中有详细叙述。由于本实例绘制的“楼梯”图块的标注参数及打印比例设置与“阳台”实例相同，所以下面可以通过AutoCAD设计中心，将“阳台.dwg”的尺寸标注样式复制过来。

1 执行“工具”|“选项板”|“设计中心”命令，打开“设计中心”窗口，如图2-73所示。从“设计中心”窗口左边的“文件夹列表”中找到光盘上的“阳台.dwg”文件，展开“阳台.dwg”图形特性树，选择“标注样式”特性，则在“设计中心”窗口右边会显示“阳台.dwg”包含的所有尺寸标注样式。用鼠标选中“墙体尺寸”标注样式后按住鼠标左键并拖动，将“墙体尺寸”标注样式拖动到“楼梯”图形窗口内，再释放鼠标，则将该样式调入到楼梯图形文件中，最后关闭“设计中心”窗口。

2 单击“标注”工具栏中的“选择标注样式”下拉列表，将已经复制过来的“墙体尺寸”标注样式设为当前标注样式。

3 单击“标注”工具栏中的“线性标注”和“连续标注”按钮，标注尺寸，得到如图2-74所示的图形。

4 输入base命令，将楼梯左上角辅助线交点设为外部图块的基点。

5 执行“格式”|“图层”命令，打开“图层特性管理器”面板，关闭辅助线图层。

6 执行“文件”|“保存”命令，将图形以“楼梯.dwg”文件名进行保存。

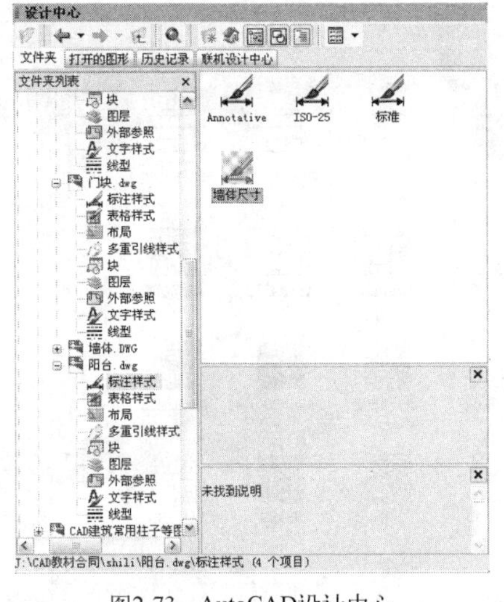

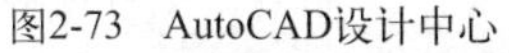
图2-73 AutoCAD设计中心

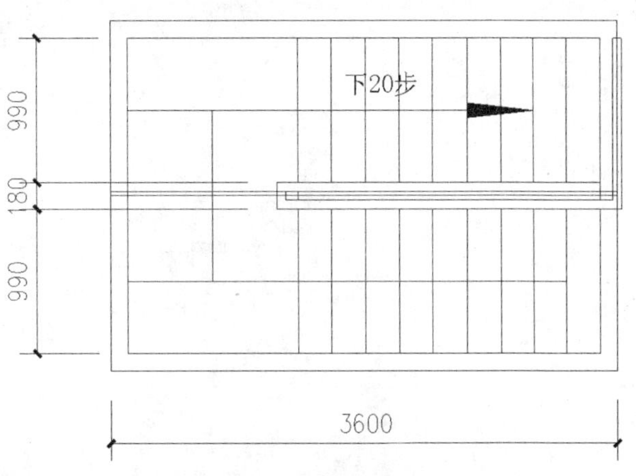

图2-74 楼梯平面图

2.7 绘制柱子对象

视频文件：视频\02\柱.avi
结果文件：案例\02\柱.dwg

在某些建筑平面图中，通常包括一些柱子。绘制柱体时应依据实际尺寸使用矩形或者其他命令绘制柱子截面，之后用填充命名进行填充；最后将柱子创建为内部图块，插入到其他位置。下面以前面建筑平面图中的柱子为例来进行绘制，如图2-75所示。

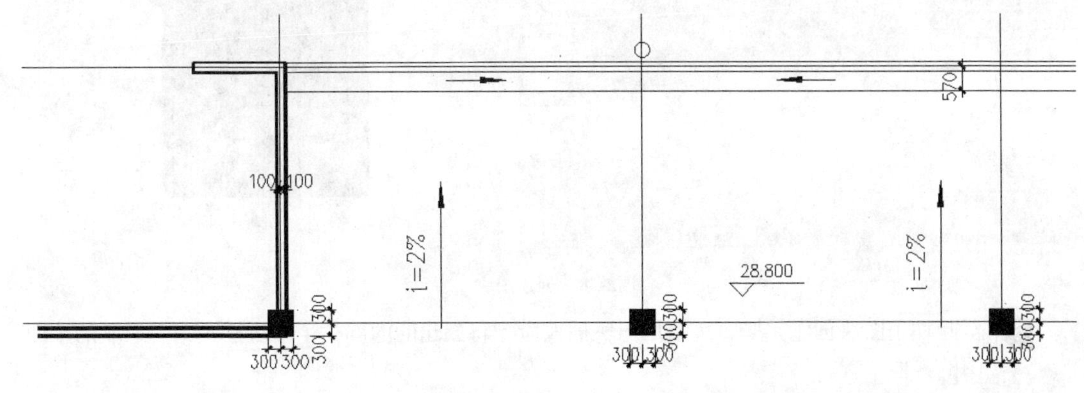

图2-75 某建筑平面图局部

1. 单击“绘图”工具栏中的“矩形”按钮，绘制600×600的矩形。
2. 单击“绘图”工具栏中的“填充”按钮，打开“图案填充和渐变色”对话框，如图2-76所示。
3. 单击“图案填充和渐变色”对话框中“图案”选项右侧的“显示填充图案选项板”按钮，打开如图2-77所示的“填充图案选项板”对话框，选中该对话框“其他预定义”选项卡中的SOLID图案后单击“确定”按钮。
4. 单击“图案填充和渐变色”对话框右侧“边界”选项区中的“添加：拾取点”按钮，在前面绘制的矩形内单击鼠标，选择矩形为填充区域后单击右键，选择浮动菜单中的“确定”进行填充。

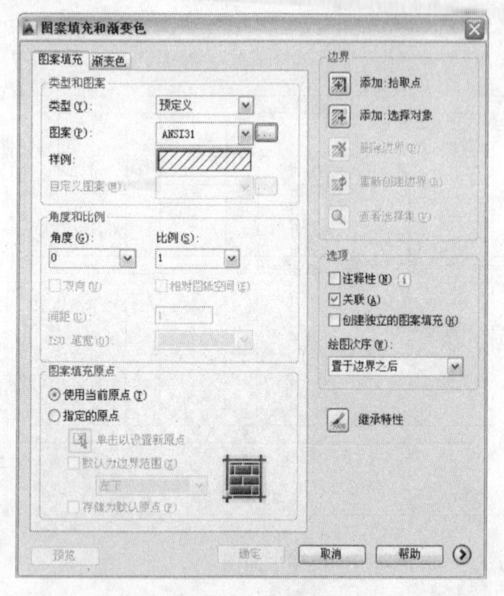

图2-76 “图案填充和渐变色”对话框

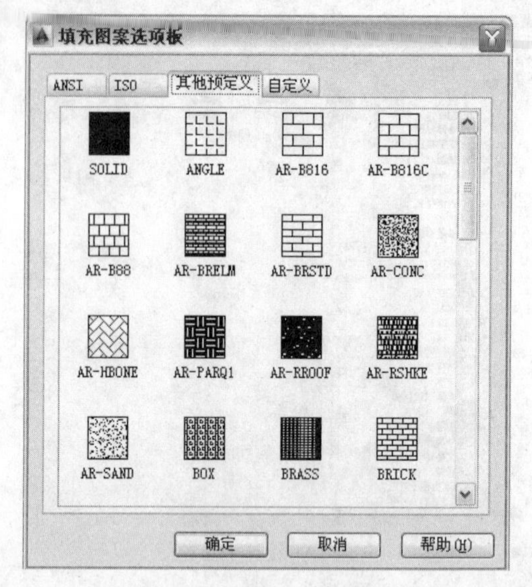

图2-77 “填充图案选项板”对话框

5 单击“绘图”工具栏中的“创建”按钮，打开“块定义”对话框，命名图块名称为“柱子”，单击对话框“基点”选项区中的“拾取点”按钮后，输入“'base”透明命令，选择柱子矩形左下角后，输入相对坐标（@150,150），确定柱子矩形中心点为图块插入基点。单击“选择对象”按钮，选择柱子及其填充，如图2-78所示。

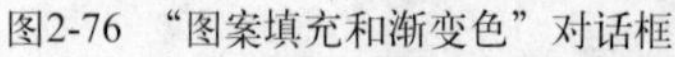

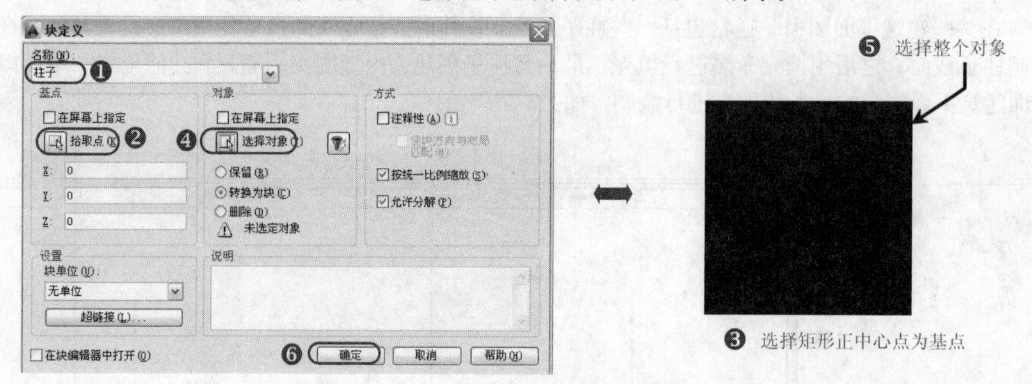

图2-78 创建图块

6 至此柱子图块创建完毕，可以用图块插入命令将创建的内部柱子图块插入到所绘制的平面图的其他位置。

在确定图块基点时输入的base命令前加的“单引号”表示此命令为透明命令。透明命令的涵义是：在某个绘图命令执行过程中，在不中断当前命令的前提下去执行另一个命令，新执行的命令结束之后继续执行前一个未完成的绘图过程。

Chapter

03

第3章 房屋建筑统一标准 GB/T 50001-2010

该标准是根据住房和城乡建设部《关于印发(2008年工程建设标准规范制订计划（第一批））的通知》（建标[2008]102号）的要求，由中国建筑标准设计研究院会同有关单位在原《房屋建筑制图统一标准》GB/T 50001-2001的基础上修订而成的。

本标准在修订过程中，编制组经过广泛调查研究，认真总结工程实践经验，参考有关国际标准和国外先进标准，并在广泛征求意见的基础上，最后经审查定稿。

本标准共分14章和2个附录，主要技术内容包括：总则、术语、图纸幅面规格与图纸编排顺序、图线、字体、比例、符号、定位轴线、常用建筑材料图例、图样画法、尺寸标注、计算机制图文件、计算机制图文件图层和计算机制图规则。

本标准修订的主要技术内容是：（1）增加了计算机制图文件、计算机制图图层和计算机制图规则等内容；（2）调整了图纸标题栏和字体高度等内容；（3）增加了图线等内容。

主要内容

- ✓ 掌握建筑工程图的幅面规格与图纸编排顺序
- ✓ 掌握建筑工程图的图线、字体、比例和符号规范
- ✓ 掌握建筑工程图的定位轴线规范
- ✓ 掌握建筑工程图的常用建筑材料的使用图例
- ✓ 掌握建筑工程图中各种图样的画法
- ✓ 掌握建筑工程图中不同情况的尺寸标注规范
- ✓ 掌握计算机制图文件命名及文件夹编制规范
- ✓ 掌握计算机制图的图层命名规范
- ✓ 掌握计算机制图的方向、坐标与布局的规范

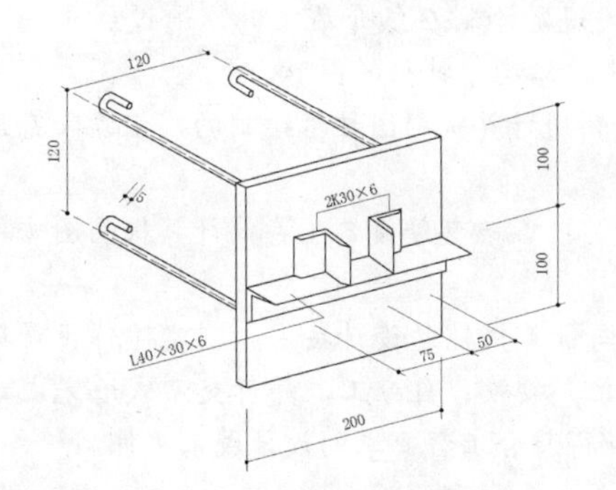

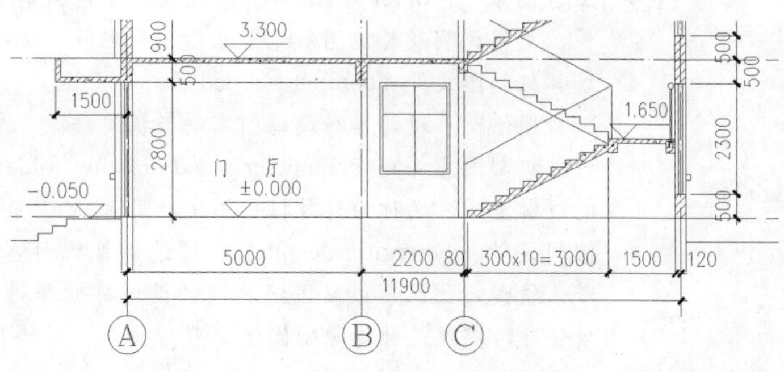

3.1 总则

为了统一房屋建筑制图规则，保证制图质量，提高制图效率，做到图面清晰、简明，符合设计、施工、审查、存档的要求，适应工程建设的需要，特制定本标准。

本标准是房屋建筑制图的基本规定，适用于总图、建筑、结构、给水排水、暖通空调、电气等各专业制图。

本标准适用于下列制图方式绘制的图样：

- 计算机制图。
- 手工制图。

本标准适用于下列各专业工程制图：

- 新建、改建、扩建工程的各阶段设计图、竣工图。
- 原有建筑物、构筑物和总平面的实测图。
- 通用设计图、标准设计图。

房屋建筑制图除应符合本标准的规定外，尚应符合国家现行有关标准的规定。

3.2 常用术语

在房屋建筑统一标准中，用户应掌握一些常用的术语。

- 图纸幅面（drawing format）：是指图纸宽度与长度组成的图面。
- 图线（chart）：是指起点和终点间以任何方式连接的一种几何图形，形状可以是直线或曲线，连续和不连续线。
- 字体（font）：是指文字的风格式样，又称书体。
- 比例（scale）：是指图中图形与其实物相应要素的线性尺寸之比。
- 视图（view）：将物体按正投影法向投影面投射时所得到的投影称为视图。
- 轴测图（axonometric drawing）：用平行投影法将物体连同确定该物体的直角坐标系一起沿不平行于任一坐标平面的方向投射到一个投影面上，所得到的图形，称作轴测图。
- 透视图（perspective drawing）：根据透视原理绘制出的具有近大远小特征的图像，以表达建筑设计意图。
- 标高（elevation）：以某一水平面作为基准面，并作零点(水准原点)起算地面(楼面)至基准面的垂直高度。
- 工程图纸（project sheet）：根据投影原理或有关规定绘制在纸介质上的，通过线条、符号、文字说明及其他图形元素表示工程形状、大小、结构等特征的图形。
- 计算机制图文件（computer aided drawing file）：利用计算机制图技术绘制的，记录和存储工程图纸所表现的各种设计内容的数据文件。
- 计算机制图文件夹（computer aided drawing folder）：在磁盘等设备上存储计算机制图文件的逻辑空间，又称为计算机制图文件目录。
- 协同设计（synergitic design）：通过计算机网络与计算机辅助设计技术，创建协作设计环境，使设计团队各成员围绕共同的设计目标和对象，按照各自分工，并行交互式地完成设计任务，实现设计资源的优化配置与共享，最终获得符合工程要求的设计成果文件。

- 计算机制图文件参照方式（reference of computer aided drawing file）：在当前计算机制图文件中引用并显示其他计算机制图文件(被参照文件)的部分或全部数据内容的一种计算机技术。当前计算机制图文件只记录被参照文件的存储位置和文件名，并不记录被参照文件的具体数据内容，并且随着被参照文件的修改而同步更新。
- 图层（layer）：计算机制图文件中相关图形元素数据的一种组织结构。属于同一图层的实体具有统一的颜色、线型、线宽、状态等属性。

3.3 图纸幅面规格与图纸编排顺序

在进行建筑工程制图时，其图纸的幅面规格、标题栏、签字栏以及图纸的编排顺序，都是有特别的规定。

3.3.1　图纸幅面

图纸幅面及图框尺寸，应符合表3-1的规定及图3-1至图3-3的格式。

表3-1　幅面及图框尺寸　　单位：mm

图纸幅面尺寸代号	A0	A1	A2	A3	A4
b×l	841×1189	594×841	420×594	297×420	210×297
c	10			5	
a	25				

对于需要微缩复制的图纸，其一个边上应附有一段准确米制尺度，四个边上均附有对中标志，米制尺度的总长应为100mm，分格应为10mm。对中标志应画在图纸内框各边长的中点处，线宽0.35mm，应伸入内框边，在框外为5mm。对中标志的线段，于l1和b1范围取中。

图纸的短边一般不应加长，长边可以加长，但加长的尺寸应符合国标规定，如表3-2所示。

表3-2　图纸长边加长尺寸　　单位：mm

幅面尺寸	长边尺寸	长边加长后尺寸
A0	1189	1486 1635 1783 1932 2080 2230 2378
A1	841	1051 1261 1471 1682 1892 2102
A2	594	743 891 1041 1189 1338 1486 1635
A2	594	1783 1932 2080
A3	420	630 841 1051 1261 1471 1682 1892
注：有特殊需要的图纸，可采用b×l为841mm×891mm与1189mm×1261mm的幅面。		

图纸以短边作为垂直边应为横式，以短边作为水平边应为立式。A0～A3图纸宜横式使用；必要时，也可立式使用。在一个工程设计中，每个专业所使用的图纸，不宜多于两种幅面，不含目录及表格所采用的A4幅面。

3.3.2 标题栏与会签栏

图纸中应有标题栏、图框线、幅面线、装订边线和对中标志。图纸的标题栏及装订边的位置，应符合下列规定：

- 横式使用的图纸，应按图3-1、图3-2的形式进行布置。
- 立式使用的图纸，应按图3-3、图3-4的形式进行布置。
- 标题栏应按图3-5、图3-6所示，根据工程的需要选择确定其尺寸、格式及分区。签字栏应包括实名列和签名列，并应符合下列规定。

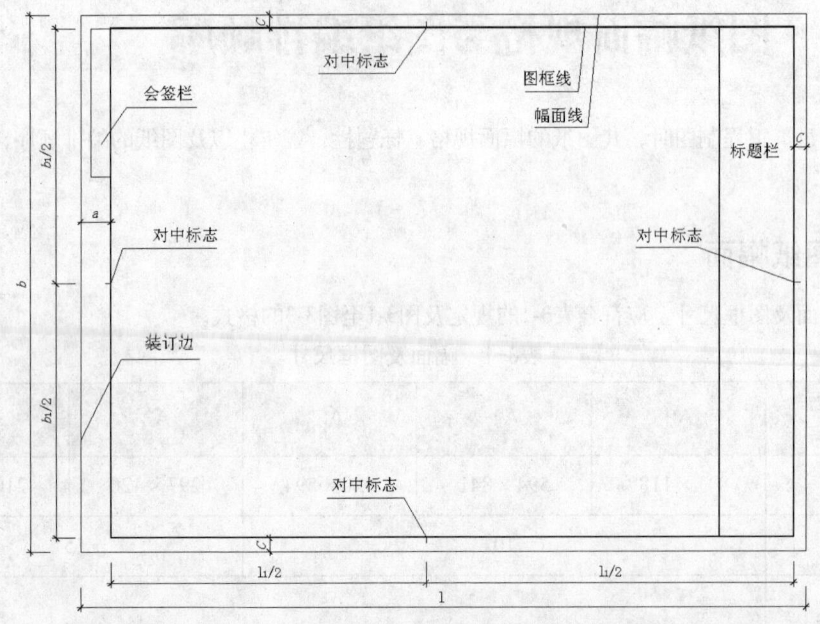

图3-1 A0~A3横式幅面（1）

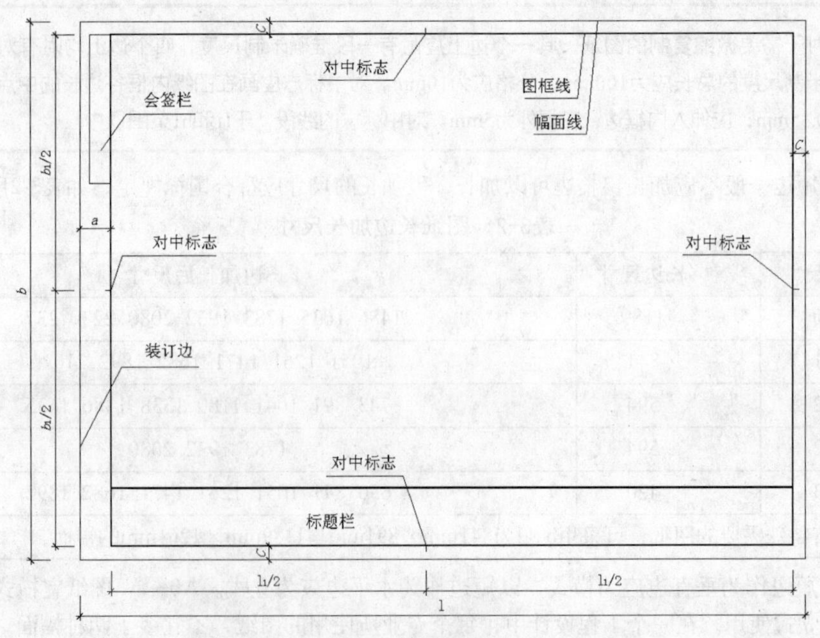

图3-2 A0~A3横式幅面（2）

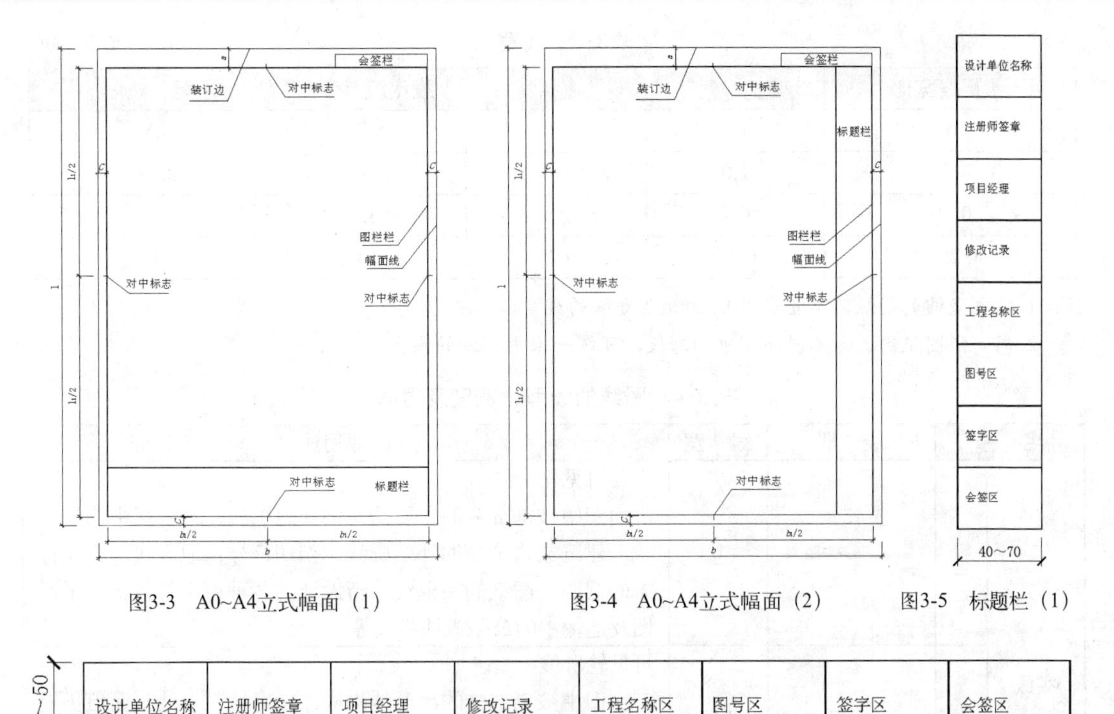

图3-3 A0~A4立式幅面（1） 图3-4 A0~A4立式幅面（2） 图3-5 标题栏（1）

设计单位名称	注册师签章	项目经理	修改记录	工程名称区	图号区	签字区	会签区

30~50

图3-6 标题栏（2）

对于涉外工程的标题栏内，各项主要内容的中文下方应附有译文，设计单位的上方或左方，应加"中华人民共和国"字样。在计算机制图文件中当使用电子签名与认证时，应符合国家有关电子签名法的规定。

3.3.3 图纸编排顺序

一套简单的房屋施工图就有一二十张图样，一套大型复杂建筑物的图样至少也得有几十张，上百张甚至会有几百张之多。因此，为了便于看图，易于查找，就应把这些图样按顺序编排。

工程图纸应按专业顺序编排，应为图纸目录、总图、建筑图、结构图、给水排水图、暖通空调图、电气图等。

另外，各专业的图纸，应按图纸内容的主次关系、逻辑关系进行分类排序。

3.4 图线

- 图线的宽度b，宜从1.4mm、1.0mm、0.7mm、0.5mm、0.35mm、0.25mm、0.18mm、0.13mm线宽系列中选取，但图线宽度不应小于0.1mm。每个图样，应根据复杂程度与比例大小，先选定基本线宽b，再选用表3-3中相应的线宽组。
- 在工程建设制图时，应选用如表3-4所示的图线。

表3-3　线宽组

单位：mm

线宽比	线宽组			
b	1.4	1.0	0.7	0.5
0.7b	1.0	0.7	0.5	0.35
0.5b	0.7	0.5	0.35	0.25
0.25b	0.35	0.25	0.18	0.13

注：1. 需要微缩的图纸，不宜采用0.18mm及更细的线宽。

2. 同一张图纸内，各不同线宽中的细线，可统一采用较细的线宽组的细线。

表3-4　图线的线型、宽度及用途

名　称		线　型	线　宽	一般用途
实线	粗		b	主要可见轮廓线 剖面图中被剖部分的主要结构构件轮廓线、结构图中的钢筋线、建筑或构筑物的外轮廓线、剖切符号、地面线、详图标志的圆圈、图纸的图框线、新设计的各种给水管线、总平面图及运输中的公路或铁路线等
	中		0.5b	可见轮廓线 剖面图中被剖部分的次要结构构件轮廓线、未被剖面但仍能看到而需要画出的轮廓线、标注尺寸的尺寸起止45°短画线、原有的各种水管线或循环水管线等
	细		0.25b	可见轮廓线、图例线 尺寸界线、尺寸线、材料的图例线、索引标志的圆圈及引出线、标高符号线、重合断面的轮廓线、较小图形中的中心线
虚线	粗		b	新设计的各种排水管线、总平面图及运输图中的地下建筑物或构筑物等
	中		0.5b	不可见轮廓线 建筑平面图运输装置（例如桥式吊车）的外轮廓线、原有的各种排水管线、拟扩建的建筑工程轮廓线等
	细		0.25b	不可见轮廓线、图例线
单点长画线	粗		b	结构图中梁或框架的位置线、建筑图中的吊车轨道线、其他特殊构件的位置指示线
	中		0.5b	见各有关专业制图标准
	细		0.25b	中心线、对称线、定位轴线 管道纵断面图或管系轴测图中的设计地面线等
双点长画线	粗		b	预应力钢筋线
	中		0.5b	见各有关专业制图标准
	细		0.25b	假想轮廓线、成型前原始轮廓线
折断线			0.25b	断开界线
波浪线			0.25b	断开界线
加粗线			1.4b	地平线、立面图的外框线等

- 同一张图纸内，相同比例的各图样，应选用相同的线宽组。
- 图纸的图框和标题栏线，可采用如表3-5所示的线宽。

表3-5 图框线、标题栏线的宽度 单位：mm

幅面代号	图框线	标题栏外框线	标题栏分格线、会签栏线
A0、A1	b	0.5b	0.25b
A2、A3、A4	b	0.7b	0.35b

- 相互平行的图线，其间隙不宜小于其中的粗线宽度，且不宜小于0.7mm。
- 虚线、单点长画线或双点长画线的线段长度和间隔，宜各自相等。
- 单点长画线或双点长画线，当在较小图形中绘制有困难时，可用实线代替。
- 单点长画线或双点长画线的两端，不应是点。点画线与点画线交接或点画线与其他图线交接时，应是线段交接。
- 虚线与虚线交接或虚线与其他图线交接时，应是线段交接。虚线为实线的延长线时，不得与实线连接。
- 图线不得与文字、数字或符号重叠、混淆，不可避免时，应首先保证文字等的清晰。

3.5 字体

在一幅完整的工程图中用图线方式表现得不充分和无法用图线表示的地方，就需要进行文字说明，例如材料名称、构配件名称、构造方法、统计表及图名等。

文字说明是图样内容的重要组成部分，制图规范对文字标注中的字体、字的大小、字体字号搭配等方面作了一些具体规定。

- 图纸上所需书写的文字、数字或符号等，均应笔画清晰、字体端正、排列整齐；标点符号应清楚正确。
- 文字的字高以字体的高度h（单位为mm）表示，最小高度为3.5mm，应从如下系列中选用：3.5mm、5mm、7mm、10mm、14mm、20mm。如需书写更大的字，其高度应按$\sqrt{2}$的比值递增。
- 图样及说明中的汉字，宜采用长仿宋体，宽度与高度的关系应符合如表3-6所示的规定。大标题、图册封面、地形图等的汉字，也可书写成其他字体，但应易于辨认。

表3-6 长仿宋体字高宽关系 单位：mm

字高	20	14	10	7	5	3.5
字宽	14	10	7	5	3.5	2.5

- 汉字的简化字书写，必须符合国务院公布的《汉字简化方案》和有关规定。
- 拉丁字母、阿拉伯数字与罗马数字的书写与排列，应符合如表3-7所示的规定。

表3-7 拉丁字母、阿拉伯数字与罗马数字书写规则

书写格式	一般字体	窄字体
大写字母高度	h	h
小写字母高度(上下均无延伸)	7/10h	10/14h
小写字母伸出的头部或尾部	3/10h	4/14h
笔画宽度	1/10h	1/14h
字母间距	2/10h	2/14h
上下行基准线最小间距	15/10h	21/14h
词间距	6/10h	6/14h

- 拉丁字母、阿拉伯数字与罗马数字，如需写成斜体字，其斜度应是从字的底线逆时针向上倾斜75°。斜体字的高度与宽度应与相应的直体字相等。
- 拉丁字母、阿拉伯数字与罗马数字的字高，应不小于2.5mm。
- 数量的数值注写，应采用正体阿拉伯数字。各种计量单位凡前面有量值的，均应采用国家颁布的单位符号注写。单位符号应采用正体字母。
- 分数、百分数和比例数的注写，应采用阿拉伯数字和数学符号，例如：四分之三、百分之二十五和一比二十，应分别写成3/4、25%和1：20。
- 当注写的数字小于1时，必须写出个位的“0”，小数点应采用圆点，齐基准线书写，例如0.01。
- 长仿宋汉字、拉丁字母、阿拉伯数字或罗马数字，应符合国家现行标准《技术制图——字体》GB/T 14691的有关规定，即写成竖笔铅垂的直体字或竖笔与水平线成75°的斜体字，如图3-7所示。

图3-7　字母和数字示例

3.6 比例

工程图样中图形与实物相对应的线性尺寸之比，称为比例。比例的大小，是指其比值的大小，如1：50大于1：100。

- 比例的符号为“:”，不是冒号“：”，比例应以阿拉伯数字表示，如1：1、1：2、1：100等。
- 比例宜注写在图名的右侧，字的基准线应取平；比例的字高宜比图名的字高小一号或二号如图3-8所示。

图3-8　比例的注写

- 绘图所用的比例，应根据图样的用途与被绘对象的复杂程度，从如表3-8所示中选用，并优先用表中常用比例。

表3-8 绘图所用的比例

常用比例	1：1、1：2、1：5、1：10、1：20、1：50、1：100、1：150、1：200、1：500、1：1000、1：2000、1：5000、1：10000、1：20000、1：50000、1：100000、1：200000
可用比例	1：3、1：4、1：6、1：15、1：25、1：30、1：40、1：60、1：80、1：250、1：300、1：400、1：600

- 一般情况下，一个图样应选用一种比例。根据专业制图需要，同一图样可选用两种比例。
- 特殊情况下也可自选比例，这时除应注出绘图比例外，还必须在适当位置绘制出相应的比例尺。

3.7 符号

在进行各种建筑和室内装饰设计时，为了更加清楚明确地表明图中的相关信息，将以不同的符号来表示。

3.7.1 剖切符号

剖视的剖切符号应由剖切位置线及剖视方向线组成，均应以粗实线绘制。剖视的剖切符号应符合下列规定：

- 剖切位置线的长度宜为6～10mm；剖视方向线应垂直于剖切位置线，长度应短于剖切位置线，宜为4～6mm，如图3-9所示。也可采用国际统一和常用的剖视方法，如图3-10所示。绘制时，剖视剖切符号不应与其他图线相接触。

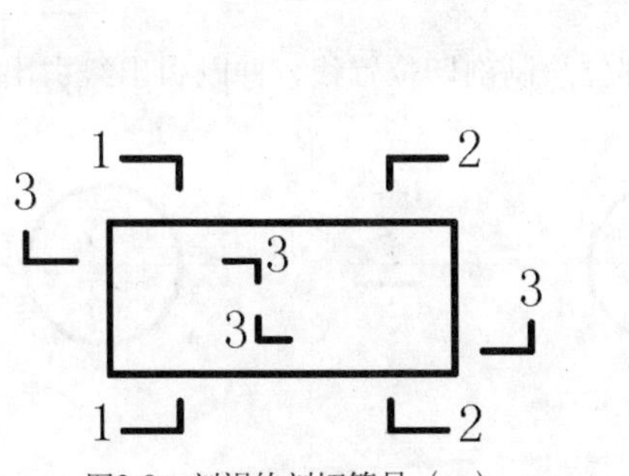

图3-9 剖视的剖切符号（一）

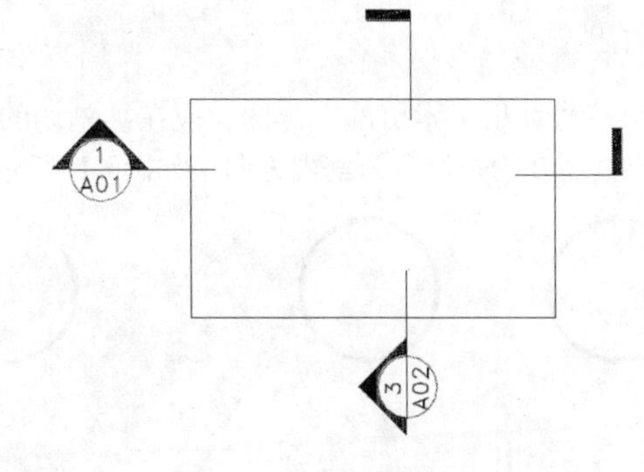

图3-10 剖视的剖切符号（二）

- 剖视剖切符号的编号宜采用阿拉伯数字，按顺序由左至右、由下至上连续编排，并应注写在剖视方向线的端部。
- 需要转折的剖切位置线，应在转角的外侧加注与该符号相同的编号。
- 建(构)筑物剖面图的剖切符号宜注在±0.00标高的平面图上。

断面的剖切符号应符合下列规定：

- 断面的剖切符号应只用剖切位置线表示，并应以粗实线绘制，长度宜为6～10mm。
- 断面剖切符号的编号宜采用阿拉伯数字，按顺序连续编排，并应注写在剖切位置线的一侧；编号所在的一侧应为该断面的剖视方向，如图3-11所示。

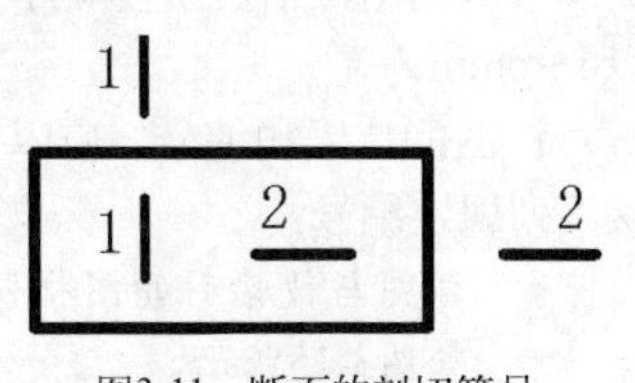

图3-11 断面的剖切符号

剖面图或断面图，如与被剖切图样不在同一张图内，可在剖切位置线的另一侧注明其所在图纸的编号，也可以在图上集中说明。

3.7.2 索引符号与详图符号

图样中的某一局部或构件，如需另见详图，应以索引符号索引（如图3-12(a)所示）。索引符号是由直径为8～10mm的圆和水平直径组成，圆及水平直径应以细实线绘制。索引符号应按下列规定编写：

- 索引出的详图，如与被索引的详图同在一张图纸内，应在索引符号的上半圆中用阿拉伯数字注明该详图的编号，并在下半圆中间画一段水平细实线，如图3-12(b)所示。
- 索引出的详图，如与被索引的详图不在同一张图纸内，应在索引符号的上半圆中用阿拉伯数字注明该详图的编号，在索引符号的下半圆用阿拉伯数字注明该详图所在图纸的编号，如图3-12(c)所示。数字较多时，可加文字标注。
- 索引出的详图，如采用标准图，应在索引符号水平直径的延长线上加注该标准图册的编号，如图3-12(d)所示。需要标注比例时，文字在索引符号右侧或延长线下方，与符号下对齐。

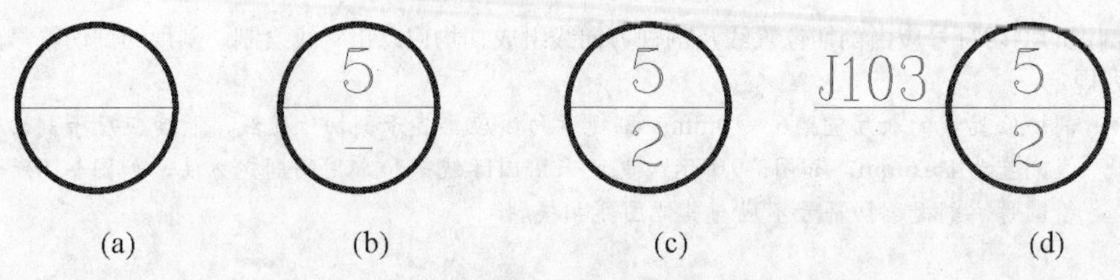

图3-12 索引符号

索引符号如用于索引剖视详图，应在被剖切的部位绘制剖切位置线，并以引出线引出索引符号，引出线所在的一侧应为剖视方向，如图3-13所示。

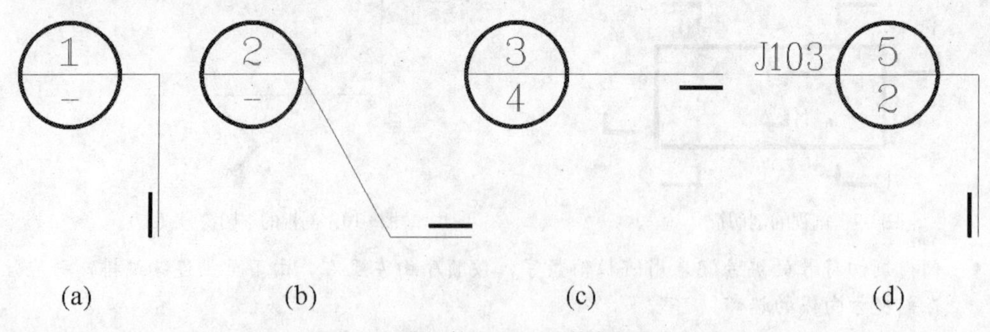

图3-13 用于索引剖面详图的索引符号

零件、钢筋、杆件、设备等的编号直径宜以5～6mm的细实线圆表示，同一图样应保持一致，其编号应用阿拉伯数字按顺序编写，如图3-14所示。消火栓、配电箱、管井等的索引符号，直径宜以4～6mm为宜。

详图的位置和编号，应以详图符号表示。详图符号的圆应以直径为14mm粗实线绘制。详图应按下列规定编号：

- 详图与被索引的图样同在一张图纸内时，应在详图符号内用阿拉伯数字注明详图的编号，如图3-15所示。

图3-14 零件、钢筋等的编号

图3-15 与被索引图样同在一张图纸内的详图符号

◆ 详图与被索引的图样不在同一张图纸内时，应用细实线在详图符号内画一水平直径，在上半圆中注明详图编号，在下半圆中注明被索引的图纸的编号，如图3-16所示。

图3-16 与被索引图样不在同一张图纸内的详图符号

在AutoCAD的索引符号中，其圆的直径为ø12mm（在A0、A1、A2图纸）或ø10mm（在A3、A4图纸），其字高5mm（在A0、A1、A2图纸）或字高4mm（在A3、A4图纸），如图3-17所示。

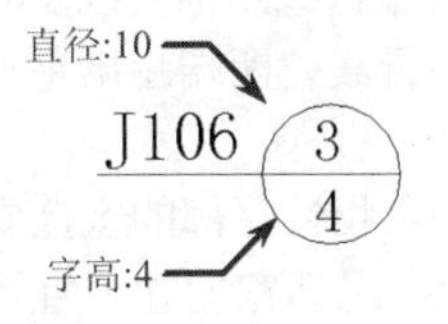

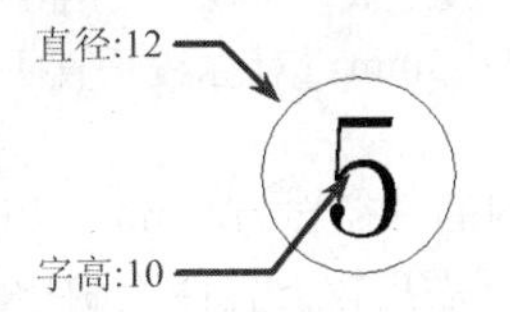

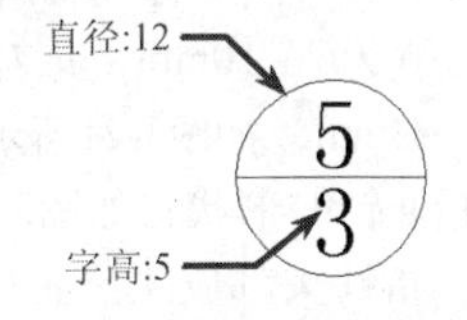

图3-17 索引符号圆的直径与字高

3.7.3 引出线

引出线应以细实线绘制，宜采用水平方向的直线、与水平方向成30°、45°、60°、90°的直线，或经上述角度再折为水平线。文字说明宜注写在水平线的上方，也可注写在水平线的端部，索引详图的引出线，应与水平直径线相连接，如图3-18所示。

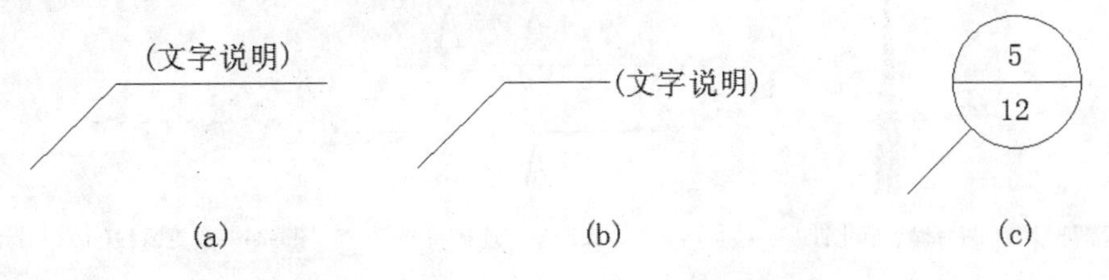

图3-18 引出线

同时引出几个相同部分的引出线，宜互相平行，也可画成集中于一点的放射线，如图3-19所示。

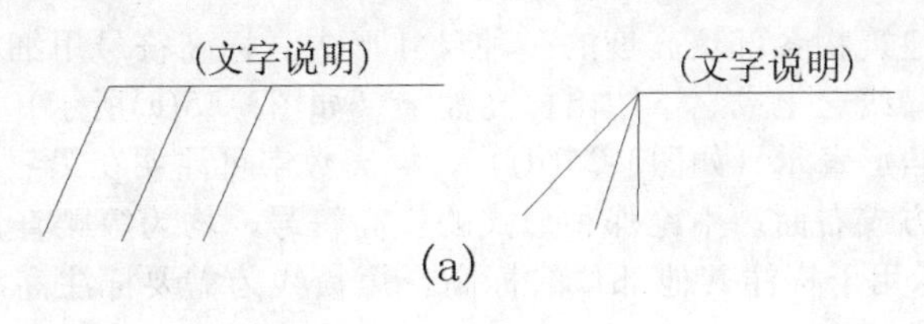

图3-19 共用引出线

多层构造或多层管道共用引出线，应通过被引出的各层。文字说明宜注写在水平线的上方，或注写在水平线的端部，说明的顺序应由上至下，并应与被说明的层次相互一致；如层次为横向排序，则由上至下的说明顺序应与左至右的层次相互一致，如图3-20所示。

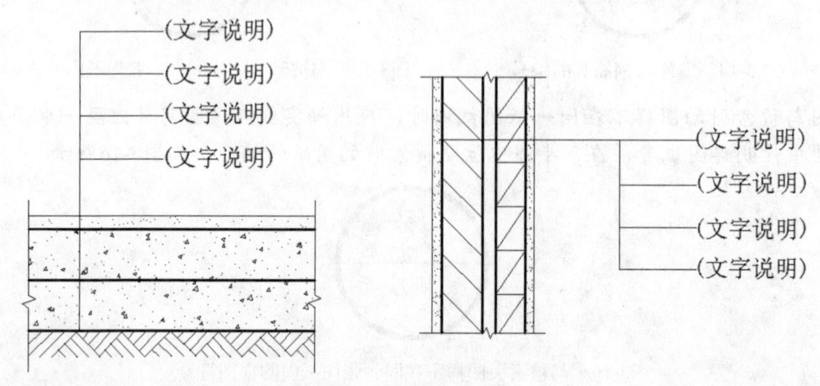

图3-20　多层构造引出线

3.7.4　其他符号

对称符号由对称线和两端的两对平行线组成。对称线用细点画线绘制；平行线用细实线绘制，其长度宜为6～10mm，每对的间距宜为2～3mm；对称线垂直平分于两对平行线，两端超出平行线宜为2～3mm，如图3-21所示。

指北针的形状宜如图3-22所示，其圆的直径宜为24mm，用细实线绘制；指针尾部的宽度宜为3mm，指针头部应注“北”或“N”字。需用较大直径绘制指北针时，指针尾部宽度宜为直径的1/8。

连接符号应以折断线表示需连接的部位。两部位相距过远时，折断线两端靠图样一侧应标注大写拉丁字母表示连接编号。两个被连接的图样必须用相同的字母编号，如图3-23所示。

对图纸中局部变更部分宜采用云线，并宜注明修改版次，如图3-24所示。

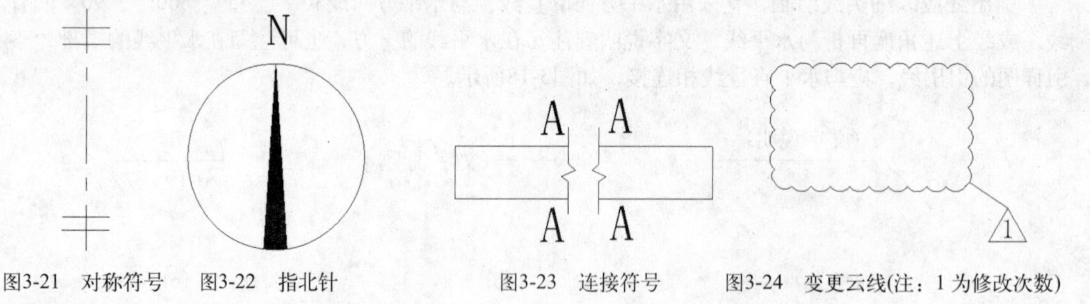

图3-21　对称符号　图3-22　指北针　图3-23　连接符号　图3-24　变更云线(注：1 为修改次数)

3.7.5　标高符号

标高是用来表示建筑物各部位高度的一种尺寸形式。标高符号用细实线画出，短横线是需注高度的界线，长横线之上或之下注出标高数字（如图3-25(a)所示）。总平面图上的标高符号，宜用涂黑的三角形表示（如图3-25(d)），标高数字可注明在黑三角形的右上方，也可注写在黑三角形的上方或右面。不论那种形式的标高符号，均为等腰直角三角形，高3mm。如图3-25(b)、(c)所示用于标注其他部位的标高，短横线为需要标注高度的界限，标高数字注写在长横线的上方或下方。

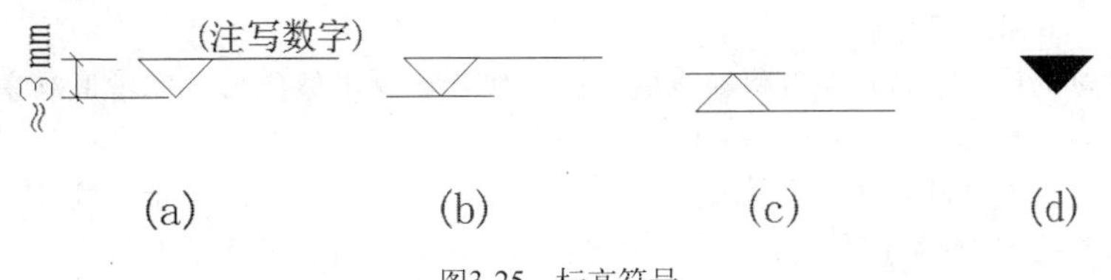

图3-25　标高符号

标高数字以米为单位，注写到小数点以后第三位（在总平面图中可注写到小数点后第二位）。零点标高应注写成“±0.000”，正数标高不注“+”，负数标高应注“-”，例如3.000、-0.600。如图3-26所示为标高注写的几种格式。

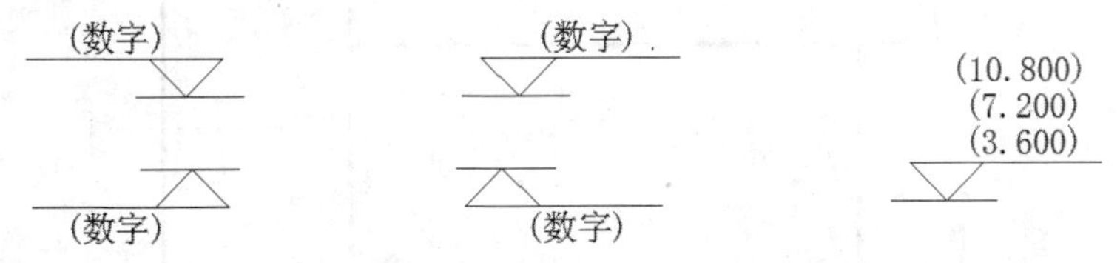

图3-26　标高数字注写格式

标高有绝对标高和相对标高两种。绝对标高是指把青岛附近黄海的平均海平面定为绝对标高的零点，其他各地标高都以它作为基准。如在总平面图中的室外整平标高即为绝对标高。

相对标高是指在建筑物的施工图上要注明许多标高，用相对标高来标注，容易直接得出各部分的高差。因此除总平面图外，一般都采用相对标高，即把底层室内主要的地坪标高定为相对标高的零点，标注为“±0.000”，而在建筑工程图的总说明中说明相对标高和绝对标高的关系，再根据当地附近的水准点（绝对标高）测定拟建工程的底层地面标高。

在AutoCAD室内装饰设计标高中，其标高的数字字高为2.5mm（在A0、A1、A2图纸）或字高2mm（在A3、A4图纸）。

3.8 定位轴线

定位轴线是用来确定建筑物主要结构及构件位置的尺寸基准线。在施工时凡承重墙、柱、大梁或屋架等主要承重构件都应画出轴线以确定其位置。对于非承重的隔断墙及其他次要承重构件等，一般不画轴线，只需注明它们与附近轴线的相关尺寸以确定其位置。

- 定位轴线应用细点画线绘制。定位轴线一般应编号，编号应注写在轴线端部的圆内。圆应用细实线绘制，直径为8～10mm。定位轴线圆的圆心，应在定位轴线的延长线上或延长线的折线上。
- 平面图上定位轴线的编号，宜标注在图样的下方与左侧。横向编号应用阿拉伯数字，从左至右顺序编写，竖向编号应用大写拉丁字母，从下至上顺

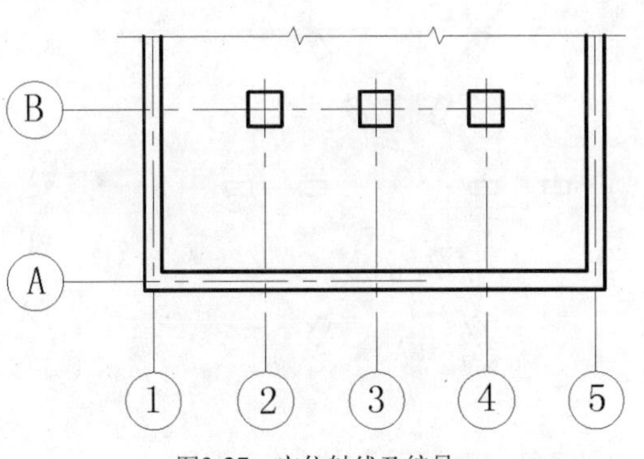

图3-27　定位轴线及编号

序编写，如图3-27所示。

- 拉丁字母的I、O、Z不得用作轴线编号。如字母数量不够使用，可增用双字母或单字母加数字注脚，如AA、BA…YA或A1、B1…Y1。
- 组合较复杂的平面图中定位轴线也可采用分区编号，如图3-28所示。编号的注写形式应为“分区号-该分区编号”，分区号采用阿拉伯数字或大写拉丁字母表示。

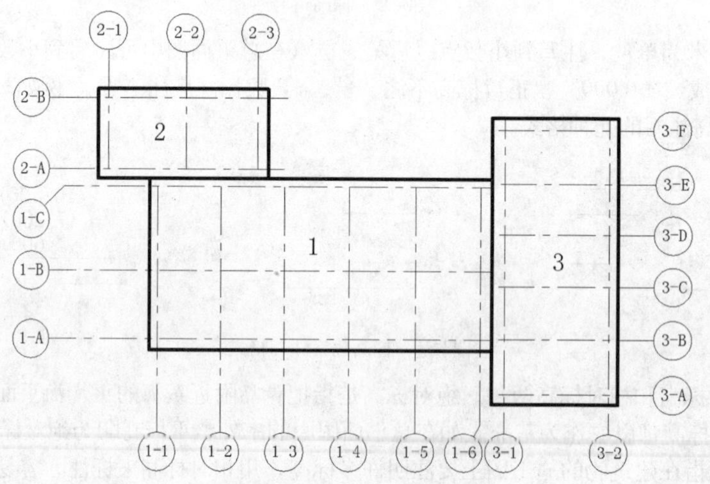

图3-28 分区定位轴线及编号

- 附加定位轴线的编号，应以分数形式表示。两根轴线间的附加轴线，应以分母表示前一轴线的编号，分子表示附加轴线的编号，编号宜用阿拉伯数字顺序编写，如图3-29所示。1号轴线或A号轴线之前的附加轴线的分母应以01或0A表示，如图3-30所示。

1/2 表示2号轴线之后附加的第一根轴线

3/C 表示C号轴线之后附加的第三根轴线

图3-29 在轴线之后附加的轴线

1/01 表示1号轴线之前附加的第一根轴线

3/0A 表示A号轴线之前附加的第三根轴线

图3-30 在1或A号轴线之前附加的轴线

- 通用详图中的定位轴线，应只画圆，不注写轴线编号。
- 圆形平面图中定位轴线的编号，其径向轴线宜用阿拉伯数字表示，从左下角开始，按逆时针顺序编写；其圆周轴线宜用大写拉丁字母表示，从外向内顺序编写，如图3-31所示。折线形平面图中的定位轴线如图3-32所示。

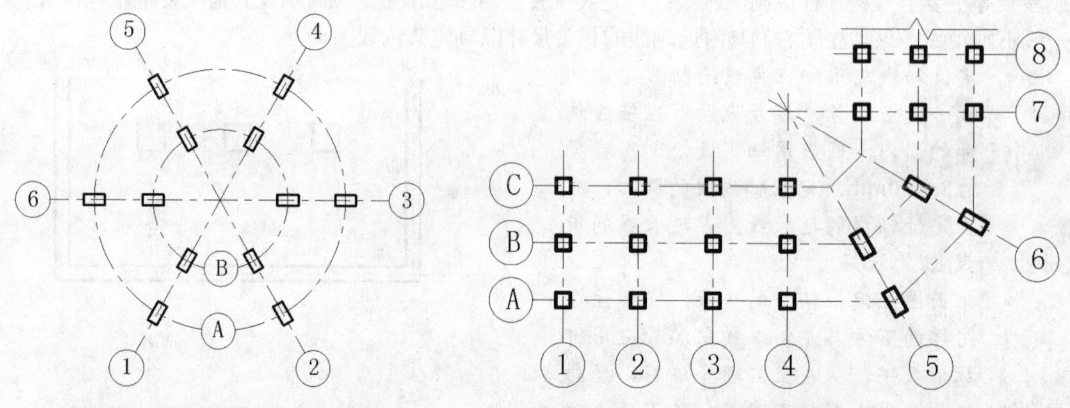

图3-31 圆形平面图定位轴线及编号

图3-32 折线形平面图定位轴线及编号

3.9 常用建筑材料图例

建筑物或构筑物需要按比例绘制在图纸上，对于一些建筑物的细部节点，无法按照真实形状表示，只能用示意性的符号画出。国家标准规定的正规示意性符号，都称为图例。凡是国家批准的图例，均应统一遵守，按照标准画法表示在图形中，如果有个别新型材料还未纳入国家标准，设计人员要在图纸的空白处画出并写明符号代表的意义，方便对照阅读。

1. 一般规定

本标准只规定常用建筑材料的图例画法，对其尺度比例不作具体规定。使用时，应根据图样大小而定，并应注意下列事项。

- 图例线应间隔均匀，疏密适度，做到图例正确，表示清楚。
- 不同品种的同类材料使用同一图例时（如某些特定部位的石膏板必须注明是防水石膏板时），应在图上附加必要的说明。
- 两个相同的图例相接时，图例线宜错开或使倾斜方向相反，如图3-33所示。

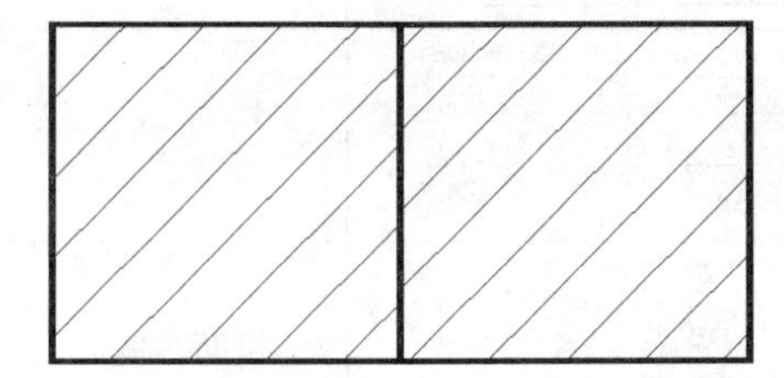
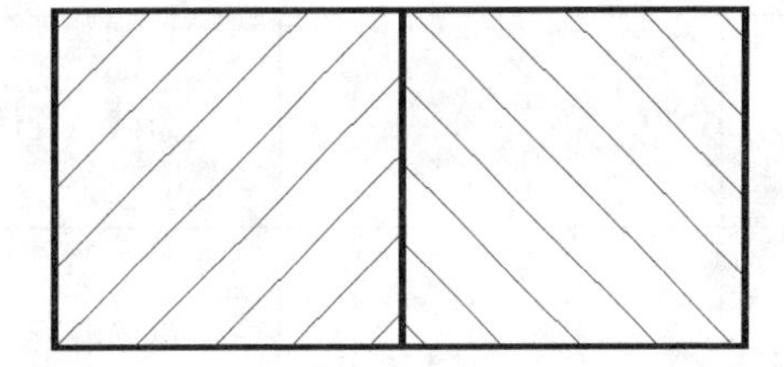

图3-33 相同图例相接时的画法

- 两个相邻的涂黑图例（如混凝土构件、金属件）间，应留有空隙，其宽度不得小于0.7mm，如图3-34所示。

下列情况可不加图例，但应加文字说明：

- 一张图纸内的图样只用一种图例时。
- 图形较小无法画出建筑材料图例时。

需画出的建筑材料图例面积过大时，可在断面轮廓线内，沿轮廓线作局部表示，如图3-35所示。

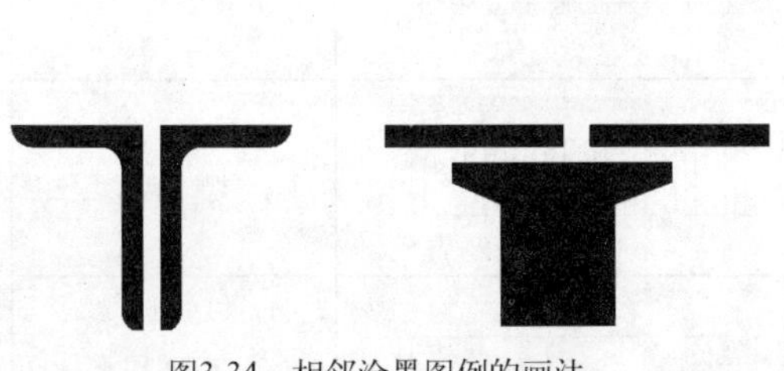

图3-34 相邻涂黑图例的画法

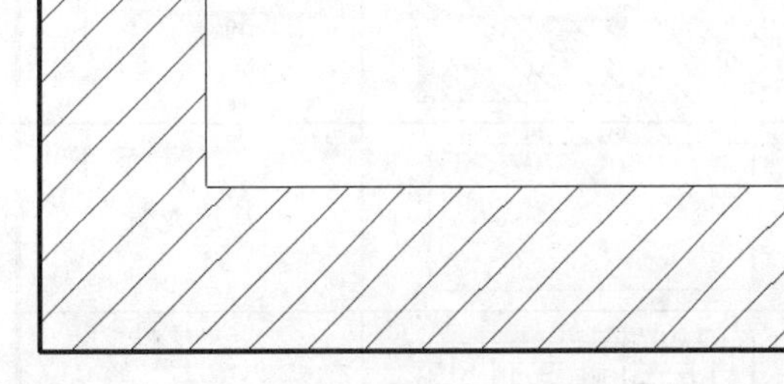

图3-35 局部表示图例

当选用本标准中未包括的建筑材料时，可自编图例。但不得与本标准所列的图例重复。绘制时，应在适当位置画出该材料图例，并加以说明。

2. 常用建筑材料图例

常用建筑材料应按如表3-9所示图例画法绘制。

表3-9　常用建筑材料图例

图 例	名 称	图 例	名 称
	自然土壤		素土夯实
	砂、灰土及粉刷		空心砖
	砖砌体		多孔材料
	金属材料		石材
	防水材料		塑料
	石砖、瓷砖		夹板
	钢筋混凝土	12厚玻璃系数5.345 10厚玻璃系数4.45 3厚玻璃系数1.33 5厚玻璃系数2.227	镜面、玻璃
	混凝土		软质吸音层
	砖		硬质吸音层
	钢、金属		硬隔层
	基层龙骨		陶质类
	细木工板、夹芯板		石膏板
	实木		层积塑材

3.10 图样的画法

在日常管理科学中，经常看到人或物体被阳光照射后在地面上呈现影子的现象，但是这个影子只反映了物体某一、二面的外形轮廓，而其他几个侧面的轮廓却未反映出来。假设光线透过形体，而将形体的各个点和各条线都投影到平面上，这些点和线的影就能反映出形体各部分形状的图形。

3.10.1　投影法

房屋建筑的视图，应按正投影法并用第一角画法绘制。自前方A投影称为正立面图，自上方B投影称为平面图，自左方C投影称为左侧立面图，自右方D投影称为右侧立面图，自下方E投影称为底面图，自后方F投影称为背立面图，如图3-36所示。

当视图用第一角画法绘制不易表达时，可用镜像投影法绘制（如图3-37(a)）。但应在图名后注写“镜像”二字（如图3-37(b)），或按如图3-37(c)所示画出镜像投影识别符号。

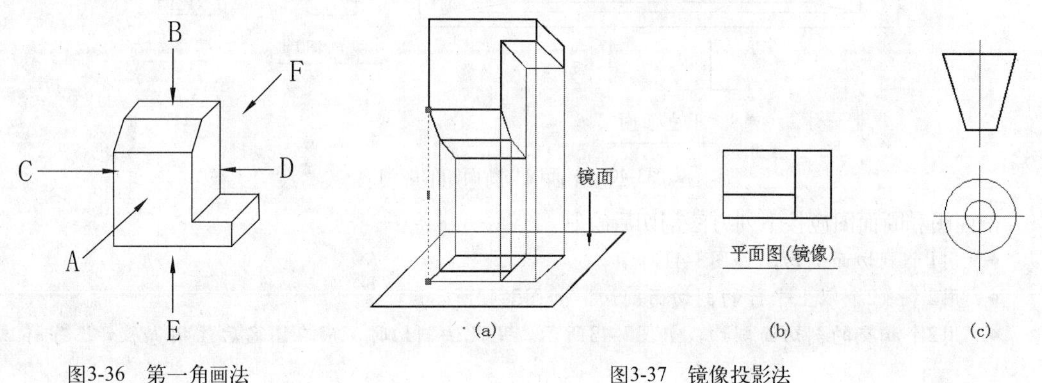

图3-36　第一角画法　　图3-37　镜像投影法

3.10.2　视图配置

如在同一张图纸上绘制若干个视图时，各视图的位置宜按如图3-38所示的顺序进行配置。

每个视图一般均应标注图名。图名宜标注在视图的下方或一侧，并在图名下用粗实线绘制一条横线，其长度应以图名所占长度为准，但在使用详图符号作图名时，符号下不再画线。

分区绘制的建筑平面图，应绘制组合示意图，指出该区在建筑平面图中的位置。各分区视图的分区部位及编号均应一致，并应与组合示意图一致，如图3-39所示。

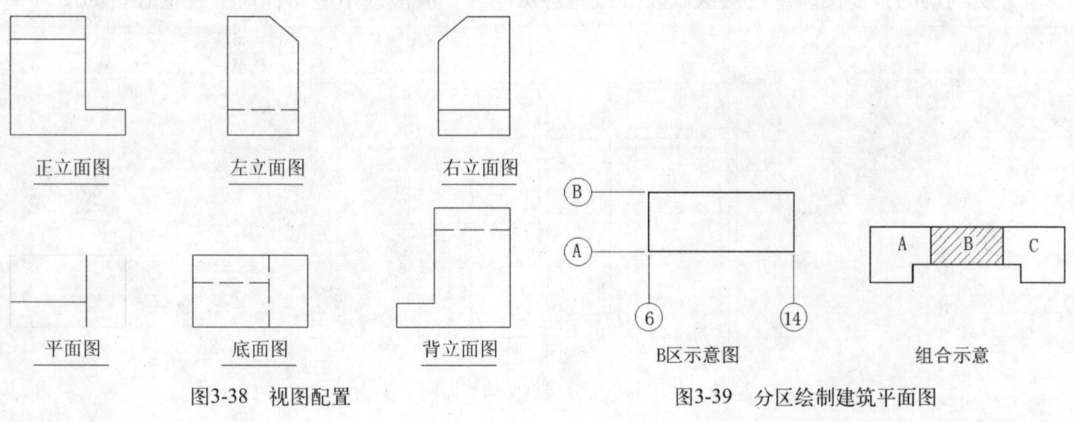

图3-38　视图配置　　图3-39　分区绘制建筑平面图

同一工程不同专业的总平面图，在图纸上的布图方向均应一致；单体建（构）筑物平面图在图纸上的布图方向，必要时可与其在总平面图上的布图方向不一致，但必须标明方位；不同专业的单体建（构）筑物平面图，在图纸上的布图方向均应一致。

建（构）筑物的某些部分，如与投影面不平行（如圆形、折线形、曲线形等），在画立面图时，可将该部分展至与投影面平行，再以正投影法绘制，并应在图名后注写“展开”字样。

3.10.3 剖面图和断面图

剖面图除应画出剖切面切到部分的图形外，还应画出沿投射方向看到的部分，被剖切面切到部分的轮廓线用粗实线绘制，剖切面没有切到、但沿投射方向可以看到的部分，用中实线绘制；断面图则只需（用粗实线）画出剖切面切到部分的图形，如图3-40所示。

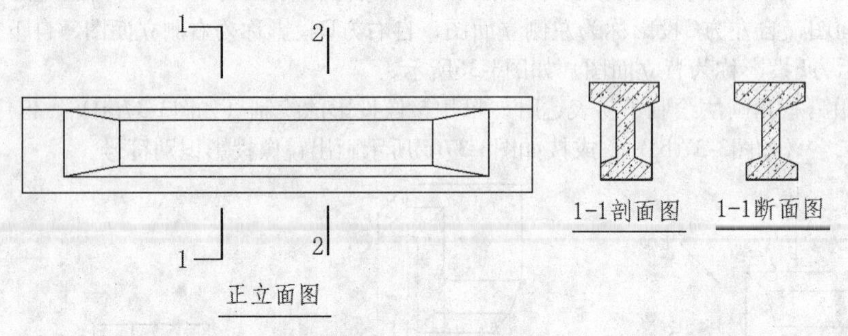

图3-40 剖面图与断面图的区别

剖面图和断面图应按下列方法剖切后绘制。

- 用1个剖切面剖切，如图3-41所示。
- 用2个或2个以上平行的剖切面剖切，如图3-42所示。
- 用2个相交的剖切面剖切，如图3-43所示。用此法剖切时，应在图名后注明“展开”字样。

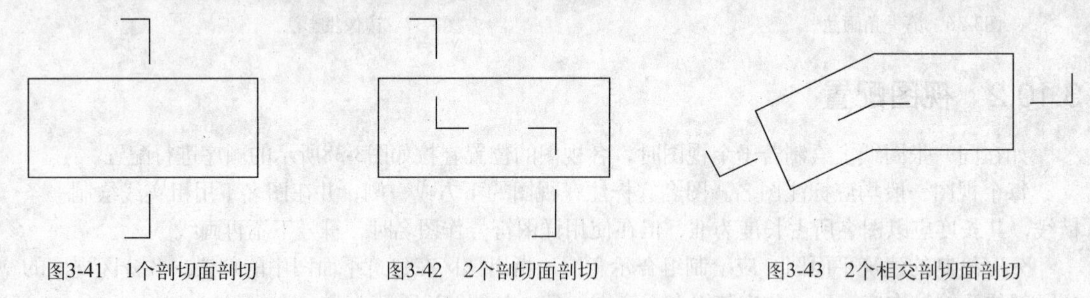

图3-41 1个剖切面剖切　　图3-42 2个剖切面剖切　　图3-43 2个相交剖切面剖切

分层剖切的剖面图，应按层次以波浪线将各层隔开，波浪线不应与任何图线重合，如图3-44所示。

图3-44 分层剖切的剖面图

杆件的断面图可绘制在靠近杆件的一侧或端部处并按顺序依次排列，如图3-45所示；也可绘制在杆件的中断处，如图3-46所示；结构梁板的断面图可画在结构布置图上，如图3-47所示。

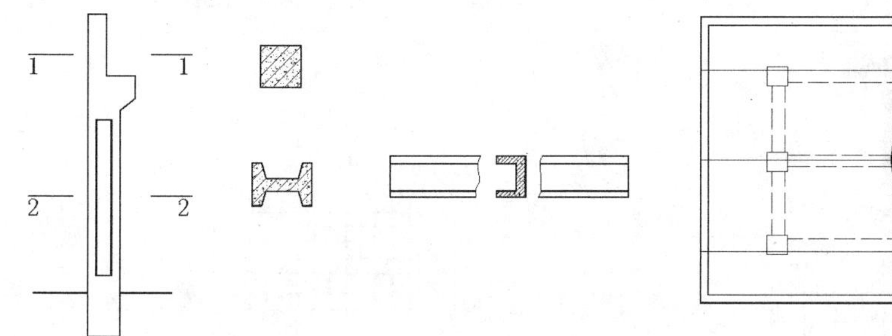

图3-45　断面图按顺序排列　　图3-46　断面图画在杆件中断处

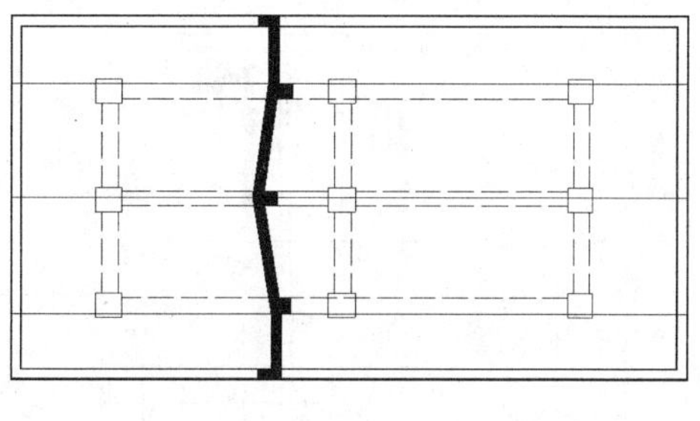

图3-47　断面图画在布置图上

3.10.4　简化画法

构配件的视图有1条对称线，可只画该视图的一半；视图有2条对称线，可只画该视图的1/4，并画出对称符号，如图3-48所示。图形也可稍超出其对称线，此时可不画对称符号，如图3-49所示。

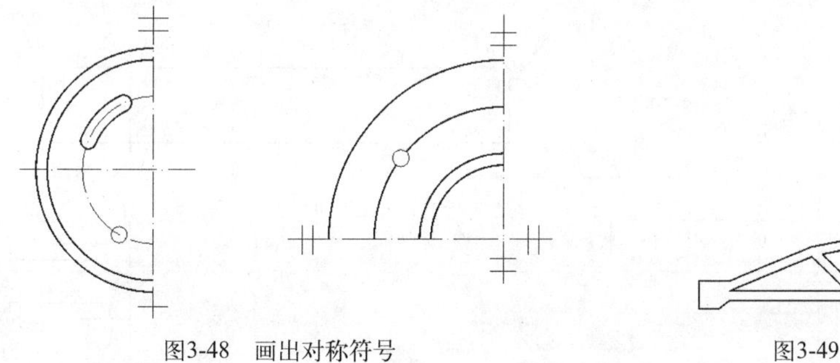

图3-48　画出对称符号

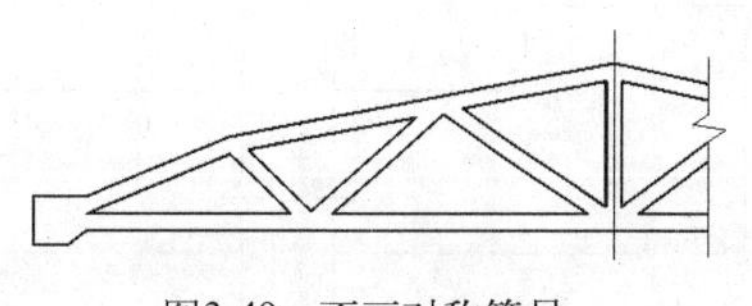

图3-49　不画对称符号

对称的形体需画剖面图或断面图时，可以对称符号为界，一半画视图(外形图)，一半画剖面图或断面图，如图3-50所示。

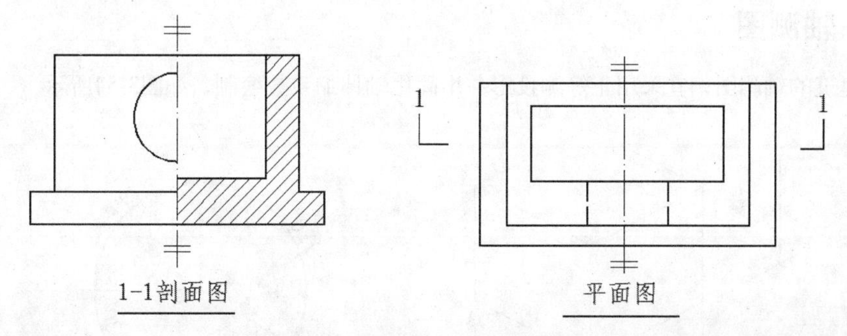

图3-50　一半画视图、一半画剖面图

构配件内多个完全相同而连续排列的构造要素，可仅在两端或适当位置画出其完整形状，其余部分以中心线或中心线交点表示，如图3-51(a)所示。当相同构造要素少于中心线交点，则其余部分应在相同构造要素位置的中心线交点处用小圆点表示，如图3-51(b)所示。

较长的构件，如沿长度方向的形状相同或按一定规律变化，可断开省略绘制，断开处应以折断线表示，如图3-52所示。

一个构配件，如绘制位置不够，可分成几个部分绘制，并应以连接符号表示相连。

一个构配件如与另一构配件仅部分不相同，该构配件可只画不同部分，但应在两个构配件的相同部分与不同部分的分界线处，分别绘制连接符号，如图3-53所示。

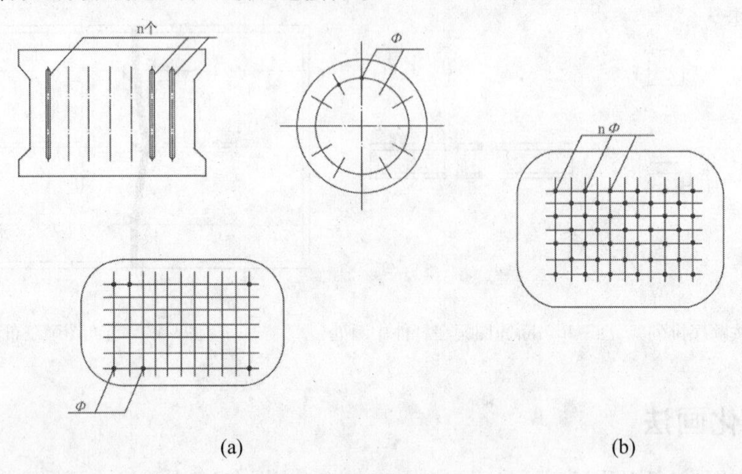

图3-51　相同要素简化画法

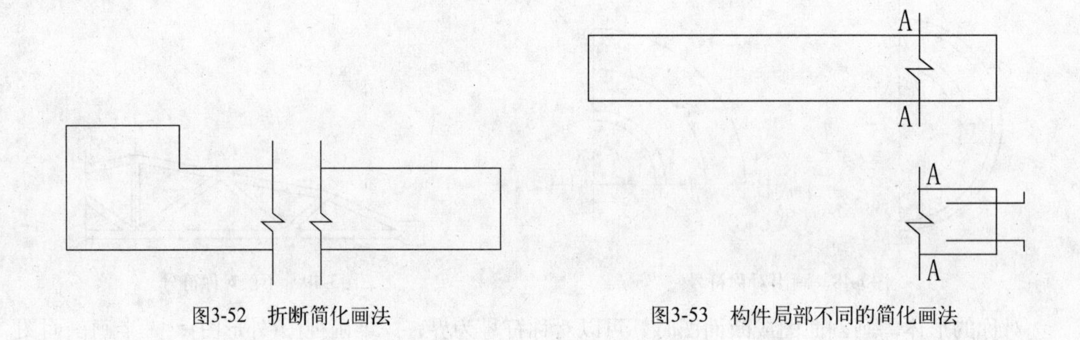

图3-52　折断简化画法

图3-53　构件局部不同的简化画法

3.10.5　轴测图

房屋建筑的轴测图，宜采用正等测投影并用简化轴伸缩系数绘制，如图3-54所示。

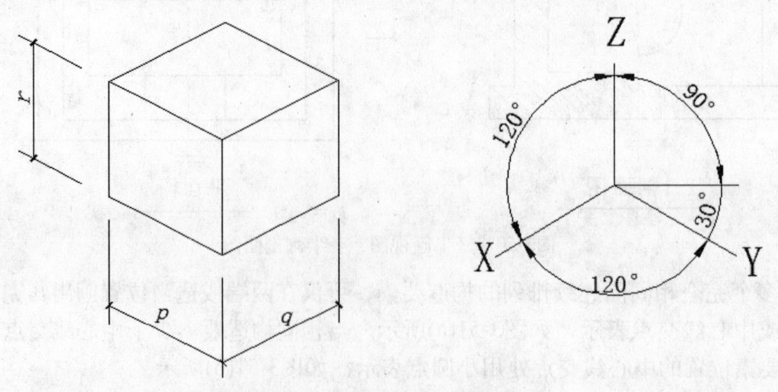

图3-54　正等测的画法（p=q=r）

轴测图的可见轮廓线宜用中实线绘制，断面轮廓线宜用粗实线绘制。不可见轮廓线一般不绘出，必要时可用细虚线绘出所需部分。

轴测图的断面上应画出其材料图例线，图例线应按其断面所在坐标面的轴测方向绘制。如以45°斜线为材料图例线时，应按如图3-55所示的规定绘制。

轴测图线性尺寸，应标注在各自所在的坐标面内，尺寸线应与被注长度平行，尺寸界线应平行于相应的轴测轴，尺寸数字的方向应平行于尺寸线，如出现字头向下倾斜时，应将尺寸线断开，在尺寸线断开处水平方向注写尺寸数字。轴测图的尺寸起止符号宜用小圆点，如图3-56所示。

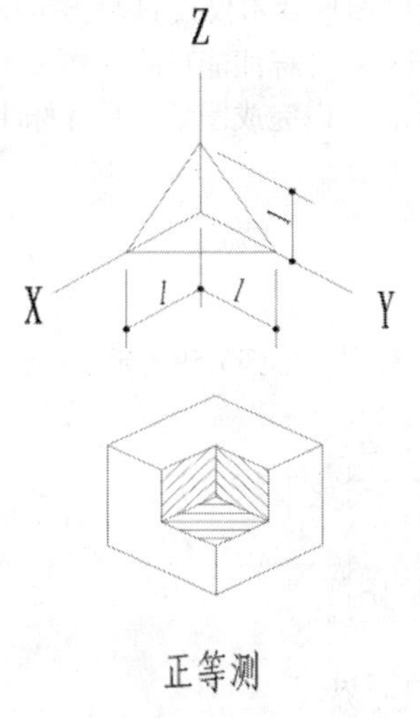

图3-55　轴测图断面图例线画法

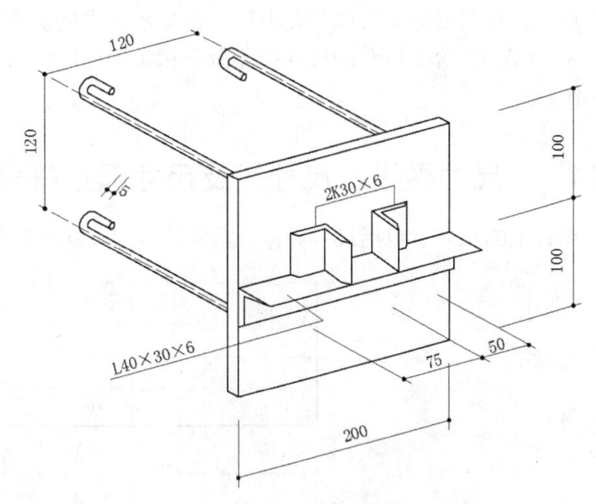

图3-56　轴测图线性尺寸的标注方法

轴测图中的圆径尺寸，应标注在圆所在的坐标面内；尺寸线与尺寸界线应分别平行于各自的轴测轴。圆弧半径和小圆直径尺寸也可引出标注，但尺寸数字应注写在平行于轴测轴的引出线上，如图3-57所示。

轴测图的角度尺寸，应标注在该角所在的坐标面内，尺寸线应画成相应的椭圆弧或圆弧。尺寸数字应水平方向注写，如图3-58所示。

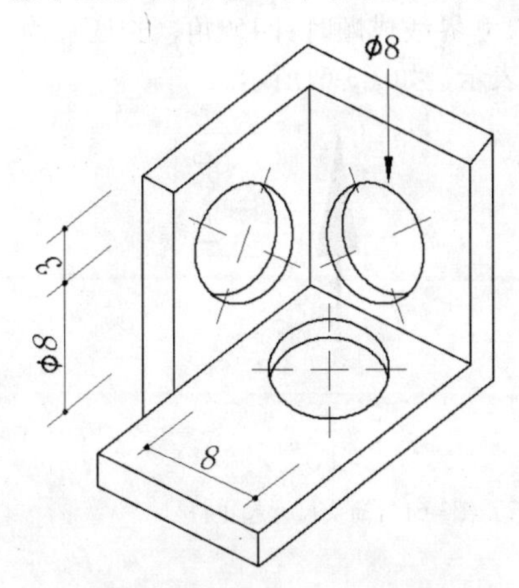

图3-57　轴测图圆直径标注方法

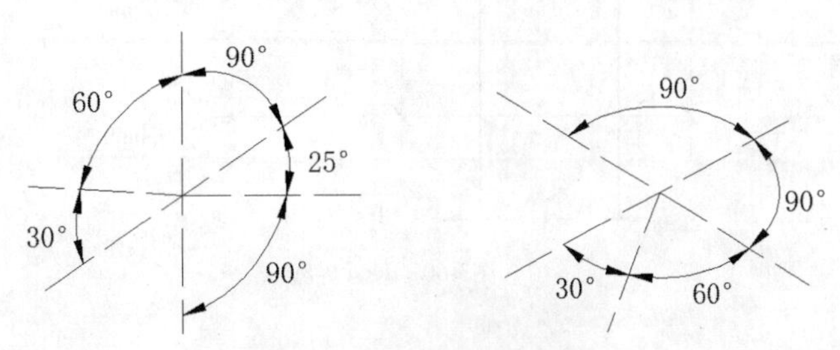

图3-58　轴测图角度的标注方法

3.10.6　透视图

房屋建筑设计中的效果图，宜采用透视图。透视图中的可见轮廓线，宜用中实线绘制。不可见轮廓线一般不绘出，必要时，可用细虚线绘出所需部分。

3.11 尺寸标注

图样只能表示物体各部分的外部形状，表达不出各个部分之间的联系及变化。所以必须准确、详尽、清晰地表达出其尺寸，以确定大小，作为施工的依据。绘制图形并不仅仅只是为了反映对象的形状，对图形对象的真实大小和位置关系描述更加重要，而只有尺寸标注能反映这些大小和关系。AutoCAD包含了整套的尺寸标注命令和实用程序，用户使用它们足以完成图纸中尺寸标注的所有工作。

3.11.1 尺寸界线、尺寸线及尺寸起止符号

图样上的尺寸，包括尺寸界线、尺寸线、尺寸起止符号和尺寸数字，如图3-59所示。

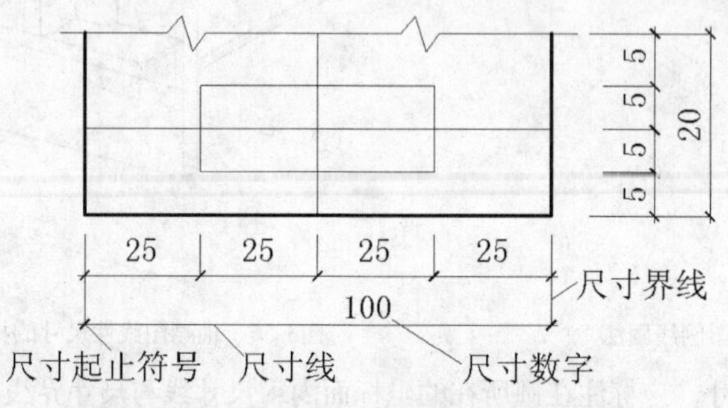

图3-59 尺寸组成

尺寸界线应用细实线绘制，一般应与被注长度垂直，其一端应离开图样轮廓线不小于2mm，另一端宜超出尺寸线2～3mm。图样轮廓线可用作尺寸界线，如图3-60所示。

尺寸线应用细实线绘制，应与被注长度平行。图样本身的任何图线均不得用作尺寸线。

尺寸起止符号一般用中粗斜短线绘制，其倾斜方向应与尺寸界线成顺时针45°角，长度宜为2～3mm。半径、直径、角度与弧长的尺寸起止符号，宜用箭头表示，如图3-61所示。

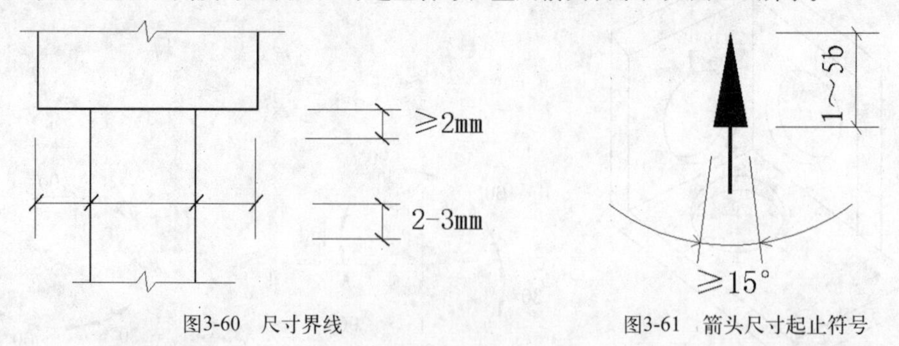

图3-60 尺寸界线

图3-61 箭头尺寸起止符号

3.11.2 尺寸数字

图样上的尺寸，应以尺寸数字为准，不得从图上直接量取。

图样上的尺寸单位，除标高及总平面以米为单位外，其他必须以毫米(mm)为单位。

尺寸数字的方向，应按如图3-62(a)所示的规定注写。若尺寸数字在30°斜线区内，宜按如图3-62(b)的形式注写。

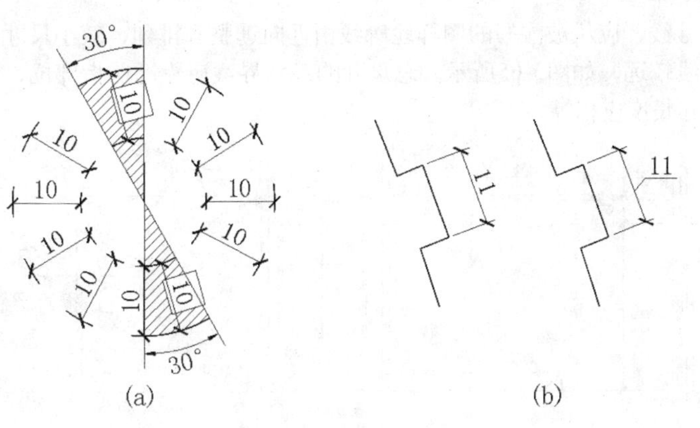

图3-62　尺寸数字的注写方向

尺寸数字一般应依据其方向注写在靠近尺寸线的上方中部。如没有足够的注写位置，最外边的尺寸数字可注写在尺寸界线的外侧，中间相邻的尺寸数字可错开注写，如图3-63所示。

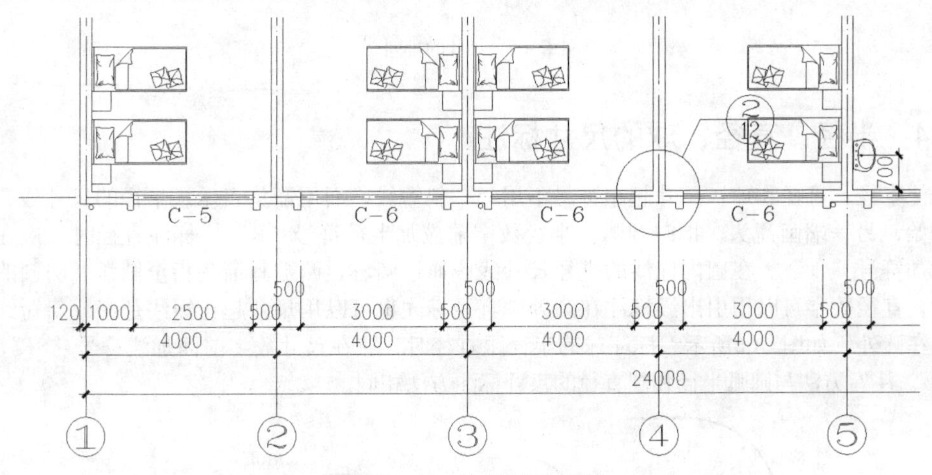

图3-63　尺寸数字的注写位置

3.11.3　尺寸的排列与布置

尺寸宜标注在图样轮廓以外，不宜与图线、文字及符号等相交。图样轮廓线以外的尺寸界线，距图样最外轮廓之间的距离，不宜小于10mm。平行排列的尺寸线的间距，宜为7～10mm，并应保持一致，如图3-64所示。

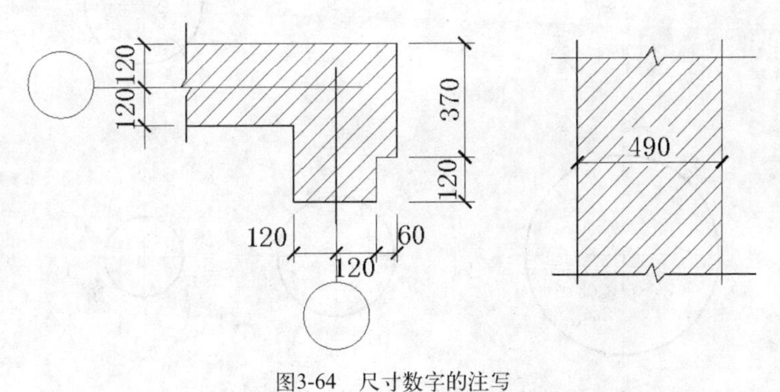

图3-64　尺寸数字的注写

互相平行的尺寸线，应从被注写的图样轮廓线由近向远整齐排列，较小尺寸应离轮廓线较近，较大尺寸应离轮廓线较远，如图3-65所示。总尺寸的尺寸界线应靠近所指部位，中间的分尺寸的尺寸界线可稍短，但其长度应相等。

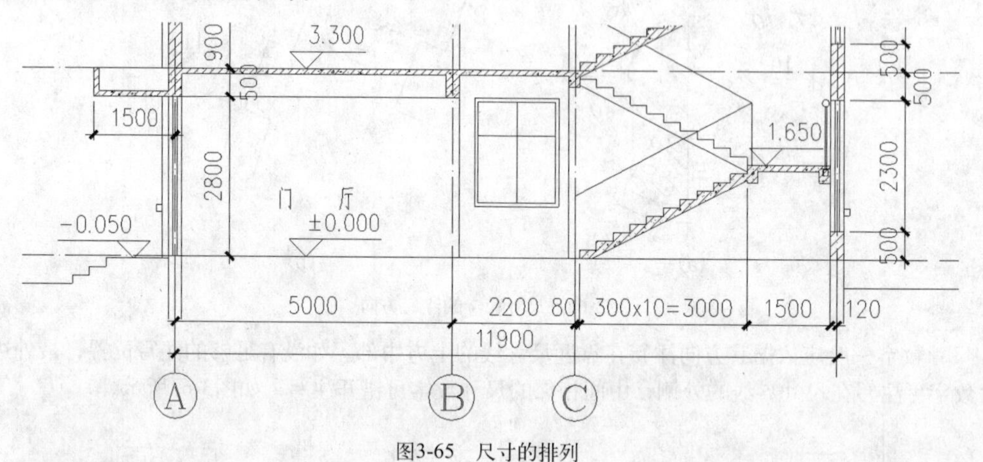

图3-65 尺寸的排列

3.11.4 半径、直径、球的尺寸标注

标注半径、直径和球，尺寸起止符号不用45°斜短线，而用箭头表示。半径的尺寸线一端从圆心开始，另一端画箭头，指向圆弧。半径数字前应加半径符号“R”。标注直径时，应在直径数字前加符号“ϕ”。在圆内标注的直径尺寸线应通过圆心，两端画箭头指至圆弧。当圆的直径较小时，直径数字可以用引出线标注在圆外。直径标注也可以用尺寸起止短线是45°斜短线的形式标注在圆外，如图3-66所示。标注球的半径跟直径时，应在尺寸数字前面加注符号“SR”或是“Sϕ”。注写方法与圆弧半径和圆直径的尺寸标注方法相同。

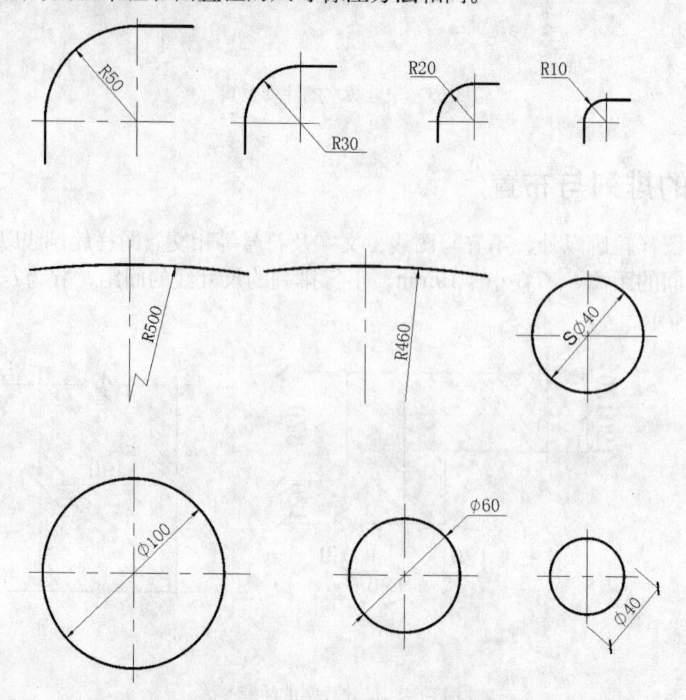

图3-66 半径、直径的标注方法

3.11.5 角度、弧长、弦长的标注

角度的尺寸线以圆弧线表示，以角的顶点为圆心，角度的两边为尺寸界线，尺寸起止符号用箭头表示，如果没有足够的位置画箭头，也可以用圆点代替，角度数字一律水平方向书写，如图3-67所示。

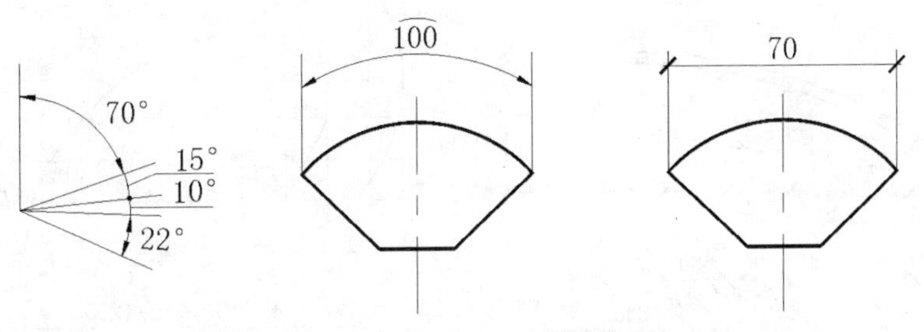

图3-67 角度、弧长、弦长的标注方法

标注圆弧的弧长时，尺寸线应以圆弧线表示，该圆弧与被标注圆弧为同心圆，尺寸界线应垂直于该圆弧的弦，尺寸起止符号应用箭头表示，弧长数字的上方应加注圆弧符号“⌒”。标注圆弧的弦长时，尺寸线应以平行于该弦的直线表示，尺寸界线垂直于该弦，尺寸起止符号用中粗斜短线表示。

3.11.6 薄板厚度、正方形、坡度等尺寸标注

在薄板板面标注板厚尺寸时，应在厚度数字前加厚度符号，如图3-68所示。

标注正方形的尺寸，可用“边长×边长”的形式，也可在边长数字前加正方形符号“□”，如图3-69所示。

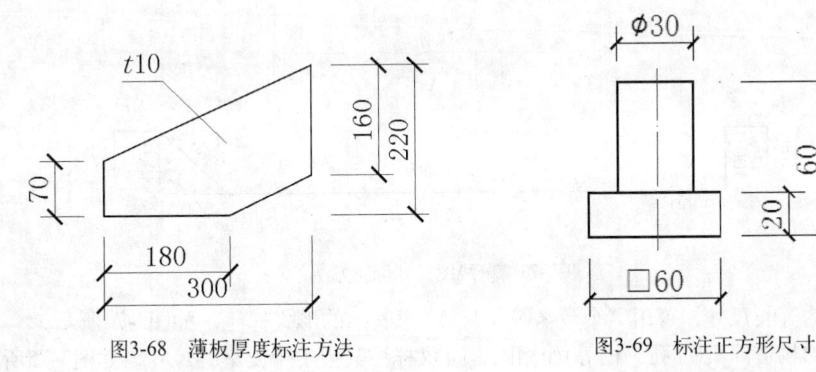

图3-68 薄板厚度标注方法　　图3-69 标注正方形尺寸

标注坡度时，应加注坡度箭头符号，如图3-70（a）、（b）所示，该符号为单面箭头，箭头应指向下坡方向。坡度也可用直角三角形形式标注，如图3-70(c)所示。

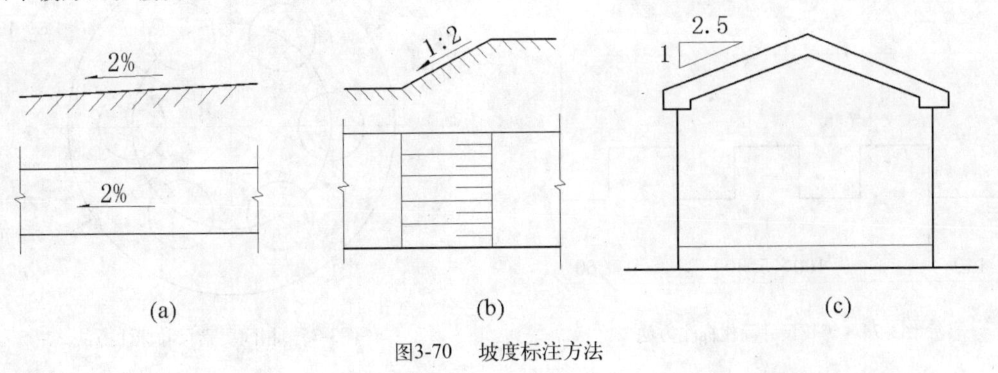

图3-70 坡度标注方法

外形为非圆曲线的构件，可用坐标形式标注尺寸，如图3-71所示。复杂的图形，可用网格形式标注尺寸，如图3-72所示。

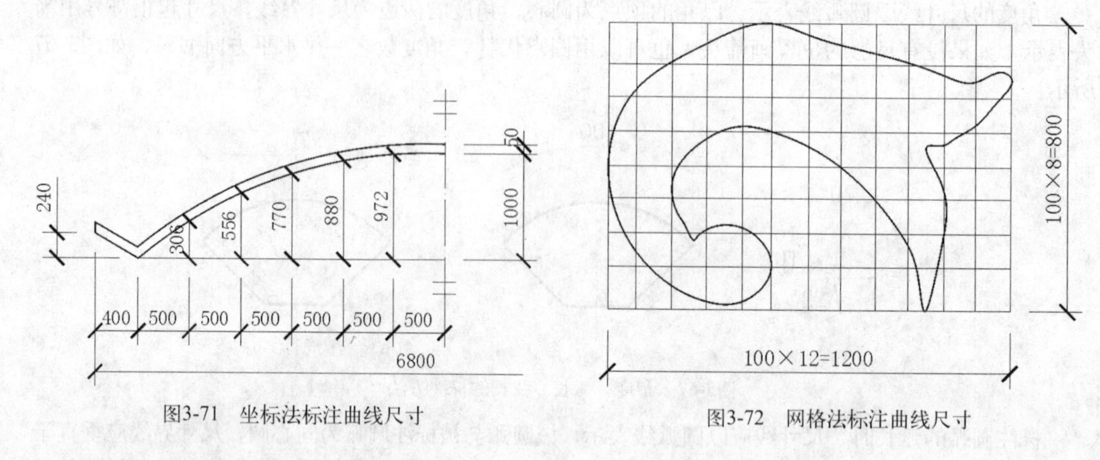

图3-71　坐标法标注曲线尺寸

图3-72　网格法标注曲线尺寸

3.11.7　尺寸的简化标注

杆件或管线的长度，在单线图（桁架简图、钢筋简图、管线简图）上，可直接将尺寸数字沿杆件或管线的一侧注写，如图3-73所示。

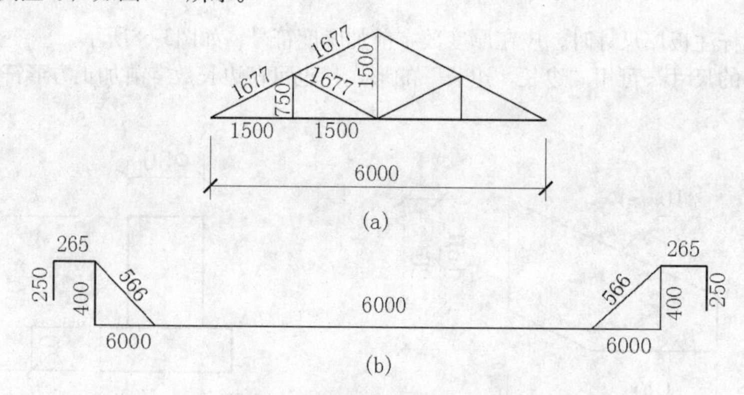

图3-73　单线图尺寸标注方法

连续排列的等长尺寸，可用“个数×等长尺寸=总长”的形式标注，如图3-74所示。

构配件内的构造因素(如孔、槽等)如相同，可仅标注其中一个要素的尺寸，如图3-75所示。

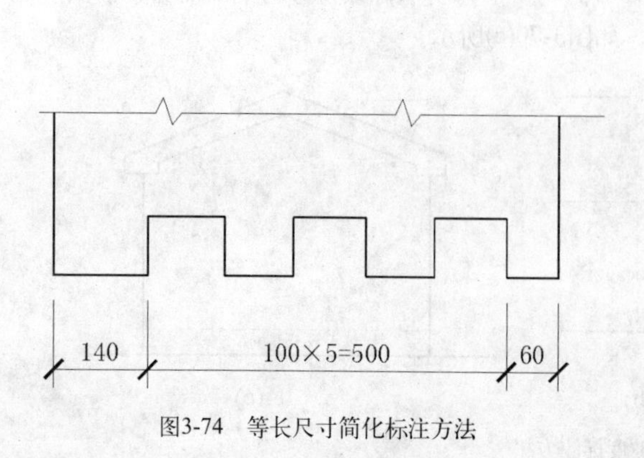

图3-74　等长尺寸简化标注方法

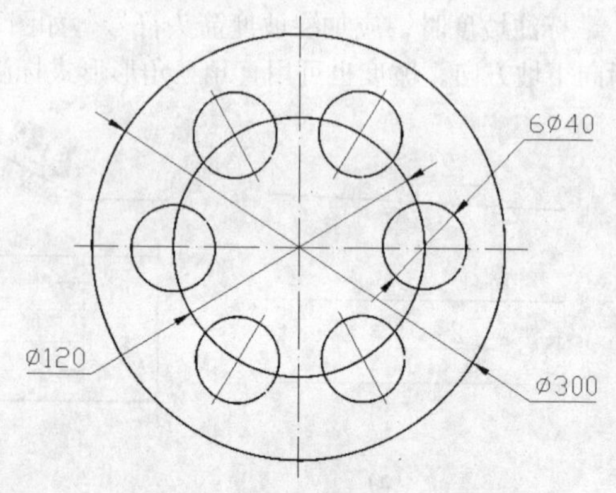

图3-75　相同要素尺寸标注方法

对称构配件采用对称省略画法时，该对称构配件的尺寸线应略超过对称符号，仅在尺寸线的一端画尺寸起止符号，尺寸数字应按整体全尺寸注写，其注写位置宜与对称符号对齐，如图3-76所示。

两个构配件，如个别尺寸数字不同，可在同一图样中将其中一个构配件的不同尺寸数字注写在括号内，该构配件的名称也应注写在相应的括号内，如图3-77所示。

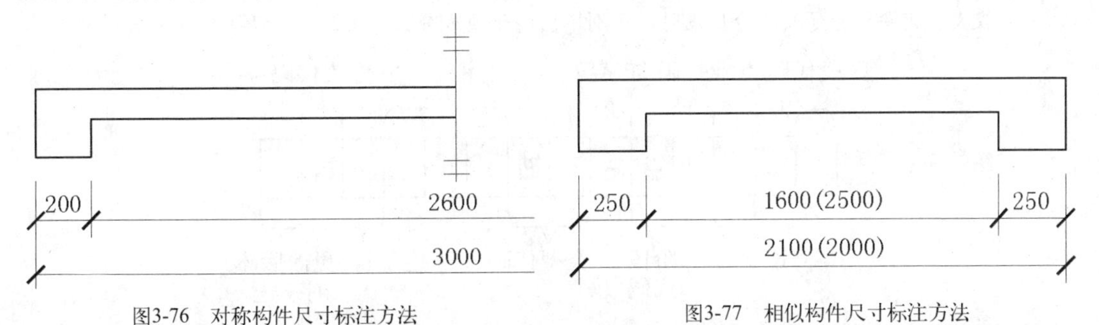

图3-76　对称构件尺寸标注方法　　图3-77　相似构件尺寸标注方法

数个构配件，如仅某些尺寸不同，这些有变化的尺寸数字，可用拉丁字母注写在同一图样中，另列表格写明其具体尺寸，如图3-78所示。

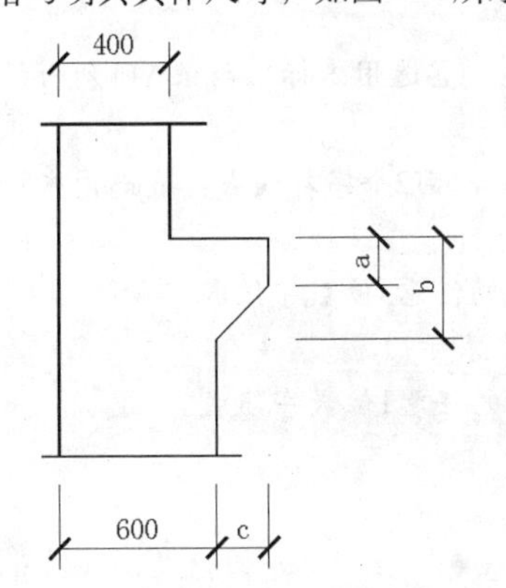

构件编号	a	b	c
Z-1	200	200	200
Z-2	250	250	200
Z-3	200	250	250

图3-78　相似构配件尺寸表格式标注方法

3.12 计算机制图文件

计算机制图文件可分为工程图库文件和工程图纸文件，工程图库文件可在一个以上的工程中重复使用；工程图纸文件只能在一个工程中使用。建立合理的文件目录结构，可对计算机制图文件进行有效的管理和利用。

3.12.1　工程图纸的编号

工程图纸编号应符合下列规定：

- 工程图纸根据不同的子项（区段）、专业、阶段等进行编排，宜按照设计总说明、平面图、立面图、剖面图、大样图（大比例视图）、详图、清单、简图的顺序编号。
- 工程图纸编号应使用汉字、数字和连字符“-”的组合。
- 在同一工程中，应使用统一的工程图纸编号格式，工程图纸编号应自始至终保持不变。

工程图纸编号格式应符合下列规定：

◆ 工程图纸编号可由区段代码、专业缩写代码、阶段代码、类型代码、序列号、更改代码和更新版本序列号等组成，如图3-79所示，其中区段代码、专业缩写代码、阶段代码、类型代码、序列号、更改代码和更新版本序列号可根据需要设置。区段代码与专业缩写代码、阶段代码与类型代码、序列号与更改代码之间用连字符"－"分隔开；2 区段代码用于工程规模较大、需要划分子项或分区段时，区别不同的子项或分区，由2～4个汉字和数字组成。

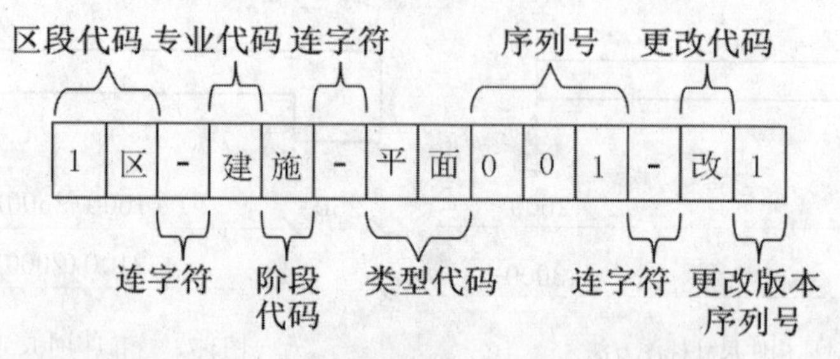

图3-79 工程图纸编号格式

◆ 专业缩写代码用于说明专业类别（如建筑等），由1个汉字组成；宜选用本标准附录A所列出的常用专业缩写代码。
◆ 阶段代码用于区别不同的设计阶段，由1个汉字组成；宜选用本标准附录A所列出的常用阶段代码。
◆ 类型代码用于说明工程图纸的类型（如楼层平面图），由2个字符组成；宜选用本标准附录A所列出的常用类型代码。
◆ 序列号用于标识同一类图纸的顺序，由001~999之间的任意3位数字组成。
◆ 更改代码用于标识某张图纸的变更图，用汉字"改"表示。
◆ 更改版本序列号用于标识变更图的版次，由1~9之间的任意1位数字组成。

3.12.2 计算机制图文件的命名

工程图纸文件命名应符合下列规定：

◆ 工程图纸文件可根据不同的工程、子项或分区、专业、图纸类型等进行组织，命名规则应具有一定的逻辑关系，便于识别、记忆、操作和检索。
◆ 工程图纸文件名称应使用拉丁字母、数字、连字符"－"和井字符"#"的组合。
◆ 在同一工程中，应使用统一的工程图纸文件名称格式，工程图纸文件名称应自始至终保持不变。

工程图纸文件命名格式应符合下列规定：

◆ 工程图纸文件名称可由工程代码、专业代码、类型代码、用户定义代码和文件扩展名组成，如图3-80所示。其中工程代码和用户定义代码可根据需要设置，专业代码与类型代码之间用连字符"－"分隔开；用户定义代码与文件扩展名之间用小数点"."分隔开。

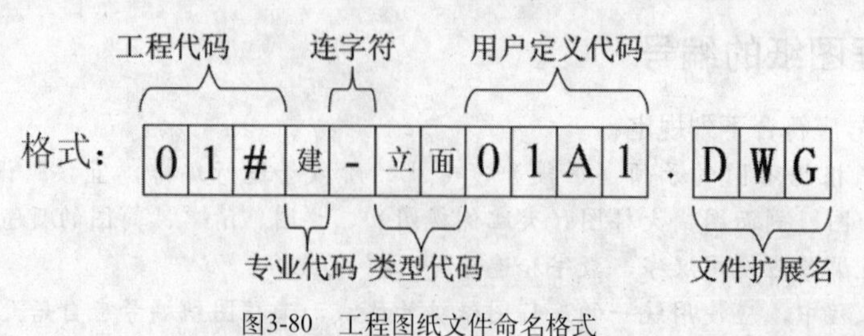

图3-80 工程图纸文件命名格式

- 工程代码用于说明工程、子项或区段，可由2～5个字符和数字组成。
- 专业代码用于说明专业类别，由1个字符组成；宜选用本标准附录A所列出的常用专业代码。
- 类型代码用于说明工程图纸文件的类型，由2个字符组成；宜选用本标准附录A所列出的常用类型代码。
- 用户定义代码用于进一步说明工程图纸文件的类型，宜由2～5个字符和数字组成，其中前两个字符为标识同一类图纸文件的序列号，后两位字符表示工程图纸文件变更的范围与版次，如图3-81所示。

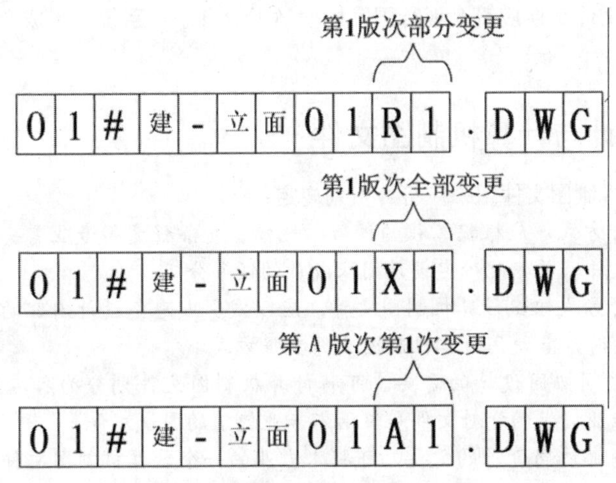

图3-81 工程图纸文件变更表示方式

- 小数点后的文件扩展名由创建工程图纸文件的计算机制图软件定义，由3个字符组成。

工程图库文件命名应符合下列规定：

- 工程图库文件应根据建筑体系、组装需要或用法等进行分类，便于识别、记忆、操作和检索。
- 工程图库文件名称应使用拉丁字母和数字的组合。
- 在特定工程中使用工程图库文件，应将该工程图库文件复制到特定工程的文件夹中，并应更名为与特定工程相适合的工程图纸文件名。

3.12.3 计算机制图文件夹

计算机制图文件夹可根据工程、设计阶段、专业、使用人和文件类型等进行组织。计算机制图文件夹的名称可以由用户或计算机制图软件定义，并应在工程上具有明确的逻辑关系，便于识别、记忆、管理和检索。

计算机制图文件夹名称可使用汉字、拉丁字母、数字和连字符“－”的组合，但汉字与拉丁字母不得混用。

在同一工程中，应使用统一的计算机制图文件夹命名格式，计算机制图文件夹名称应自始至终保持不变，且不得同时使用中文和英文的命名格式。

为了满足协同设计的需要，可分别创建工程、专业内部的共享与交换文件夹。

3.12.4 计算机制图文件的使用与管理

工程图纸文件应与工程图纸一一对应，以保证存档时工程图纸与计算机制图文件的一致性。计算机制图文件宜使用标准化的工程图库文件。

文件备份应符合下列规定：

- 计算机制图文件应及时备份，避免文件及数据的意外损坏、丢失等。
- 计算机制图文件备份的时间和份数可根据具体情况自行确定，宜每日或每周备份一次。

应采取定期备份、预防计算机病毒、在安全的设备中保存文件的副本、设置相应的文件访问与操作权限、文件加密，以及使用不间断电源（UPS）等保护措施，对计算机制图文件进行有效保护。

计算机制图文件应及时归档。

不同系统间图形文件交换应符合现行国家标准《工业自动化系统与集成产品数据表达与交换》GB/T 16656的规定。

3.12.5 协同设计与计算机制图文件

协同设计的计算机制图文件组织应符合下列规定：

- 采用协同设计方式，应根据工程的性质、规模、复杂程度和专业需要，合理、有序地组织计算机制图文件，并据此确定设计团队成员的任务分工。
- 采用协同设计方式组织计算机制图文件，应以减少或避免设计内容的重复创建和编辑为原则，条件许可时，宜使用计算机制图文件参照方式。
- 为满足专业之间协同设计的需要，可将计算机制图文件划分为各专业共用的公共图纸文件、向其他专业提供的资料文件和仅供本专业使用的图纸文件。
- 为满足专业内部协同设计的需要，可将本专业的一个计算机制图文件分解为若干零件图文件，并建立零件图文件与组装图文件之间的联系。

协同设计的计算机制图文件参照应符合下列规定：

- 在主体计算机制图文件中，可引用具有多级引用关系的参照文件，并允许对引用的参照文件进行编辑、剪裁、拆离、覆盖、更新、永久合并的操作。
- 为避免参照文件的修改引起主体计算机制图文件的变动，主体计算机制图文件归档时，应将被引用的参照文件与主体计算机制图文件永久合并（绑定）。

3.13 计算机制图文件的图层

图层命名应符合下列规定：

- 图层可根据不同的用途、设计阶段、属性和使用对象等进行组织，但在工程上应具有明确的逻辑关系，便于识别、记忆、软件操作和检索。
- 图层名称可使用汉字、拉丁字母、数字和连字符“-”的组合，但汉字与拉丁字母不得混用。
- 在同一工程中，应使用统一的图层命名格式，图层名称应自始至终保持不变，且不得同时使用中文和英文的命名格式。

图层命名格式应符合下列规定：

- 图层命名应采用分级形式，每个图层名称由2～5个数据字段（代码）组成，第一级为专业代码，第二级为主代码，第三、四级分别为次代码1和次代码2，第五级为状态代码；其中专业代码和主代码为必选项，其他数据字段为可选项；每个相邻的数据字段用连字符（-）分隔开。
- 专业代码用于说明专业类别，宜选用本标准附录A所列出的常用专业代码。

◆ 主代码用于详细说明专业特征，主代码可以和任意的专业代码组合。
◆ 次代码1和次代码2用于进一步区分主代码的数据特征，次代码可以和任意的主代码组合。
◆ 状态代码用于区分图层中所包含的工程性质或阶段，但状态代码不能同时表示工程状态和阶段，宜选用本标准附录B所列出的常用状态代码。
◆ 中文图层名称宜采用如图3-82所示的格式，每个图层名称由2～5个数据字段组成，每个数据字段为1～3个汉字，每个相邻的数据字段用连字符“－”分隔开。

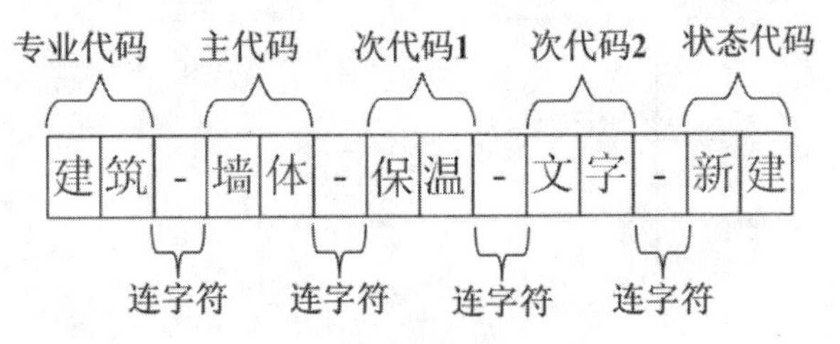

图3-82 中文图层命名格式

◆ 英文图层名称宜采用如图3-83所示的格式，每个图层名称由2~5个数据字段组成，每个数据字段为1~4个字符，每个相邻的数据字段用连字符（“-”）分隔开；其中专业代码为1个字符，主代码、次代码1和次代码2为4个字符，状态代码为1个字符。

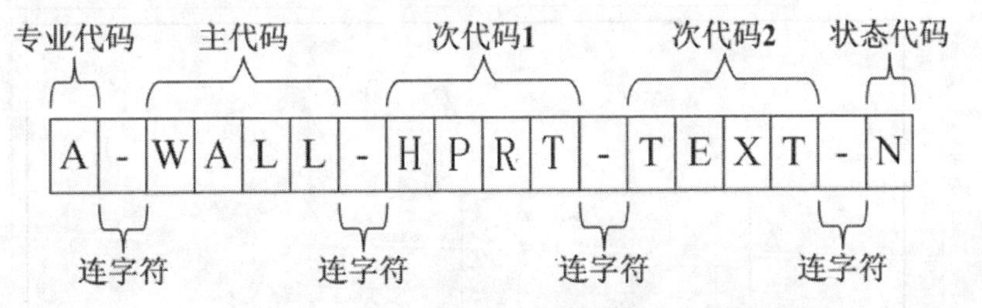

图3-83 英文图层命名格式

◆ 图层名宜选用本标准附录A和附录B所列出的常用图层名称。

3.14 计算机制图规则

计算机制图的方向与指北针应符合下列规定：
◆ 平面图与总平面图的方向宜保持一致。
◆ 绘制正交平面图时，宜使定位轴线与图框边线平行，如图3-84所示。
◆ 绘制由几个局部正交区域组成且各区域相互斜交的平面图时，可选择其中任意一个正交区域的定位轴线与图框边线平行，指北针应指向绘图区的顶部，在整套图纸中保持一致，如图3-85所示。

计算机制图的坐标系与原点应符合下列规定：
◆ 计算机制图时，可以选择世界坐标系或用户定义坐标系。
◆ 绘制总平面图工程中有特殊要求的图样时，也可使用大地坐标系。
◆ 坐标原点的选择，应使绘制的图样位于横向坐标轴的上方和纵向坐标轴的右侧并紧邻坐标原点。
◆ 在同一工程中，各专业宜采用相同的坐标系与坐标原点。

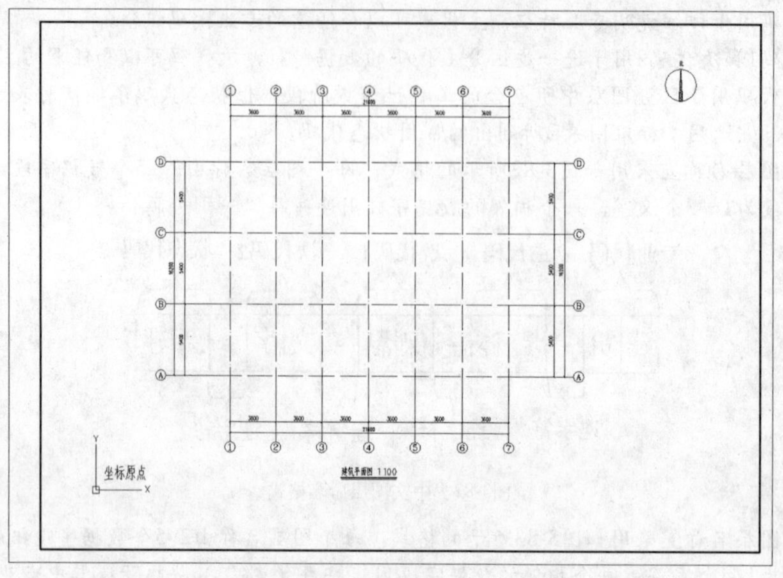

图3-84　正交平面图方向与指北针方向示意

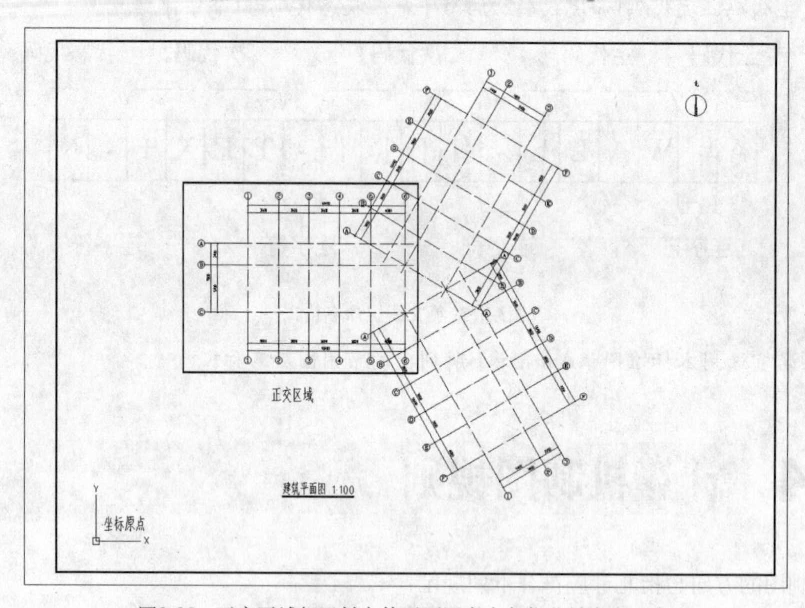

图3-85　正交区域相互斜交的平面图方向与指北针方向示意

计算机制图的布局应符合下列规定：

- 计算机制图时，宜按照自下而上、自左至右的顺序排列图样；宜优先布置主要图样（如平面图、立面图、剖面图），再布置次要图样（如大样图、详图）。
- 表格、图纸说明宜布置在绘图区的右侧。

计算机制图的比例应符合下列规定：

- 计算机制图时，采用1：1的比例绘制图样时，应按照图中标注的比例打印成图；采用图中标注的比例绘制图样，则应按照1：1的比例打印成图。
- 计算机制图时，可采用适当的比例书写图样及说明中文字，但打印成图时应符合本标准的相关规定。

Chapter

04

第4章 绘制学校总平面图

总平面图，是设计方案中不可或缺的一环，想要做好一个设计，做好一张总平面图是必不可少的。而一张总平面图，可以简单，也可以复杂，完全取决于它处在制图的哪个阶段。只要能够在合适的阶段做到合适的深度，适时地表达出需要表达的内容即可。

在本章中，首先要用户掌握建筑总平面图的一些基本知识，包括总平面图的概述及用途，总平面图中所包括的哪些内容，总平面图的图线、比例及计量单位，总平面图的绘制方法及常用图例等。在后面的实际操作中，以某中学教学楼的总平面图为例，通过AutoCAD 2014软件来进行绘制，包括绘图环境的设置，总平面图外围轮廓的确定，新建建筑物的绘制及插入，操场体育设施的绘制及插入，绿化带的绘制及美化，尺寸及文字的标注等。最后列举出某办公楼建筑总平面图的效果，让用户自行去练习。

主要内容

- ✓ 了解建筑总平面图的概念、用途及图示内容
- ✓ 掌握总平面图的图线、比例及计量单位
- ✓ 掌握总平面图的绘制要点及常用图例
- ✓ 掌握总平面图绘图环境的设计方法
- ✓ 掌握建筑物及体育设计轮廓的绘制及插入方法

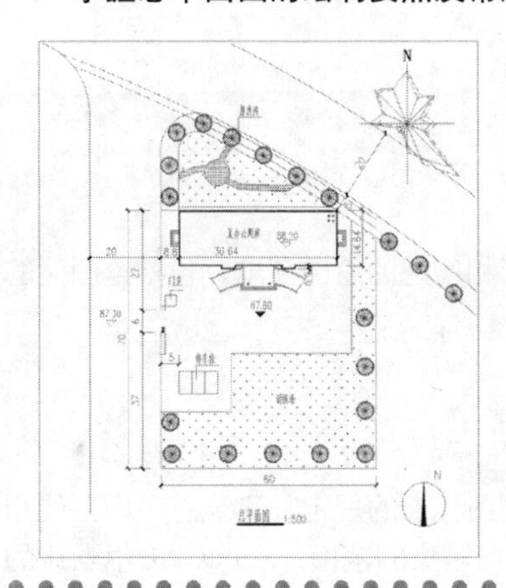

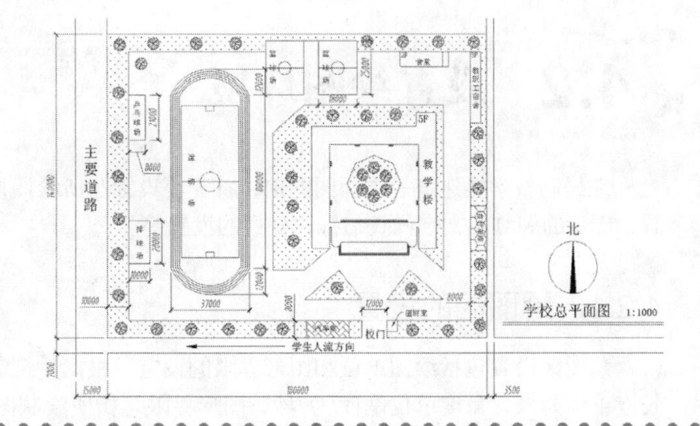

4.1 学校总平面图的概述和效果

视频文件：视频\04\中学教学楼总平面图.avi
结果文件：案例\04\中学教学楼总平面图.dwg

总平面图亦称“总体布置图”，按一般规定比例绘制，表示建筑物及构筑物的方位、间距以及道路网、绿化、竖向布置和基地临界情况等。图上有指北针，有的还有风玫瑰图。

建筑总平面图是表明新建房屋所在基础有关范围内的总体布置，它反映新建、拟建、原有和拆除的房屋、构筑物等的位置和朝向，室外场地、道路、绿化等的布置，地形、地貌、标高等以及原有环境的关系和邻界情况等。

绘制如图4-1所示的中学教学楼总平面图时，首先设置总平面图的绘图环境，再根据要求绘制校园总平面图的外围轮廓和教学楼的轮廓效果，以及绘制其他附属建筑物轮廓，然后将建筑物轮廓对象分别插入到校内总平面图的相应位置，绘制操场体育设施并布置在相应的位置，再进行校园内绿化的布置，然后进行文字、尺寸及图名的标注。

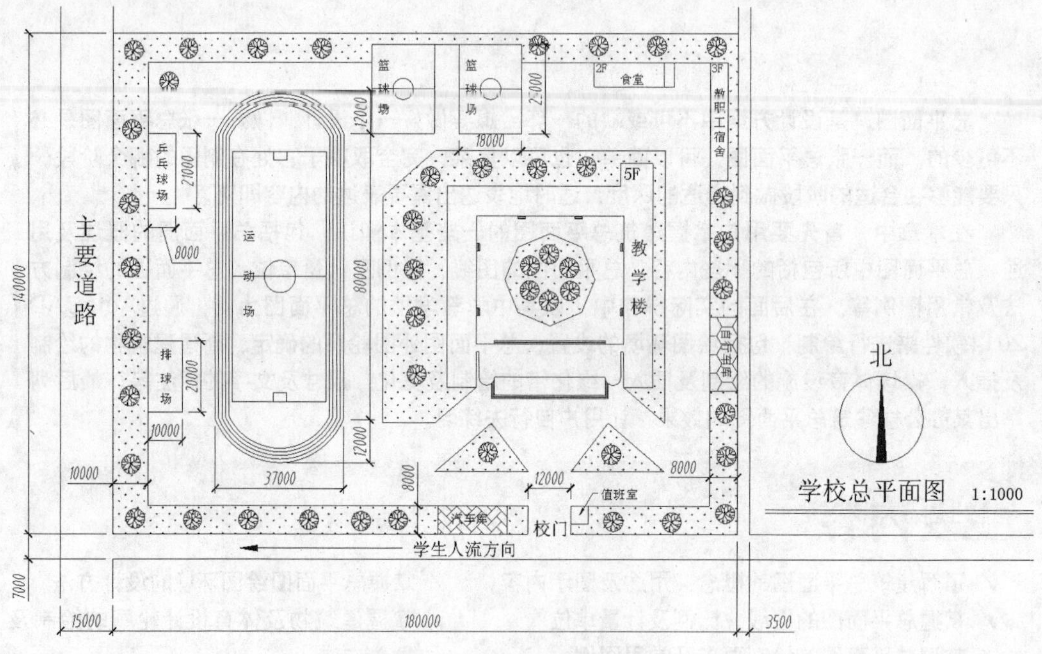

图4-1 中学教学楼总平面图

4.2 设置绘图环境

在绘制教学楼建筑总平面图之前，首先要设置与所绘图形相匹配的绘图环境，包括绘图区的设置、图层的规划、文字样式与标注样式的设置等。

4.2.1 绘图区的设置

绘图区设置包括绘图单位和图形界限的设定。根据建筑制图标准的规定，建筑总平面图使用的长度单位为米，角度单位是度/分/秒。图形界限是指所绘制图形对象的范围，AutoCAD中默认的图形界限为A3图纸大小，如果不修正该默认值，可能会使按实际尺寸绘制的图形不能全部显示在窗口之内。

依据如图4-1所示，可知该建筑总平面图的实际长度约为235m、宽度为170m，绘图比例为1∶1000，打印到A3图纸，图形界限可直接将A3图纸幅面放大1000倍，即长×宽为420000mm×297000mm。

1 正常启动AutoCAD 2014软件，单击工具栏中的“新建”按钮，打开“选择样板”对话框，选择“acadiso.dwt”样板文件，然后单击“打开”按钮，如图4-2所示。

2 执行“文件”｜“另存为”命令，打开“图形另存为”对话框，将文件另存为“中学教学楼总平面图.dwg”图形文件，如图4-3所示。

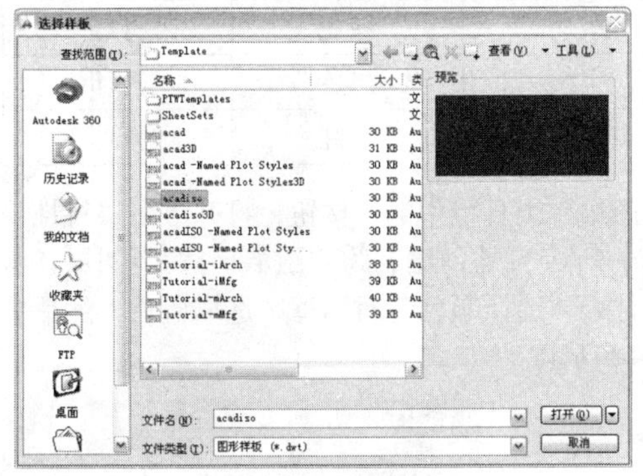

图4-2　选择样板文件

图4-3　保存文件

3 执行“格式”｜“单位”命令，打开“图形单位”对话框，将长度单位类型设置为“小数”，精度为“0.000”，角度单位类型设置为“十进制度数”，精度精确到小数点后二位“0.00”，如图4-4所示。

此处的单位精度是绘图时确定坐标点的精度，不是尺寸标注的单位精度，通常长度单位精度取小数点后三位，角度单位精度取小数点后两位。

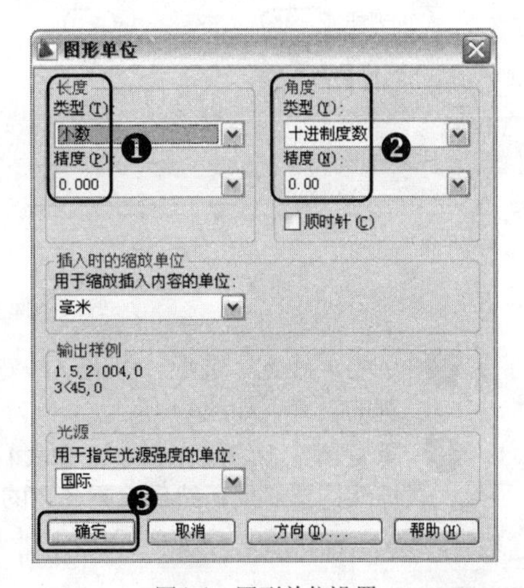

图4-4　图形单位设置

4 执行“格式”｜“图形界限”命令，依照提示，设定图形界限的左下角为（0,0），右上角为（420000,297000）。

5 在命令行中输入快捷方式Z，按Enter键后，选择“全部（A）”选项，使输入的图形界限区域全部显示在图形窗口内。

4.2.2　图层的设置

图层设置主要考虑图形元素的组成以及各图形元素的特征。由如图4-1所示可知建筑总平面图形主要由外围、操场、道路、房屋、围篱、绿化、景观、文字和标注等元素组成，因此绘制总平面图时，需建立如表4-1所示的图层。

表4-1 图层设置

序 号	图层名	线 宽	线 型	颜 色	打印属性
1	外围	0.3	实线	蓝色	打印
2	操场	默认	实线	红色	打印
3	道路	默认	实线	洋红	打印
4	房屋	0.3	实线	黑色	打印
5	围篱	默认	实线	14	打印
6	绿化	默认	实线	绿色	打印
7	景观	默认	实线	绿色	打印
8	文字	默认	实线	黑色	打印
9	标注	默认	实线	洋红	打印

1 执行“格式”|“图层”命令，或者单击“图层”工具栏中的按钮，打开“图层特性管理器”面板，单击“新建图层”按钮，AutoCAD自动创建名为“图层1”的新图层，将其名称改为“外围”；单击“颜色”选项，打开“选择颜色”对话框，选取蓝色，然后单击“确定”按钮完成颜色设置并返回，如图4-5所示。

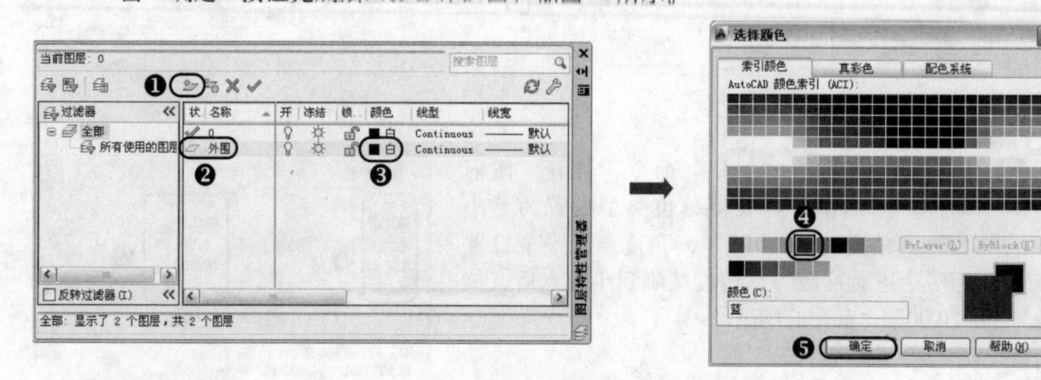

图4-5 设置图层名称及颜色

2 单击“线宽”选项，打开“线宽”对话框，选取0.30mm，然后单击“确定”按钮完成线宽的设置，如图4-6所示。

3 重复前几步的操作，建立如表4-1所示的操场、道路、房屋、围篱、绿化、景观、文字和标注图层对象，然后设置各自的颜色、线型和线宽，如图4-7所示。

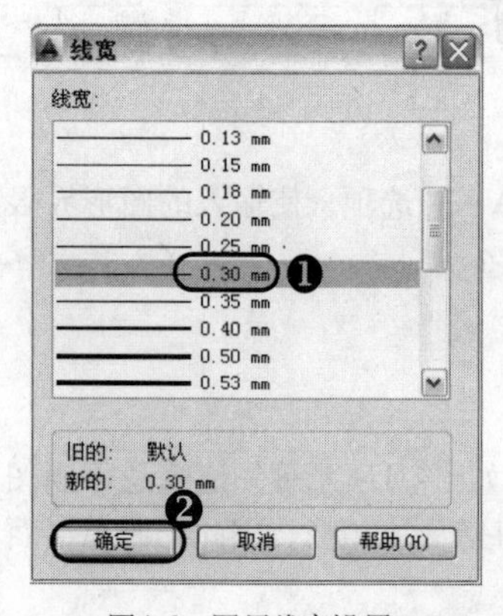

图4-6 图层线宽设置

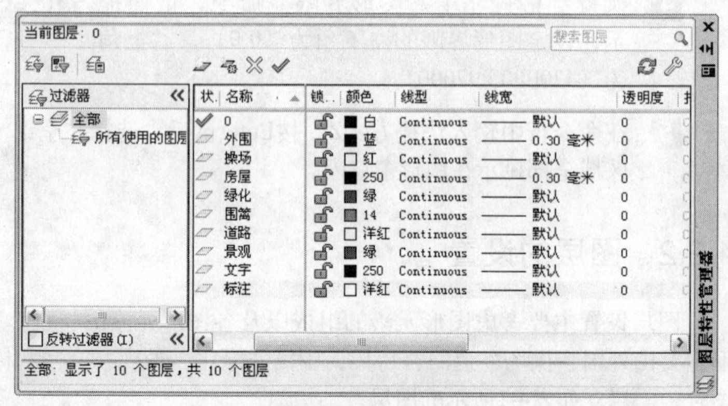

图4-7 图层设置

TIP

在图层线宽设置过程中，大部分图层的线宽可以设置为“默认线宽”，通常AutoCAD默认线宽为0.25mm。为了方便线宽的定义，默认线宽的大小可以根据需要进行设定，其设定方法为执行“格式”｜“线宽”命令，打开“线宽设置”对话框，在“默认”文本框中输入相应的数值，如图4-8所示。

4 执行“格式”｜“线型”命令，打开“线型管理器”对话框，单击“显示细节”按钮，打开细节设置区，设置“全局比例因子”为1000，如图4-9所示。

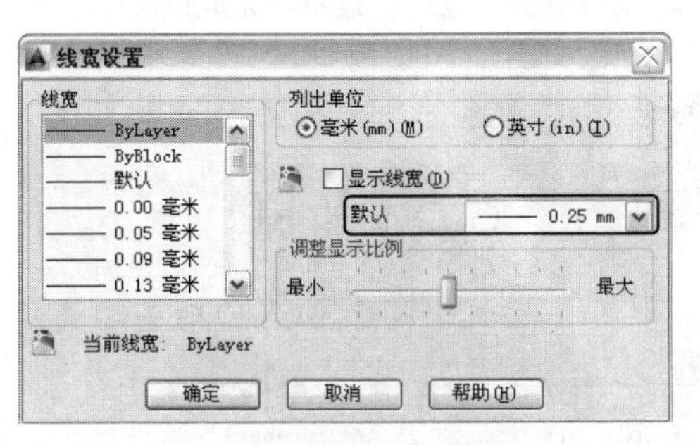

图4-8 默认线宽设置

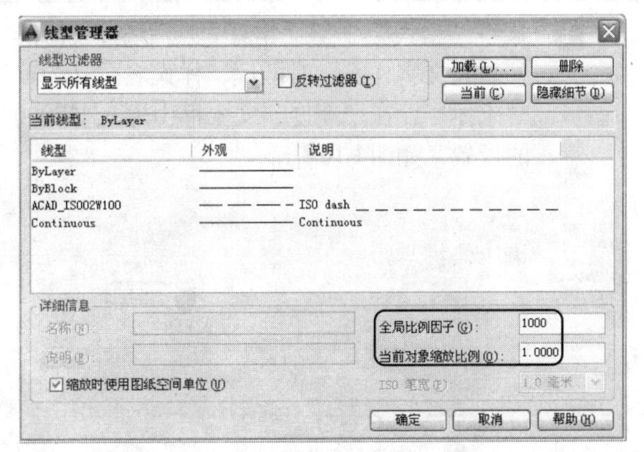

图4-9 线型比例设置

用户在绘图时，经常遇到这样的问题，虽然图形对象对应图层的线型是虚线或中心线，但在屏幕上显示的是一根实线，可通过设置“线型管理器”对话框中的“全局比例因子”使虚线显示出来。如果在“线型管理器”对话框中看不到该参数，可单击对话框中的“显示细节”按钮，显示“全局比例因子”文本框。通常全局比例因子的设置应和打印比例相协调，该建筑总平面图的打印比例是1∶1000，则全局比例因子大约设为1000。

专业资料：总平面图的图线

在建筑施工图中，为了表达工程图样的不同内容并分清主次，必须选用不同的线宽和线型来绘制。

- 粗实线：新建建筑物±0.00高度的可见轮廓线。
- 中实线：新建构筑物、道路、桥涵、围墙、边坡、挡土墙等的可见轮廓线、新建建筑物±0.00高度以外的可见轮廓线。
- 细实线：原有建筑物、构筑物、道路、围墙等可见轮廓线。
- 中虚线：计划扩建建筑物、构筑物、预留地、道路、围墙、运输设施、管线的轮廓线。
- 单点长画细线：中心线、对称线和定位轴线。
- 折断线：与周边分界。
- 添加图框和标题栏，并打印输入。

4.2.3 文字样式的设置

由图4-1中可知，建筑总平面图上的文字有尺寸、说明、图名，而打印比例为1∶1000，那么文字样式中的高度为打印到图纸上的文字高度与打印比例倒数的乘积。根据建筑制图标准，该总平面图文字样式的规划如表4-2所示。

表4-2 文字样式

文字样式名	打印到图纸上的文字高度	图形文字高度（文字样式高度）	字体文件
图名	7	7000	宋体
尺寸	3.5	（由标注样式控制）	宋体
说明	5	5000	宋体

1 执行“格式”｜“文字样式”命令，打开“文字样式”对话框，单击“新建”按钮打开“新建文字样式”对话框，样式名定义为“图名”，然后在“字体”下拉列表中选择字体“宋体”，在“高度”文本框中输入“7000”，然后单击“应用”按钮，完成该文字样式的设置，如图4-10所示。

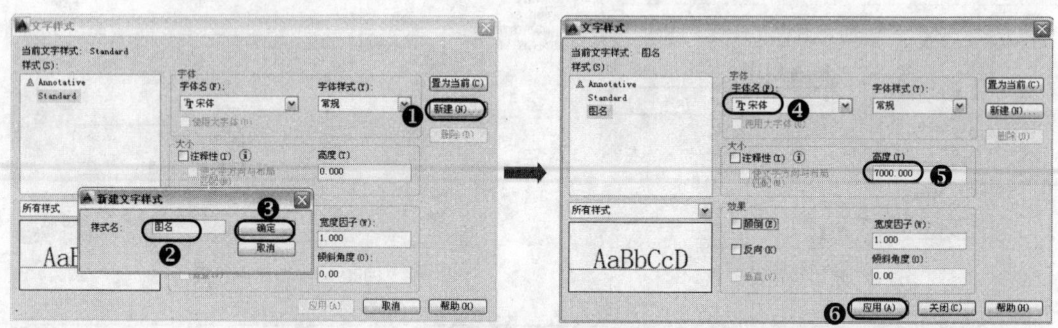

图4-10 “图名”文字样式的设置

2 采用相同的方法，建立“尺寸”和“说明”文字样式，如图4-11所示。

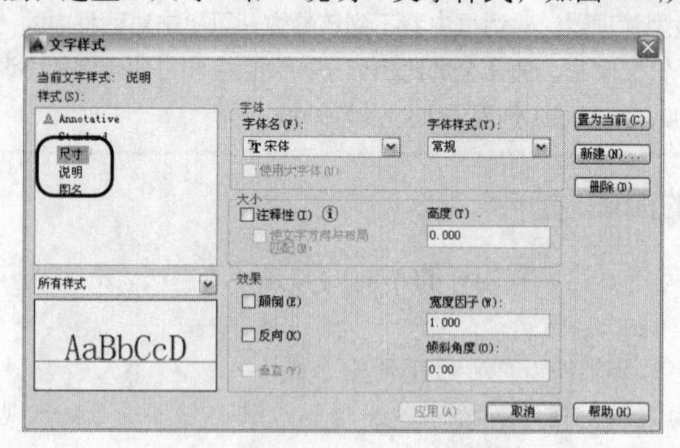

图4-11 建立文字样式的效果

由于“尺寸”文字样式的高度大小是通过“标注样式”来控制的，所以在此就不需要设置其文字样式的高度大小。

4.2.4 标注样式的设置

标注样式的设置应依据“第3章建筑制图统一标准”的有关规定，对尺寸标注各组成部分的尺寸进行设置，主要包括尺寸线、尺寸界线参数的设定，尺寸文字的设定，全局比例因子、测量单位比例因子的设定。

1 执行“格式”|“标注样式”命令，打开“标注样式管理器”对话框，单击“新建”按钮，打开“创建新标注样式”对话框，新建样式名定义为“建筑总平面标注-1000”，然后单击“继续”按钮，则进入“新建标注样式”对话框，如图4-12所示。

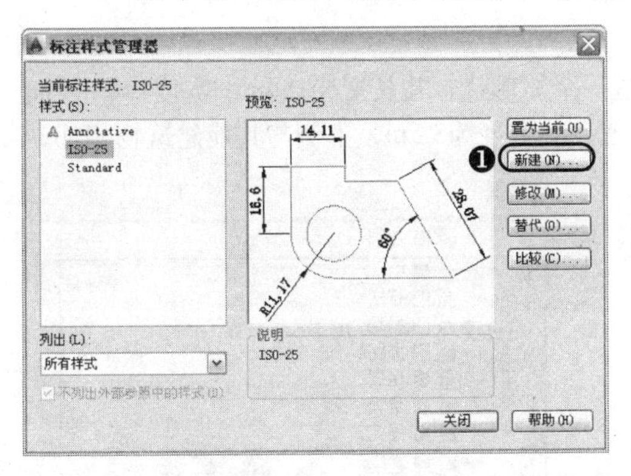

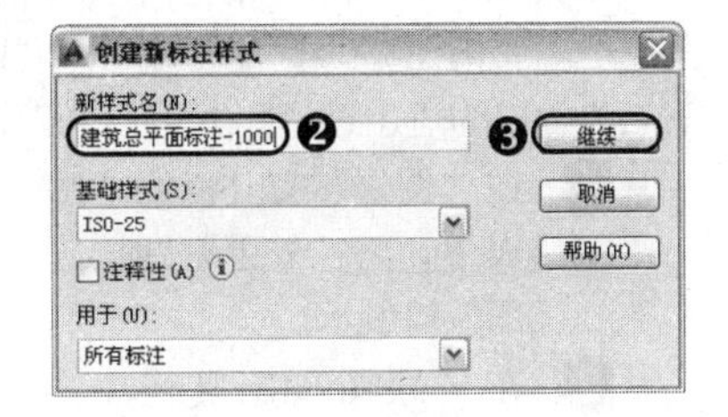

图4-12 标注样式命名

2 在随后弹出的“新建标注样式”对话框中，分别在各选项卡中按照如表4-3所示来设置相应的参数，然后依次单击“确定”和“关闭”按钮。

表4-3 “建筑总平面标注-1000”标注样式的设置

“线”选项卡	“符号和箭头”选项卡	“文字”选项卡	“调整”选项卡

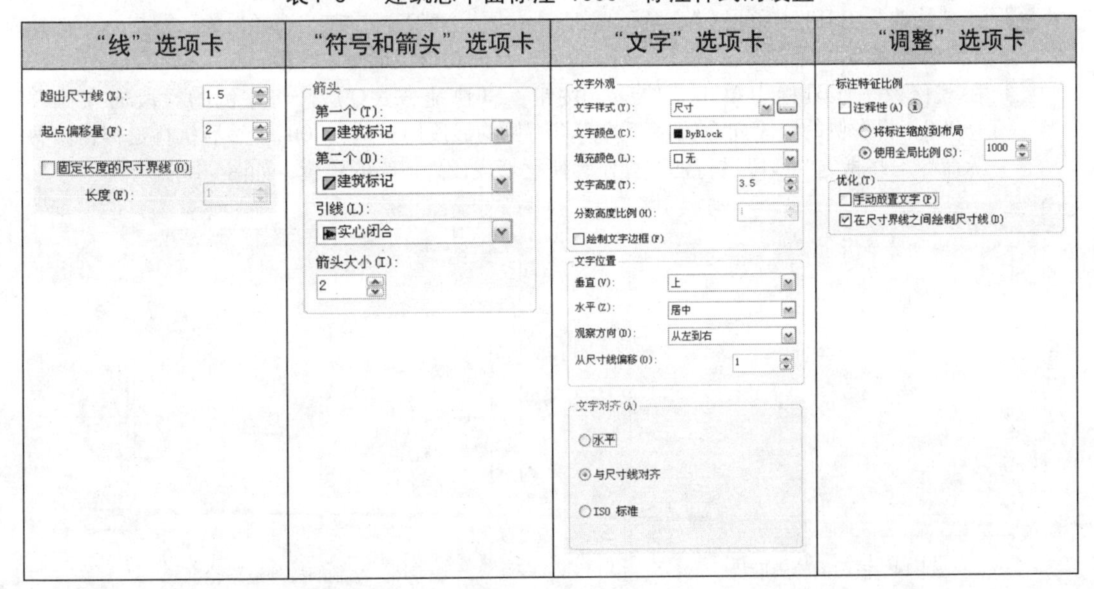

专业资料：总平面图的绘制要点

建筑总平面图是表明新建建筑物所在基地有关范围内的总体布置的图形，因此复杂的总平面图是绘制在地形图上的，其绘制过程如下。

（1）设置绘图环境。

（2）绘制总平面图的基本地形轮廓。

（3）绘制各种新建建筑物、原有建筑物。

（4）绘制绿化景观、外部设施等。

（5）添加尺寸标注和文字说明。

（6）添加图框和标题栏，并打印输入。

4.3 绘制总平面图外围轮廓

依据如图4-1所示，该总平面图的校园轮廓形状是一个矩形状，其长度为180m、宽度140m，而左侧是主要街道，其宽度为15m，右侧有一个次要街道，其宽度为3.5m，上侧与其他建筑物相邻，下侧为学校的进出过道，其宽度为7m。

1. 在“图层”工具栏的“图层控制”下拉列表中，将“外围”图层置为当前图层，如图4-13所示。

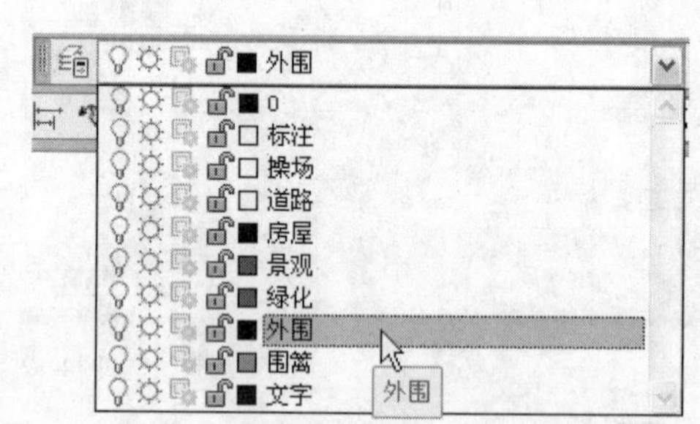

图4-13 设置当前图层

2. 在“绘图”工具栏中单击“矩形”按钮□（快捷方式REC），在“指定第一个角点：”提示下输入“0,0”，在“指定另一个角点：”提示下输入“180000,140000”，从而绘制一个180000×140000的矩形对象来作为校园的轮廓形状，如图4-14所示。
3. 在“修改”工具栏中单击“分解”按钮（快捷方式X），在“选择对象：”提示下选择上一步所绘制的矩形对象，然后按Enter键，从而将该矩形对象打散。
4. 在“修改”工具栏中单击“偏移”按钮（快捷方式O），将左侧的线段向左偏移15000，将右侧的线段向右偏移3500，将下侧的线段向下偏移7000，然后执行延伸、修剪等命令，将指定的线段进行延伸操作，使之形成校外道路的轮廓，如图4-15所示。

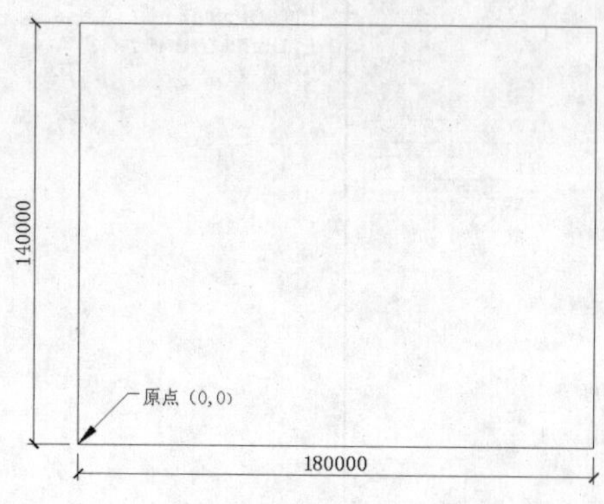

图4-14 校园的轮廓形状

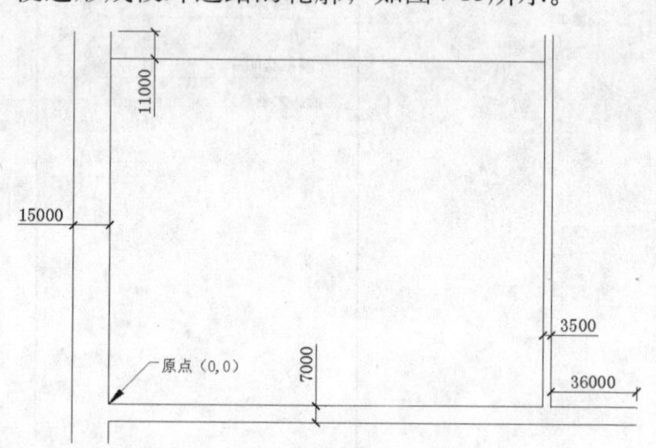

图4-15 绘制的校外道路轮廓

4.4 绘制教学楼轮廓

依据如图4-1所示，该校内主要新建的建筑物是教学楼，首先绘制教学楼外围的主要轮廓，再绘制内围的轮廓对象，然后绘制教学楼前面的造型，以及绘制大厅通道及楼梯前面的挡雨板，其操作步骤如下。

1. 在“图层”工具栏的“图层控制”下拉列表中，将“房屋”图层置为当前图层。
2. 执行“直线”命令（L），在图形外侧的空白区域绘制教学楼的外形轮廓对象，如图4-16所示。

3 根据教学楼的要求，在教学楼内绘制相应的矩形轮廓对象，使之楼内形成采光井效果，如图4-17所示。

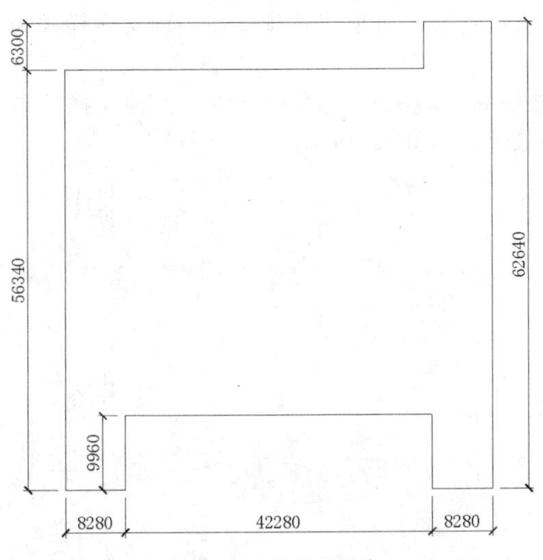

图4-16 教学楼外形轮廓

图4-17 绘制楼内矩形

4 根据图形的要求，使用直线、修剪、偏移等命令在图形的前面绘制教学楼相应的造型，如图4-18所示。

5 执行“多段线”命令（PL）绘制一个多段线对象，再执行“偏移”命令（O），将其多段线向外偏移300，偏移3次，然后执行“修剪”命令（TR），将多余的线段进行修剪，从而形成台阶，其台阶的宽度为5000，如图4-19所示。

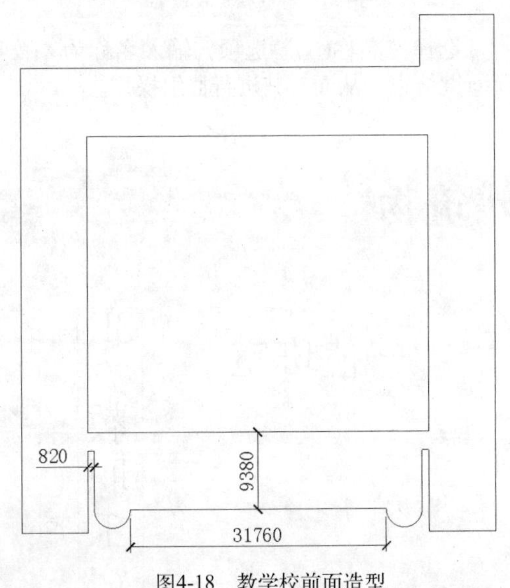

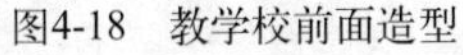

图4-18 教学校前面造型

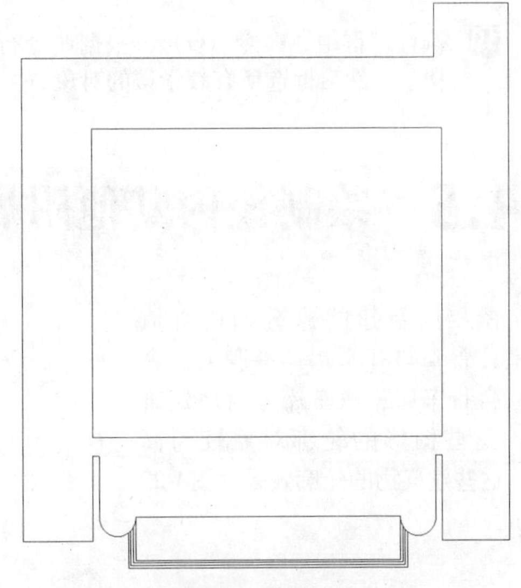

图4-19 绘制的台阶

由于教学楼的南楼是大厅，是通向各个方向楼层的通道，在西、东、北楼都设有2道楼梯，以便学生上下通行，所以在底层的相应通道、楼梯处绘制挡雨板对象。

6 执行“矩形”命令（REC），绘制32000×900的矩形对象，并在中点绘制2条水平线段，然后安装在南楼内部的中央位置作为挡雨板。同样，在西、东、北楼也绘制相应的挡雨板，其大小为900×2100，如图4-20所示。

7 在“图层”工具栏的“图层控制”下拉列表中，将“文字”图层置为当前图层。

8 在“特性”工具栏的“文字样式”下拉列表中选择“说明”选项，使当前文字样式为“说明”。

9 在“文字”工具栏中单击“单行文字”按钮A，在教学楼的右上角位置输入楼层数“5F”，再在右侧相应位置输入楼名“教学楼”，如图4-21所示。

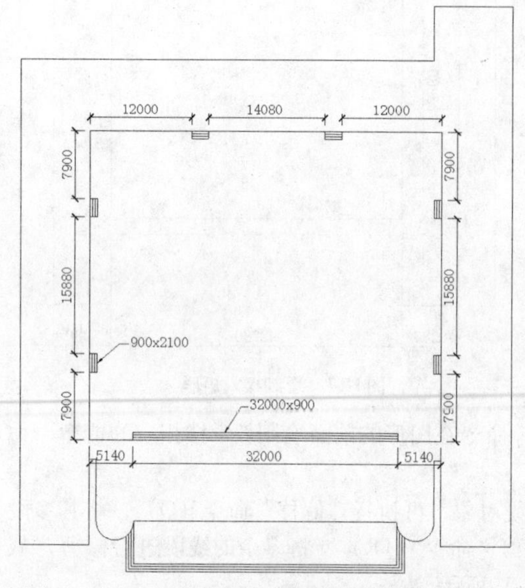

图4-20 绘制的挡雨板

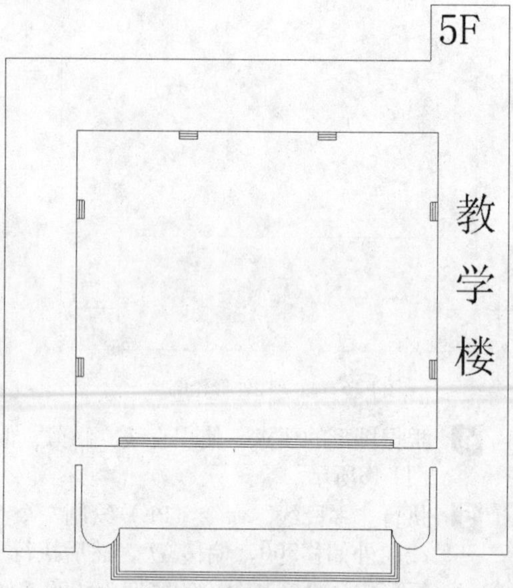

5F
教学楼

图4-21 标注楼层及楼名

10 执行“群组”命令（G），根据命令行提示，选择“名称(N)”选项，输入名称为“教学楼”，然后框选所有教学楼的对象，并按Enter键结束，从而对其进行群组操作。

4.5 绘制校内其他附属建筑物

该校内新建的建筑物还有值班室、食堂与开水房、教职工宿舍楼、自行车库、汽车库等附属建筑物，这些图形的轮廓对象较为简单，这些建筑物的轮廓效果如图4-22所示。

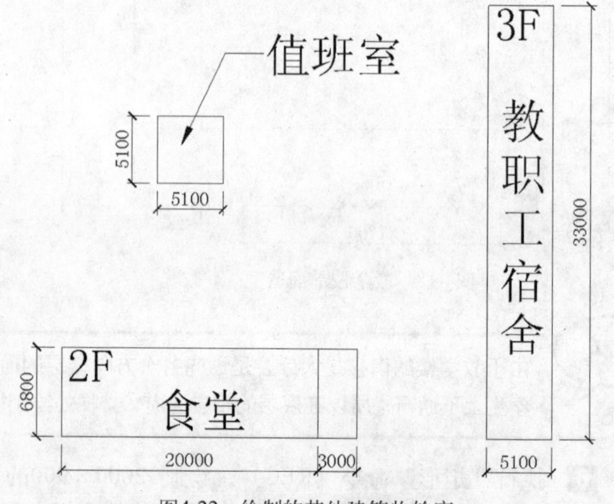

图4-22 绘制的其他建筑物轮廓

当用户绘制了其他附属的建筑物轮廓对象时，同样使用“编组”命令（G），将其分别进行编组操作。

4.6 插入新建建筑物

在前面已经将校内的建筑物轮廓绘制完成并编成了组，接下来应将建筑物轮廓插入到相应的位置，具体操作步骤如下。

1. 执行“格式”｜“点样式”命令，弹出“点样式”对话框，选择当前点的样式为☒项，然后单击“确定”按钮，如图4-23所示。

2. 在“绘图”工具栏中单击“点”按钮，在命令行的“指定点：”提示下，输入捕捉自命令from，在“基点：”提示下使用鼠标捕捉右下角点作为基点，在“偏移：”提示下输入“@-53800，38000”，此时即可在图形的指定位置绘制点A，如图4-24所示。

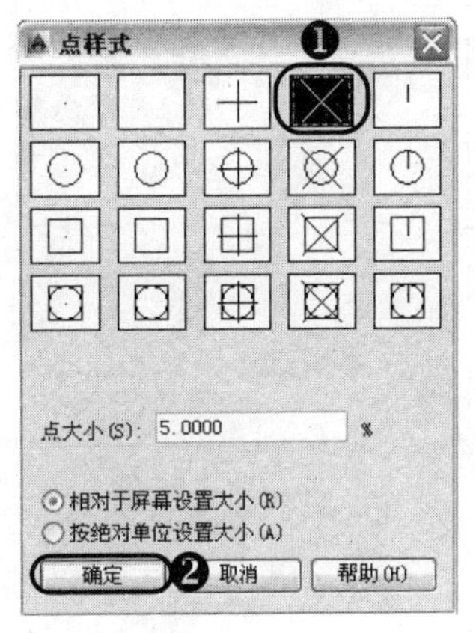

图4-23　设置点样式

TIP

在“点样式”对话框中，各选项的含义如下。

- 点样式：在上面的多个点样式中，列出了AutoCAD 2014提供的所有点样式，且每个点对应一个系统变量（PDMODE）值。
- 点大小：设置点的显示大小，可以相对于屏幕设置点的大小，也可以设置绝对单位点的大小，用户可在命令行中输入系统变量（PDSIZE）来重新设置。
- 相对于屏幕设置大小（R）：按屏幕尺寸的百分比设置点的显示大小，当进行缩放时，点的显示大小并不改变。
- 按绝对单位设置大小（A）：按照“点大小”文本框中值的实际单位来设置点显示大小。当进行缩放时，AutoCAD 显示点的大小会随之改变。

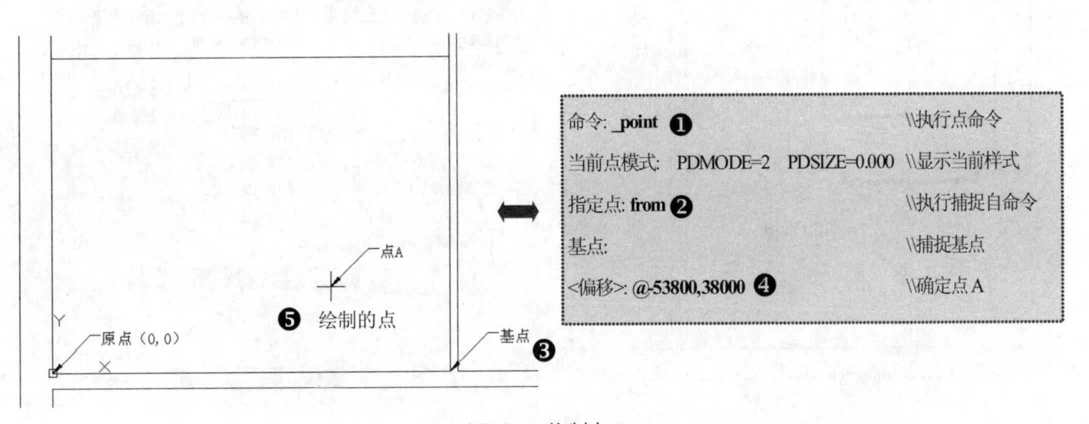

图4-24　绘制点A

3 在“修改”工具栏中单击“移动”按钮（M），首先选择前面绘制的教学楼轮廓对象，捕捉下侧台阶的中点作为移动的基点，再捕捉上一步所绘制的点A，从而将建筑物插入至校内的相应位置，如图4-25所示。

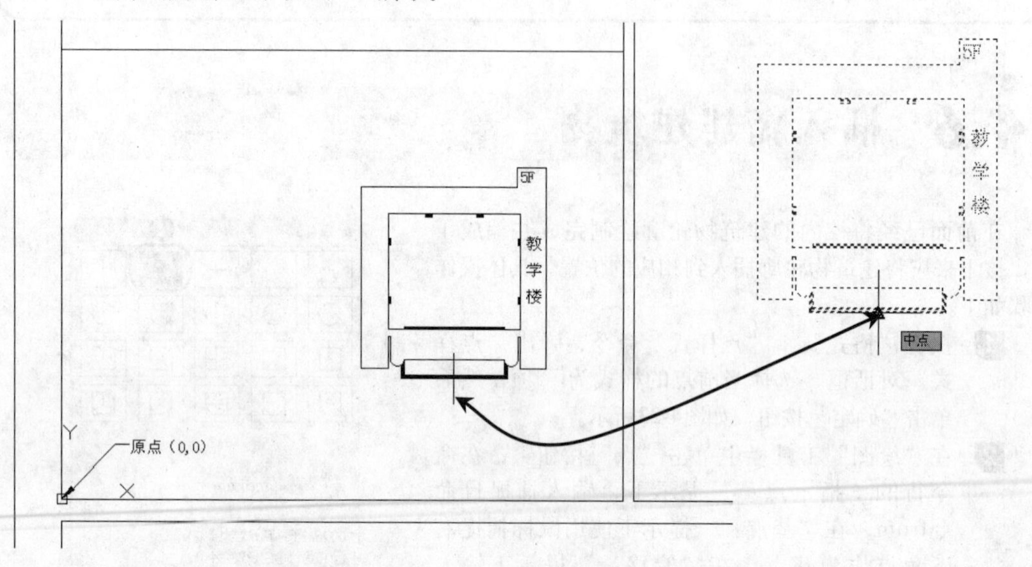

图4-25 插入教学楼

4 在“绘图”工具栏中单击“直线”按钮（L），首先捕捉前面绘制的点A，再按F8键切换到正交模式，将光标向下移，捕捉到下侧水平线段的垂足点再单击，然后按Enter键确定，从而绘制一条辅助垂直线段，如图4-26所示。

用户要捕捉垂足点，应执行“工具”|“绘图设置”命令，打开“草图设置”对话框，在“对象捕捉”选项卡中勾选“垂足”复选框，然后单击“确定”按钮，这时用户在绘制图形对象时即可捕捉到所指定的垂足点，如图4-27所示。

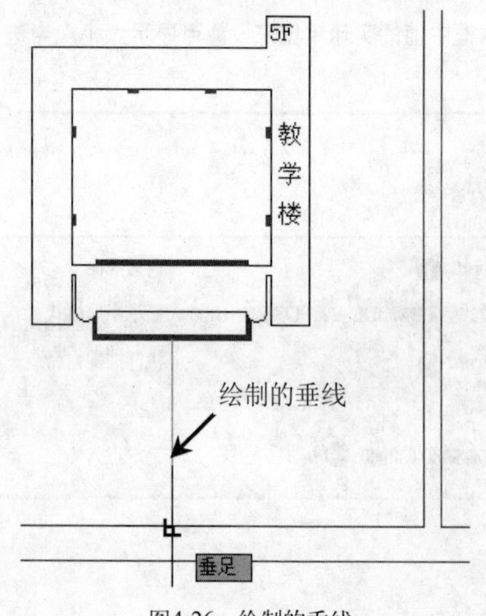

图4-26 绘制的垂线

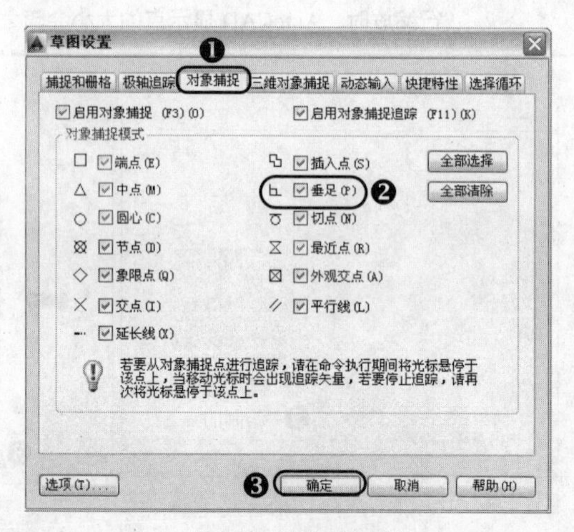

图4-27 设置对象捕捉

5 在“修改”工具栏中单击“偏移”按钮（O），在“指定偏移距离：”提示下输入偏移的距离为6000，在“选择要偏移的对象：”提示下选择上一步所绘制的垂直线段，在“指定要偏移的那一侧上的点：”提示下，先在所选择垂直线段的左侧单击，再在“选择要偏移的对象：”提示下选择上一步所绘制的垂直线段，然后在“指定要偏移的那一侧上的点：”提示下，在所选择垂直线段的右侧单击，最后按Enter键结束，从而将该垂直线段分别向左、右各偏移6000，如图4-28所示。

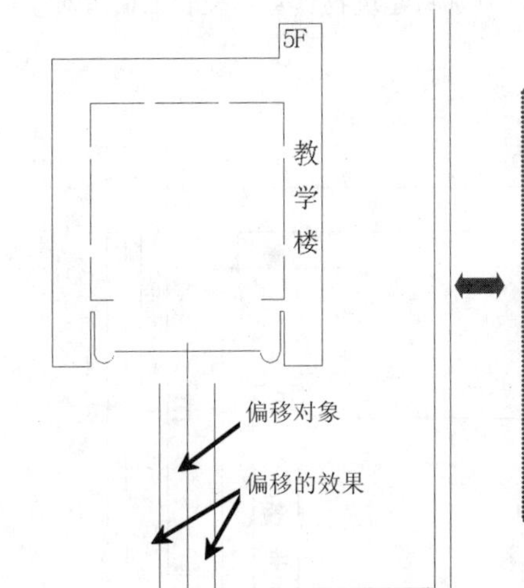


```
命令: _offset                                                    \\执行偏移命令
当前设置: 删除源=否   图层=源   OFFSETGAPTYPE=0
指定偏移距离或 [通过(T)/删除(E)/图层(L)] <3000.000>:  6000        \\输入偏移距离
选择要偏移的对象，或 [退出(E)/放弃(U)] <退出>:                    \\选择偏移对象
指定要偏移的那一侧上的点，或 [退出(E)/多个(M)] <退出>:            \\指定偏移方向
选择要偏移的对象，或 [退出(E)/放弃(U)] <退出>:                    \\选择偏移对象
指定要偏移的那一侧上的点，或 [退出(E)/多个(M)] <退出>:            \\指定偏移方向
选择要偏移的对象，或 [退出(E)/放弃(U)] <退出>:          \\按 Enter 键结束偏移
```

图4-28　偏移垂直线段

6 同样，再次执行“偏移”命令（O），将下侧的水平线段向上偏移8000，从而与上一步所偏移的线段有一个交点B，如图4-29所示。

7 在“修改”工具栏中单击“移动”按钮（M），首先选择前面绘制的值班室轮廓对象，捕捉值班室左上角点作为移动的基点，再捕捉交点B，从而将建筑物插入至校内的相应位置，如图4-30所示。

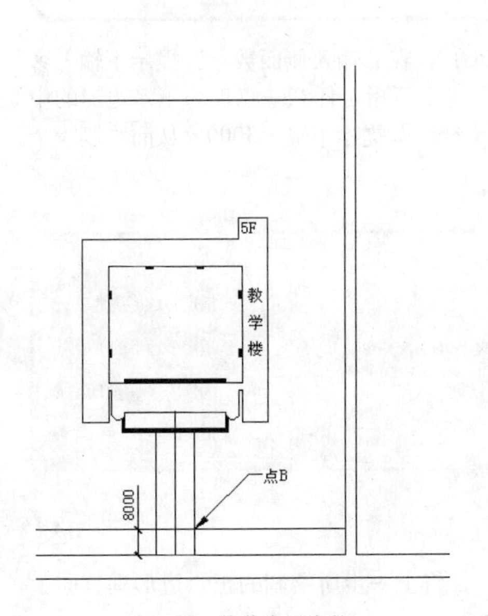

图4-29　偏移水平线段

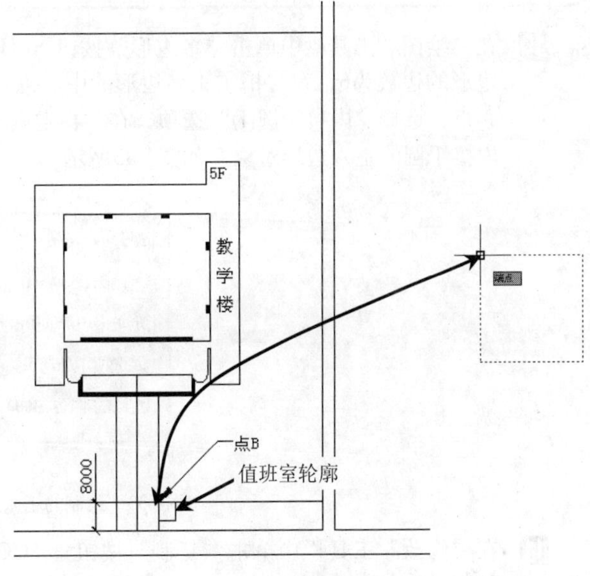

图4-30　插入值班室

当用户已经将建筑物教学楼、值班室轮廓的对象插入至校内的相应位置后，可将多余的线段及点删除，以使图形更加清楚明了。

8 同样，再次执行“偏移”命令（O），将外围上侧的水平线段向下偏移8000，将外围右侧的垂直线段向左依次偏移8000、10300，从而形成交点C、D，如图4-31所示。

9 在“修改”工具栏中单击“移动”按钮（M），分别将建筑物食堂、教职工宿舍对象移至相应的交点位置，如图4-32所示。

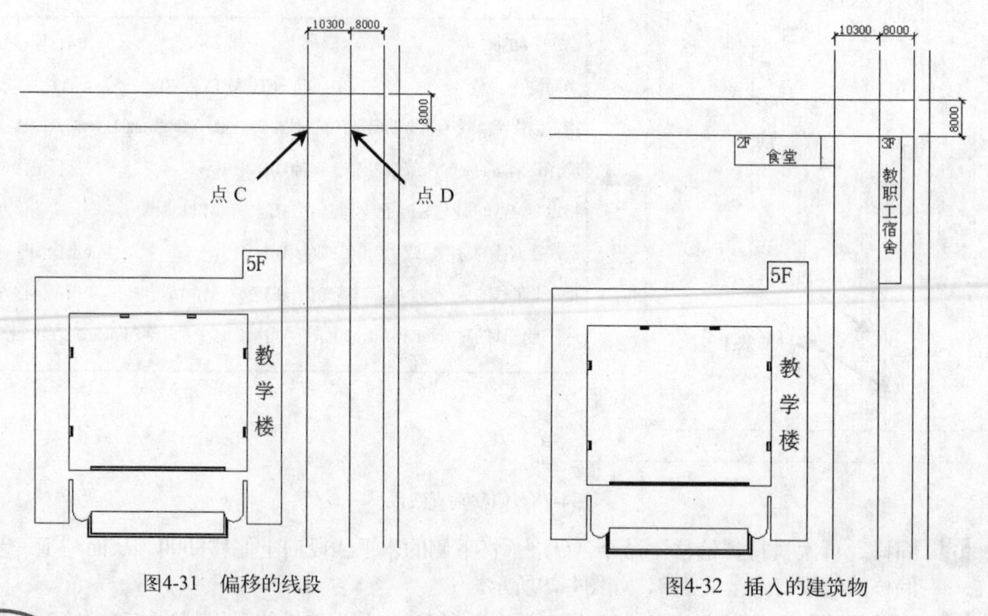

图4-31　偏移的线段　　　　图4-32　插入的建筑物

为了使该学校的其他附属设备更加完善，可以在图形的下侧绘制汽车库房、在图形的右侧绘制自行车库房。

10 在“绘图”工具栏中单击“多边形”按钮（POL），在“输入侧面数：”提示下输入多边形的边数为6，在“指定正多边形的中心点：”提示下指定任意一点作为正多边形的中心点，选择“内接于圆(I)”选项，在“指定圆的半径：”提示下输入3000，从而绘制一个内接于圆的正六边形对象，如图4-33所示。

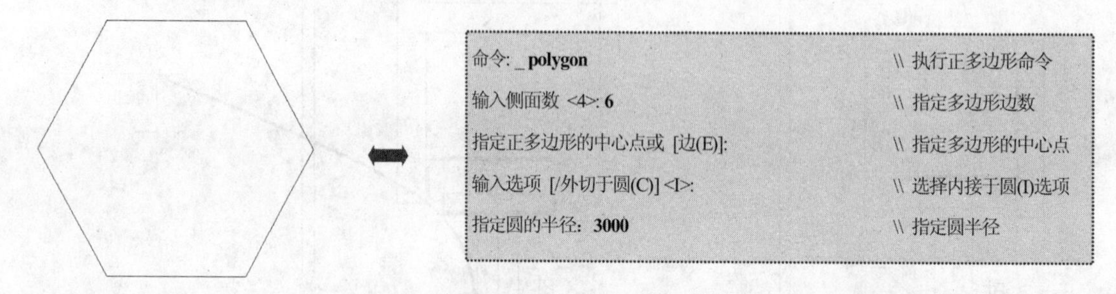

图4-33　绘制的正六边形

11 在“修改”工具栏中单击“复制”按钮（CO），将上一步所绘制的正六边形垂直向上复制4份。

12 在“绘图”工具栏中单击“构造线”按钮（XL），选择“垂直（V）”选项，捕捉最右侧的角点，从而绘制一条垂直构造线。

13 同样，再在“绘图”工具栏中单击“构造线”按钮（XL），选择“水平（H）”选项，捕捉最右侧的相应角点，从而绘制两条水平构造线。

14 在“修改”工具栏中单击“偏移”按钮（O），将右侧的垂直构造线向左侧偏移8000。

15 执行“直线”命令（L），绘制相应的直线段，再执行“修剪”命令（TR），将多余的线段及对象进行修剪和删除，从而完成自行车库的绘制，如图4-34所示。

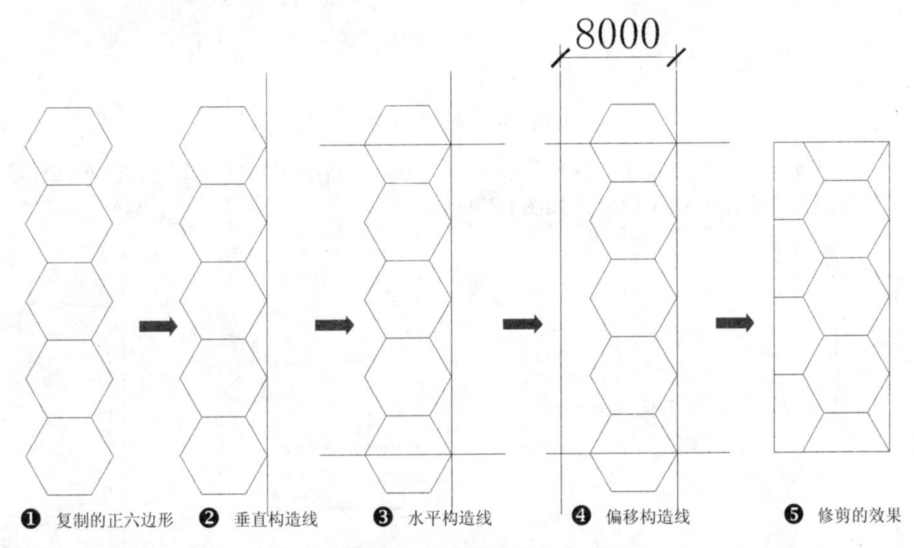

图4-34　绘制的自行车库

16 在“绘图”工具栏中单击“矩形”按钮（REC），绘制20000×8000的矩形对象，作为汽车库的外轮廓。

17 在“绘图”工具栏中单击“图案填充”按钮（H），将弹出“图案填充和渐变色”对话框，单击“添加：拾取点”按钮，返回到视图中，在上一步所绘制的汽车库轮廓内单击，然后按Enter键返回，再设置图案为“AR-HBONE”图案，设置填充的比例为20，从而对汽车库进行填充，如图4-35所示。

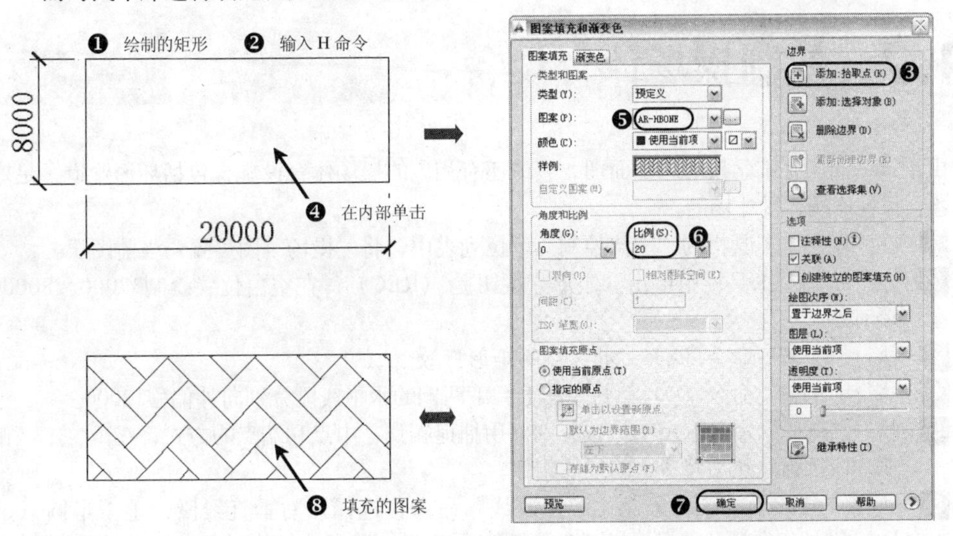

图4-35　绘制的汽车库

18 在“文字”工具栏中单击“单行文字”按钮A，分别在相应的轮廓内输入“自行车库”和“汽车库”文字内容，并设置文字的大小为2500，如图4-36所示。

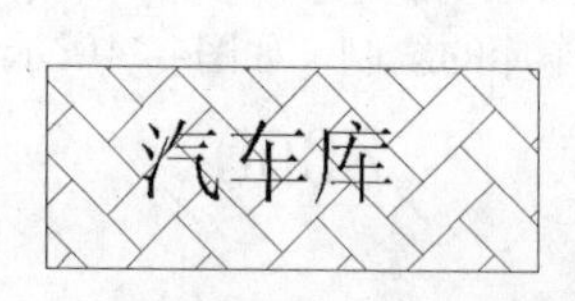

图4-36 输入的文字

19 在“修改”工具栏中单击“移动”按钮（M），将绘制的自行车库和汽车库轮廓对象分别移至总平面图的相应位置，如图4-37所示。

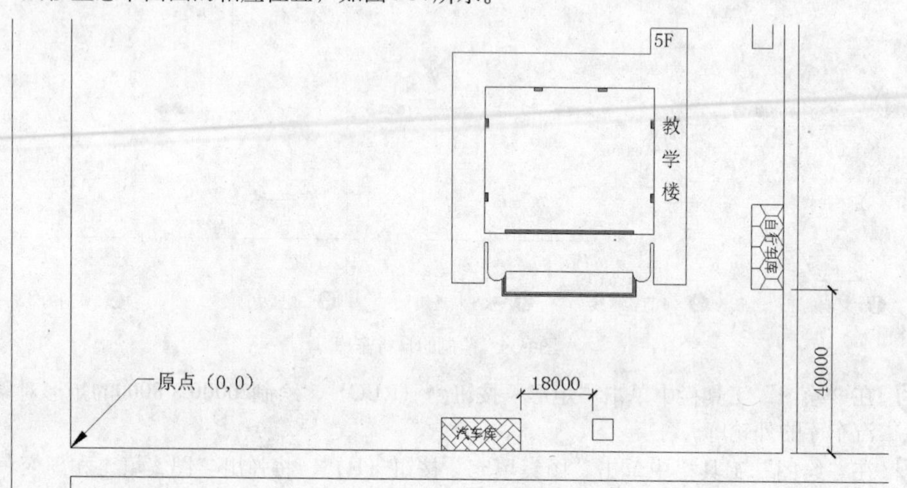

图4-37 插入的车库轮廓

4.7 绘制操场体育设备

由于该平面图是某学校的总平面图，应该还有相应的操场体育设施，包括环形跑道、足球场、蓝球场、乒乓球场、排球场等。

1 在“图层”工具栏的“图层控制”下拉列表中，将“操场”图层置为当前图层。

2 在“绘图”工具栏中单击“矩形”按钮（REC），在空白位置绘制37000×80000的矩形对象。

3 执行“分解”命令（X），将绘制的矩形打散。

4 执行“偏移”命令（O），将矩形上、下两侧的水平线段分别向外偏移12000。

5 执行“圆弧”命令（ARC），分别采用捕捉端点、中点和端点的方式，在上、下两侧各绘制一段圆弧，然后将多余的线段删除。

6 执行“修改”|“对象”|“多段线”命令，选择左右垂直线段、上下半圆弧，再按Enter键结束选择，然后选择“合并（J）”选项，将所选择的对象合并为一个整体。

7 在“修改”工具栏中单击“偏移”按钮 （O），将合并的椭圆形线段分别向内偏移4次，偏移的距离均为1000，从而形成操作的环形跑道，如图4-38所示。

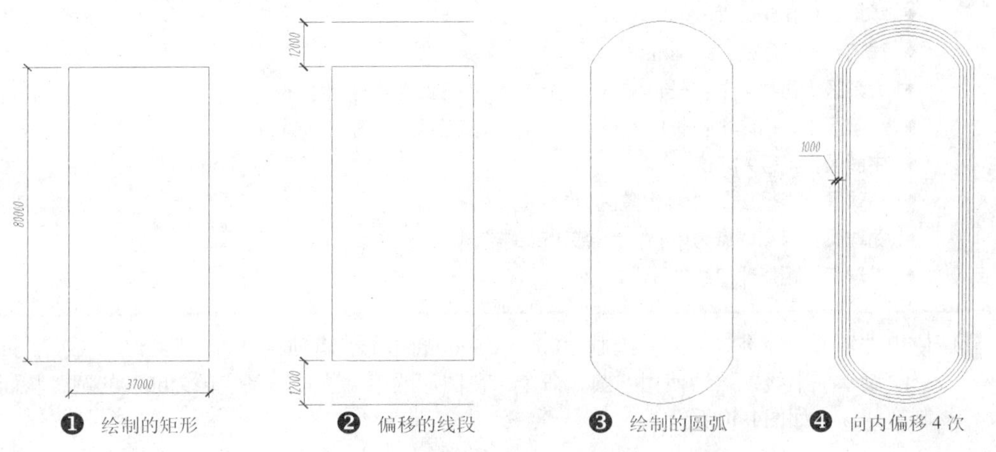

图4-38　绘制的环形跑道

由于在环形跑道内布置有足球场，所以应绘制足球场的轮廓效果。

8 在“绘图”工具栏中单击“矩形”按钮 （REC），在空白位置绘制27000×70000的矩形对象。

9 在“绘图”工具栏中单击“直线”按钮 （L），分别捕捉矩形左、右两侧垂直线段的中点来绘制一条水平线段。

10 在“绘图”工具栏中单击“圆”按钮 （C），在“指定圆的圆心：”提示下，捕捉上一步所绘制中线的中点作为圆心点，选择“直径（D）”选项，在“指定圆的直径：”提示下输入圆的直径为9000，从而绘制足球场的中圆。

11 在“绘图”工具栏中单击“矩形”按钮 （REC），绘制两个4000×2500的矩形对象，且分别移至矩形上、下两侧水平线段的中点位置。

12 在“修改”工具栏中单击“移动”按钮 （M），将绘制的足球场对象移至环形跑道的中央位置，如图4-39所示。

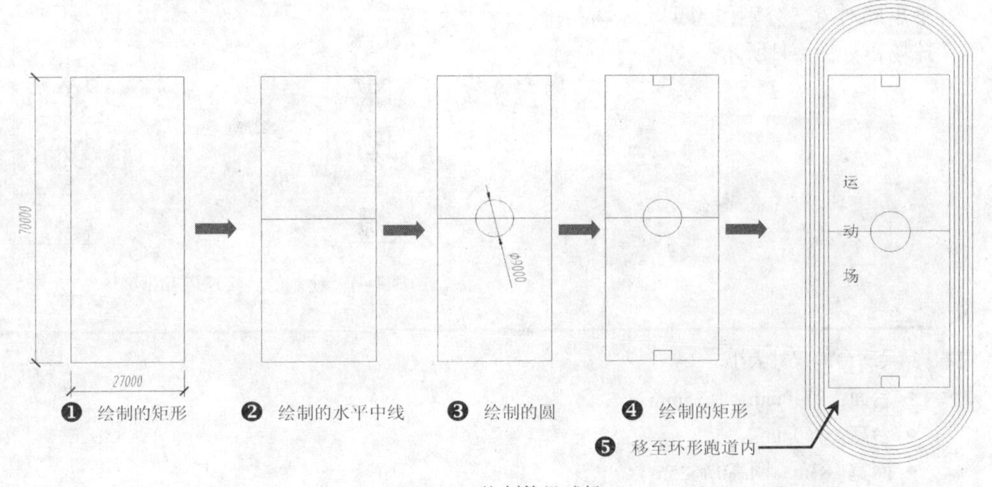

图4-39　绘制的足球场

TIP

正规足球场的尺寸大小。

- 场地：长105m、宽68m。
- 球门：长7.32m、高2.44m。
- 大禁区（罚球区）：长40.32m、宽16.5m，在底线距离球门柱16.5m。
- 小禁区（球门区）：长18.32m、宽5.5m，在底线距离球门柱5.5m。
- 中圈区：半径9.15m。
- 角球区：半径1m，距离大禁区13.84m。
- 罚球弧：以点球点为中心，半径9.15m的半圆。
- 点球点：距离球门线11m。

13 使用“矩形”命令（REC）绘制18000×25000的矩形，再使用“直线”命令（L），过中点绘制水平中线，然后使用“圆”命令，在图形的中央位置绘制直径为6000的圆，从而绘制篮球场，如图4-40所示。

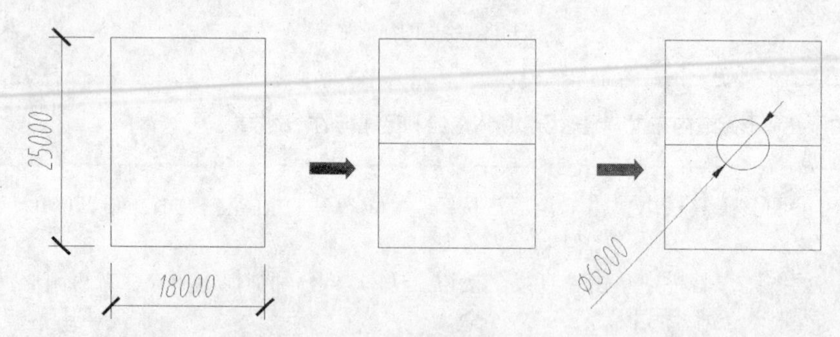

图4-40 绘制的篮球场

TIP

篮球场的尺寸大小。

国际篮联标准：整个篮球场地长28m，宽15m。长宽之比为28∶15，篮圈下沿距地面3.05m。

14 使用“矩形”命令（REC），分别绘制8000×21000和10000×20000的两个矩形对象，分别作为乒乓球场和排球场，如图4-41所示。

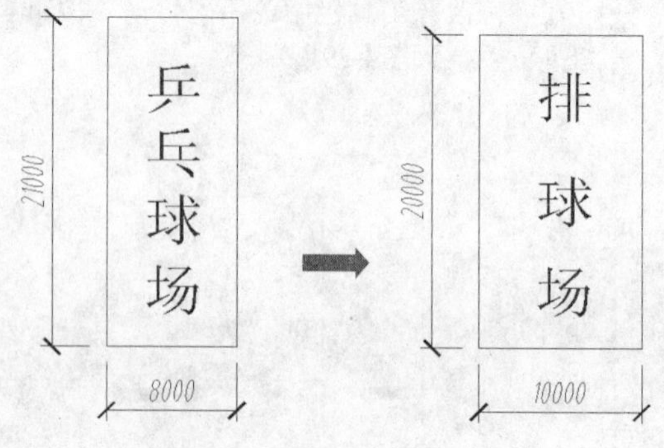

图4-41 绘制的乒乓球场和排球场

TIP

乒乓球台的尺寸大小。

- 台面：2740mm×1525mm。
- 台高：760mm。
- 网宽1.83m，网高0.1525m。

TIP

排球场场地规格及标准界线和尺寸。

- 类型：全塑（QS）型、混合（HH）型。
- 颜色：铁红、草绿色或根据用户需求而定。
- 厚度：7～10mm或根据用户要求制作。
- 球场周界线：长为18m，宽为9m。
- 缓冲区域端线间距：3m（一般比赛），3m（国际排球联会认可比赛），9m（奥运和世界级比赛）。
- 缓冲区域边线间距：3m（一般比赛），5m（国际排球联会认可比赛），6m（奥运和世界级比赛）。
- 界线颜色：白色。
- 球场颜色：球场区内和缓冲区域需用不同颜色作区别。

当校内操场的体育设施轮廓已经绘制完成后，用户可分别针对每一个轮廓对象进行群组操作（G），使之成为一个整体，这样在后面插入到校内平面图中时较为方便。

4.8 插入校内体育设施

前面已经将校内的体育设施轮廓对象绘制完成，并进行了群组操作，接下来应将其体育设施分别插入到校内平面图的相应位置。

1 执行“偏移”命令（O），将总平面图中左侧的垂直线段向右依次偏移10000、20000、45000、25000，将上侧的水平线段向下依次偏移28000、78000，如图4-42所示。

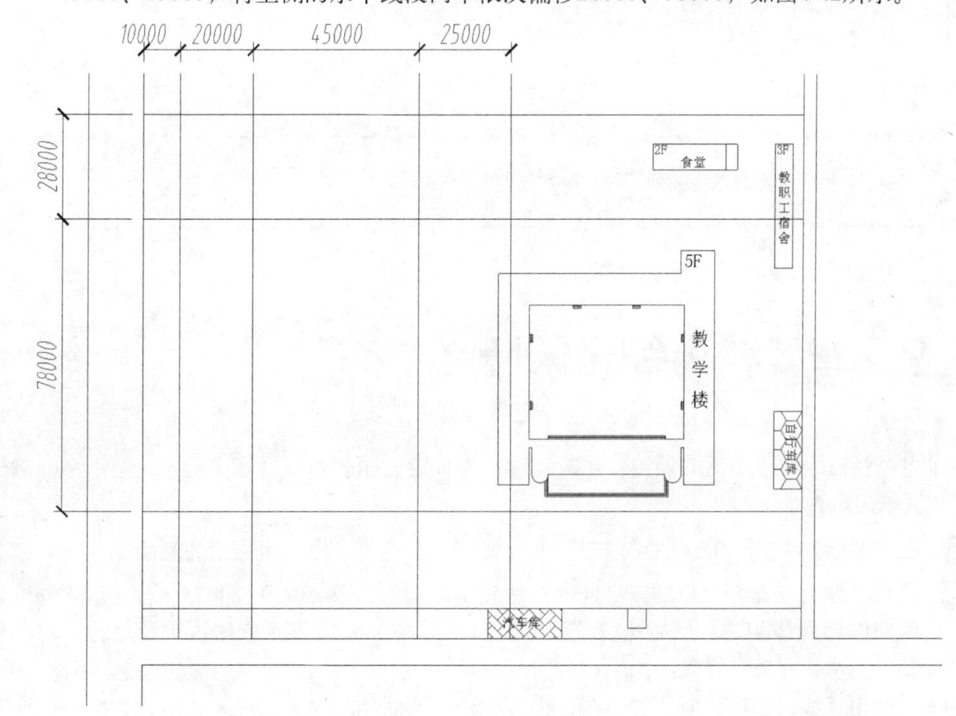

图4-42 偏移的线段

2 在“修改”工具栏中单击“移动”按钮✥（M），分别将前面所绘制的体育设施轮廓对象移至总平面图内的相应角点位置，如图4-43所示。

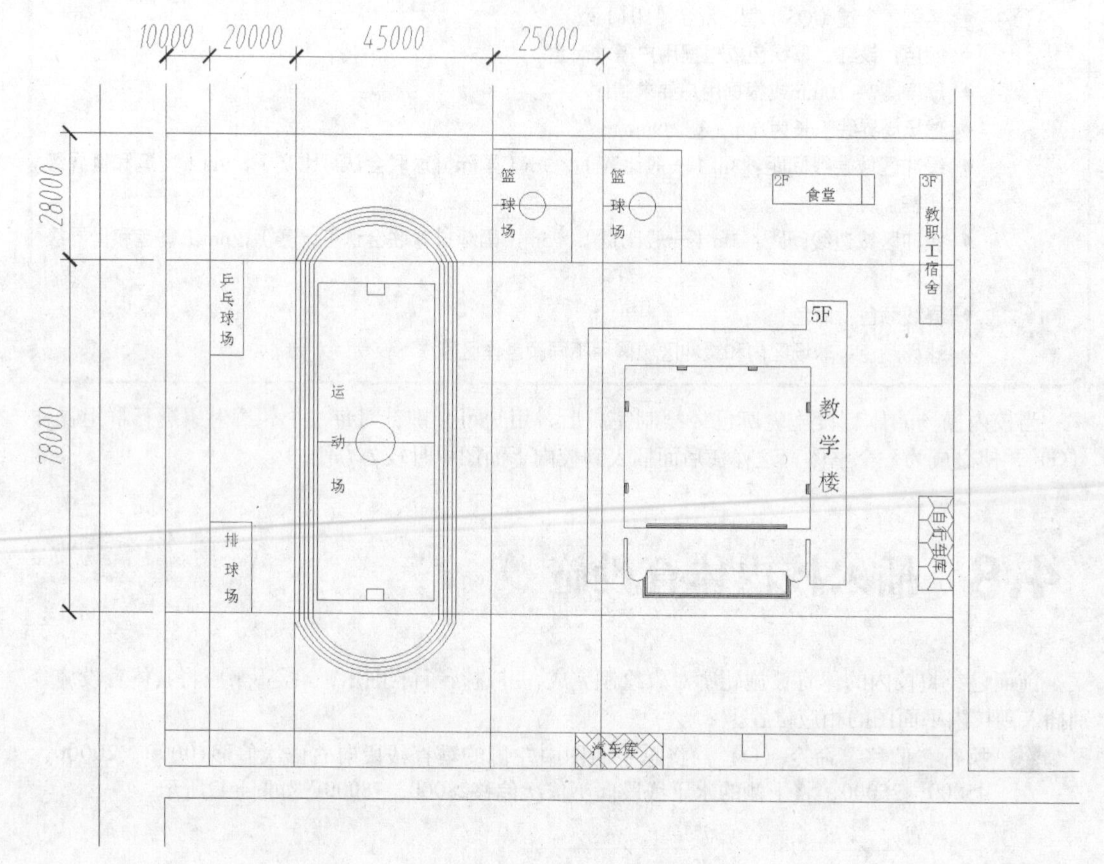

图4-43 插入的体育设施轮廓

当用户插入体育设施轮廓对象后，应将偏移的线段删除。

4.9 布置校内绿化区域

目前已经将校内总平面图的外围、建筑轮廓、体育设施轮廓等已经基本确定，接下来即可进行校内绿化区域的布置。

1 在“图层”工具栏的“图层控制”下拉列表中，将“绿化”图层置为当前图层。

2 执行“偏移”命令（O），将外围左侧轮廓线向右偏移10000，将上、右、下的外围轮廓线向内均偏移8000，然后执行“修剪”命令（TR），将多余的线段进行修剪，将其所偏移的轮廓线置为“绿化”图层，如图4-44所示。

3 再使用直线、偏移、修剪等命令，在教学楼的前面和四周绘制绿带轮廓，如图4-45所示。

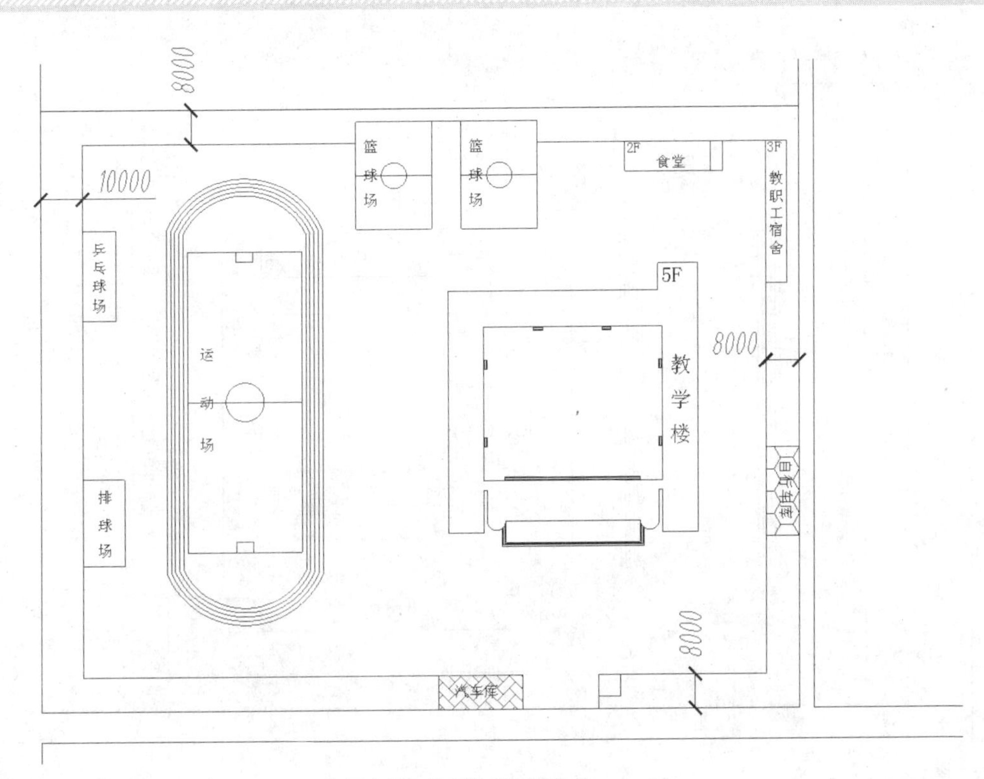

图4-44　绘制的四周绿化带

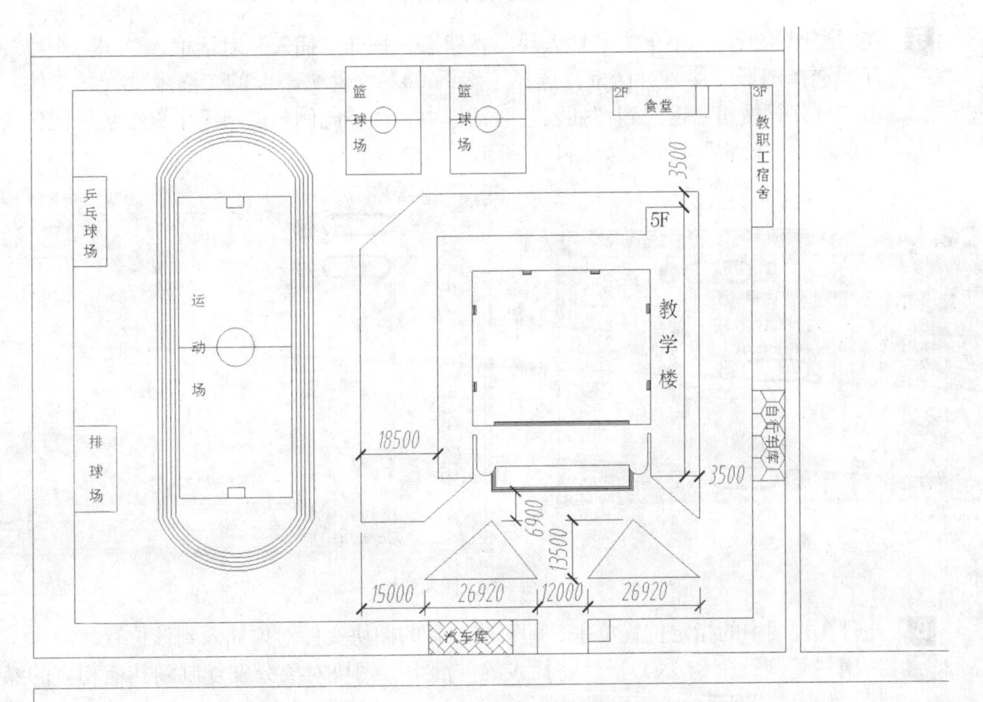

图4-45　绘制教学楼四周绿化带

4 在“绘图”工具栏中单击“图案填充”菜单命令，对校内的绿化带区域填充GRASS图案，填充的比例为100，使之填充草丛效果，如图4-46所示。

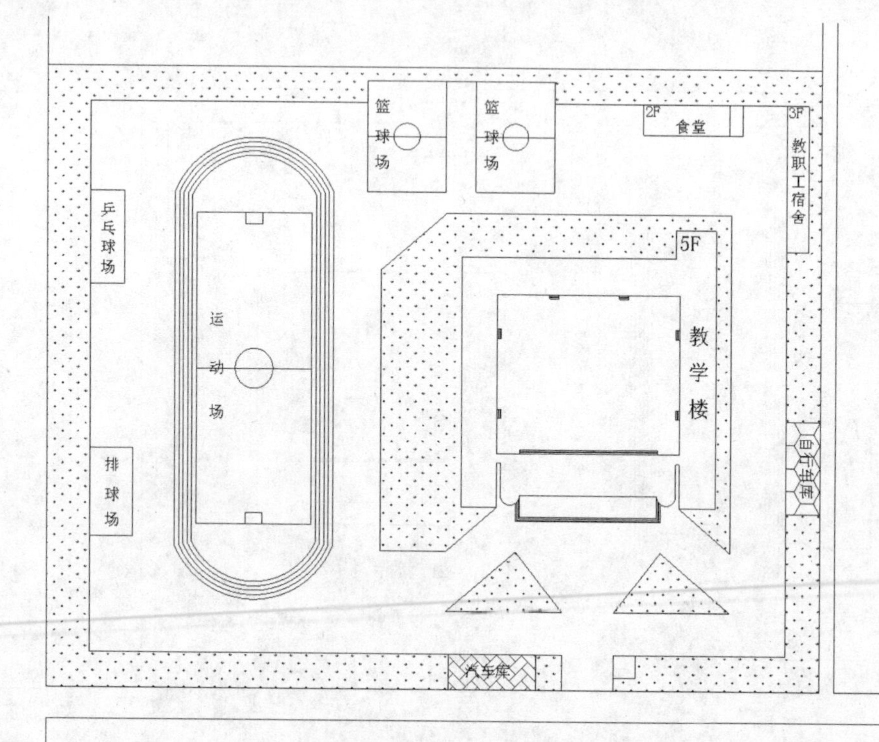

图4-46　填充草丛

5 在“绘图”工具栏中单击“插入块”按钮，打开“插入”对话框，单击“浏览”按钮打开“选择图形文件”对话框，选择“案例\04”文件夹下面的“灌木.dwg”文件，然后单击“打开”按钮并返回到“插入”对话框中，在“比例”选项区中设置统一比例为1000，然后单击“确定”按钮，如图4-47所示。

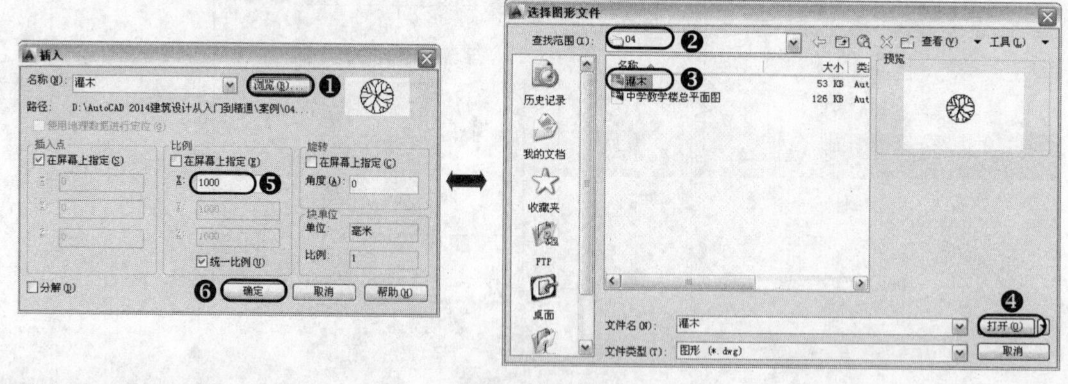

图4-47　插入图块

6 此时在视图中的指定位置单击，即可将选择的图块文件对象插入到该位置。

7 使用“复制”命令（CO），将插入的“灌木”图块对象分别复制到其他相应的绿化带位置，如图4-48所示。

用户在布置灌木对象时，为了布置得更加美观和整齐，应布置在水平和垂直的位置上，且布置的距离应相等。

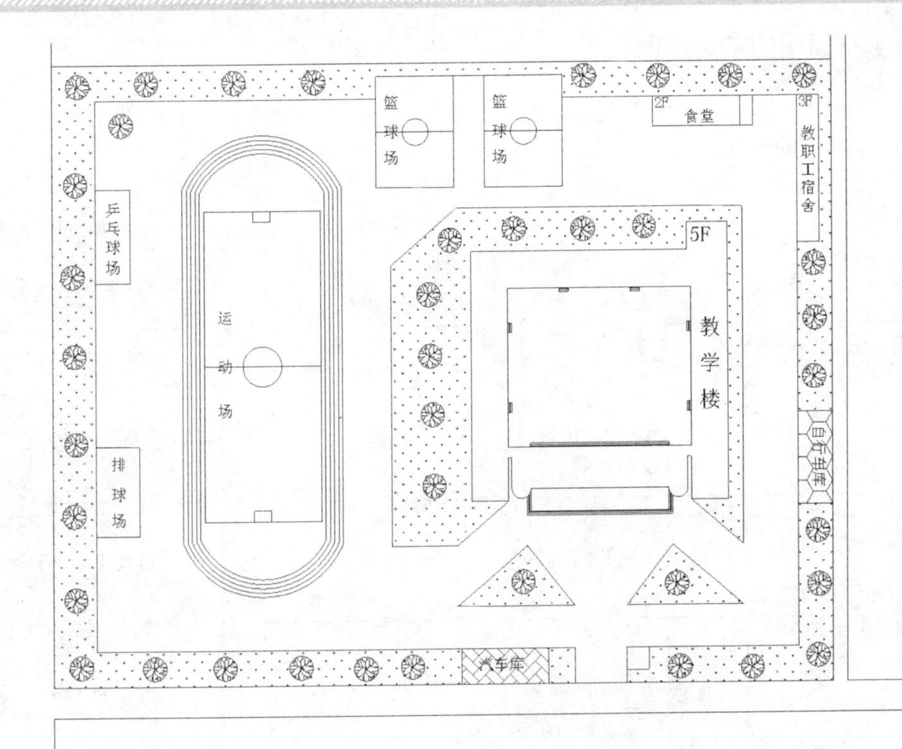

图4-48 布置的灌木对象

8 再按照前面相同的方法，在教学楼内也绘制正八边形对象，并填充GRASS图案，以及插入灌木图块，从而布置好楼内绿化台的效果，如图4-49所示。

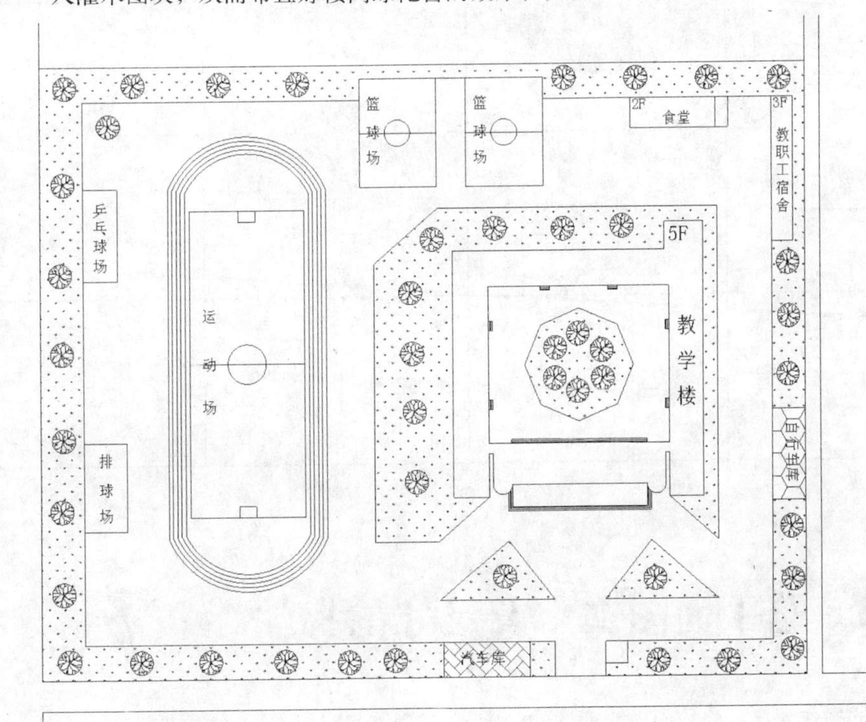

图4-49 布置楼内绿化台

专业资料：总平面图的常用图例

建筑总平面图也是房屋及其他设施施工的定位、土方施工以及绘制水、暖、电等管线总平面图和施工总平面图的依据。

在建筑绘图中，有一些固定的图形代表固定的含义，在《总图制图标准》（GB/T 50103-2001）中有专门的图例规定。由于总平面图中的图例符号比较多，在如表4-4所示中给出了较常用的建筑总平面图图例。

表4-4 常用的总平面图图例

图 例	名 称	图 例	名 称
	新建建筑物 右上角以点数或数字 表示层数		原有建筑物
	计划扩建的建筑物		拆除的建筑物
151.00 143.00	室内地坪标高	151.00 143.00	室外整坪标高
	散状材料露天堆场		原有的道路
	公路桥		计划扩建道路
	铁路桥		护坡
	草坪		指北针

4.10 总平面图文字及尺寸的标注

通过前面的操作，已经将校内总平面图的轮廓、建筑物、操场设施、绿化带等布置完毕，接下来对其总平面图进行文字及尺寸的标注，使图形更加完整。

1. 在“图层”工具栏的“图层控制”下拉列表中，将“文字”图层置为当前图层。
2. 在“文字”工具栏中单击“多行文字”按钮A，在图形的左侧区域输入文字“主要道路”，并设置文字的大小为5000，在图形的下侧校门口位置输入文字“学生人流方向”，其文字的大小为3500。
3. 在“图层”工具栏的“图层控制”下拉列表中，将“标注”图层置为当前图层。
4. 在“标注”工具栏中单击“线性”按钮和“连续”按钮，分别对其总平面图的道路宽度、校内长宽进行标注，如图4-50所示。

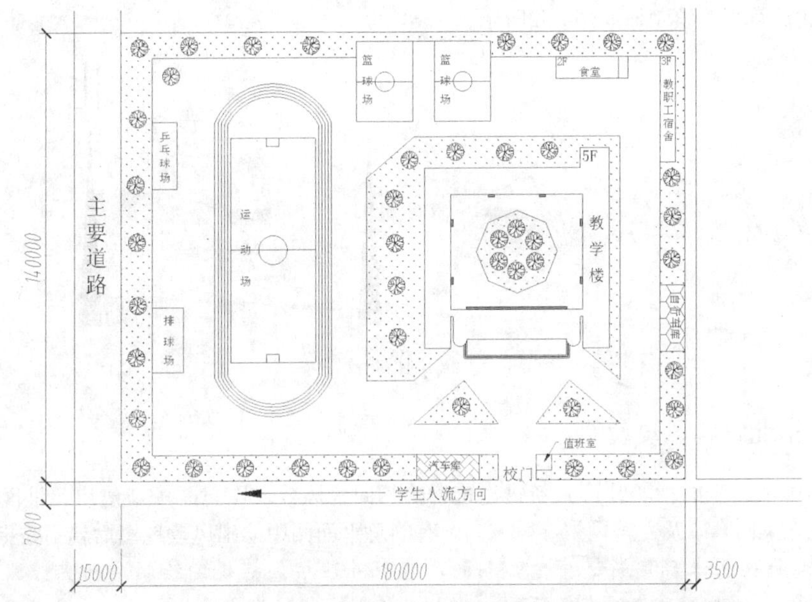

图4-50 总体尺寸标注效果

5. 同样，在“标注”工具栏中单击“线性”和“连续”按钮，分别对其总平面图内部的其他细节地方进行尺寸标注，如图4-51所示。

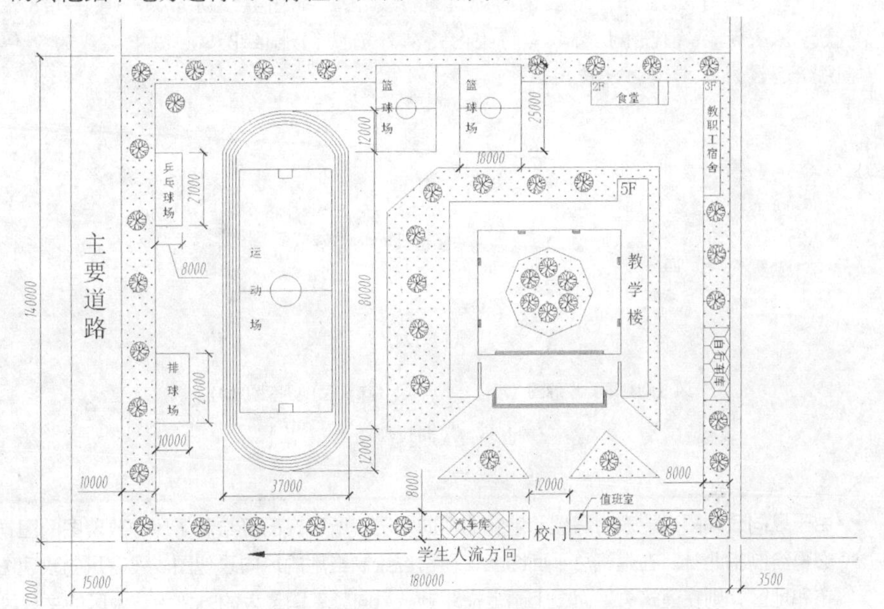

图4-51 内部尺寸的标注

6 在“图层”工具栏的“图层控制”下拉列表中，将“文字”图层置为当前图层。

7 执行“圆”命令（C），在视图中绘制直径为24000的圆。

8 执行“多段线”命令（PL），在“指定起点：”提示下捕捉圆的下侧象限点，在“指定下一个点：”提示下选择“宽度(W)”选项，然后分别指定起点宽度为3000、终点宽度为0，然后在“指定下一个点：”下捕捉圆上侧的象限点，最后按Enter键结束，从而绘制指针箭头。

9 在“文字”工具栏中单击“单行文字”按钮A|，在圆的正上方输入文字“北”，从而完成指北针符号的绘制，如图4-52所示。

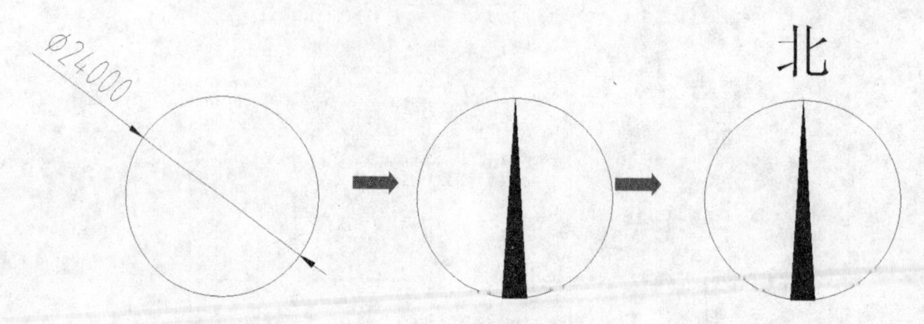

图4-52　绘制指北针符号

专业资料：指北针和风玫瑰图

根据图中所绘制的指北针可知新建建筑物的朝向，风玫瑰图可了解新建房屋地区常年的盛行风向（主导风向）以及夏季风主导风方向。有的总平面图中绘出风玫瑰图后就不绘指北针。

- 指北针：用来确定新建房屋的朝向。其符号应按国标规定绘制，细实线圆的直径为24mm，箭尾宽度为圆直径的1/8，即3mm。圆内指针涂黑并指向正北，在指北针的尖端部写上“北”字，或“N”字。
- 风向玫瑰图：根据某一地区多年统计，各个方向平均吹风次数的百分数值，按一定比例绘制的，是新建房屋所在地区风向情况的示意图。如图4-53所示，一般多用8个或16个罗盘方位表示，玫瑰图上表示风的吹向是从外面吹向地区中心，图中实线为全年风向玫瑰图，虚线为夏季风向玫瑰图。

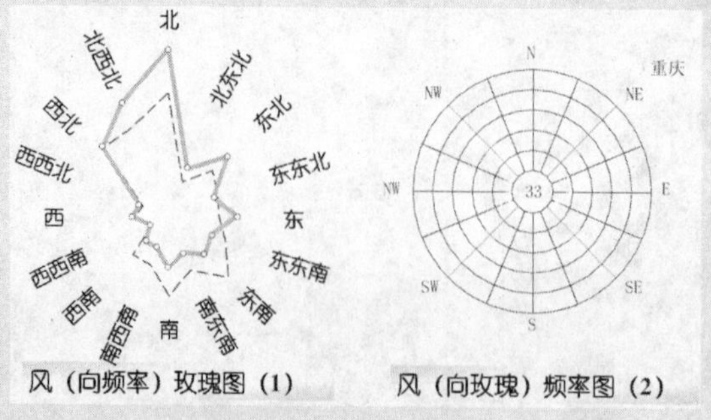

图4-53　风向玫瑰图

TIP 由于风向玫瑰图也能表明房屋和地物的朝向情况，所以在已经绘制了风向玫瑰图的图样上不必再绘制指北针。在建筑总平面图上，通常应绘制当地的风向玫瑰图。没有风向玫瑰图的城市和地区，则在建筑总平面图上画上指北针。风向频率图最大的方位为该地区的主导风向。

10 在“特性”工具栏中选择当前文字样式为“图名”，在“文字”工具栏中单击“多行文字”按钮A，在指北针符号的下侧输入文字“学校总平面图1：1000”，且设置比例“1：1000”的大小为4500，然后将绘制的指北针符号及图名比例对象移至总平面图的右侧，如图4-54所示。

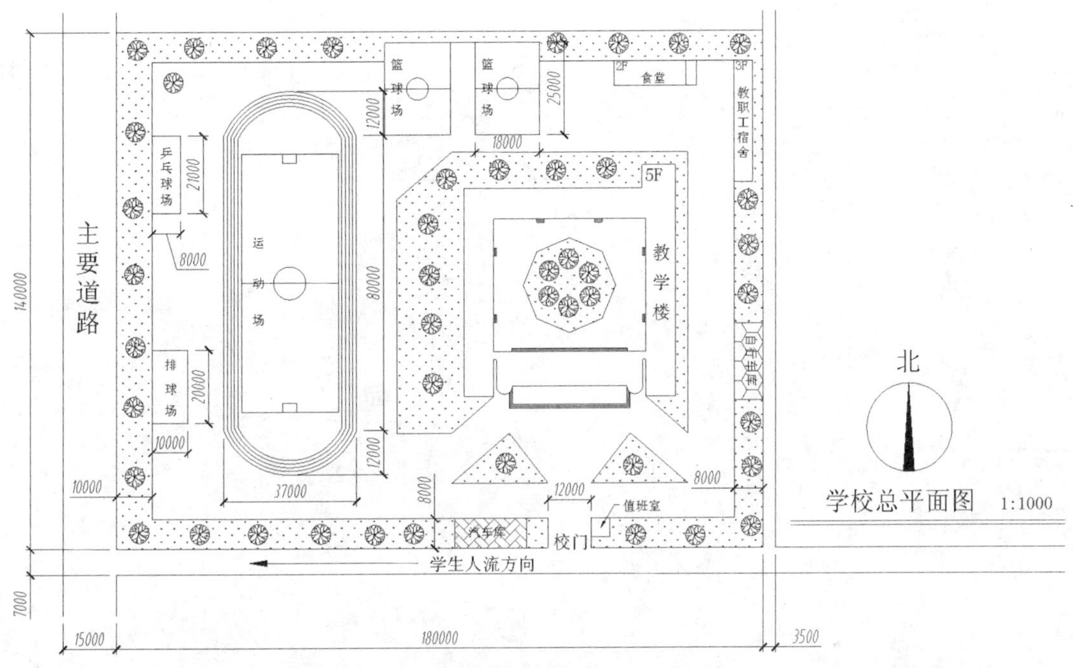

图4-54　图名标注效果

专业资料：总平面图的常用比例及计量单位

总平面图的常用比例为：1：500、1：1000、1：2000。单位为米（m），并至少取至小数点后两位，不足时以“0”补齐。

建筑物、构筑物、铁路、道路方位角（方向角）和铁路、道路转向角等角度的度数，宜注写到“秒（"）”。铁路纵坡度宜以千分计，道路纵坡、场地平整坡度、排水沟沟底纵坡度值宜以百分计，并取至小数点后一位，不足以“0”补齐。

11 至此，该学校总平面图已经绘制完毕，用户可按组合键Ctrl+S将该文件进行保存。

4.11 办公楼总平面图的演练

结果文件：案例\04\办公楼总平面图.dwg

通过前面的学习，用户已经初步掌握了建筑总平面图的基本知识，包括总平面图的形成与使用、总平面图的图示内容和绘制要点、总平面图的图线、比例及计量单位、总平面图的常用图例等，再以某中学教学楼总平面图为例，来教导读者进行总平面图的绘制方法和操作步骤。

如图4-55所示给出了另一总平面图的实例效果，让大家自行去演练，使读者对所学的知识能够更加牢固地掌握和学习（参照光盘中的文件“案例\04\办公楼总平面图.dwg”）。

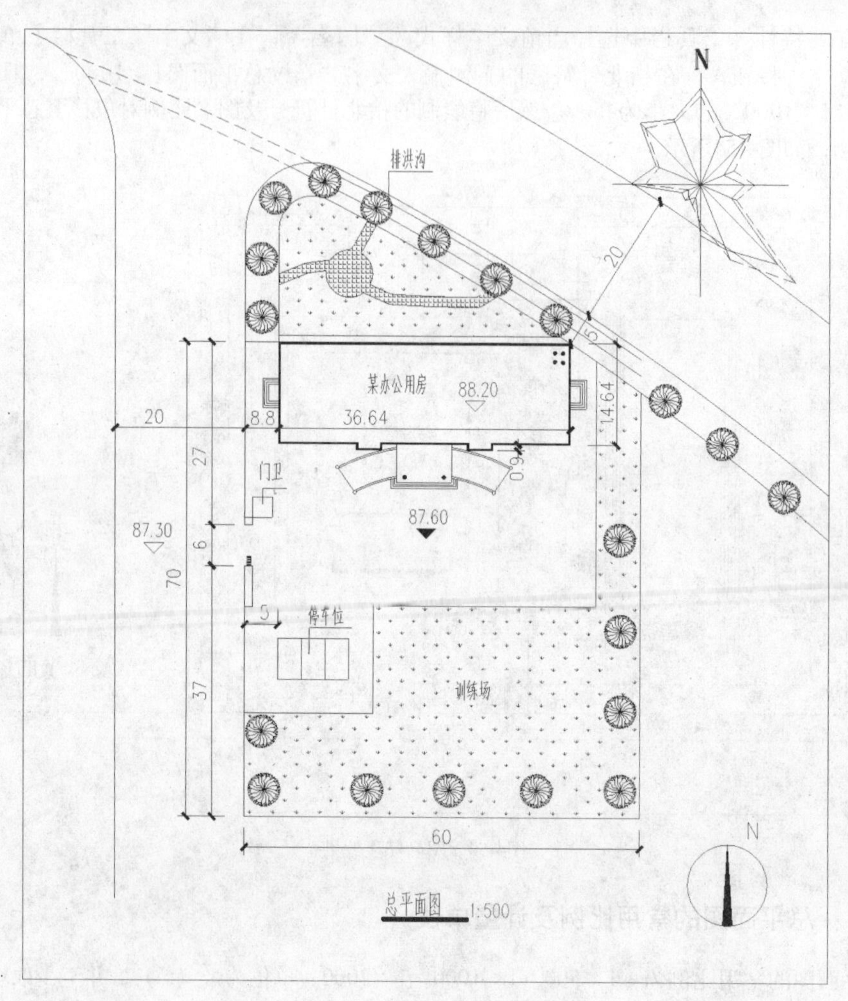

图4-55　办公楼总平面图

Chapter

05

第5章

住宅建筑平面图的绘制

在进行实际的建筑平面图绘制之前，掌握平面图识别、绘制的基本知识是必不可少的一项准备工作。建筑平面图表示建筑物在水平方向房屋各部分的组合关系，对于单独的建筑设计而言，其设计取决于建筑平面设计。建筑平面图一般由墙体、柱、门、窗、楼梯、阳台、室内布置以及尺寸标注、轴线和说明文字等辅助图组成。

本章结合建筑制图知识介绍了建筑平面图的内容及要求、类型，并结合某住宅楼二层平面图详细讲解平面图的绘制过程、方法和技巧。

主要内容

- ✓ 了解建筑平面图的概念及绘制内容
- ✓ 了解建筑平面图的绘制要求及步骤
- ✓ 掌握建筑平面图绘图环境的设置方法
- ✓ 掌握建筑平面图轴线、墙体、柱子的绘制方法
- ✓ 掌握建筑平面图门窗、楼梯的绘制方法
- ✓ 掌握建筑平面图文字和尺寸的标注方法
- ✓ 掌握建筑平面图标高及图名的标注方法

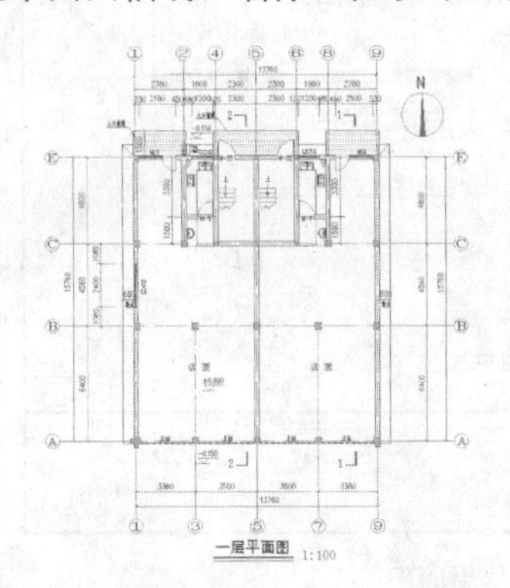

一层平面图 1:100

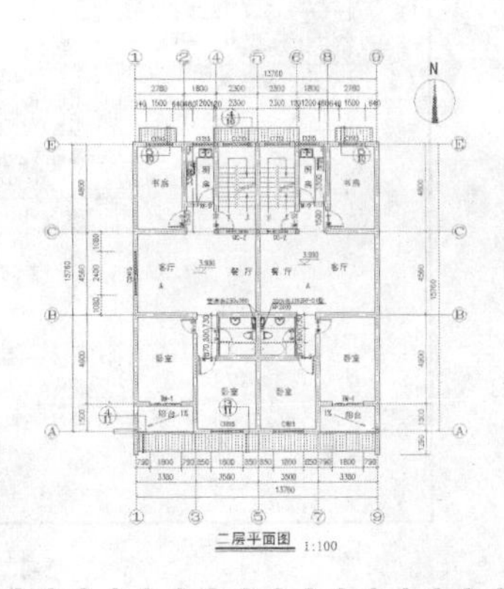

二层平面图 1:100

5.1 农村住宅二层平面图的概述和效果预览

视频文件：视频\05\农村住宅二层平面图的绘制.avi
结果文件：案例\05\农村住宅二层平面图.dwg

假想用一个水平的剖切平面沿房屋窗台以上部分剖开，移去上部后向下投影所得的水平投影图，就称为建筑平面图，简称平面图。建筑平面图主要反映房屋的平面形状、大小和房间布置，墙和柱的位置、厚度和材料，门窗的位置和开启方向等。建筑平面图是建筑施工中的主要图纸之一。在施工过程中，对房屋的定位防线、墙体砌筑、设备安装、装修，以及预算的编制、备料都有重要的指导作用。

多层建筑平面图是全套建筑图中的一个重要组成部分，与建筑立面图、建筑剖面图三者组合能够完整地表示建筑的各部分构成情况及尺寸等。建筑平面图主要表现建筑的平面形状和组成，包含平面各房间的开间、进深、形状、用途、墙、柱的位置和尺寸，楼层的标高，门窗的尺寸、位置和内部家具的摆放位置等信息，是建筑施工最基本的依据。

用户在绘制如图5-1所示的某农村建筑平面图时，首先设置平面图的绘图环境，再根据图形的要求来绘制其中一套房的轴线网结构，以及绘制该套房的墙体、柱子，然后绘制该套房的门窗、楼梯等对象，再布置相应厨房、卫生间的相关配套设施，并根据要求对其套房进行水平镜像，最后对其进行尺寸、文字、标高、轴号、指北针、图名比例标注等。

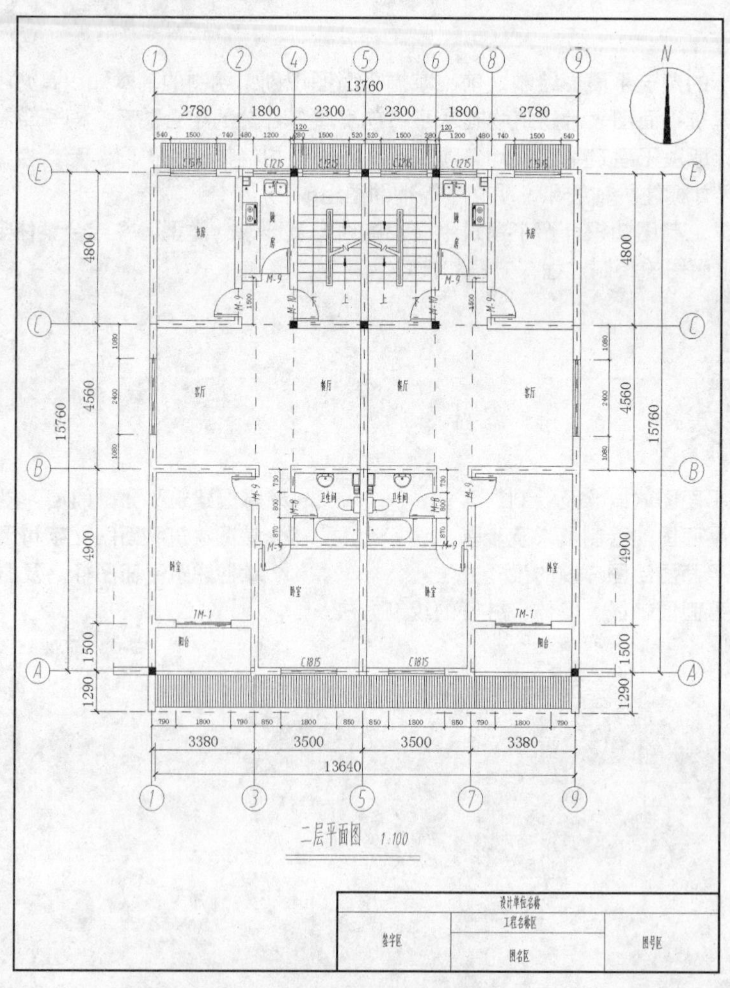

图5-1 住宅楼二层平面图

专业资料：建筑平面图的绘制步骤

为了绘图方便，在采用AutoCAD绘图时，一般都是按建筑设计尺寸绘制，绘制完成后根据具体图纸篇幅套入相应图框打印完成。一幅图主要比例应一致，比例不同的应根据出图时用比例表示清楚，一般绘制建筑平面图的步骤如下。

（1）设置、调整绘图环境。根据所绘制的建筑长宽尺寸相应调整绘图区域、数字和角度单位，并建立相应的图层。根据建筑平面图表示内容的不同，一般需要建立如下图层：轴线、墙体、柱子、门窗、楼梯、阳台、标注、其他共8个图层。

（2）绘制定位轴线。先在轴线图层上用点划线将主要轴线绘制出来，形成轴线网络。

（3）绘制各种建筑构配件。如墙体、柱子、门窗洞口等。

（4）绘制、编辑等建筑图细部内容。

（5）标注尺寸、标高等数字，索引符号和相关文字注释。

（6）添加图框和图名、比例等数字，索引符号和相关文字注释。

（7）打印输出。

5.2 设置绘图环境

在开始绘制图形之前，需要对新建文件进行相应的设置，确定各选项参数，包括新建文件。

5.2.1 新建文件

1 在AutoCAD 2014环境中，执行“文件”｜“新建”命令，打开“选择样板”对话框，选择“acadiso”样板文件，然后单击“打开”按钮，如图5-2所示。

2 执行“文件”｜“另存为”命令，将该文件另存为“农村住宅二层平面图.dwg”。

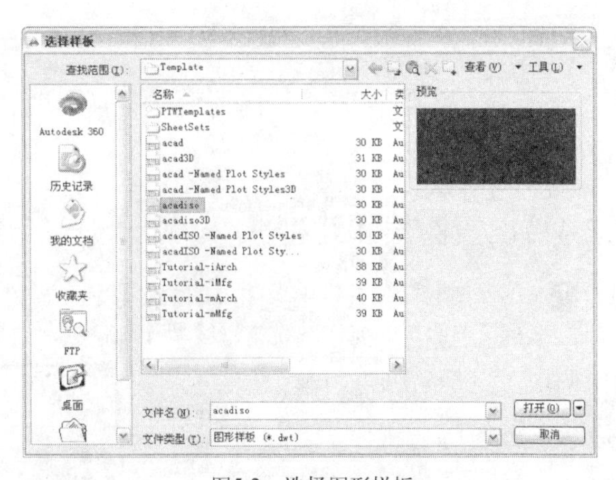

图5-2　选择图形样板

5.2.2 图纸有效区的设定

绘图区域设置包括绘图单位和绘图界限的设定。依据图5-1所示可知，建筑平面图的长度为13760mm，宽度为15760mm，考虑尺寸线等所占位置，平面图范围区取实际长度的1.3~1.5倍，即设图形界限为21000×24000。

1 执行“格式”｜“图形界限”命令，或输入limits命令，输入左下角坐标和右上角坐标，以这两点为对角线的矩形范围内就是用户所需要的绘图区域。依照提示，设定图形界限的左下角点为（0,0），右上角为（21000,24000），具体命令操作如下。

```
命令: limits                                          //输入limits命令
    重新设置模型空间界限
    指定左下角点或 [开(ON)/关(OFF)] <0,0>:<Enter>     //使用默认值
    指定右上角点<0,0>: 21000,24000<Enter>
```

2 绘图区域设置完成后，还要设置观察视图范围，执行“视图”｜“缩放”｜“全部”命令，或在命令行中输入快捷方式Z，按Enter键后，选择“全部（A）”选项，使输入的图形界限区域全部显示在图形窗口内，具体命令如下。

```
命令: ZOOM
    指定窗口的角点，输入比例因子 (nX 或 nXP)，或者 [全部(A)/中心(C)/动态(D)/范围(E)/上一个(P)/比例(S)/窗口(W)/对象(O)] <实时>: A
    正在重生成模型
```

5.2.3 设置绘图单位

执行“格式”｜“单位”命令，打开“图形单位”对话框，将“长度”类型设置为“小数”，“精度”设置为“0.0000”，“角度”类型设置为“十进制度数”，“精度”确定到小数点后两位“0.00”，然后单击“确定”按钮，如图5-3所示。

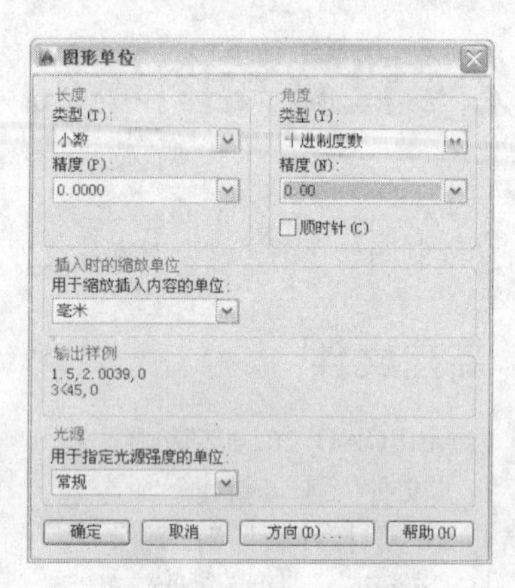

图5-3 “图形单位”对话框

5.2.4 设置图层和线型

1 在“图层”工具栏中单击“图层”按钮，打开“图层特性管理器”面板，根据表5-1所示设置图层的名称、线宽、线型和颜色等，建立如图5-4所示的图层。

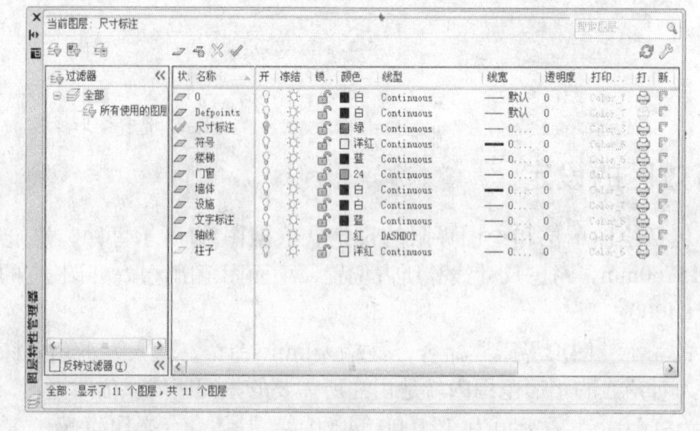

图5-4 规划图层

2 执行“格式”｜“线型”命令，打开“线型管理器”对话框，单击“显示细节”按钮，打开细节设置区，输入“全局比例因子”为50，然后单击“确定”按钮，如图5-5所示。

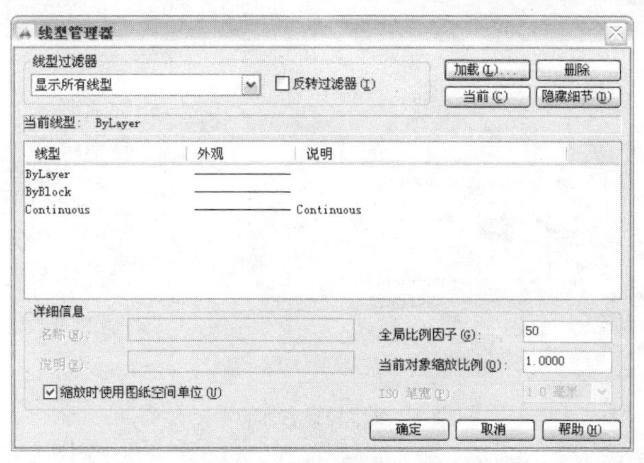

图5-5　设置线型比例

表5-1　图层设置

序　号	图层名	描述内容	线　宽	线　型	颜　色	打印属性
1	轴线	定位轴线	0.15	点画线(ACAD-ISOO4W100)	红色	打印
4	墙体	墙体	0.3	实线（Continuos）	黑色	打印
5	柱子	柱	0.3	实线（Continuos）	洋红	打印
6	尺寸标注	尺寸线、标高	0.15	实线（Continuos）	绿色	打印
7	门窗	门窗	0.15	实线（Continuos）	24色	打印
8	楼梯	楼梯	0.15	实线（Continuos）	蓝色	打印
9	文字标注	图中文字	0.15	实线（Continuos）	黑色	打印
10	设施	家具、卫生设备	0.15	实线（Continuos）	黑色	打印

5.2.5　设置文字样式

由图5-1所示可知，该建筑平面图上的文字有尺寸文字、标高文字、图内文字说明、剖切符号文字、图名文字、轴线符号等，打印比例为1：100，文字样式中的高度为打印图纸上的位子高度与打印比例倒数的乘积，根据建筑制图的标准，该平面图文字样式的规划如表5-2所示。

表5-2　文字样式

<table>
<tr><th>文字样式名</th><th>打印到图纸上的文字高度</th><th>图形文字高度
（文字样式高度）</th><th>宽度因子</th><th>字体/大字体</th></tr>
<tr><td>图内说明</td><td>3.5</td><td>350</td><td rowspan="6">0.7</td><td rowspan="6">gbeitc/gbcbig</td></tr>
<tr><td>尺寸文字</td><td>3.5</td><td>0</td></tr>
<tr><td>标高文字</td><td>3.5</td><td>350</td></tr>
<tr><td>剖切及轴线符号</td><td>7</td><td>700</td></tr>
<tr><td>图样说明</td><td>5</td><td>500</td></tr>
<tr><td>图名</td><td>7</td><td>700</td></tr>
</table>

1 执行“格式”|“文字样式”命令，打开“文字样式”对话框，单击“新建”按钮打开“新建文字样式”对话框，样式名为“图内说明”，如图5-6所示。

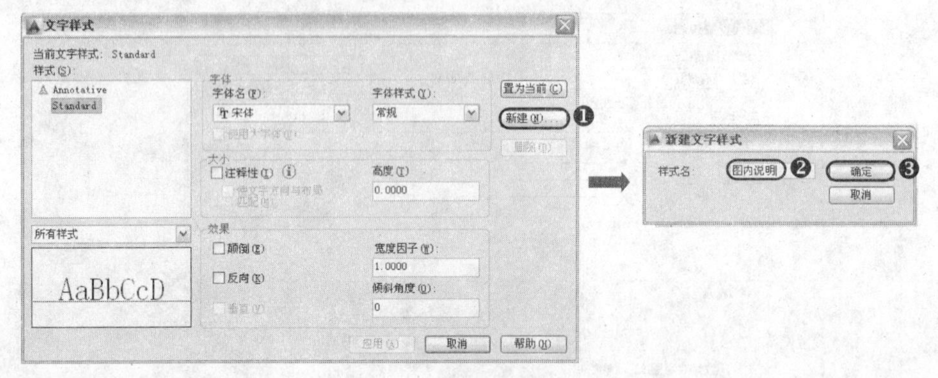

图5-6 文字样式名称的定义

2 在“字体”下拉列表中选择字体“gbeitc.shx”，勾选“使用大字体”复选框，在“高度”文本框中输入350、在“宽度因子”文本框中输入0.7，单击“应用”按钮，完成该文字样式的设置，如图5-7所示。

3 重复前面的步骤，建立如表5-2所示的其他各种文字样式，结果如图5-8所示。

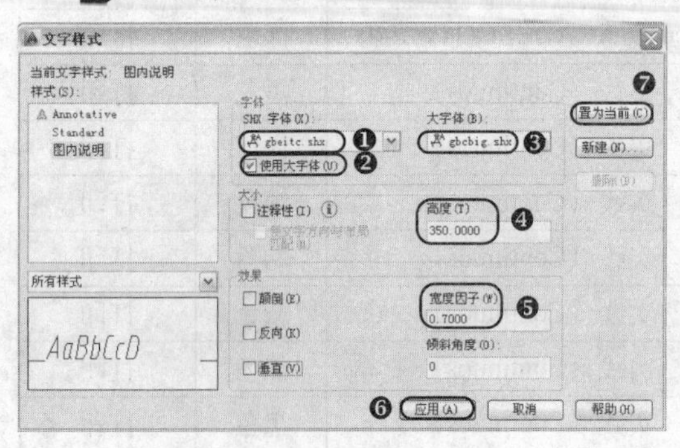

图5-7 文字样式的设置

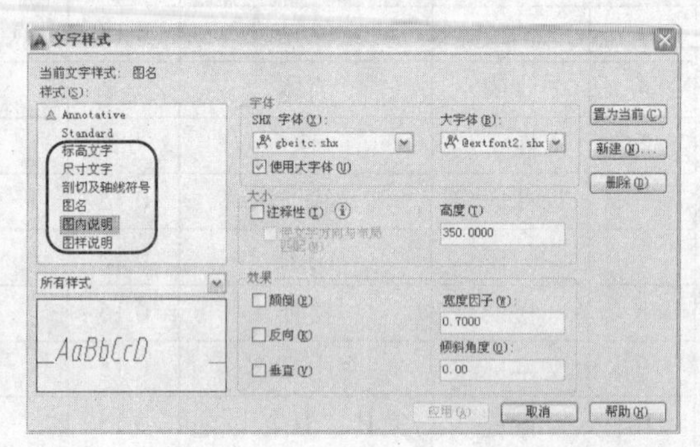

图5-8 文字样式

5.2.6 设置标注样式

1 执行“格式”|“标注样式”命令，打开“标注样式管理器”对话框，单击“新建”按钮，打开“创建新标注样式”对话框，新建样式名为“建筑平面标注-100”，单击“继续”按钮，则进入“新建标注样式”对话框。

2 设置“建筑平面标注”样式中“线”、“符号和箭头”、“文字”各选项卡中的相关参数，如图5-9、图5-10和图5-11所示。

3 单击“调整”选项卡，在“标注特征比例”选项区中勾选“使用全局比例”复选框，并将值设置为打印比例

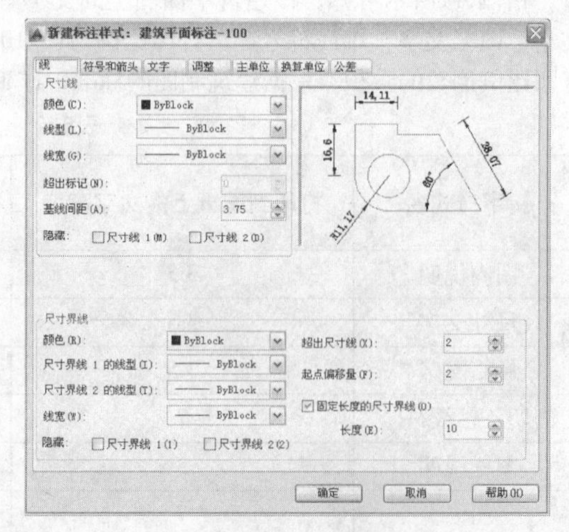

图5-9 “线”选项卡设置

的倒数100，如图5-12所示。

4 单击“主单位”选项卡，在“线性标注”选项区中的“单位格式”下拉列表中选择“小数”，精度选择0，“小数分隔符”为“.(句点)”，在“角度标注”选项区中的“单位格式”下拉列表中选择“十进制度数”选项，精度也选为0，如图5-13所示。

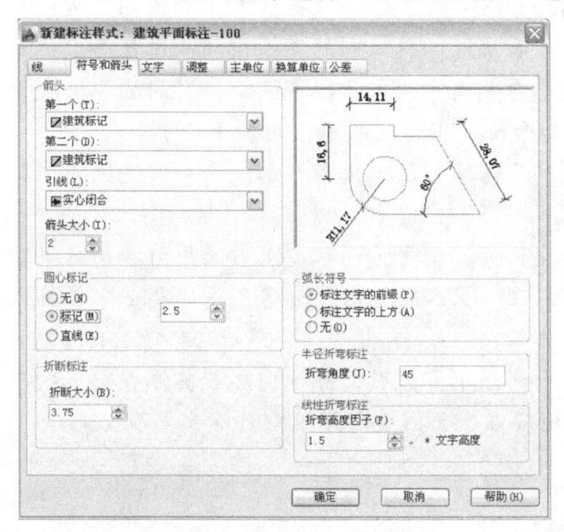

图5-10 “符号和箭头”选项卡设置

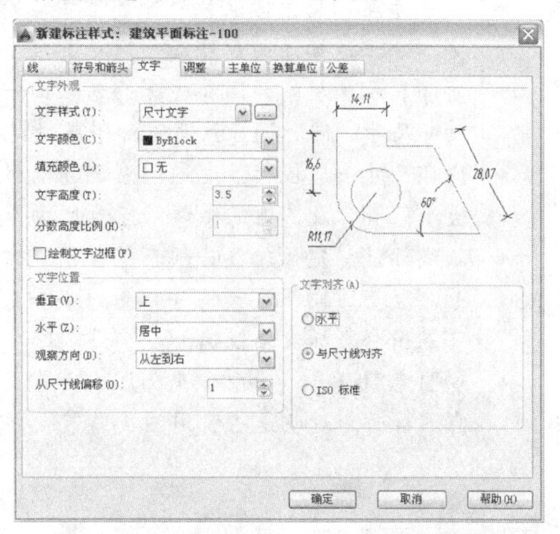

图5-11 “文字”选项卡设置

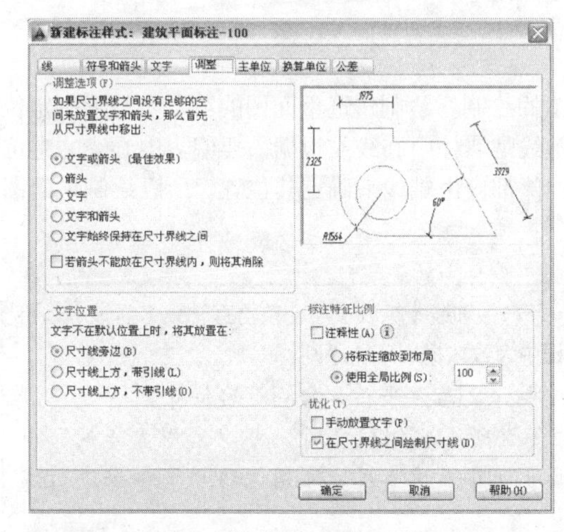

图5-12 “调整”选项卡设置

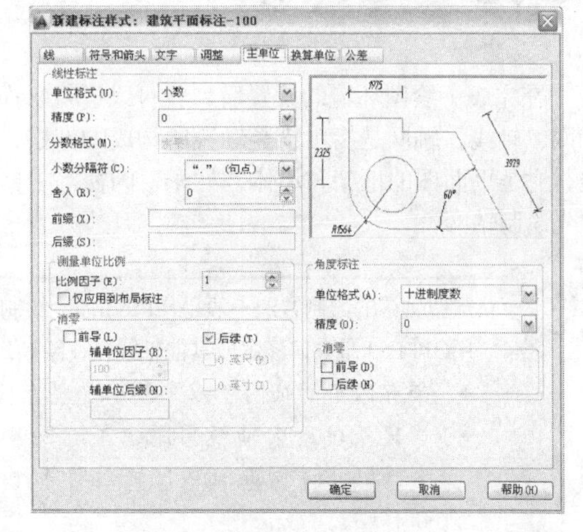

图5-13 “主单位”选项卡设置

5 依次单击“确定”和“关闭”按钮，从而完成“建筑平面标注-100”标注样式的设置。

专业资料：建筑平面图的绘制要求

根据我国《房屋建筑CAD制图统一规则》（GB/T 18112-2000），以及我国《房屋制图统一标准》（GB/T 5001-2001）标注要求，建筑平面图在比例、线型、字体、轴线标注、详图符号索引等几方面有如下规定。

- 比例。根据建筑物大小不同，建筑平面图可以采用1：50、1：100、1：200等比例绘图。为使绘图中计算方便，建筑平面图一般采用1：100的比例绘制，个别平面详图也可以采用1：20或1：50比例绘制。
- 线型。根据规范要求，平面图中不同的线型表示不同的含义。定位轴线统一采用点划线表示，并给予编号；被剖切到的墙体、柱子的轮廓线采用粗实线表示；门的开启线采用中实线绘制，其他可见轮廓线和尺寸标注线、标高符号等采用细线绘制。

- 字体。字体采用标准汉字矢量字体，一般采用仿宋字体。汉字字高不小于2.5mm，数字和字母高度不小于1.8mm。
- 尺寸标注。尺寸标注分为外部尺寸与内部尺寸。外部尺寸一般标注在平面图的下方和左方，分三道标注；最外面一道是总尺寸，表示房屋的总长和总宽；中间一道尺是定位尺寸，表示房屋的开间和进深；最里面一道是内部尺寸，表示门窗洞口、窗间墙、墙厚等细部尺寸，同时还应注写室外附属设施，如台阶、阳台、散水、雨棚等尺寸。
- 内部尺寸一般应标注室内门窗洞、墙厚、柱、砖垛和固定设备（如厕所、盥洗间等）的大小位置，及其他需要详细标注尺寸等。
- 轴线标注。定位轴线必须在端部按规定标注轴号。水平方向从左至右采用阿拉伯数字编号，竖直方向采用大写字编号（其中字母I、O、Z不能使用）。建筑内部局部定位轴线可采用分数标注轴线编号。
- 详图索引符号。为配合平面图表示，建筑平面图中常需引用标注图集或其他详图上的节点图样作为说明这些引用图集或节点详图均应在平面图上以详图索引符号表示出来。

5.3 绘制轴线

在完成了绘图环境的设置后，就可以进行平面图的绘制。绘制建筑平面图的第一步是绘制定位轴网、轴线。轴网是指由横竖轴线所构成的网格，轴线是墙柱中心线或根据需要偏力中心线的定位线，它是平面图的框架，墙体、柱子、门窗等主要构件都应由轴线来确定其位置，所以绘制平面图时先绘制轴网。

TIP

定位轴线的绘制方法一般是用LINE命令绘制一条水平轴线（纵轴）与一条垂直轴线（横轴），再用OFFEST命令偏移生成其他轴线，在绘制工程中大致依据以下的原则。

- 带有倾角的轴网可以先按水平竖直网绘制，之后再平移旋转到最后位置。
- 当建筑轴网中轴线间距相等，或者相等者所占比例较多时，可以先用“阵列”命令阵列出等间距轴线，之后对于个别间距不等的轴线，可用“移动”命令进行成组移动。
- 轴线间距变化不定时，可用“偏移”命令，逐个给出偏移间距，从一根轴线开始，偏移绘制出其他轴线。
- 第一条水平和垂直轴线的长度和位置不需要十分准确，可以根据平面图尺寸并考虑尺寸标注，选择适当的位置和长度。当所有的轴线绘制完毕，再绘制几条辅助轴线作为剪裁边界，通过“修剪”命令裁剪掉多余部分即可。

1. 单击“图层”工具栏中的“图层控制”下拉列表，选择“轴线”图层为当前图层。
2. 按F8键切换到“正交”模式，单击“绘图”工具栏中的“直线”按钮（或在命令行中输入LINE）绘制水平（长度约8000mm）和垂直（长度约16000mm）两条基准轴线。
3. 单击“偏移”按钮（O），将绘制的水平轴线依次向上偏移1500、4900、4560、4800，再将垂直的轴线依次向右偏移3380、3500，如图5-14所示。
4. 再使用“偏移”命令（O），将指定的轴线进行偏移，然后利用“修剪”命令对整个辅助网结构进行修剪操作，使之符合要求，如图5-15所示。

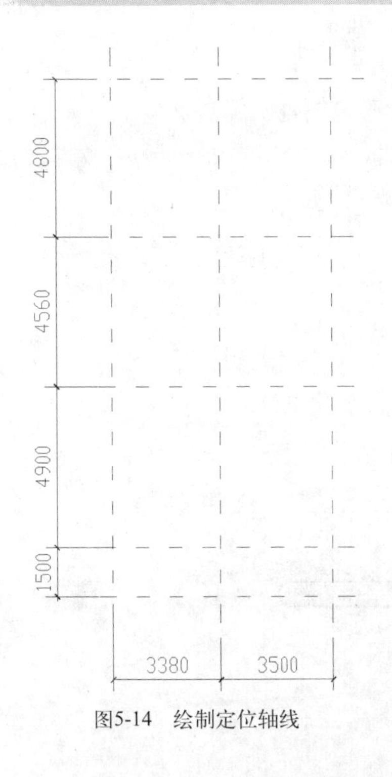

图5-14　绘制定位轴线

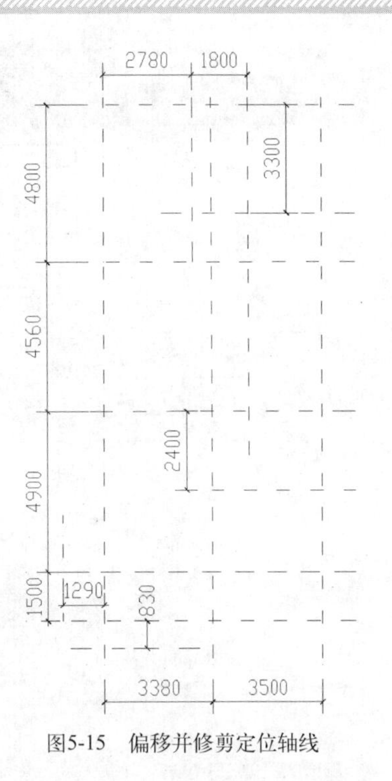

图5-15　偏移并修剪定位轴线

5.4 绘制墙体和柱子

轴线绘制完毕后，接下来开始绘制墙体。建筑平面图中的墙体是一个假想的水平剖切平面，沿墙体中间位置剖切房屋后所得的水平剖面图，它反映房屋的平面形状，大小房间的布置，墙体的位置、厚度等。门窗等都必须依附于墙体而存在，而墙体的绘制采用两根粗实线表示。

墙体绘制可选用多线工具（MLINE）来绘制，也可以先绘制一侧墙体线，再使用偏移工具绘制全部墙线，最后在纵横墙相交处使用修剪、延伸等命令进行标记即可，具体操作如下。

5.4.1　多线样式的定义

1 在“图层”工具栏的“图层控制”下拉列表中，将“墙体”层置为当前。

2 执行“格式”｜“多线样式”命令，打开“多线样式”对话框，单击“新建”按钮，打开“创建新的多线样式”对话框，在“名称”文本框中输入多线名称“240墙”，单击“继续”按钮，打开“新建多线样式”对话框，操作过程如图5-16所示。

3 选中“图元”选项区的“偏移0.5”选项后，在下面的“偏移”文本框中输入120，同样将“图元”选项区的“-0.5”偏移改成“-120”，其他选项区的内容一般不作修改，单击“确定”按钮，如图5-17所示。

4 再按照相同的方法，来创建“120墙”多线样式，其图元的偏移量分别为60和-60。

如果已经绘制使用了某个多线样式绘制图形，则AutoCAD不再允许修改该多线样式参数。要修改已经绘制的多线的线间宽度，需要重新定义新的样式，并重新绘制该多线。

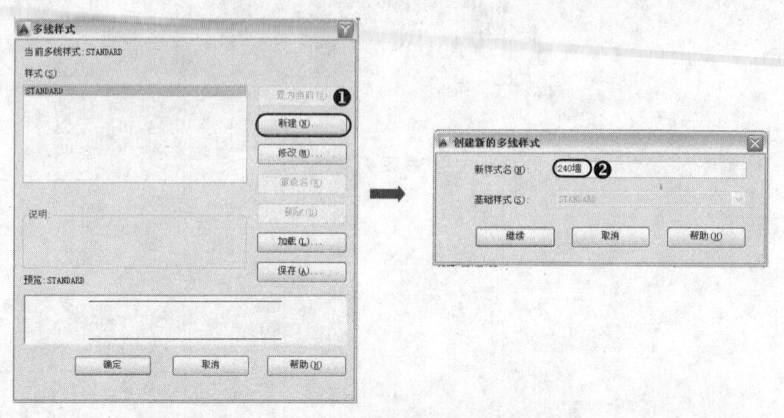

图5-16　多线样式名称的定义

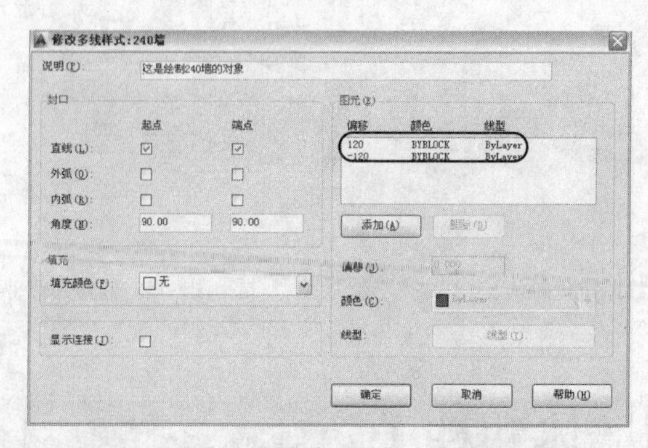

图5-17　设置“240墙”多线样式

5.4.2　墙体的绘制

多线样式定义完之后，可以用多线绘图了。使用多线绘制图形时，首先将相应的多线样式置为当前，并设置多线样式比例和对正方式。

- 多线比例：是指实际绘制的多线宽度相对于多线样式中定义的宽度比例因子。若多线宽度定义为2（内、外侧线偏移量各为1），比例设定为5，则实际绘制的多线宽度为10（内、外侧距离为10），此比例不影响多线段的线型比例。
- 多线对正方式：分为“上”、“无”、“下”。其中“上”是指绘制多线时以多线的外侧线为基准，“下”是指以多线的内侧线为基准，“无”以多线的中心线为基准。多线的对正方式取决于绘制时选择点的位置。

在命令行中输入ML后按Enter键，命令窗口会显示多线命令的信息，然后输入ST将多线样式“240墙”置为当前；输入J将对正方法定义为“无”；输入S设定多线比例为1，设置“对象捕捉”状态，移动鼠标捕捉轴线交点绘制240墙体，在绘图过程中，注意随时用图形缩放命令控制图形大小，以便准确地捕捉到轴线交点。同理绘制120墙体，结果如图5-18所示。

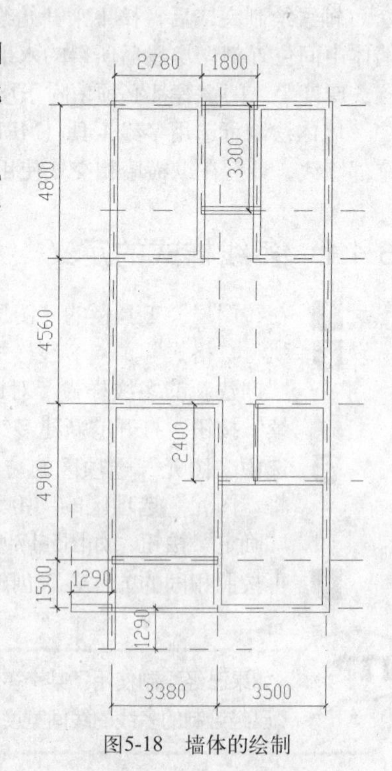

图5-18　墙体的绘制

5.4.3 墙体的编辑

多线编辑可以控制多线接头处的打断或结合，简化多线段的编辑。从图5-20所示可知，墙与墙交接处并不符合绘图要求，因此需要“多线编辑”命令进行修剪。

1. 执行“修改”|“对象”|“多线”命令，打开“多线编辑工具”对话框，如图5-19所示。该对话框中包含了12种工具按钮，每个按钮对应每种编辑后的图形。
2. 单击“T形合并”按钮，依照提示完成交点的合并操作，再单击“角点合并”按钮和“十字合并”按钮，对其指定的交点进行角点结合操作，如图5-20所示。

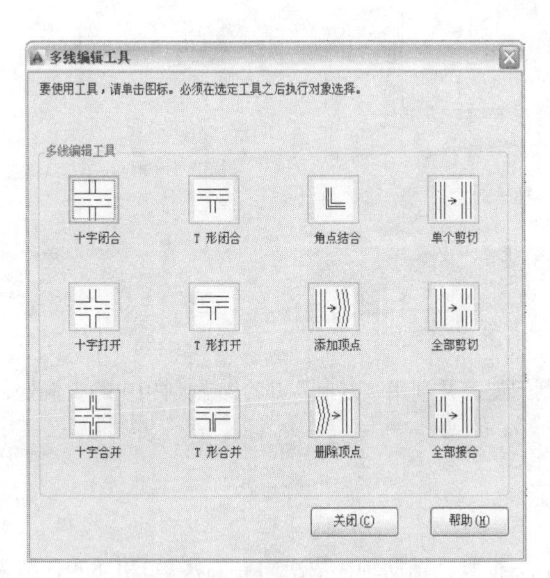

图5-19 “多线编辑工具”对话框

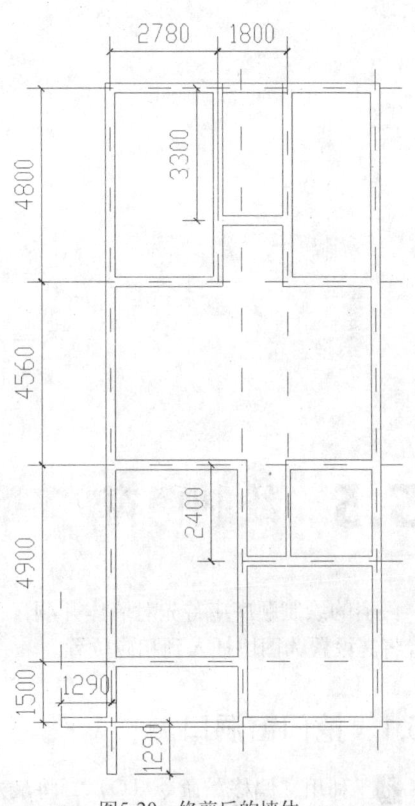

图5-20 修剪后的墙体

在进行“T形合并”操作时，先单击下面的一竖，再单击横向的部分。

5.4.4 绘制柱子对象

1. 将“柱子”层置为当前，单击“矩形”按钮（REC），在绘图区域任一位置绘制240×240的柱子。
2. 执行“图案填充”命令（H），将绘制的矩形以SOLID图案进行柱子的填充。
3. 再利用LINE命令并结合“对象捕捉”功能绘制该矩形的两条对角线，用于柱子的定位。
4. 单击“复制”按钮（CO），依次捕捉矩形两条对角线交点、轴线交点，将已经绘制的对象复制到图示位置，然后利用“删除”命令删除用于定位的对角线。
5. 利用“修剪”命令将柱与墙体交接处的多余线条剪掉，如图5-21所示。

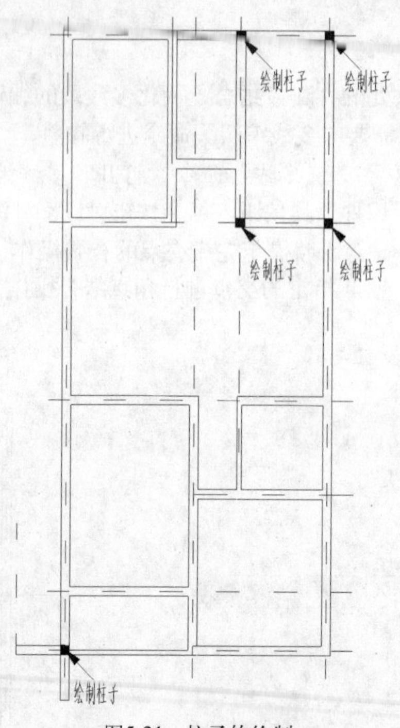

图5-21　柱子的绘制

5.5 绘制门窗

门窗的绘制顺序应首先对墙体开洞，再绘制门窗，并利用“复制”命令复制到相应的窗洞处，或者将其设置为图块插入到相应位置。

5.5.1 挖门窗洞口

1 利用“偏移”命令（O），将最左侧的一根竖直辅助轴线依次向右偏移790和1800，结果如图5-22所示。

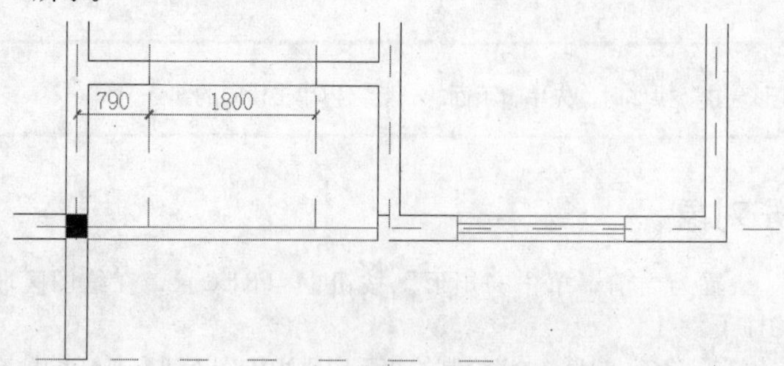

图5-22　窗洞边界辅助线的绘制

2 执行“修剪”命令（TR），将复制得到的辅助线之间的墙体进行修剪，再将先前偏移的辅助轴线删除，修剪后如图5-23所示。

3 使用相同的方法挖出其他门窗洞口，结果如图5-24所示。

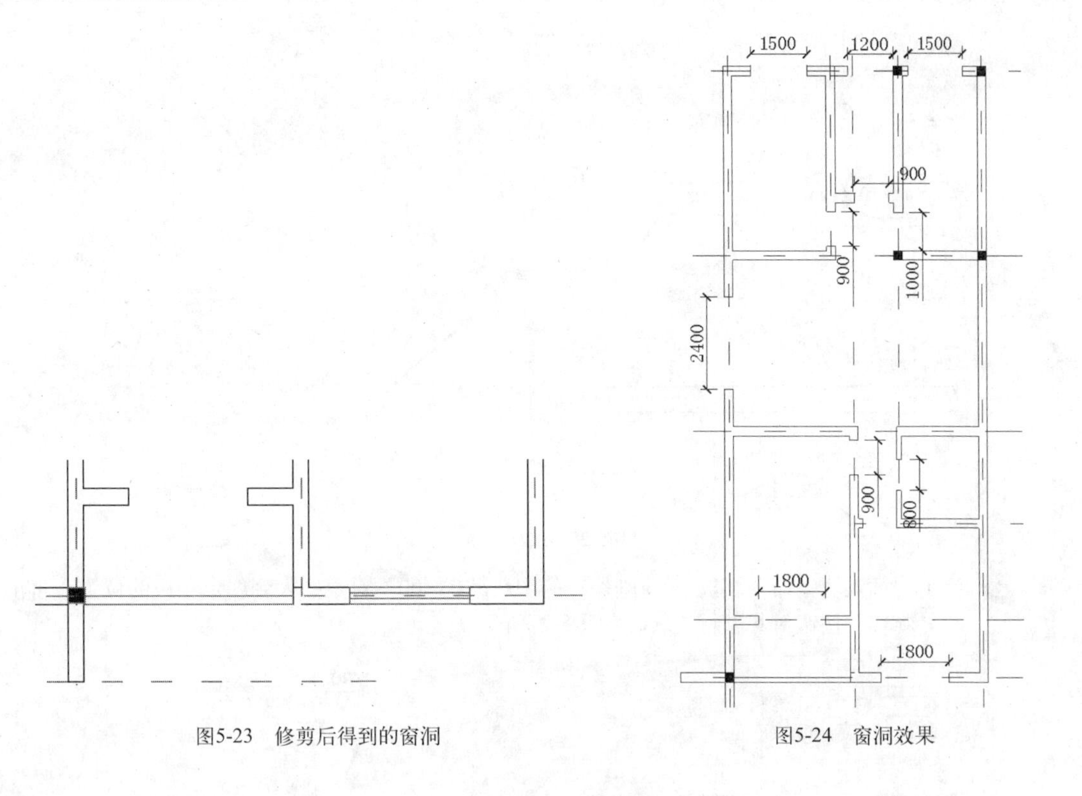

图5-23　修剪后得到的窗洞　　　　图5-24　窗洞效果

5.5.2　绘制窗

1. 单击“图层”工具栏中的“图层控制”下拉列表，将“门窗”置为当前图层。
2. 执行“直线”命令（L），在绘图区空白位置单击鼠标左键确定一条直线的第一点，打开正交模式，使用鼠标向左或向右移动光标，输入1500后确定直线终点。
3. 执行“偏移”命令（O），输入距离80，选择前一步绘制的直线为偏移对象，在上侧单击确定方向，然后再选取偏移得到的直线；再在上侧单击，重复完成两次直线偏移操作；再用“直线”命令将左侧和右侧的上下直线段连接，绘制结果如图5-25所示，按照同样的方法绘制其他尺寸的窗。

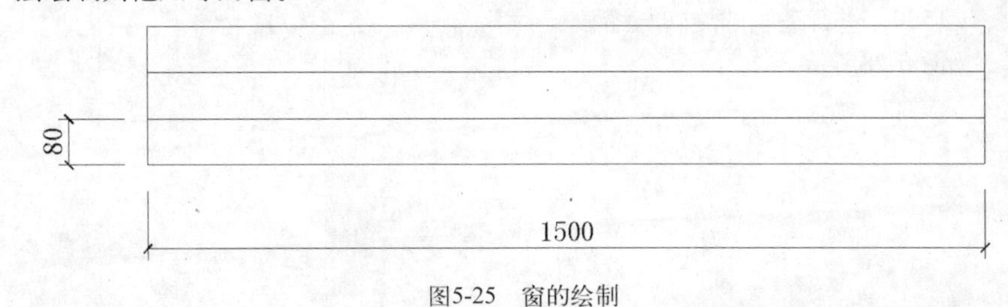

图5-25　窗的绘制

5.5.3　安装窗

完成窗的绘制后，可以通过复制和将窗保存为块然后插入块这两种方式绘制窗，在此对其采用插入块的方式进行讲解。

1. 在命令行中输入“保存块”命令（W），将弹出“写块”对话框，然后将绘制的平面窗对象保存为“C1500”图块，如图5-26所示。

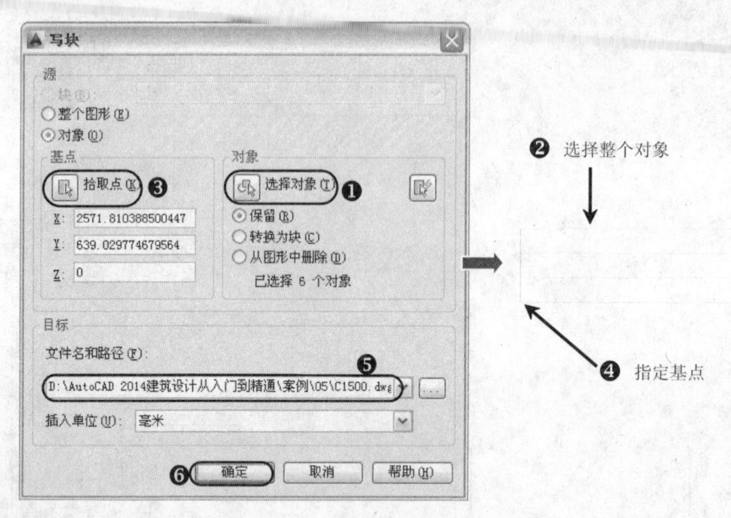

图5-26　保存为图块

2 使用“插入块”命令（I），将刚保存的图块“C1500”对象插入到图示相应的位置，再单击“旋转”按钮对其进行旋转，如图5-27所示。

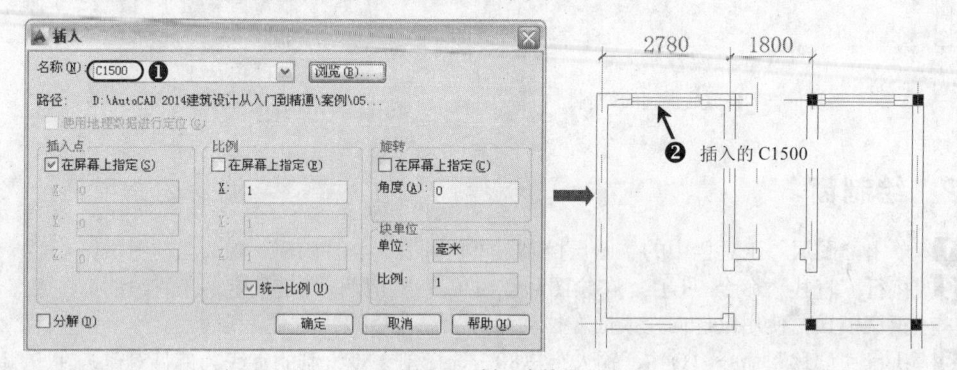

图5-27　插入窗块

3 按照同样的方法，分别在其他窗洞位置插入窗块，并对其所插入的图块“C1500”进行适当的旋转与缩放等，如图5-28所示。

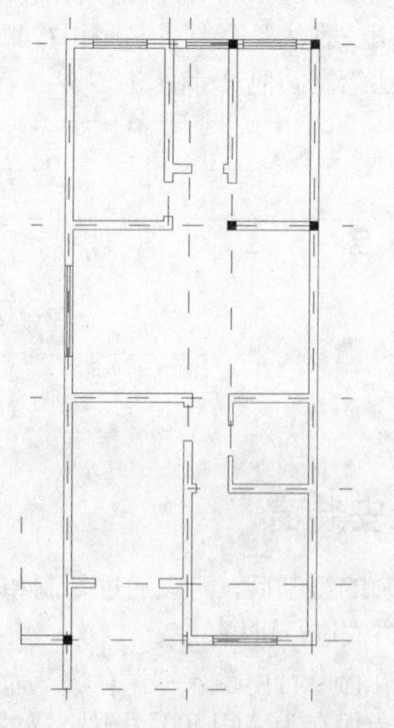

图5-28　在其他位置插入窗块

TIP

由于此时所插入的窗块有些不符合要求，用户可以通过“旋转”或“镜像”命令进行操作；当尺寸不一致时，用户可以通过绘制多线的样式来绘制，也可通过作适当的比例缩放，使之符合要求。例如（C2415）由于此时窗的宽度为2400，而图块的窗宽为1500，所以应该在该处设置图块的比例缩放比例为1.6（2400÷1500），再进行旋转操作即可，如图5-29所示。

图5-29　门块比例设置后进行插入

5.5.4　绘制门

1. 将“门窗”图层置为当前图层，使用“直线”、“圆弧”、“修剪”等命令，绘制一扇宽度为800mm的平开门效果，如图5-30所示。

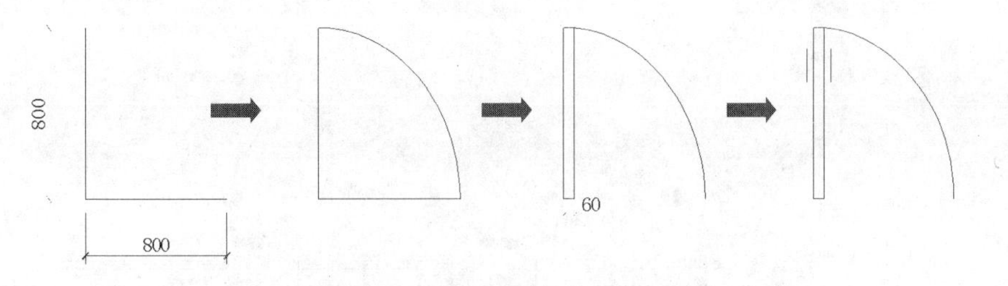

图5-30　绘制平面门

2. 在命令行中输入“保存块”命令（W），将弹出“写块”对话框，然后将绘制的平面门对象保存为“M-9”图块，如图5-31所示。

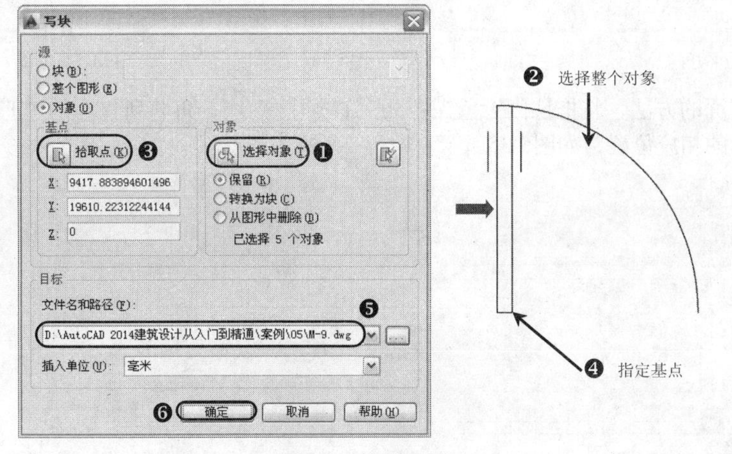

图5-31　绘制平面门

3 使用“插入块”命令（I），将刚保存的图块“M-9”对象插入到相应位置，并对其插入的图块“M-9”旋转90°，如图5-32所示。

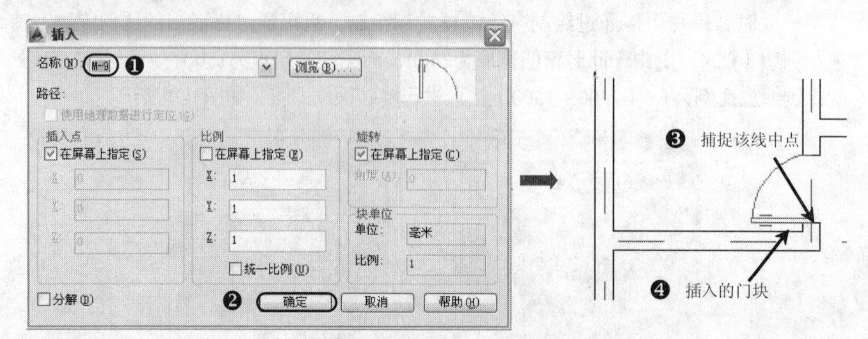

图5-32 插入平面门

4 再通过相同的方法，在其他的门洞口位置插入图块“M-9”。

5 由于此时插入的门块对象不符合要求，用户可以通过“旋转”、“镜像”等命令对其所插入的图块“M-9”对象进行设置，使之符合要求，如图5-33所示。

6 使用“矩形”、“直线”、“修剪”等命令在图形下侧绘制推拉门（TM-1）的平面效果，绘制过程如图5-34所示，然后将其安装在相应的位置上。

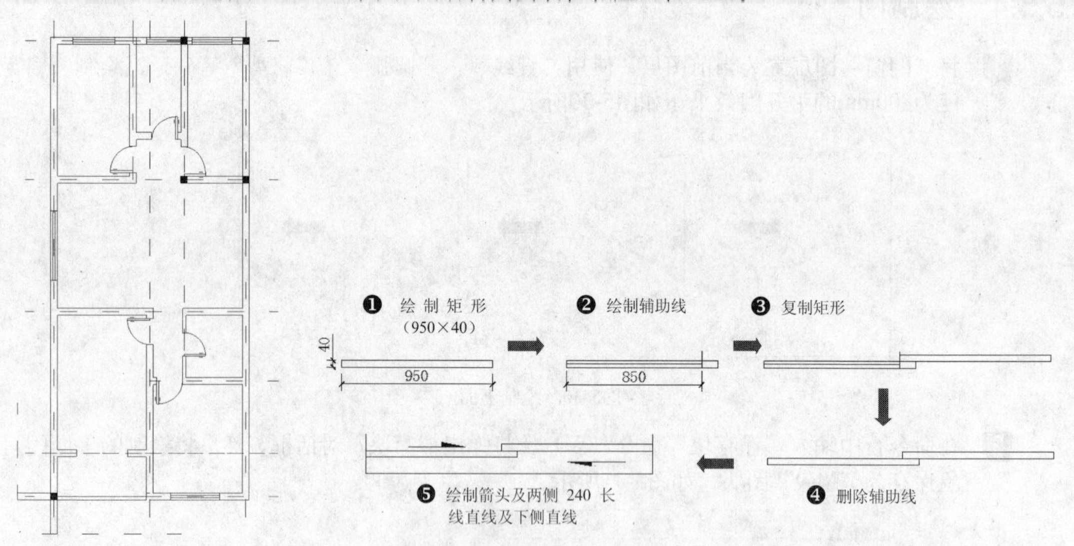

图5-33 插入平开门

图5-34 绘制推拉门过程（TM-1）

7 按照前面的方法，将推拉门对象保存为“TM-1”图块，再将所保存的“TM-1”图块插入到图形的相应位置，如图5-35所示。

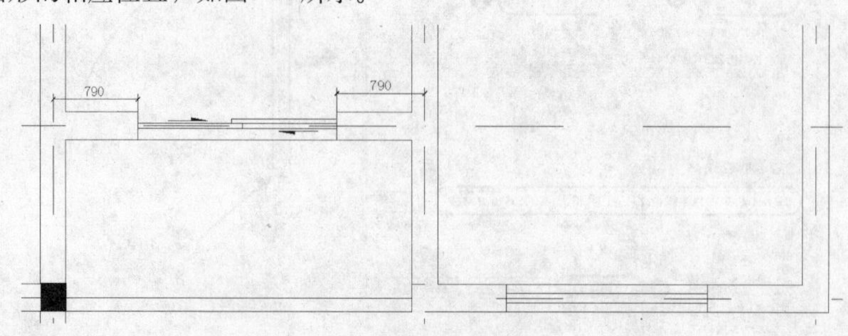

图5-35 绘制推拉门

8 执行“直线”命令（L），沿最右侧纵墙绘制直线，与其最左侧纵墙齐平，然后用直线连接，形成雨棚外轮廓线，如图5-36所示。

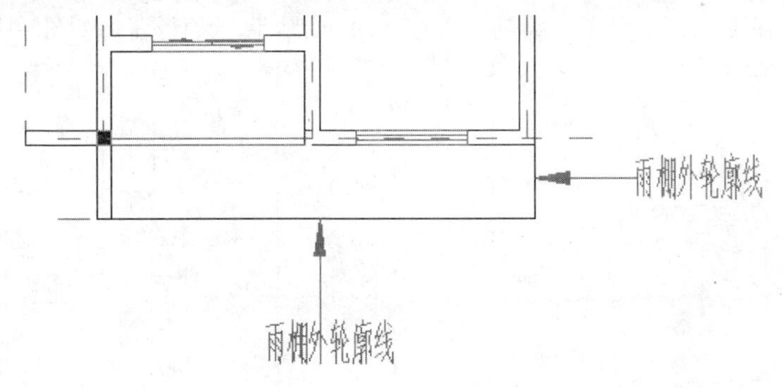

图5-36　绘制雨棚外轮廓线

9 再执行“直线”命令（L），绘制上部的雨棚外轮廓，如图5-37所示。

10 执行“图案填充”命令（H），选择“LINE”图案，旋转角度为90°，填充比例为1500，选择图形上、下侧的雨棚轮廓区域，从而完成屋檐的绘制，如图5-38所示。

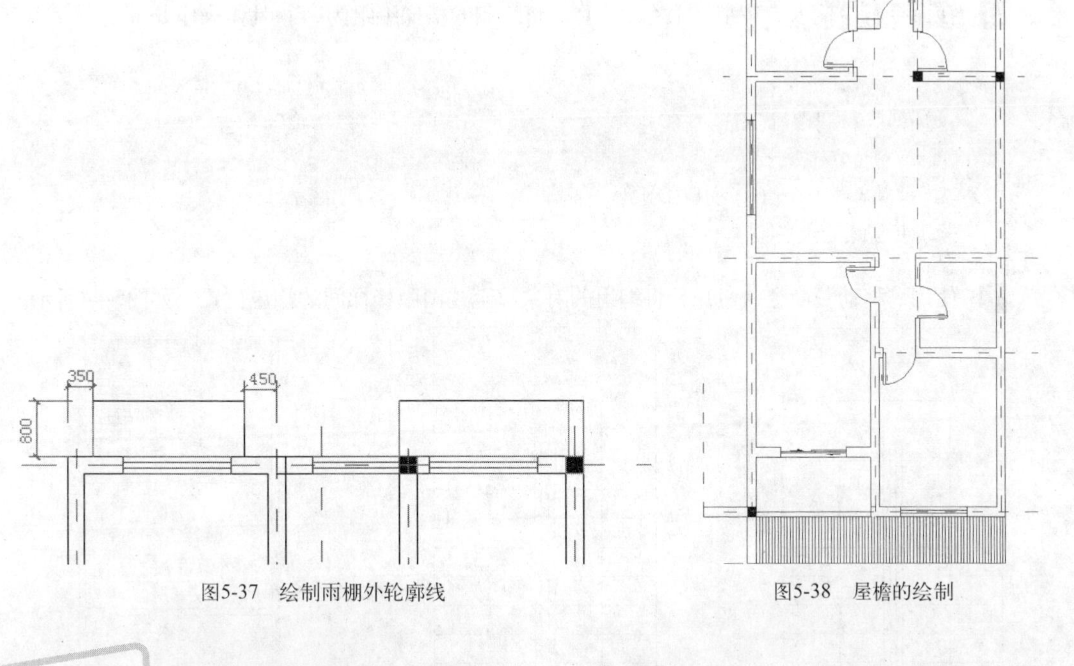

图5-37　绘制雨棚外轮廓线　　图5-38　屋檐的绘制

5.6 绘制楼梯

1 执行“矩形”命令（REC），绘制尺寸为2060×4560的矩形，从而完成外轮廓的绘制，如图5-39所示。

2 执行“矩形”命令（REC），绘制尺寸为180×2400的矩形，再执行“偏移”命令，将其向内偏移60，再将其插入到图示位置，从而完成梯井的绘制，如图5-40所示。

3 执行“直线”命令（L），绘制宽度为260mm的踏步，共计8步，如图5-41所示。

图5-39　绘制的楼梯外轮廓

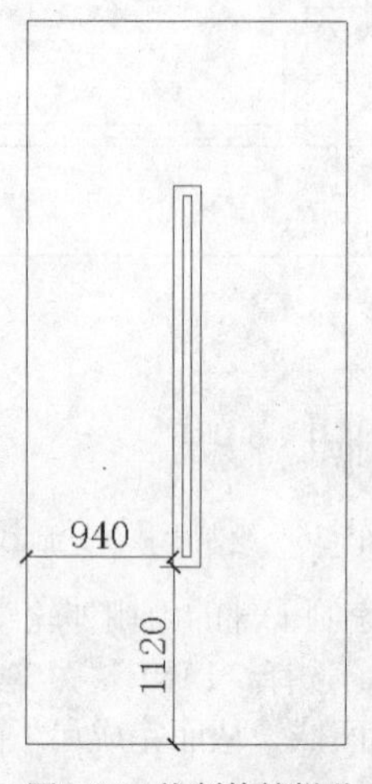

图5-40　绘制的楼梯井

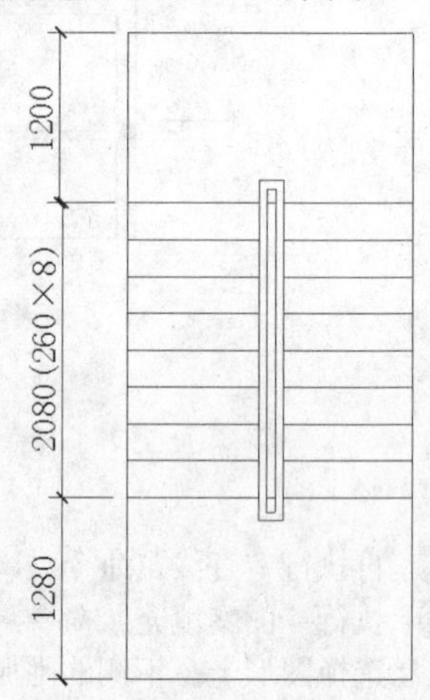

图5-41　绘制的楼梯踏步

4 执行“多段线”、“直线”、“修剪”等命令绘制箭头和折断线，如图5-42所示。

5 单击“多行文字”按钮A，设置文字的大小为350，进行文字标注，从而完成了楼梯的绘制，如图5-43所示。

6 在命令行中输入“编组”命令（G），将绘制的楼梯编组为LT，具体操作如下。

```
命令: G                                          \\G按Enter键
    选择对象或 [名称(N)/说明(D)]:                 \\LT
    指定对角点: 找到 47 个
    选择对象或 [名称(N)/说明(D)]:
    LT组已创建。
```

7 使用“移动”命令（M），将编组的对象移至视图中楼梯间的相应位置，如图5-44所示。

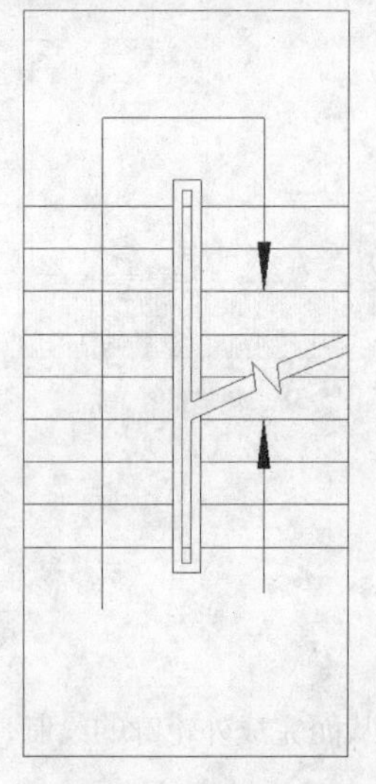
图5-42　绘制的箭头

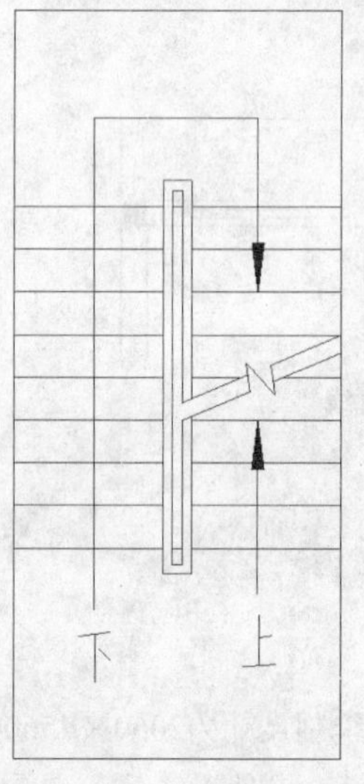

图5-43　标注楼梯的上下方向

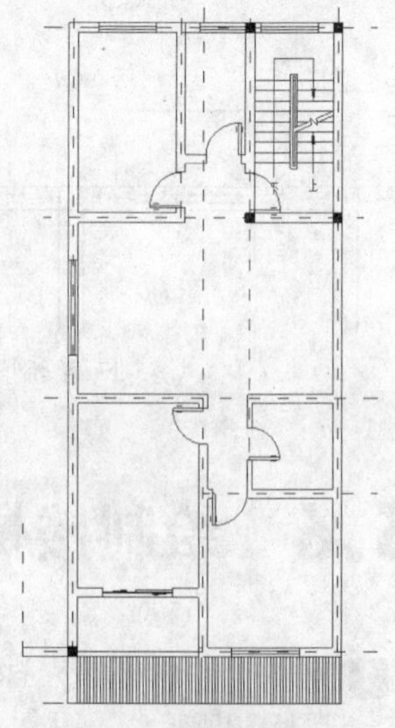
图5-44　放置楼梯对象

5.7 绘制厨房、卫生间设施

厨房、卫生间主要设施有灶台、燃气灶、洗涤池、水龙头、浴盆等，用户可以根据需要临时绘制，或者通过复制其他已有建筑图的图形进行绘制，也可以通过插入事先准备好的图块的方式进行更加快捷的绘制。这里详细介绍通过AutoCAD设计中心插入块方式的绘制方法。

1. 新建“家具”图层，并将其置为当前图层。
2. 执行“工具”|“选项板”|“AutoCAD设计中心”命令，或使用组合键Ctrl+2，将打开如图5-45所示的“设计中心”窗口。

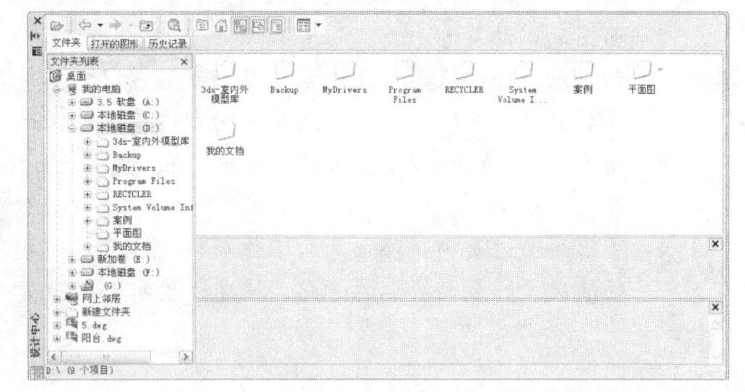

图5-45 “设计中心”窗口

3. 利用树状目录“Progrom Files→AutoCAD 2014→SAMPLE→Design Center”找到“House-Designer.dwg”文件，即可看到“House Designer.dwg”下的图块对象，如图5-46所示。
4. 单击“设计中心”窗口中的图块，单击鼠标右键，执行快捷菜单中的“插入块”命令，将所选择的图块插入到相应位置。
5. 再利用缩放命令（SC）、旋转命令（RO）、拉伸命令（S）、镜像命令（MI），将插入的块进行调整。
6. 利用上述的方法为需要的房间布置“坐便器”、“洗脸盆”、“浴缸”等家具，如图5-47所示。

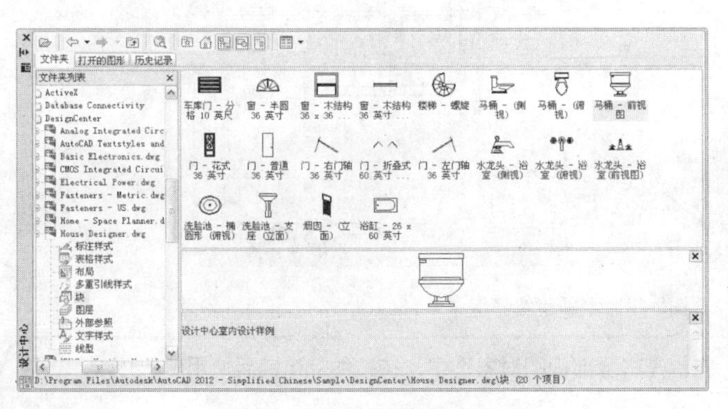

图5-46 找到指定的图块

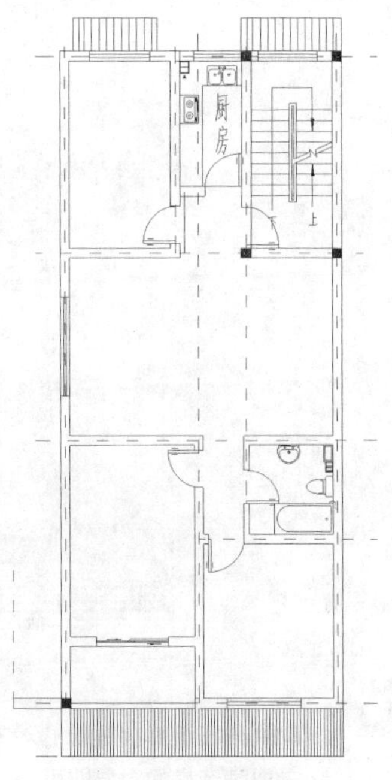

图5-47 厨房卫生间的布置

专业资料：建筑平面图的绘制内容

建筑平面图主要反映建筑物的平面位置。对于多层建筑，建筑平面图主要包括底层平面图、标准层平面图、顶层平面图和屋面平面图等。另外还有平面详图来表示卧室、厨房、卫生间、楼梯等在单层平面图中表示不清楚的部分。这几种平面图的图示主要有以下内容。

- 底层平面图主要表示建筑物的底层形状、大小，房屋平面布置情况及名称，入口、走道、门窗、楼梯等位置、数量，以及墙或柱的平面形状及材料等情况。除此之外，还应反映房屋的朝向（用指北针表示）、室外台阶、明沟、花坛等的布置，并应注明建筑剖面图的剖切符号。
- 标准层平面图表示房屋中间几层的布置情况，其中表示内容与底层平面图基本相同。标准层的平面图除了表达中间几层的室内情况外，还需要画出下层室外雨棚、遮阳板等。
- 顶层平面图表示房屋最高层的平面布置图。顶层平面图常常与标准层平面图只有很小的差别，有的房屋建筑的顶层平面图与标注层平面图相同，在这种情况下，顶层平面图可以省略。
- 屋顶平面图是由屋顶上方向下作屋顶外形的水平投影而得到的平面图，用它来表示屋顶的情况，如屋面排水的方向、坡度、雨水管的位置及屋顶的构造等。

5.8 水平镜像套房

通过前面的几个步骤，已经将其中一套住宅平面图绘制完成，根据要求，整个平面图分成两套住房，所以下面将其左侧的住宅平面图进行水平镜像，从而完成整个单元楼的绘制。

使用“镜像（MI）”命令，旋转视图中已经绘制的所有图形最为镜像的对象，再选择最右侧的垂直轴线作为镜像的轴线，从而对其左侧住宅套房进行水平镜像，如图5-48所示。

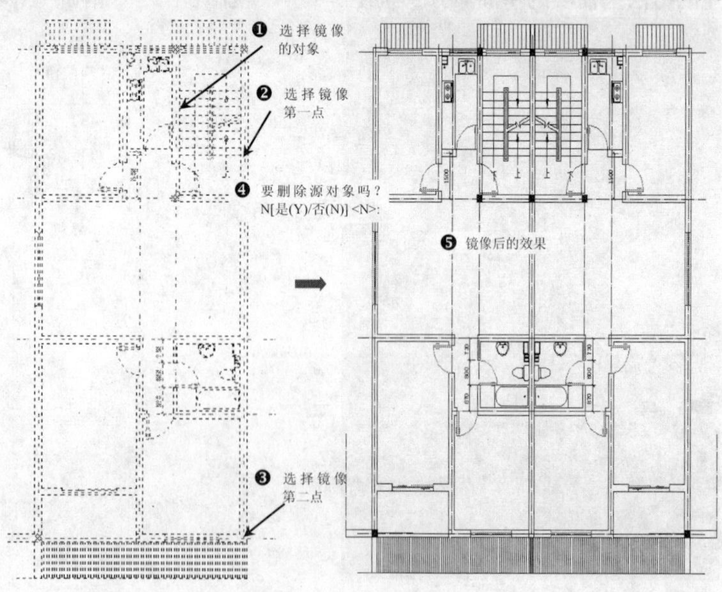

图5-48 水平镜像套房

用户在选择要镜像的对象时，应首先将全部视图对象选中，在按住Shift键后使用鼠标依次单击要取消选择的对象即可。

5.9 图形对象的标注

通过以上几个步骤，用户接下来应该对平面图进行尺寸标注。建筑平面图的尺寸标注分为外部尺寸和内部尺寸两种尺寸。这两种尺寸可以反映建筑中房间的开间、进深、门窗及室内设备的大小、位置等。下面讲解对套房内部尺寸、标高和文字等进行标注。

5.9.1 标注尺寸对象

1. 单击“图层”工具栏中的“图层控制”下拉列表，选择“标注”为当前图层。
2. 单击“标注”工具栏中的“线性标注”按钮和“连续标注”按钮，对图形进行尺寸的标注，如图5-49所示。

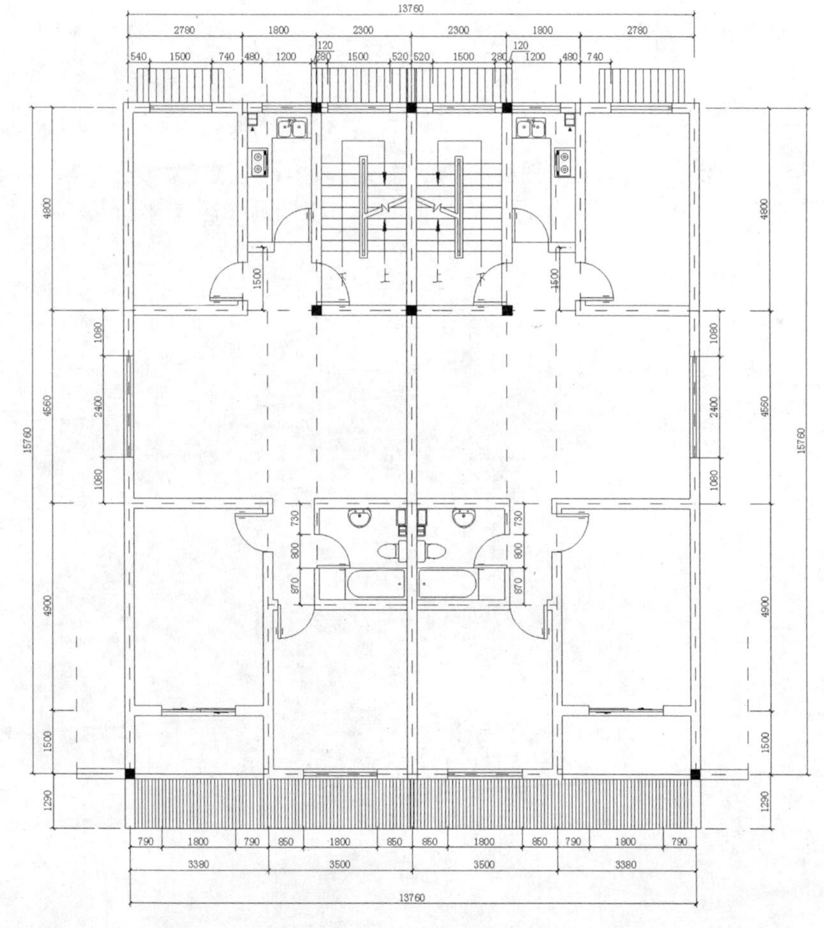

图5-49　尺寸标注效果

当对图形个别的细部尺寸进行标注时，标注样式的大小或许不合适，这时用户可以通过创建一个新的标注样式，参照“建筑平面标注”的设置，其他参数不变，只需要将“全局比例因子”做适当的调整，使其符合标注即可。

5.9.2 修改标注文字的大小

如果尺寸文字重叠，或者尺寸文字标注位置上有其他图形元素，以及尺寸文字远离尺寸线，从而导致图面混淆不清，可以通过“特性”面板修改文字位置，使图面变得更加清晰可读。

1. 在需要移动的标注文字处单击鼠标来选中对象，再单击右键，从弹出的快捷菜单中选择“特性”命令，从而打开“特性”面板。
2. 修改“特性”面板中“调整”栏的“文字移动”项为“移动文字时不添加引线”，如图5-50所示即可。
3. 选中尺寸文字夹点，使用鼠标将尺寸文字移动到新的位置即可。

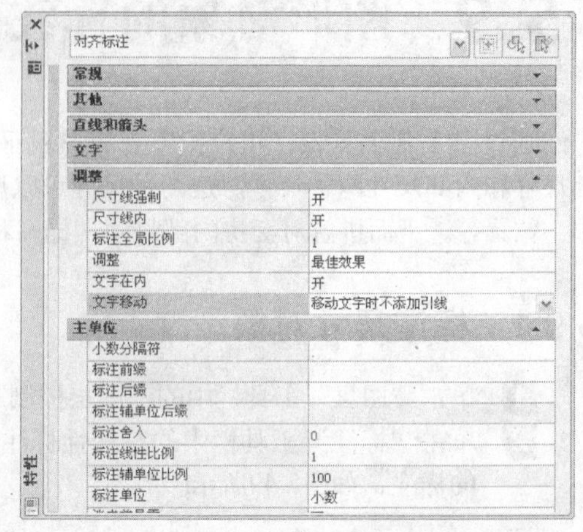

图5-50 “特性”面板

5.9.3 标注文字对象

1. 将当前图层设为“文字标注”图层，并在“样式”工具栏中选择文字样式为“图内说明”。
2. 在“文字”工具栏中单击“单行文字”按钮AI，分别在每个区域内进行文字标注，如图5-51所示。

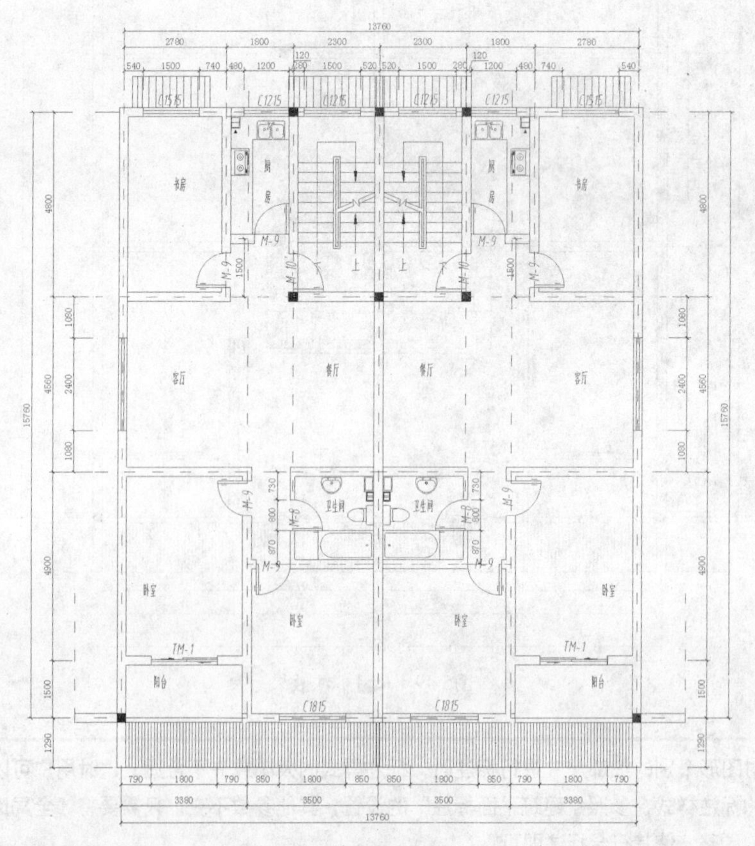

图5-51 进行内部文字标注

5.9.4　标注标高符号

1 使用“直线”命令（L），首先绘制一条平行线并向上偏移300，再过平行线绘制一条垂直线段和一条夹角为45°的斜线段，再将其斜线段水平镜像，然后将多余的线段进行修剪和删除，从而完成标高符号的绘制，如图5-52所示。

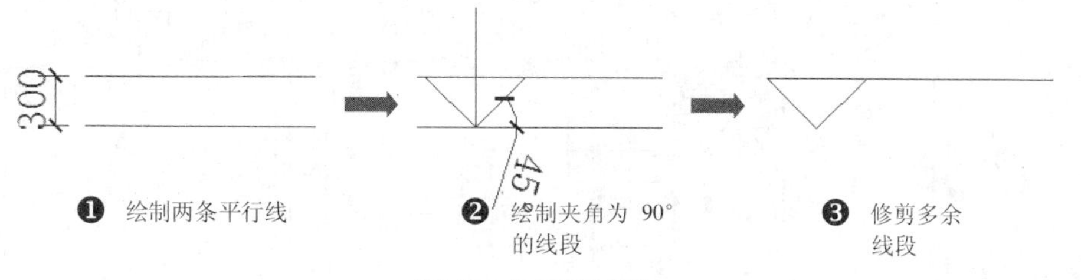

图5-52　绘制标注符号

2 执行“格式”|“文字样式”命令，将“尺寸文字”置为当前，执行“绘图|“块”|“定义属性块”命令，将弹出“属性定义”对话框，分别进行属性和文字设置，然后在标高符号右上侧捕捉一点确定位置，如图5-53所示。

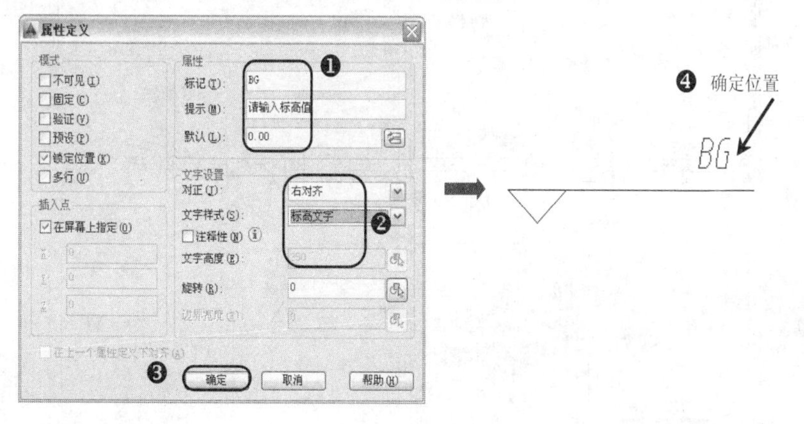

图5-53　定义属性

3 执行“写块”命令（W），将弹出“写块”对话框，选择这个标高符号的属性文字对象，再选择标高符号下侧作为基点，将其命名为“案例\05\标高.dwg”，然后单击“确定”按钮，如图5-54所示。

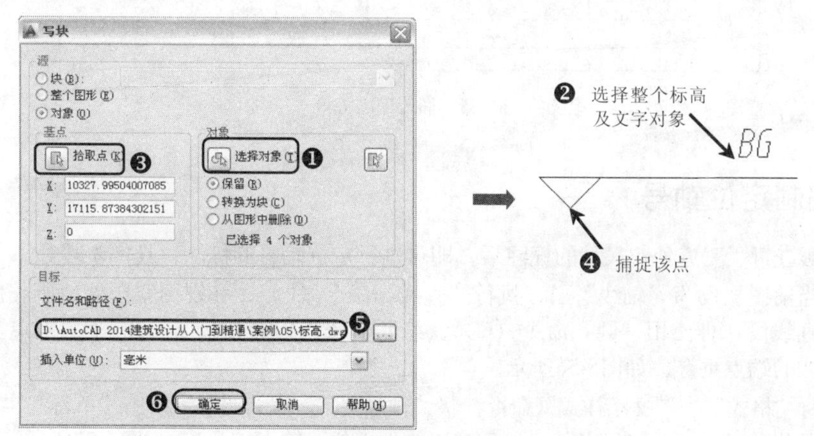

图5-54　定义属性块

4 使用“插入块（I）”命令，将弹出“插入块”对话框，选择刚定义的属性块“案例\05\标高.dwg”文件，单击“确定”按钮，此时在视图的客厅捕捉一点作为图块的基点，再根据要求输入标高值为“%%P0.000”（即±3.900），如图5-55所示。

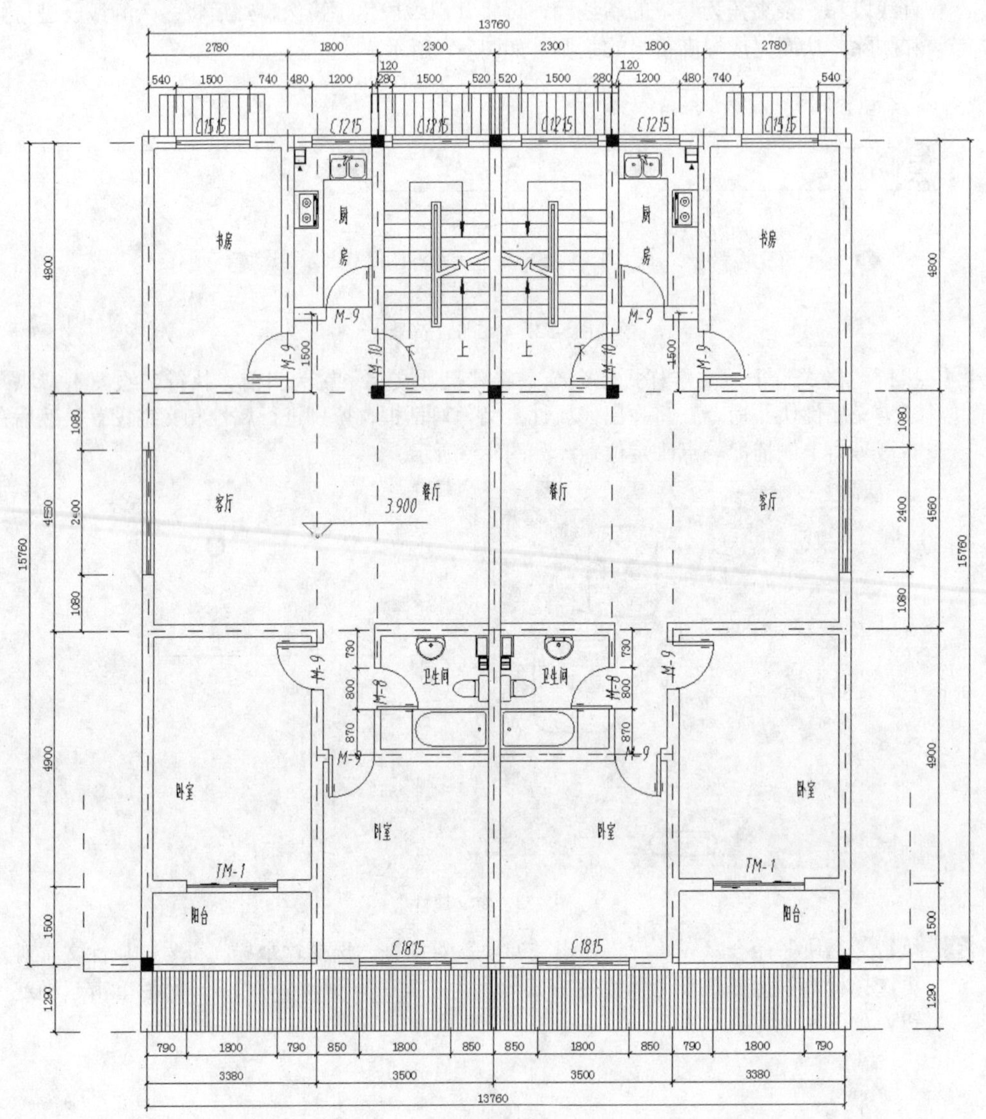

图5-55　插入标高符号

5.9.5　编制定位轴号

当对图形进行了三道外包尺寸的标注后，即可进行定位轴号的标注，具体步骤如下。

1 将当前图层设为“轴线”层，执行“直线”命令（L），在视图空白处绘制长度为1500的垂直线段，再使用“圆”命令（C），绘制半径为400的圆，且圆的上象限点与垂直线段下侧的端点重合，如图5-56所示。

2 执行“格式”｜“文字样式”命令，将“轴号文字”置为当前，单击“单行文字”按钮AI，设置其对正方式为“居中”，然后在圆的中心位置输入编号1，如图5-57所示。

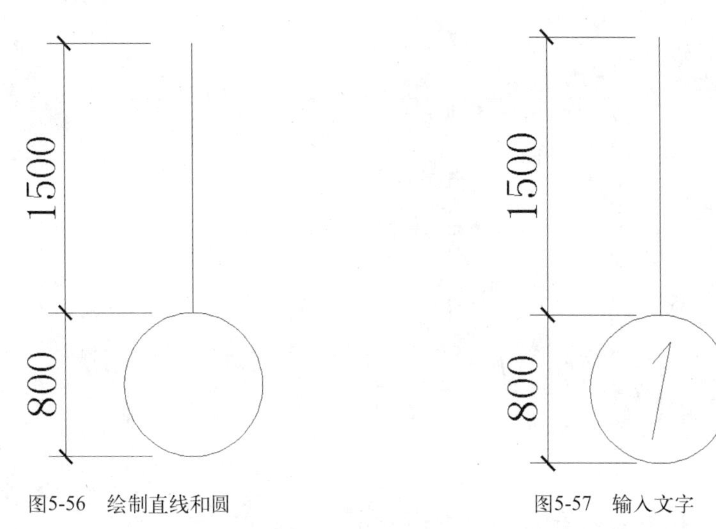

图5-56 绘制直线和圆　　　　图5-57 输入文字

3 使用“复制”命令（CO），将刚绘制好的定位轴线符号依次复制到图形下侧的相应位置，其轴线上侧端点与第二道尺寸线对齐，然后分别双击圆内文字对象，并修改其相应的轴号，从而完成下侧定位轴线的绘制，如图5-58所示。

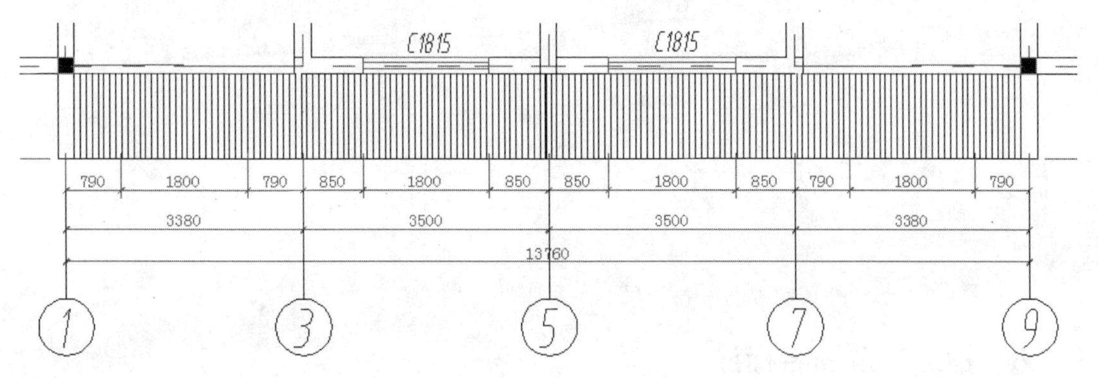

图5-58 下侧定位轴线的绘制

4 执行“移动”命令（M），将定位轴线符号上侧的垂直线段移至圆的下侧，然后按照同样的方法完成上侧定位轴线的绘制，如图5-59所示。

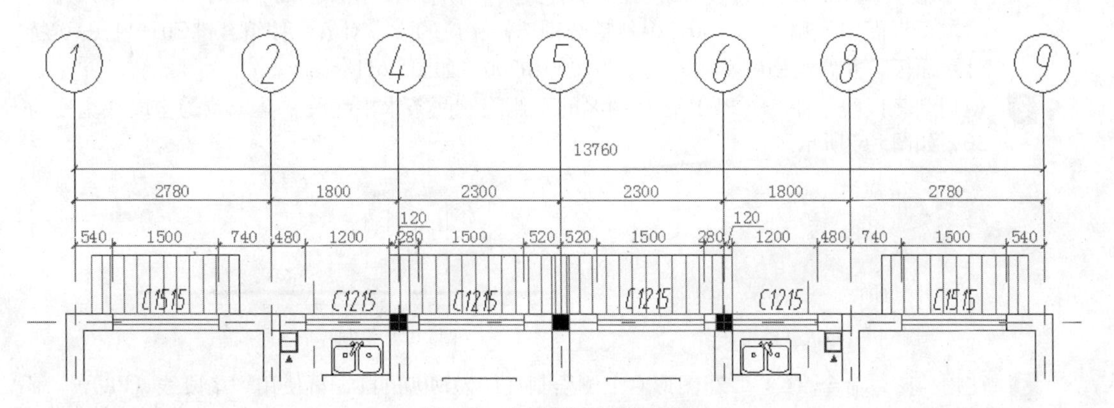

图5-59 上侧定位轴线的绘制

5 再按照前面的方法，分别对左右侧进行定位轴线的标注，如图5-60所示。

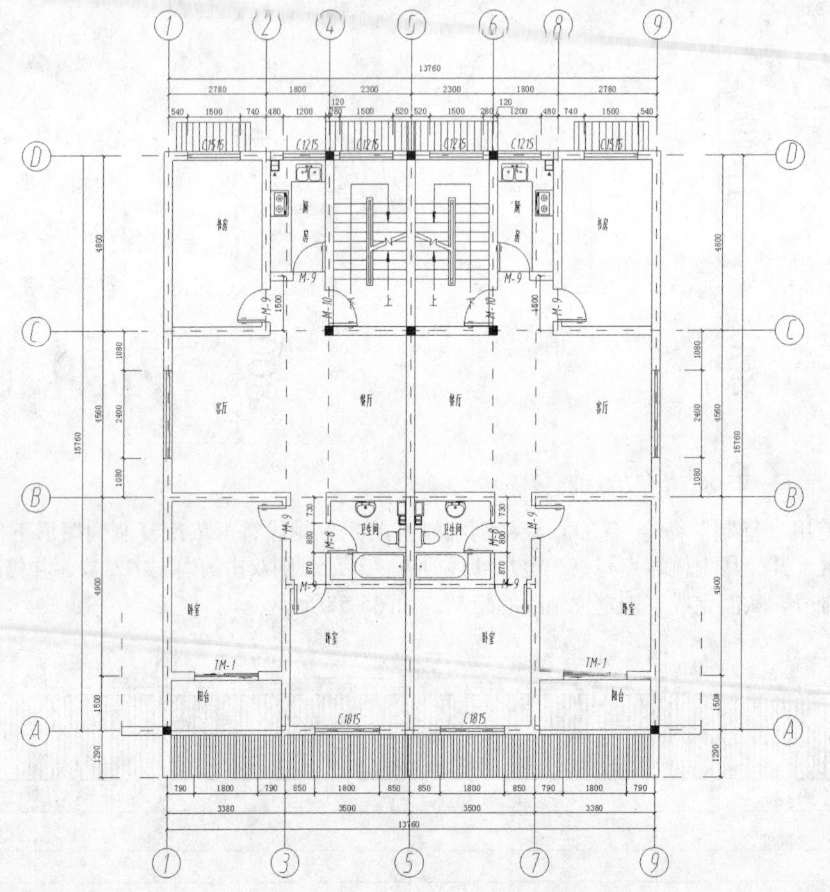

图5-60　定位轴线的绘制

5.9.6　指北针及图名标注

对图形外包三道尺寸进行标注后，可对其图形进行指北针及图名的标注。

1 执行“格式”｜“文字样式”命令，将“图名”文字样式置为当前，在“文字”工具栏中单击“单行文字”按钮A，设置文字样式为“居中”，在图形的下侧中间位置输入图名“二层平面图”和“1：100”，然后分别选择相应的文字对象，按组合键Ctrl+1打开“特性”面板，并修改相应文字的大小为1000和700，如图5-61所示。

2 使用“多段线”命令（PL），在图名的下侧绘制两条水平线段，其上侧的多段线宽度为30，如图5-62所示。

图5-61　输入并编辑文字　　　　图5-62　绘制两条多段线

3 使用“圆”命令（C），在图形右上侧绘制直径为2400的圆，再使用“多段线（PL）”命令，过圆的上侧象限点至下侧象限点绘制一条垂直线段，且其上侧端点的宽度为0，下侧宽度为300，再单击“单行文字”按钮A，在圆的上侧输入N，从而完成指北针的绘制，如图5-63所示。

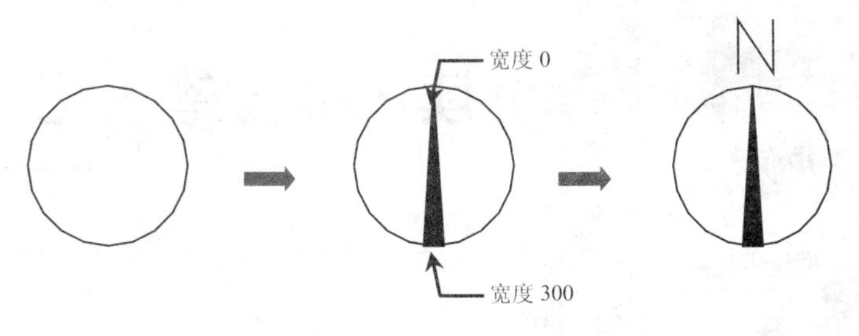

图5-63　指北针符号的绘制

5.9.7　添加图框

用户可以根据图幅的需要为图加上图框，一般A3图幅为420mm×297mm，按照1：100的比例，用户可以绘制一个图框并将其放到图纸的合适位置，接着调整图的位置，添加上图纸标题栏的图名、图号等信息保存成完整的一幅图纸。由于标准图纸对图框标题的要求是一样的，在添加图框标题时通常的做法是，将图框标题制作成一个单独的文件，这样用户在使用的时候，将其作为一个单独的块插入图纸中，简化绘图步骤，提高绘图效率。插入图框后即完成了其二层平面图的绘制，结果如图5-64所示。用户可按组合键Ctrl+S对其文件进行保存。

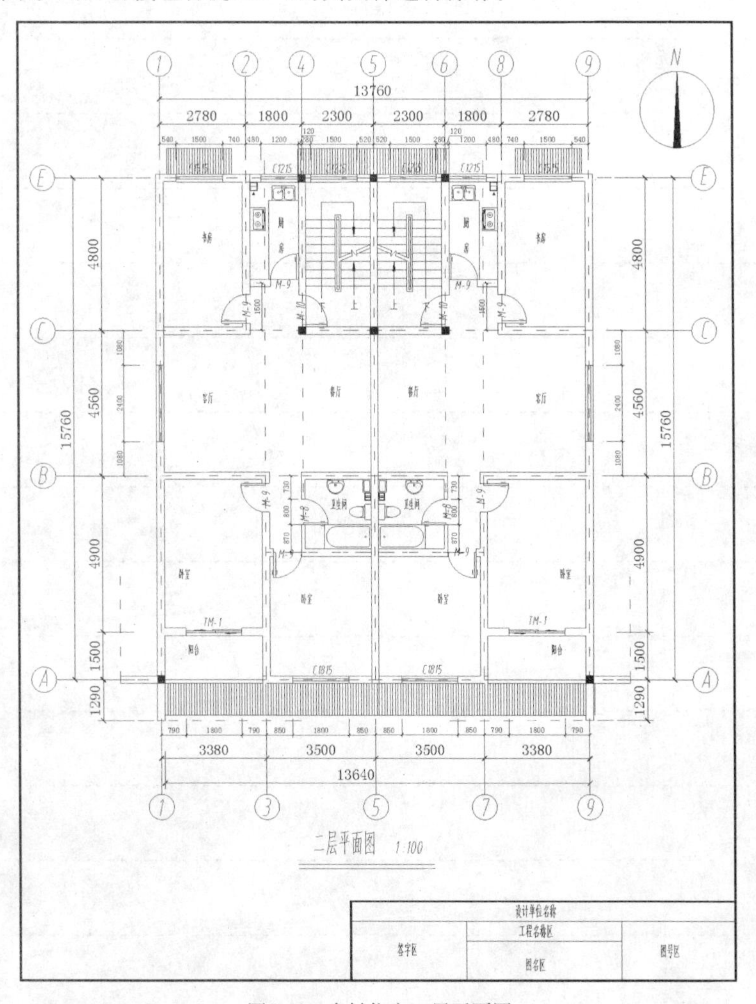

图5-64　农村住宅二层平面图

读·书·笔·记

Chapter

06

第6章

住宅建筑立面图的绘制

建筑立面图是建筑设计过程中的一个基本组成部分，是对建筑立面说明的图纸。

在本章中，首先讲解了建筑立面图的形成、内容和作用，建筑立面图的绘制要求和绘制方法等基本知识；然后通过某农村住宅立面图的绘制，引领读者掌握建筑立面图的绘制方法。在后面的“实战演练”部分中，将另一套住宅楼的建筑立面图绘制好的效果展现出来，让读者自行按照前面的方法进行绘制，从而更加牢固地掌握建筑立面图的绘制方法。

主要内容

- ✓ 了解建筑立面图的概念及形成
- ✓ 掌握建筑立面图的绘制内容及绘制要求
- ✓ 掌握建筑立面图的绘制步骤
- ✓ 掌握绘图环境的调用方法
- ✓ 掌握建筑立面图定位轴线及层高的绘制方法
- ✓ 掌握建筑立面图柱子、门窗、阳台的绘制方法
- ✓ 掌握屋檐及屋顶的绘制方法
- ✓ 掌握建筑立面图的尺寸、文字、标高、轴号的标注方法
- ✓ 演练农村住宅楼其他立面图的绘制

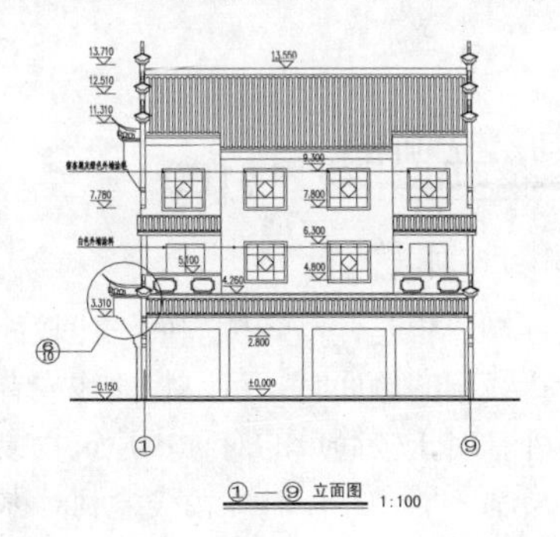

①—⑨ 立面图 1:100

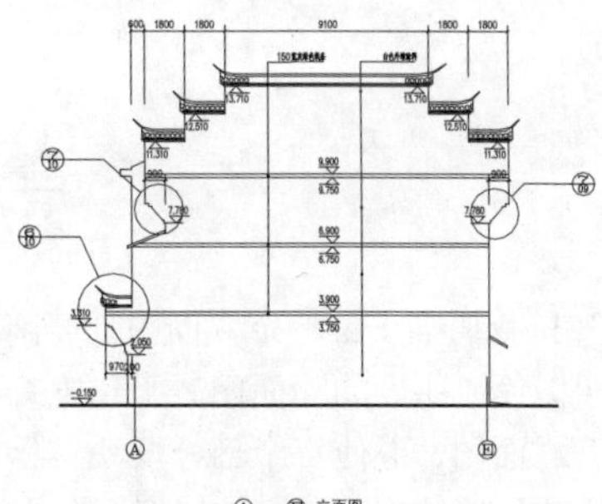

Ⓐ—Ⓔ 立面图 1:100

6.1 农村住宅正立面图的概述

视频文件：视频\06\农村住宅正立面图的绘制.avi
结果文件：案例\06\农村住宅正立面图.dwg

建筑立面图是建筑物与建筑物立面相平行的投影面上投影所得的正投影图形，它主要用来表示建筑物的体型、外貌、外墙装修、门窗的位置与形式，以及遮阳板、窗台、窗套、屋顶水箱、檐口、阳台、雨篷、雨水管、水斗、引条线、平台、台阶、花坛等构配件各部位的标高和必要尺寸，是建筑物施工中进行高度控制的技术依据。

本实例是在第5章绘制完成的平面图基础上绘制农村住宅正立面图。立面图横向的尺寸由相应的平面图确定，因此在绘制建筑立面图时，要参照建筑平面图的定位尺寸，并且在建筑平面图的基础上设置立面图的绘图环境，然后根据建筑立面图的绘制步骤绘制各图形元素，绘制完成的正立面图效果如图6-1所示。

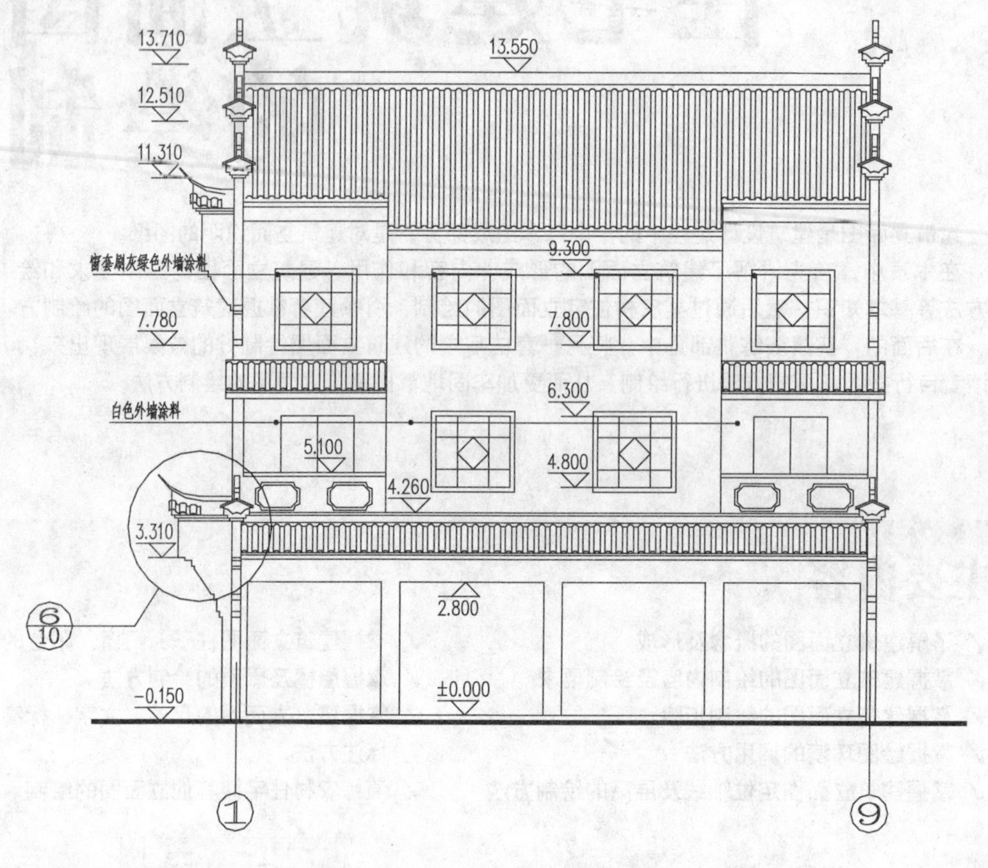

图6-1　农村住宅楼正立面图

一个建筑物原则上每一个立面图都要画出它的立面图。但是，当各侧立面图比较简单或者用相同立面时，可以绘制主要的立面图。当建筑有曲线或者折线形的侧面时，可以将曲线或者折线形的侧面绘制成展开立面图，以使每个部分反映实际形状。另外，对于较简单的对称式建筑物或对称的构配件等，在不影响构造处理和施工的情况下，立面图可以绘制一半，并在对称轴线绘制对称符号。

专业资料：建筑立面图的绘制内容

建筑立面图主要内容包括以下几部分。

- 图名和比例。
- 建筑物某侧立面的立面形式、外貌和大小。
- 外墙面上的装饰做法、材料、装饰图线、色调等。
- 门窗及各种墙面线脚、材料、装饰图线、色调等。
- 标高及必须标注的全局尺寸。
- 详图索引符号，立面图两端定位轴线及编号。

6.2 建筑立面图绘图环境的设置

建筑立面图的绘图环境主要包括绘图环境的设置、图层规划、文字样式与标注样式的设置。由于立面图与平面图采用相同的图纸幅面和打印比例，因此绘图环境在很多方面也是相同的。为了能更加快速地绘制其建筑立面图对象，用户可以在绘制好的平面图的基础上进行图形界限、图层规划等方面的修改。

6.2.1 设置图形界限

根据图6-1所示可知，建筑立面图的实际长度为15760mm，高度为13710mm，绘图环境打印比例为1：100，再根据第5章的讲解可知图形界限设置为24000×21000。

1 正常启动AutoCAD 2014软件，单击“打开”按钮，打开“案例\05\农村住宅二层平面图.dwg”。

2 执行“文件”｜“另存为”命令，打开“图形另存为”对话框，将文件另存为“农村住宅正立面图.dwg”图形文件。

6.2.2 规划图层

由于立面图的图层与平面图的图层大致一样，因此在图层规划上同样可以在平面图图层规划的基础上进行绘制并修改。

1 执行“格式”｜“图层”命令，此时弹出“图层特性管理器”面板，单击“新建图层”按钮，新建“地坪线”图层，设置线宽为0.70毫米，如图6-2所示。

地坪线				250	Continuous	0.70 毫米	0

图6-2 新建“地坪线”图层

TIP

由于图层是在建筑平面图的基础上进行修改，所以建筑立面图中既有与平面图公用的图层，也有独用的图层，这样在建筑平面图图层系统基础上直接建立新的图层，势必导致图层过多，使在绘图过程中引起图层查询不便。为此用户可以通过图层过滤管理来实现图层的分组，规划图层在不同图形的可见性，以便于绘图。

2 单击“图层特性管理器”面板中的“新建组过滤器”按钮，AutoCAD自动创建名为“组过滤器1”的新建过滤组，将其名改为“建筑立面图”。

3 在“图层特性管理器”面板中选择“所有使用的图层”选项，然后从列表中选中“地坪线”图层，将它拖动到“建筑立面图”过滤组中来，如图6-3所示。

4 选取“建筑立面图”过滤组，在图层中显示该过滤组中所包含的图层，如图6-4所示。

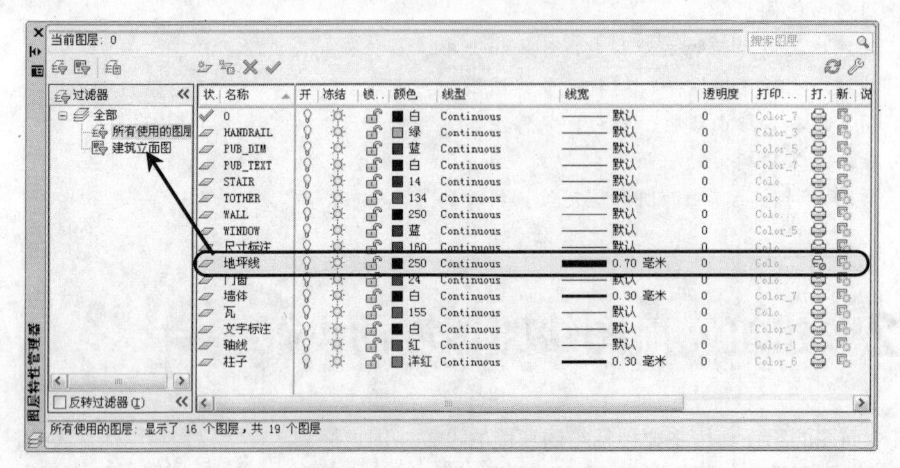

图6-3　图层组过滤图层的添加

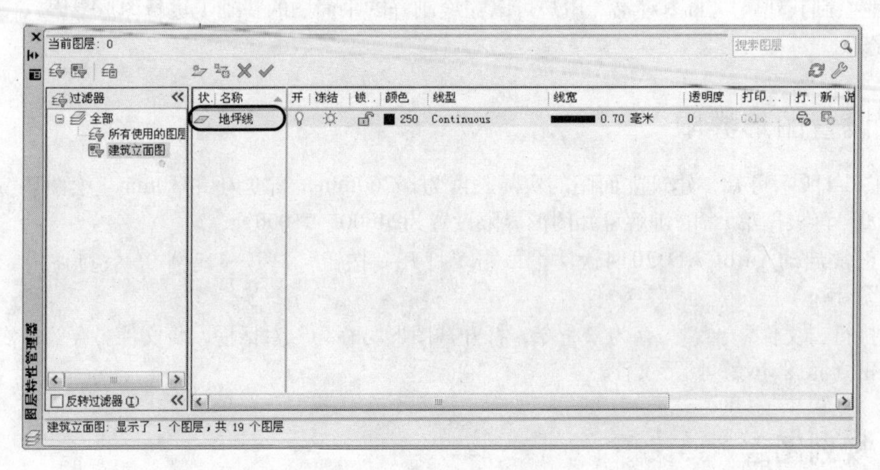

图6-4　图层组过滤器过滤结果

6.2.3　设置文字和标注样式

由图6-1所示可知，建筑立面图上的文字有尺寸文字、图内文字说明、标高文字、图名文字，打印比例为1：100，由此可知建筑立面图上的文字类型、打印比例与平面图相同，因此可直接采用建筑平面图中的文字样式，而不必重新设置。

建筑立面图与平面图的图纸幅面、打印比例相同，因此可以采用相同的尺寸标注样式。

6.3　绘制辅助定位轴线

在绘制之前，首先应根据其平面图的相应墙体引出相应的轮廓对象，从而形成立面轮廓对象。

1 在“图层”工具栏的“图层控制”下拉列表中，将“轴线”图层置为当前。

2 在“图层”工具栏的“图层控制”下拉列表中，关闭除了“轴线”、“轴线文字”之外的所有图层，将轴线1、3、5、7、9复制并粘贴到绘图空白区域中，如图6-5所示。

3 按F8键打开“正交”模式，单击“直线”按钮，在图形窗口下部绘制长度约为20000的直线，如图6-6所示。

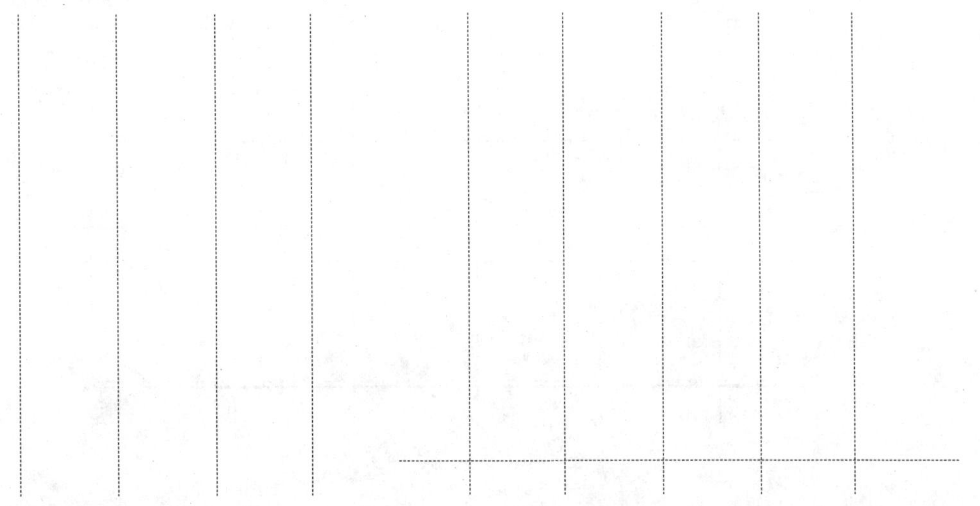

图6-5　绘制竖直辅助线　　　　图6-6　绘制水平辅助线

4 单击“偏移”按钮，按照各层层高、屋顶高等主要轮廓线输入偏移距离分别为150、3310、950、2402、810、2327、3750、1113，依次向上偏移，绘制出其他水平辅助线，如图6-7所示。

图6-7　绘制辅助线

5 在“图层”工具栏的“图层控制”下拉列表中，将“地坪线”图层置为当前图层。单击“直线”按钮，沿最下侧的水平轴线绘制室外地坪线，如图6-8所示。

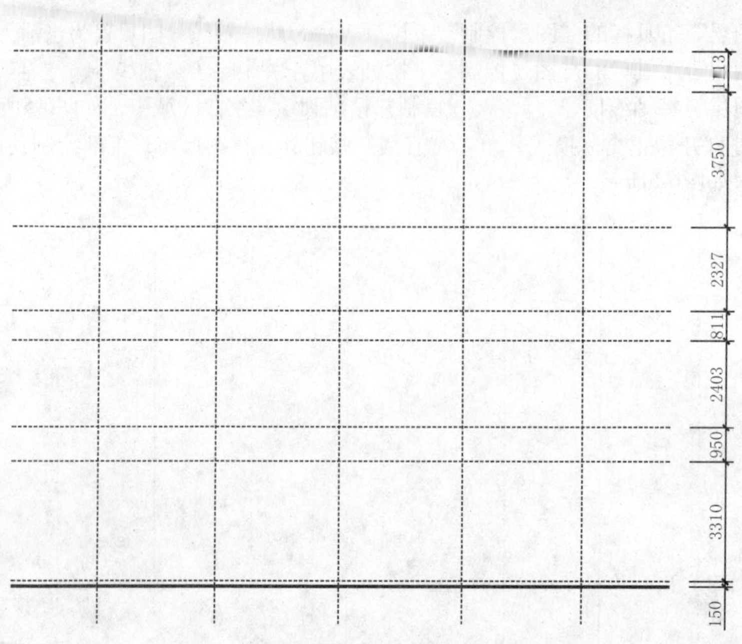

图6-8 绘制地坪线

6.4 绘制立面柱子

在绘制柱子之前，首先根据要求绘制相应的柱子，再确定柱子的位置，然后将绘制好的柱子对象安装到相应的位置即可。

1. 在“图层”工具栏的“图层控制”下拉列表中，将“柱子”图层置为当前图层。
2. 执行“菜单”|“多线样式”命令，弹出“多线样式”对话框，创建“200柱”多线样式，如图6-9所示。

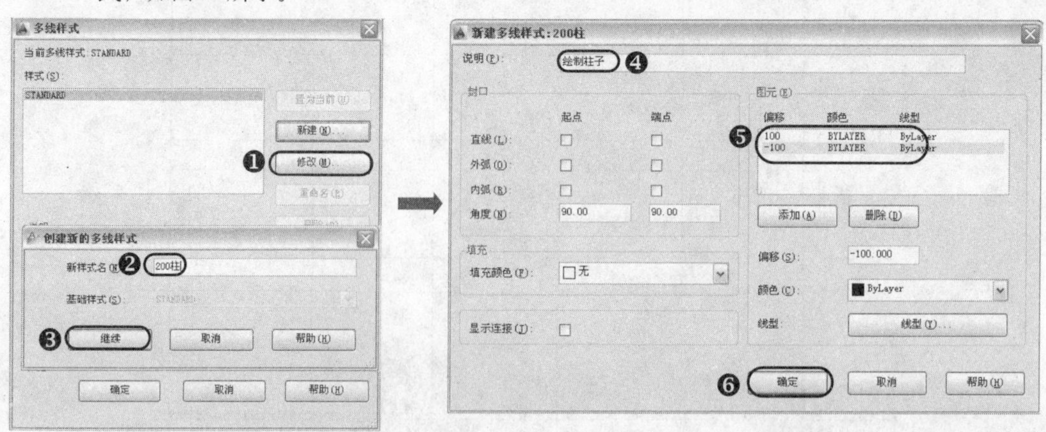

图6-9 “200柱”多线样式的创建

3. 执行“多线”命令（ML），设置对正方式为“无（Z）”，再选择上一步所创建的“200柱”样式作为当前样式，捕捉最左、右侧的垂直轴线绘制柱子对象，如图6-10所示。
4. 执行“曲线”、“直线”、“修剪”、“偏移”等命令绘制柱装饰线，如图6-11所示。

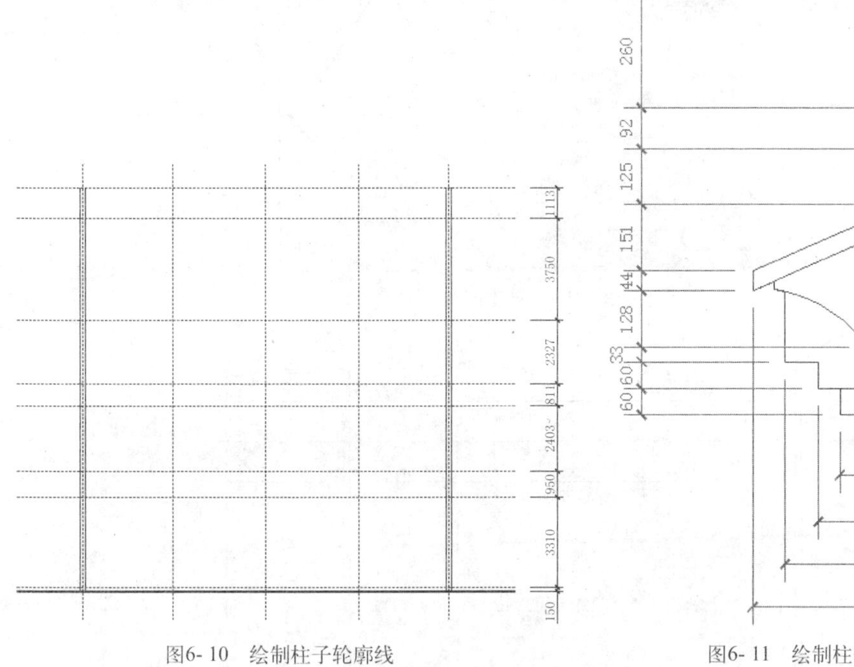

图6-10　绘制柱子轮廓线　　　　图6-11　绘制柱子装饰线

5 在命令行中输入“写块”命令（W），此时将弹出“写块”对话框，将绘制好的装饰线条保存为“装饰线条.dwg”对象，如图6-12所示。

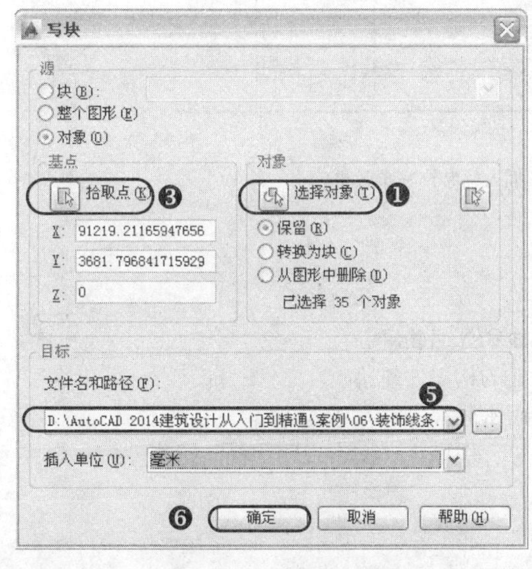

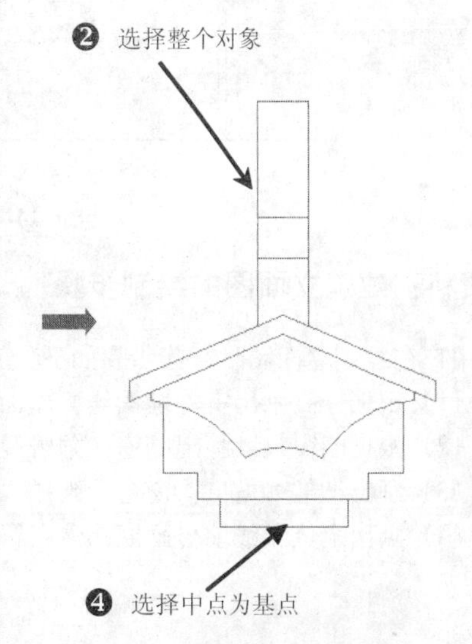

图6-12　定义属性图块

6 执行“插入块”命令（I），将弹出“插入”对话框，选择图块文件“案例\06\装饰线条.dwg”插入到视图相应位置，如图6-13所示。

7 同样，重复执行“插入块”命令（I），或者执行“复制”命令（CO），将所插入的“装饰线条”图块分别复制到其他相应的位置，然后将“装饰线条”图块对象置为“屋檐”图层，结果如图6-14所示。

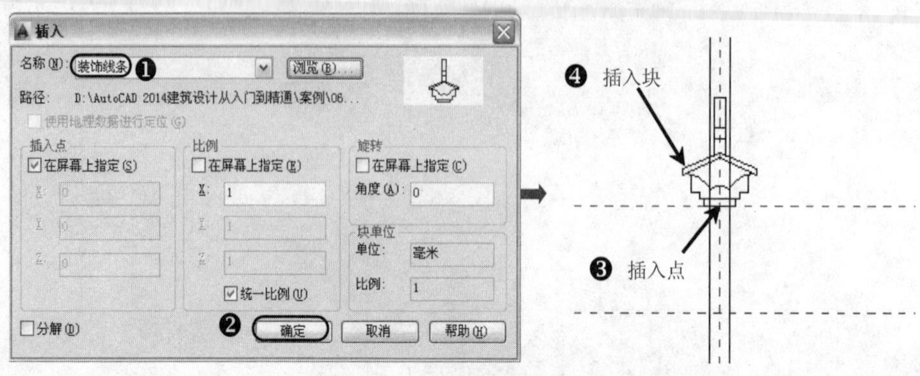

图6-13　插入的装饰线条

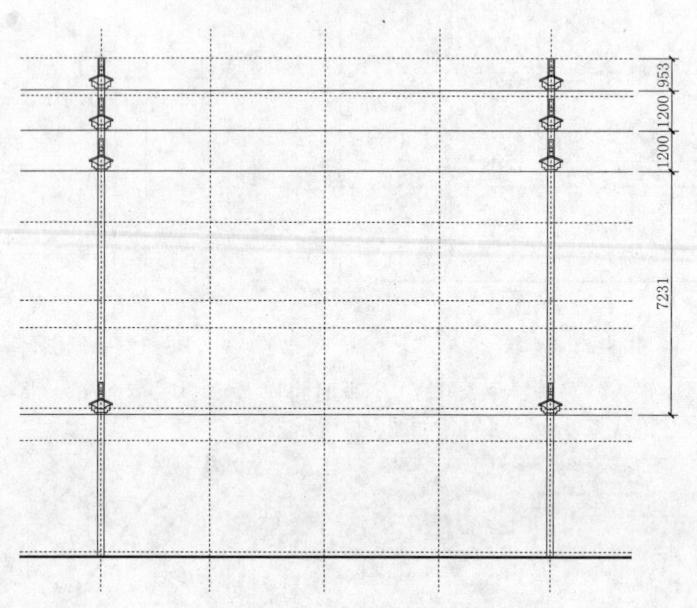

图6-14　插入柱装饰线条效果

专业资料：建筑立面图的绘制步骤

用户在绘制立面图时，其步骤如下。

（1）根据标高画出室外地面线、屋面线和外墙轮廓。

（2）根据门窗尺寸画出门窗、阳台等处的构配件轮廓。

（3）画出细部如檐口、窗台、雨棚、雨水管等。

（4）画出定位轴线编号画圈、索引符号、引出线、文字说明和标高符号等。

6.5 绘制立面窗、门和阳台

在绘制建筑立面图的立面窗、推拉门和阳台之前，首先应根据要求绘制相应的立面窗、阳台和推拉门，再确定其位置，将绘制好的立面窗、推拉门和阳台对象安装到相应的位置即可。

1 在“图层”工具栏的“图层控制”下拉列表中，选择“门窗”层为当前图层。

2 执行“矩形”命令（RCE），绘制1800×1700的矩形，再使用“偏移”命令（O），将矩形向内偏移100，如图6-15所示。

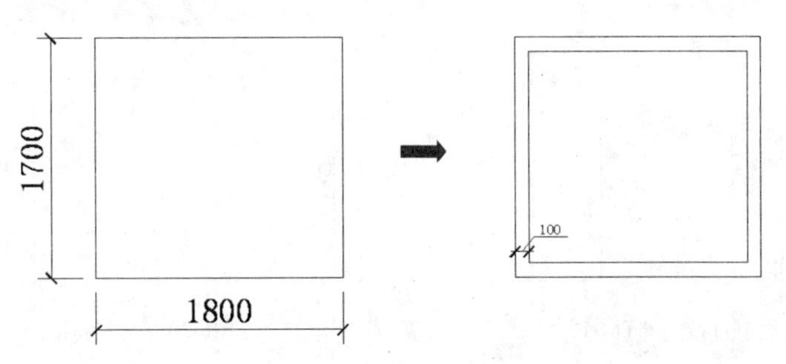

图6-15 绘制并偏移矩形

3 在“修改”工具栏中单击“分解”按钮，将两个矩形打散；再使用“偏移”命令（O），将水平和垂直线段进行偏移，然后使用“修剪”命令（TR）将其进行修剪操作，如图6-16所示。

用户在偏移垂直和水平线段时，应对其外侧的矩形对象线段按照三等分进行打点操作，然后以此来偏移操作。

4 执行“直线”命令（L），分别捕捉相应的中点来绘制四边菱形，从而完成窗的绘制，如图6-17所示。

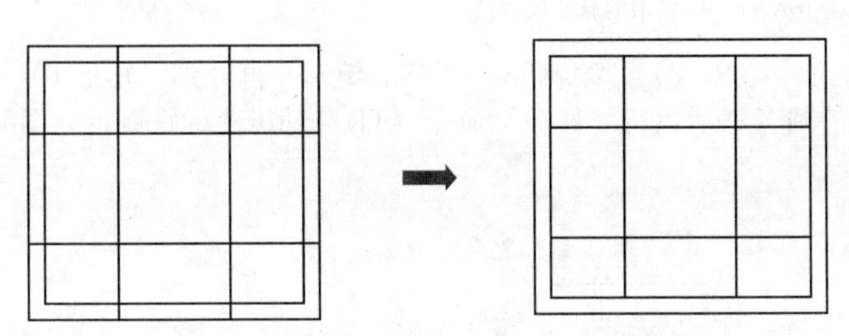

图6-16 绘制直线并修剪的效果

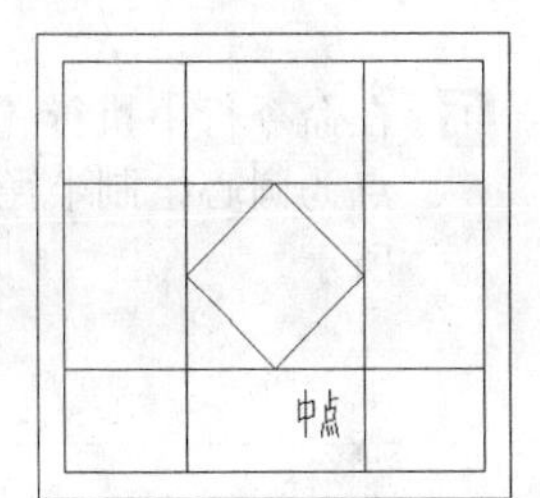

图6-17 绘制菱形

5 在命令行中输入“写块”命令（W），将弹出“写块”对话框，将绘制好的图形对象保存为“案例\06\ C1815.dwg”对象，如图6-18所示。

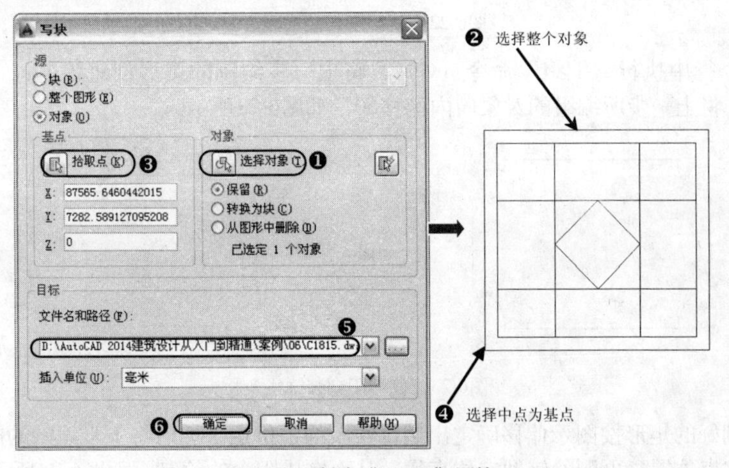

图6-18 创建“C1815”图块

6 按照相同的方法绘制推拉门“TM-1”，如图6-19所示。再绘制卷帘门“JLM-1”和“JLM-2”，如图6-20所示。

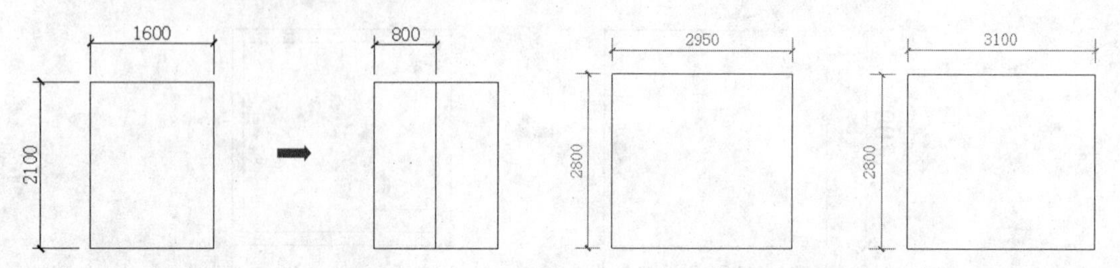

图6-19 绘制推拉门“TM-1”　　图6-20 绘制卷帘门“JLM”

7 同样，在命令行中输入“写块”命令（W），将其绘制的推拉门保存为“TM-1.dwg”、“JLM-1.dwg”和“LM-2.dwg”对象。

8 在命令行中执行“矩形”命令（REC），绘制3180×900的矩形，单击“分解”按钮，将其上下两条平行直线分别向内偏移80、60，如图6-21所示。

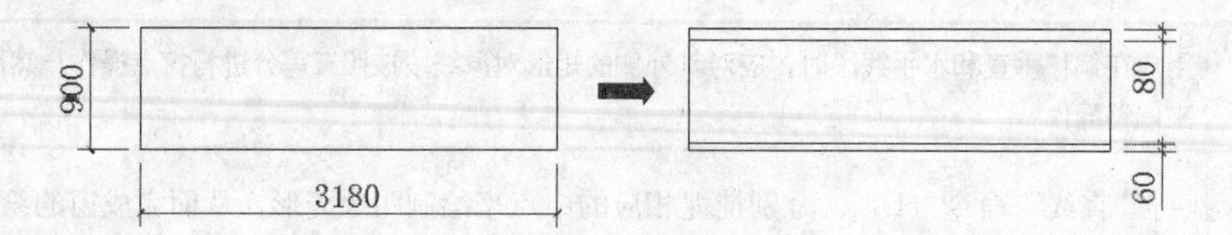

图6-21 绘制矩形并分解直线

9 在命令行中执行“矩形”命令（REC），绘制981×588的矩形，再分别以矩形的4个角点为圆心绘制半径为135的圆，然后执行“修剪”命令（TR）对其进行修剪，如图6-22所示。

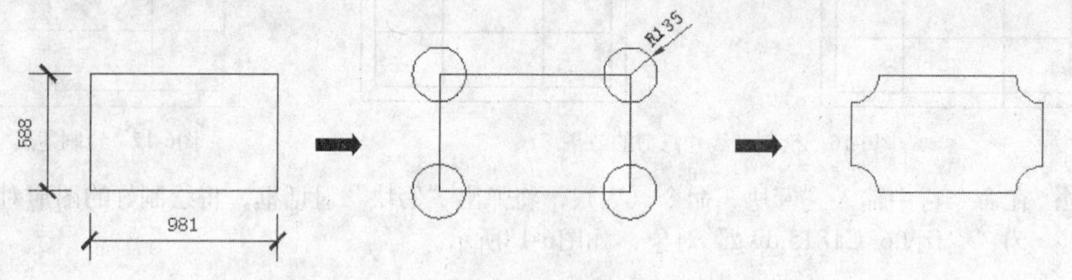

图6-22 绘制阳台装饰线条

10 在命令行中执行“编组”命令（G），将上一步绘制的图形创建为组；单击“偏移”按钮，将上一步所编组的对象向内偏移60，如图6-23所示。

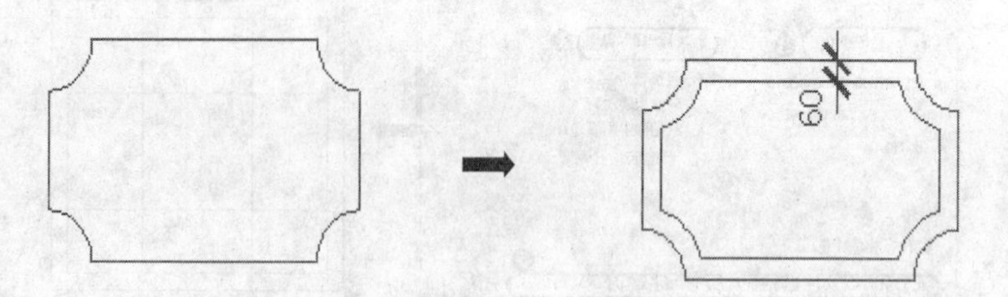

图6-23 偏移阳台装饰线条

11 将绘制好的矩形按图示偏移确定出装饰线条的定位点，然后将上步绘制的阳台装饰线条移动到定点位置，再删除辅助定位直线，从而完成阳台的绘制，如图6-24所示。

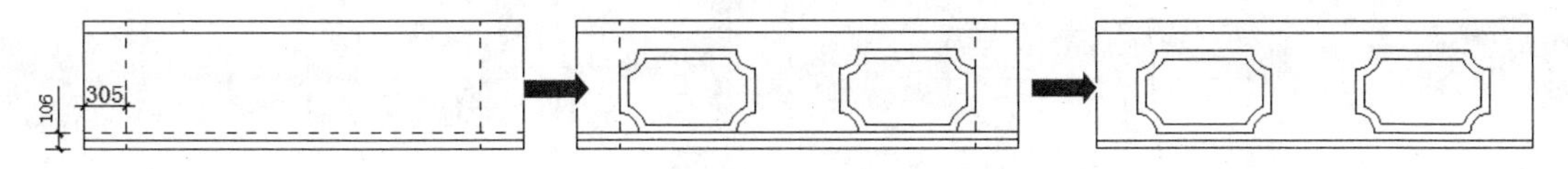

图6-24 绘制阳台

12 在命令行中输入“写块（W）”命令，将其绘制的阳台保存为“阳台.dwg”对象。

13 在命令行中输入“插入块（I）”命令，选择图块文件“案例\06\阳台.dwg”插入到A、B两点，如图6-25所示。

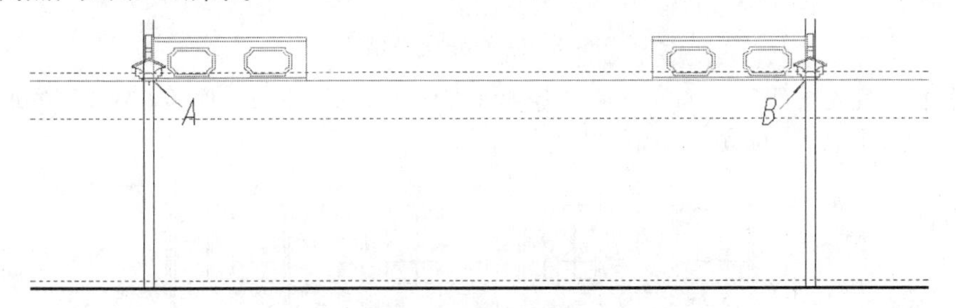

图6-25 插入的阳台

14 在命令行中输入“打散”命令（X），将其插入的阳台打散，再单击“修剪”和“删除”按钮，对其阳台和柱的交集部分进行修剪，如图6-26所示。

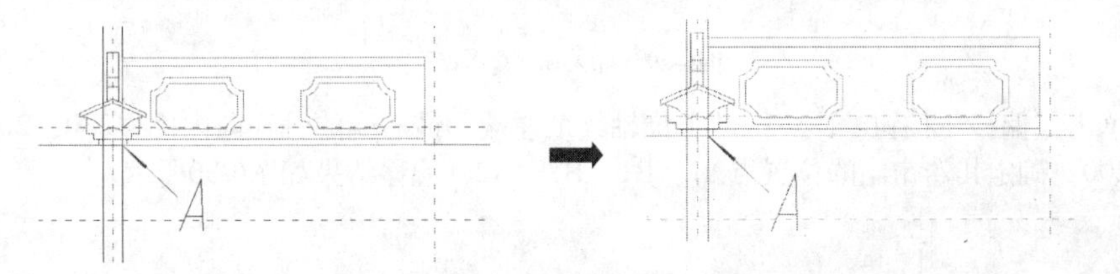

图6-26 修剪、删除操作

15 执行“插入块”命令（I），插入“案例\06\TM-1”图块（推拉门）至阳台中心位置，再执行“修剪”命令，如图6-27所示。

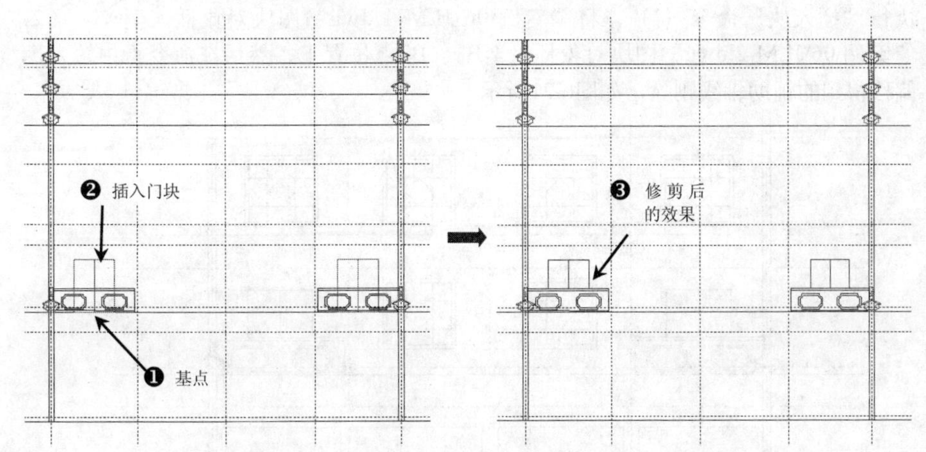

图6-27 插入推拉门并对其与阳台交接处修剪

16 单击“偏移”按钮，将辅助定位轴线分别偏移850、620、207、758后得到A、B、C、D、E、F六个点，如图6-28所示。

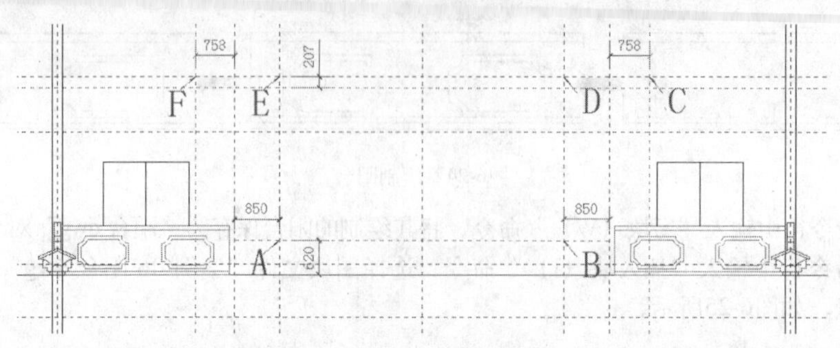

图6-28　偏移辅助定位轴线

17 执行“插入块”命令（I），将“案例\06\C1815.dwg”图块文件插入到视图的A、B、C、D、E、F六个点位置，如图6-29所示。

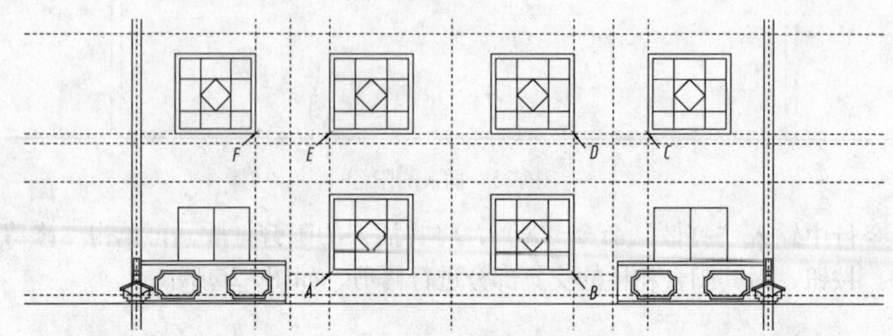

图6-29　插入窗“C1815”

18 单击“偏移”按钮，将辅助定位轴线最左端和最右端的轴线向内偏移230、200、200、200；确定其卷帘门的位置点A1、B1、B2、A2，偏移结果如图6-30所示。

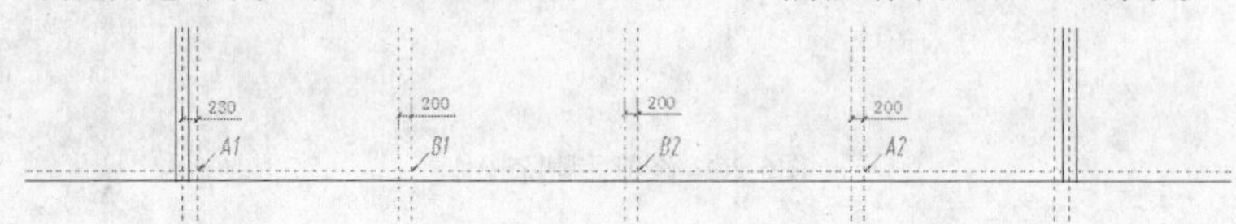

图6-30　偏移的辅助定位轴线

19 执行“插入块”命令（I），将“案例\06\JLM-1.dwg”图块对象插入至A1、A2点，将“案例\06\JLM-2.dwg”图块对象插入至B1、B2点位置上，然后在命令行中输入E，将其偏移得到的辅助轴线删除，如图6-31所示。

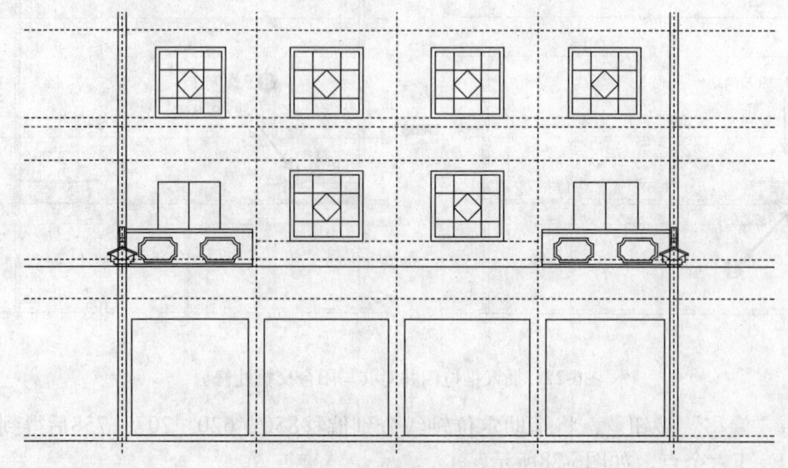

图6-31　插入的卷帘门“JLM”

6.6 绘制屋檐及屋顶

该立面图的屋顶高度为13.500m，绘制好屋檐外轮廓线，再对其进行内部瓦的绘制即可。

6.6.1 绘制屋檐外围线条

1 过水平辅助轴线垂直方向上第二根向下偏移30，再向上依次偏移87和49，绘制屋檐外围线条，过阳台装饰底线向下偏移28，绘制屋檐外围线条，且连接左右两阳台底线，如图6-32所示。

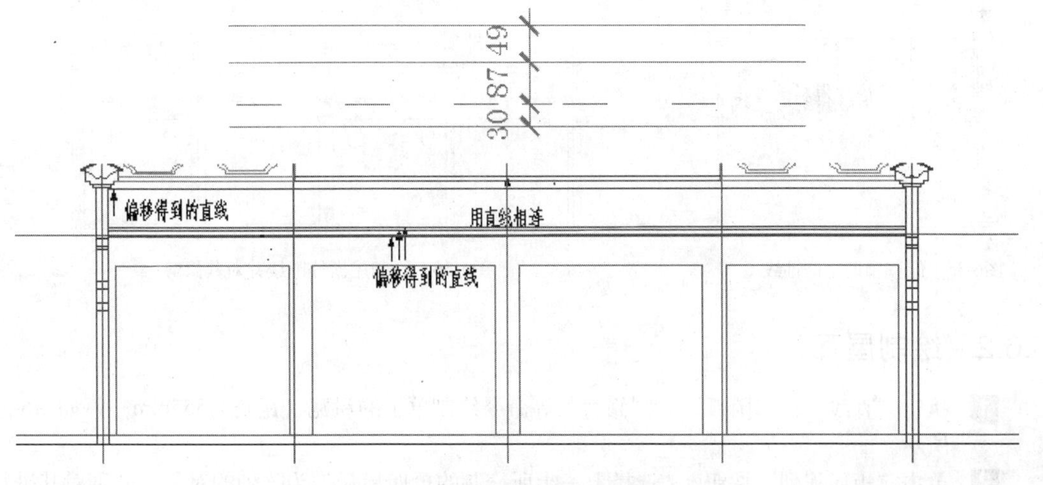

图6-32　偏移辅助定位轴线

2 过水平辅助轴线垂直方向上第三根依次向上偏移125、50和635，绘制屋檐外围线条，如图6-33所示。

3 过水平辅助轴线垂直方向上第四根依次向上偏移300、100、203、300和100来绘制屋檐外围线条，如图6-34所示。

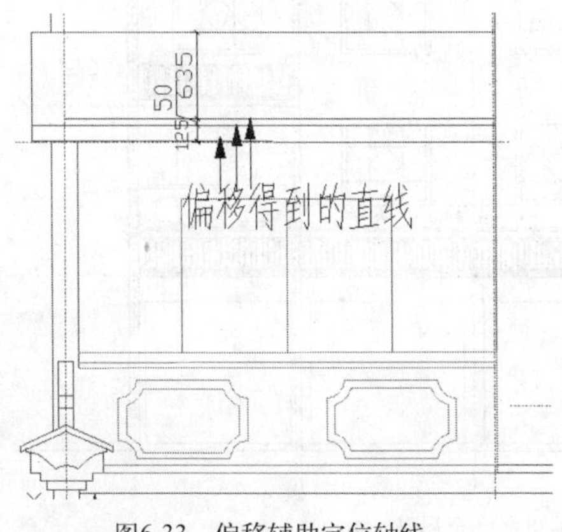

图6-33　偏移辅助定位轴线

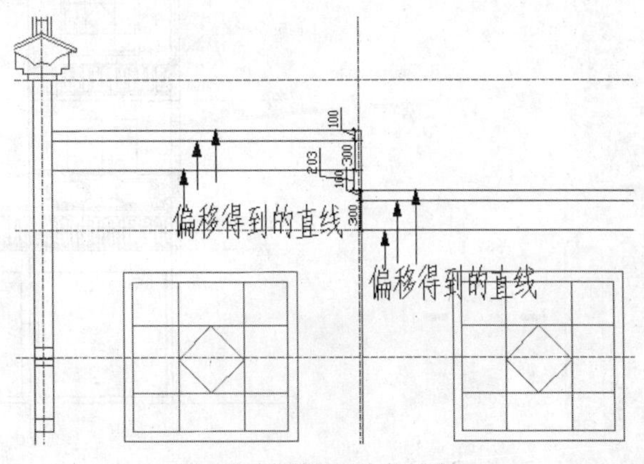

图6-34　偏移辅助定位轴线

4 再过水平辅助轴线垂直方向上第五根向下偏移250绘制屋檐外围线条，完成的所有外围屋檐线如图6-35所示。

5 将竖直辅助轴线从左向右第二根和第四根均向内偏移120，选中偏移得到的直线，打开“特性”面板，将其设置为“屋檐”图层，然后将偏移线段多余的部分进行修剪，如图6-36所示。

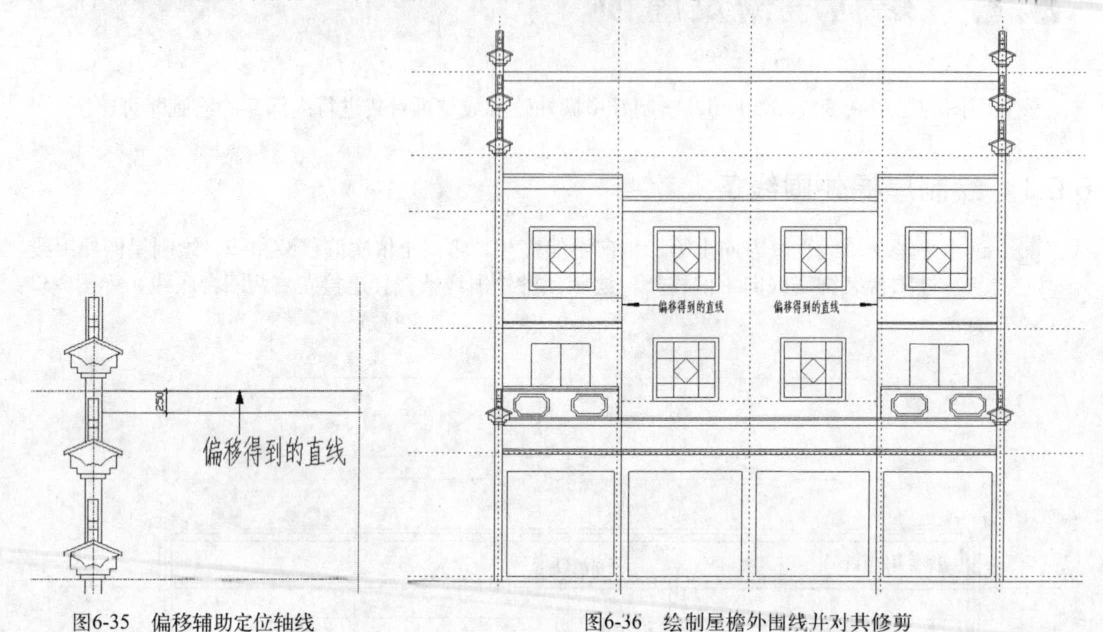

图6-35　偏移辅助定位轴线　　　　图6-36　绘制屋檐外围线并对其修剪

6.6.2　绘制屋瓦

1 执行“直线”、“圆弧”、“修剪”等命令绘制单个的屋瓦（瓦长为555mm），如图6-37所示。

2 单击“矩形阵列”按钮，选择上一步所绘制的单匹屋瓦作为阵列的对象，分别对其进行阵列操作，其瓦间距分别为60mm和100mm；再单击“直线”按钮，将单个瓦上部间隙处用直线相连接，结果如图6-38所示。

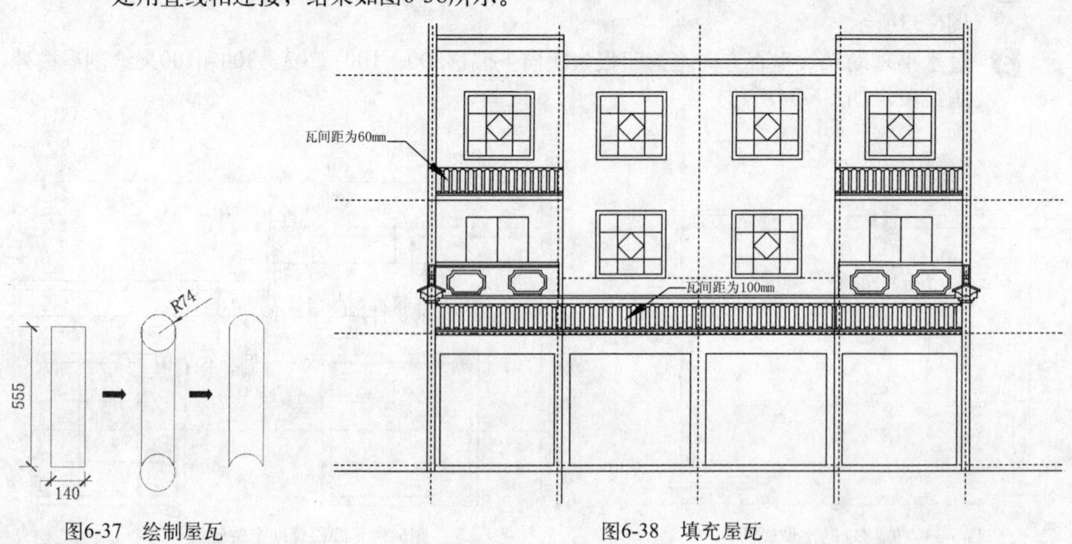

图6-37　绘制屋瓦　　　　图6-38　填充屋瓦

3 再执行“直线”、“圆弧”、“修剪”等命令绘制单个的屋瓦a（瓦长为2275mm）、b（瓦长为2900mm），如图6-39所示。

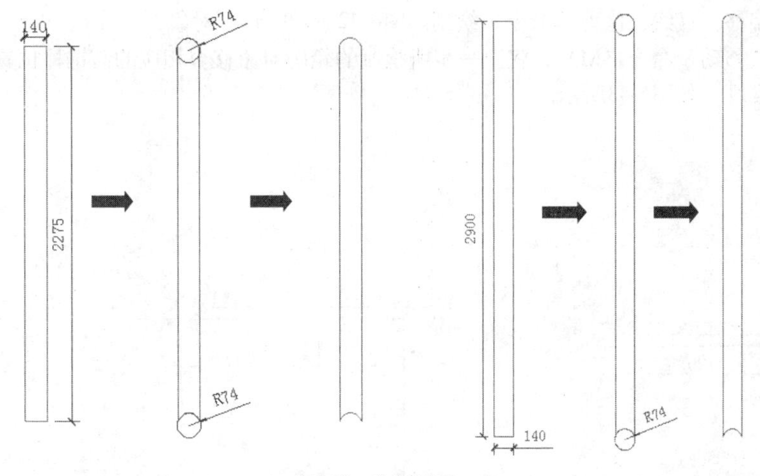

图6-39　绘制屋瓦a、b

4 单击“矩形阵列”按钮，在上一步绘制好的第三层檐外围线条框内将绘制好的单个屋瓦a、b进行阵列，其瓦间距为70mm；单击“修剪”按钮，再将其与柱装饰线条处进行修剪；然后单击“直线”按钮，将单个瓦之间直线相连，结果如图6-40所示。

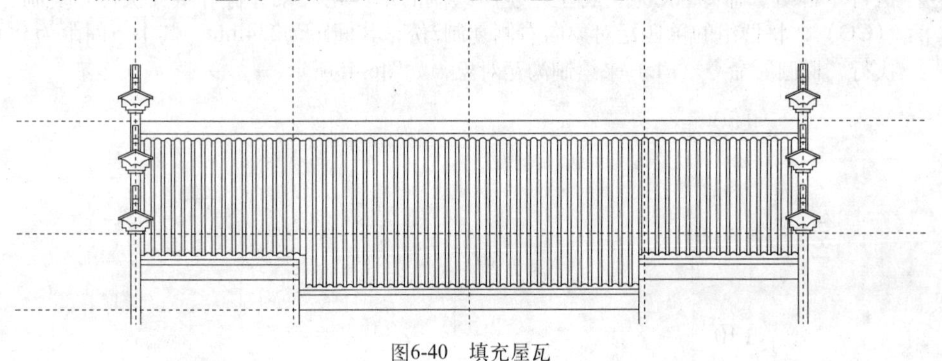

图6-40　填充屋瓦

6.6.3　绘制马头墙

1 执行“圆”命令，绘制半径为1125mm和1215mm的两个圆，且左侧象限点重复；执行“直线”命令（L），分别过圆的下侧象限点向右绘制两条水平线段；执行“偏移”命令（O），将最下侧的水平线段向上偏移550，使之与左侧的两圆相交；执行“修剪”命令（TR），将多余的圆弧进行修剪，如图6-41所示。

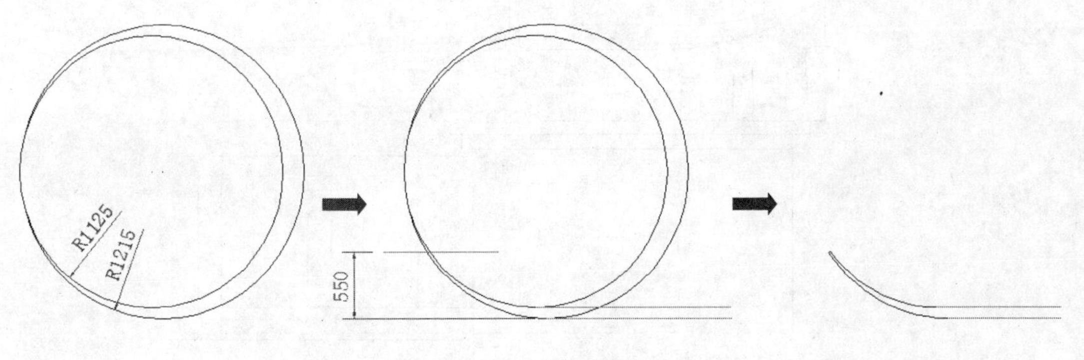

图6-41　绘制圆并修剪

2 执行偏移、直线、修剪等命令，绘制如图6-42所示的轮廓对象。

3 执行“移动”命令（M），将上一步所绘制的轮廓对象移至相应的装饰柱位置，并延伸相应的线段，如图6-43所示。

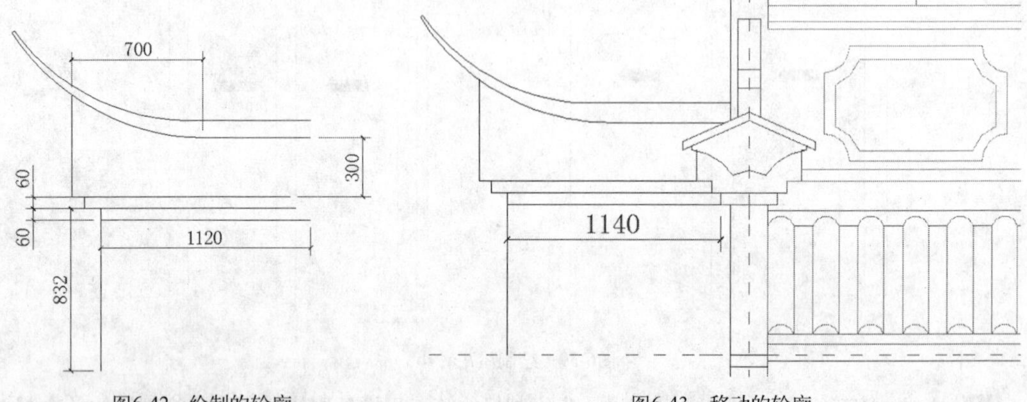

图6-42　绘制的轮廓　　　　图6-43　移动的轮廓

4 执行直线、椭圆、复制、修剪等命令，来绘制单匹瓦对象，如图6-44所示。

5 执行“群组”命令（G），将上一步所绘制的单匹瓦对象进行群组；执行“复制”命令（CO），将群组的单匹瓦对象向右侧复制2份，其间距为234mm，其上下间距为58mm；执行“椭圆”命令（EL）来绘制沟瓦对象，如图6-45所示。

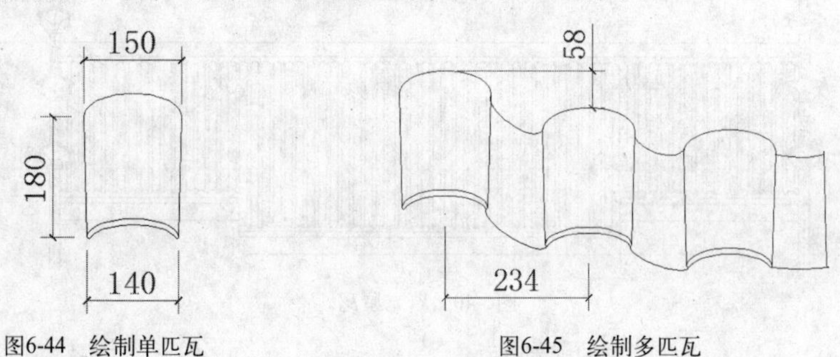

图6-44　绘制单匹瓦　　　　图6-45　绘制多匹瓦

6 执行“群组”命令（G），将上一步所绘制的多匹瓦对象进行群组；执行“移动”命令（M），将所编组的多匹瓦对象移至马头墙的相应位置，如图6-46所示。

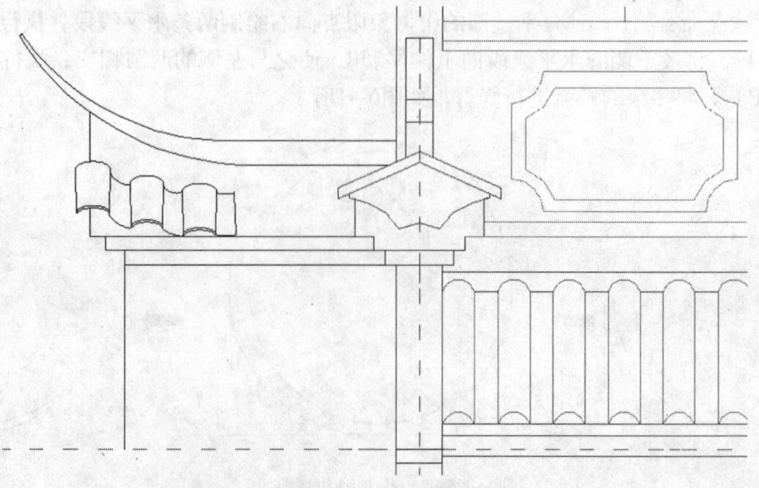

图6-46　移动的效果

7 执行“直线”命令，在下侧依次绘制如图6-47所示的轮廓线段，从而完成马头墙的绘制。

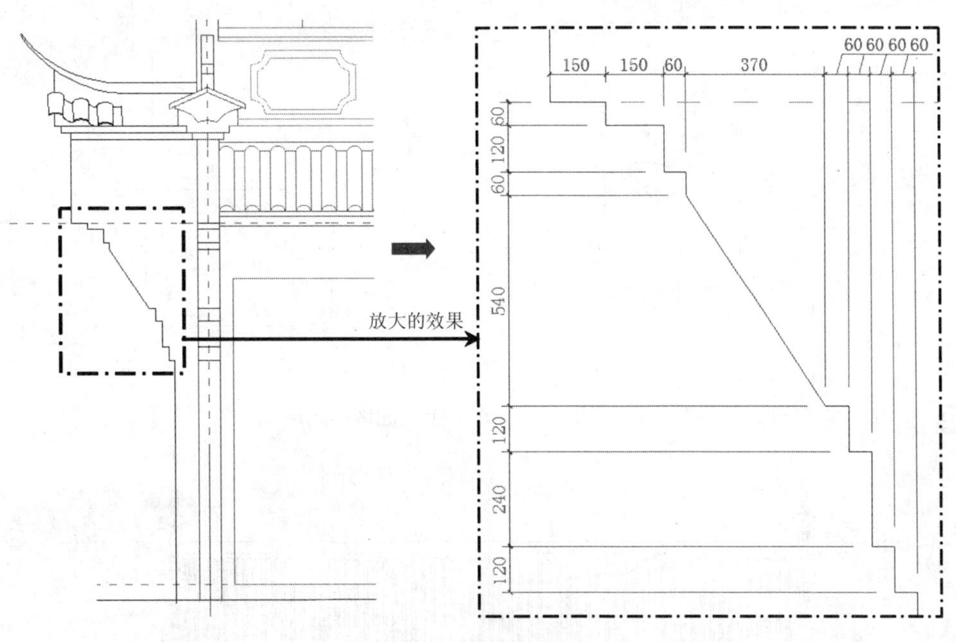

图6-47　绘制的轮廓效果

8 同样，将纵向向上第四根水平定位轴线向下偏移1274，得到插入定位点B，然后将绘制好的装饰屋檐最下面一根直线删除，得到装饰屋檐，再将其插入到点B，如图6-48所示。

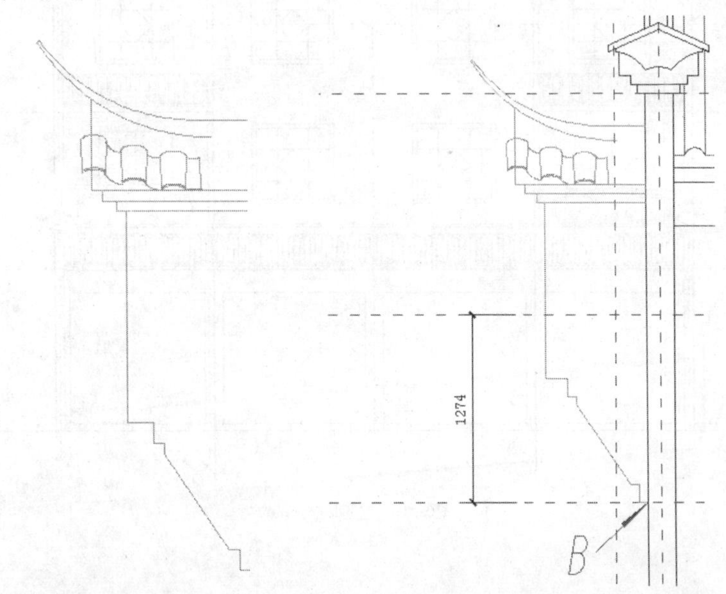

图6-48　插入的马头墙

9 执行“偏移”命令（O），将向上第二根水平辅助轴线依次向下偏移60、120、60、540、120、240和120；再通过“直线”、“修剪”等命令，绘制装饰线条；同样纵向向上第四根水平辅助轴线依次向下偏移60、540和120，再向上偏移120，绘制装饰线条，将完善柱子的细部构造，如图6-49所示。

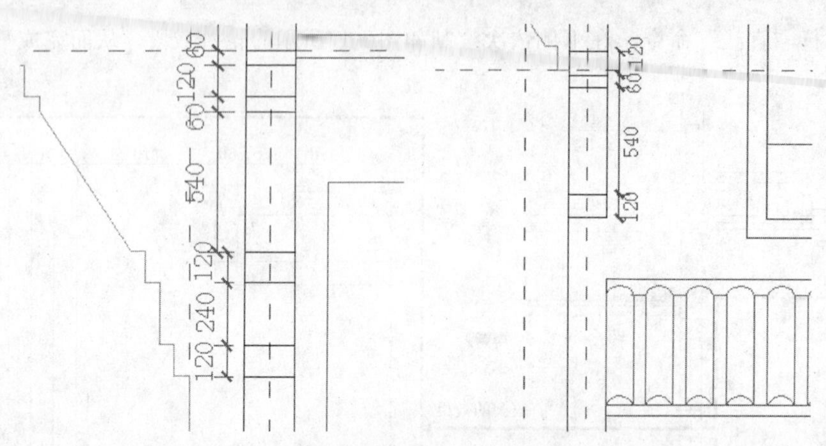

图6-49 绘制柱子装饰线条的效果

10 同样，其右侧柱子与左侧柱子的装饰效果一样，如图6-50所示。

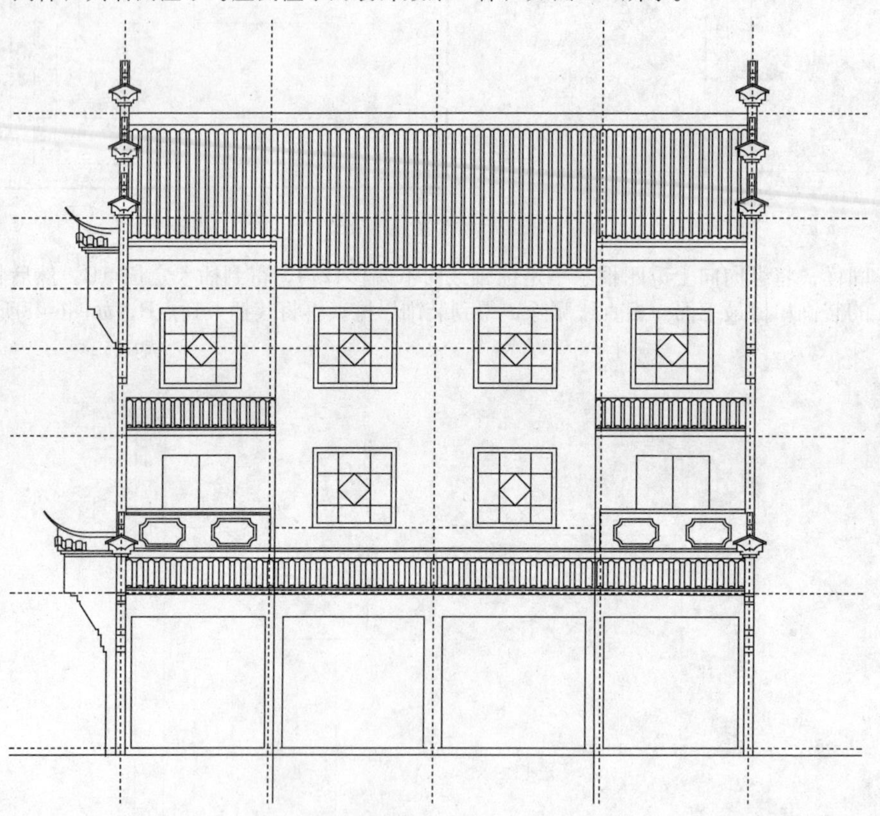

图6-50 绘制柱子

6.7 尺寸、标高及轴号的标注

同样，建筑立面图也需要进行相应的尺寸、标高及轴号标注，从而可以确定房屋开间的宽度等。由于前面绘制的建筑立面图为简单的住宅楼，下面就只对其进行轴号和标高标注。

专业资料：建筑立面图的绘制要求

在绘制建筑立面图时，应遵循相应的规定和要求。

- 比例：国家标准《建筑制图标准》（GB/T 50104-2001）规定：立面图宜采用 1 ：50、1 ：100、1 ：150、1 ：200 和 1 ：300 等比例绘制。在绘制建筑立面图时，应根据建筑物的大小采用不同的比例。通常采用 1 ：100 的比例绘制。
- 定位轴线：在立面图中，一般只绘制两端的轴线及编号，以便和平面图对照，确定立面图的观看方向。
- 图线：在建筑物立面图中，为了加强立面图的表达效果，使建筑物的轮廓突出，通常采用不同的线型来表达不同的对象。屋脊线和外墙轮廓线一般采用粗实线（b），室外地坪采用加粗实线（1.4b），所有凹凸部位和建筑物的转折、立面上的阳台、雨棚、门窗洞、室外台阶、窗台等用中实线绘制（0.5b），其他部分的图形（如门窗、雨水管）、定位轴线、尺寸线、图例线、标高和索引符号、详图材料做法引出线等采用细实线（0.25b）绘制。
- 图例：建筑立面图上的门、窗等内容都是采用图例来绘制的。在建筑立面图上，相同的门窗、阳台、外檐装修、构造做法等可在局部重点表示，绘出其完整的图形，其余部分只画轮廓线。
- 尺寸标注：在建筑立面图中高度方向的尺寸主要使用标高的形式标注，主要包括建筑物室内地坪、各楼层地面、窗台、门窗顶部、檐口、屋脊、阳台底部、女儿墙、雨棚、台阶等处的标高尺寸。在所标注处画一条引出线，标高符号一般画在图形外，符号大小一致整齐排列在同一铅垂线上。必要时为了更清楚起见，可标注在图内，如楼梯间的窗台面标高。注意，不同的地方采用不同的标高符号。
- 详图索引符号：一般在屋顶平面图附近有檐口、女儿墙和雨水口等构造详图，凡是要绘制详图的地方都要标注详图符号。
- 建筑材料和颜色标注：在建筑立面图上，外墙表面分格线应表示清楚。应用文字说明各部位所用面层及颜色。外墙的色彩和材质决定建筑立面图的效果，因此一定要进行标注。

6.7.1　标高标注

由于在前面的章节中有已经绘制好的标高符号，执行“插入块（I）”命令，将弹出“插入块”对话框，选择定义好的属性块“案例\05\标高.dwg”，单击“确定”按钮，此时在视图的指定位置捕捉一点作为图块的基点，再根据要求输入不同的标高值（图示标高值为准），如图6-51所示。

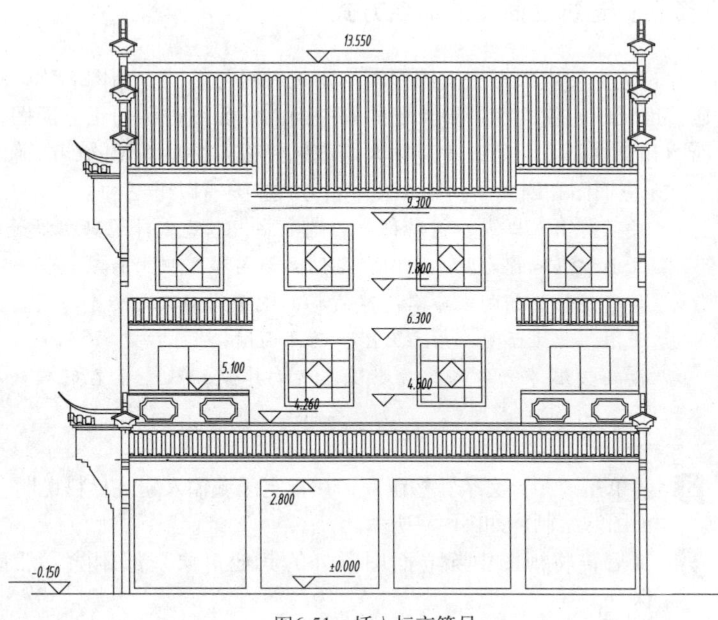

图6-51　插入标高符号

6.7.2 轴号和图名标注

由于第5章也有绘制好的轴号，所以这里用户可以直接使用复制来进行操作。

1. 使用“复制”命令（CO），将第5章绘制好的定位轴线符号依次复制到图形下侧的相应位置，其轴线上侧端点与第二道尺寸线对齐，然后分别双击圆内文字对象，并修改其相应的轴号，从而完成位轴线的绘制，如图6-52所示。
2. 执行“直线”命令（L），在建筑立面图下方绘制两条水平多段线，并将上侧水平线设置线宽为88；再单击“单行文字”按钮，在其绘制的直线上输入“①-⑨立面图”和“1：100”，然后分别将其文字大小设置为800和500，如图6-53所示。

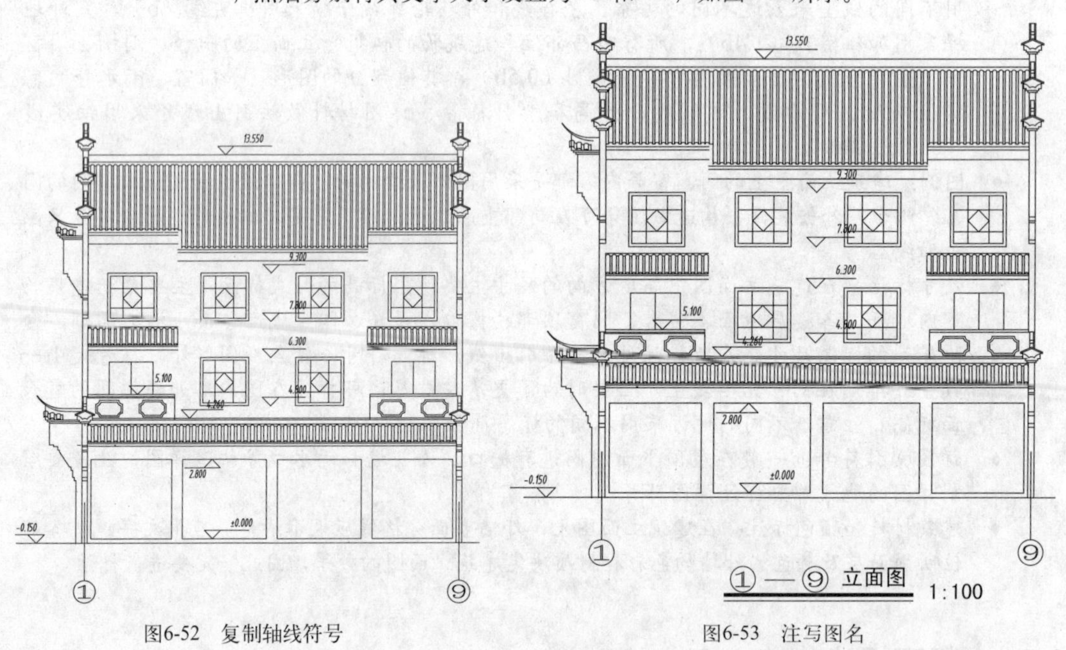

图6-52 复制轴线符号　　　　图6-53 注写图名

专业资料：建筑立面图的命名方式

建筑立面图宜根据立面图两端的定位轴线号编注立面图名称，可以将反映主要出入口或比较显著地反映出建筑物外貌特征的哪一面的立面图，称为正立面图，其余的立面图相应称为背立面图和侧立面图。如果建筑物无定位轴线也可按平面图的朝向确定名称，如南立面图、北立面图、东立面图和西立面图等，其命名方式主要有以下三种。

- 按主要出入口或外貌特征命名：主要出入口或外貌特征显著的一面称为正立面，其余的立面相应地称为背立面图、左侧立面图和右侧立面图。
- 按建筑物的朝向来命名：建筑物的某个立面面向哪个方向，就是该方向的立面，如南立面图、北立面图、东立面图、西立面图。
- 按轴线编号来命名：按照观察者向建筑物从左至右的轴线顺序来命名，如①~⑨立面图、⑨~①立面图。

3. 再单击“多行文字”按钮，在指定区域输入建筑材料说明，从而完成了农村住宅楼正立面图的绘制，如图6-54所示。
4. 最后，将视图中除立面图以外的其他对象全部删除，然后按组合键Ctrl+S将其进行保存。

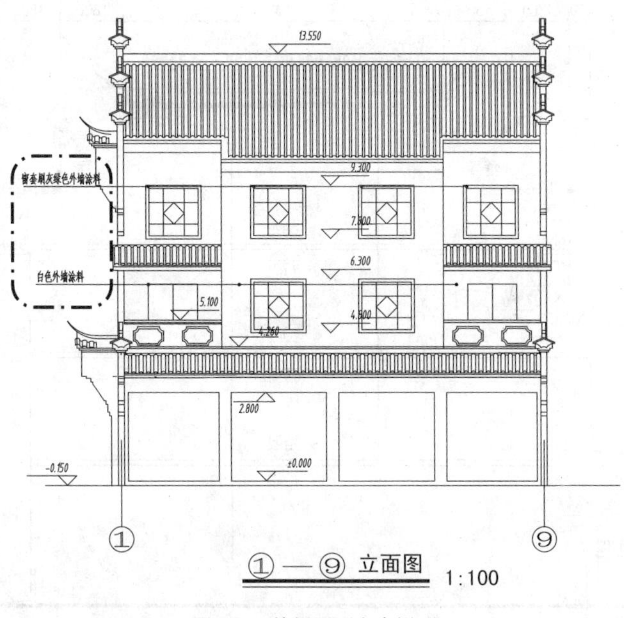

图6-54　编辑图形文字说明

6.8 农村住宅其他立面图的演练

为了使用户能够更加牢固地掌握建筑平面图的绘制方法，并达到熟能生巧的目的，下面绘制了农村住宅楼的背立面图、西立面图和东立面图效果（如图6-55、图6-56和图6-57所示），用户可以参照前面的步骤和方法来进行绘制（参照光盘“案例\06”文件夹下的“农村住宅背立面图.dwg”、“农村住宅背西立面图.dwg”、“农村住宅东立面图.dwg”文件）。

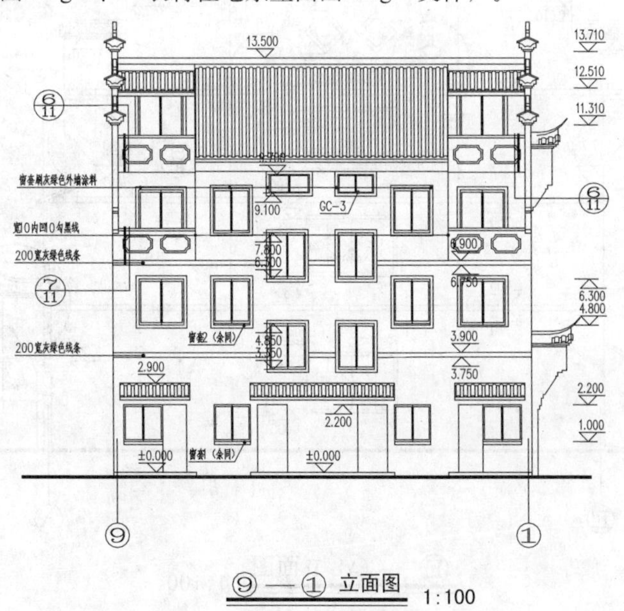

图6-55　农村住宅楼背立面图效果

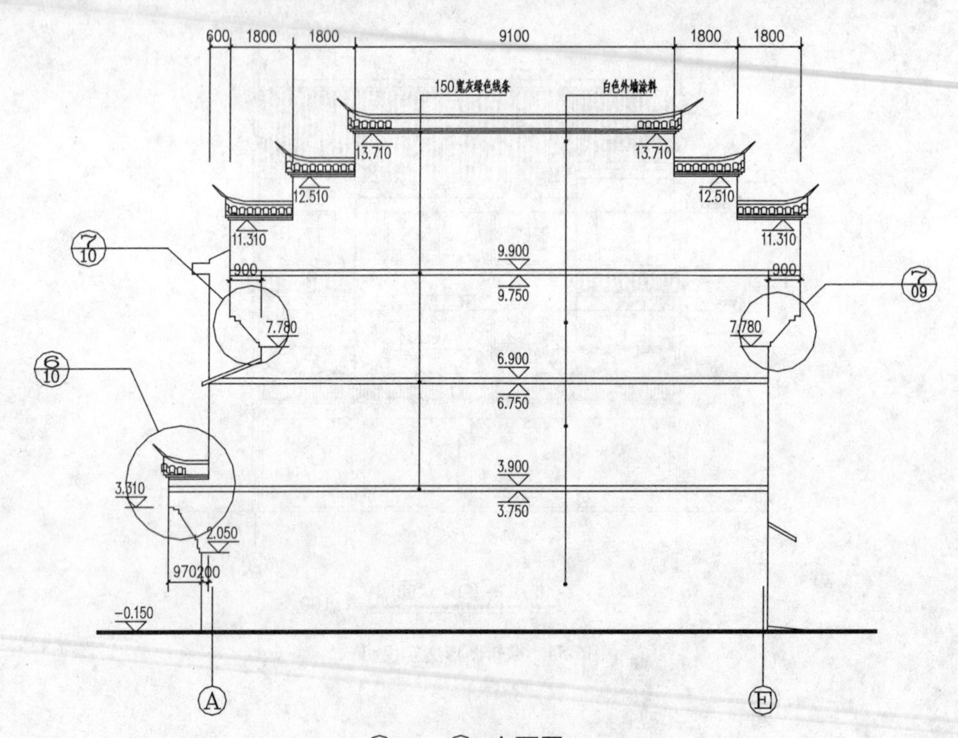

图6-56　农村住宅楼西立面图效果

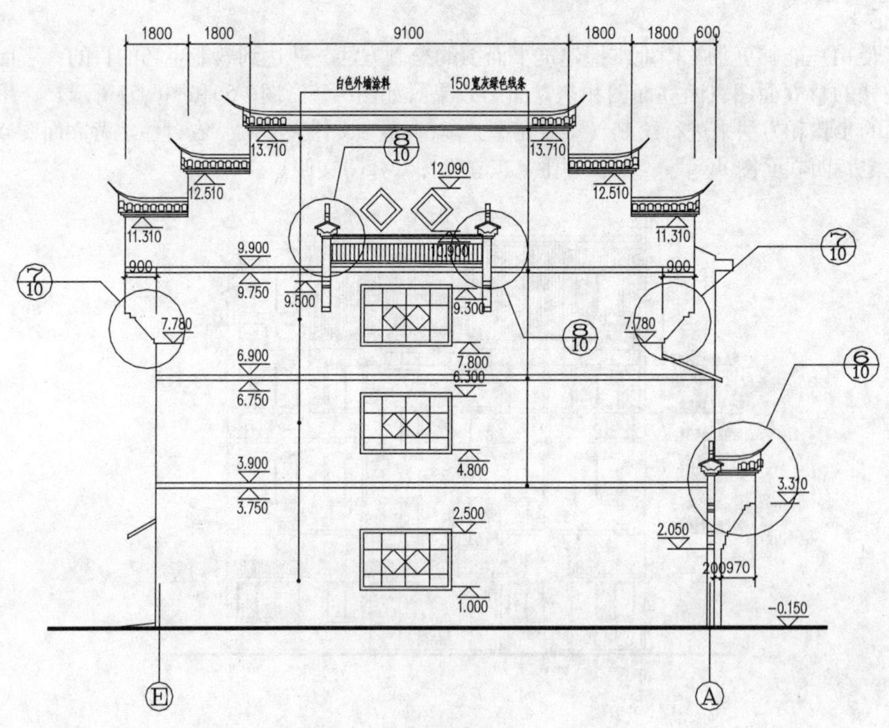

图6-57　农村住宅楼东立面图效果

Chapter

07

第7章

住宅建筑剖面图的绘制

建筑剖面图是建筑设计过程中一个基本组成部分，是反映建筑物内部竖直方向剖切面情况的图纸。它主要用来表示房屋内部的分层、结果形式、构造方式、材料、做法、各部位间的联系及其高度情况。在施工过程中，建筑剖面图是进行分层、砌筑内墙、铺设楼板、屋面板楼梯和内部装修等工作的依据，与建筑平面图、立面图相互配合，表示房屋的全局，它是房屋施工图中最基本的图样。

在本章中，首先了解了剖面图的概念、图示内容、绘制步骤、剖切位置和投射方向的选择等基本知识，通过绘制某农村住宅楼2-2剖面图的绘制，引领读者掌握绘制建筑剖面图的基本步骤及方法，然后在后面将某农村住宅楼7-1剖面图绘制好的效果展现出来，让读者按照前面的方法进行绘制，从而让读者更加牢固地掌握建筑剖面图的绘制方法。

主要内容

- ✓ 讲解建筑剖面图的概念
- ✓ 讲解建筑剖面图的图示内容
- ✓ 讲解建筑剖面图投射方向的选择
- ✓ AutoCAD 2014绘制建筑剖面图的主要步骤及方法
- ✓ AutoCAD 2014绘制其他剖立面图的演练

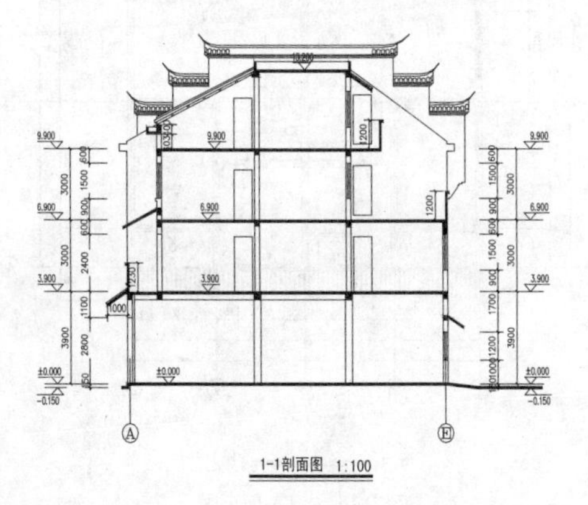

1-1剖面图 1:100

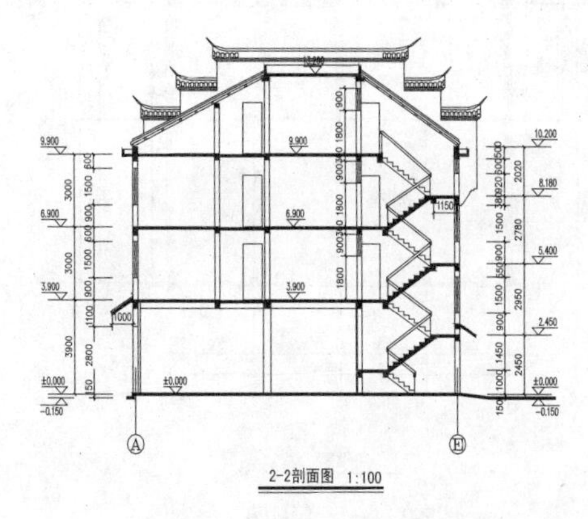

2-2剖面图 1:100

7.1 农村住宅楼2-2剖面图的概述

视频文件：视频\07\农村住宅楼2-2剖面图.avi
结果文件：案例\07\农村住宅楼2-2剖面图.dwg

建筑剖面图是建筑物的垂直剖视图，也就是用一个假想的平行于正立面投影面或侧立投影面的竖直剖切面剖开的房间，移去剖切面与观察者之间的部分，将留下的部分按剖面方向向投影面作出投影所得到的图样，如图7-1所示。主要是用来表示建筑物在垂直方向的各部分的形状、尺度和组合关系，以及在建筑剖面位置的层数、层高、结构形式和构造方法等。

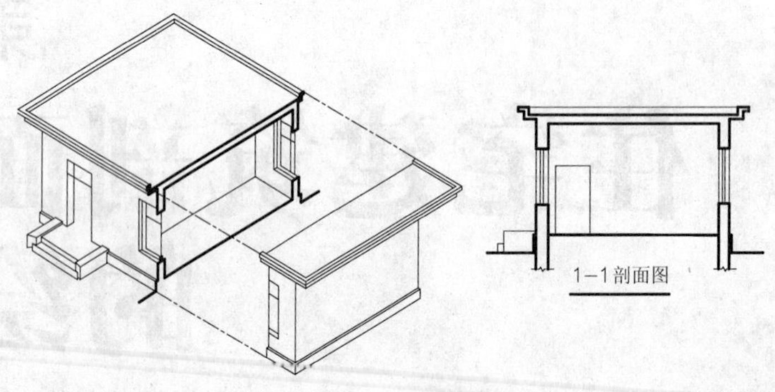

图7-1 剖面图

建筑剖面图的剖切位置一般选择在内部构造复杂或具有代表性的位置，使之能够反映建筑物内部的构造特征。剖切平面一般应平行于建筑物的长度方向或者宽度方向，并且通过门、窗洞。剖切面的数量应根据建筑物的实际复杂程度和建筑物自身的特点来确定。

下面依据前面章节已经绘制好的农村住宅楼的平面图和立面图实例来讲解建筑剖面图的方法和步骤。用户在绘制建筑剖面图之前，首先应在建筑平面图上作出相应的剖切符号，从而才能够绘制相应的剖面图。在本实例中，用户首先应根据其农村住宅楼的建筑平面图（见图7-2、图7-3、图7-4、图7-5、图7-6）和建筑立面图（图7-7、图7-8、图7-9、图7-10）来绘制相应的2-2剖面效果，如图7-11所示。

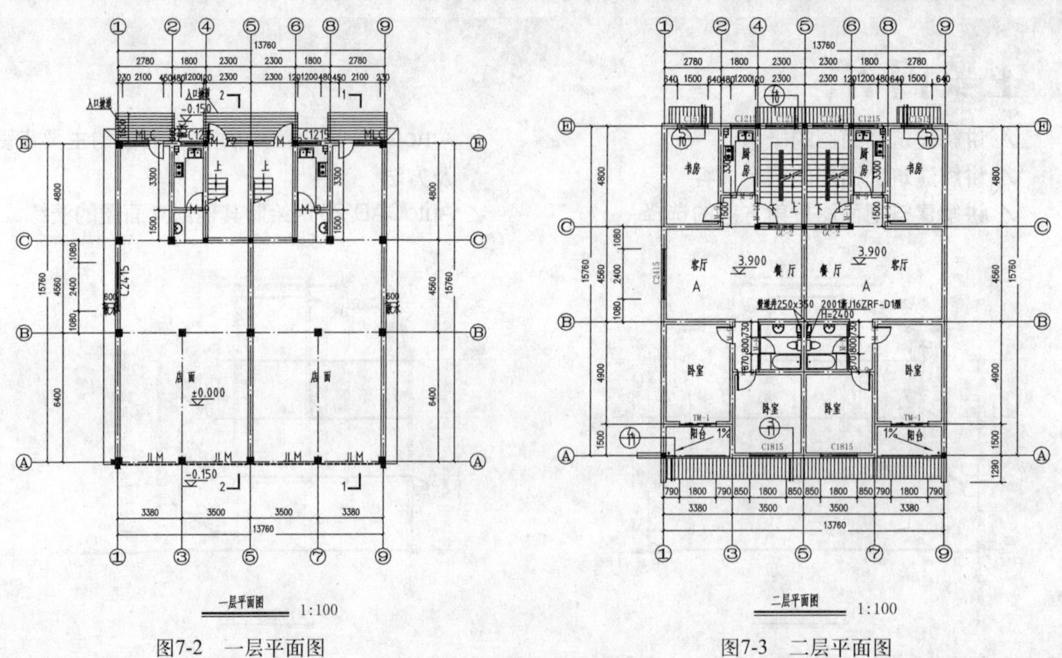

图7-2 一层平面图　　图7-3 二层平面图

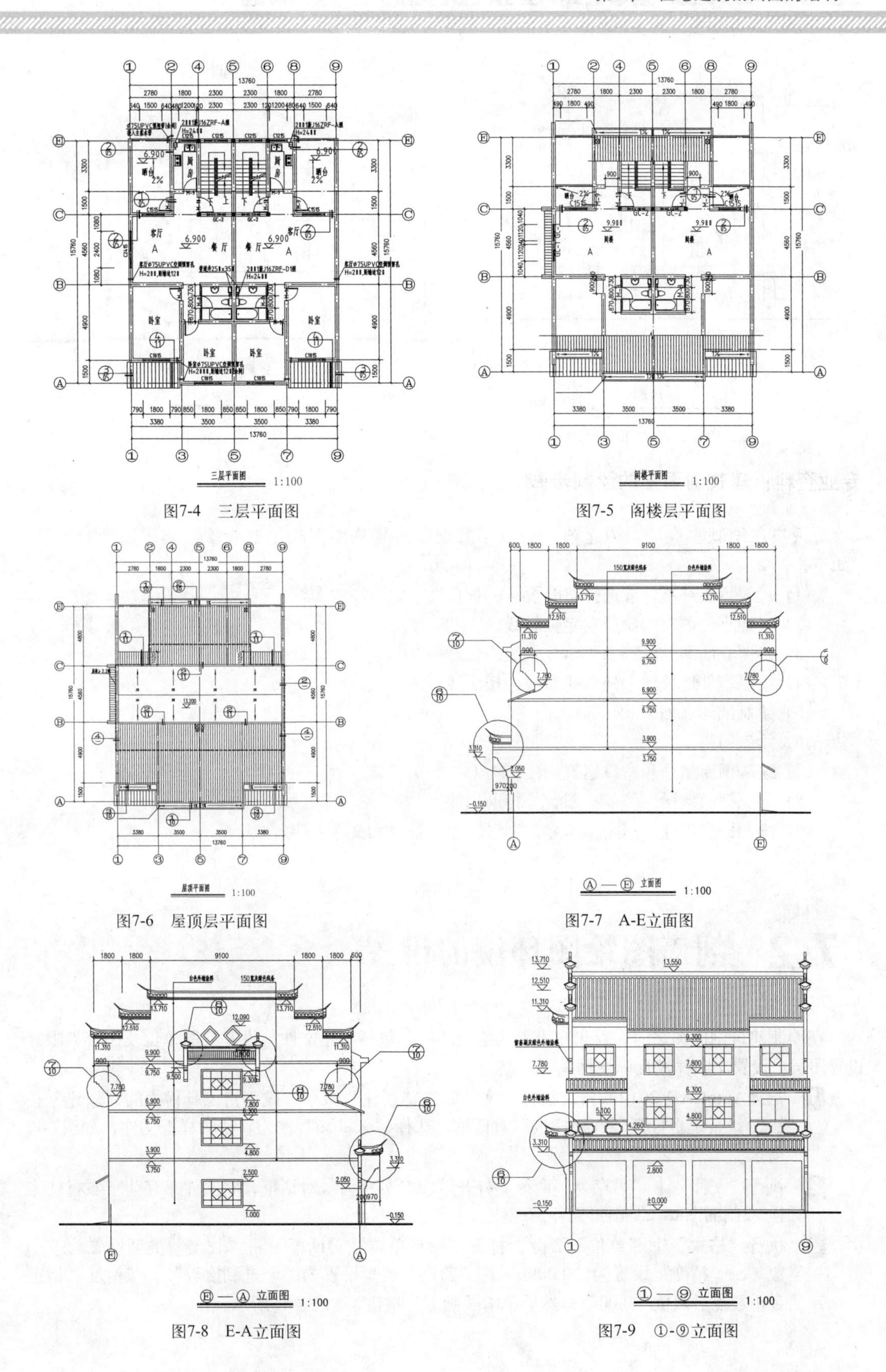

图7-4 三层平面图

图7-5 阁楼层平面图

图7-6 屋顶层平面图

图7-7 A-E立面图

图7-8 E-A立面图

图7-9 ①-⑨立面图

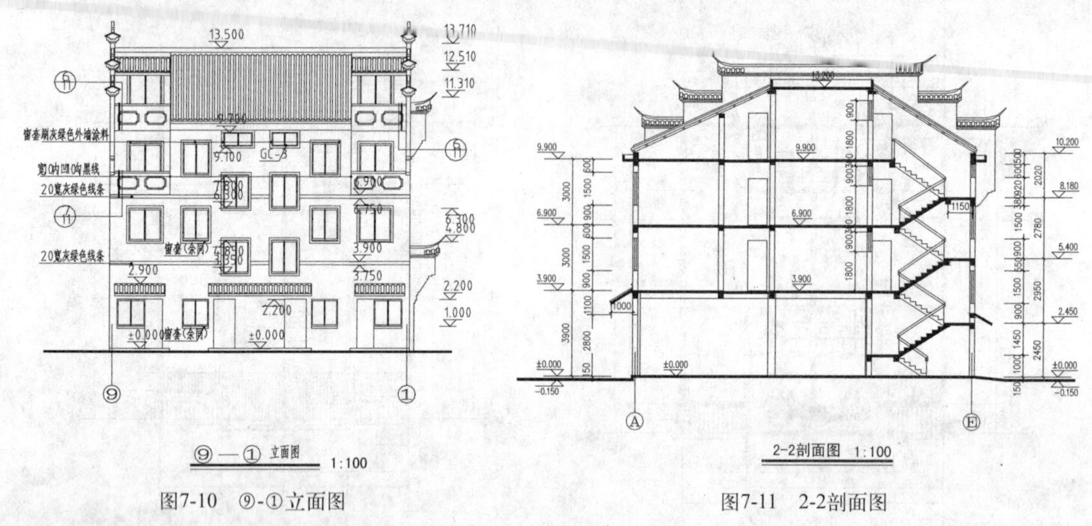

图7-10 ⑨-①立面图　　　　图7-11 2-2剖面图

专业资料：建筑剖面图的绘制步骤

用户在绘制建筑剖面图之前，应该了解绘制建筑剖面图的主要步骤，其主要绘制步骤如下。

(1) 设置绘图环境，或选择符合要求的样板图形。

(2) 参照平面图，绘制竖向定位轴线。

(3) 参照立面图，绘制水平定位轴线。

(4) 绘制室外地坪线、外墙轮廓线、楼面线、屋面线。

(5) 绘制细部（如梁板）等构件。

(6) 绘制门窗。

(7) 绘制剖面屋顶和檐口建筑构件。

(8) 绘制剖面楼梯、踏步、阳台等辅助构件。

(9) 绘制标注尺寸、标高、编号、型号、索引符号和文字说明。

7.2 剖面图绘图环境的设置

在绘制建筑剖面图之前，首先应设置其绘图环境，包括新建文件、设置绘图单位及图形界限、设置图层、设置文字样式及标注样式等。

1 启动AutoCAD 2014软件，执行“文件”｜“新建”命令，或单击工具栏中的“新建”按钮□，系统将打开“选择样板”对话框，选择“acadiso”作为新建的样板文件，如图7-12所示。

2 执行“文件”｜“另存为”命令，打开“图形另存为”对话框，将文件另存为“农村住宅楼2-2剖面图.dwg”图形文件。

3 执行“格式”｜“单位”命令，打开“图形单位”对话框，将“长度”类型设置为“小数”，“精度”设置为“0.0000”，“角度”类型设置为“十进制度数”，“精度”指定到小数点后两位“0.00”，然后单击“确定”按钮，如图7-13所示。

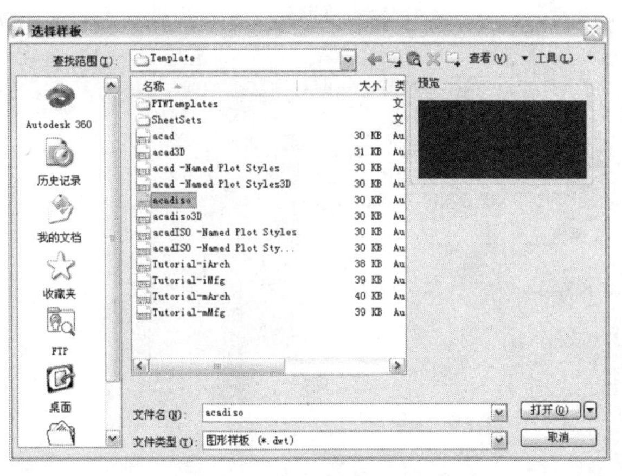

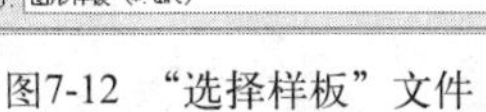

图7-12 “选择样板”文件

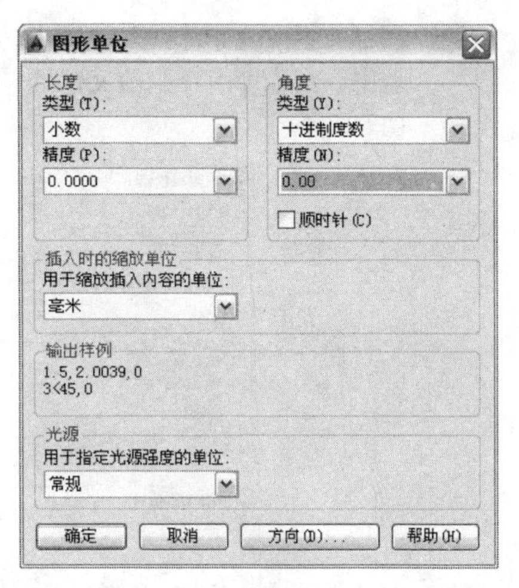

图7-13 “图形单位”对话框

4 执行“格式”｜“图形界限”命令，或输入limits命令，输入左下角坐标和右上角坐标，以这两点为对角线的矩形范围内就是用户所需要的绘图区域。依照提示，设定图形界限的左下角点为（0,0），右上角为（23600,19800）。

5 绘图区域设置完成后，还要设置观察视图范围，执行“视图”｜“缩放”｜“全部”命令，或在命令行中输入快捷方式Z，按Enter键后，选择“全部（A）”选项，使输入的图形界限区域全部显示在图形窗口内。

6 执行“格式”｜“图层”命令，打开“图层特性管理器”面板，单击“新建”按钮，新建一个图层，然后在列表区的动态文本框中输入“标注”，即可完成“标注”层的命名，同样创建其他图层，并进行图层颜色、线型、线宽等特性设置，如图7-14所示。

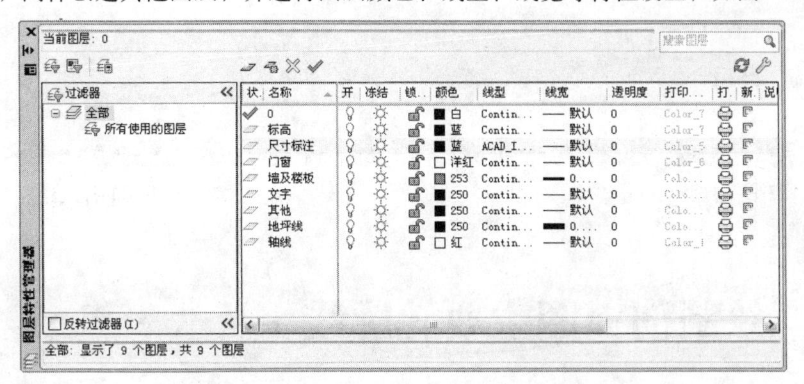

图7-14 “图层特性管理器”面板

7 执行“格式”｜“线型”命令，打开“线型管理器”对话框，单击“显示细节”按钮，打开细节设置区，输入“全局比例因子”为50，然后单击“确定”按钮，对其颜色、线型、线宽的设置如图7-15所示。

8 执行“文件”｜“打开”命令，打开“案例\06\农村住宅楼正立面图.dwg”文件。

9 在“窗口”菜单下选择“农村住宅楼2-2剖面图.dwg”文件，使之成为当前文件。

10 在键盘上按组合键Ctrl+2打开“设计中心”窗口，在“打开的图形”选项卡下即可看到新建的文件和所打开的图形文件，如图7-16所示。

11 选择“农村住宅楼正立面图.dwg”文件下的“标注样式”项，在其右侧选择所需要的样式，然后将其拖动到当前文件的空白区域中。

12 同样，在“文字样式”选项下，选择右侧的相应文字样式，将其拖动到当前文件的空白区域中，从而即可在当前文件的“标注样式”、“文字样式”项的右侧看到调用的样式，如图7-17所示。

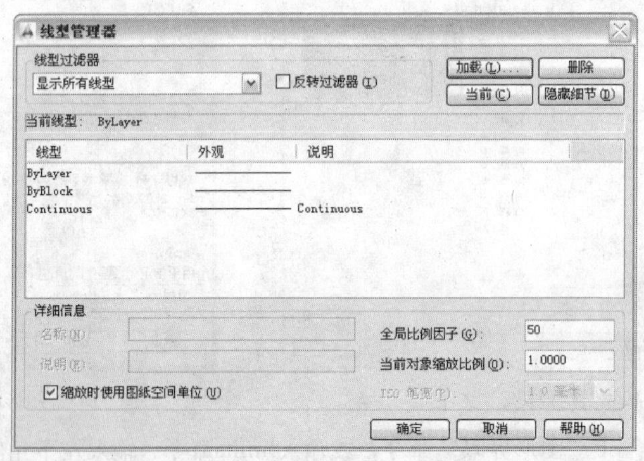

图7-15 “线型管理器”对话框

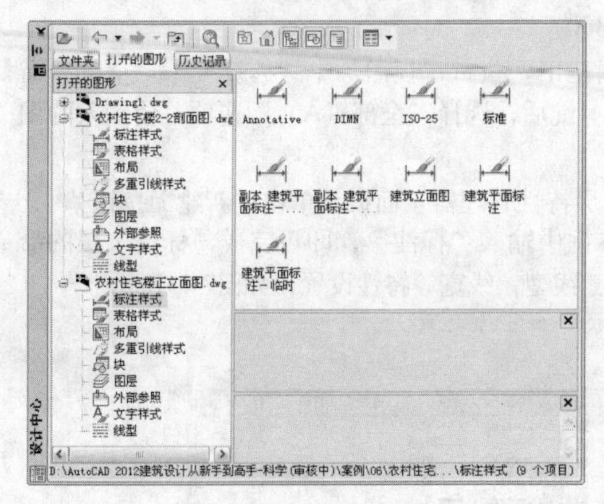

图7-16 “设计中心”窗口

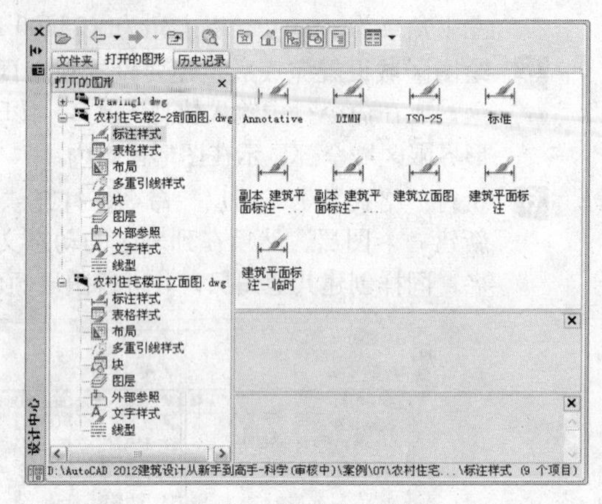

图7-17 调用的标注样式

7.3 绘制剖面图主要轮廓线

本实例由农村住宅楼一层、二层、三层、阁楼层和屋顶层组成，适应自下而上分别绘制各层剖切面，再把它们拼接成整体剖面。对于建筑物剖面相似的图形对象，用户可以通过执行复制、镜像、阵列等操作，快速地绘制出建筑剖面图，具体步骤如下。

绘制剖面图，首先要绘制剖切部分的辅助线，而且要做到与平面图一一对应。下面介绍如何绘制剖面图辅助线。

1 执行“文件”|“打开”命令，将“案例\05\农村住宅楼二层平面图.dwg”文件打开，然后选择所有图形，将其复制到新建的“案例\07\农村住宅楼2-2剖面图.dwg”文件中，删除尺寸标注、编号等，结果如图7-18所示。

2 执行“旋转”命令（RO），将图形顺时针旋转-90°；再执行“缩放”命令，将其旋转的图形全部显示在绘图窗口中，如图7-19所示。

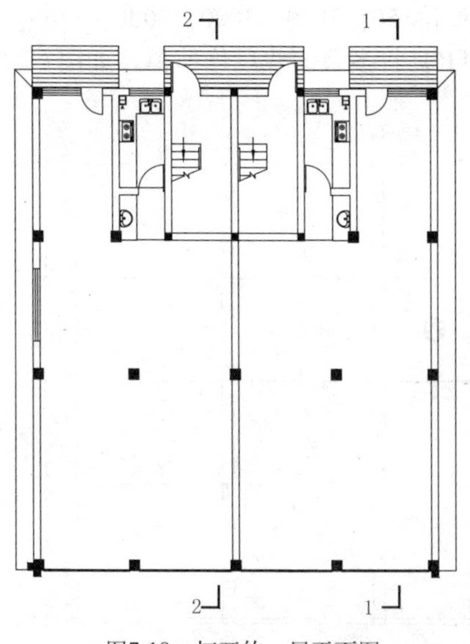

图7-18　打开的一层平面图

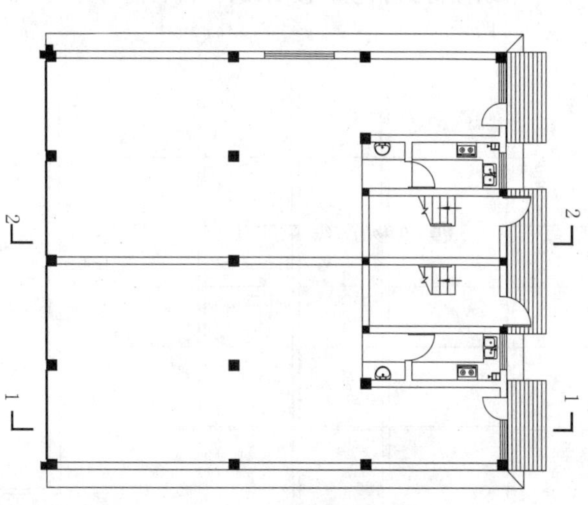

图7-19　旋转平面图

3 执行“格式”｜“图层”命令，打开“图层特性管理器”面板，将“定位轴线”图层置为当前图层，同时按F3键将“对象捕捉”选项激活。

4 在“绘图”工具栏中单击“构造线”按钮，分别过图形下侧的墙体绘制相应的垂直构造线，如图7-20所示。

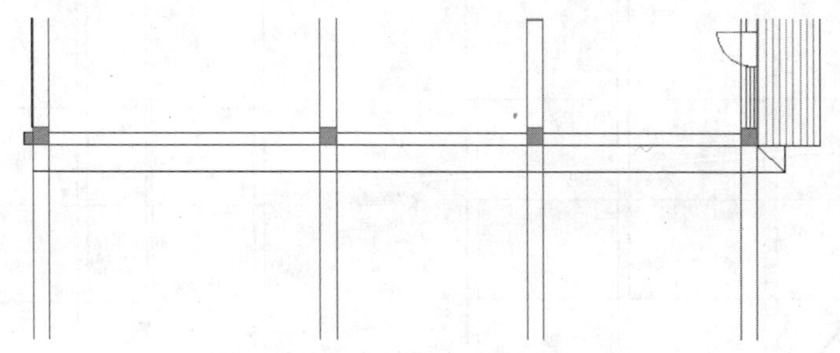

图7-20　绘制垂直辅助线

5 执行“移动”命令（M），将绘制的垂直构造线水平方向移动，再单击“绘图”工具栏中的“构造线”按钮，绘制一条水平的构造线，如图7-21所示。

图7-21　绘制水平辅助线

6 执行“偏移”命令（O），将水平辅助线依次向上偏移150、3900、3000、3000和3300，从而得到相应的楼层线；再执行“修剪”命令（TR）将多余的线段修剪掉，如图7-22所示。

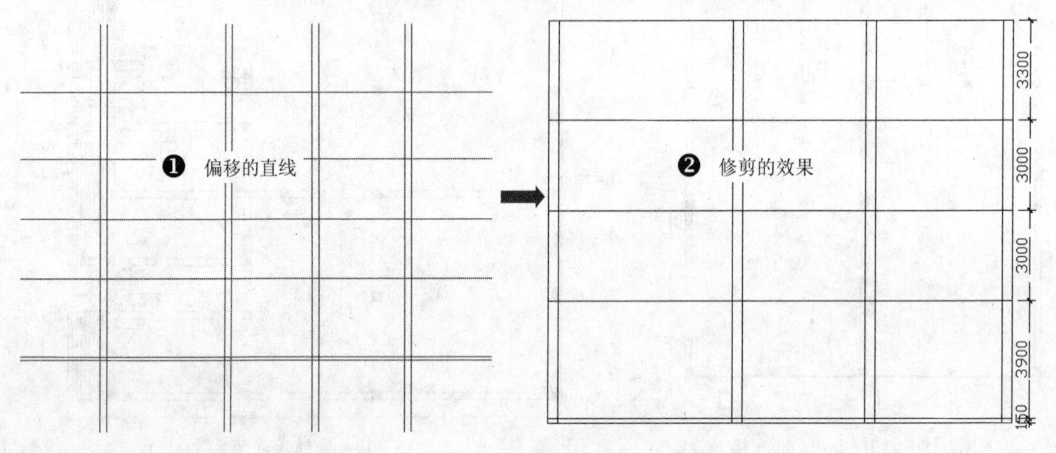

图7-22　绘制辅助线

7 执行“偏移”命令（O），将最左侧的垂直辅助线依次向右偏移3650和240；再执行“修剪”命令（TR）对其进行修剪，如图7-23所示。

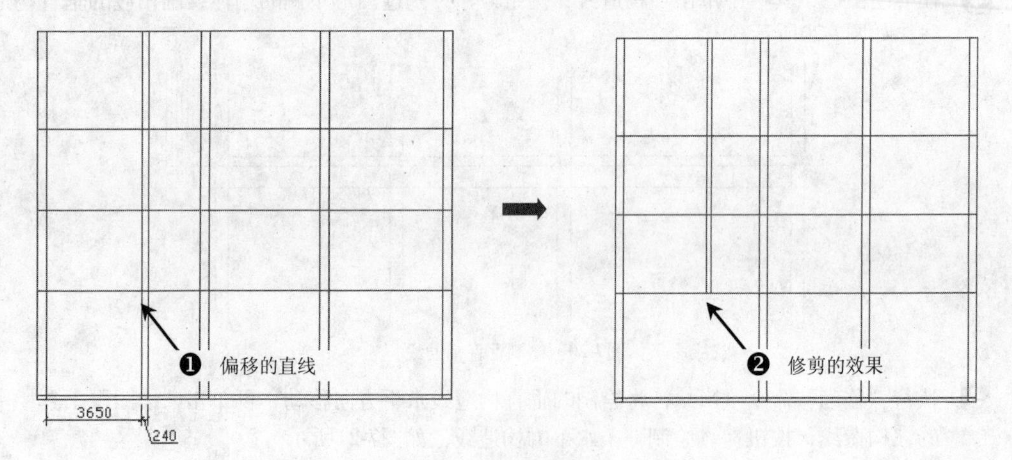

图7-23　绘制辅助线

8 执行“偏移”命令（O），将竖直第二根辅助轴线向右偏移110，再将竖直第五根辅助轴线向左偏移55；再执行“修剪”命令（TR）修剪掉上部多余的直线，如图7-24所示。

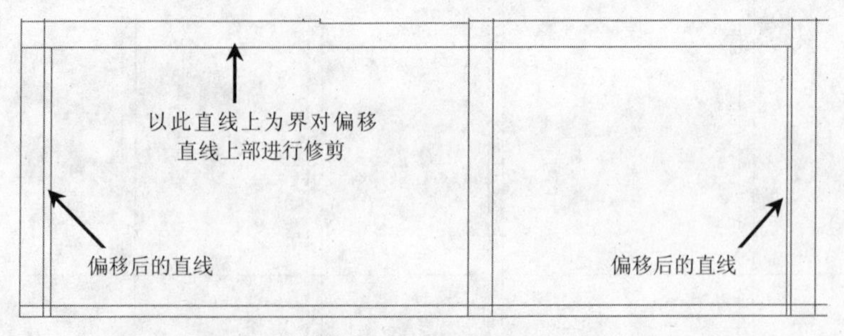

图7-24　绘制辅助线

9 将每层楼的楼层线向下偏移30，再对其执行修剪操作，如图7-25所示。

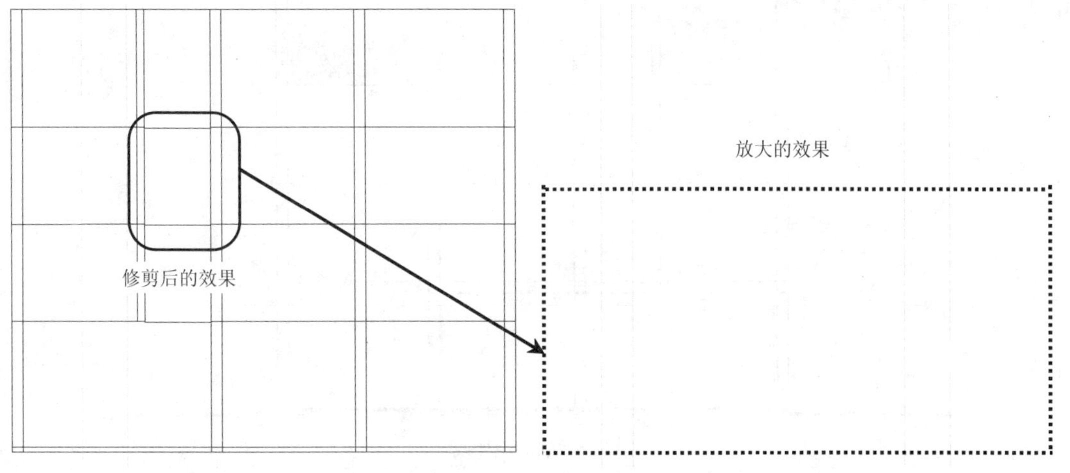

图7-25　绘制辅助线

10 执行“偏移”命令（O），将每层楼的楼层线向下偏移250、300、350，将最上面的一根水平辅助轴线向下偏移1565、170和650；再执行“修剪”命令（TR），将多余的线段进行修剪，如图7-26所示。

11 执行“偏移”命令（O），将最上面的一根水平辅助轴线依次向下偏移350、100和200；执行“修剪”命令（TR），打开“墙及楼板”图层进行修剪；执行“直线”命令（L），绘制其主要轮廓线，如图7-27所示。

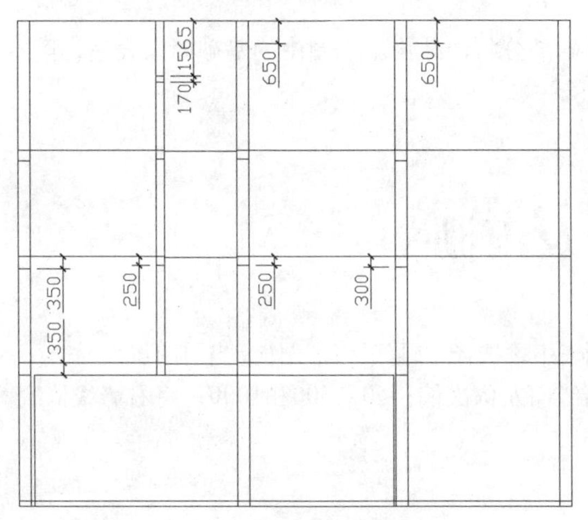

图7-26　绘制辅助线

图7-27　偏移并绘制主轮廓线

7.4 绘制剖面图的地坪线

1 在“图层”工具栏的“图层控制”下拉列表中，选择“地坪线”图层作为当前图层。

2 执行“多线段”命令（PL），在图形的最下侧捕捉相应的交点来绘制地坪线，其多段线的线宽为100，如图7-28所示。

图7-28 绘制地坪线

专业资料：建筑剖面图剖切位置的选择

根据建筑物的实际情况，剖面图通常有横剖面和纵剖面之分。沿着建筑物宽度方向剖开，即为横剖；沿着建筑物长度方向上剖开，即为纵剖。

剖面图的剖切位置和数量应根据建筑物自身的复杂情况而定，一般剖切位置选择在建筑物的主要部位或是构造较为典型的部位，如楼梯间等处。习惯上，剖切图中不画基础部分，断开面上的材料图例与图线的表示均与平面图的表示相同，即被剖到的墙、梁、板等用粗实线来表示，被剖切断开的钢筋混泥土梁、板涂黑表示。

剖面图一般不画出室外地面以下的部分，基础部分将由结构施工图中的基础图来表达，因而把室外地面以下的基础墙上画上折断线进行表示。

7.5 绘制剖面图的屋檐及雨棚

1. 在“图层”工具栏的“图层控制”下拉列表中，选择“轴线”图层作为当前图层。
2. 执行“偏移”命令（O），将左侧的外墙线向左依次偏移50、500和1000；将右墙线依次向右偏移500和800，如图7-29所示。

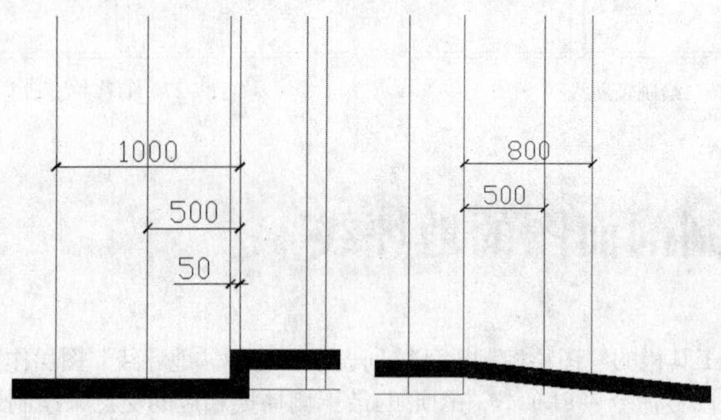

图7-29 绘制辅助线图

3 执行“直线”、“修剪”、“偏移”等命令绘制雨棚和檐口，如图7-30所示。

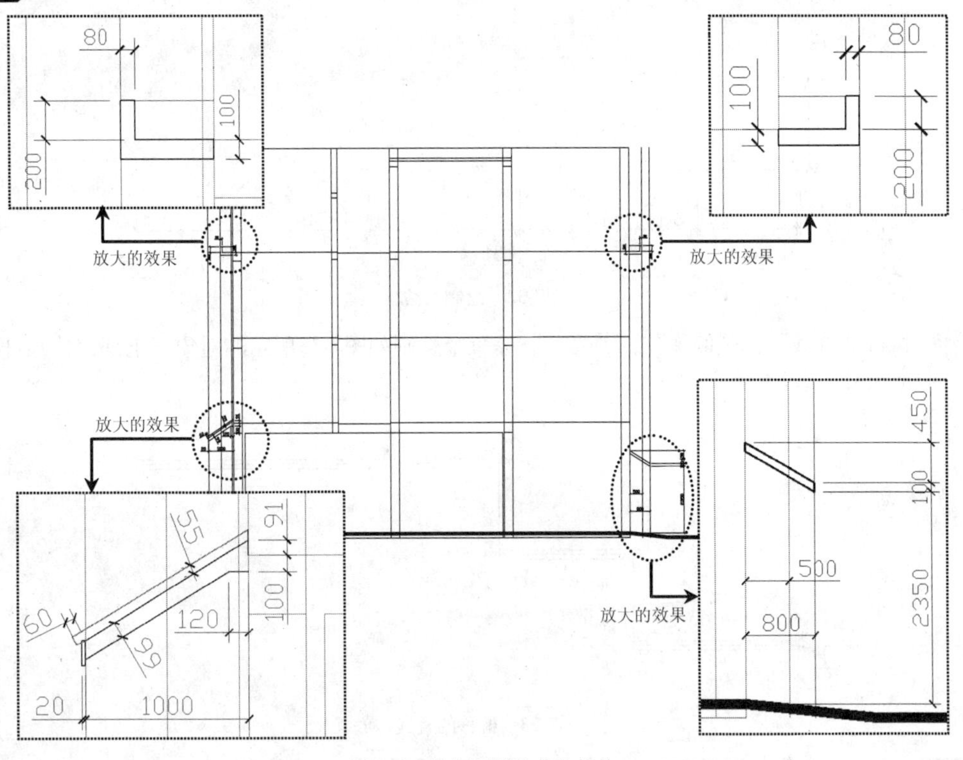

图7-30 绘制雨棚及其他构件

4 使用“删除”命令（E），将所偏移的竖直轴线删除，如图7-31所示。

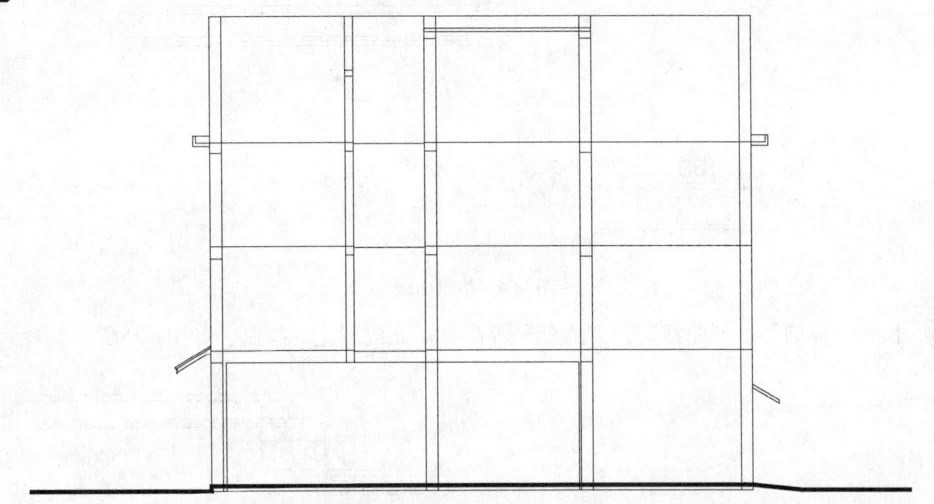

图7-31 删除偏移轴线的效果

7.6 绘制剖面图装饰屋檐

1 执行“直线”命令（L），绘制如图7-32所示尺寸的直线对象。

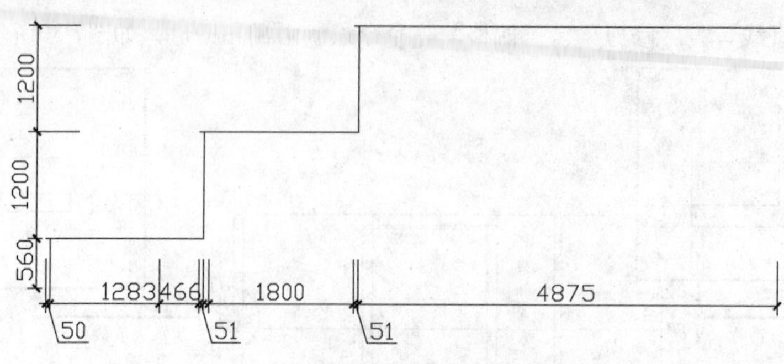

图7-32　绘制直线

2 执行“直线”、“偏移”、“修剪”等命令绘制如图7-33所示的对象（上部偏移尺寸与标准尺寸一致）。

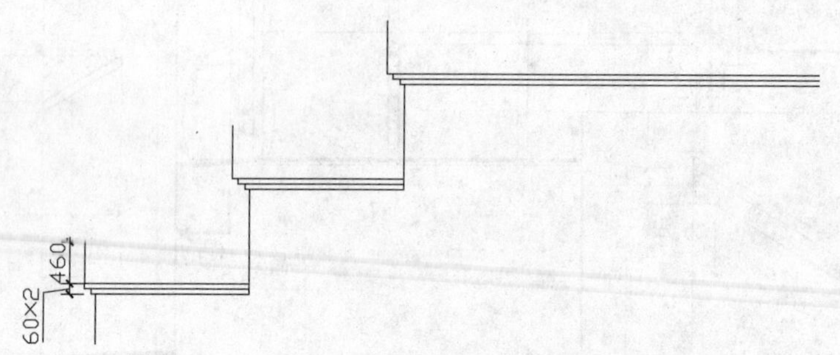

图7-33　偏移的直线

3 执行“圆”、“修剪”等命令，绘制如图7-34所示的尺寸图形。

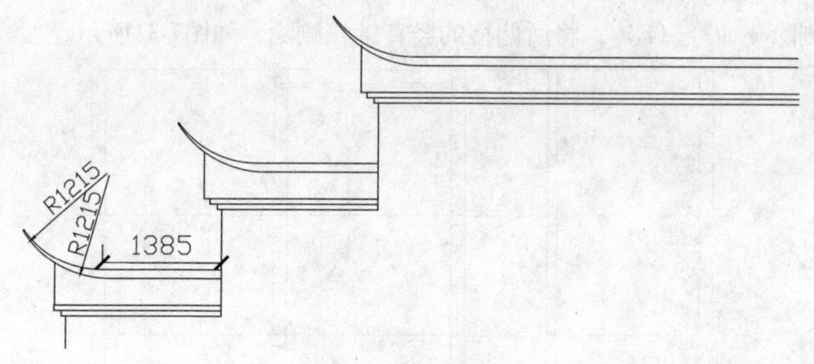

图7-34　绘制曲线

4 执行“椭圆”、“曲线”、“阵列”等命令，完成屋瓦的绘制，如图7-35所示。

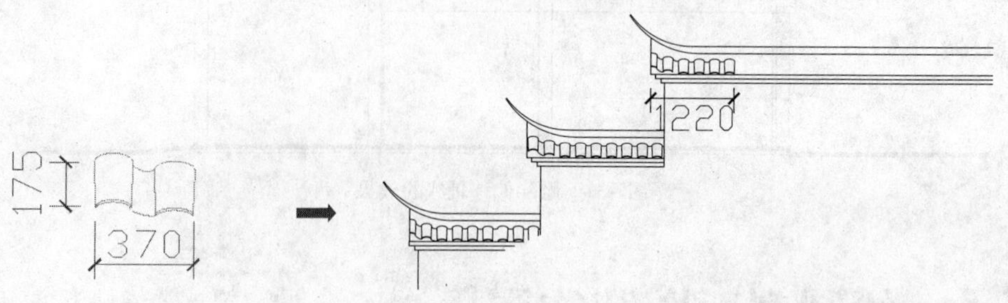

图7-35　绘制屋瓦

5 单击“镜像”按钮，将上一步绘制的图形进行镜像，从而完成马头墙的绘制，如图7-36所示。

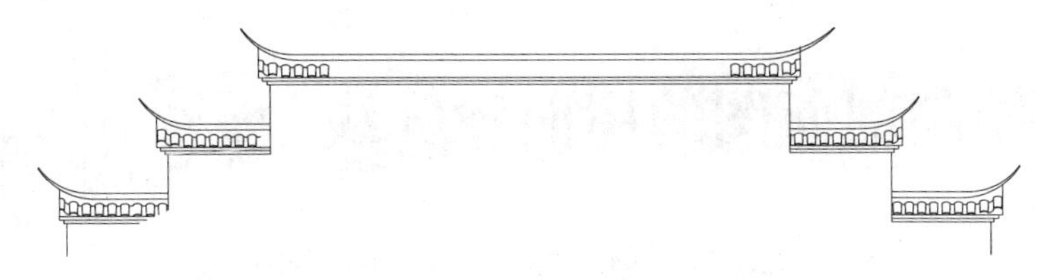

图7-36　镜像图形

6 执行“直线”等命令，在上步图形右下侧完成马头墙轮廓线的绘制，如图7-37所示。

7 执行“编组”命令（G），将上一步绘制完成的装饰屋檐进行编组操作，使之成为一个整体对象。

8 单击“偏移”按钮，将纵向左边第一根辅助定位轴线向右偏移530，将最上面的一根水平轴线向下偏移2800，得到定位点A；再执行“移动”命令（M），将其上一步绘制好的装饰屋檐插入到指定位置点A，如图7-38所示。

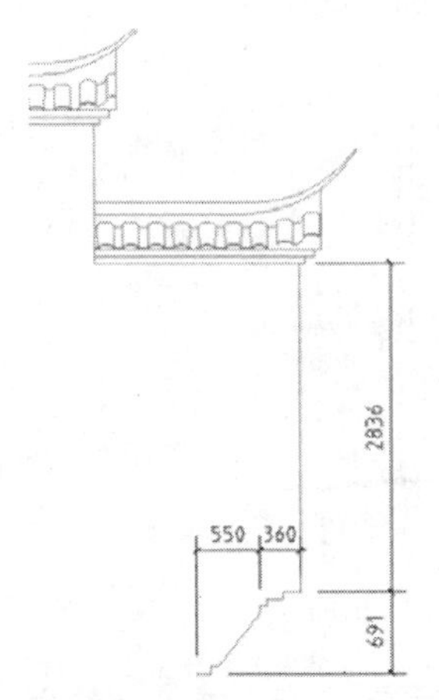

图7-37　完善马头墙的绘制

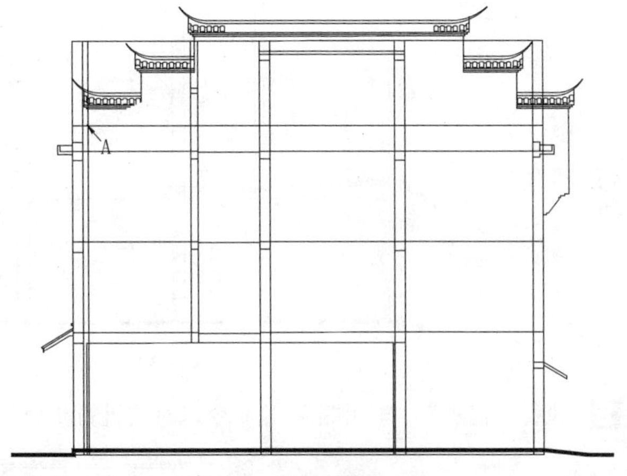

图7-38　插入装饰马头墙

专业资料：建筑剖面图绘制要求

- 比例：国家标准《建筑制图标准》（GB/T 50104-2001）规定，剖面图也采用1∶50、1∶100、1∶150、1∶200和1∶300等比例绘制。在绘制建筑立面图时，应根据建筑物的大小而采用不同的比例。一般采用1∶100的比例，这样绘制起来比较方便。
- 定位轴线：建筑剖面图中，除了需要绘制两端轴线及其编号外，还要与平面图的轴线对照在被剖切到的墙体处绘制轴线及其编号。
- 图线：建筑剖面图中，凡是被剖切到的建筑构件的轮廓一般采用粗实线（b）或中实线（0.5b）来表示，没有被剖切到的可见构配件采用细实线（0.25b）来表示。绘制较简单的图样时，可采用两种线宽的线宽组，其线宽比宜为b∶0.25b。被剖切到的构件一般应表示出该构件的材质。
- 尺寸标注：应标注建筑物外部、内部的尺寸和标高。外部尺寸一般应标注出室外地坪、窗台等处的标高和尺寸，应与立面图一致。若建筑物两侧对称时，可只在一边标注。内部尺寸应标注出底层地面、各层楼与楼梯平台面的标高，室内其余部分如门窗和设备等标注出其位置和大小的尺寸，楼梯一般应另有详图。
- 图例：门窗都是采用图例来绘制的，具体的门窗等尺寸可查看有关建筑标注。
- 详图索引符号：一般在屋顶平面图附近有檐口、女儿墙和雨水口等构造详图，凡是需要绘制详图的地方都要标注详图符号。
- 材料说明：建筑物得楼地面、屋面等多层材料构成，一般应在剖面图中加以说明。

7.7 绘制剖面图的屋面轮廓线

绘制完装饰屋檐后，下面开始绘制屋面轮廓线，具体操作步骤如下。

1 执行“直线”命令（L），连接辅助轴线交点，将点A1与B1连接，将点B2与A2连接，如图7-39所示。

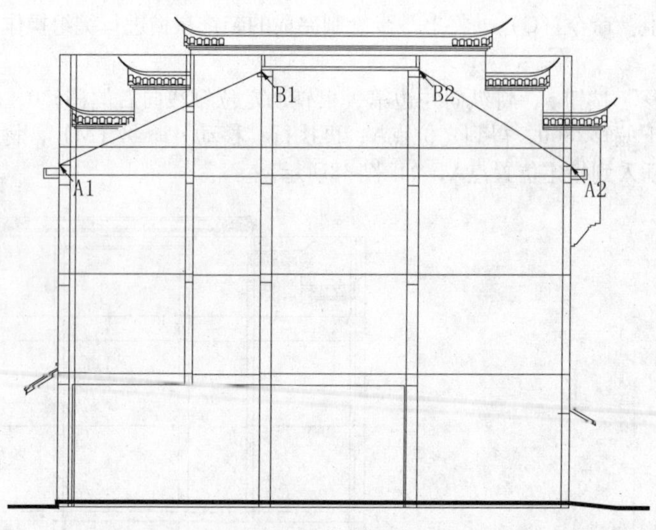

图7-39　绘制屋面

2 执行“修剪”、“删除”等命令，对其进行修剪和删除，如图7-40所示。

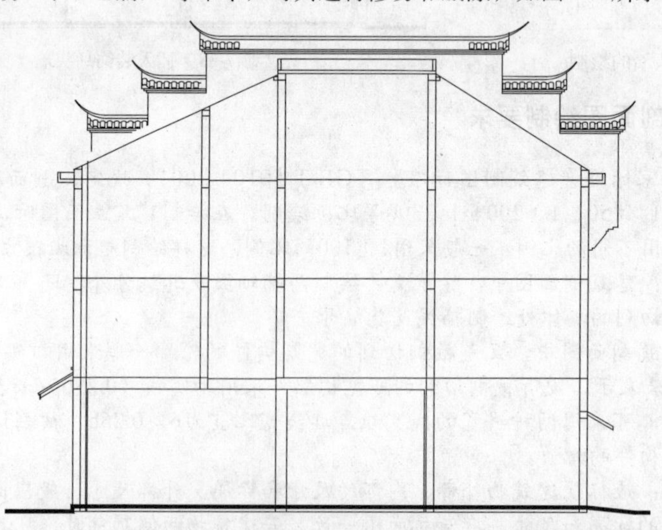

图7-40　修剪线段

3 执行“偏移”命令（O），将各层楼板线向下偏移100，然后执行“修剪”命令（TR），对其多余线段进行修剪。

4 使用鼠标选中绘制的所有图形对象，在“图层”工具栏的“图层控制”下拉列表中选择“墙体”图层，将所有选择的对象变为“墙体”图层，从而完成了主要轮廓线的绘制，如图7-41所示。

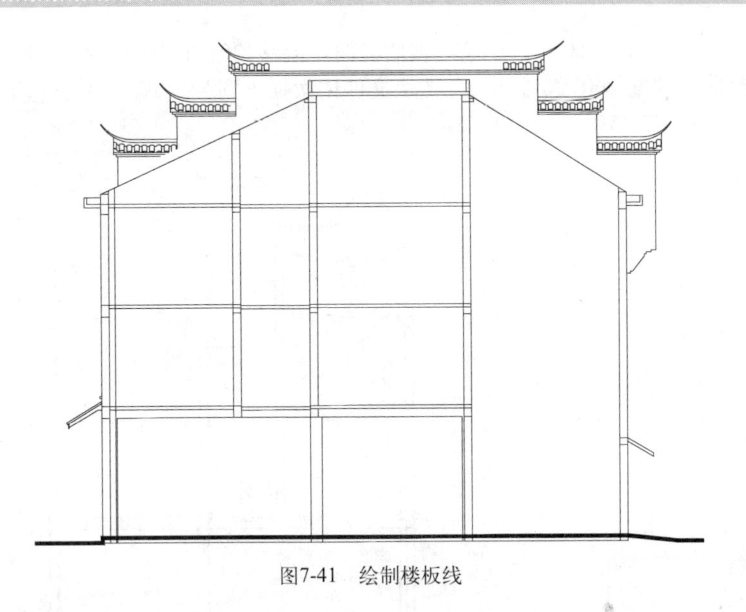

图7-41 绘制楼板线

7.8 绘制并安装门窗对象

结合建筑平面图和建筑立面图，分析在2-2剖切位置的门窗尺寸及位置，下面详细讲解其绘制步骤。

1 在“图层”工具栏的“图层控制”下拉列表中，选择“门窗”图层作为当前图层。

2 使用“矩形”命令（REC），绘制900×2300的矩形，使之成为“M-9”门窗对象，如图7-42所示。

3 执行“创建块”命令（W），将绘制的门“M-9”保存为“案例\07\M-9.dwg”图块文件。

4 执行“矩形”、“偏移”、“修剪”等命令绘制“C-1515”窗，如图7-43所示。

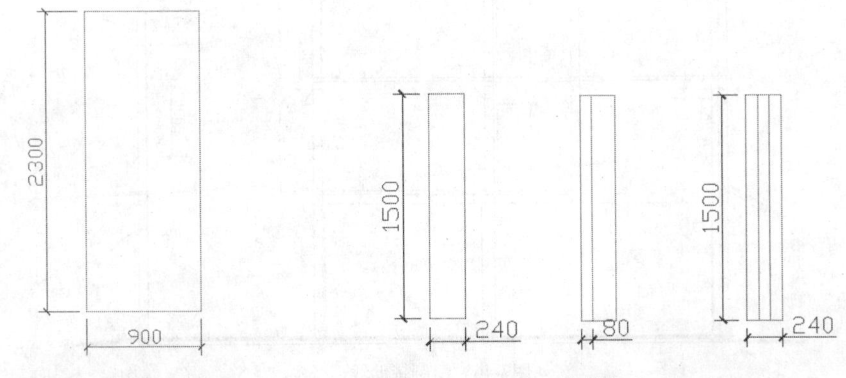

图7-42 绘制门“M-9” 图7-43 绘制窗“C-1515”

5 执行“创建块”命令（W），将绘制的窗“C-1515”保存为“案例\07\C-1515.dwg”图块文件。

6 按照同样的方法绘制尺寸为240×900、240×600的窗，如图7-44所示。

7 执行“创建块”命令（W），将其保存为“案例\07\GC-2”和“案例\07\C-1215”图块文件。

8 执行“偏移”命令（O），将第三根墙线向左偏移120；再执行“插入块”命令（I），将前面绘制的“案例\07\M-9.dwg”图块文件依次插入到A1、A2、B1、B2、C1、C2六个点的位置，如图7-45所示。

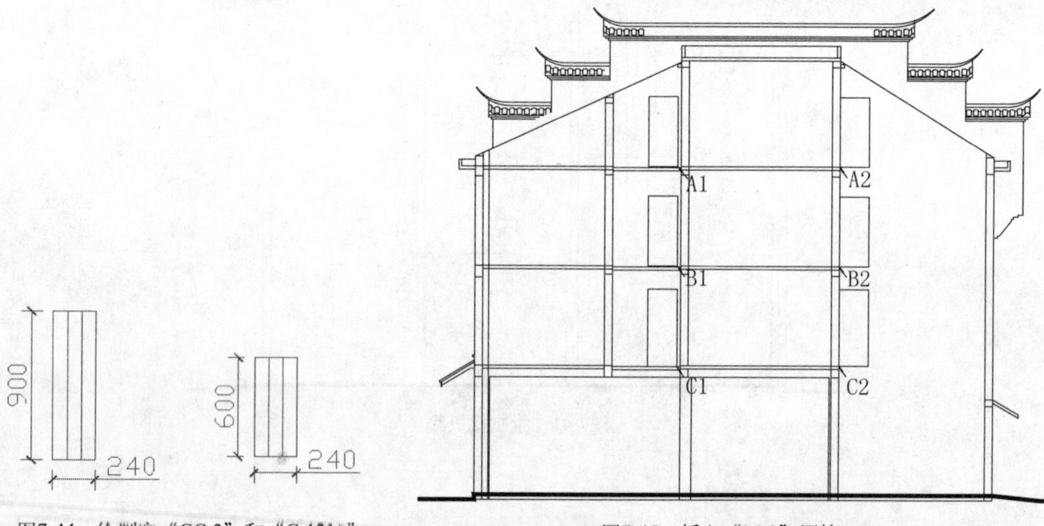

图7-44　绘制窗“GC-2”和“C-1215”

图7-45　插入“M-9”图块

9 执行“偏移”命令（O），将楼板线依次向下偏移200、250、300、2000、2100；再执行“修剪”命令（TR），确定插入窗的位置a、b、c、d、e、f、g、h八个点，如图7-46所示。

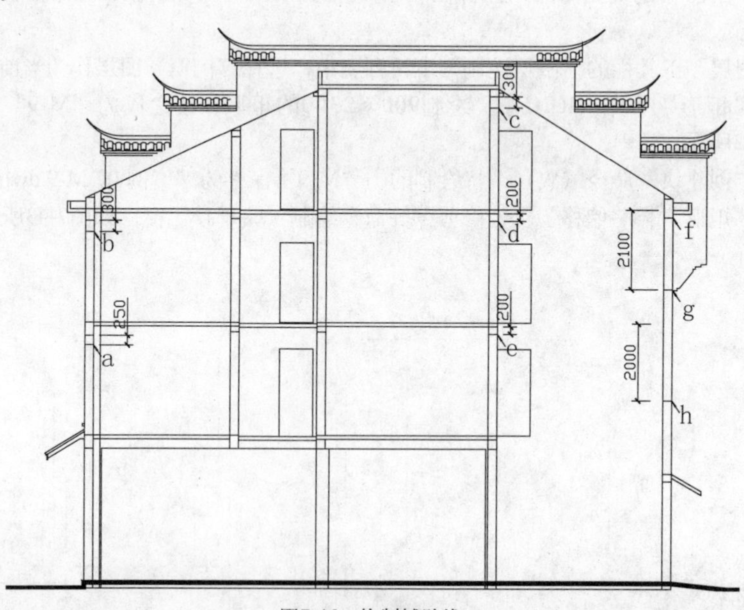

图7-46　绘制辅助线

10 执行“插入块”命令（I），将前面绘制好的“案例\07\GC-2”、“案例\07\C-1215”、“案例\07\C-1215”门窗插入到相应位置，如图7-47所示。

由于窗子的尺寸不一致，用户可以通过前面第2章讲到的动态块的方法进行窗的绘制。

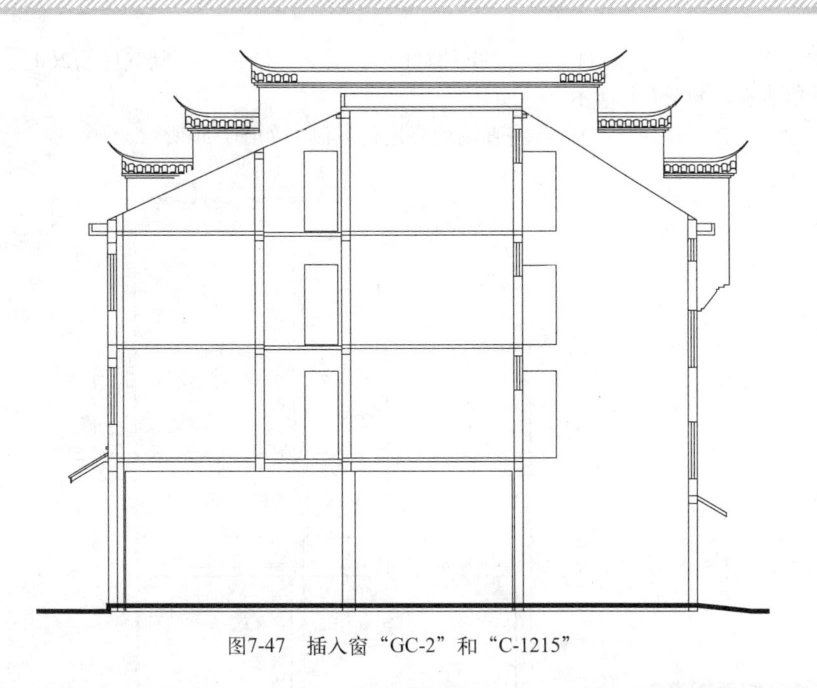

图7-47 插入窗“GC-2”和“C-1215”

7.9 绘制剖面图的楼梯对象

由于一、二、三层楼梯是一样的，用户可以先绘制单层楼梯，然后通过复制命令绘制其他层的楼梯。

1. 在“图层”工具栏的“图层控制”下拉列表中，选择“楼梯”图层作为当前图层。
2. 执行“直线”、“修剪”、“延伸”等命令，将地坪线向上偏移650，将每层楼板向下偏移1500，绘制图示尺寸的休息平台，如图7-48所示。

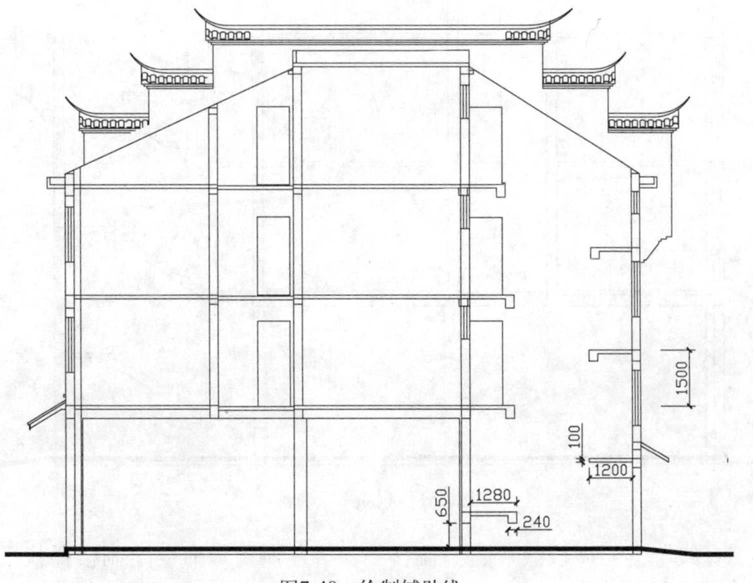

图7-48 绘制辅助线

3 执行“多段线”命令（PL），按F8键打开“正交”模式，绘制宽度为260、高度为160的直角踏步，如图7-49所示。

4 执行“复制”命令（CO），将直角踏步进行复制，如图7-50所示。

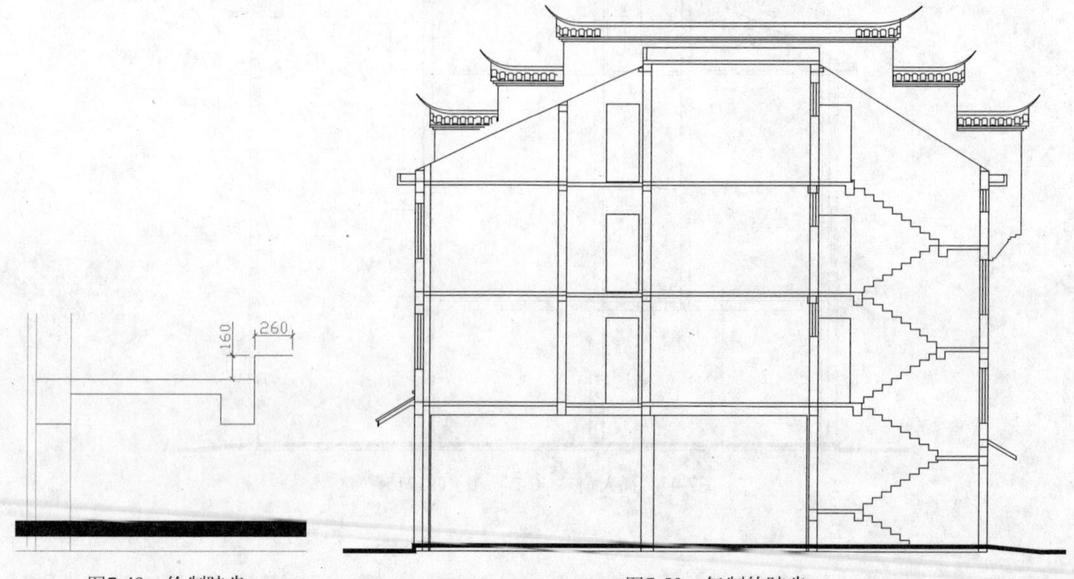

图7-49 绘制踏步

图7-50 复制的踏步

5 执行“直线”命令（L），过楼梯踏步的拐角点绘制直线；再执行“偏移”命令（O），将所绘制的直线向外偏移100，然后将多余的直线删除和修剪，如图7-51所示。

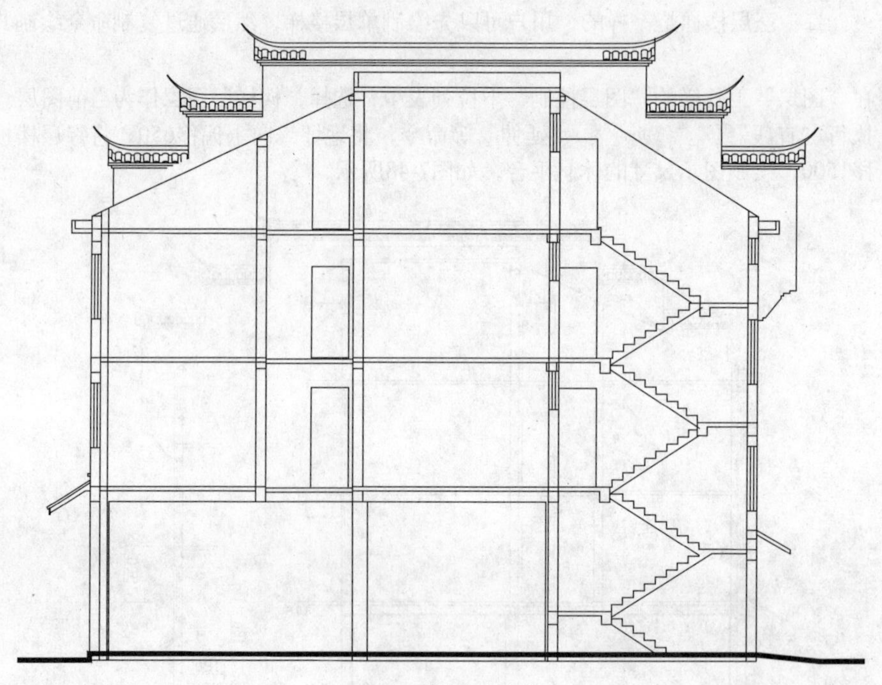

图7-51 删除多余直线

6 执行“直线”、“多段线”、“偏移”、“复制”等命令绘制楼梯扶手，扶手高度为900，如图7-52所示。

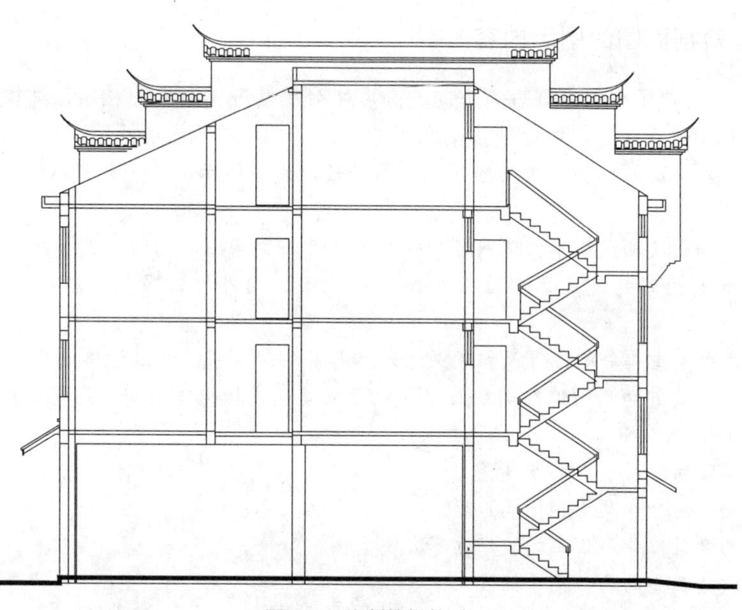

图7-52　绘制楼梯扶手

7.10 剖面墙体、楼板及楼梯的填充

在建筑剖面图中，被剖切到的楼板、楼梯应填充钢筋混凝土。

1. 在“图层”工具栏的“图层控制”下拉列表中，选择“其他”图层作为当前图层。
2. 执行“图案填充”命令（H），对楼板、楼梯等被剖切的区域填充SOLID图案，使之成为钢筋混凝土结构，如图7-53所示。

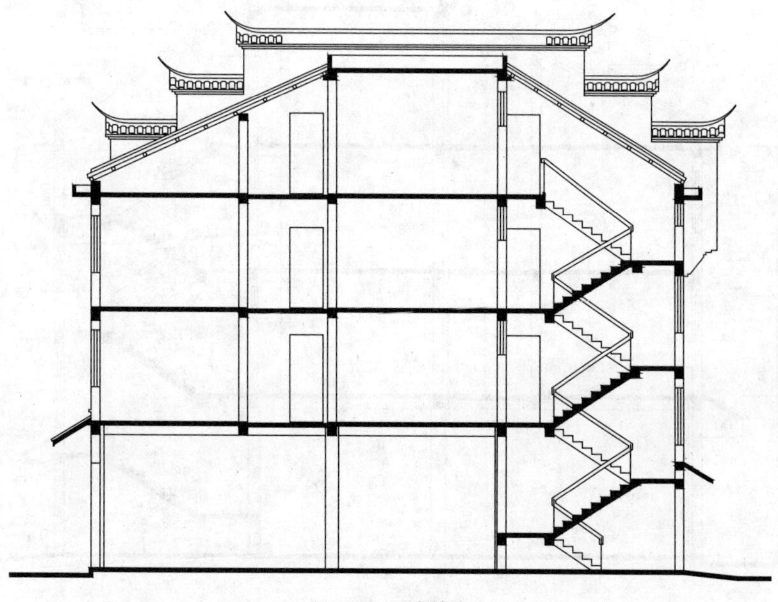

图7-53　图案填充

专业资料：建筑剖面图的图示内容

建筑剖面图反映了房屋内部垂直方向的高度、分层情况，楼地面和屋顶结构形式及构建配件在垂直方向的相互关系。在绘制建筑剖面图时，其图中的主要内容如下。

- 比例。剖面图的比例与平面图、立面图一致，为了图示清楚，也可以使用较大的比例绘制。
- 图名、轴线及轴线编号。从图名和轴线编号可知剖面图的剖切位置和剖视方向。
- 表示被剖切到的建筑各部位，如各楼层地面、内外墙、屋顶、楼梯、阳台等构造的做法。
- 表示主要承重构件的位置及相互关系，如各层的梁、板、柱及墙体的连接关系等。
- 一些没有被剖切到的但在剖切面中可以看到的建筑物构件，如室内的窗户、楼梯和栏杆的扶手等。
- 表示屋顶的形式及排水坡度等。
- 建筑物的内外部尺寸和标高。
- 详细的索引符号和必要的文字注释。
- 高程以及必要的局部尺寸标注。

7.11 剖面图的尺寸、文字及标高标注

与建筑平面图、立面图一样，建筑剖面图需要对尺寸、标高、文字等标注。

1. 在“图层”工具栏的“图层控制”下拉列表中，选择“尺寸标注”图层作为当前图层。
2. 执行“线型标注”、“连续标注”对绘制的剖面图进行尺寸标注，如图7-54所示。

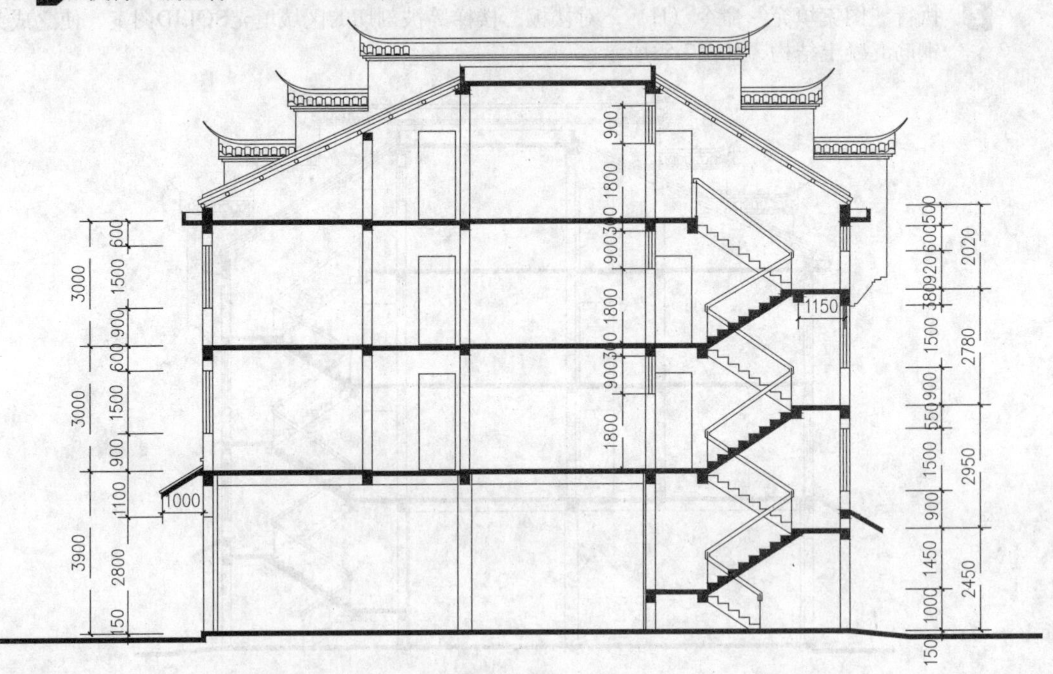

图7-54　尺寸标注

3 将“标高”层置为当前图层，执行“插入块”命令（I），将前面保存的“案例\06\标高.dwg”图块文件插入到剖面图的相应位置，并修改其标高值，如图7-55所示。

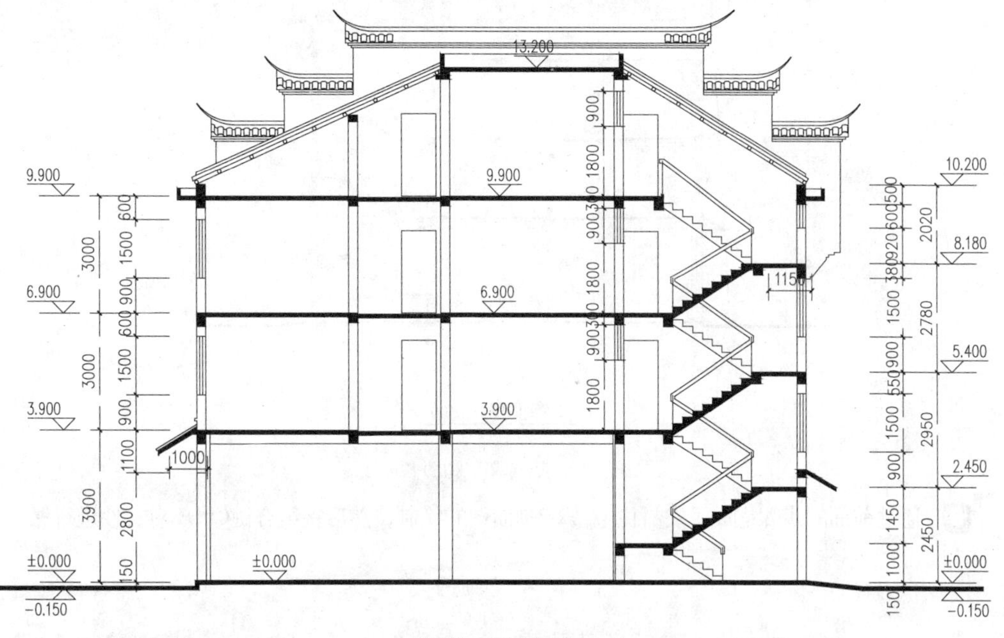

图7-55 标高标注

4 执行“圆”、“直线”、“单行文字”等命令，绘制轴线符号，如图7-56所示。

5 执行“复制”命令（CO），将绘制好的轴线符号依次复制到图形下侧，然后单击圆圈内的文字对象，将其修改为相应的轴号，如图7-57所示。

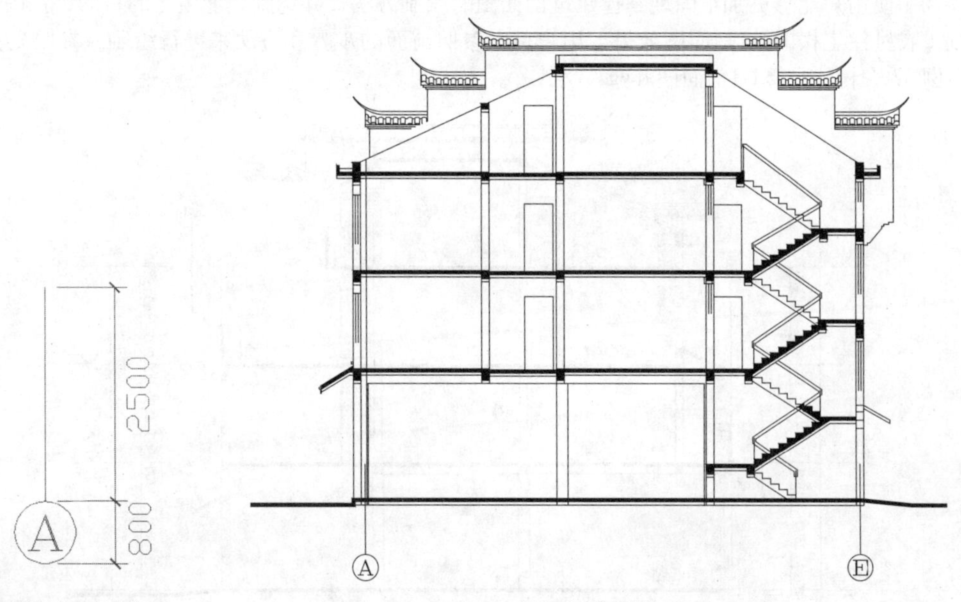

图7-56 绘制轴号　　图7-57 复制轴号

6 在“图层”工具栏的“图层控制”下拉列表中，选择“文字”图层作为当前图层。

7 执行“直线”命令（L），在图形下方绘制两条水平线段，然后执行“单行文字”命令，在所绘制的直线上方输入相应文字，其文字的大小为500，如图7-58所示。

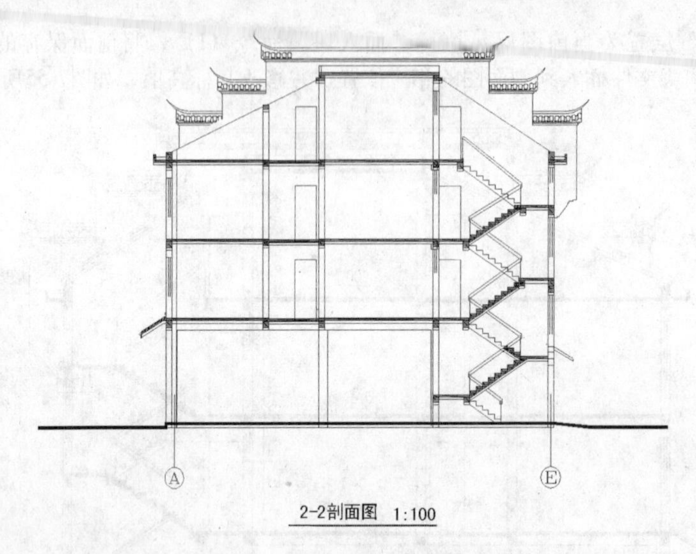

图7-58 进行文字和图名标注

8 通过前面的步骤完成了农村住宅楼2-2剖面图的绘制，然后按组合键Ctrl+S对文件进行保存。

7.12 农村住宅1-1剖面图的演练

结果文件：案例\07\农村住宅1-1剖面图.dwg

为了使用户能够更加牢固地掌握建筑剖面图的绘制方法，并达到熟能生巧的目的，在图7-59中绘制了农村住宅楼的1-1剖面图效果，用户可以参照前面的步骤和方法来进行绘制（参照光盘中的“案例\07\农村住宅楼1-1剖面图.dwg”文件）。

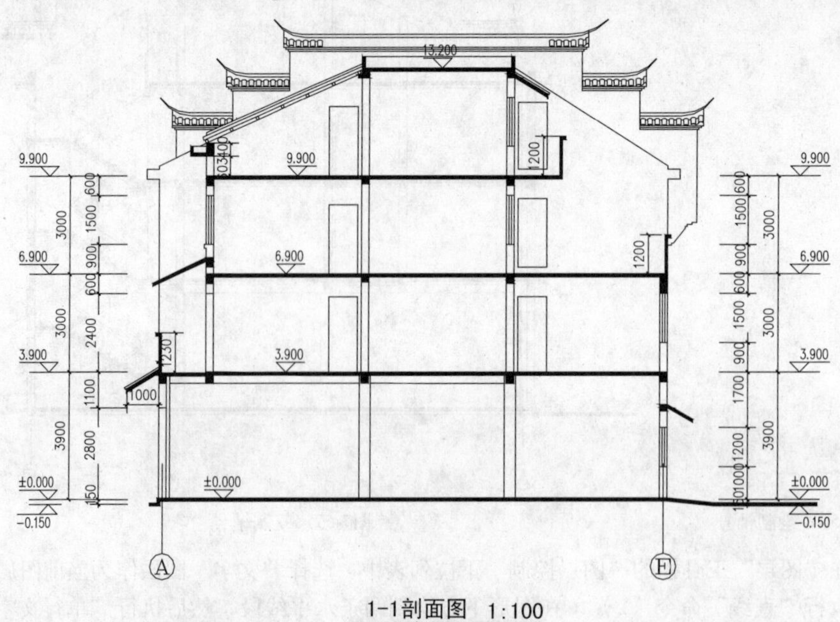

图7-59 1-1剖面图效果

Chapter

08

第8章 住宅建筑详图的绘制

在建筑施工图中，对房屋的一些细部构造，如形状、层次、尺寸、材料和做法等，由于建筑平面、立面、剖视图通常采用1：100、1：200等较小的比例绘制，无法完全表达清楚。因此，在施工图设计过程中，常常按实际需要在建筑平面、立面、剖视图中另外绘制详细的图形来表现施工图样。

在本章中，首先讲解了建筑详图的特点、主要内容、绘制步骤、表示方法和剖切材料的图例，再分别讲解了门窗详图、楼梯详图、墙身详图的识读方法；然后以楼梯平面图、楼梯剖面实例，讲解了在AutoCAD 2014软件中进行绘制的方法和步骤，最后绘出某马头墙立面图和详图的效果，让用户自行去演练绘制，从而使读者更加牢固地掌握建筑详图的绘制方法。

主要内容

- ✓ 掌握建筑详图的概念和特点
- ✓ 掌握建筑详图的主要内容及绘制步骤
- ✓ 掌握建筑详图的表示方法及剖切材料的图例
- ✓ 掌握门窗、楼梯和墙身详图的识读方法
- ✓ 掌握楼梯平面图和剖面图的绘制方法
- ✓ 演练马头墙立面和剖面详图

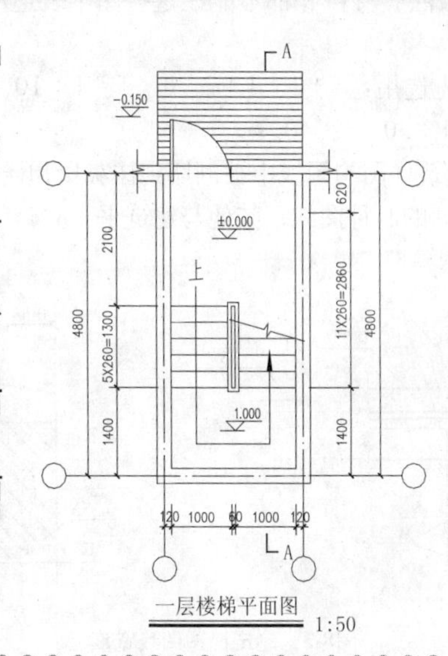

一层楼梯平面图 1:50

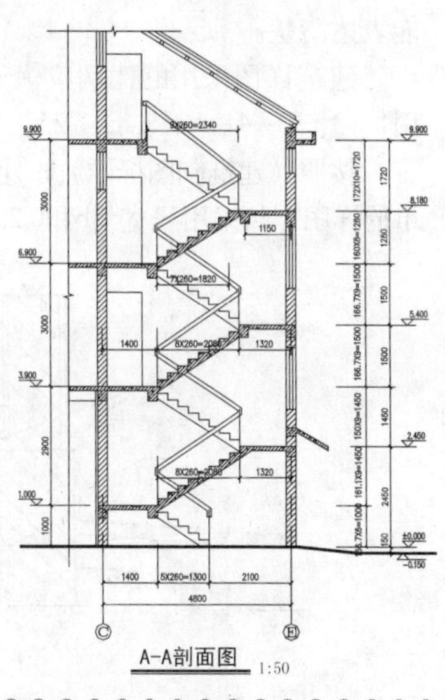

A-A剖面图 1:50

8.1 建筑详图绘制概述

建筑详图又称建筑大样图或详图，是指对房屋的细部结构或配件用较大比例将其形状、大小、材料和做法按正投影的画法详细地表示出来的图样。建筑大样图可以选择这些建筑构配件和某些剖视节点的具体内容好表达清楚，体现出大比例尺的优势。

8.1.1 建筑详图的概念

在施工图设计过程中，对建筑节点及建筑构件的详细构造，如形状、层次、尺寸、材料和做法等，用较大的比例绘制出详图，称为建筑详图，又简称详图，也可称为大样图或节点图。如图8-1所示为某栏杆水平段的详图效果。

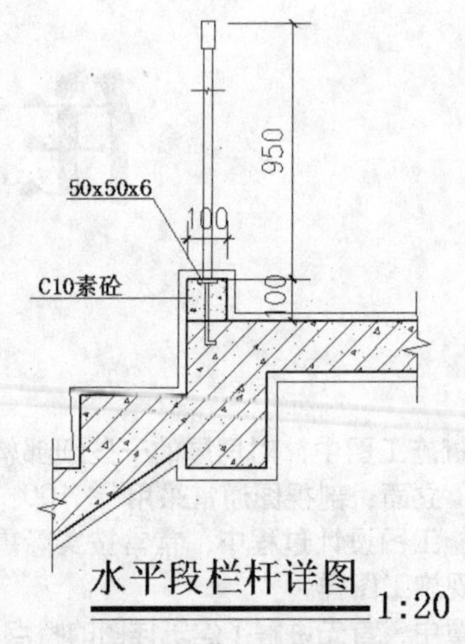

图8-1 栏杆详图

8.1.2 建筑详图的特点

建筑详图在建筑施工中起着重要作用。由于建筑平、立、剖面图一般采用较小的比例，而对于一些较小的建筑构件（如门、窗、楼梯、阳台等）和某些剖面节点图（如窗台、窗顶、台阶等）部位的样式，以及具体的尺寸、做法、材料等都不能在这些图中表达清楚，所以必须配合建筑详图才能表达清楚。

建筑详图采用的比例应优先选用：1∶1、1∶2、1∶5、1∶10、1∶20、1∶50；必要时也可选用1∶3、1∶4、1∶5、1∶25、1∶30、1∶40。

按照《建筑制图标准》，建筑详图的图线中被剖切到抹灰层和楼地面的面层线中实线。对比较简单的详图，可采用线宽为b和0.25b的两种图线，其他与建筑平、立、剖面图相同，如图8-2所示。

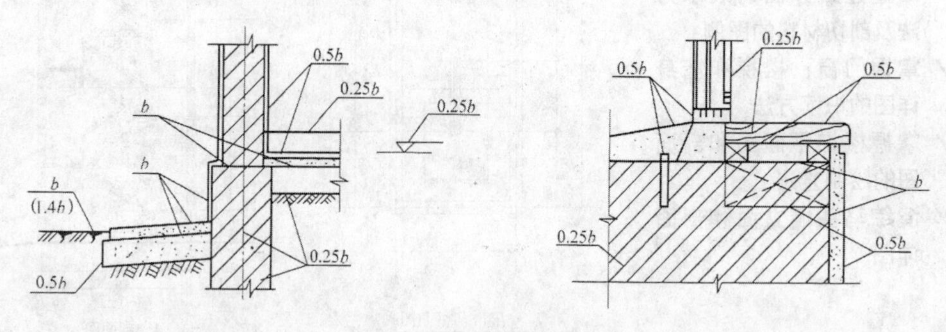

图8-2 建筑详图图线宽度

8.1.3　建筑详图的主要内容

建筑详图一般应表达出在建筑平面图、立面图、剖面图中无法详细表达的构件、节点等，根据建筑物的复杂程度、建筑标准的不同，其详图的数量及内容也不尽相同。一般来讲建筑详图包括外墙墙身详图、楼梯详图、卫生间详图、门窗详图以及阳台、雨棚和其他固定设施详图。在建筑详图中，应表达出这些构件的详细构造、所用的各种材料及规格，各部分的连接方式和相对的位置关系，各部位、各细部的详细尺寸，包括需要标注的标高，有关施工要求和做法的说明等，具体包括内容如下。

- 详图名称、图例。
- 详图符号及其编号以及还需要另画详图的索引符号。
- 建筑构件（如门、窗、楼梯、阳台）的形状、细部构造。
- 细部尺寸等。
- 详图说明建筑物细部及剖面节点的形式、做法、用料、规格及详细尺寸。
- 表示施工要求及制作方法。
- 定位轴线及编号。
- 需要标注的标高等。

8.1.4　建筑详图的绘制步骤

建筑详图的绘制步骤，应与相应的建筑平面图、立面图、剖面图相对应，建筑详图只是一个局部，用户在绘制建筑详图之前，首先应该在建筑平面图、立面图、剖面图中提取相关信息，然后按照建筑详图的要求进行绘制，具体步骤如下。

（1）从相应图形中提取与所绘详图相关的部分。

（2）对所提取的相关内容进行修改，形成详图的草图。

（3）根据详图绘制的具体要求，对草图进行修改。

（4）调整详图的绘图比例，一般为1：50或1：20。

（5）若为平面详图，则需要进行设施的布置，如卫生间详图中就必须绘制各种卫生厨具。

（6）填充材料和内容。各种详图中剖切的部分应该绘制填充材料符号等。

（7）标注文本和尺寸。要求标注的比例比较详细。以卫生间为例，卫生间洁具定位一般以某水管定位线为基准，依据其他设备边缘进行定位，标注时需要标注出设备定位尺寸和房间的周边净尺寸，同时还应该标出室内标高、排水方向及坡度等。文本标注用于详细说明各个部件的做法。

8.1.5　建筑详图的表示方法

建筑详图应以所绘制建筑细部构造表达清楚的要求来进行绘制。例如，墙身节点详图通常用一个剖面图来表达；楼梯间宜用一个剖面详图、几个平面详图和几个节点图来表达；门窗则常用立面详图、若干个剖面和断面图来表达；屋面、楼面、地面等的构造与材料、做法，可在建筑剖面图中用指引线从所指的部位引出，按其多层构造的构造层次顺序，逐层用文字说明表示，也可用文字说明内墙的材料和做法，如图8-3所示。

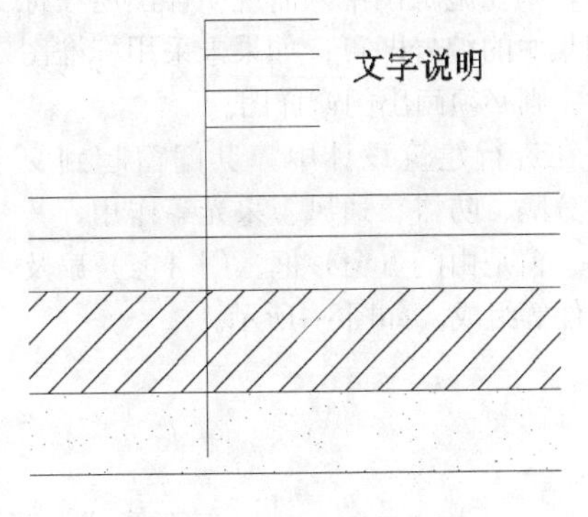

图8-3　多层次构造的表示方法

8.1.6 建筑详图剖切材料和图例

在绘制建筑详图时，剖切面的材料一般采用图例表示，其常用的建筑详图剖切材料图例如表8-1所示。

表8-1 剖面图填充图例

材料名称	图案代号	图例	材料名称	图案代号	图例
墙身剖面	ANSI31		绿化地带	GRASS	
砖墙面	AR-BRELM		草地	SWAMP	
玻璃	AR-RROOF		钢筋砼	ANSI31+AR-CONC	
砼（混凝土）	AR-CONC		多孔材料	ANSI37	
夯实土壤	AR-HBONE		灰、砂土	AR-SAND	
石头坡面	GRAVEL		文化石	AR-RSHKE	

8.2 门窗详图的识读

门窗详图一般都由各地区建筑主管部门批准发行的各种不同规格的标准图（通用图、利用图）供设计选用。若采用标准详图，则在施工图中只需说明详图所在标准图集中的编号即可；如果未采用标准图集时，则必须画出门窗详图。

在进行建筑设计中，其门窗起到交通、分隔、防盗、通风、采光等作用，其木门、窗是由门（窗）框、门（窗）扇及五金件等组成，如图8-4所示。

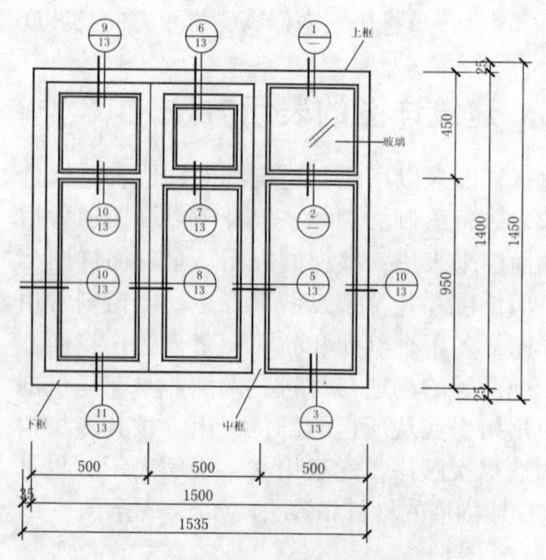

图8-4 木门、窗的组成

8.2.1 门窗的组成

木门一般是由门框、门扇、门轴、亮子、窗、百叶、五金等组成，如图8-5所示为平开木门的组成构造。木窗一般由窗框、窗扇、五金零件等组成；有的木窗还有贴脸、窗台板等附件。如图8-6所示为一般平开木窗的各部构造名称，如图8-7所示为大窗的开启形式。

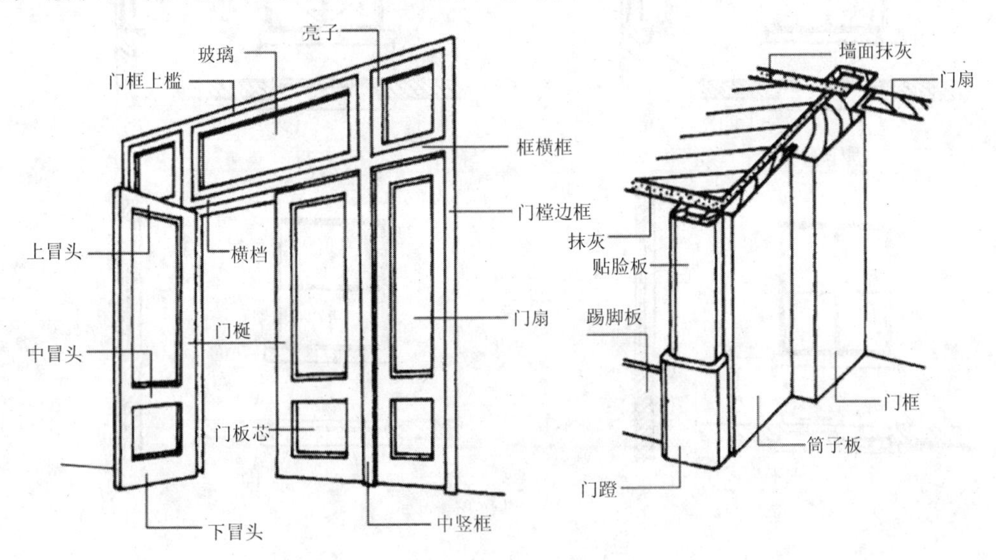

图8-5 平开木门的组成

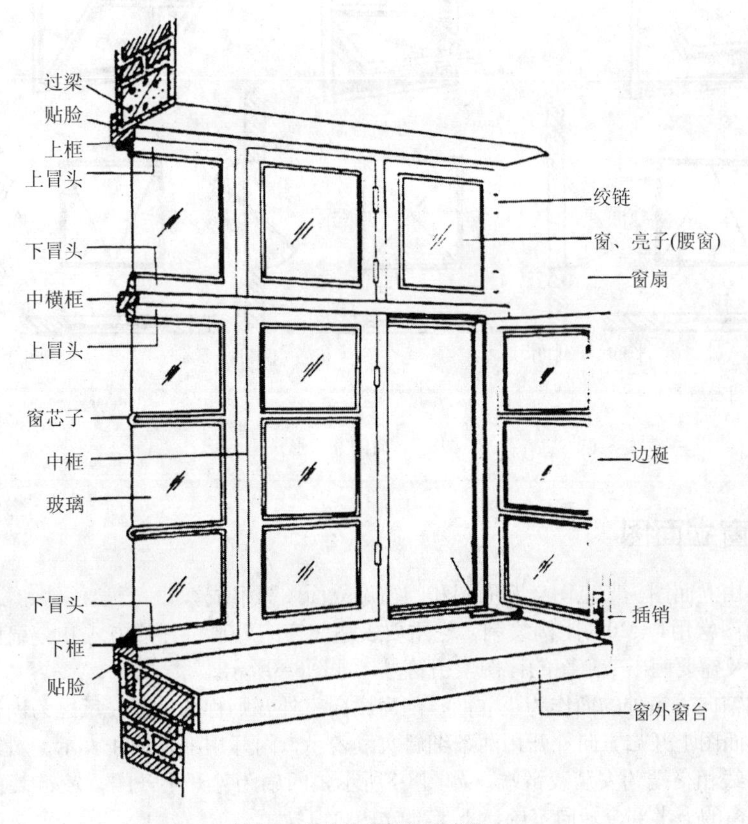

图8-6 木窗的各部构造名称

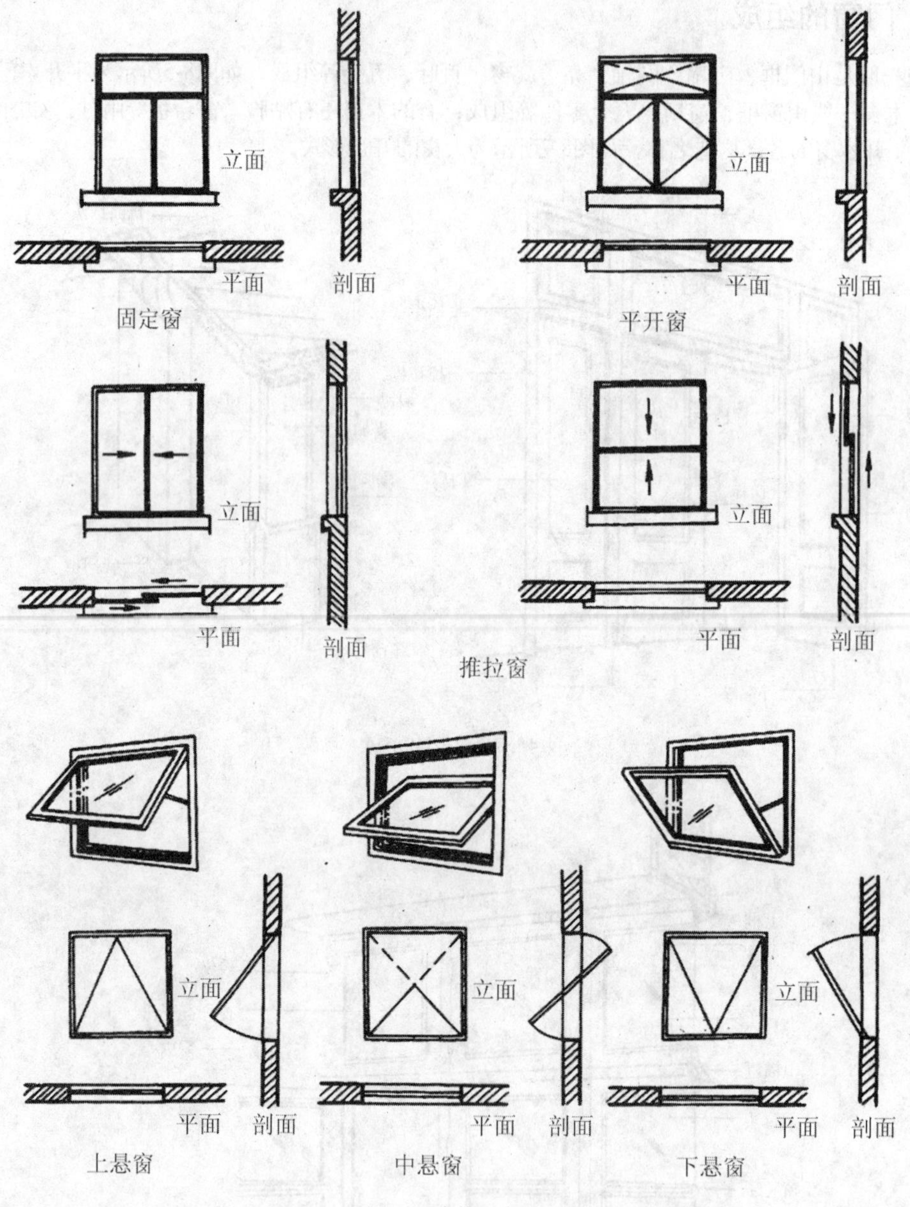

图8-7　窗的开户形式

8.2.2　门窗立面图

门窗详图由立面图、节点图、断面图和门窗扇立面图等组成。

门窗立面图常用1：20的比例绘制，它主要表达门窗的外形、开启方式和分扇情况，同时还标出门窗的尺寸及需要画出节点图的详图索引符号，如图8-8所示。

一般以门窗向着室外的面作为正立面，门窗扇向室外开则称为外开，反之为内开。《图标》中规定：门窗立面图上开启方向外开用两条细斜实线表示，内开用细斜虚线表示。斜线开口端为门窗扇开启端，斜线相交端为安装铰链端。如图8-8所示，门扇为外开平开门，铰链装在左端，门上亮子为中悬窗，窗的上半部分转向室内，下半部分转向窗外。

门窗立面图尺寸，一般在竖直和水平方向各标注三道：最外一道为洞口尺寸，中间一道为门窗框外包尺寸，最里边一道为门窗扇尺寸，如图8-8所示。

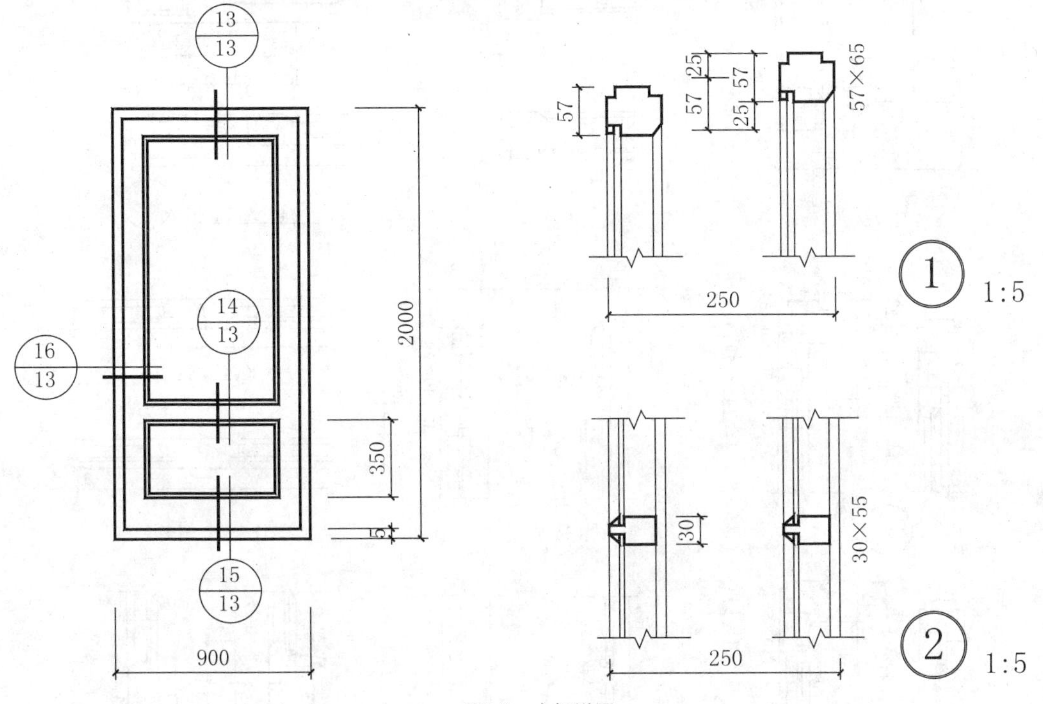

图8-8 木门详图

8.2.3 门窗节点详图

门窗节点详图常用1∶10的比例绘制，主要表达各门窗框、门窗扇的断面形状、构造关系以及门窗扇与门窗框的连接关系等内容。习惯上将水平（或竖直）方向上的门窗节点详图依次排列在一起，分别注明详图编号，并相应地布置在门窗立面图的附近，如图8-8所示。

门窗节点详图的尺寸主要为门窗料断面的总长、总宽尺寸。如95×42、55×40、95×40等为“X-0927”代号门的门框、亮子窗扇上下冒头、门扇上中冒头及边挺的断面尺寸。除此之外，还应标出门窗扇在门窗框内的位置尺寸，在如图8-8所示的②号节点图中，门扇进门框为10mm。

8.2.4 门窗料断面详图

门窗料断面详图常用1∶5的比例绘制，主要用于详细说明各种不同门窗料的断面形状和尺寸。断面内所注尺寸为净料的总长、总宽尺寸（通常每边要留2.5mm厚的加工裕量），断面图四周的虚线即为毛料的轮廓线，断面外标注的尺寸为决定其断面形状的细部尺寸，如图8-9所示。

8.2.5 门窗扇立面图

门窗扇立面图常用1∶20的比例绘制，主要表达门窗扇形状及边挺、冒头、芯板、纱芯或玻璃板的位置关系，如图8-9所示。

门窗扇立面图在水平和竖直方向各标注两道尺寸，外边一道为门窗扇的外包防雨，里边一道为扣除裁口的边挺或各冒头的尺寸，以及芯板、纱芯或玻璃板的尺寸。

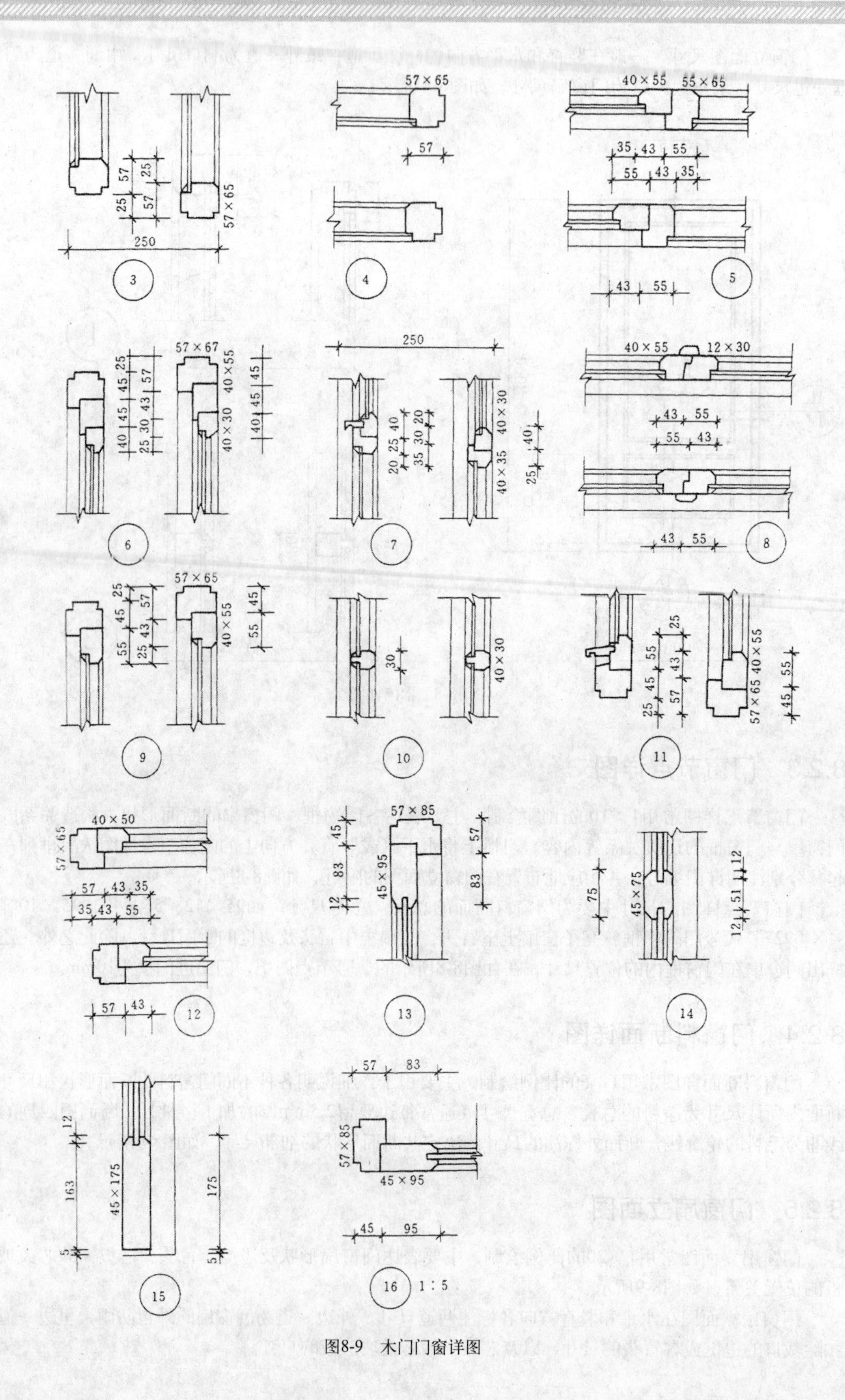

57
25
25
57
57×65
250
3
57×65
57
4
40×55
55×65
35
43
55
55
43
35
43
55
5
25
45
57
45
43
40
30
25
57×67
40×55
40×30
45
45
40
6
250
40
20
25
30
35
20
40×30
40×35
40
25
7
40×55
12×30
43
55
55
43
43
55
8
25
45
57
55
43
25
57×65
40×55
45
55
9
30
40×30
10
25
55
43
45
57
25
40×55
57×65
55
45
11
40×50
57×65
57
43
35
35
43
55
57
43
12
57×85
45
83
12
45×95
57
83
13
45×75
12
51
12
75
14
12
163
45×175
5
175
5
15
57
83
57×85
45×95
45
95
16
1∶5

图8-9　木门门窗详图

8.3 楼梯详图的识读

楼梯详图主要表示楼梯的类型和结构形式。楼梯一般是由楼梯段、休息平台、栏杆或栏板三部分组成。楼梯详图主要表示楼梯的类型、结构形式、各部位的尺寸及装修做法等，是楼梯施工放样的主要依据。

楼梯详图一般分建筑详图与结构详图，应分别绘制并编入建筑施工图和结构施工图中。对于一些构造和装修较简单的现浇钢筋砼楼梯，其建筑详图与结构详图可合并绘制，编入建筑施工图或结构施工图。

楼梯的建筑详图一般有楼梯平面图、楼梯剖面图以及踏步和栏杆等节点详图。

8.3.1 楼梯平面图

楼梯平面图实际上是在建筑平面图中楼梯间部分的局部放大图，如图8-10所示。

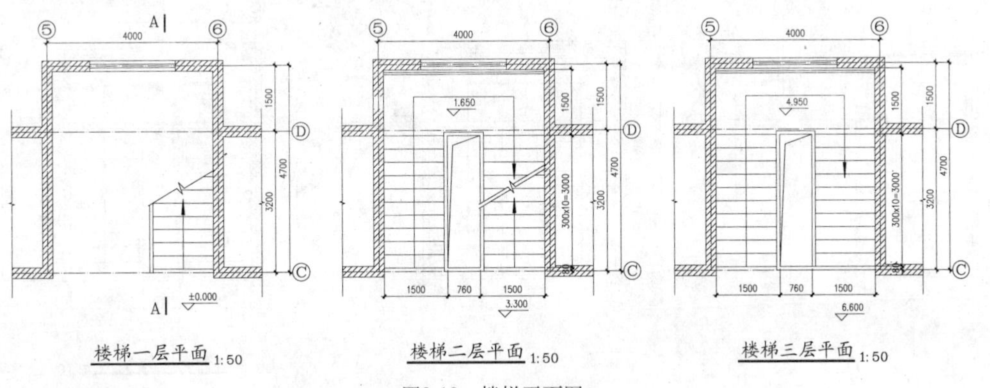

图8-10　楼梯平面图

楼梯平面图通常要分别画出底层楼梯平面图、顶层楼梯平面图及中间各层的楼梯平面图。如果中间各层的楼梯位置、楼梯数量、踏步数、梯段长度都完全相同时，可以只画一个中间层楼梯平面图，这种相同的中间层的楼梯平面图称为标准层楼梯平面图。在标准层楼梯平面图中的楼层地面和休息平台上应标注出各层楼面及平台面相应的标高，其次序应由下而上逐一注写。

楼梯平面图主要表明梯段的长度和宽度、上行或下行的方向、踏步数和踏面宽度、楼梯休息平台的宽度、栏杆扶手的位置以及其他一些平面形状。

楼梯平面图中，楼梯段被水平剖切后，其剖切线是水平线，而各级踏步也是水平线，为了避免混淆，剖切处规定画45°折断符号，首层楼梯平面图中的45°折断符号应以楼梯平台板与梯段的分界处为起始点画出，使第一梯段的长度保持完整。

楼梯平面图中，梯段的上行或下行方向是以各层楼地面为基准标注的。向上者称为上行，向下者称为下行，并用长线箭头和文字在梯段上注明上行、下行的方向及踏步总数。

在楼梯平面图中，除注明楼梯间的开间和进深尺寸、楼地面和平台面的尺寸及标高外，还需注出各细部的详细尺寸。通常用踏步数与踏步宽度的乘积来表示梯段的长度，将三个平面图画在同一张图纸内，并互相对齐，这样既便于阅读，又可省略标注一些重复的尺寸。

1. 楼梯平面图的读图方法

（1）了解楼梯或楼梯间在房屋中的平面位置。如图8-10所示，楼梯间位于（C~D）轴×（⑤轴~⑥轴）。

（2）熟悉楼梯段、楼梯井和休息平台的平面形式、位置、踏步的宽度和踏步的数量。本建筑楼梯为等分双跑楼梯，楼梯井宽760mm，梯段长3000mm、宽1500mm，平台宽1500mm，每层20级踏步。

（3）了解楼梯间处的墙、柱、门窗平面位置及尺寸。

（4）看清楼梯的走向以及楼梯段起步的位置。楼梯的走向用箭头表示。

（5）了解各层平台的标高。本建筑一、二、三层平台的标高分别为0.000m、3.300m、6.600m。

（6）在楼梯平面图中了解楼梯剖面图的剖切位置。

2. 楼梯平面图的画法

（1）根据楼梯间的开间、进深尺寸，画楼梯间定位轴线、墙身以及楼梯段、楼梯平台的投影位置，如图8-11(a)所示。

（2）用平行线等分楼梯段，画出各踏面的投影，如图8-11(b)所示。

（3）画出栏杆、楼梯折断线、门窗等细部内容，并画出定位轴线，标出尺寸、标高和楼梯剖切符号等。

（4）写出图名、比例、说明文字等，如图8-11(c)所示。

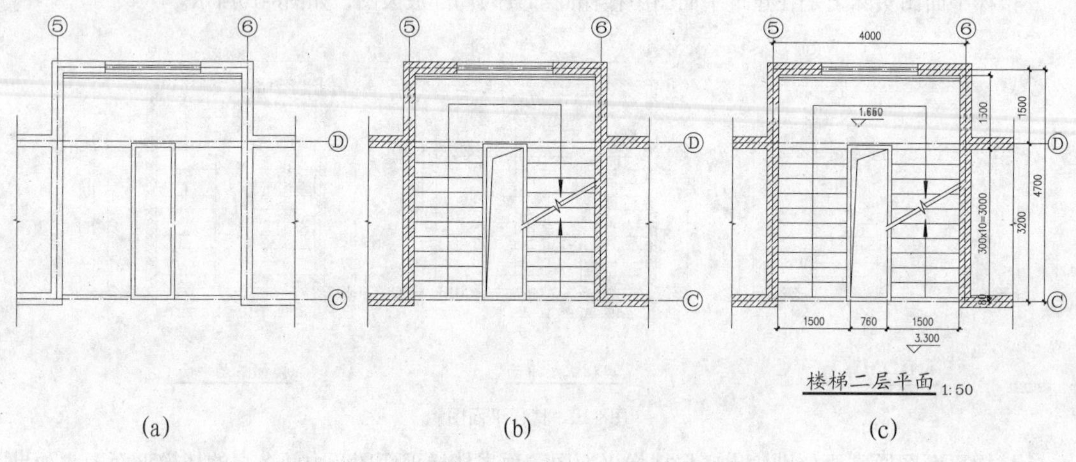

图8-11　楼梯平面图的画法

8.3.2 楼梯剖面图

楼梯剖面图实际上是在建筑剖面图中楼梯间部分地局部放大图，如图8-12所示。

楼梯剖面图能清楚地注明各层楼（地）面的标高，楼梯段的高度、踏步的宽度和高度、级数及楼地面、楼梯平台、墙身、栏杆、栏板等的构造做法及其相对位置。

表示楼梯剖面图的剖切位置的剖切符号应在底层楼梯平面图中画出。剖切平面一般应通过第一跑，并位于能剖到门窗洞口的位置上，剖切后向未剖到的梯段进行投影。

在多层建筑中，若中间层楼梯完全相同时，楼梯剖面图可只画出底层、中间层、顶层的楼梯剖面，在中间层处用折断线符号分开，并在中间层的楼面和楼梯平台面上注写适用于其他中间层楼面的标高。若楼梯间的屋面构造做法没有特殊之处，一般不再画出。

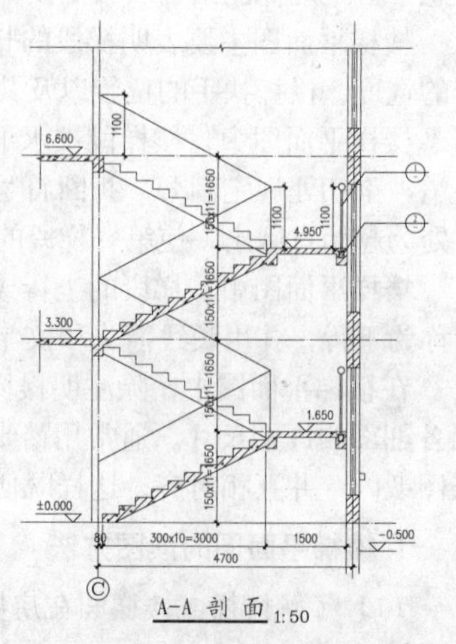

图8-12　楼梯剖面图

在楼梯剖面图中，应标注楼梯间的进深尺寸及轴线编号，各梯段和栏杆、栏板的高度尺寸，楼地面的标高以及楼梯间外墙上门窗洞口的高度尺寸和标高。梯段的高度尺寸可用级数与踢面高度的乘积来表示，应注意的是级数与踏面数相差为1，即踏面数=级数－1。

1. 楼梯剖面图的读图方法

（1）了解楼梯的构造形式。如图8-12所示，该楼梯为双跑楼梯，现浇钢筋砼制作。

（2）熟悉楼梯在竖向和进深方向的有关标高、尺寸和详图索引符号。该楼梯为等跑楼梯，楼梯平台标高分别为1.650m、4.950m。

（3）了解楼梯段、平台、栏杆、扶手等相互间的连接构造。

（4）明确踏步的宽度、高度及栏杆的高度。该楼梯踏步宽300mm，栏杆的高度为1100 mm。

2. 楼梯剖面图的画法

（1）画定位轴线及各楼面、休息平台、墙身线，如图8-13(a)所示。

（2）确定楼梯踏步的起点，用多段线绘制踏步的投影，如图8-13(b)所示。

（3）使用直线、偏移、镜像、修剪等命令，画楼地面、楼梯休息平台、踏步板的厚度以及楼层梁、平台梁等其他细部内容，如图8-13(c)所示。

（4）检查无误后，加深、加粗并画详图索引符号，最后标注尺寸、图名等，如图8-13(d)所示。

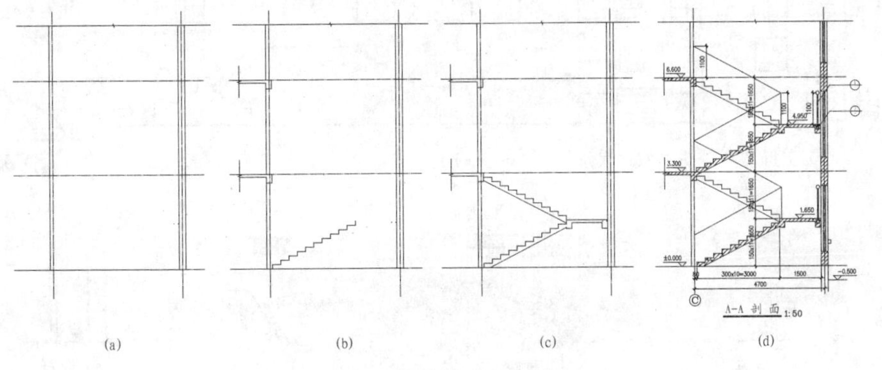

图8-13　楼梯剖面图的画法

8.3.3　楼梯节点详图

楼梯节点详图主要表达楼梯栏杆、踏步、扶手的做法，它们分别用索引符号与楼梯平面图或楼梯剖面图联系。如采用标准图集，则直接引注标准图集编号；如采用特殊形式，则用1∶10、1∶5、1∶2、1∶1比例详细画出，如图8-14所示。

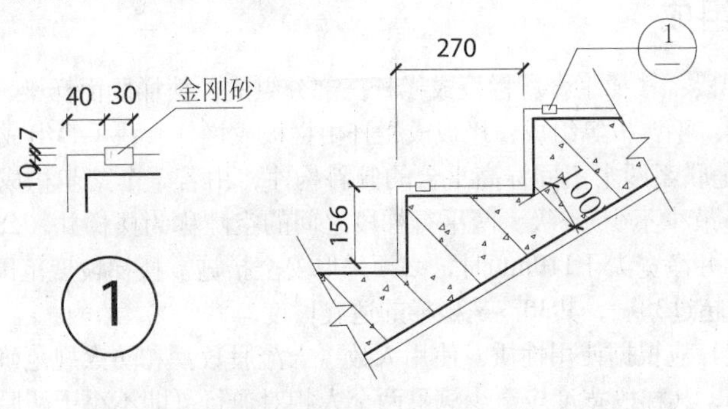

图8-14　楼梯节点详图

8.3.4 楼梯的类型

楼梯按材料可分为木楼梯、钢筋混凝土楼梯、钢及其他金属楼梯。

按施工方式可分为预制钢筋混凝土楼梯和现浇混凝土楼梯。预制钢筋混凝土楼梯又可分为墙承式楼梯、悬臂式楼梯、斜梁式楼梯和板式楼梯。

若按平面形式，可分为单跑直楼梯、双跑直楼梯、双跑平行楼梯、三跑楼梯、双分平行楼梯、双合平楼梯、转角楼梯、双分转角楼梯、交叉楼梯、剪刀楼梯、螺旋楼梯等，如图8-15所示。

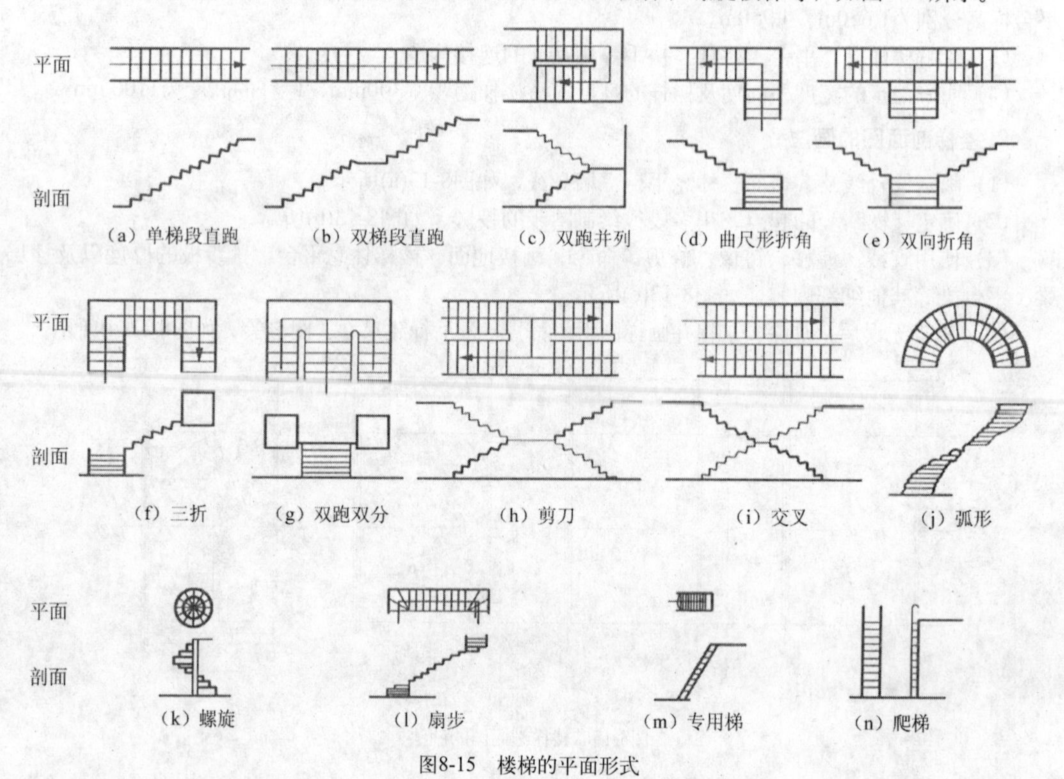

图8-15　楼梯的平面形式

螺旋式楼梯对建筑室内空间具有良好的装饰性，适用于公共建筑的门厅等处，但不能作为主要人流交通和疏散楼梯。

8.3.5 楼梯的组成

楼梯一般由楼梯段、楼梯平台、栏板或栏杆三部分组成。楼梯段由梯梁（斜梁）、梯板等构件组成；平台由平台梁、平台板等组成；栏板或栏杆由栏板或栏杆、扶手等组成，如图8-16所示。

（1）楼梯段：是联系两个不同标高平台的倾斜构件，由若干个踏步构成。每个梯段的踏步数量最多不超过18级，最少不少于3级。两平行梯段之间的空隙称为楼梯井，公共建筑楼梯井净宽大于200mm，住宅楼梯井净宽大于110mm时，必须采取安全措施。楼梯坡度范围在25°～45°之间，普通楼梯的坡度不宜超过38°，其30°是楼梯的适宜坡度。

楼段宽度（净宽）应根据使用性质、使用人数（人流股数）和防火规范确定。通常情况下，作为主要通行用的楼梯，其梯段宽度应至少满足两个人相对通行（即不小于两股人流）。按每股人流0.55+(0~0.15)m考虑，双人通行时为1100~1400mm，三人通行时为1650~2100mm，以此类推。

踏步由水平的踏面和垂直的踢面组成，楼梯踏步高宽比（单位为mm）如下。

- 踏步宽b+踏步高h=450
- 踏步宽b+2×踏步高h=600

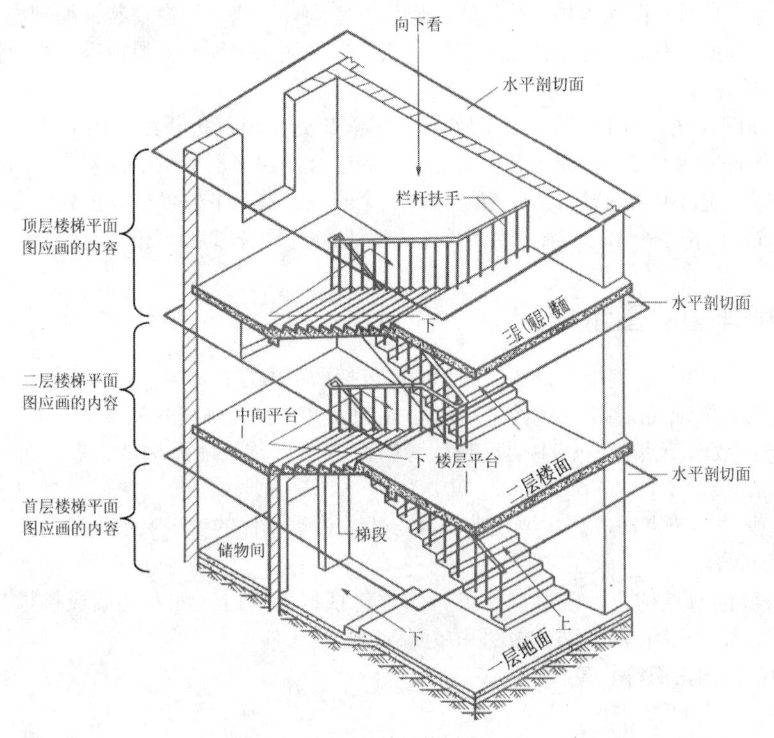

图8-16 楼梯的组成

（2）楼梯平台：是联系两个楼梯段的水平构件，主要是为了解决楼梯段的转折和与楼层连接，同时也使人在上下楼时能在此处稍做休息。一般分成楼层平台和中间平台。

对于平行和折行多跑等类型楼梯，其转向后中间平台宽度应不小于梯段宽度，并且不小于1.1m。

楼层平台宽度，应比中间平台宽度更宽松一些，以利于人流分配和停留。对于开敞式楼梯间，楼层平台同走廊连在一起，一般可使梯段的起步点自走廊边线后退一段距离（≥500mm）即可。

（3）栏杆或扶手：为了确保使用安全，应在楼梯段的临空边缘设置栏杆或栏板。栏杆、栏板上部供人们用手扶持的连续斜向配件称为扶手。

室内楼梯栏杆扶手高度一般不宜小于900mm，靠楼梯井一侧水平扶手长度超过0.5m时，其高度不应小于1.05m；室外楼梯栏杆高度不应小于1.05m；中小学和高层建筑室外楼梯栏杆高度不应小于1.1m；供儿童使用的楼梯应在500~600mm高度增设扶手。

楼梯宜设置专门房间即楼梯间，楼梯的净空高度应大于2200mm，以免碰头，尤其在底层楼梯平台下作通道或储藏室时更应注意。

8.4 墙身详图的识读

假想用一个垂直于墙体轴线的铅垂剖切面，将墙体某处从墙体防潮层上剖开，得到的建筑剖面图的局部放大图即为外墙详图，也叫墙身大样图，实际上是建筑剖面图的有关部位的局部放大图。它主要表达墙身与地面、楼面、屋面的构造连接情况以及檐口、门窗顶、窗台、勒脚、防潮层、散水、明沟的尺寸、材料、做法等构造情况，是砌墙、室内外装修、门窗安装、编制施工预算以及材料估算等的重要依据。有时在外墙详图上引出分层构造，注明楼地面、屋顶等的构造情况，而在建筑剖面图中省略不标。

外墙剖面详图往往在窗洞口断开，因此在门窗洞口处出现双折断线（该部位图形高度变小，但标注的窗洞竖向尺寸不变），成为几个节点详图的组合。在多层房屋中，若各层的构造情况一样时，可只画墙脚、檐口和中间层（含门窗洞口）三个节点，按上下位置整体排列。有时墙身详图不以整体形式布置，而把各个节点详图分别单独绘制，也称为墙身节点详图。

8.4.1 墙身详图的图示内容

以如图8-17所示为例，其墙身详图的图示内容包括如下内容。

（1）墙身的定位轴线及编号，墙体的厚度、材料及其本身与轴线的关系。

（2）勒脚、散水节点构造。主要反映墙身防潮做法、首层地面构造、室内外高差、散水做法，一层窗台标高等。

（3）标准层楼层节点构造。主要反映标准层梁、板等构件的位置及其与墙体的联系，构件表面抹灰、装饰等内容。

（4）檐口部位节点构造。主要反映檐口部位包括封檐构造（如女儿墙或挑檐）、圈梁、过梁、屋顶泛水构造、屋面保温、防水做法和屋面板等结构构件。

（5）图中的详图索引符号等。

8.4.2 墙身详图的读图方法

如图8-17所示为某楼外墙节点详图，用户可以按以下步骤来进行识读。

（1）根据外墙详图剖切平面的编号，在平面图、剖面图或是立面图上查找出相应的剖切平面的位置，以了解外墙在建筑物的具体部位。如图8-17所示是建筑剖面图中外墙身的放大图，比例为1：20。图中不仅表示了屋顶、檐口、楼面、地面等构造以及与墙身的连接关系，而且表示了窗、窗顶、窗台等处的构造情况。圈梁、过梁均为钢筋混凝土构件，楼板为钢筋混凝土空心板，均用钢筋混凝土图例绘制表示。外墙为240厚砖墙，也以图例表示出来。

（2）看图时应从下到上或是从上到下的顺序，一个节点一个节点地阅读，了解各个部位的详细构造、尺寸、做法，并与材料做法表相对照。在画外墙详图时，一般在门窗洞开中间用折断线断开。实际上画的是几个节点（地面、楼面、窗台、屋面）详图的组合，有时也可不画整个墙身的详图，而是把各个节点的详图分别单独绘制。在多层建筑中，如果中间各层墙体的构造相同，则只画底层、中间层和顶层三个部位的组合。如图8-17所示即是绘制了室外散水与室内地面节点、楼面节点、檐口节点三个节点的详图组合。

（3）先看第一个节点勒脚、散水节点。如图8-17所示，它是底层窗台以下部分的墙身详图。从图中可以看出，室内地面为混凝土地面，做法：在100mm厚C20混凝土上用10厚水泥砂浆找平，上铺500×500瓷砖。在室内地面与墙身基础的相连处设有水泥砂浆防潮层，一般用粗实线表示。本图中窗台的做法比较简单，没有窗台板也没有外挑檐。室外为混凝土散水，做法：在素土夯实层上铺100mm厚C15混凝土，面层为20厚1：2水泥砂浆。

（4）再向上看第二个节点，了解楼层节点的做法。由如图8-17所示可知，表示了圈梁、过梁（本例中圈梁与过梁合二为一）的位置。该楼板搭在横墙上，楼板面层采用瓷砖贴面，天棚面和内墙面均为纸筋灰粉面刷白面层。

（5）最后看第三个节点檐口部分。图中檐口采用女儿墙形式，高度为900mm。屋面做法为油毡保温屋面，保温层采用60厚蛭石保温层，并兼2%找坡作用。防水层采用二毡三油卷材防水，上撒绿豆沙。

（6）看所标注尺寸。在图8-17中，注明了室外地面、底层室内地面、窗台、窗顶、楼面、顶棚、檐口底面顶面的标高。在楼层节点处的标高，其中7.200与10.800用括号括起来，表示与此相应的高度上，该节点图仍然适用。此外，图中还注明了高度方向的尺寸及墙身细部大小尺寸。如墙身为240mm、室外散水宽900mm。

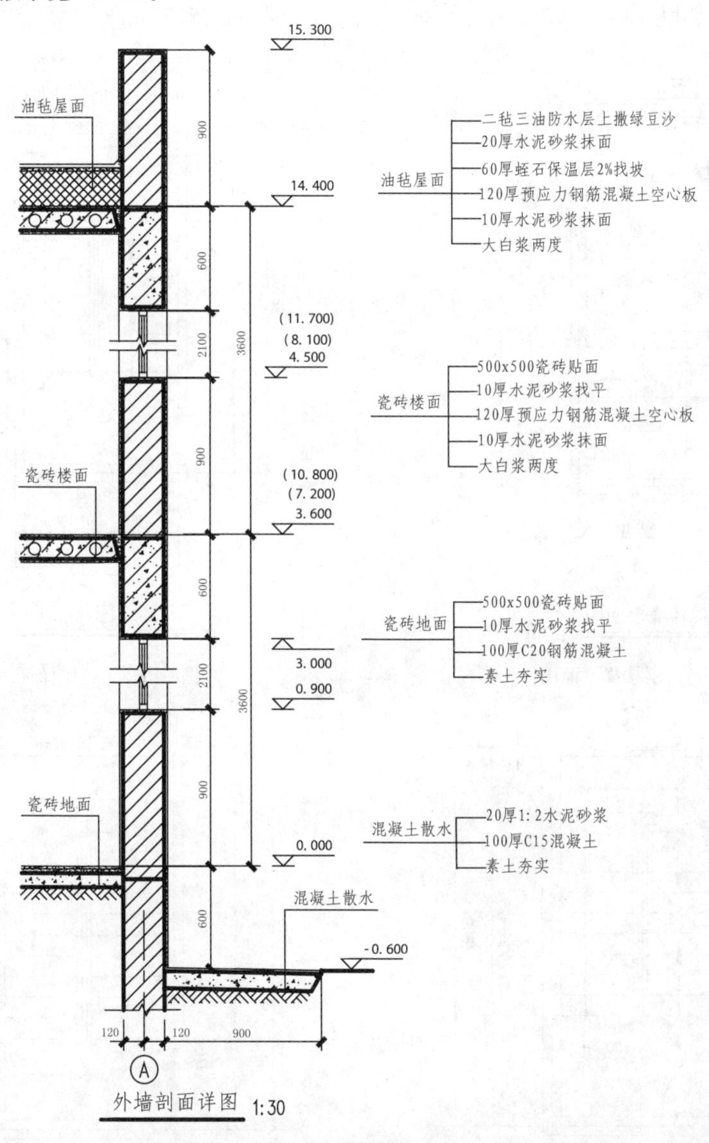

图8-17　外墙剖面详图

绘制外墙详图可分为以下几个过程来做：①从剖面图中提取外墙大致轮廓→②剖面大样的修改→③修改地面部分→④修改楼板部分→⑤修改圈梁和过梁→⑥修改屋顶→⑦填充外墙→⑧标注尺寸→⑨轴线及其编号→⑩文字说明。

8.5 楼梯平面详图的绘制

视频文件：视频\08\一层楼梯平面图.avi
结果文件：案例\08\一层楼梯平面图.dwg

用户在绘制楼梯平面图时，首先应根据绘制要求设置绘图环境，包括设置图样界限、图层规划、设置文字样式、设置标注样式等，再根据需要绘制楼梯详图的大样轮廓，然后对其进行图案填充、文字标注、尺寸标注、标高标注、图名标注等，其绘制完的效果如图8-18至图8-21所示。

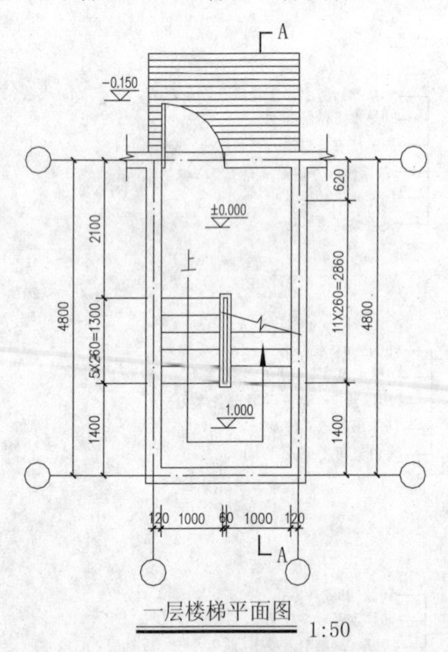

图8-18　一层楼梯平面图

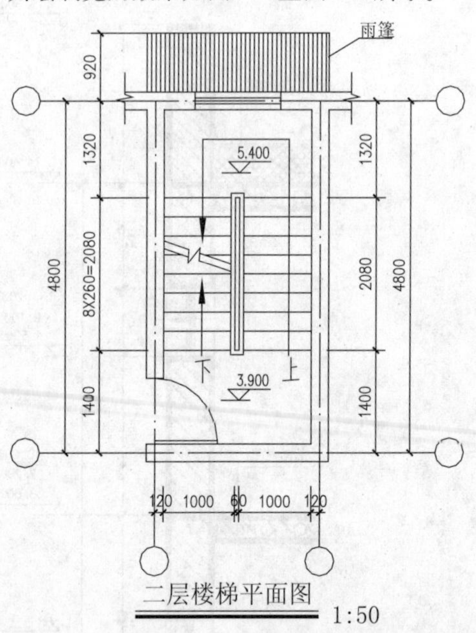

图8-19　二层楼梯平面图

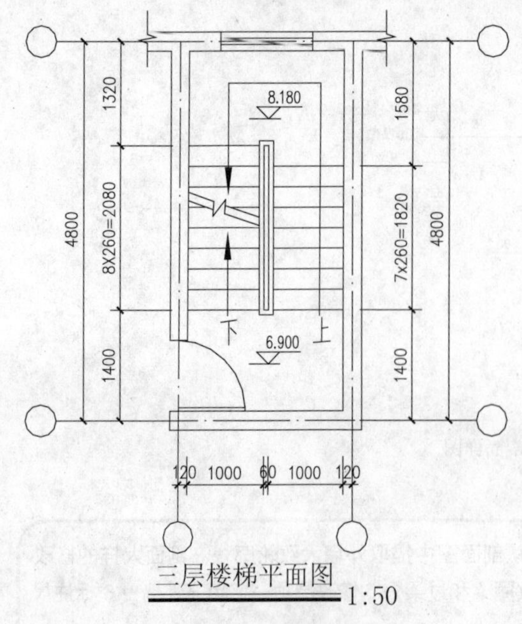

图8-20　三层楼梯平面图

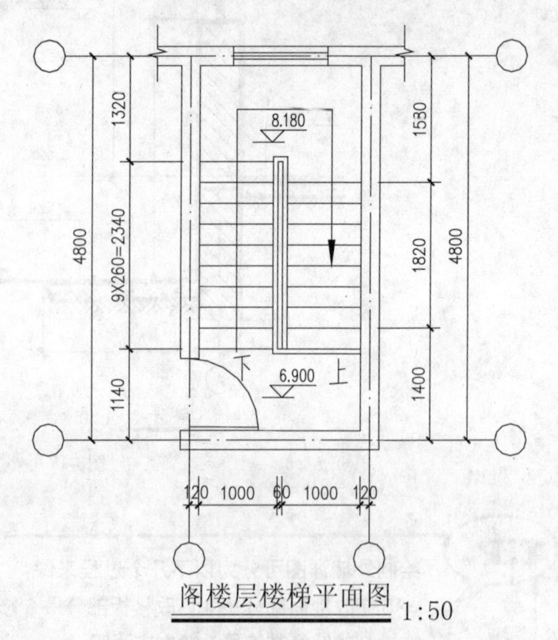

图8-21　阁楼层楼梯平面图

由于篇幅有限，本实例中以“一层楼梯平面图”为例来进行讲解，其他楼层的平面详图的绘制方法大致相同。

8.5.1 设置绘图环境

在绘制建筑详图时，由于与绘制建筑平面图和建筑立面图、建筑剖面图所采用的比例不同，所以在绘制建筑详图时需要对其绘图环境重新设置。

1. 启动AutoCAD 2014软件，单击“新建”按钮，系统将打开“选择样板”对话框，选择“acadiso”作为新建的样板文件，如图8-22所示。

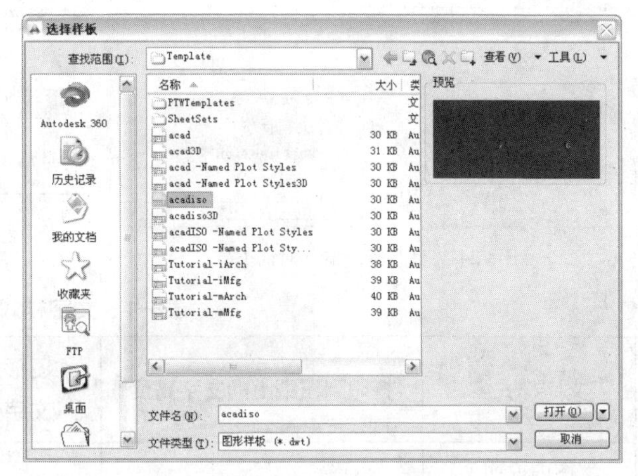

图8-22 “选择样板”对话框

2. 执行“文件”|“另存为”命令，打开“图形另存为”对话框，将文件另存为“案例\08\楼梯平面详图.dwg”。
3. 执行“格式”|“图形界限”命令，或输入limits命令，输入左下角坐标和右上角坐标，以这两点为对角线的矩形范围内就是用户所需要的绘图区域。依照提示，设定图形界限的左下角点为（0,0），右上角为（3500,7200）。
4. 执行“视图”|“缩放”|“全部”命令，或在命令行中输入快捷方式Z，选择“全部（A）”选项，使输入的图形界限区域全部显示在图形窗口内。
5. 执行“格式”|“图层”命令，打开“图层特性管理器”面板，单击“新建”按钮，创建一个图层，然后在列表区的动态文本框中输入“标注”，即可完成“标准”层的命名；同样创建其他图层，并进行图层颜色、线型、线宽等特性设置，如图8-23所示。

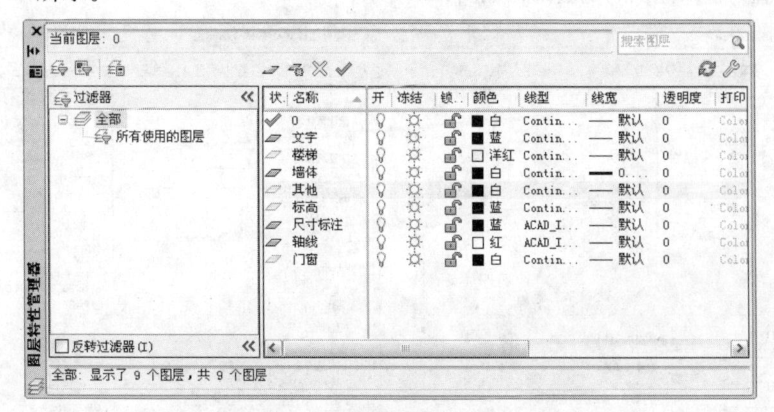

图8-23 “图层特性管理器”对话框

6. 执行“格式”|“线型”命令，打开“线型管理器”对话框，单击“显示细节”按钮，打开细节设置区，输入“全局比例因子”为50，然后单击“确定”按钮，如图8-24所示。

7 执行“格式”|“文字样式”命令，按照表8-1所示的文字样式对每一种样式进行字体、高度、宽度因子的设置，如图8-25所示。

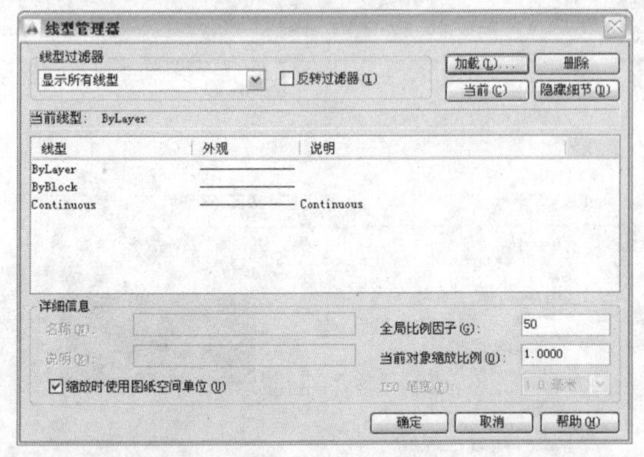

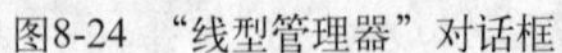
图8-24 “线型管理器”对话框

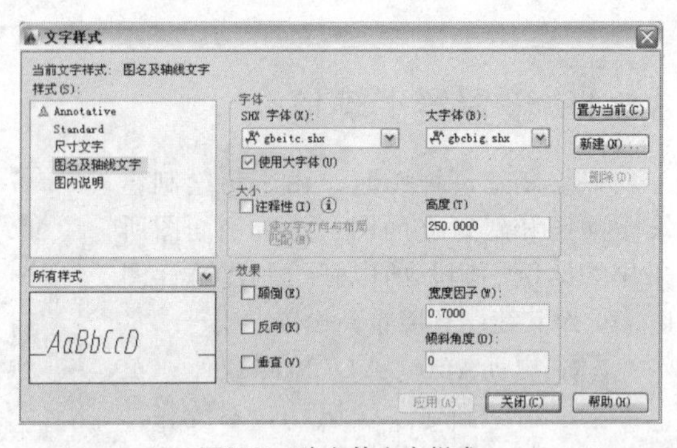

图8-25 建立的文字样式

表8-1 文字样式

<table>
<tr><th>文字样式名</th><th>打印到图纸上的文字高度</th><th>图形文字高度
（文字样式高度）</th><th>宽度因子</th><th>字体/大字体</th></tr>
<tr><td>图内说明</td><td>3.5</td><td>175</td><td rowspan="3">0.7</td><td rowspan="3">gbeitc/gbcbig</td></tr>
<tr><td>尺寸文字</td><td>3.5</td><td>0</td></tr>
<tr><td>图名及轴线文字</td><td>5</td><td>250</td></tr>
</table>

8 执行“格式”|“标注样式”命令，打开“标注样式管理器”对话框，单击“新建”按钮，打开“创建新标注样式”对话框，新建样式名为“楼梯详图标注-50”，单击“继续”按钮，则进入“新建标注样式”对话框。

9 设置“楼梯详图标注-50”样式中“线”、“符号和箭头”、“文字”各选项卡中的相关参数，如图8-26、图8-27和图8-28所示。

10 单击“调整”选项卡，在“标注特征比例”选项区中单击“使用全比例”单选按钮，并将值设置为打印比例的倒数50，如图8-29所示。

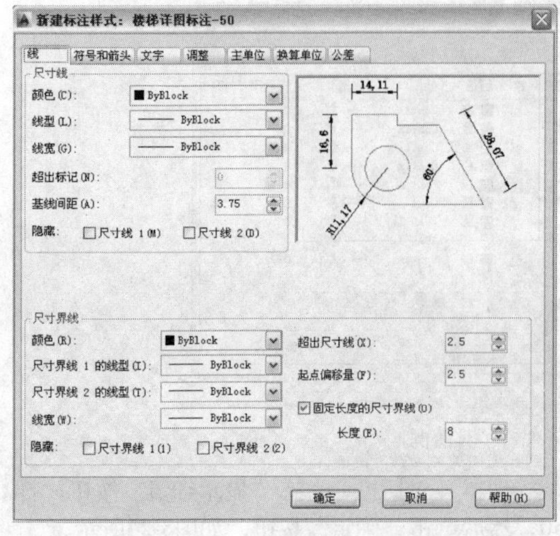

图8-26 “线”选项卡设置

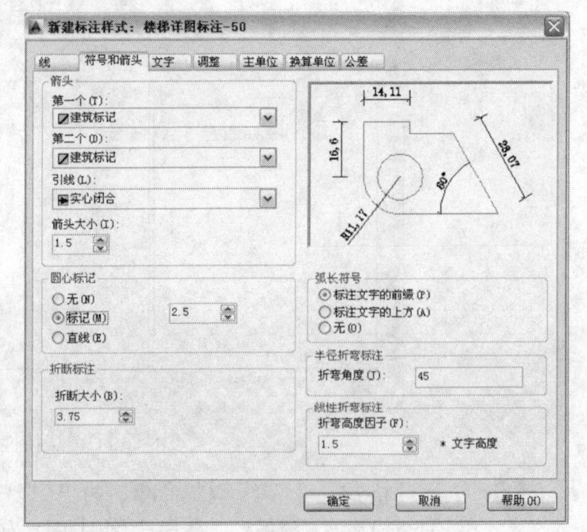

图8-27 “符号和箭头”选项卡设置

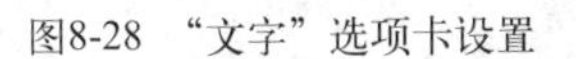

图8-28 “文字”选项卡设置

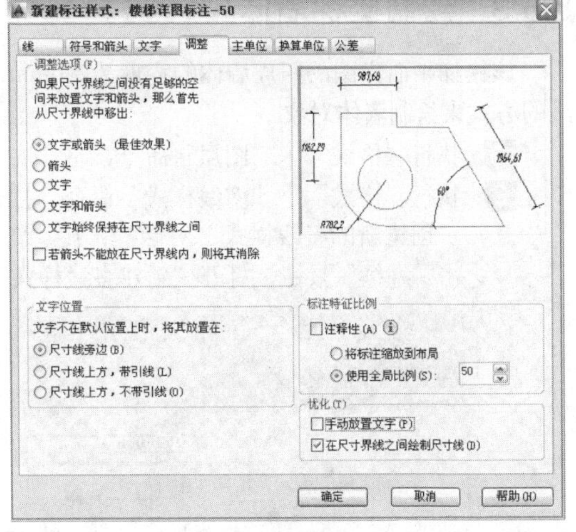

图8-29 “调整”选项卡设置

11 单击“主单位”选项卡，在“线性标注”选项区的“单位格式”下拉列表中选择“小数”，“精度”选择0，“小数分隔符”选择“.(句点)”。在“角度标注”选项区中的“单位格式”下拉列表中选择“十进制度数”，“精度”也选择0，如图8-30所示。

12 依次单击“确定”和“关闭”按钮，从而完成“楼梯详图标注-50”标注样式的设置。

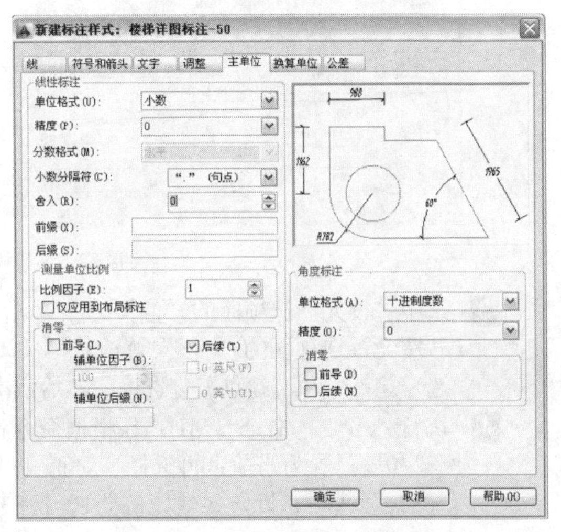

图8-30 “主单位”选项卡设置

8.5.2 绘制楼梯辅助轴线网

用户在绘制楼梯的辅助轴线网结构时，应根据其楼梯的左、右墙宽，以及楼梯的上、下宽度来确定其轴网结构的尺寸。

1 执行“格式”|“图层”命令，将“轴线”图层置为当前图层。

2 在“绘图”工具栏中单击“构造线”按钮，根据命令行提示在视图中绘制一条水平和垂直的构造线。

3 执行“偏移”命令（O），将其垂直构造线向右偏移2300，将水平横行线向上偏移4800，如图8-31所示。

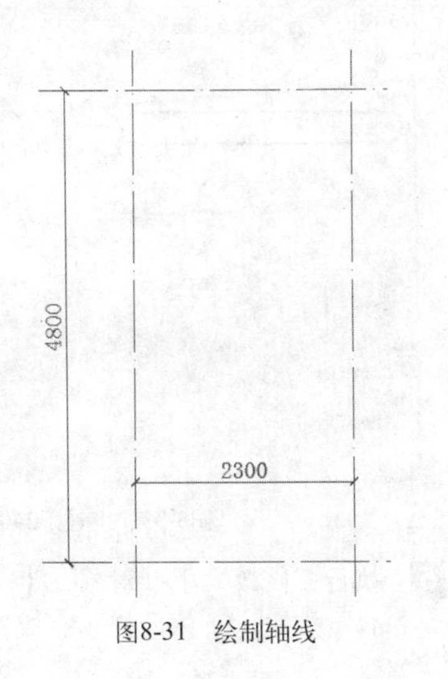

图8-31 绘制轴线

8.5.3 绘制楼梯墙体

该楼梯平面详图的四周墙体的宽度为240mm，用户可以先设置宽度为240mm的多线，然后以多线的方式来绘制墙体对象。

1. 执行“格式”｜“图层”命令，将“墙体”图层置为当前图层。
2. 执行“格式”｜“多线样式”命令，打开“多线样式”对话框，单击“新建”按钮，打开“创建新的多线样式”对话框，在“新样式名”文本框中输入多线名称为“240墙”，单击“继续”按钮，打开“新建多线样式”对话框，操作过程如图8-32所示。

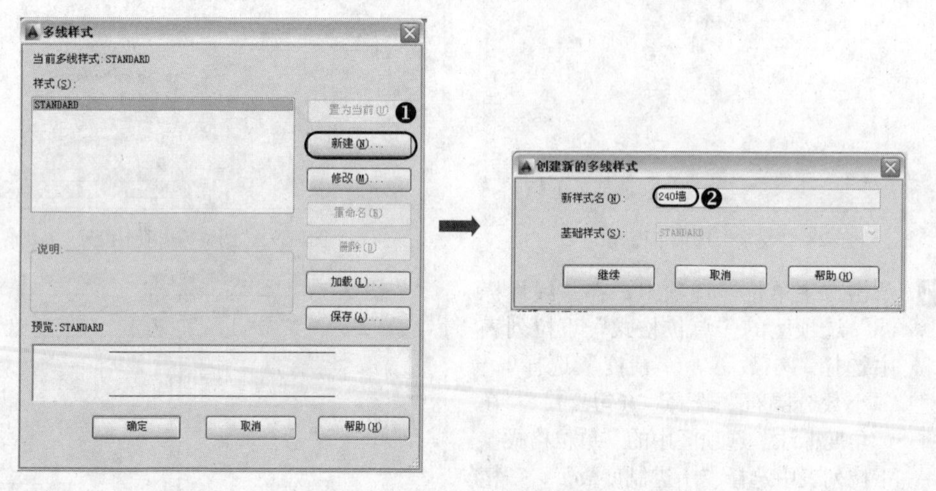

图8-32　多线样式名称的定义

3. 选中“图元”选项区的“偏移0.5”项后，在下面的“偏移”文本框中输入120；同样，将“图元”选项区的“-0.5”修改成“-120”，在“封口”选项区的“直线”右侧，分别勾选“起点”和“端点”复选框，然后依次单击“确定”按钮，如图8-33所示。
4. 执行“多线”命令（ML），根据命令行提示，选择“样式（ST）”选项，将多线样式“240墙”置为当前；再选择“对正（J）”选项，设置为“无（Z）”项；再选择“比例（S）”选项，设定多线比例为1。按F3键激活“对象捕捉”状态，移动鼠标捕捉轴线的交点来绘制240墙体，如图8-34所示。

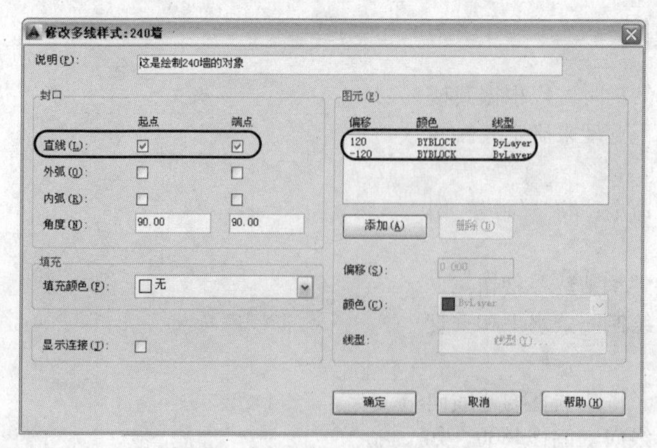

图8-33　设置“240墙”多线样式

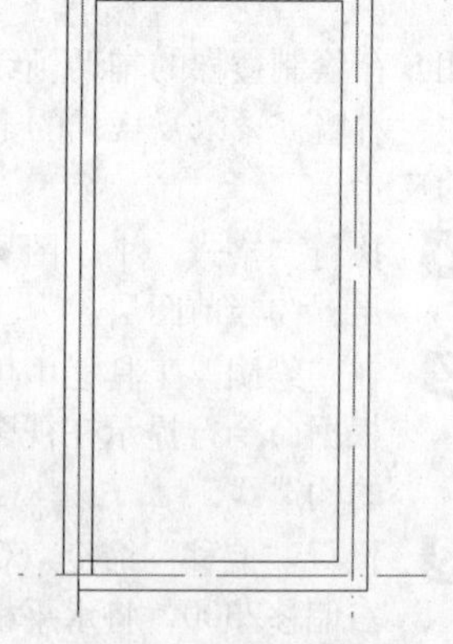

图8-34　墙体的绘制

5. 执行“修改”｜“对象”｜“多线”命令，打开“多线编辑工具”对话框，单击“角点结合”按钮，依照提示完成左下角点的合并编辑，如图8-35所示。

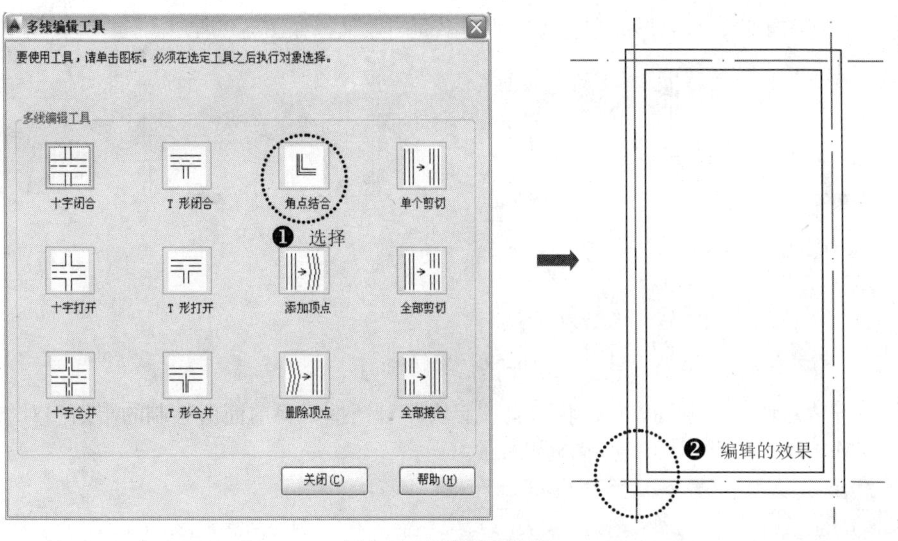

图8-35　编辑后的墙体

8.5.4　绘制楼梯门

该楼梯的门宽度为1000mm，用户可先偏移轴线，再对其墙体对象进行修剪形成门洞口，再绘制宽度为1000mm的平面门对象，以及保存为图块对象，然后采用插入块的方式在该门洞口的位置插入楼梯门对象。

1. 执行“格式”｜“图层”命令，将“门窗”层置为当前图层。
2. 执行“偏移”命令（O），将左侧第一根竖直轴线依次向右偏移120和1000，如图8-36所示。
3. 执行“修剪”命令（TR），对其上侧的墙体对象进行修剪，再将偏移的辅助轴线删除，得到门洞口，如图8-37所示。

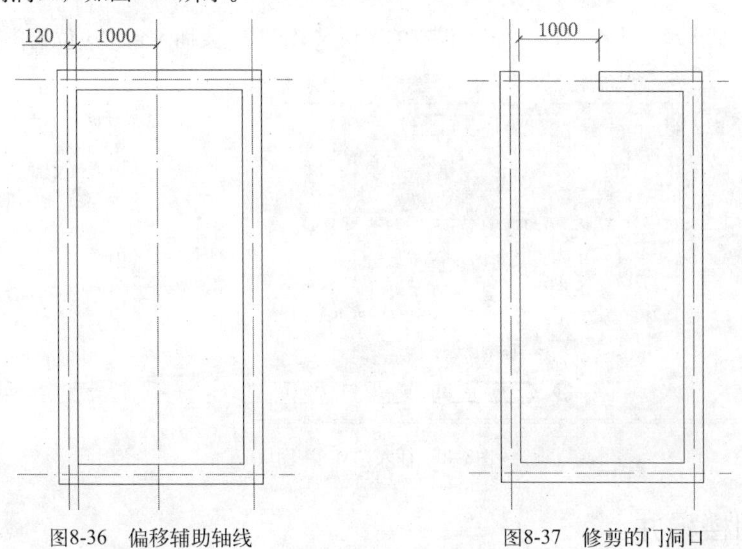

图8-36　偏移辅助轴线　　　　图8-37　修剪的门洞口

4. 执行“矩形”命令（REC），绘制50×1000的矩形对象；再执行“圆”命令（C），捕捉左下角点为圆心，绘制半径为1000的圆；执行“直线”命令（L），捕捉矩形右下角点为起点，向右绘制一条水平线段；再执行“修剪”命令（TR），将多余的圆弧及直线段进行修剪和删除，从而形成宽度为1000的平面门效果，如图8-38所示。

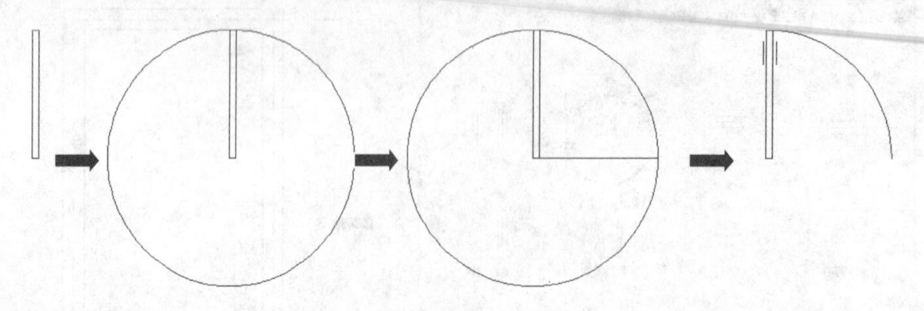

图8-38　绘制平面门

5 执行“写块”命令（W），将弹出“写块”对话框，将前面所绘制的平面门对象保存为“M-9.dwg”图块对象，如图8-39所示。

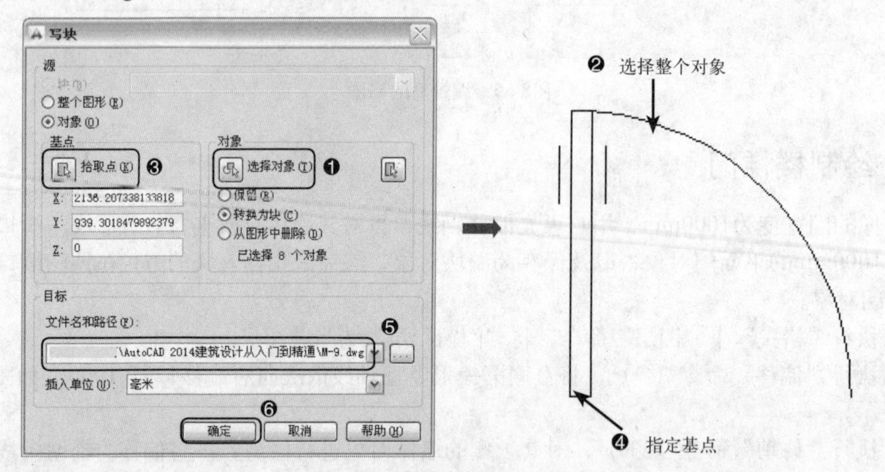

图8-39　保存为“M-9”图块

6 执行“插入块”命令（I），将刚保存的图块“M-9”对象插入到相应位置，如图8-40所示。

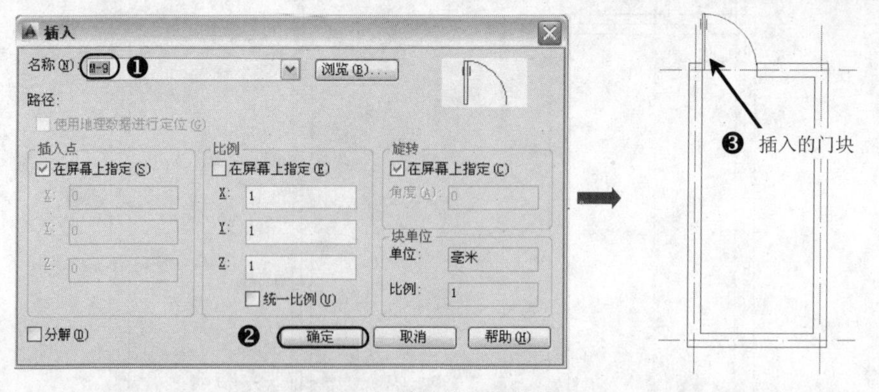

图8-40　插入“M-9”图块

8.5.5　绘制楼梯井

该楼梯井总体宽度为180mm，长度为1400mm，布置在距下侧轴线1400mm、左侧轴线1150mm的距离处。

1 执行“格式”|“图层”命令，将“楼梯”层置为当前图层。

2 执行“矩形”命令（REC），绘制180×1400的矩形；再执行“偏移”命令（O），将所绘制的矩形向外偏移60，从而完成了楼梯井的绘制，如图8-41所示。

3 执行“偏移”命令（O），将左侧第一根竖直轴线向右偏移1150，再将水平轴线向上偏移1400，从而确定交点A，如图8-42所示。

4 执行“移动”命令（M），将前面所绘制的楼梯井对象以其内部下侧的中点为基点，复制到交点A位置，如图8-43所示。

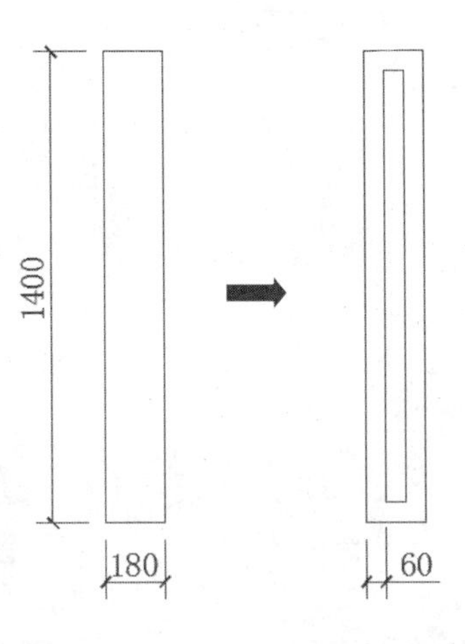

图8-41　绘制楼梯井

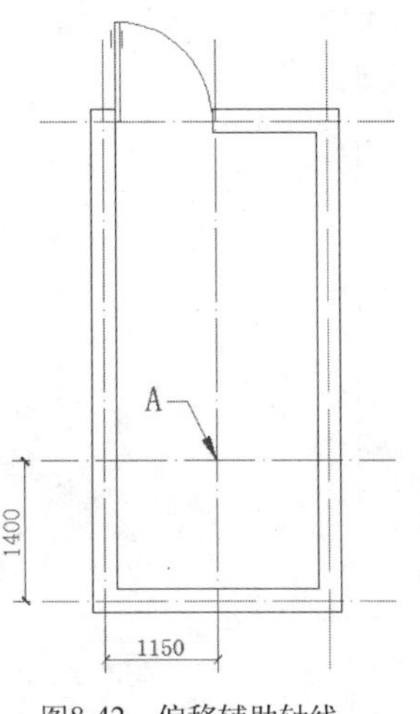

图8-42　偏移辅助轴线

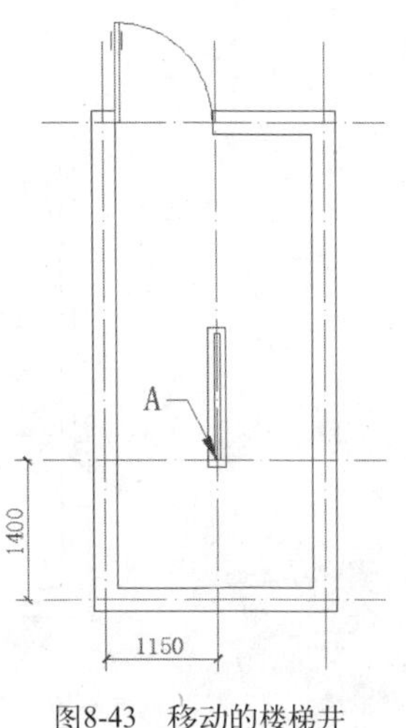

图8-43　移动的楼梯井

8.5.6　绘制楼梯踏步和折断线

该楼梯为一层平面图，其踏步宽度为260mm，一层楼梯有的起点有五步。

1 执行“直线”命令（L），过A点绘制一条水平线段，如图8-44所示。

2 执行“偏移”命令（O），将绘制的水平线段向上分别偏移260，偏移的次数为5次，如图8-45所示。

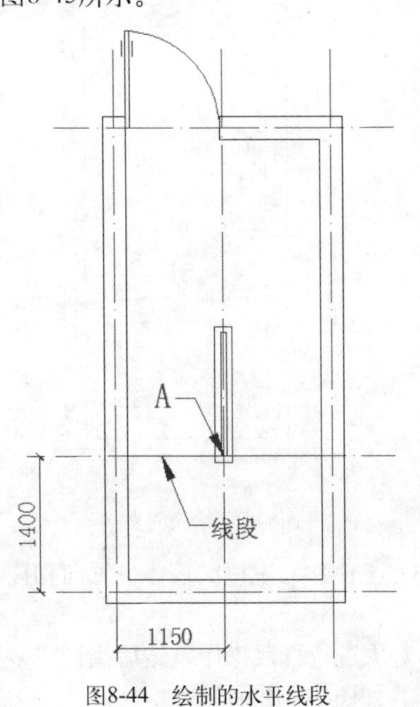

图8-44　绘制的水平线段

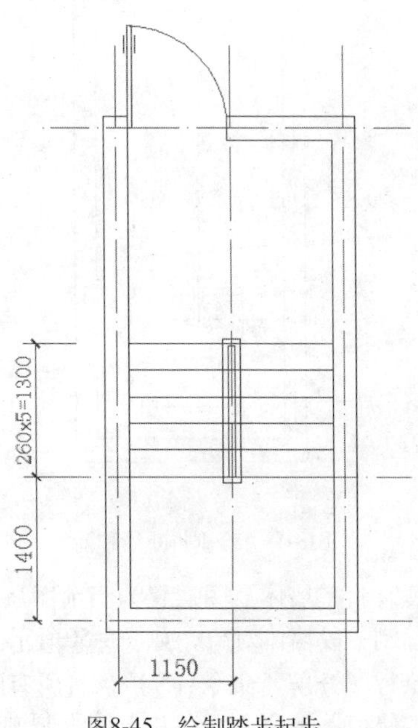

图8-45　绘制踏步起步

3 执行“修剪”、“删除”等命令，将楼梯井内的直线进行修剪，再将偏移的轴线删除，从而形成楼梯踏步的效果，如图8-46所示。

4 执行“多段线”命令（PL），在踏步的右侧绘制一条折断线；再执行“修剪”命令，将不需要的线段进行修剪，如图8-47所示。

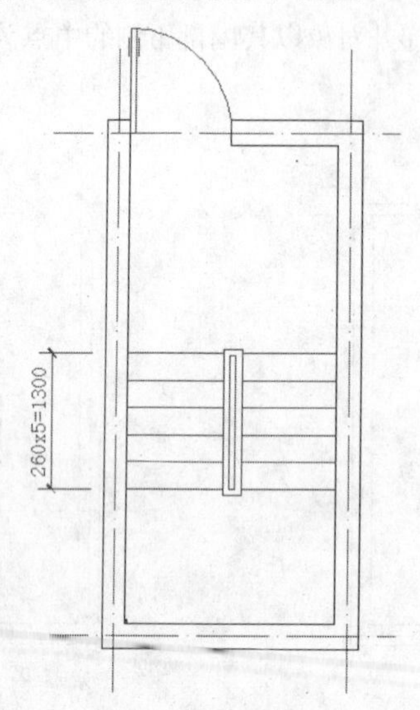

图8-46 删除多线的线段

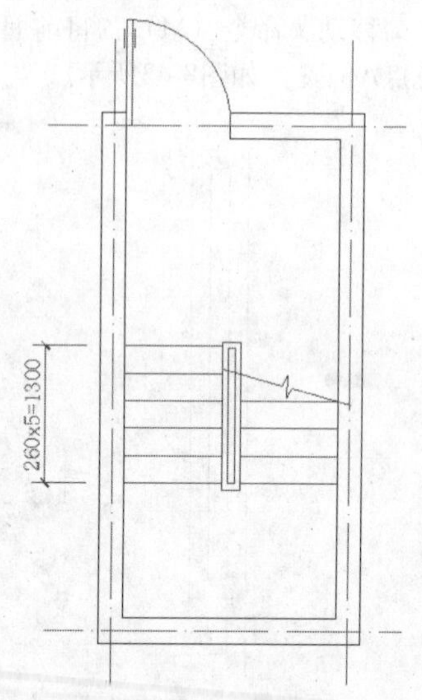

图8-47 绘制折断线

5 执行“多段线”命令（PL），分别过左右踏步线的中点绘制一条箭头符号线段，且箭头的起点宽度为100，终点宽度为0，箭头长度为300mm，如图8-48所示。

6 在“文字”工具栏中单击“单行文字”按钮A，在箭头线的相应位置输入文字“上”，从而确定楼梯的起点位置，如图8-49所示。

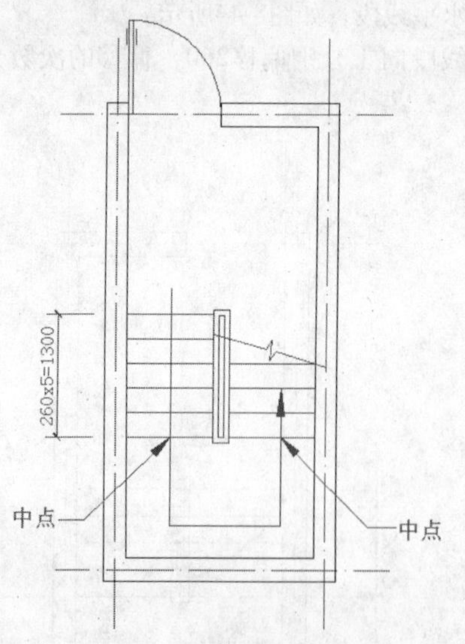

图8-48 绘制折断线和箭头

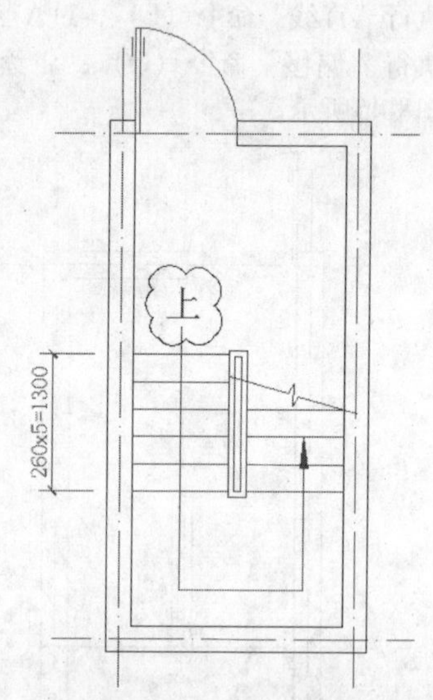

图8-49 输入的文字

7 暂时将“墙体”图层置为当前图层，在楼梯的左上侧和右上侧的墙体位置向相应的方向各绘制一段墙体对象，如图8-50所示。

8 执行“分解”命令（X），将所有的多线墙体对象进行打散操作，然后执行“多段线”、“修剪”等命令，在其上侧绘制剖切墙面效果，如图8-51所示。

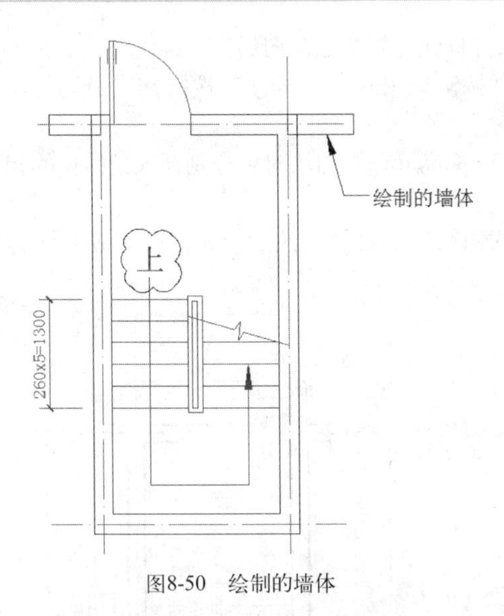

图8-50　绘制的墙体

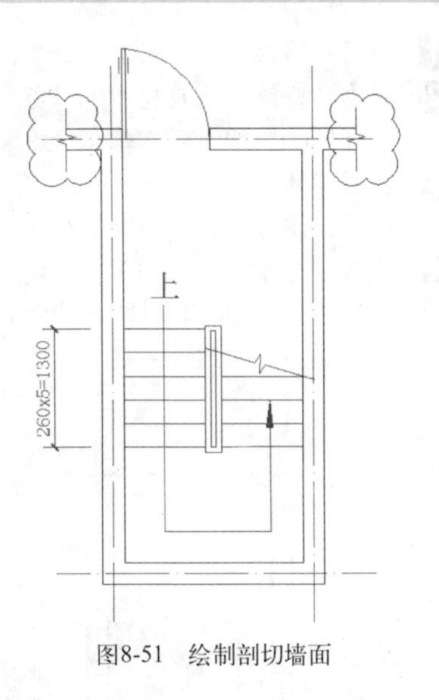

图8-51　绘制剖切墙面

8.5.7　绘制雨棚效果

由于该一层楼梯平面图的开门上侧是有雨棚，其雨棚的宽度为1480mm、长度为2390mm，其雨棚的直线间距为100mm。

1. 执行“直线”命令（L），在上侧墙体位置绘制长度为1400和2390的直线，如图8-52所示。
2. 执行“偏移”命令（O），将上侧的水平线段向下分别偏移100，然后执行“修剪”命令（TR），将与平面门相交的线段进行修剪，从而形成雨棚效果，如图8-53所示。

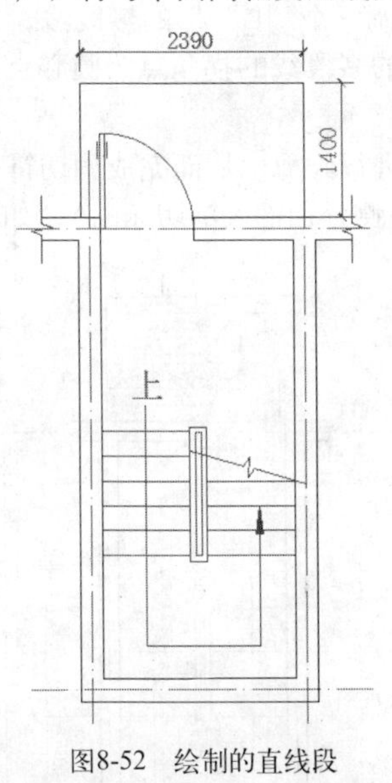

图8-52　绘制的直线段

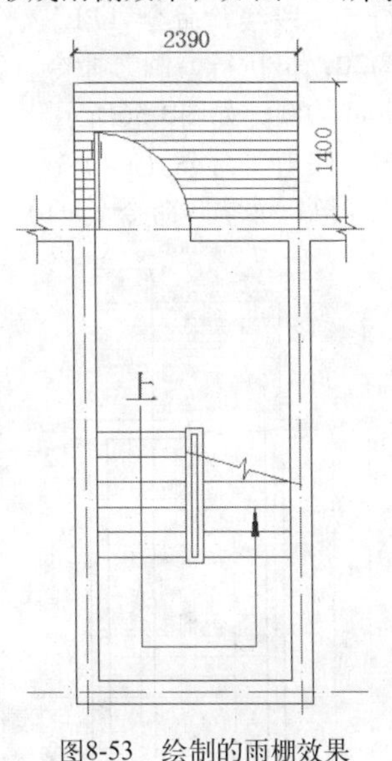

图8-53　绘制的雨棚效果

8.5.8　楼梯尺寸、标高及图名的标注

在对楼梯进行标注时，首先进行尺寸标注，再对其进行标高标注，最后对其进行图名及比例的标注。

1 执行“格式” | “图层”命令，将“尺寸标注”置为当前图层。

2 单击“标注”工具栏中的“线性标注”按钮和“连续标注”按钮，分别对楼梯进行尺寸标注，如图8-54所示。

3 执行“插入块”命令（I），将“案例\08\标高.dwg”图块对象分别插入到楼梯的相应起步位置、休息台位置和楼梯外。

4 执行“分解”命令（X），将所插入的图块对象打散，然后分别修改相应的标高数值为±0.000、1.000和-0.150，从而完成标高的标注，如图8-55所示。

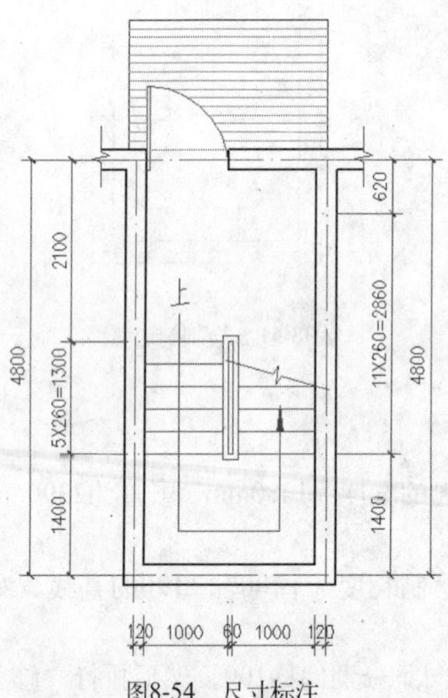

图8-54 尺寸标注

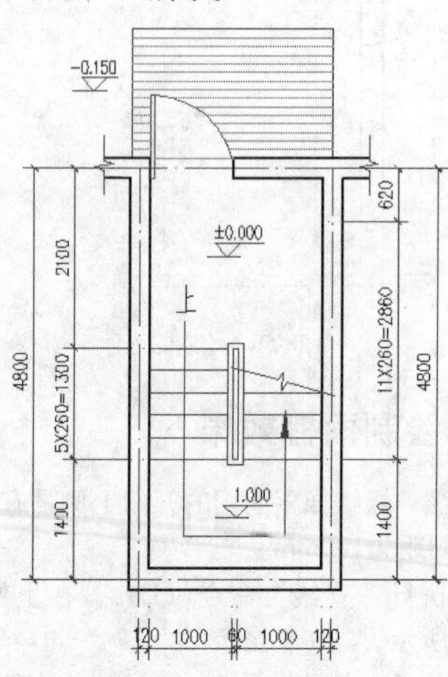

图8-55 标高标注

5 执行“多段线”命令（PL），在楼梯的右侧绘制一个“[”形的多段线，其多段线的宽度为20；再执行“圆”命令（C），以“[”形的多段线的拐角点为圆心点，绘制半径为350mm的圆，如图8-56所示。

6 执行“修剪”命令（TR），将圆以外的多段线进行修剪，从而完成剖切符号的绘制；再使用“单行文字”命令（DT），在剖切符号的右侧分别输入剖切标记A，如图8-57所示。

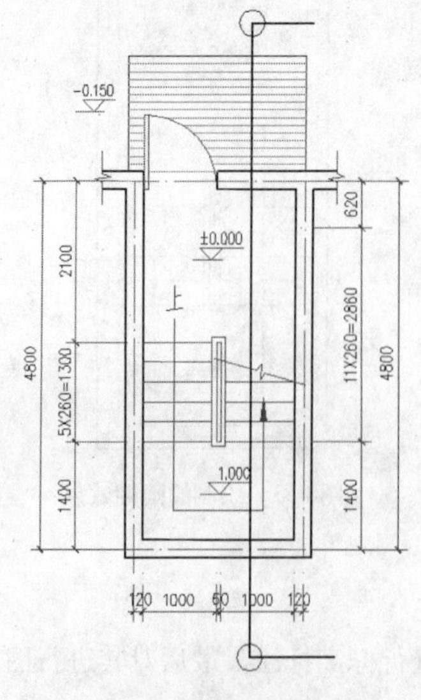

图8-56 绘制的多段线及圆

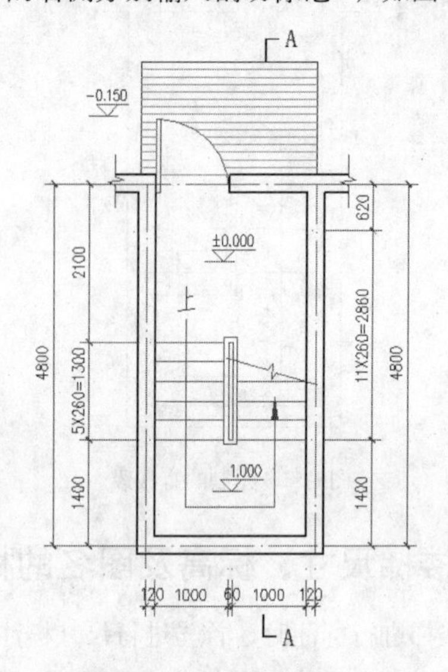

图8-57 剖切号的标记

7 执行“圆”命令（C），在视图的空白位置绘制半径为200mm的圆；再执行“直线”命令（L），过圆的上、下或左、右象限点绘制长度为1400的直线段，以此来作为轴号，如图8-58所示。

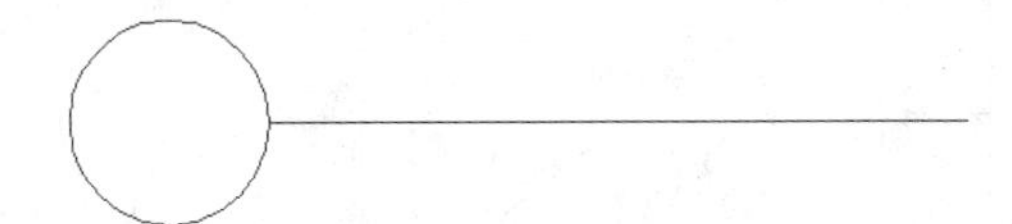

图8-58 绘制的圆和直线段

8 执行“复制”命令（CO），将绘制好的轴线符号依次复制到图形下侧、左侧和右侧，如图8-59所示。

9 执行“格式”｜“图层”命令，将“文字”置为当前图层。

10 执行“直线”命令，在图形下方绘制两条水平线段；再执行“单行文字”命令（DT），在所绘制的直线上方输入“一层楼梯平面图”，在直线的右方输入“1：50”，并设置文字的大小为250，如图8-60所示。

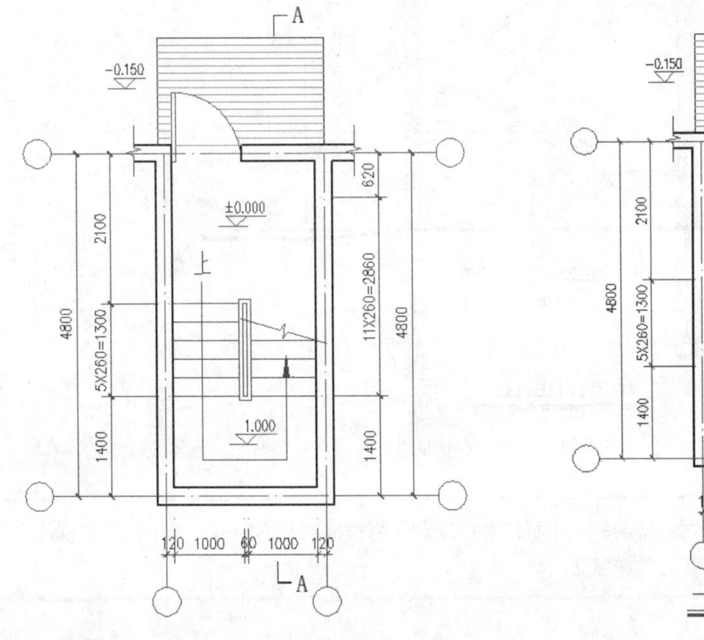

图8-59 进行轴号标注

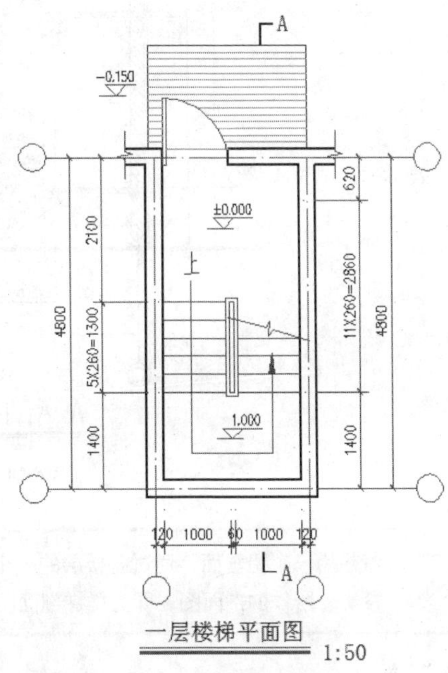

图8-60 图名及比例标注

11 至此，已经完成了楼梯平面图的绘制，按组合键Ctrl+S对其进行保存。

8.6 楼梯A-A剖面详图的绘制

视频文件：视频\08\楼梯A-A剖面详图.avi
结果文件：案例\08\楼梯A-A剖面详图.dwg

在绘制楼梯剖面图时，首先根据前面第7章所绘制的“案例\07\农村住宅楼2-2剖面图.dwg”文件，再将多余的对象进行删除和修剪，使之只保留楼梯间的相应对象，再绘制楼梯的剖面结构，以及填充钢筋混凝土结构，布置剖面门窗对象，再绘制坡顶屋面轮廓，最后对其进行标注，如图8-61所示。

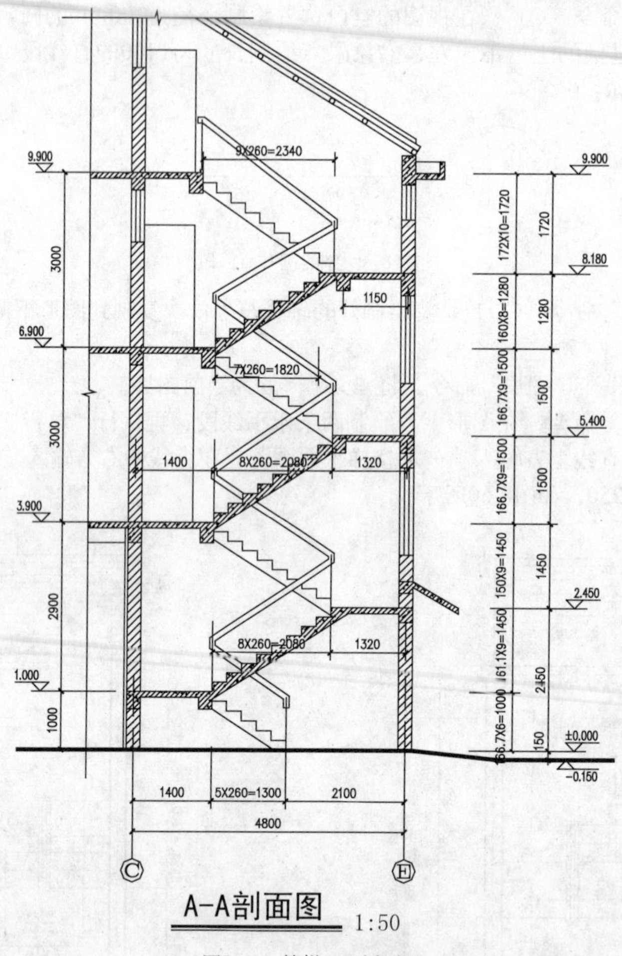

图8-61　楼梯A-A剖面图

假想用一个铅垂面，通过各楼层的一个梯段和门窗洞，将楼梯剖开，向另一个未剖到的梯段方向投影，所作的剖面图，即为楼梯剖面图。

8.6.1　新建文件

由于本章讲解的楼梯详图的绘制与前面第7章中讲解的“案例\07\农村住宅楼2-2剖面图.dwg”相对应，所以这里就不用再详细讲解绘图环境的设置、轴线、地坪线和墙体的绘制步骤，直接打开“案例\07\农村住宅楼2-2剖面图.dwg”文件，并另存为新的文件，然后将多余的部分删除，并进行绘制即可。

1. 在AutoCAD 2014环境中，执行“文件”｜“打开”命令，将“案例\07\农村住宅楼2-2剖面图.dwg”文件打开，如图8-62所示。
2. 执行“文件”｜“另存为”命令，将所打开的文件另存为“案例\08\楼梯A-A剖面详图.dwg”。
3. 在“图层”工具栏的“图层控制”下拉列表中，关闭除“墙体”、“轴线”、“地坪线”以外的所有图层，然后选中所有对象粘贴到新的绘制窗口中来，并且修剪和删除多余的部分，如图8-63所示。

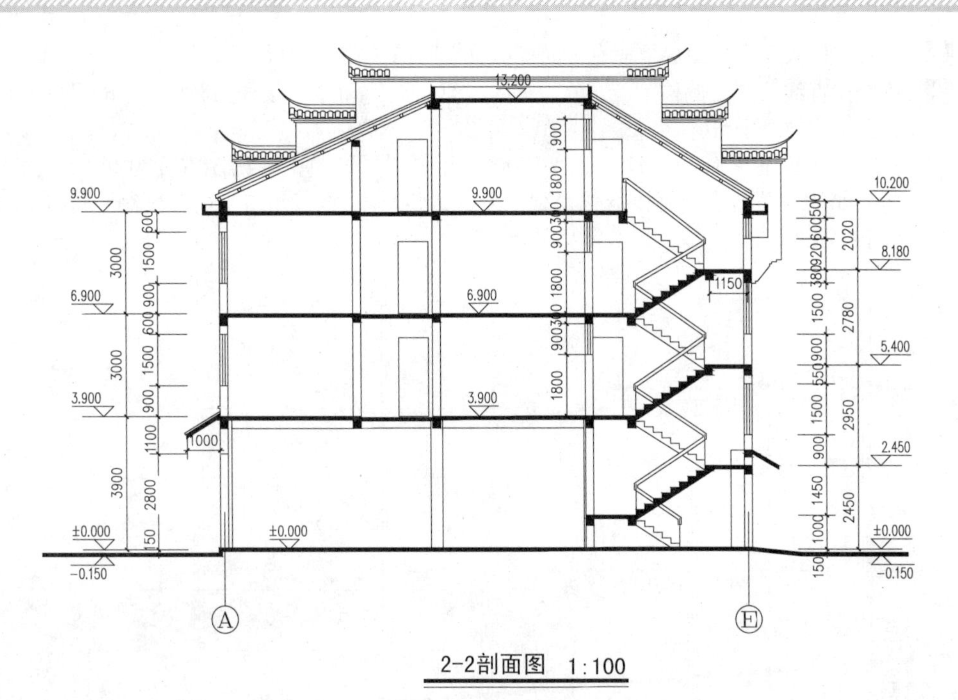

图8-62 打开的“农村住宅楼2-2剖面图.dwg”文件

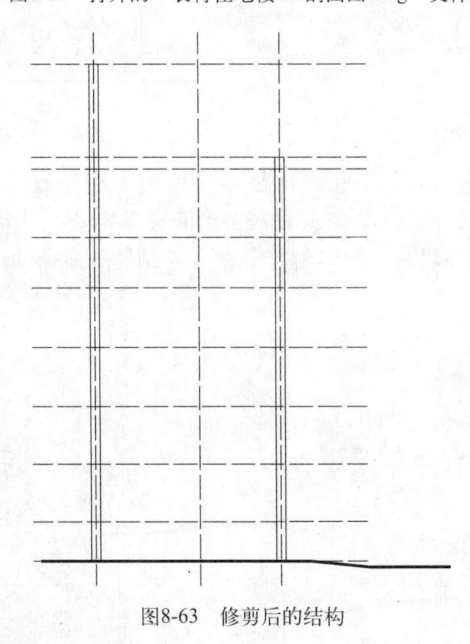

图8-63 修剪后的结构

8.6.2 绘制楼梯剖面结构

根据前面8.5节中所绘制的“一层楼梯平面图”可以看出，标记有剖切号A-A，那么在此处所绘制的楼梯剖面图就是A-A剖面详图。

由于一、二、三层楼梯的结构是一样的，用户可以先绘制单层的楼梯结构，然后通过复制的方式来绘制其他楼层的楼梯。

1. 执行“格式”|“图层”命令，将“楼梯”层置为当前图层。
2. 执行“直线”、“偏移”、“修剪”、“延伸”等命令，按如图8-64所示的尺寸结构来绘制楼梯的休息平台。
3. 执行“多段线”命令（PL），按F8键打开“正交”模式，绘制宽度为260mm、高度为160mm的直角踏步；再执行“复制”命令（CO），将直角踏步进行复制，得到如图8-65所示的效果。

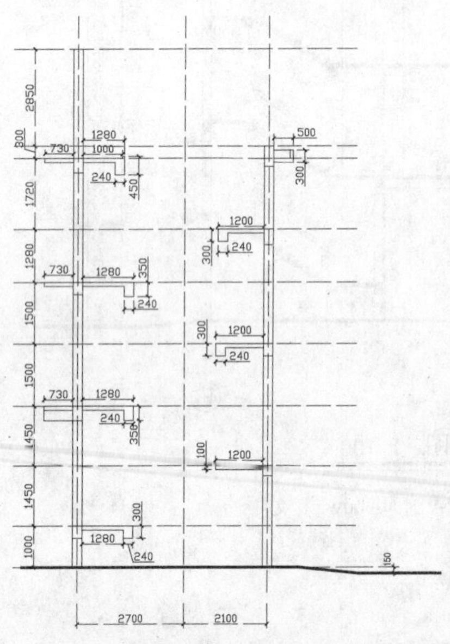

图8-64　绘制楼梯休息平台

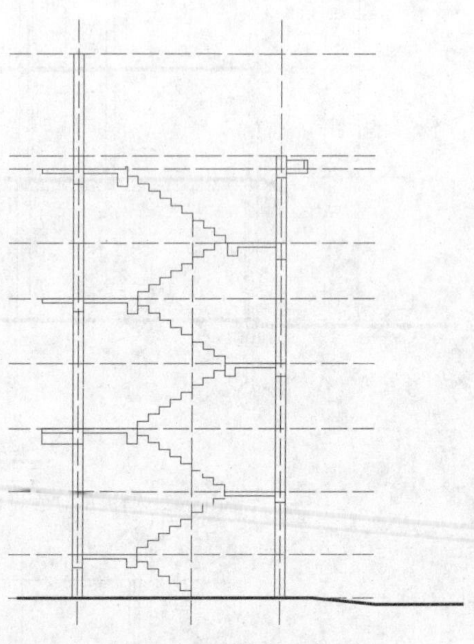

图8-65　绘制踏步

4. 执行“直线”命令（L），过楼梯踏步的拐角点绘制直线段；再执行“偏移”命令（O），将直线段向外偏移100，然后将多余的直线删除，如图8-66所示。
5. 执行“直线”、“多段线”、“偏移”、“复制”等命令绘制楼梯扶手，扶手的高度为900mm，如图8-67所示。

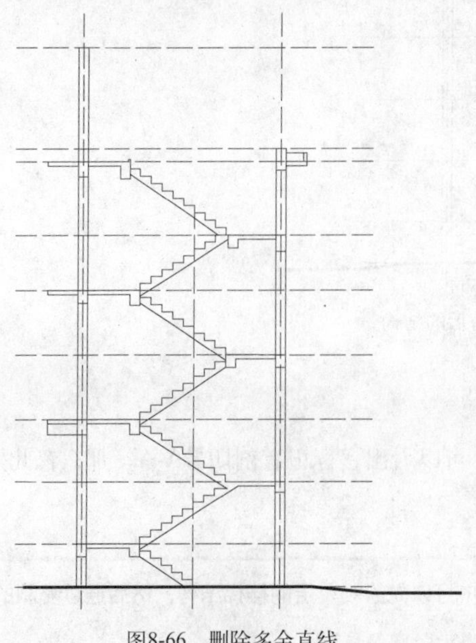

图8-66　删除多余直线

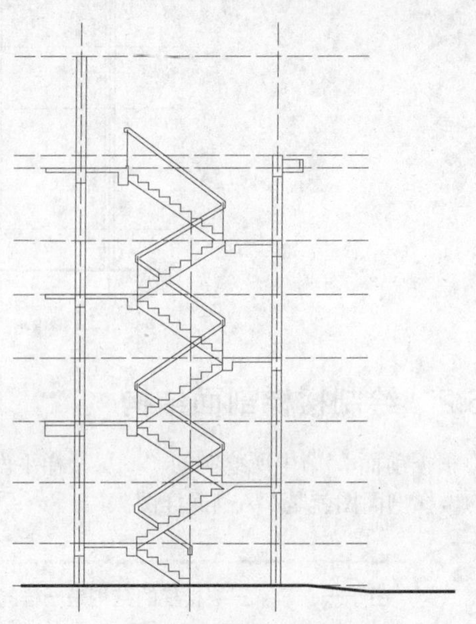

图8-67　绘制楼梯扶手

8.6.3 填充楼梯剖面钢筋混凝土

在建筑剖面图中，被剖切到的楼板、楼梯应填充钢筋混凝土。

将“其他”图层置为当前层，执行“图案填充”命令（H），选择“ANSI 31（比例50）+AR-CONC（比例1）”，对其楼板、楼梯等被剖切的钢筋混凝土结构进行图案填充，如图8-68所示。

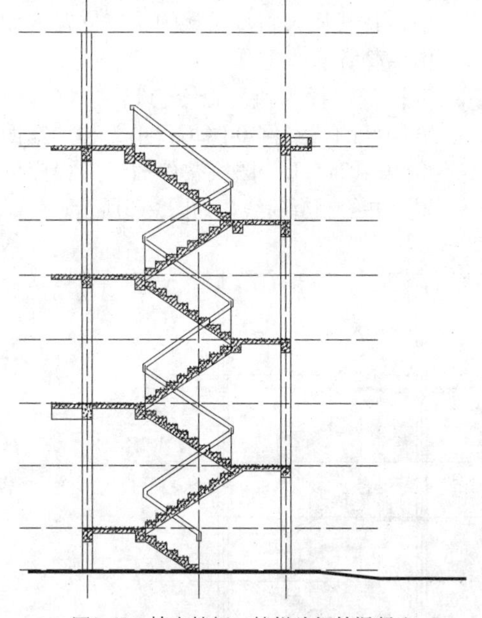

图8-68 填充楼板、楼梯为钢筋混凝土

8.6.4 绘制并安装楼梯间的剖面门窗

首先根据图形的要求，绘制相应的立面门和立面窗对象，并且保存为不同的图块对象，然后执行插入块命令，将保存的图块对象插入到剖面图的相应位置。

1. 将“门窗”层设置为当前图层。执行“矩形”命令（REC）来绘制900×2300的矩形对象，以此来作为剖面门“M-9”对象；执行“写块”命令（W），将绘制的剖面门“M-9”保存为“案例\08\M-9-L.dwg”图块文件，如图8-69所示。
2. 同样，绘制240×1500的矩形，并将垂直线段向内偏移80，作为剖面窗“C-1515”，再将其保存为“案例\08\C-1515-L.dwg”图块文件，如图8-70所示。

图8-69 绘制剖面门“M-9”

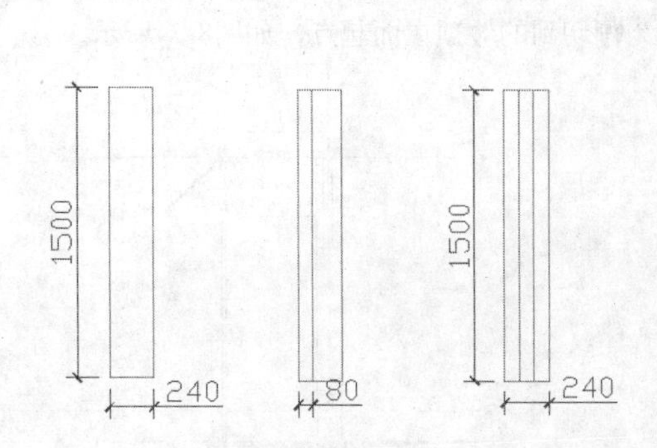

图8-70 绘制剖面窗“C-1515”

3. 按照同样的方法，分别绘制尺寸为240×900、240×600的立面窗，并且分别保存为“案例\08\GC-2-L.dwg”和“案例\08\C-1215-L.dwg”，如图8-71所示。

4 执行“插入块”命令（I），打开前面绘制的“案例\08\M-9-L.dwg”图块文件，将其插入到每层楼的相应位置，如图8-72所示。

5 再执行“插入块”命令（I），将前面绘制好的“案例\08\GC-2-L”和“案例\08\C-1215-L”图块文件插入到相应位置，并绘制折断线，如图8-73所示。

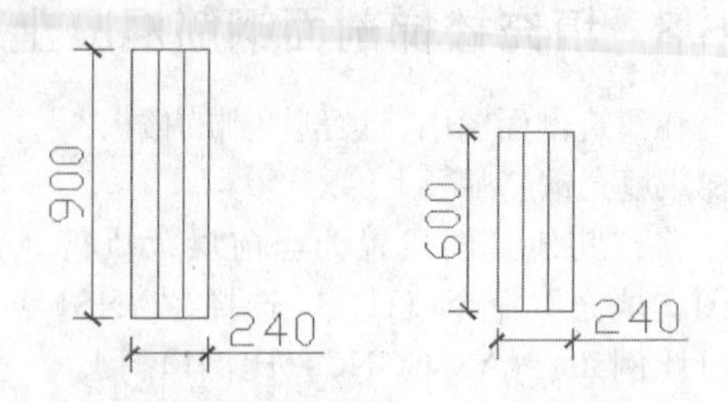

图8-71 绘制剖面窗“GC-2-L”和“C-1215-L”

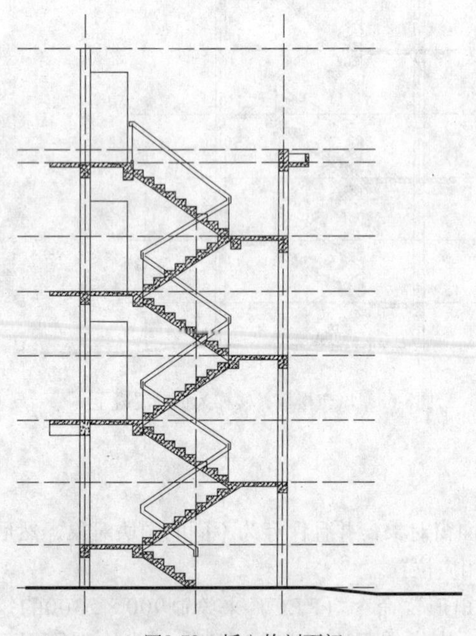
图8-72 插入的剖面门

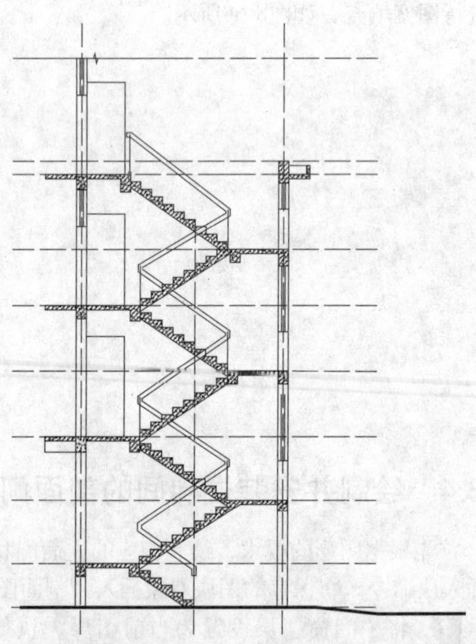
图8-73 插入的剖面窗

8.6.5 绘制剖面楼梯间的屋顶

首先将轴线向右侧进行偏移，以确定坡顶屋顶的起点，再通过直线、偏移、圆等命令来绘制坡顶屋顶的轮廓效果。

1 执行“偏移”命令（O），将左侧的第一根垂直轴线向右偏移1000，从而与折断线的交点为剖切到的坡顶屋面起点，如图8-74所示。

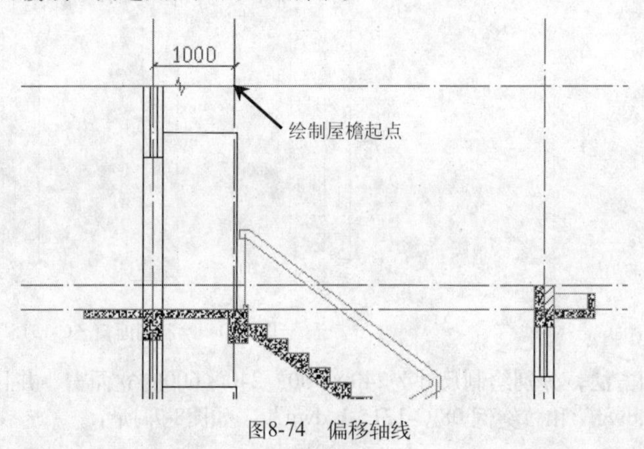

图8-74 偏移轴线

2 执行“直线”命令（L），过坡顶屋面的起点至右侧墙体绘制直线段；再执行“偏移”命令（O），将其绘制的直线段向上依次偏移80、80和60，如图8-75所示。

3 再执行“圆”、“复制”、“删除”等命令完成坡顶屋面的轮廓效果，如图8-76所示。

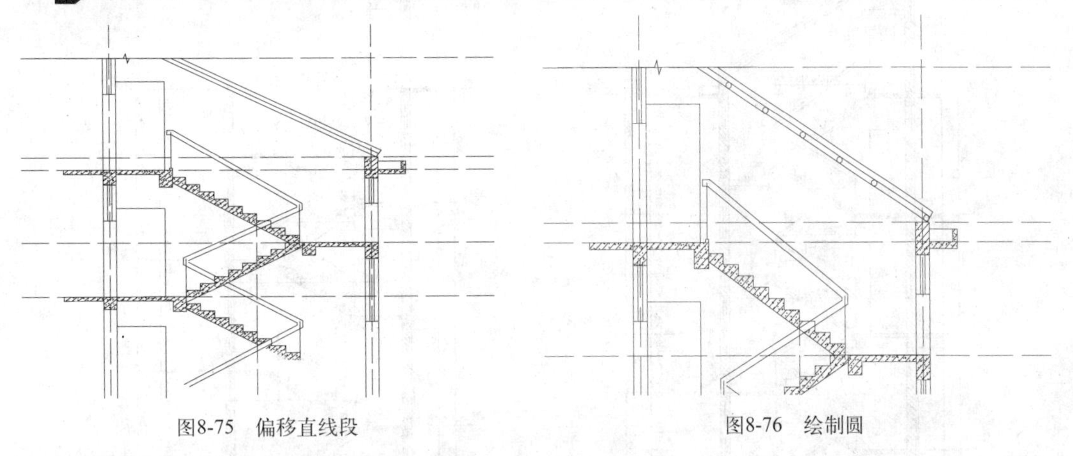

图8-75　偏移直线段　　　　图8-76　绘制圆

8.6.6　尺寸、标高、文字的标注

与建筑平面图、立面图、剖面图一样，建筑详图需要对其尺寸、标高、文字等标注。

1 执行“格式”｜“图层”命令，将“尺寸标注”置为当前图层。

2 单击“标注”工具栏中的“线性标注”按钮和“连续标注”按钮，分别对楼梯进行尺寸标注，如图8-77所示。

3 将“标高”层置为当前图层，执行“插入块”命令（I），将“案例\08\标高.dwg”图块插入到剖面图的相应位置，并修改其标高值，如图8-78所示。

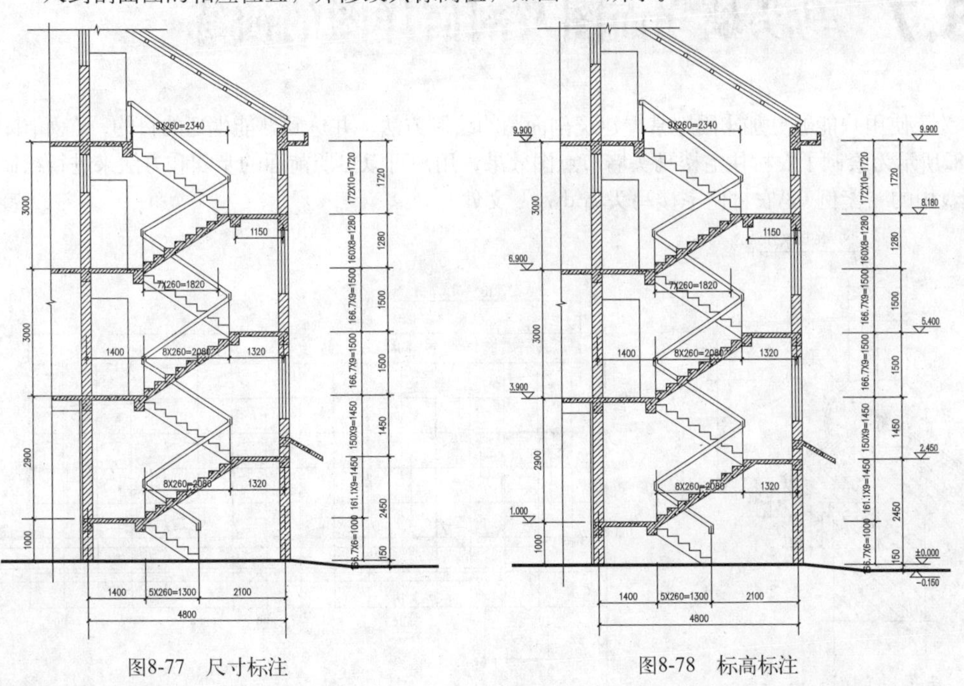

图8-77　尺寸标注　　　　图8-78　标高标注

4 执行“复制”命令（CO），将前8.5节中所绘制的轴线符号分别复制到图形下侧，并在其圆内输入轴标号C和E，如图8-79所示。

5 将“文字”置为当前图层。执行“直线”命令，在图形下方绘制两条水平线段，然后执行“单行文字”命令，在所绘制的直线上方输入相应文字，如图8-80所示。

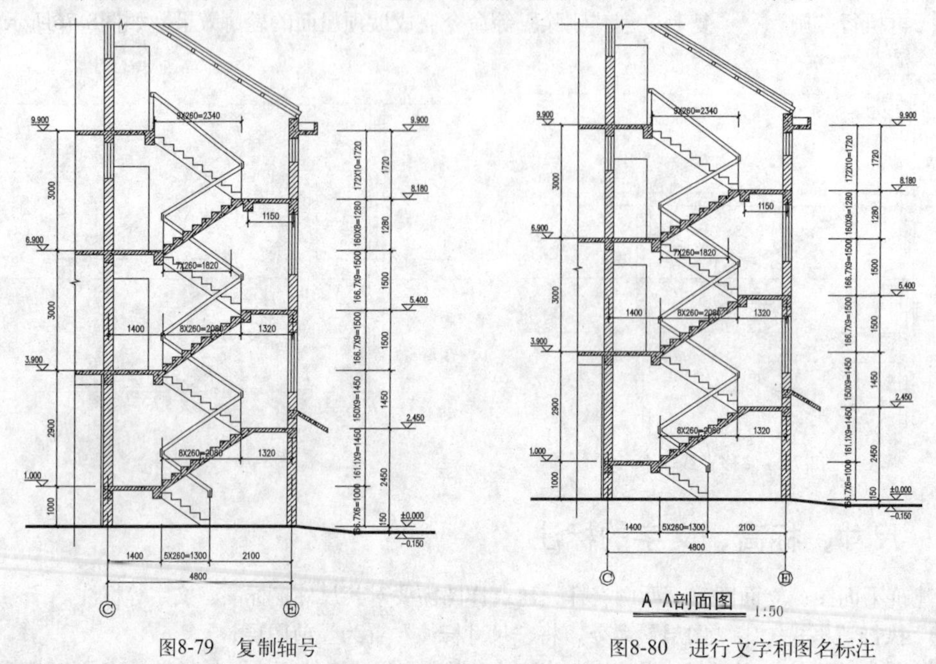

图8-79 复制轴号　　图8-80 进行文字和图名标注

6 至此，已经完成了楼梯剖面图的绘制，按组合键Ctrl+S将其进行保存。

8.7 马头墙立面图及剖面详图的演练

为了使用户能够更加牢固地掌握建筑剖面图的绘制方法，并达到熟能生巧的目的，在如图8-81、图8-82所示为绘制了农村住宅楼马头墙节点图效果，用户可以参照前面的步骤和方法来进行绘制（参照光盘中的“案例\08\农村住宅楼马头墙.dwg”文件）。

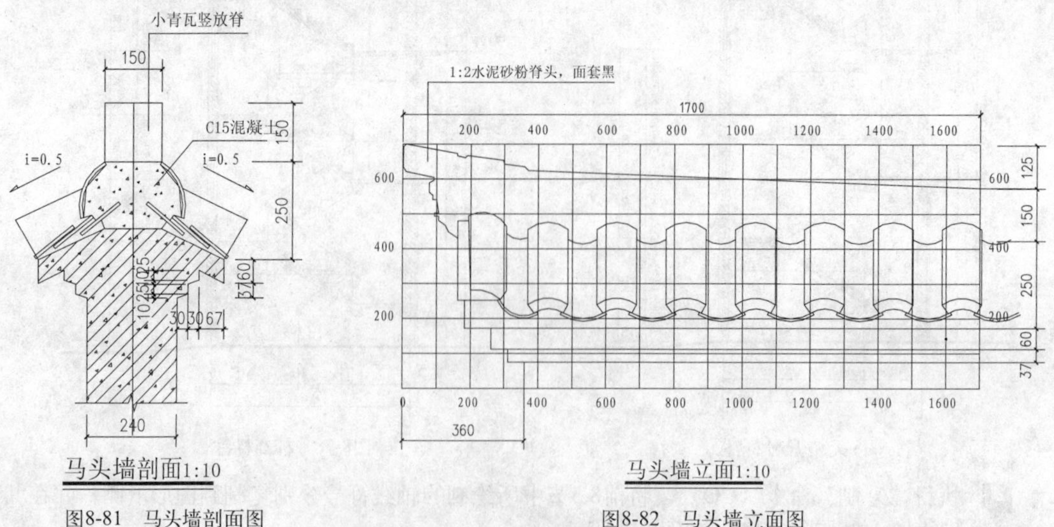

图8-81 马头墙剖面图　　图8-82 马头墙立面图

Chapter

09

第9章 建筑结构图的绘制

在建筑设计过程中，设计出建筑各房间的平面图、立面图、剖面图图纸后，具体每个构件如何承重，如何完成预定的工作要求，就是建筑结构设计要完成的任务，建筑结构设计的成果就是全套的结构图纸。它包括房屋各受力构件（基础、柱、梁、板、墙）等的尺寸、位置、数量、材料及具体构造，通过科学的结构设计计算，配合出合理的受力、传力途径，从而完成构件结构绘制。建筑结构图是在施工现场直接指导工程施工的重要图纸。施工单位主要依靠结构图描述，按照设计和国家规范的要求进行施工，整个建筑才能不断拔地而起。

在本章中，首先让用户了解并掌握建筑结构施工图的概述，包括建筑工程的结构类型，建筑结构图的识读方法，建筑结构图的绘制要求、步骤和内容，建筑结构常用图例代号等；再讲解了建筑结构中常用的框架建筑结构平面表示方法；然后通过某供电所建筑结构图-0.300标高处基础梁配筋图的绘制，基础结构详图的绘制，3.900标高处的柱、梁、板配筋图的绘制等，最后将该供电所建筑结构7.200标高处的柱、梁、板配筋图效果给出来，让用户自行去绘制。

主要内容

- ✓ 了解并掌握建筑结构施工图的类型和识读方法
- ✓ 掌握建筑结构施工图的绘制要求、步骤和内容
- ✓ 掌握建筑结构施工图中框架平面的表示方法
- ✓ 练习建筑结构施工图中基础配筋图及剖面图的绘制方法
- ✓ 练习某建筑结构指定高程的柱、梁、板配筋图的绘制方法
- ✓ 演练某建筑结构另一高程的柱、梁、板配筋图的绘制

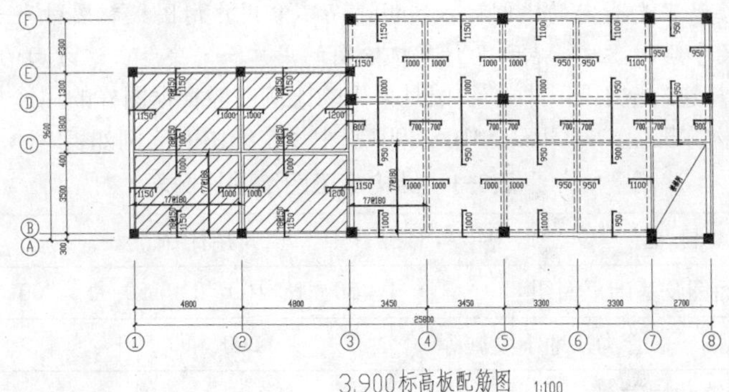

3.900标高板配筋图 1:100

9.1 建筑结构施工图的概述

除了进行建筑设计外，还要进行结构设计。结构设计是根据建筑物各方面的要求，进行结构选型和构件布置，经过结构计算，确定各承重构件的形状、尺寸、材料，以及内部构造施工要求等。将结构式设计的结果绘制成图即为结构施工图。结构施工图是构件制作、安装、编制预算和指导施工的重要依据。

建筑结构图是描述建筑物结构组成及相关尺寸、构造做法等图纸。一套建筑物的图纸大体上包括建筑图、结构图和设备图。建筑图用于描绘整个建筑的造型、外观、平面图组成等内容；而本章讲到的建筑结构图，它是描述建筑物内部骨架，以及它的结构形式和相关尺寸方面的内容。

9.1.1 建筑工程的结构类型

建筑物是由结构构件（如梁、板、柱、墙、基础等）和建筑配件（如门、窗、阳台等）组成的，其中一些主要承重构件互相支撑，连成整体，构成建筑物的承重结构体系（即骨架），称为建筑结构。

建筑结构按照材料来分，有钢筋混凝土结构、砌体结构和钢结构等。建筑结构按照承重结构类型来分，有砖混结构、剪力墙结构、框架结构、框架-剪力墙结构、筒体结构、大跨结构等。但结构形式不同，其施工图纸也不尽相同。

9.1.2 建筑结构图的识读方法

在看建筑结构图之前首先要掌握投影的原理和形体的表达方法，其次要熟悉和掌握建筑制图的国家标准的基本规定和查阅标准的基本方法，然后还要掌握和了解房屋的构造。

阅读建筑图纸的步骤是：先看首页图，再看建施图、结施图和设施图；对于每一张图来说，先看图标、文字，再看图形、尺寸；对于建施图，先看平、立、剖面图，再看详图，对于本章讲解的建筑施工图先看基础施工、结构平面图，后看构件详图。互相联系，反复多次读，才能看懂。

9.1.3 建筑结构图的绘制要求

和建筑平面图、立面图、剖面图、详图一样，绘制建筑结构图有相关的规范要求，下面详细讲解绘制建筑结构图对其比例、定位轴线、线型、图例、尺寸标注、详图索引符号方面的一些具体要求。

- 比例：根据建筑物大小，用户应该采用不同的比例进行绘制。常用结构图的绘制比例有1：50、1：100、1：200，一般采用1：100的比例进行绘制。值得注意的是，当用户在AutoCAD中进行绘制时，一般是按照1：1绘图单位的比例进行绘制，只是在最后整理图幅时，要按照事先选定的比例插入图框，而不像用户用图板制图时事先按照比例计算后用比例进行尺寸绘制。这一点初学计算机绘图的用户一定要养成这方面的习惯。

结构施工图与建筑施工图一样，绘图时采用的比例一般根据图样的用途与被绘物体的复杂程度来定，《建筑结构施工图》（GB/T 50105-2001）中规定绘图的比例如表9-1所示。

表9-1 结构施工图绘图比例表

图 名	常用比例	可选比例
结构平面图及基础平面图	1：50、1：100、1：150、1：200	1：60
圈梁平面图、总图、中管沟、地下设施等	1：200、1：500	1：300
建筑结构详图	1：10、1：20	1：5、1：25、1：4

比例宜注写在图名的右侧，字的基准线应取平；比例的字高宜比图名的字高小一号或二号。一般，图名用7号长仿宋字书写，比例宜采用5号或3.5号字书写。

- 定位轴线：在建筑结构图绘制中，用户依照需要绘制轴线及其编号。但不同的是，在出图前用户往往会把墙体中部（或梁中部的）轴线去除，只留下两端的轴线和编号，以便和平面图对照。
- 线型：和建筑平面图一样，用户在绘制前同样要定义不同的图层和线型。凡是能看到的轮廓线都用细实线表示，被剖切到的墙、梁、柱、板等构件的轮廓线都采用粗实线表示。被剖切到的构件一般采用不同填充符号表示出它们的材质，结构图中锋的钢筋一般采用一定宽度的多段线（PLINE）来表示。
- 图例：结构图中一些例如门窗、砖墙填充符号、混凝土填充符号等一般采用通用图例来表示。
- 尺寸标注：在建筑平面图中，用户在绘制完主要内容后，都要用标注命令将建筑结构的相关尺寸标注在图上。结构平面图的尺寸标注和建筑平面图基本相同，不同的是建筑平面图上标注的标高通常称为建筑标高，是建筑物建成后楼面的实际标高，为结构图平面图上的标高是结构标高，一般比建筑标高要低30mm左右，为的是给建筑地坪施工留下一定的厚度尺寸。除此之外，结构图的钢筋标注也比较特殊。
- 详图符号和索引：和建筑平面图一样，在结构平面图中表示不清楚的部分，用户在绘制时可以采用详图索引符号来引出，在详图中采用大比例绘制清楚。

9.1.4　结构施工图的绘制步骤

用户在绘制建筑结构图时，可按照如下步骤来绘制。

（1）设置绘图环境。

（2）绘制轴网。

（3）绘制平面墙体、柱子、梁、板等各种构件。

（4）绘制楼梯、室内预留洞等细节部分。

（5）绘制钢筋、墙体剖断线及混凝土剖切线等。

（6）进行标注尺寸。

（7）添加钢筋标注、必要的说明、索引等。

9.1.5　建筑结构图的绘制内容

在绘制建筑结构图时，其结构图中应包括有图纸目录、结构总说明、桩基础统一说明及大样、基础及基础梁平面、各层结构平面等。

1. 图纸目录

全部图纸都应在“图纸目录”上列出，“图纸目录”的图号是“G-0”。结构施工图的“图名”为“结施”。“图号”排列的原则是：从整体到局部，按施工顺序从下到上。例如，“结构总说明”的图号为“G-1”（G表示“结施”），以后依次为桩基础统一说明及大样、基础及基础梁平面、由下而上的各层结构平面、各种大样图、楼梯表、柱表、梁大样及梁表。

按平法绘图时，各层结构平面又分为墙柱定位图、各类结构构件的平法施工图（模板图，板、梁、柱、剪力墙配筋图等，特殊情况下增加的剖面配筋图），并应和相应构件的构造通用图及说明配合使用。此时应按基础、柱、剪力墙、梁、板、楼梯及其他构件的顺序排列。

2. 结构总说明

“结构总说明”是统一描述该项工程有关结构方面共性问题的图纸，其编制原则是提示性的。设计者仅需打“✓”，表明为本工程设计采用的项目，并在说明的空格中用0.3mm的绘图笔填上需要的内容。必要时，对某些说明可以修改或增添。例如，支承在钢筋混凝土梁上的构造柱，钢筋锚入梁内长度及钢筋搭接长度均可按实际设计修改；单向板的分布筋，可根据实际需要加大直径或减少间距等；图中通过说明可用K表示ϕ6@200、G表示ϕ8@200。也可用“K6”、“K8”、“K10”、“K12”依次表示直径为6mm、8mm、10mm、12mm，且间距均为200mm的配筋。有剪力墙的高层建筑宜采用“(高层)结构说明”。

3. 桩基础统一说明及大样

人工挖孔（冲、钻孔）灌注桩或预应力钢筋混凝土管桩一般都有统一说明及大样。与结构总说明不同的是，图中用“×”表示不适用于本设计的内容，对采用的内容不必打“✓”，同时应在空格处填上需要的内容。桩表中的“单桩承载力设计值”是桩基础验收时单桩承载力试验的依据，宜取100kN的倍数。在确定“设计桩顶标高”时，应考虑桩台（桩帽）的厚度、地基梁的截面高度和梁顶标高、地基梁与桩台面间的预留空间、桩顶嵌入桩台的深度等因素。图中的“不另设桩台的桩顶大样”，其“设计桩顶标高”应在施工缝处，大样上段可看作截面不扩大的桩台，应增加端部环向加劲箍及构造钢筋网，注明配筋量等。如图9-1所示为某建筑桩基础详图。

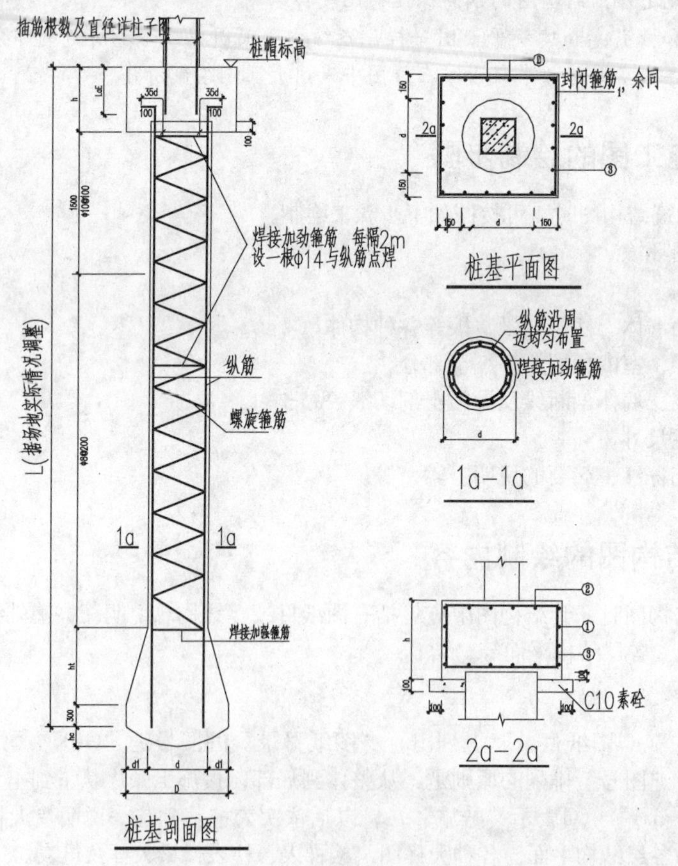

图9-1　桩基础详图

4. 基础及基础梁平面

（1）基础平面与基础梁平面可合并为一图，比例可用1：100，大样图可用1：60或1：50，基础说明可用6号仿宋字体。基础梁用双细实线表示，梁宽要按比例画。首层内、外墙及第一跑楼梯的相应位置下均应布置基础梁，“地梁”一般只用于跨度小、高度不到顶的内部隔墙（如厕位隔墙）；按抗震设计时，一般要沿轴线在相邻基础间布置基础梁。

（2）尺寸标注

尺寸线通常分为总尺寸线、柱网尺寸线、构件定位尺寸线三类。构件定位尺寸应尽量靠近要表示的构件，位于平面中部及远端的构件应另加标注。

总尺寸及柱网尺寸、轴线符号、注写方向、圆圈大小均要符合制图标准的规定。要注意区分主轴线和辅助轴线，凡出现在基础平面上的竖向构件的定位轴线才能编为主轴线。

边柱、角柱及梯间两侧的柱，一般以其外边缘定位，中间柱以底层柱中定位，剪力墙以墙中或不收级一侧定位，变形缝以缝两侧的双柱或墙柱净距定位，且必须采用主轴线。

层间的楼梯平台如用梁上起柱（LZ）支承，要标出小柱的定位尺寸。

基础梁的边梁按外边缘定位，中间梁一般以梁中定位，且必须采用主轴线。

基础以中心定位。桩台的中心一般与柱中重合，对联合桩台则应使桩群的重心与荷载合力作用点重合。同一类型桩台应选一个标出桩的相对位置。

各种受力构件（梁、柱、剪力墙等）宜在图中构件旁注上截面尺寸。同一编号的构件可只注其中一个构件的尺寸。

（3）基础大样应画出剖面、平面、配筋图，内容详尽至满足施工要求。在剖面图中，要正确表示双向配筋的相对位置关系，一般应将弯矩较大的一项放在外层。对于方形桩台，为避免施工时放错，应使双向配筋量相等。

（4）基础说明应包括如下内容。

- 结构总说明和桩基础统一说明中没有提及的基础做法。
- 桩台面标高、桩顶设计标高、桩的施工方法及施工要求等。
- 柱与轴线、基础梁与轴线以及基础与柱的位置关系。
- 与基础定位有关的柱、剪力墙的截面尺寸。
- 构件编号说明等。

结构图中的文字说明应尽量简短，文法要简要、准确、清楚，叙述的内容应为该图中极少数的特殊情况或者是具有代表性的大量情况。如图9-2所示为某建筑基础梁，如图9-3所示为基础平面布置图。

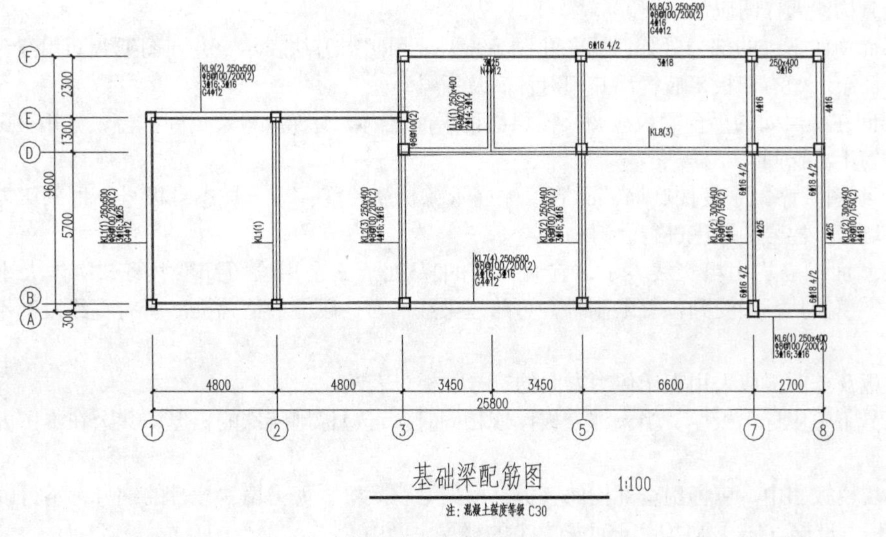

图9-2　基础梁配筋图

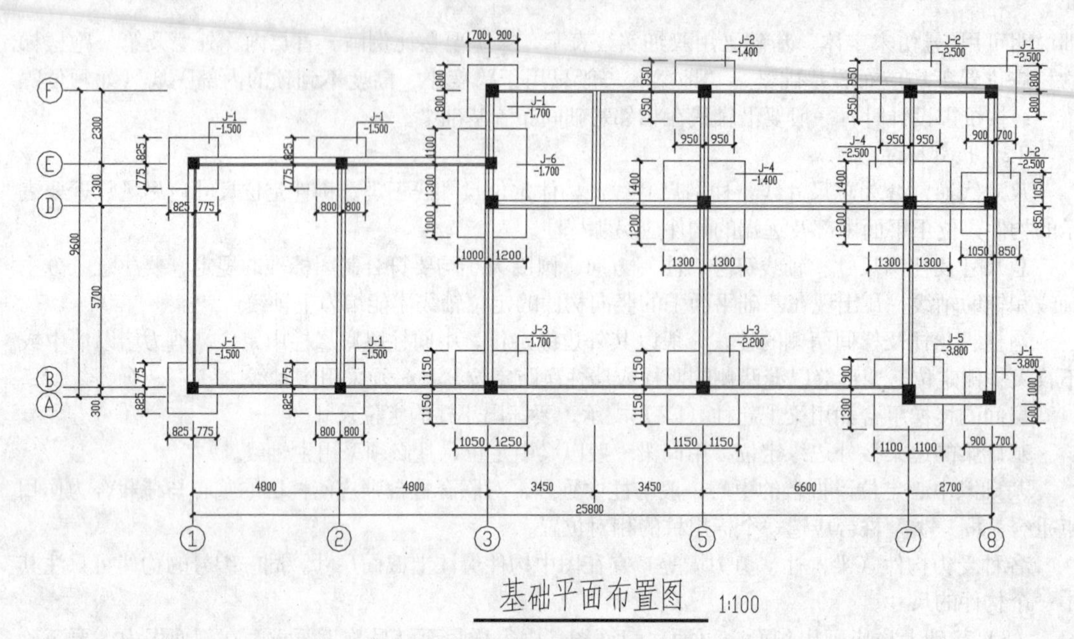

图9-3　基础平面布置图

5. 各层结构平面

结构平面图有两种划分方法：按“梁柱表法”绘图时，各层结构平面可分为模板图和板配筋图（当结构平面不太复杂时可合并为一图）；按“平法”绘图时，各层结构平面需分为墙柱定位图、各类结构构件的平法施工图（模板图、板配筋图以及梁、柱、剪力墙、地下室侧壁配筋图等）。

各层的“模板图”及“板配筋图”可按本节所述方法绘制。

（1）尺寸线标注：通常分为结构平面总尺寸线、柱网尺寸线、构件定位尺寸线及细部尺寸线等。标注要求同前所述。

（2）平面图中梁、柱、剪力墙等构件的画法，原则是从板面以上剖开往下看，看得见的构件边线用细实线，看不见的用虚线。剖到的承重结构断面应涂黑色。

凡与梁板整体连接的钢筋混凝土构件如窗顶装饰线、花池、水沟、屋面女儿墙等，必须在结构图中表示。构件大样图应加索引。

对平面中凹下去的部分（如凹厕、孔洞等），要用阴影方法表示，并在图纸背面用红色铅笔在阴影部分轻涂。如有凹板，应标出其相对标高及板号。

楼梯间在楼层处的平台梁板应归入楼层结构平面之内。对梯段板及层间平台，应用交叉细实线表示，并写上“梯间”字样。

（3）绘图顺序，一般按底筋、面筋、配筋量、负筋长度、板号标志、板号、框架梁号、次梁号、剪力墙号、柱号的顺序进行。

板底、面钢筋均用粗实线表示，宜画在板的1/3处。文字用绘图针笔书写，字体大小要均匀（可用数字模板），当受到位置限制时，可跨越梁线书写，以能看清为准。所有直线段都不应徒手绘制。

双向板及单向板应采用表示传力方向的符号加板号表示。

在板号下中应标出板厚。当大部分板厚度相同时，可只标出特殊的板厚，其余在本图内用文字说明。

在各层模板图中，应标出全部构件（板、框架梁、次梁、剪力墙、柱）的编号，不得以对称性等为由漏标。过梁（GL）应编注于过梁之上的楼层平面中。

梁上起柱（LZ），要标出小柱的定位尺寸，说明其做法。

（4）底筋的画法。在结构平面图中，同一板号的板可只画一块板的底筋（应尽量注于图面左下角首先出现的板块），其余的应标出板号。

底筋一般不需注明长度。绘图时应注意弯钩方向，且弯钩应伸入支座。对常用的配筋如φ6@200、φ8@200、φ10@200等可用简记法表示，与结构总说明配合使用。分布筋只在结构总说明中注明，图中不画出。

（5）负筋的画法。同一种板号组合的支座负筋只需画一次。如某块板的支座另一边是两块小板时，则只按其中较大的板配置负筋。

板的跨中不出现负弯矩时，负筋从支座边可伸至板的L0/3（活载大于三倍恒载）、L0/4（活载不大于三倍恒载）或L0/5（端支座）。L0为相邻两跨中较大的净跨度。双向板两个受力方向支座负筋的长度均取短向跨度的1/4。钢筋长度应加上梁宽并取50mm的倍数。板的跨中有可能出现负弯矩时，板面负筋宜采用直通钢筋。

负筋对称布置时，可采用无尺寸线标注，负筋的总长度直接注写在钢筋下面；负筋非对称布置时，可在梁两边分别标注负筋的长度（长度从梁中计起）；端跨的负筋无尺寸线时直接标注的是总长度，以上钢筋长度均不包括直弯钩长。

板厚较大的悬臂板筋和直通负钢筋，均应加设支撑钢筋，并在图中注明。如图9-4所示为某板附筋。

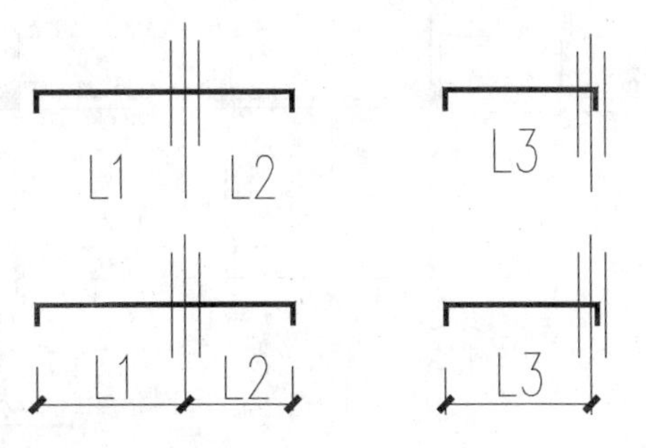

图9-4 板面负筋示意图

（6）其他。对平面图中难以画清楚的内容，如凹厕部分楼板、局部飘出、孔洞构造等，可用引出线标注，或加剖面索引、用大样图表示。板面标高有变化时，应标出其相对标高。

在如图9-5、图9-6、图9-7所示中，分别为某建筑物柱、梁、板结构图。

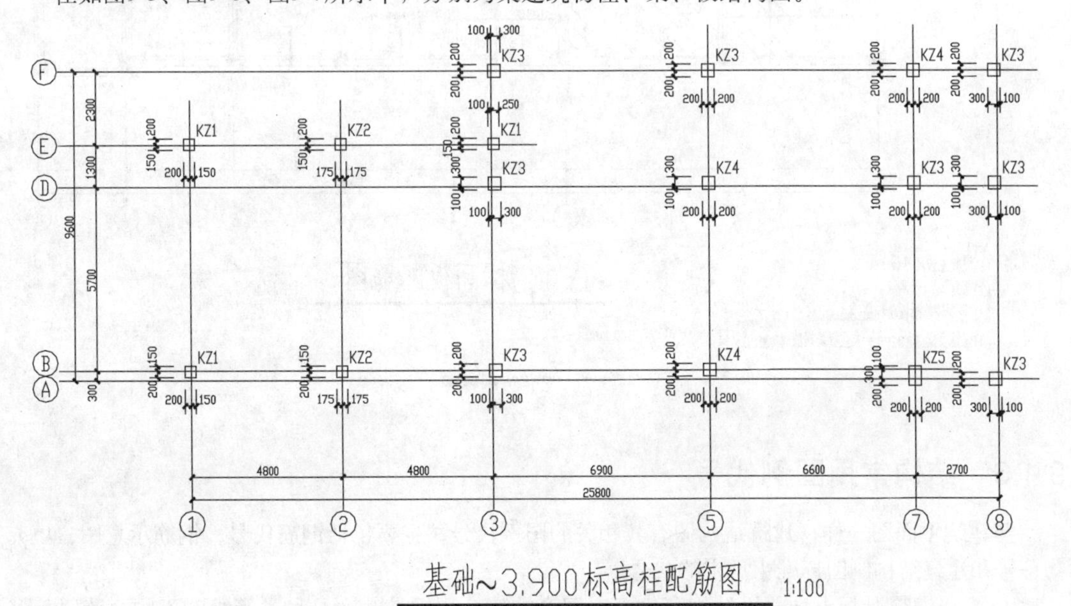

图9-5 柱平面布置图

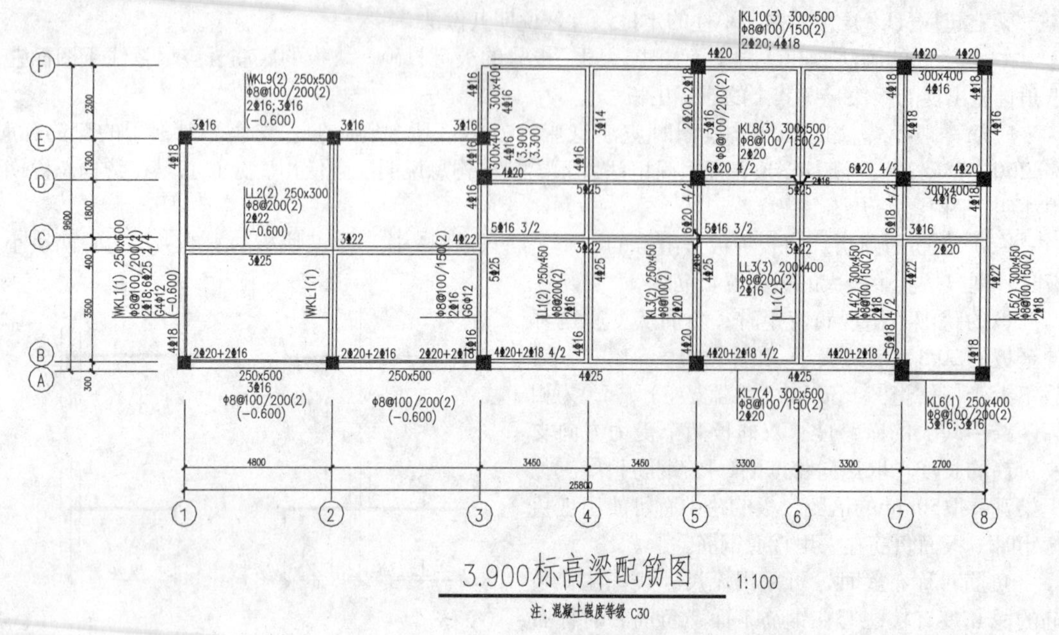

图9-6　梁平面布置图

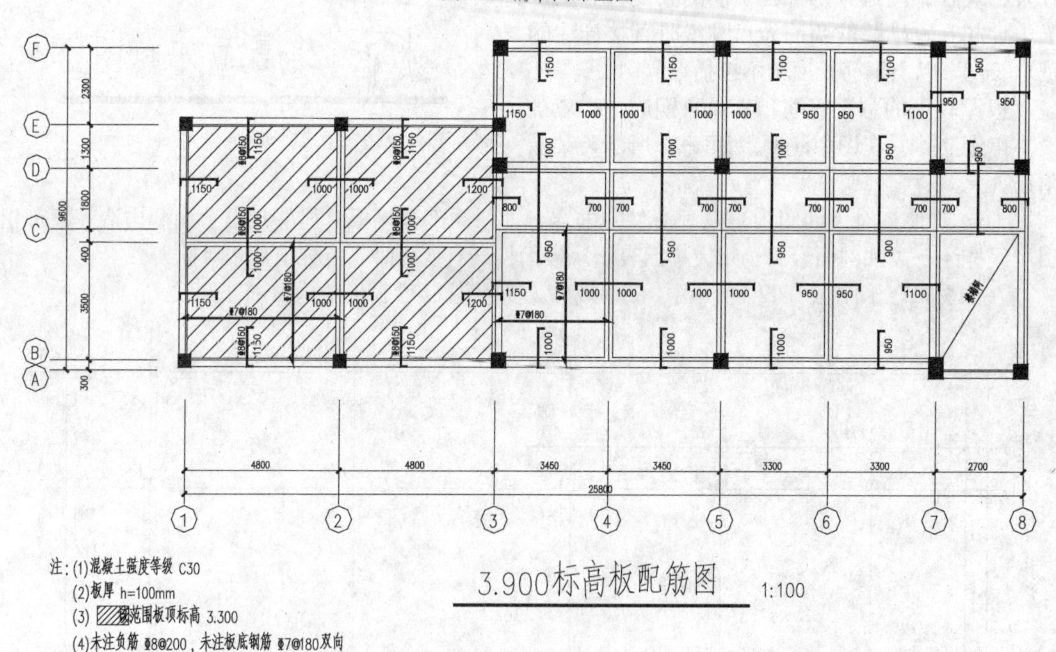

图9-7　板平面布置图

9.1.6　结构常用图例代号

与建筑平面图一样，建筑结构图有其相关的图例代号，主要包括钢筋代号、钢筋示意图、填充物符号和建筑结构制图标准中规定的代号。

（1）在钢筋混凝土结构设计规范中，对国产的建筑用钢按其产品种类等级的不同分为以下几类，如表9-2所示。

表9-2　钢筋等级

	Ⅰ级钢筋（HPB235）
	Ⅱ级钢筋（HPB335）
	Ⅲ级钢筋（HPB300）
	Ⅳ级钢筋（HPB400）

（2）在结构图中，通常采用单根的粗实线表示钢筋的立面，用黑阴点表示钢筋的横断面，如表9-3所示为常用钢筋的示意图。

表9-3　钢筋示意图

名　称	图　例
钢筋横断面	
无弯钩钢筋端部	
半圆形弯钩钢筋端部	
直钩钢筋端部	
带丝扣钢筋连接	
无弯钩钢筋搭接	
带半圆形弯钩钢筋的搭接	
直钩钢筋搭接	
花篮螺丝钢筋接头	
机械连接钢筋接头	
焊接网	

（3）填充物符号。结构施工图中常用填充物符号有砖砌体填充和钢筋混凝土填充两种，如图9-8所示。

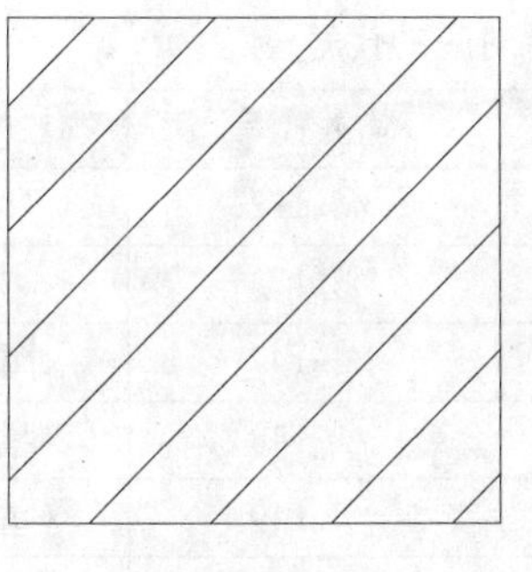

（a）砖砌体填充

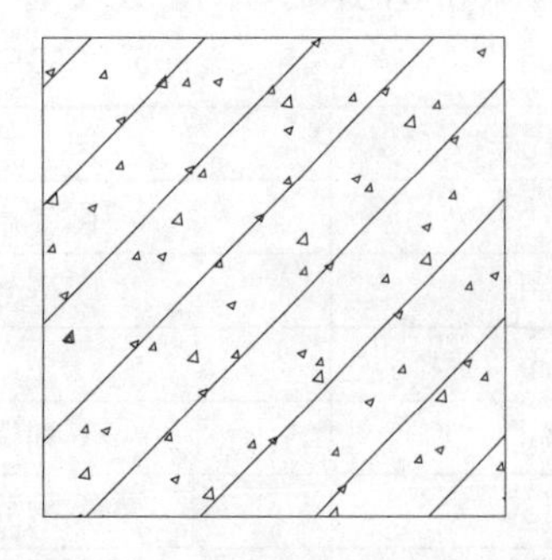

（b）钢筋混泥土填充

图9-8　图案填充

第6章
第7章
第8章
第9章
第10章

（4）建筑制图结构标准（GB/T 50105-2001）规定的代号。房屋结构的基本构件种类众多，布置复杂，为了图示明了，所以给每类构件一个代号，以便于制表、查阅、施工。国家《建筑结构制图标准（GB/T 50105-2001）》中规定代号见表9-4。

表9-4　建筑结构制图标准（GB/T 50105-2001）规定代号（部分）

名　称	代　号	名　称	代　号
板	B	天窗架	CJ
屋面板	WB	托架	TJ
空心板	KB	框架	KJ
密肋板	MB	钢架	GJ
楼梯板	TB	柱	Z
盖板或盖沟板	GB	框架柱	KZ
挡雨板或檐口板	YB	构造柱	GZ
墙板	QB	承台	CT
天沟板	TGB	设备基础	SJ
梁	L	屋架	WJ
屋面框架梁	WKL	桩	ZH
吊车梁	DL	挡土墙	DQ
圈梁	QL	地沟	DG
过梁	GL	梯	T
连系梁	LL	雨篷	YP
基础梁	JL	阳台	YT
楼梯梁	TL	预埋件	M--
框架梁	KL	基础	J
框支梁	KZL	暗柱	AZ

9.1.7　AutoCAD中钢筋符号的输入

用户在AutoCAD中要输入一些钢筋符号时，用户首先应将"案例\CAD钢筋符号字体库"文件夹中的所有文件复制到AutoCAD软件安装位置的"Fonts"文件夹，然后设置相应的钢筋符号字体，再在相应的位置输入相应的代号即可。在表9-5中给出了CAD中钢筋符号所对应的代号。

表9-5　CAD中钢筋符号所对应的代号

输入代号	符　号	输入代号	符　号
%%c	符号ϕ	%%172	双标下标开始
%%d	度符号	%%173	上下标结束
%%p	±号	%%147	对前一字符画圈
%%u	下划线	%%148	对前两字符画圈
%%130	Ⅰ级钢筋ϕ	%%149	对前三字符画圈
%%131	Ⅱ级钢筋ϕ	%%150	字串缩小1/3
%%132	Ⅲ级钢筋ϕ	%%151	Ⅰ

（续表）

输入代号	符　号	输入代号	符　号
%%133	Ⅳ级钢筋 ϕ	%%152	Ⅱ
%%130%%145ll%%146	冷轧带肋钢筋	%%153	Ⅲ
%%130%%145j%%146	钢绞线符号	%%154	Ⅳ
%%1452%%146	平方	%%155	Ⅴ
%%1453%%146	立方	%%156	Ⅵ
%%134	小于等于≤	%%157	Ⅶ
%%135	大于等于≥	%%158	Ⅷ
%%136	千分号	%%159	Ⅸ
%%137	万分号	%%160	Ⅹ
%%138	罗马数字Ⅺ	%%161	角钢
%%139	罗马数字Ⅻ	%%162	工字钢
%%140	字串增大1/3	%%163	槽钢
%%141	字串缩小1/2（下标开始）	%%164	方钢
%%142	字串增大1/2（下标结束）	%%165	扁钢
%%143	字串升高1/2	%%166	卷边角钢
%%144	字串降低1/2	%%167	卷边槽钢
%%145	字串升高缩小1/2（上标开始）	%%168	卷边Z型钢
%%146	字串降低增大1/2（上标结束）	%%169	钢轨
%%171	双标上标开始	%%170	圆钢

9.2 框架建筑结构平面表示方法

建筑结构有砖混结构、框架结构等，随着我国经济的发展，建筑业也在前所未有地高速发展。以前的多层砖混建筑逐步被框架结构取代，钢筋混凝土建筑在近二十年来无论在设计、施工等方面都有了飞速的发展。在钢筋混凝土建筑中，根据建筑的结构形式可以分为框架结构、框架-剪力墙结构、剪力墙结构、框架筒体结构等，但用户应该较多地学习在AutoCAD中要掌握的仍是框架结构建筑。

9.2.1 钢筋混凝土构件的表示方法

钢筋混凝土结构构件配筋图的表示方法有三种，即详图法、梁柱表法和平法。

（1）详图法。它通过平、立、剖面图将各构件（梁、柱、墙等）的结构尺寸、配筋规格等“逼真”地表示出来，但用详图法绘图的工作量非常大。

（2）梁柱表法。它采用表格填写方法将结构构件的结构尺寸和配筋规格用数字符号表达。此法比“详图法”要简单方便得多，手工绘图时，深受设计人员的欢迎。其不足之处是：同类构件的许多数据需多次填写，容易出现错漏，图纸数量多。如图9-9所示为某建筑结构图的框架柱配筋表。

柱号	标　高	截面尺寸 BxH	角筋	B边中部筋	H边中部筋	箍　筋	箍筋类型
KZ1	基础~3.300	350x350	4Φ18	1Φ18	1Φ18	φ8@100	1
KZ2	基础~3.300	350x350	4Φ18	1Φ18	1Φ18	φ8@100/200	1
KZ3	基础~3.900	400x400	4Φ22	1Φ20	1Φ20	φ10@100	1
KZ4	基础~3.900	400x400	4Φ20	1Φ18	1Φ18	φ10@100/200	1
KZ5	基础~3.900	400x600	4Φ22	1Φ22	1Φ22	φ8@100	1

柱号	标　高	截面尺寸 BxH	角筋	B边中部筋	H边中部筋	箍　筋	箍筋类型
KZ1	3.900~10.500	400x400	4Φ20	1Φ20	1Φ20	φ8@100	1
KZ2	3.900~10.500	400x400	4Φ22	1Φ18	1Φ18	φ8@100/200	1
KZ3	3.900~10.500	400x600	4Φ20	1Φ20	1Φ20	φ8@100	1

柱号	标　高	截面尺寸 BxH	角筋	B边中部筋	H边中部筋	箍　筋	箍筋类型
KZ1	10.500~13.200	400x400	4Φ16	1Φ16	1Φ16	φ8@100	1

图9-9　某建筑结构图柱表

（3）结构施工图平面整体设计方法（以下简称“平法”）。它把结构构件的截面型式、尺寸及所配钢筋规格在构件的平面位置用数字和符号直接表示，再与相应的“结构设计总说明”和梁、柱、墙等构件的“构造通用图及说明”配合使用。平法的优点是图面简洁、清楚、直观性强，图纸数量少。

为了保证按平法设计的结构施工图实现全国统一，建设部已将平法的制图规则纳入国家建筑标准设计图集，详见《混凝土结构施工图平面整体表示方法制图规则和构造详图》(GJBT-51800G101)(以下简称《平法规则》)。

“详图法”能加强绘图基本功的训练，“梁柱表法”目前还在广泛应用，而“平法”则代表了一种发展方向。

9.2.2　建筑结构平法施工图的看图要点

建筑结构平法施工图的看图要点，是先校对平面，后校对构件；先看各构件，再看节点与连接。但是建施图与结施图一定要结合起来看。

（1）看结构设计说明中的有关内容。

（2）检查各柱的平面布置和定位尺寸，根据相应的建筑结构平面图，查对各柱的平面布置与定位尺寸是否正确。特别应注意变截面处，上下截面与轴线的关系。

（3）从图中（截面注写方式）及表中（列表注写方式）逐一检查柱的编号、起止标高、截面尺寸、纵向钢筋、箍筋、混凝土强度等级。

（4）柱纵向钢筋的连接位置、连接方法、连接长度、连接范围内的箍筋要求。

（5）柱与填充墙的拉接筋及其他二次结构预留筋或预埋铁件。

9.2.3 建筑结构平法施工图

按平法设计的配筋图，应与相应的“梁、柱、剪力墙构造通用图及说明”配合使用。各类构件的构造通用图及说明都是简明叙述构件配筋的标注方法，再以必要的附图展示构造要求。目前已有多种与平法或“原位图示法”配套使用的“通用图及说明”，选用时应与国家标准《平法规则》相符合，并在各类构造通用图说明的空格处填上需要的内容。

1. 柱平法施工图

柱平法施工图有列表注写和截面注写两种方式。柱在不同标准界面多次变化时，可用列表注写方式，否则宜用注写方式。

在平法施工图中，应在图纸上注明包括地下和地上各层的结构层楼（地）面标高、结构层标高及相应的结构层号，并在图中用粗线表示出该平法施工图要表达的柱或墙、梁。

结构层（楼）面标高，是指建筑图中的各层地面和楼面标高值扣除建筑面层及垫层厚度后的标高，结构层应与建筑层号对应一致。

（1）列表注写方式

在柱平面布置图上，分别在统一编号的柱中选择一个或几个截面标注几何参数代号（反映截面对轴线的偏心情况），用简明的柱标注写柱号、柱段起止标高、几何尺寸（含截面对轴线的偏心情况）与配筋数值，并配以各种柱截面形状及箍筋类型图，如图9-10所示。柱表中自根部（基础顶面标高）往上以变截面位置或配筋改变处为界分段注写，具体注写方法详见《平法规则》。

柱号	标 高	截面尺寸 BxH	角筋	B边中部筋	H边中部筋	箍 筋	箍筋类型
KZ1	基础~3.300	350x350	4Φ18	1Φ18	1Φ18	Φ8@100	1
KZ2	基础~3.300	350x350	4Φ18	1Φ18	1Φ18	Φ8@100/200	1
KZ3	基础~3.900	400x400	4Φ22	1Φ20	1Φ20	Φ10@100	1
KZ4	基础~3.900	400x400	4Φ20	1Φ18	1Φ18	Φ10@100/200	1
KZ5	基础~3.900	400x600	4Φ22	1Φ22	1Φ22	Φ8@100	1

图9-10 列表注写方式

（2）截面注写方式

在分标准层绘制的柱平面布置图的柱截面上，分别在同一编号的柱子中选择一个截面，直接注写截面尺寸和配筋数值，如图9-11所示。

- 在柱定位图中，按一定比例放大绘制柱截面配筋图，在其编号后再注写截面尺寸（按不同形状标注所需数值）、角筋、中部筋及箍筋。
- 柱的箍筋数量及箍筋形式直接画在大样图上，并集中标注在大样旁边。
- 当柱纵筋采用同一直径时，可标注全部钢筋；当纵筋采用两种直径时，需将角筋和各边中部筋的具体数值分开标注；当柱采用对称配筋时，可仅在一侧注写附筋。

- 必要时，可在同一个柱平面图上用小括号“（）”、尖括号“<>”区分和表达各不同标准层的注写数值。
- 如柱的分段截面尺寸和配筋均相同，仅分段截面与轴线的关系不同时，可将其编号为同一柱号，但此时应在未画配筋的柱面上注写该截面与轴线关系具体尺寸。

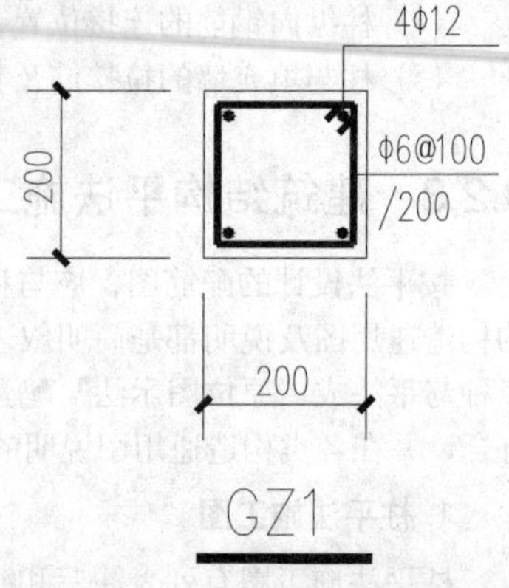

图9-11 柱截面注写方式

2. 剪力墙平法施工图

剪力墙平法施工图也有列表注写和截面注写两种方式。剪力墙在不同的标准层截面多变化时，可用列表注写方式，否则宜用截面注写方式。

剪力墙平面布置图可采取适当比例单独绘制，也可与柱或梁平面图合并绘制，当剪力墙较为复杂或采用截面注写方式时，应按标准层分别绘制。

在剪力墙平法施工图中，也应采用表格或其他方式注明各结构层的楼面标高、结构层标高及相应的结构层号。

对丁轴线未居中的剪力墙（包括端柱），应标注其偏心定位尺寸。

（1）列表注写方式

把剪力墙视为由墙柱、墙身、墙梁三类构件组成，对应于剪力墙平面布置图上的编号，分别在剪力墙柱表、剪力墙身表和剪力墙梁表中注写几何尺寸与配筋数，并配以各种构件的截面图。在各种构件的表格中，应自构件根本（基础顶梁标高）网上以变截面位置或配筋改变处为界分段注写，详见《平法规则》。

（2）截面注写方式

在分标准层绘制的剪力墙平面布置图上，直接在墙柱、墙身、墙梁上注写截面尺寸和配筋数值。

- 选用适当比例原位放大绘制剪力墙平面布置图，对墙身、墙柱、墙梁分别编号。
- 从相同编号的暗柱中选择一个截面，标注截面尺寸、全部纵筋及箍筋的具体数值（注写要求与平法柱相）。
- 从相同编号的墙身中选择一道墙身，按墙身编号、墙厚尺寸、水平分布筋、竖向分布筋和拉筋的顺序注写具体数值。
- 从相同编号的墙梁中选择一根墙身，依次可注墙梁编号、截面尺寸、箍筋、上不纵筋、下部纵筋和墙梁顶面标高高差。墙梁顶面标高高差，是指相对于墙梁所在结构层楼面标高的高差值，高于者为正值，低于者未负值，无高差时不标注。
- 必要时，可在一个剪力墙平面布置图上用小括号“（）”、尖括号“<>”区分和表达不同标准层的注写数值。
- 如果干墙柱（或墙身）的截面尺寸与配筋均相同，仅截面与轴线的关系不同时，可将其编号为同一墙柱（或墙身）号。
- 当在连梁中配交叉斜筋时，应绘制交叉斜筋的构造详图，并注明设置交叉斜筋的连梁编号。

3. 梁平法施工图

梁平法是施工图同样有截面注写和平面注写两种方式。当梁为异性截面时，可用截面注写的方式，否则宜用平面注写的方式。

梁平面布置图应分标准层适当比例绘制，其中包括全部梁和与其相关的柱、墙、板。对于轴线未居中的梁，应标注其定位尺寸（贴柱边的梁除外）。当局部梁的布置过密时，可将过密区用虚线框出，适当放大比例后再表示，或将纵横梁分开画在两张图上。

同样在梁平法施工过程中，应采用表格或其他方式注明各层结构层的顶面标高及相应的结构层编号。

（1）截面注写方式

在分标准层绘制的梁平面布置图上，从不同编号的梁中各选择一根梁用剖面号引出配筋图并在其上注写截面尺寸和配筋数值。截面注写方式既可单独使用，也可与平面注写方式结合使用，如图9-12所示。

（2）平面注写方式

在梁平面布置图上，将不同编号的梁各选一根并在其上注写截面尺寸和配筋数值，如图9-13所示。

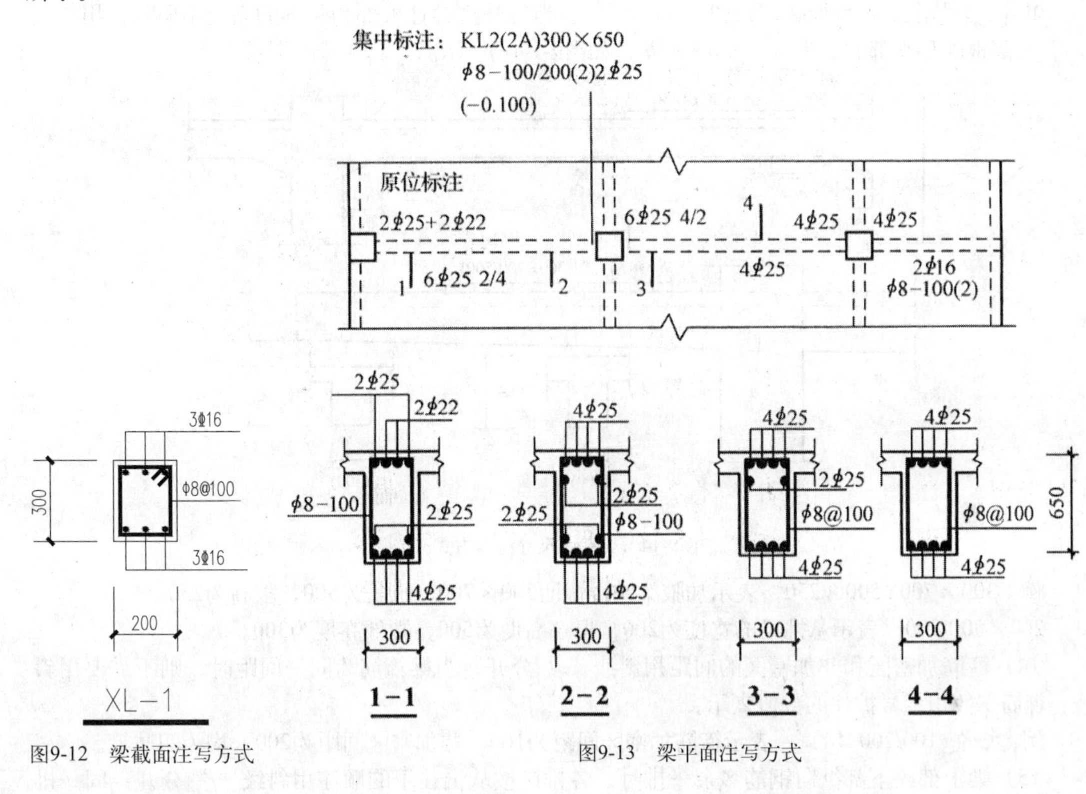

图9-12　梁截面注写方式　　　　图9-13　梁平面注写方式

如图9-13所示，表示四个梁截面是采用传统表示方法绘制，用于对比按平面注写方式表达的同样内容，实际采用平面注写表达时，不需要绘制梁截面配筋图及相应截面号。

平面注写包括集中标注和原位标注。集中标注的梁编号及截面尺寸、配筋等代表纵多跨，原位标注的要素仅代表本跨，具体表示方式如下。

（1）梁编号及多跨通用的截面尺寸、箍筋、跨中面筋基本值采用集中标注，可从该梁任意一跨引出注写；梁底筋和支座面筋均采用原位标注。对于集中标注不同某跨梁截面尺寸、箍筋、跨中面筋、腰筋等，可将其值原位标注。

（2）梁编号由梁类型代号、序号、跨数及有无悬挑代号几项组成，应符合表9-6的规定。

表9-6 梁编号表示

梁类型	代 号	序 号	跨数及是否带有悬挑
楼层框架梁	KL	XX	(XX)或(XXA)或(XXB)
屋面框架梁	WKL	XX	(XX)或(XXA)或(XXB)
框支梁	KZL	XX	(XX)或(XXA)或(XXB)
非框支梁	LXX	XX	
悬挑梁	XL	XX	
注：（XXA）为一端悬挑，（XXB）为两段悬挑，悬挑不计入跨数			

例：KL7（5A），表示第七号框架梁，5跨，一端悬挑。

（3）梁截面尺寸为必注值。当为等截面梁时用$b \times h$表示；当为加腋梁时，用$b \times h$、$yc_1 \times c_2$表示，其中c_1为腋长，c_2为腋高，如图9-14(a)所示。当有悬挑梁且根部和端部的高度不同时，用斜线“/”分隔根部和端部的高度值，即$b \times h_1/h_2$，如图9-14(b)所示。

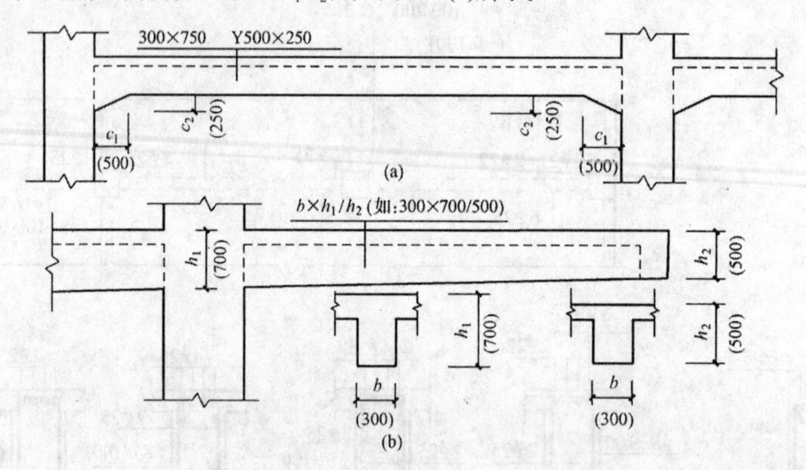

图9-14 梁截面尺寸注写方式

例：300×700Y500×250，表示加腋梁跨中截面300×700，腋长为500，腋高为250；

200×500/300，表示悬挑梁的宽度为200，根部高度为500，端部高度为300。

（4）箍筋加密区和非加密区的间距用斜线“/”分开，当梁箍筋为同一间距时，则不需要用斜线；箍筋支数用括号扩住的数值表示。

例：₵8@100/200（4），表示箍筋加密区间距为100，非加密区间距为200，均为四肢箍。

（5）梁上部或下部纵向钢筋多余一排时，各排筋按从上往下的顺序用斜线“/”分开；同一排纵筋有两种直径时，则用加号“+”将两种直径的纵筋相连，注写时，角部纵筋在前面；当梁中间支座两边的上部纵筋相同时，可仅在支座的一边标注配筋值，另一边省去不注，如图9-15所示。

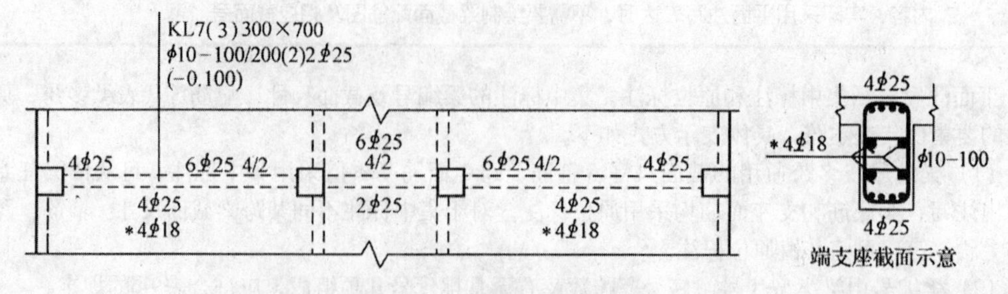

图9-15 大小跨梁的注写方式

例：6₵25 4/2，表示上一排纵筋为4₵25，下一排纵筋为2₵25。

2₵25+2₵22，表示四根纵筋，2₵25放在角部，2₵22放在中部。

（6）梁中间支座两边的上部纵筋不同时，需在支座两边分别标注；支座两边的上部纵筋相同时，可仅在支座一边标注。

（7）梁跨中面筋（贯通筋、架立筋）的根数，应根据结构受力要求及箍筋肢数等构造要求而定，注写时，架立筋需写括号内，以示与贯通筋的区别。

例：3₵22（3₵20），表示上部为3₵22的贯通筋，下部为3₵20的架立筋。.

（8）当梁的上、下部纵筋均采用贯通筋，可用“；”号上部与下部的配筋分隔开来标注。

例：3₵22；3₵20，表示梁采用贯通筋，上部为3₵22，下部为3₵20。.

（9）梁某跨侧面布有抗扭腰筋时，需在该跨适当位置标注抗扭腰筋的总配筋值，并在前面加“*”号。

例：在梁的下部纵筋处另注写有“*6₵18”时，则表示该梁两侧各有3₵18抗扭腰筋。

（10）附加箍筋（密箍）或吊筋直接画在平面图中的主梁上，配筋值原位标注；多数梁的顶面标高相同时，可在图面统一标注，个别特殊的标高可在原位加以标注。

9.3 -0.300标高梁配筋图的绘制

视频文件：视频\09\-0.300标高梁配筋图.avi
结果文件：案例\09\-0.300标高梁配筋图.dwg

在绘制-0.300标高梁配筋图时，首先新建文件、设置图层、调用文字和标注样式等，绘制轴线网和墙体对象，再绘制独立基础构件，然后将独立构件复制到相应的轴线网上，最后对其进行尺寸及图名的标注等，其效果如图9-16所示。

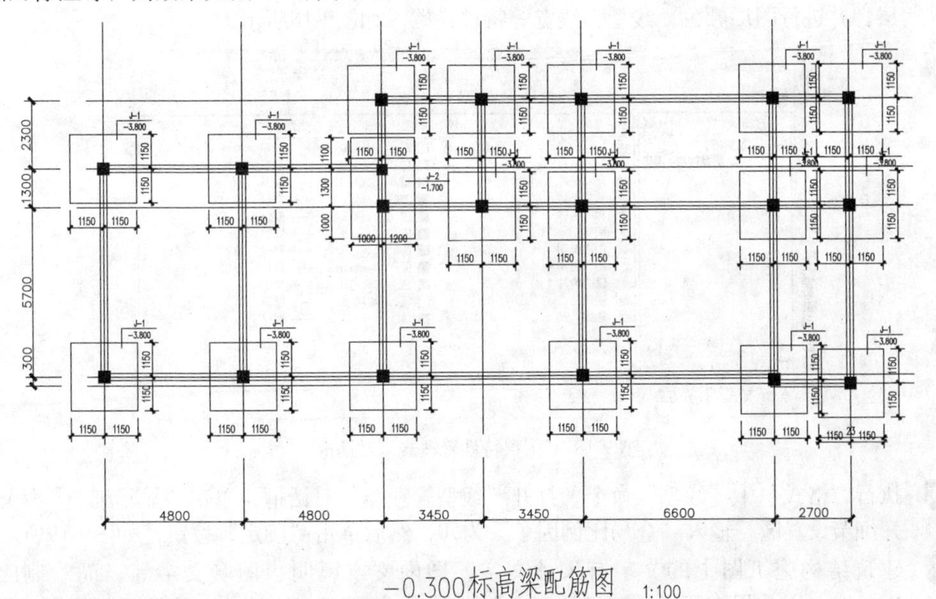

图9-16　-0.300标高梁配筋图效果

1 启动AutoCAD 2014软件，执行“文件”｜“新建”命令，或单击工具栏中的“新建“按钮□，系统将打开“选择样板”对话框，选择“acadiso”作为新建的样板文件，如图9-17所示。

图9-17 “选择样板”文件

2 执行“文件”|“另存为”命令，打开“图形另存为”对话框，将文件另存为“-0.300标高梁配筋图.dwg”图形文件。

3 执行“格式”|“图形界限”命令，或输入limits命令，输入左下角坐标和右上角坐标，以这两点为对角线的矩形范围内就是用户所需要的绘图区域。依照提示，设定图形界限的左下角点为（0,0），右上角为（32500,19500）。

4 执行“视图”|“缩放”|“全部”命令，或在命令行中输入快捷方式Z，按Enter键后，选择“全部（A）”选项，使设置的图形界限区域全部显示在图形窗口内。

5 执行“格式”|“图层”命令，打开“图层特性管理器”面板，单击“新建”按钮，创建一个新的图层，然后在列表区的动态文本框中输入“标注”即可；同样创建其他图层，并进行图层颜色、线型、线宽等特性设置，如图9-18所示。

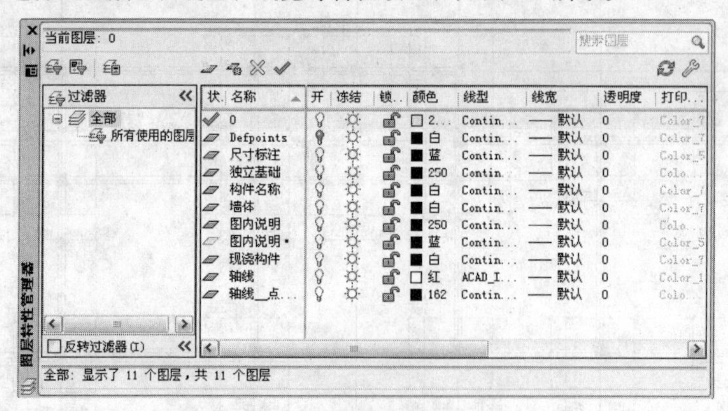

图9-18 “图层特性管理器”对话框

6 执行“格式”|“线型”命令，打开“线型管理器”对话框，单击“显示细节”按钮，打开细节设置区，输入“全局比例因子”为50，然后单击“确定”按钮，如图9-19所示。

7 建筑结构施工图上的文字有尺寸文字、图内文字说明、图名文字等，而绘制比例为1：100，因此用户可通过“设计中心”窗口将前面第5章中所绘制建筑平面图中的文字样式及标注样式调用过来，然后再对个别样式进行适当的修改即可。由于篇幅有限，在此就不再赘述。

用户可参照前面第7章中7.2.1小节中介绍的调用绘图环境的方式。

8 在“图层”工具栏的“图层控制”下拉列表中，选择“轴线”图层作为当前。

9 执行“构造线”命令（XL），按F8键切换到“正交”模式，绘制相互垂直的两条辅助轴线，如图9-20所示。

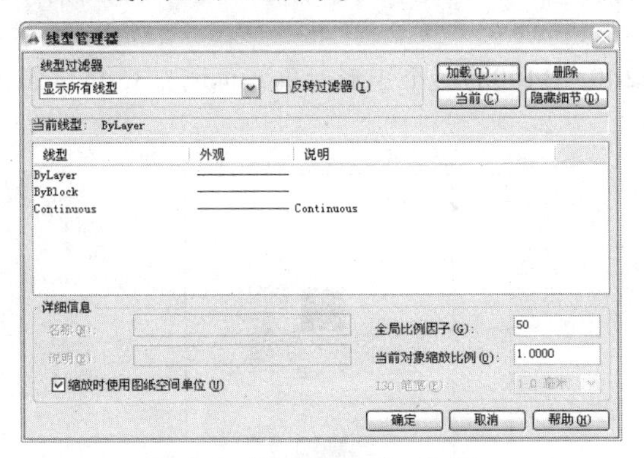

图9-19　“线型管理器”对话框

图9-20　绘制轴线

10 执行“偏移”命令（O），将水平辅助轴线依次向上偏移300、5700、1300和2300，再将垂直辅助轴线向右偏移4800、4800、3450、3450、6600和2700，如图9-21所示。

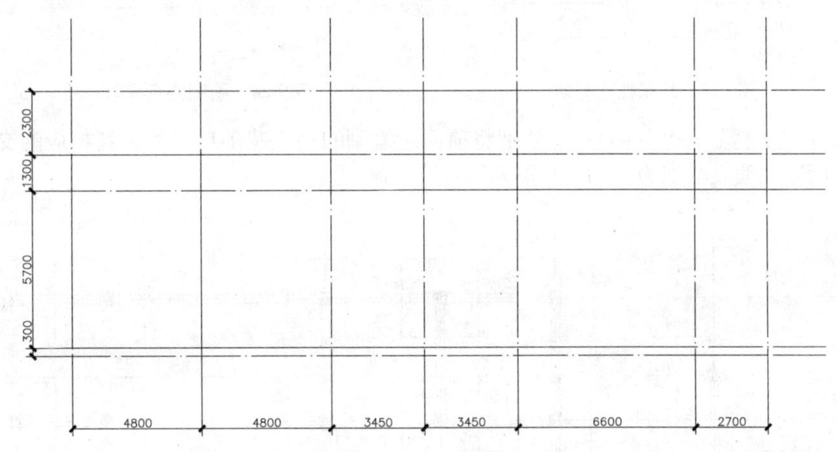

图9-21　偏移轴线

11 执行“多线”命令（ML），设置“对正=无，比例=1.00，样式=STANDARD”，然后捕捉相应的交点来绘制相应的墙体对象，结果如图9-22所示。

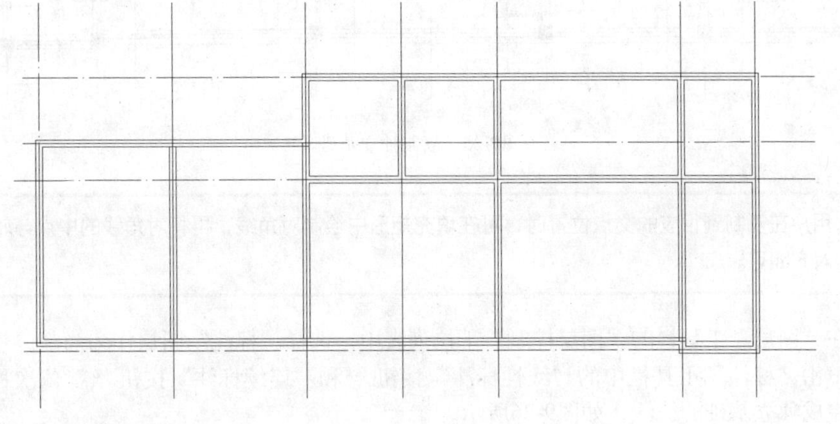

图9-22　偏移轴线

12 在“图层”工具栏的“图层控制”下拉列表中，选择“独立基础”图层作为当前。

13 执行“矩形”命令（REC），绘制400×400和2300×2300的两个矩形对象，并且中间对齐；再执行“图案填充”命令（H），将400×400的矩形对象填充“SOLID”图案，如图9-23所示。

14 同样，绘制350×350、400×400和2200×3400的三个矩形对象，再填充350×350和400×400矩形对象，如图9-24所示。

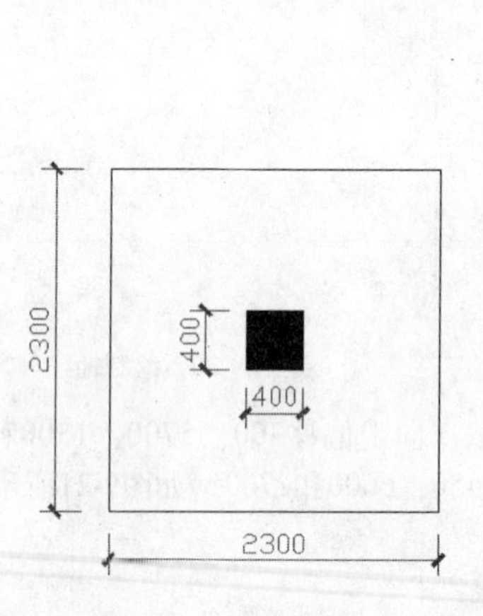

图9-23　绘制独立基础1

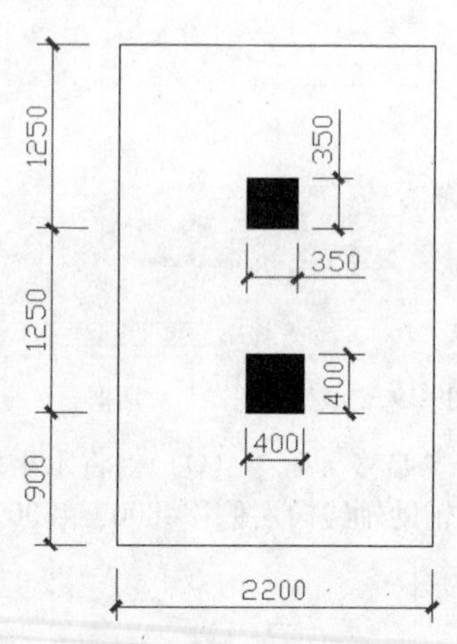

图9-24　绘制独立基础2

15 执行“复制”命令（CO），分别将前面所绘制的独立基础1、2复制到相应的交点位置，从而完成独立基础的绘制，如图9-25所示。

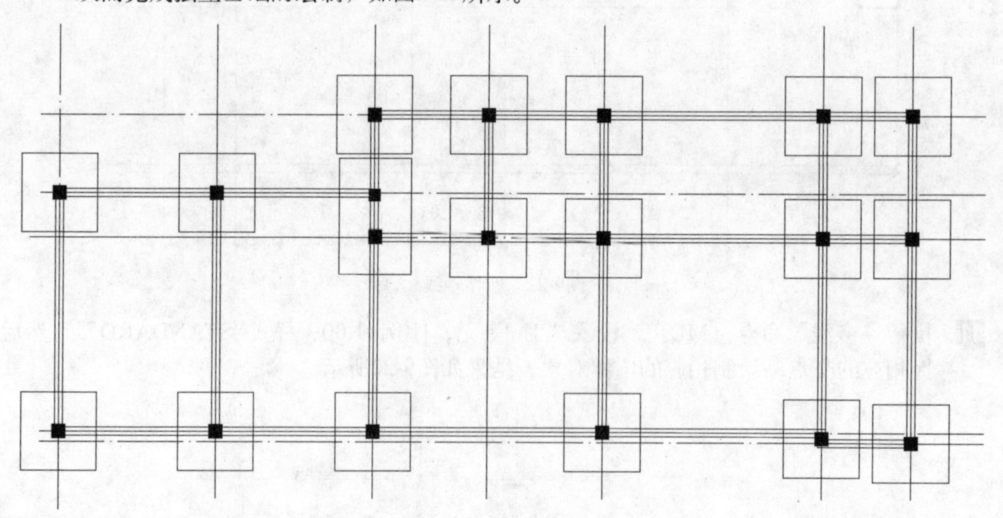

图9-25　复制独立基础

TIP 用户在复制到相应的交点位置时，可在填充矩形中绘制对角线，再将对角线的中点与轴线的交点对齐即可。

16 在“图层”工具栏的“图层控制”下拉列表中，选择“标注”图层作为当前。

17 单击“标注”工具栏中的“线性标注”按钮和“连续标注”按钮，依次移动光标，完成独立基础的标注，如图9-26所示。

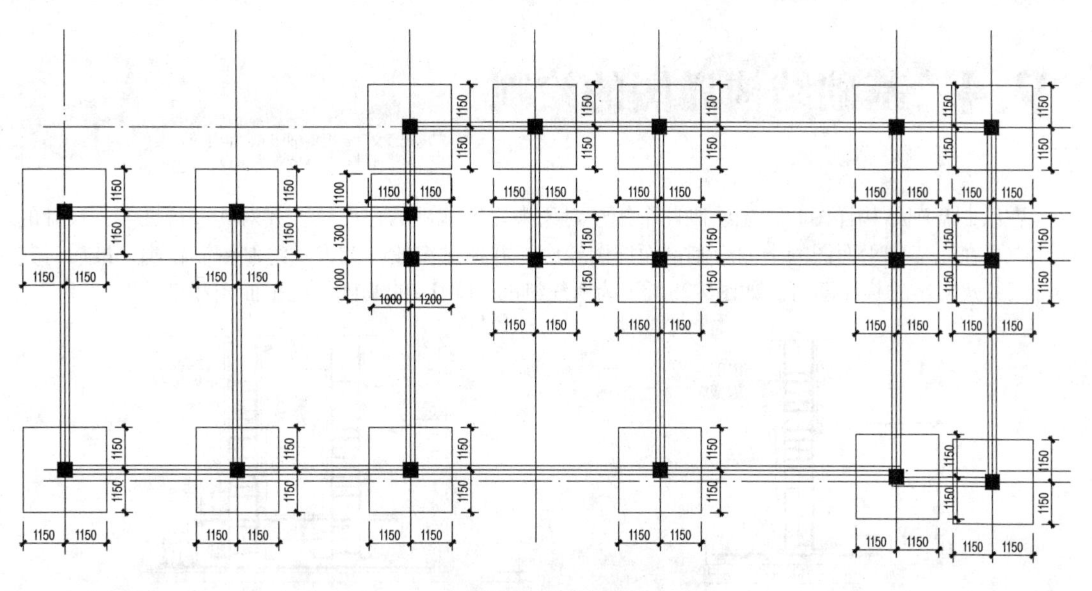

图9-26　尺寸标注

18 在“图层”工具栏的“图层控制”下拉列表中，选择“文字标注”图层作为当前图层，并在“样式”工具栏中选择文字样式为“图内说明”。

19 在“文字”工具栏中单击“单行文字”按钮A，设置字高为250，标注基础编号；同样对其进行图名及比例的标注，其图名字体高800、比例字高360，如图9-27所示。

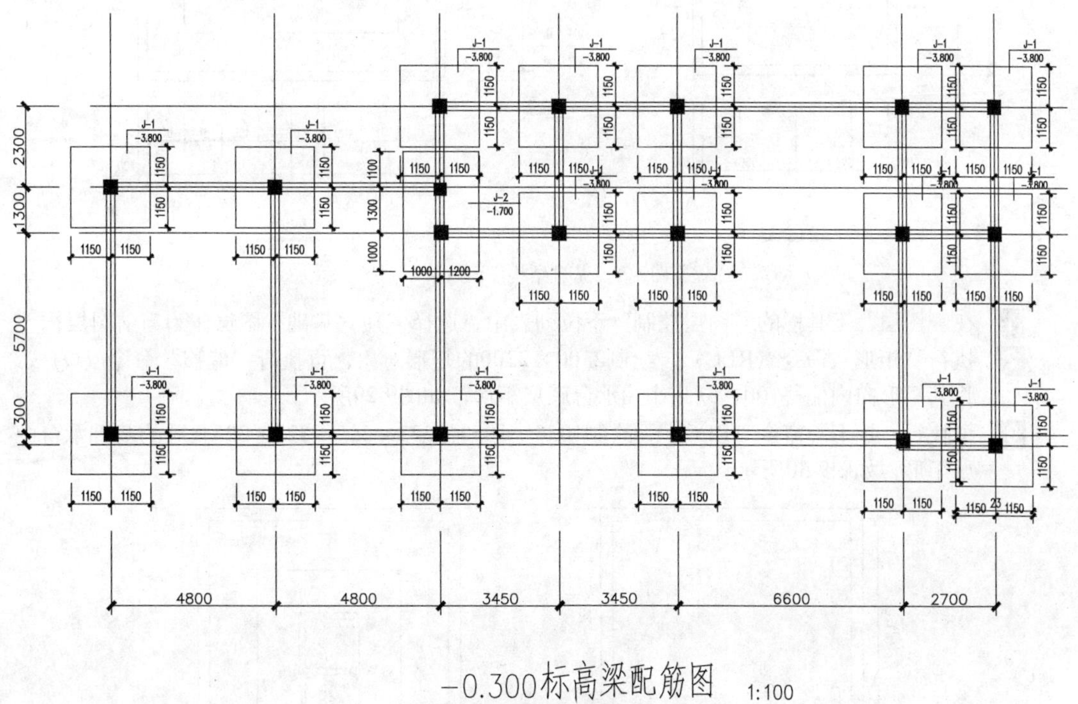

图9-27　文字标注

20 至此，“-0.300标高梁配筋图”已经绘制完毕，按组合键Ctrl+S对其保存即可。

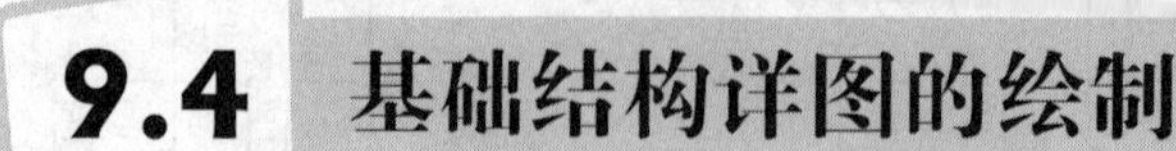

9.4 基础结构详图的绘制

视频文件：视频\09\基础结构详图.avi
结果文件：案例\09\基础结构详图.dwg

在绘制基础结构详图时，先绘制几个矩形对象来作为基础的平面层，并对其进行文字、尺寸的标注，再在此基础平面图的上侧绘制剖面详图轮廓，并通过多段线的方式绘制钢筋轮廓，最后对其进行尺寸及文字的标注即可。如图9-28所示为所绘制的J-1和J-2的基础结构平面图和剖面图。

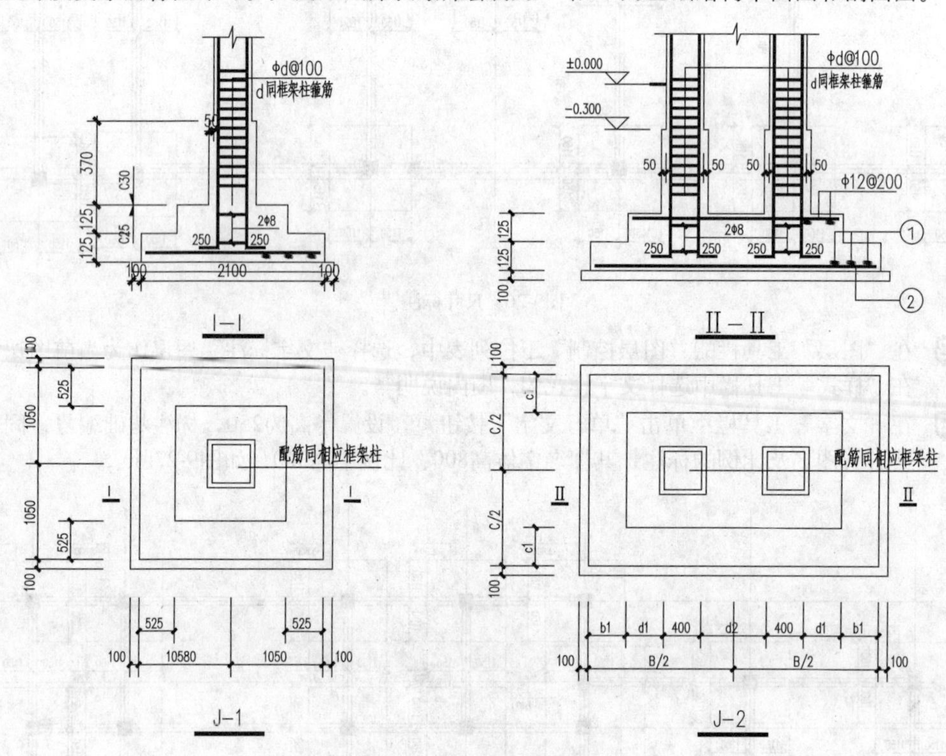

图9-28　基础结构详图效果

1. 在“图层”工具栏的“图层控制”下拉列表中，选择“独立基础”图层作为当前图层。
2. 执行“矩形”命令（REC），绘制2300×2300的矩形对象；再执行“偏移”命令（O），将其矩形向内偏移100，以此作为承台底层矩形，如图9-29所示。
3. 再执行“矩形”命令（REC），绘制1050×1050、525×525、325×325尺寸的基础承台中层矩形，如图9-30所示。

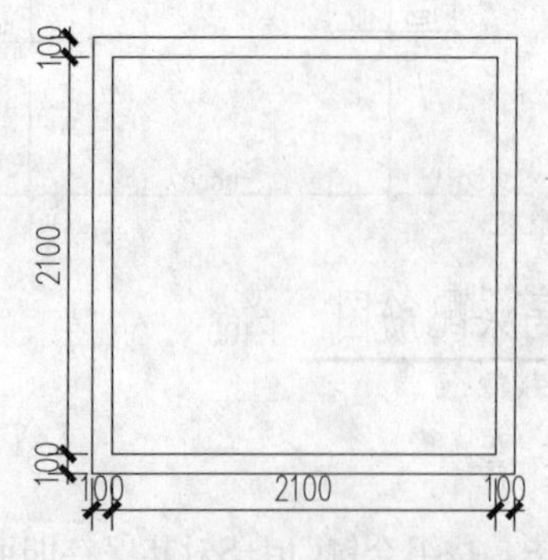

图9-29　绘制承台底层矩形图

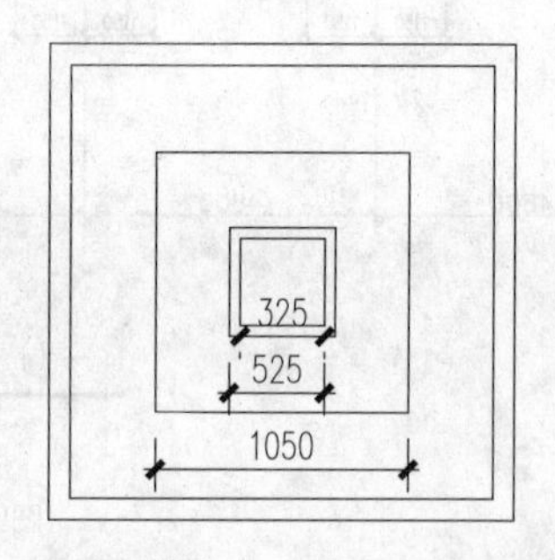

图9-30　绘制承台中层矩形

4 在“图层”工具栏的“图层控制”下拉列表中，选择“尺寸标注”图层作为当前图层。

5 单击“标注”工具栏中的“线性标注”按钮和“连续标注”按钮，依次移动光标，完成尺寸标注，如图9-31所示。

6 将当前图层设置为“文字标注”层，并在“样式”工具栏中选择文字样式为“图内说明”。

7 执行“直线”命令（L），过最内侧矩形向右绘制一条水平线段；再在“文字”工具栏中单击“单行文字”按钮，在水平线段上输入文字“配筋同相应框架柱”，其字高为300，如图9-32所示。

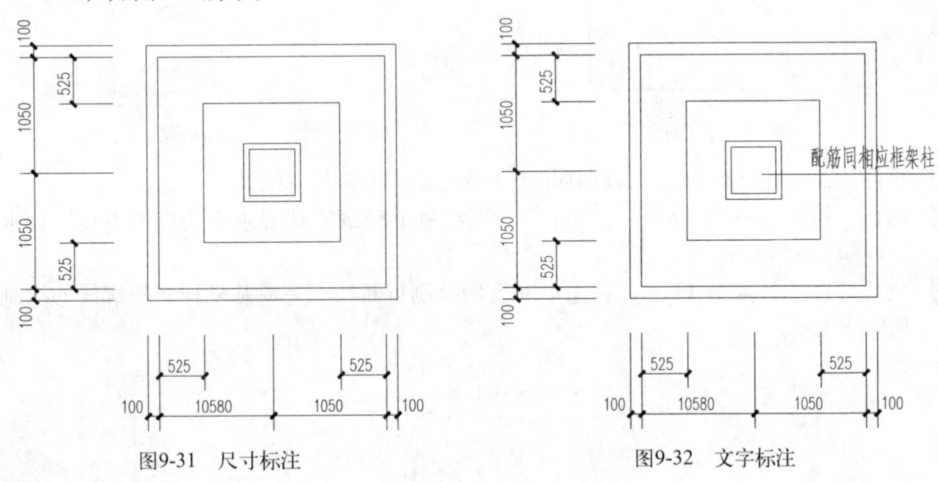

图9-31　尺寸标注　　图9-32　文字标注

8 同样，在图形的正下方输入图名文字“J-1”，并设置字高为400；再执行“直线”命令（L），在图名的下方绘制两条水平线段，如图9-33所示。

9 执行“多段线”命令（L），并设置多段线的宽度为50，过最内侧矩形绘制一条水平多段线；再执行“打断”命令（BR），将多段线中间的区域打断，使之只保留左、右两段，其长度为350；再在该多段线的左、右两侧分别输入剖切号Ⅰ，如图9-34所示。

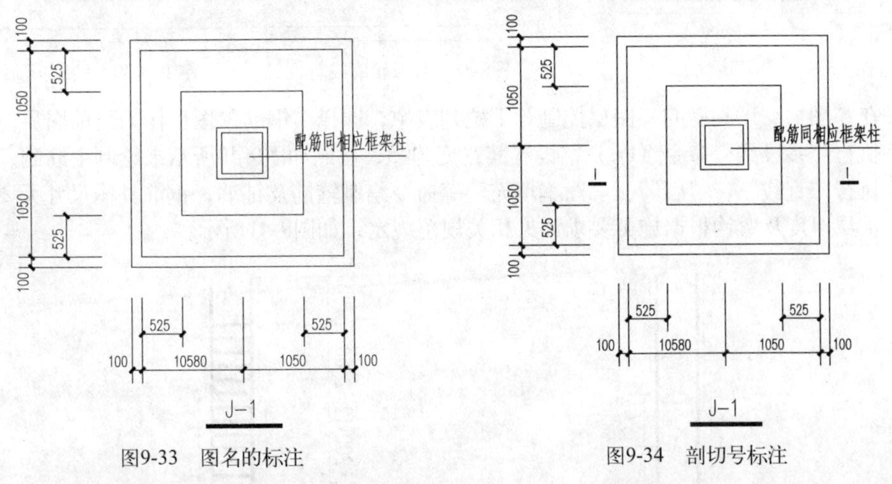

图9-33　图名的标注　　图9-34　剖切号标注

10 在“图层”工具栏的“图层控制”下拉列表中，选择“独立基础”图层作为当前图层。

11 执行“直线”命令（L），首先捕捉平面图左上角一点，并让系统自动向上追踪到合适的一点，接着开始向右绘制一条直线，然后再追踪到右上角一点，以此绘制一条与基础平面等长的水平线段，如图9-35所示。

12 执行“偏移”、“直线”等命令将直线向上偏移100，再连接两端，完成垫层轮廓线的绘制，如图9-36所示。

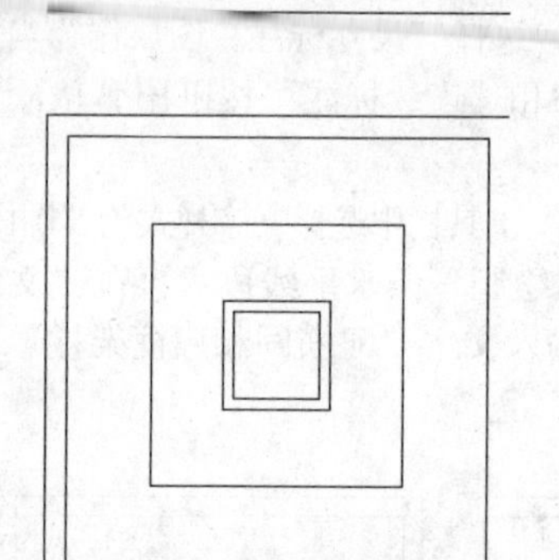

图9-35　绘制直线

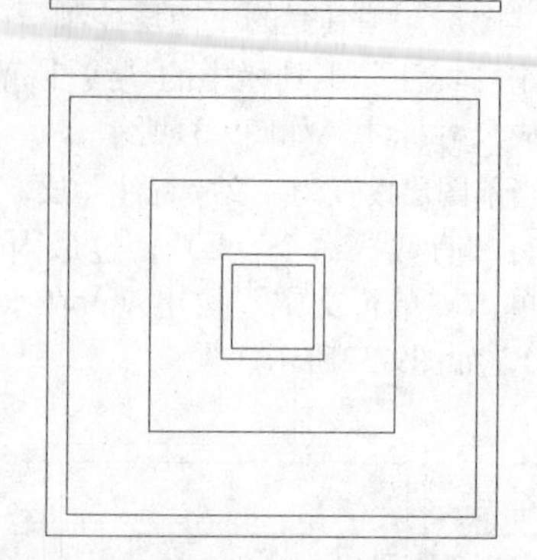

图9-36　绘制垫层

13 执行“直线”命令（L），按照如图9-37所示绘制基础轮廓线。

14 执行“镜像”命令（MI），将上一步所绘制的轮廓线按照水平线段的中点进行水平镜像，如图9-38所示。

15 执行“直线”命令（L），在图形的上侧绘制折断线，完成基础详图轮廓线的绘制，如图9-39所示。

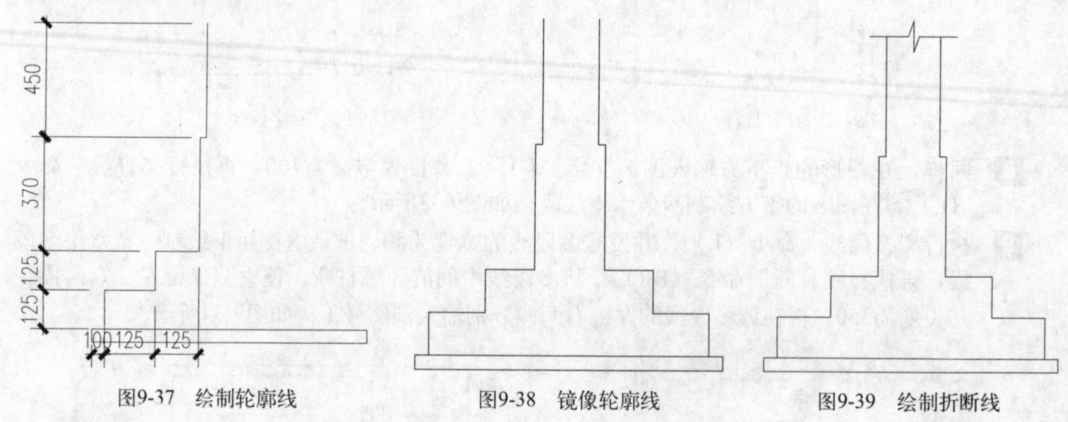

图9-37　绘制轮廓线　　图9-38　镜像轮廓线　　图9-39　绘制折断线

16 在“图层”工具栏的“图层控制”下拉列表中，选择“钢筋”图层作为当前图层。

17 执行“多段线”命令（PL），设置其宽度为45，按照如图9-40所示来绘制主筋制。

18 执行“直线”、“圆”、“图案填充”等命令绘制箍筋及铺筋，钢筋具体尺寸无要求，保护层厚度及弯钩根据施工要求详见相关规范规定，如图9-41所示。

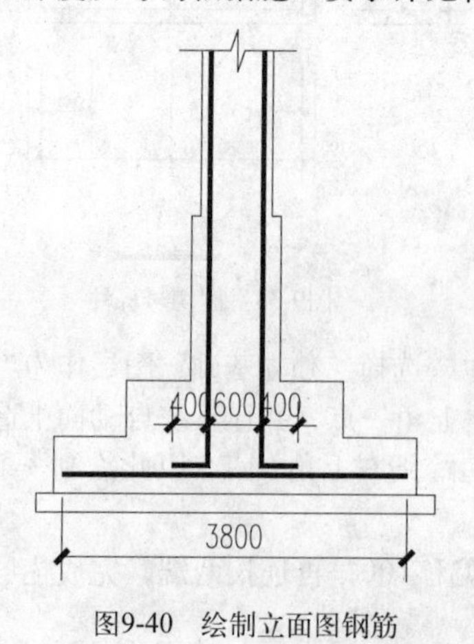

图9-40　绘制立面图钢筋

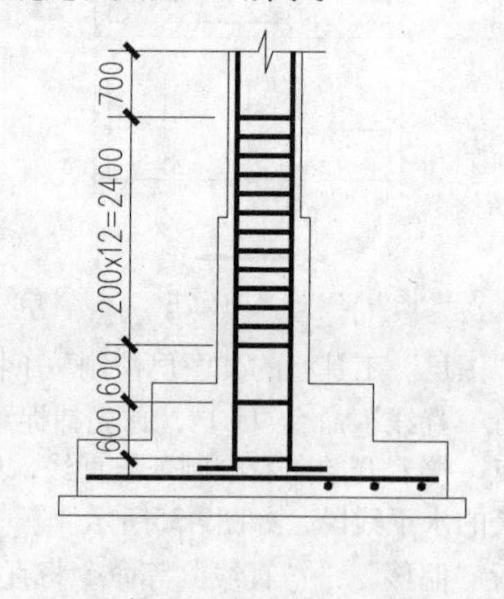

图9-41　绘制箍筋及铺筋

19 在“图层”工具栏的“图层控制”下拉列表中，选择“尺寸标注”图层作为当前图层。

20 单击“标注”工具栏中的“线性标注”按钮和“连续标注”按钮，依次移动光标，完成标注，如图9-42所示。

21 在“图层”工具栏的“图层控制”下拉列表中，选择“图内说明”图层作为当前图层。

22 在“文字”工具栏中单击“单行文字”按钮，绘制一条指引线，并设置其字高为250，然后在该指引线上下分别输入标注文字内容；同样，设置其字高为400，在图形的正下方输入“Ⅰ-Ⅰ”；再执行“多段线”命令（PL），设置其线宽为70并绘制下划线，如图9-43所示。

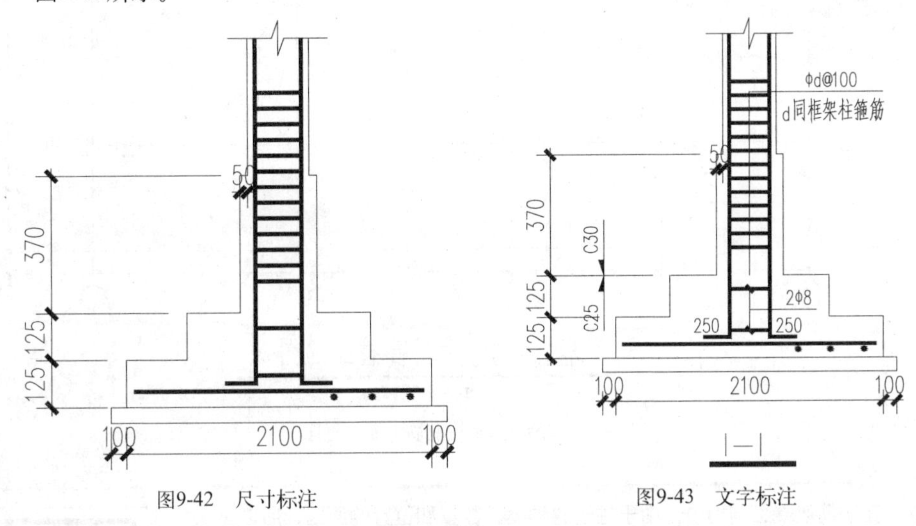

图9-42　尺寸标注　　　　图9-43　文字标注

23 按照相同的方法完成“J-2”的平面图及剖面详图，如图9-44所示。

24 至此，该基础平面布置图和基础剖面图绘制完毕，其基础剖面图如图9-45所示，按组合键Ctrl+S将其进行保存。

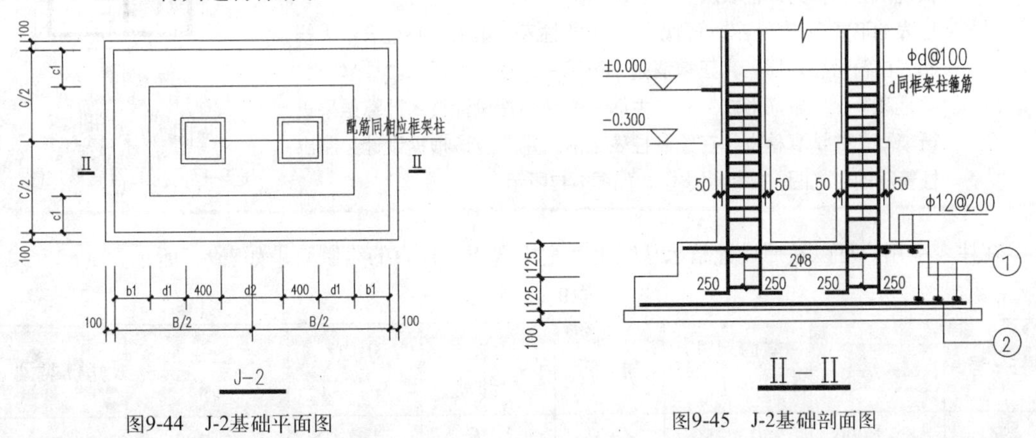

图9-44　J-2基础平面图　　　　图9-45　J-2基础剖面图

9.5　3.900标高柱配筋图的绘制

视频文件：视频\09\3.900标高柱配筋图.avi
结果文件：案例\09\3.900标高柱配筋图.dwg

用户在绘制3.900标高柱配筋平面布置图时，首先借助前面9.3节中所绘制的-0.300标高梁配筋平面图结构和轴线网结构，然后在此基础上绘制400×400和400×600的两种柱子对象，并分别布置在相应的轴线交点位置，然后对尺寸及柱子的编号进行标注。其绘制完成后的3.900标高柱配筋平面布置效果如图9-46所示。

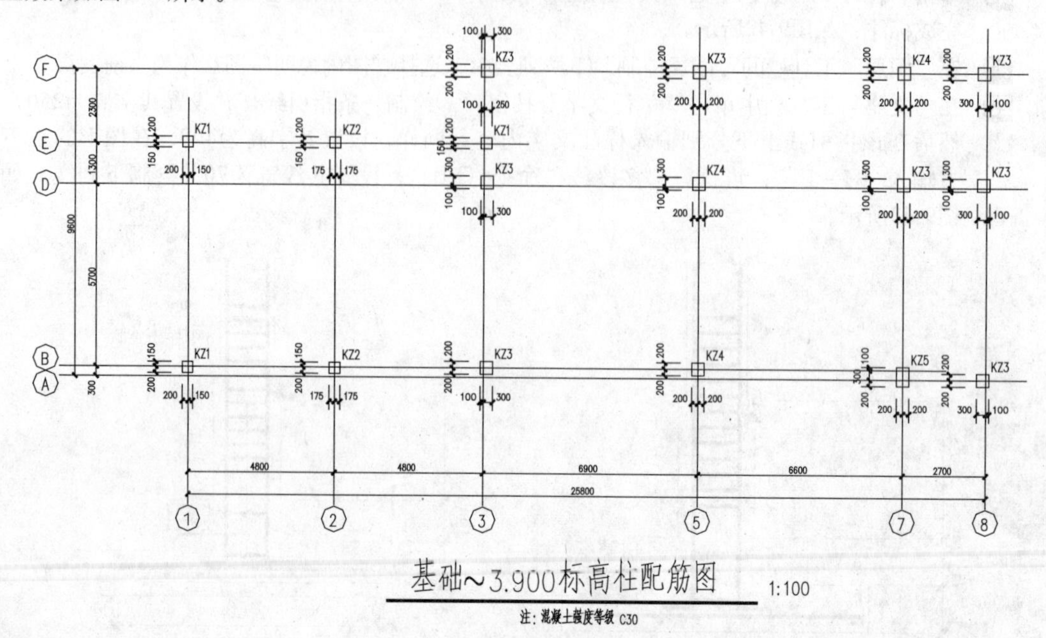

图9-46　3.900标高柱配筋平面布置图

在钢筋混凝土结构中，由于柱子的种类、数量和位置的原因，所以应该由平面图（如图9-46所示）来进行编号，然后在柱表中对应每根柱进行配筋说明，这样就由原来的“多截面标注”变为“柱表一次说明”，称为梁柱表法。

柱表的形式多样，应选符合设计要求的柱表，填表前将柱表中大样和表中符号相对照，真正搞清楚方可填写。表中各项如“柱号”、“柱高”、“箍筋形式”、“主筋”等必须按设计技术计算结果进行填写，并认真检查。在绘制柱表之前，用户应该根据设计绘制出柱箍筋的形式图，并标明类型，如图9-47所示。

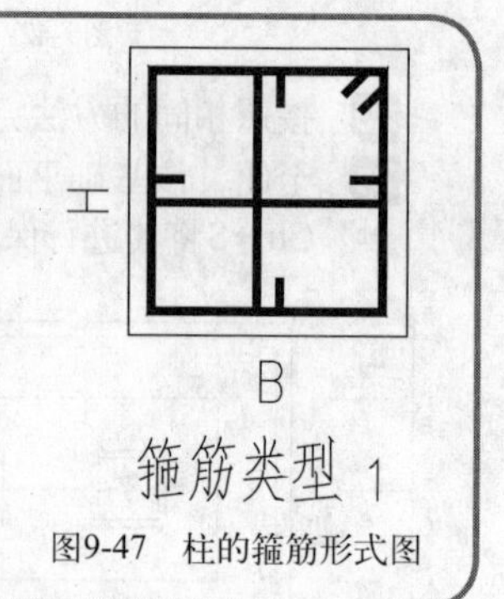

图9-47　柱的箍筋形式图

在柱表中用户可以按照设计结果从以上类型中选用。柱表的绘制效果如表9- 7所示。

表9-7　柱表

柱　号	标　高	截面尺寸 b×h	角　筋	b边中部筋	h边中部筋	箍　筋	角筋类型
KZ1	基~3.000	350×350	4Φ18	1Φ18	1Φ18	Φ8@100	1
KZ2	基~3.000	350×350	4Φ18	1Φ20	1Φ20	Φ8@100/200	1
KZ3	基~3.900	400×400	4Φ22	1Φ18	1Φ18	Φ10@100	1
KZ4	基~3.900	400×400	4Φ20	1Φ18	1Φ18	Φ8@100/200	1
KZ5	基~3.900	400×400	4Φ22	1Φ22	1Φ18	Φ8@100	1

1 在“图层”工具栏的“图层控制”下拉列表中，关闭除“轴线”的其他图层。

2 执行“复制”命令（CO），将前面9.3节中所绘制的-0.300标高梁配筋图的轴线网结构水平向右复制一份，并对其轴线网结构进行适当编辑，如图9-48所示。

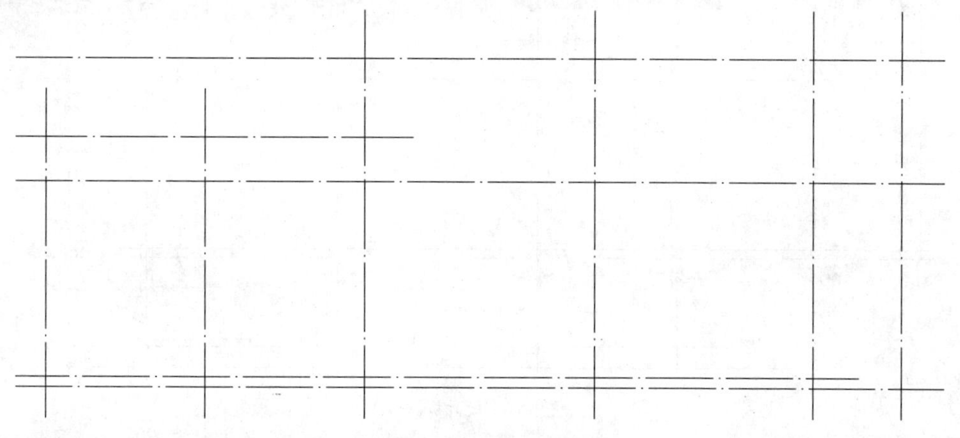

图9-48　复制并编辑轴线网

3 在“图层”工具栏的“图层控制”下拉列表中，选择“柱子”图层作为当前图层。

4 执行“矩形”命令（REC），绘制400×400和400×600的两种柱子，如图9-49所示。

5 执行“复制”命令（CO），将上一步所绘制的柱子对象分别复制到相应的轴线交点位置，且移动的位置效果如图9-50所示。

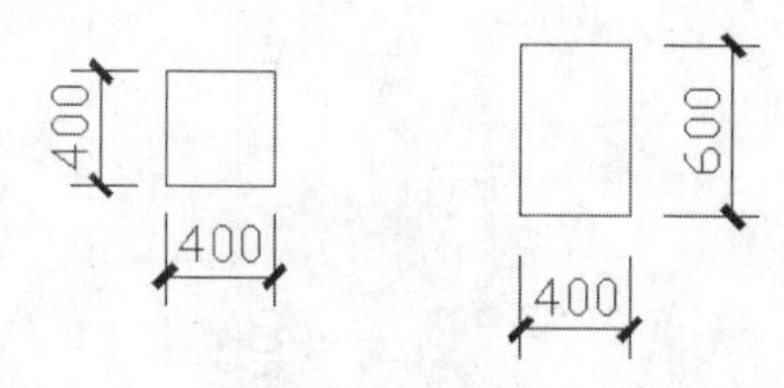

图9-49　绘制的柱子

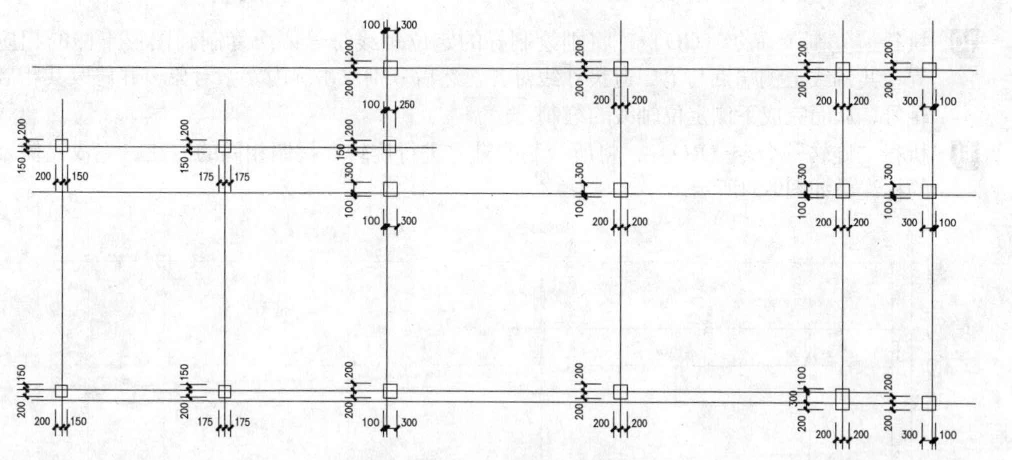

图9-50　布置的柱子

6 在“图层”工具栏的“图层控制”下拉列表中，选择“尺寸标注”图层作为当前图层。

7 单击“标注”工具栏中的“线性标注”按钮和“连续标注”按钮，依次移动光标，完成标注，如图9-51所示。

8 执行“直线”命令（L），在视图空白处绘制长度为1500mm的垂直线段；再使用“圆”命令（C），绘制半径为400mm的圆，且圆的上象限点与垂直线段下侧的端点重合，如图9-52所示。

9 执行“格式”｜“文字样式”命令，单击“单行文字”按钮，设置其对正方式为“居中”，然后在圆的中心位置输入编号1，如图9-53所示。

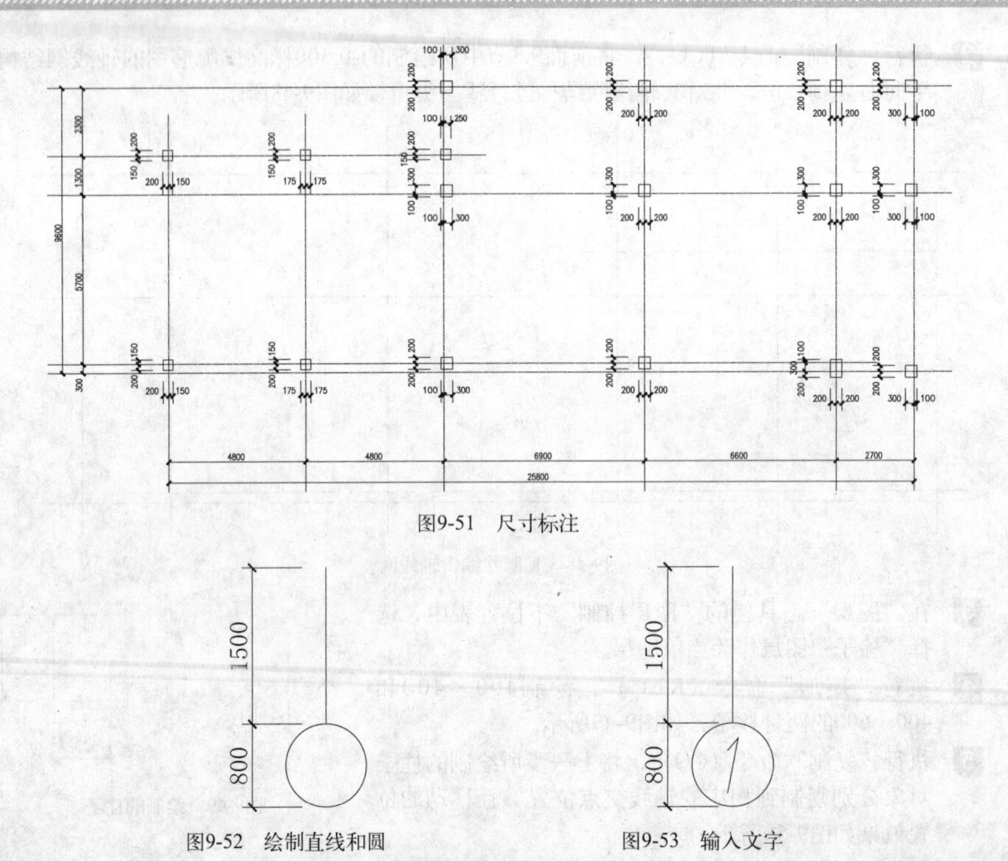

图9-51　尺寸标注

图9-52　绘制直线和圆　　　　图9-53　输入文字

10 执行“复制”命令（CO），将刚绘制好的定位轴线符号依次复制到图形下侧的相应位置，其轴线上侧端点与第二道尺寸线对齐，然后分别双击圆内文字对象，并修改其相应的轴号，从而完成下侧定位轴线的绘制。

11 执行“旋转”命令（RO），将所绘制的轴号进行旋转，按照相同的方法，完成左侧轴号的标注，如图9-54所示。

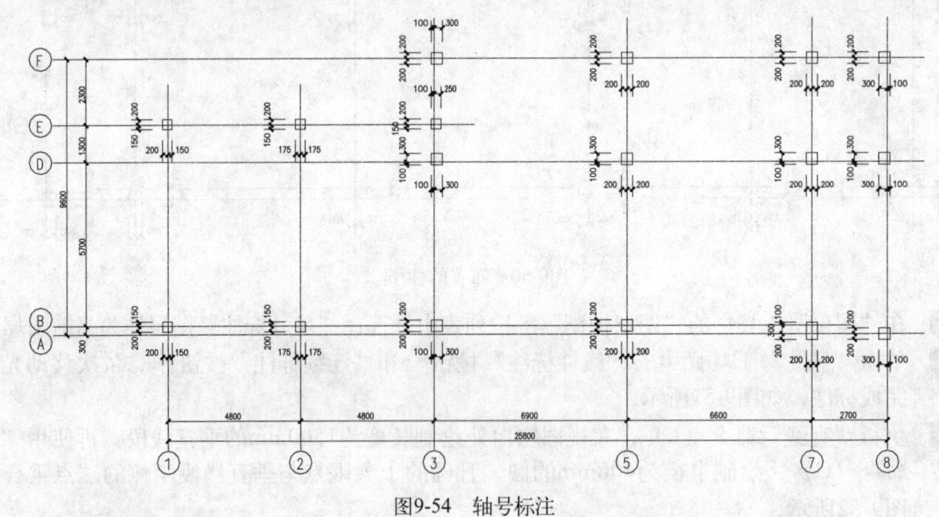

图9-54　轴号标注

12 将当前图层设置为“文字标注”层，并在“样式”工具栏中选择文字样式为“图内说明”。

13 在“文字”工具栏中单击“单行文字”按钮A，设置其字高为250，标注柱子编号；设置其字高为800，在图形的正下方输入图名；设置其字高为500，在图名的右侧输入比例；再执行“多段线”命令（PL），设置其线宽为70并绘制下划线，如图9-55所示。

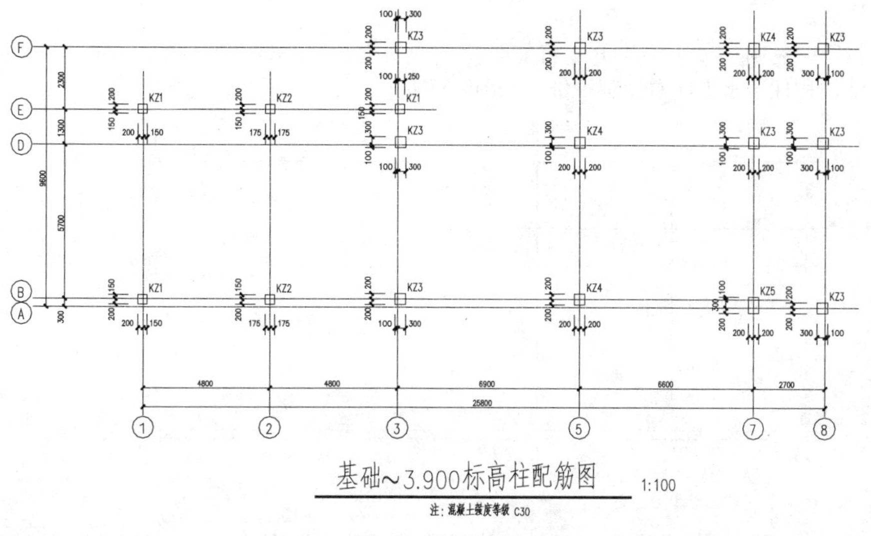

图9-55　文字标注

14 至此，基础~3.900标高柱配筋平面布置图已经绘制完毕，按组合键Ctrl+S将其保存即可。

9.6　3.900标高梁配筋图的绘制

视频文件：视频\09\3.900标高梁配筋图.avi
结果文件：案例\09\3.900标高梁配筋图.dwg

在绘制框架梁配筋平面图时，首先借助前面9.5节中所绘制的轴线网结构和平面柱子对象，将其复制一份放到空白位置，对其柱子填充SOLID图案，再使用多线的方式来绘制框架框结构，并对框架梁进行适当的移动，然后对框架梁的结构进行文字说明，最后对其进行尺寸、轴标注和图名的标注，如图9-56所示。

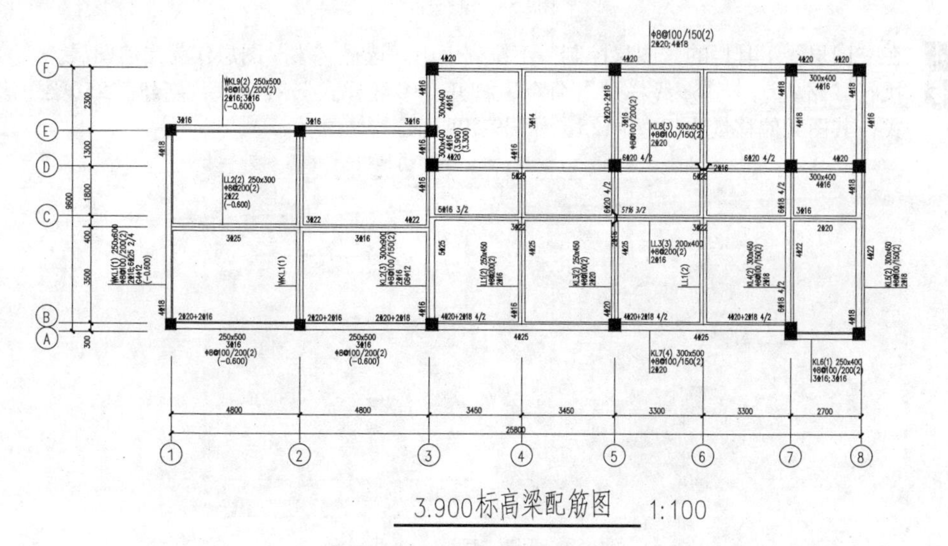

图9-56　3.900标高梁配筋图效果

在框架结构中，梁的结构较为复杂，根据平面表示方法的要求，一般将梁、柱、板分开进行绘制。下面讲解绘制框架梁的平法表示方法，框架梁的绘制步骤如下。

1 在“图层”工具栏的“图层控制”下拉列表中，关闭除“轴线”和“柱子”之外的其他图层。

2 执行“复制”命令（CO），将前面9.5节中所绘制的3.900标高柱配筋平面布置图的轴线网结构和柱子水平向右复制一份，如图9-57所示。

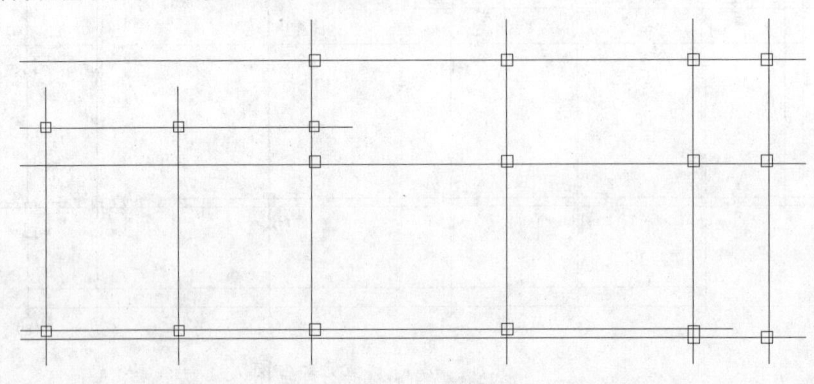

图9-57　复制图形

3 将“柱子”图层置为当前图层，执行“图案填充”命令(H)，对所有的柱子对象填充SOLID图案，然后将多余的轴线进行修剪，如图9-58所示。

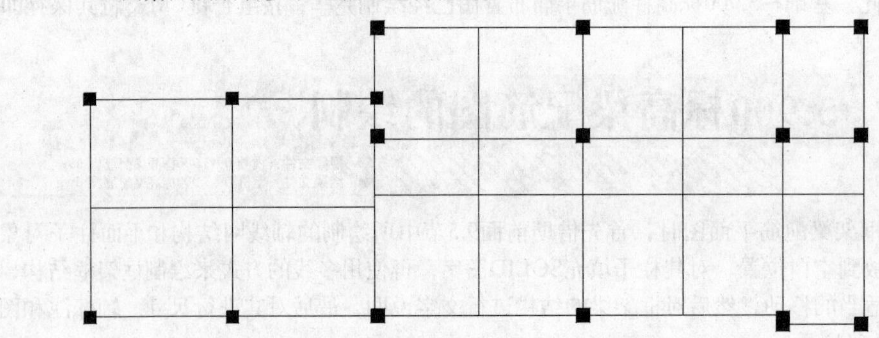

图9-58　填充柱子

4 在“图层”工具栏的“图层控制”下拉列表中，选择“梁”图层作为当前图层。

5 执行“格式”｜“多线样式”命令，打开“多线样式”对话框，新建“250梁”多线样式，其图元偏移量为125和-125，如图9-59所示。

图9-59　新建“250梁”多线样式

6 执行“多线”命令（ML），按照“对正=无，比例=1.00，样式=250梁”进行设置，绕外转轴线的交点来绘制多线对象，但所绘制的多线只能是由两点确定的多线，如图9-60所示。

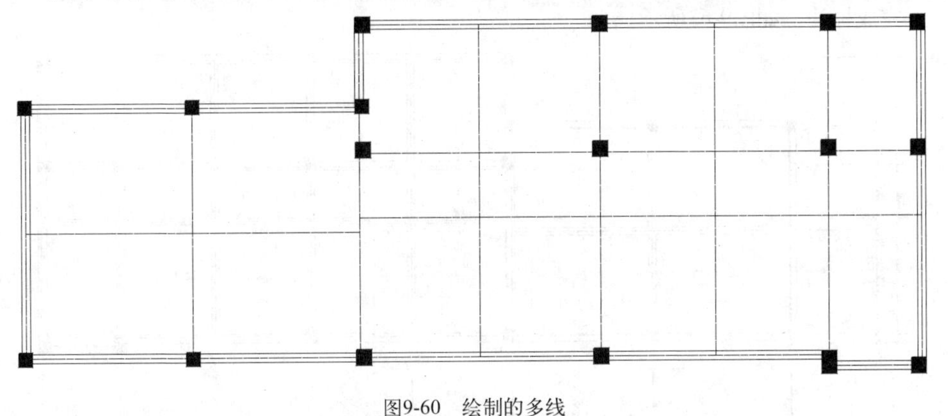

图9-60　绘制的多线

7 由于所绘制的多线是作为250梁来使用的，这时用户应根据梁布置的要求，使用“移动”命令（M）将多线对象进行相应的移动，其移动后的效果如图9-61所示。

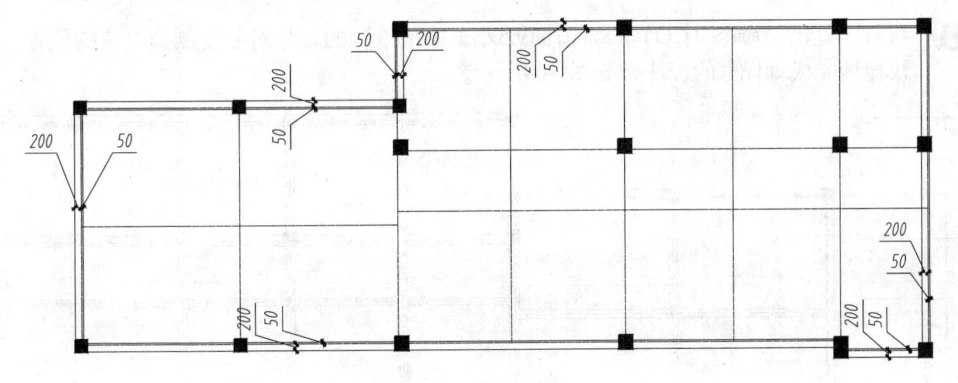

图9-61　移动的多线

8 同样，使用“多线”命令（ML）在内部绘制相应的多线对象，再执行“移动”命令（M），按照梁结构的要求进行移动，绘制好的框架梁如图9-62所示。

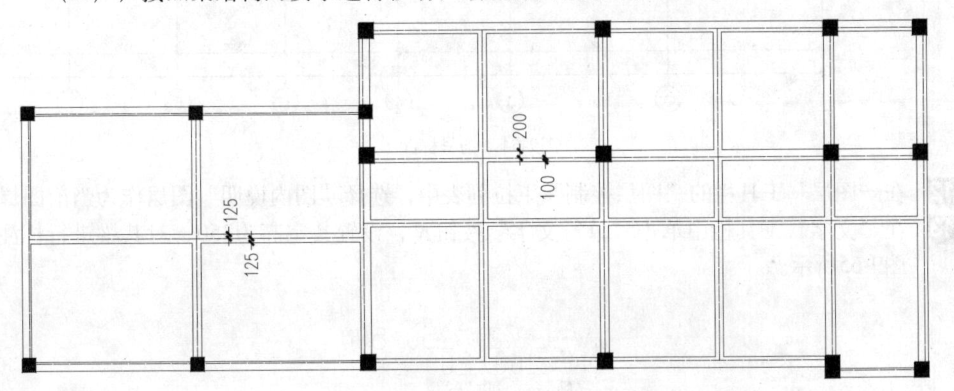

图9-62　绘制内部的框架梁

用户绘制好相应的框架梁结构时，执行“修改”|“对象”|“多线”命令，在打开的“多线编辑工具”对话框中选择相应的工具，对多线的交叉和拐角点位置进行编辑操作。

9 在“图层”工具栏的“图层控制”下拉列表中，选择“尺寸标注”图层作为当前图层。

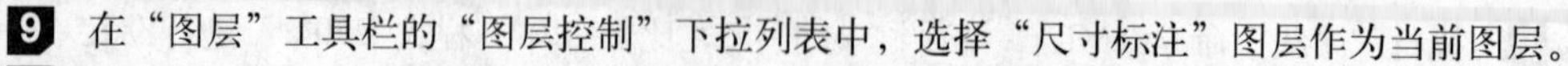

10 单击“标注”工具栏中的“线性标注”按钮和“连续标注”按钮，依次移动光标，完成标注，如图9-63所示。

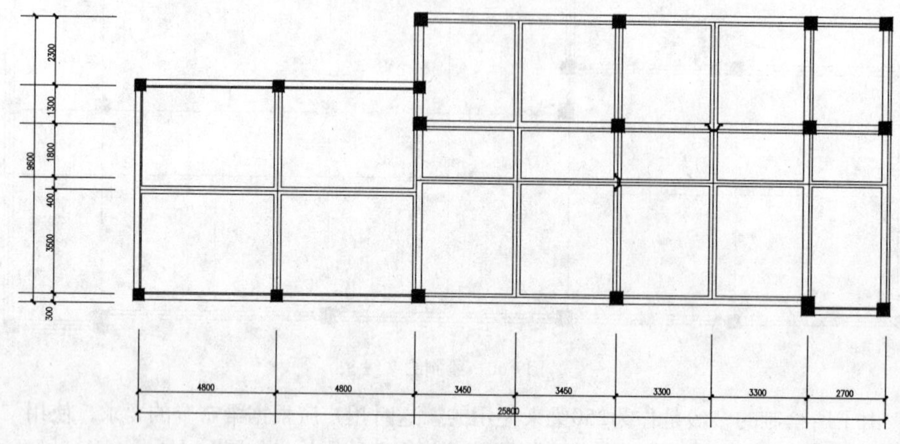

图9-63　尺寸标注

11 执行“复制”命令（CO），将前面9.5小节中所绘制的轴号对象复制到对应的位置，从而快捷地完成轴标号的标注，如图9-64所示。

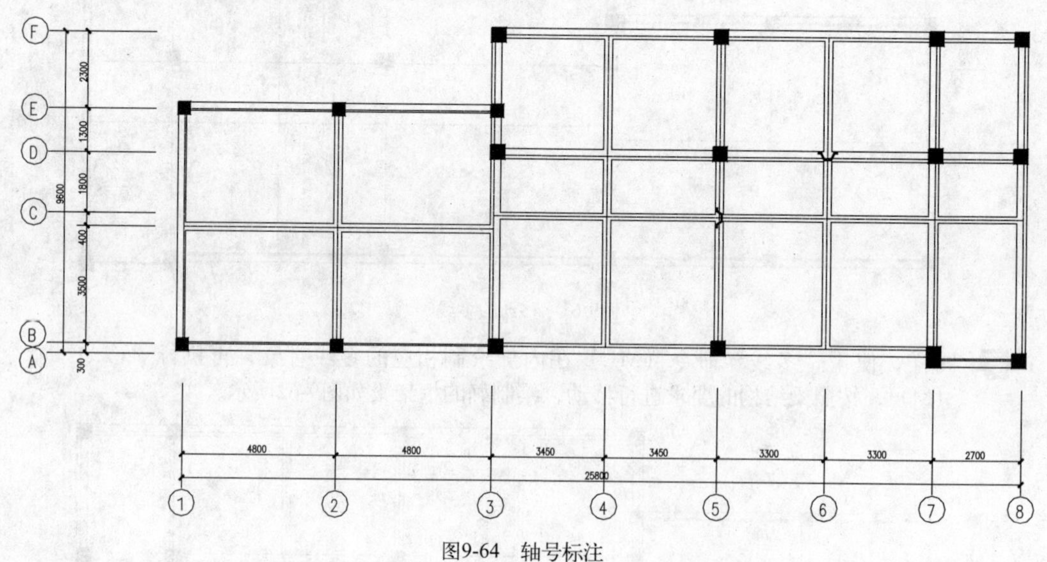

图9-64　轴号标注

12 在“图层”工具栏的“图层控制”下拉列表中，选择“图内说明”图层作为当前图层。

13 在“文字”工具栏中单击“单行文字”按钮A，设置其字高为350，对其梁进行标注，如图9-65所示。

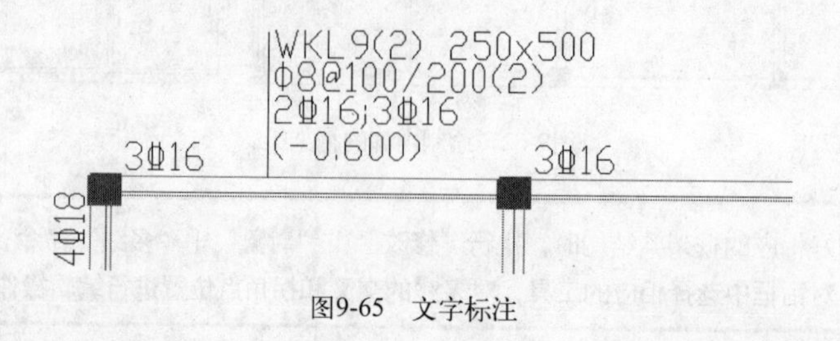

图9-65　文字标注

14 按照同样的方法，对其他的梁进行标注，如图9-66所示。

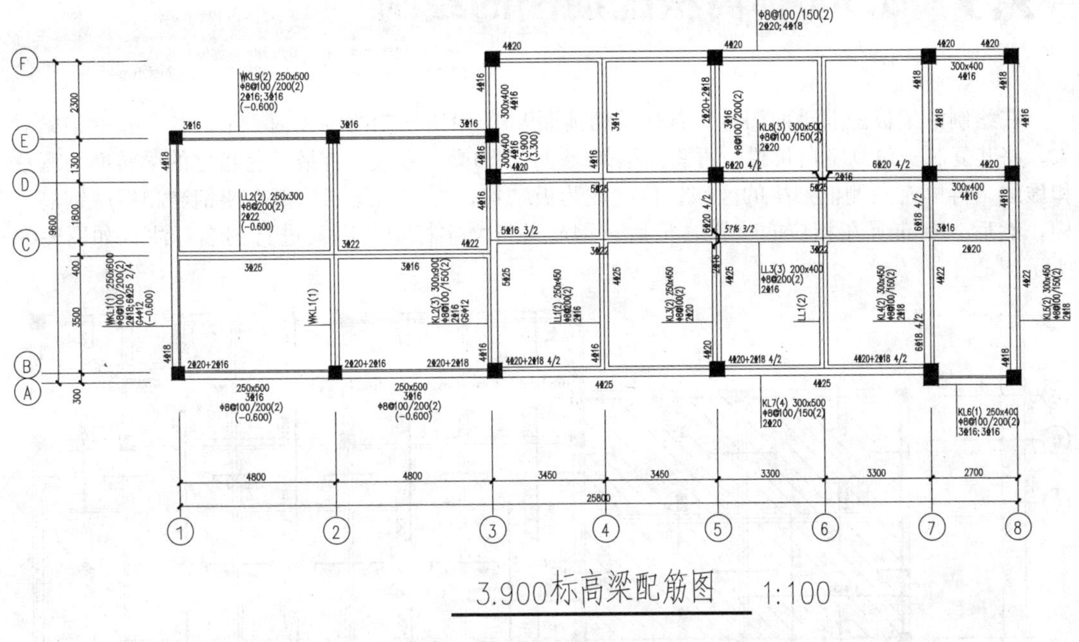

图9-66　文字标注

15 在“文字”工具栏中单击“单行文字”按钮A，设置其字高为800，在图形的正下方输入图名；设置其字高为500，在图名的右侧输入比例；再执行“多段线”命令（PL），设置其线宽为70并绘制下划线，如图9-67所示。

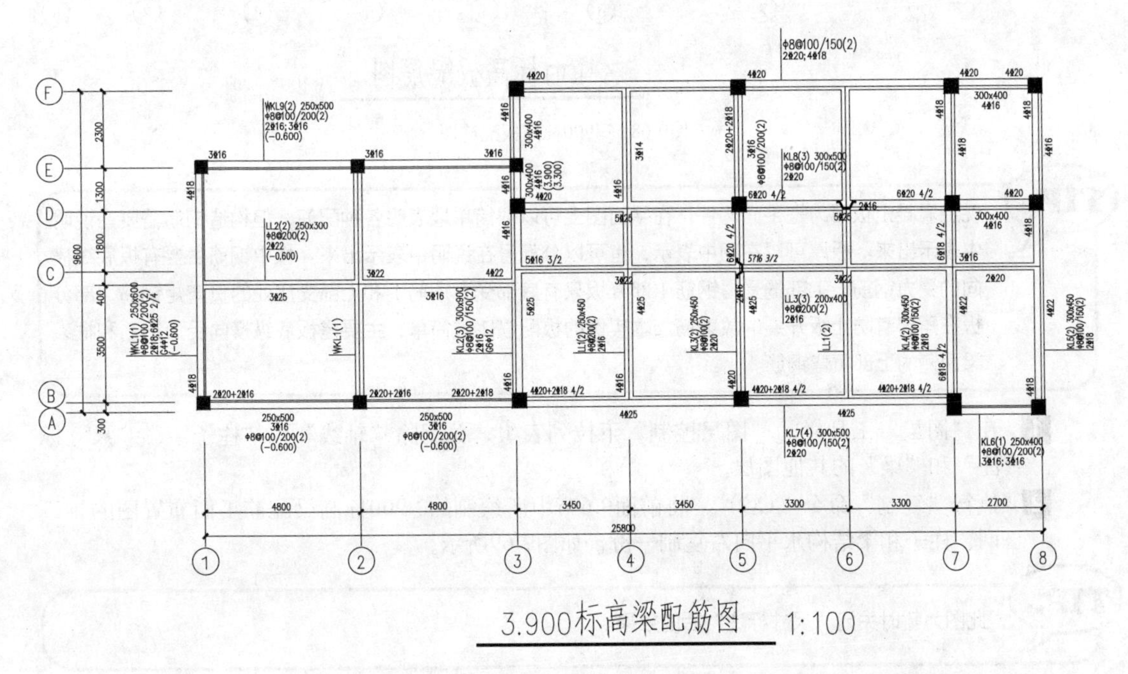

图9-67　图名标注

16 至此，3.900标高梁配筋图绘制完毕，按组合键Ctrl+S将其保存即可。

9.7 3.900标高板配筋图的绘制

视频文件：视频\09\3.900标高板配筋图.avi
结果文件：案例\09\3.900标高板配筋图.dwg

在绘制框架板配筋平面图时，首先借助前面9.6节中所绘制的轴线网、平面柱子和框架梁对象，将其复制一份到空白位置，再将其框架梁（“250梁”多线）打散，将指定的梁转换为蓝色和虚线，再填充左侧框架梁的区域，使之成为板结构，再分别绘制单板支座钢筋和板底钢筋结构，然后分别布置在相应的位置，最后对钢筋进行文字标记，以及进行图名标注，如图9-68所示。

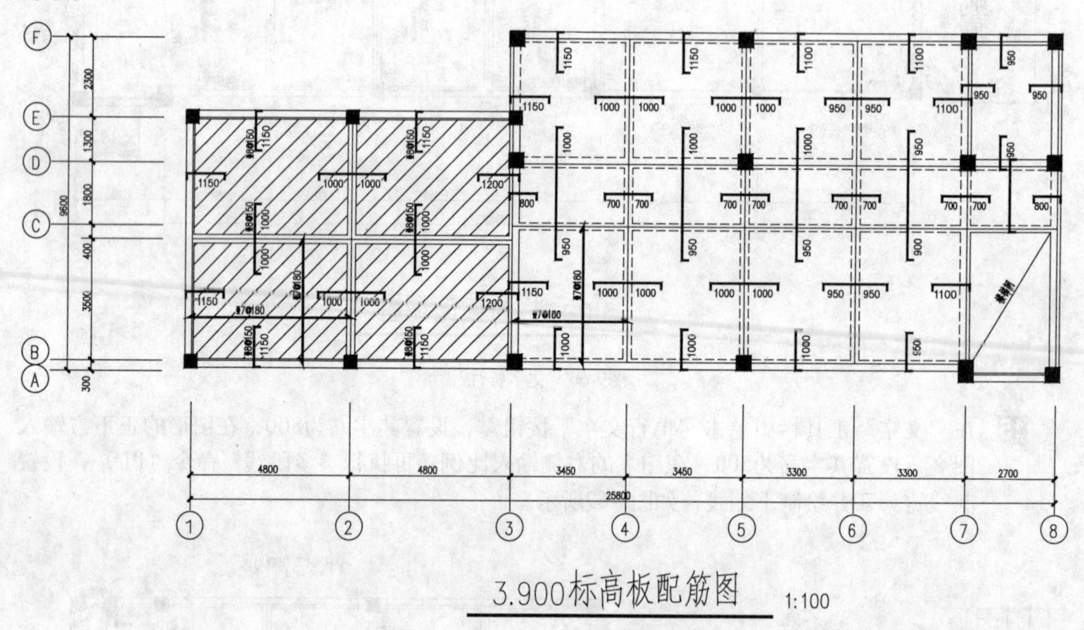

图9-68 3.900标高板配筋图

TIP 现浇混凝土板因为是平面构件，在平面图上可以很简单地表明各种配筋，但构造钢筋需要在说明中表示出来。板厚可以在图中表示，也可以分标号在说明中表示出来。板中钢筋主要有板底纵横向的受力钢筋，上部的受力钢筋（部分板只有底部受力钢筋）和上部支座处的负弯矩钢筋，部分板在角部有防止板开裂的放射筋。本实例的板配筋比较简单，主要是板底纵横向受力钢筋和框架梁两侧的上部负弯钢筋。

1. 在“图层”工具栏的“图层控制”下拉列表中，关闭除“轴线”、“柱子”、“尺寸标注”和“梁”的其他图层。
2. 执行“复制”命令（CO），将前面9.6节中所绘制的3.900标高梁配筋平面布置图的轴线网、柱子和梁结构水平向右复制一份，如图9-69所示。

TIP 此图为暂时关闭“尺寸标注”后的效果。

3. 执行“打散”命令（X），将所有的框架梁对象（即“250梁”多线）打散操作。
4. 选择右侧相应的框架梁对象，将其转换为虚线，并设置颜色为蓝色，如图9-70所示。

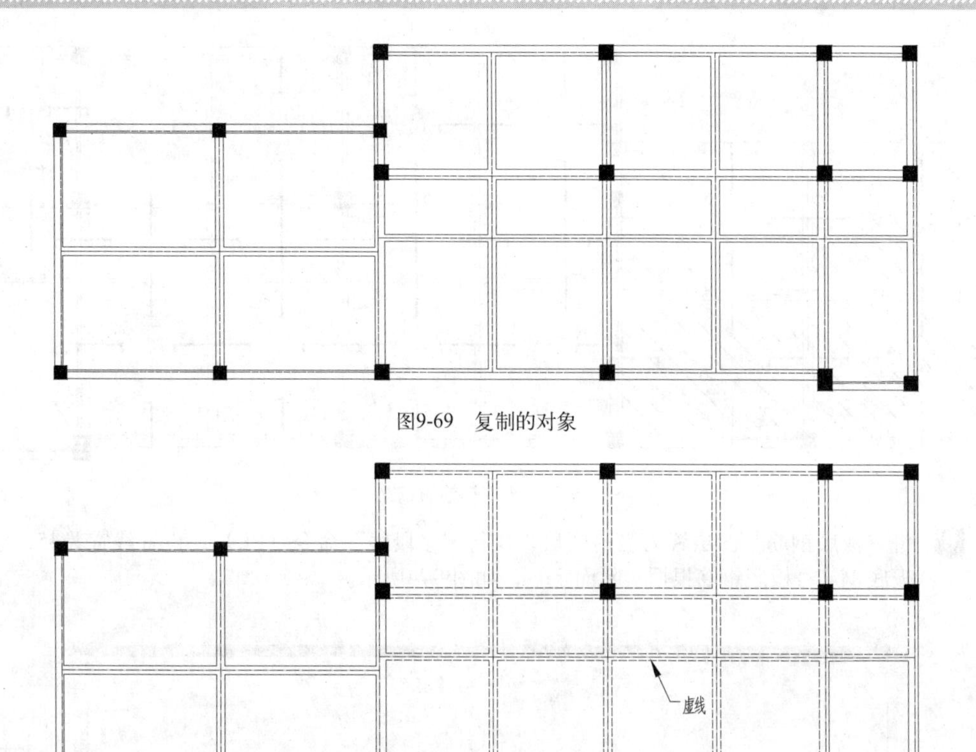

图9-69　复制的对象

图9-70　转换虚线梁

5 将“图案填充”图层置为当前图层，执行“图案填充”命令（H），选择“ANSI 31”图案、设置比例为3000，对其左侧梁结构的区域进行图案填充；使用“直线”命令（L），在图形的右下角位置绘制一条对角斜线，如图9-71所示。

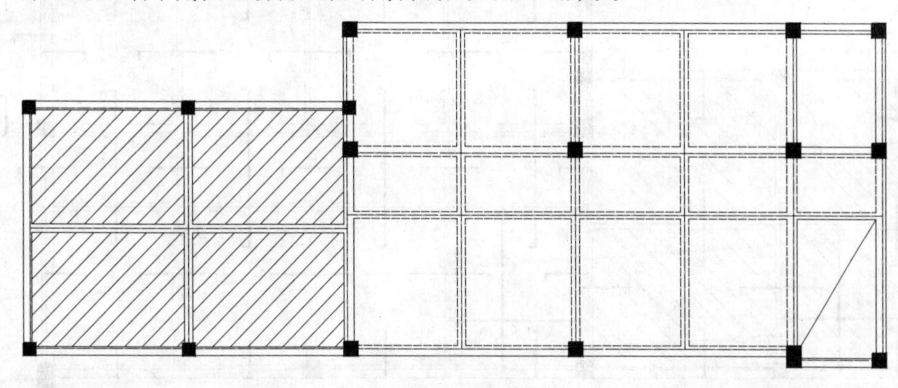

图9-71　填充的图案

6 将“支座钢筋”图层置为当前图层，执行“多段线”命令（PL），设置线宽为45，绘制支座钢筋（钢筋长度根据实际而定），如图9-72所示。

7 执行“复制”（CO）、“移动”（M）等命令，将所绘制的支座钢筋分别复制到平面图的相应位置，并进行适当的旋转、拉伸，从而完成整个支座钢筋的布置，如图9-73所示。

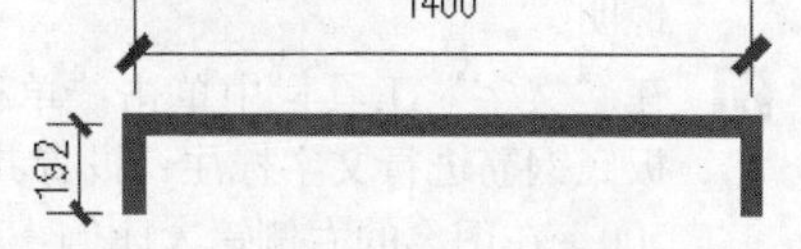

图9-72　绘制的单根支座钢筋

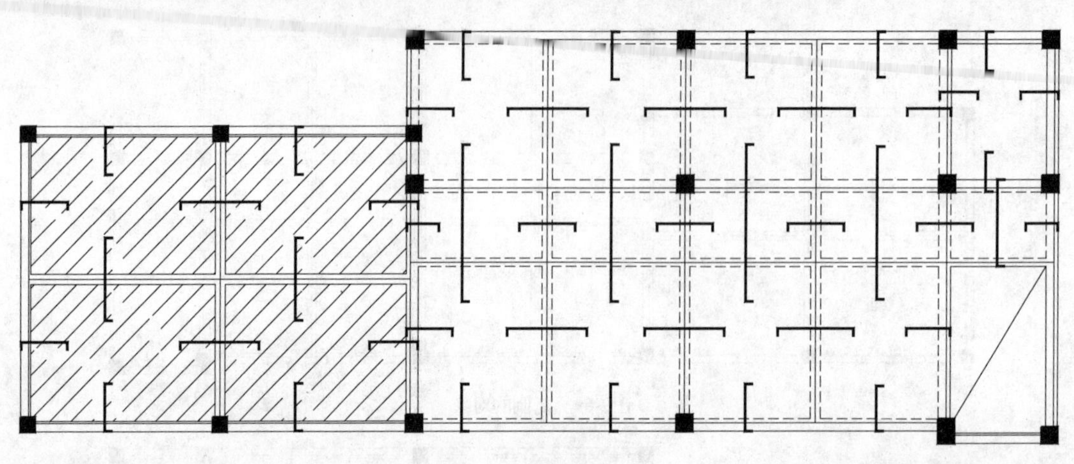

图9-73　支座钢筋的布置

8 将“板底钢筋”图层置为当前图层，执行“多段线”命令（PL），设置线宽为45，绘制板底钢筋（板底钢筋根据实际而定），如图9-74所示。

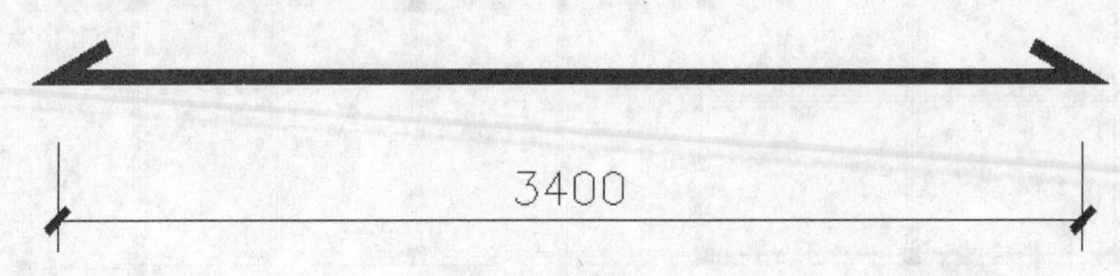

图9-74　绘制的单根板底钢筋

9 执行“复制”（CO）、“移动”（M）等命令，将所绘制的板底钢筋分别复制到平面图的相应位置，并进行适当的旋转、拉伸，从而完成整个板底钢筋的布置，如图9-75所示。

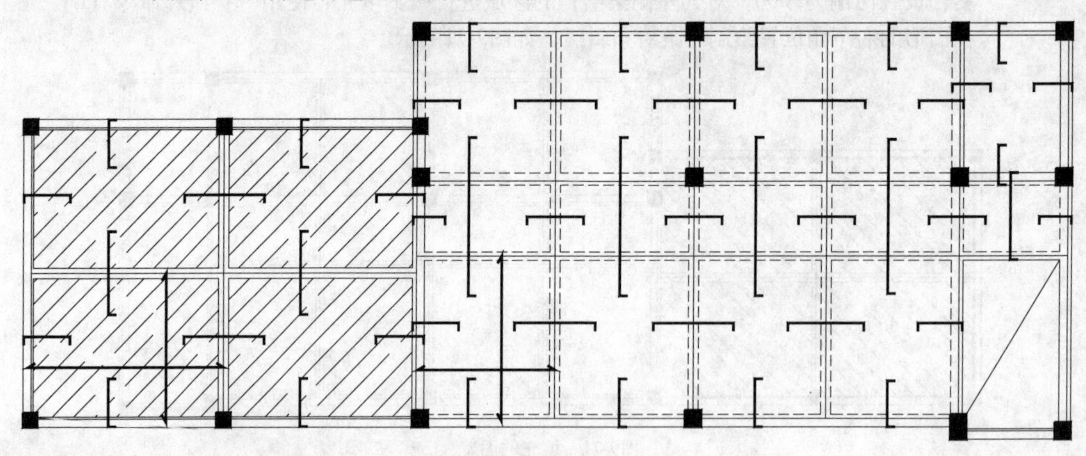

图9-75　板底钢筋的布置

10 将“文字标注”图层打开，并置为当前层，在“样式”工具栏中选择文字样式为“图内说明”。

11 在“文字”工具栏中单击“单行文字”按钮A，设置字高为250，对其标注支座钢筋和板底钢筋进行文字标注；设置其字高为800，在图形的正下方输入图名；再设置其字高为500，在图名的右侧输入比例；再执行“多段线”命令（PL），设置其线宽为70并绘制下划线，如图9-76所示。

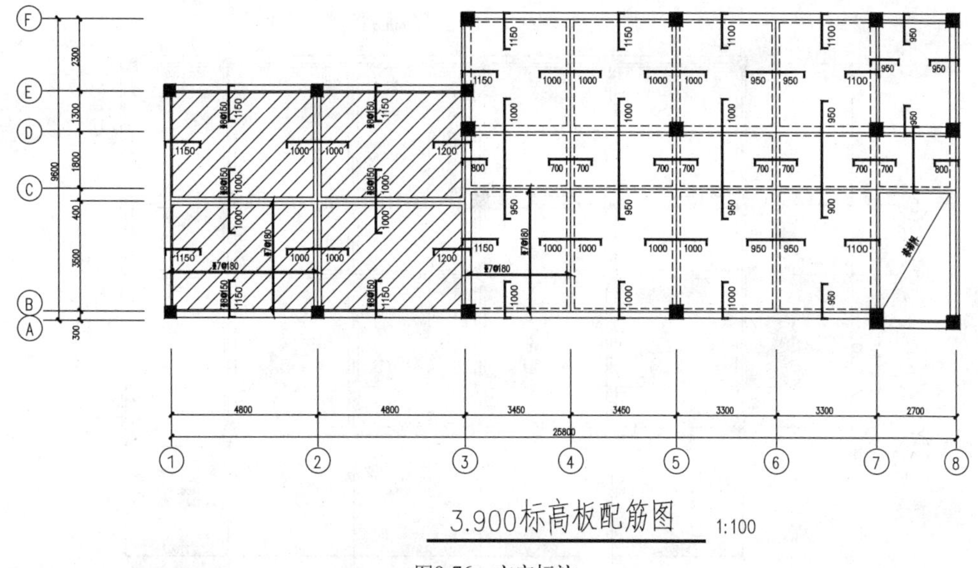

图9-76　文字标注

12 至此，3.900标高板配筋平面布置图已经绘制完毕，按组合键Ctrl+S将其保存即可。

9.8 7.200标高结构配筋图的绘制

结果文件：案例\09\供电所建筑7.200标高结构配筋图.dwg

为了使用户能够更加牢固地掌握建筑剖面图的绘制方法，并达到熟能生巧的目的，在图9-77、图9-78、图9-79中绘制了供电所建筑结构7.200标高柱、梁、板的配筋图效果。用户可以参照前面的步骤和方法来进行绘制（参照光盘中的“案例\09\供电所建筑7.200标高结构配筋图.dwg”文件）。

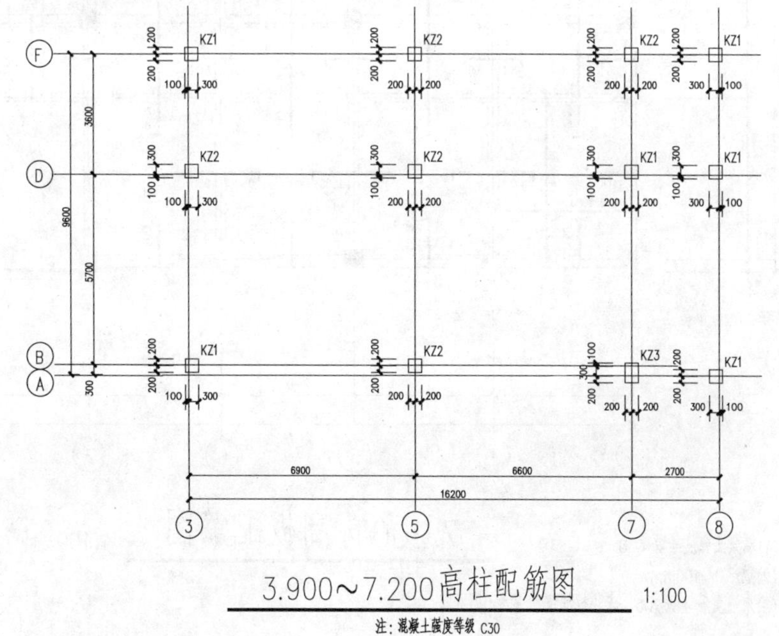

图9-77　3.900~7.200高柱配筋图

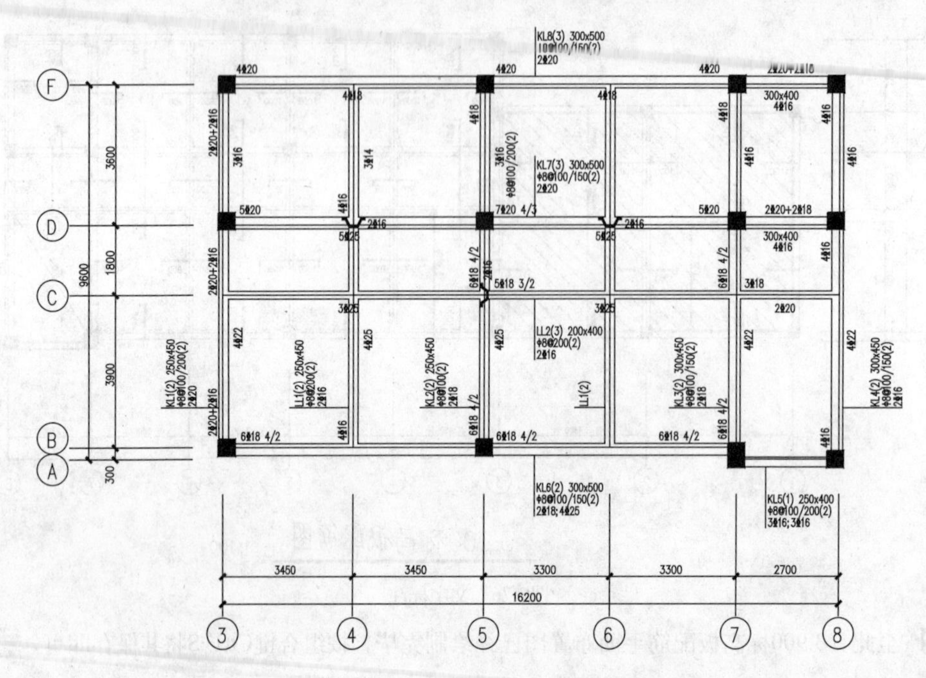

图9-78 7.200标高梁配筋图

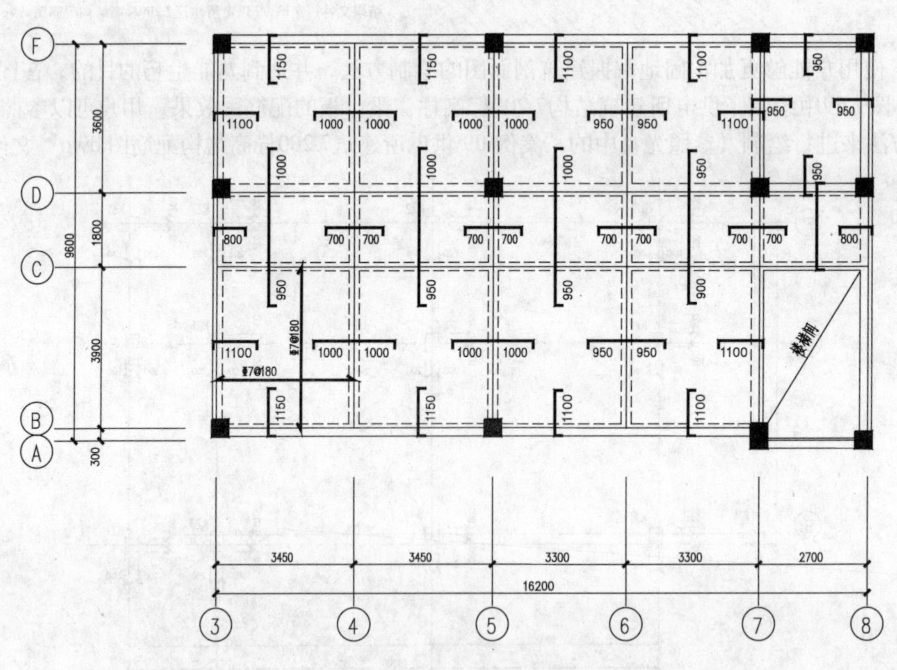

图9-79 7.200标高板配筋图

Chapter

10

第10章 建筑水暖电施工图的绘制

建筑设备工程是指安装在建筑物内的给水排水管道、电气线路、燃气管道、采暖风空调管道，以及相应的设施、装置。建筑设备施工图一般由平面图、系统图、详图以及统计表、文字说明组成。

在本章中，首先讲解了室内给排水系统的组成、分类与制图规定，给排水施工图的内容和绘制要求，再讲解了常用电气安装施工图的基本图例等，然后以AutoCAD环境中来绘制相关的设备施工图，包括了某办公楼首层给水、排水平面图的绘制实例，某实验室空调平面图的绘制实例，某居民楼照明、电视电话平面图的绘制实例，从而让用户掌握建筑设备管道图的绘制方法和步骤。

主要内容

- ✓ 某办公楼首层给水平面图的绘制实例
- ✓ 某办公楼首层排水平面图的绘制实例
- ✓ 某实验室空调平面图的绘制实例
- ✓ 某居民楼照明平面图的绘制实例
- ✓ 某居民楼电视电话平面图的绘制实例

标准层电视电话平面图 1:100

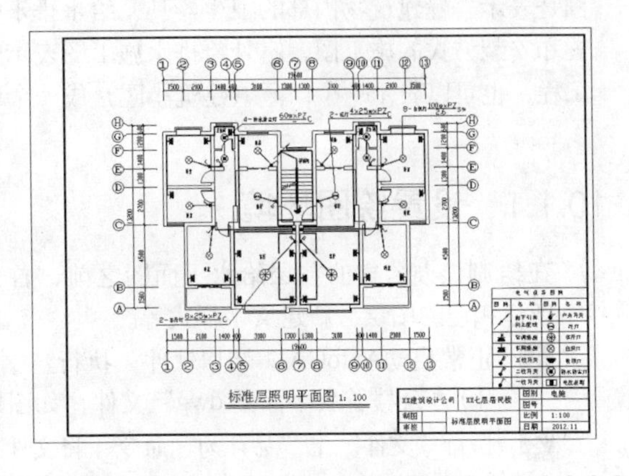

10.1 绘制办公楼首层给水平面图

视频文件：视频\10\办公楼首层给水平面图.avi
结果文件：案例\10\办公楼首层给水平面图.dwg

本节以某地五层办公楼为例，介绍该办公楼首层给水平面图的绘制流程，使读者掌握建筑给水平面图的绘制方法以及相关的知识点，绘制的办公楼首层给水平面图如图10-1所示。

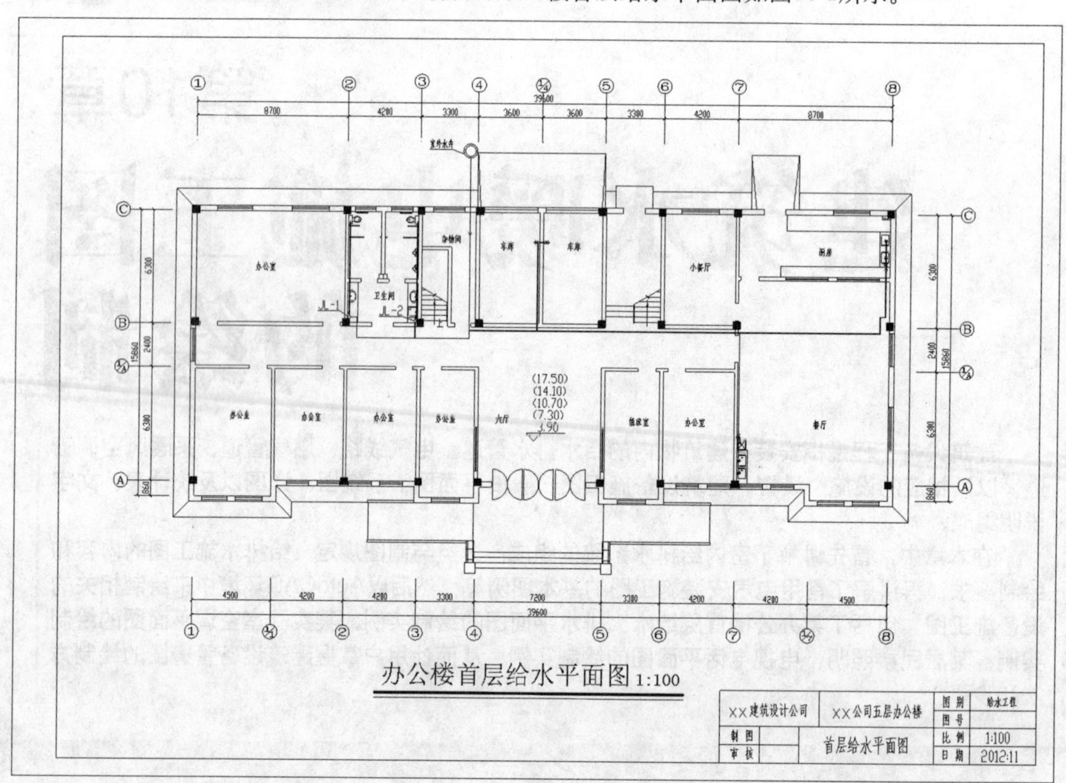

图10-1　办公楼首层给水平面图

专业资料：给水排水施工图的概念

给水排水施工图一般分为室内给水排水施工图和室外给水排水施工图。室内给水排水施工图是表示一幢建筑物内部的卫生器具、给水排水管道，及其附件的类型、大小，与房屋的相对位置和安装方式的施工图。室外给排水施工图表示的范围较广，可以表示一幢建筑物外部的给排水工程，也可以表示一个厂区（建筑小区）或一个城市的给排水工程。

10.1.1　设置绘图环境

在绘制该办公楼的首层给水平面图之前，首先应设置其绘图的环境，其中包括打开并另存文件、新建相应的图层、新建文字样式等。

1. 正常启动AutoCAD 2014软件，执行"文件"｜"打开"命令，打开本书光盘中的"案例\10\办公楼首层平面图.dwg"文件，如图10-2所示。
2. 执行"文件"｜"另存为"命令，将文件另存为"办公楼首层给水平面图.dwg"。

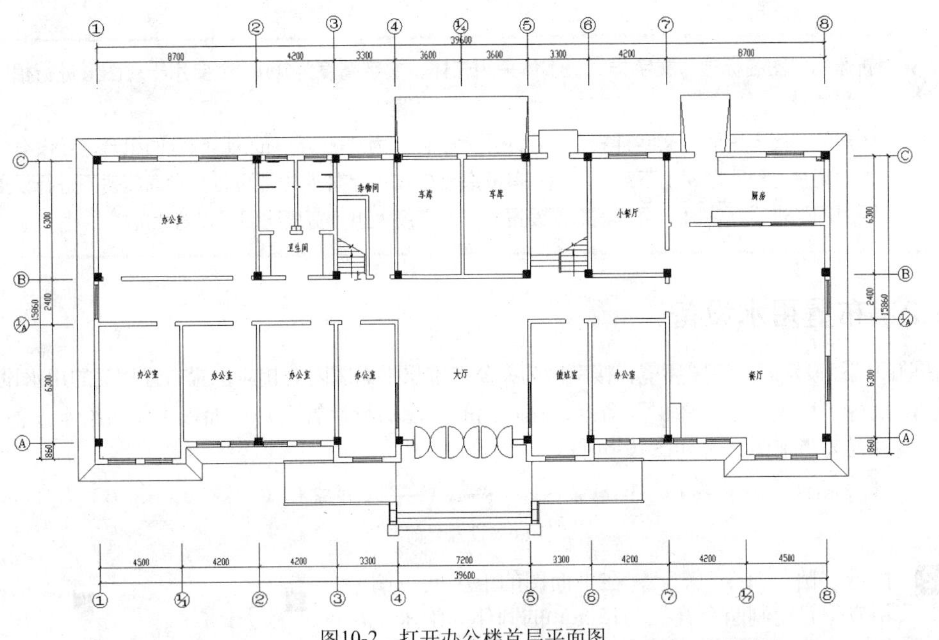

图10-2 打开办公楼首层平面图

3 在“图层”工具栏上单击“图层特性管理器”按钮，如图10-3所示。

4 在打开的“图层特性管理器”面板中，建立如图10-4所示的图层，并设置好图层的颜色、线型以及线宽。

图10-3 单击“图层特性管理器”按钮

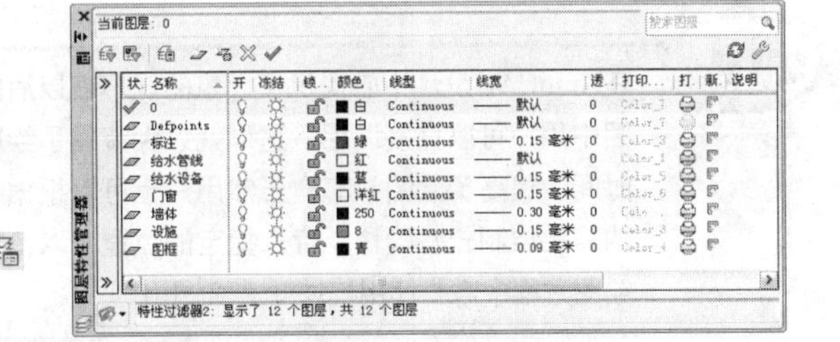

图10-4 设置图层

TIP

如果在已经打开的建筑平面图中有一些图层对象，那么这时用户只需要创建还没有的图层对象，或者修改已有的图层对象，使之符合如图10-4所示的图层要求。

5 执行“格式”｜“文字样式”命令，打开“文字样式”对话框，在其中新建“图名标注”及“图内说明”两种文字样式，如图10-5所示。

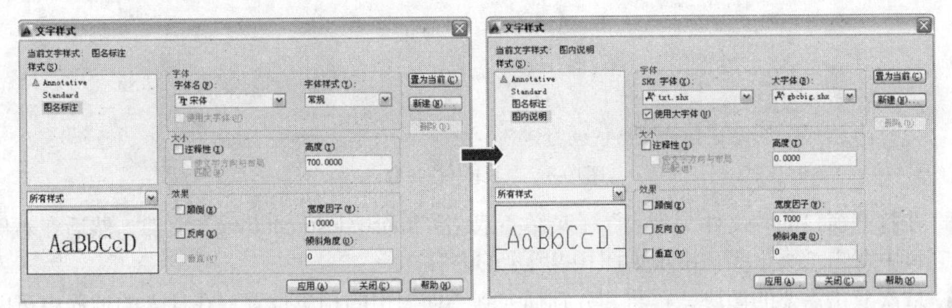

图10-5 新建文字样式

第6章 第7章 第8章 第9章 第10章

新建的“图名标注”文字样式，字体采用宋体，文字高度为700，主要用于对图形进行相应的图名标注。

新建的“图内说明”文字样式，字体采用大字体，为“txt.shx+hztxt.shx”的组合，若没有该类字体的用户可到互联网上下载，然后将其安装到CAD的字体库中即可，文字高度暂不进行设置，需要对图形进行标注时，再根据需要设置文字的高度大小，宽度比因子设置为0.7。

10.1.2 布置用水设备

在前面已经设置好了绘图环境，接下来为办公楼首层平面图内的相应位置布置相关的用水设备。

1 执行“格式”｜“图层”命令，在弹出的“图层特性管理器”面板中将“给水设备”图层设置为当前图层，如图10-6所示。

✓ 给水设备 | 蓝 Continuous —— 0.15 毫米 0 Color_5

图10-6 设置当前图层

2 执行“圆”命令（C），在平面图的卫生间下侧相应位置绘制两个直径为150mm的圆作为给水立管，如图10-7所示。

3 执行“工具”｜“设计中心”命令，打开“设计中心”窗口，展开Sample文件夹下面的DesignCenter选项，如图10-8所示。

在AutoCAD设计中心提供了大量的块，在以后的绘图中用户可以直接调用，这样就大大节省了绘图的时间，提高了绘图效率；当然用户也可以根据自己的需要绘制一些模块，存入指定的位置，以备以后绘图过程中需要使用模块时直接调用。

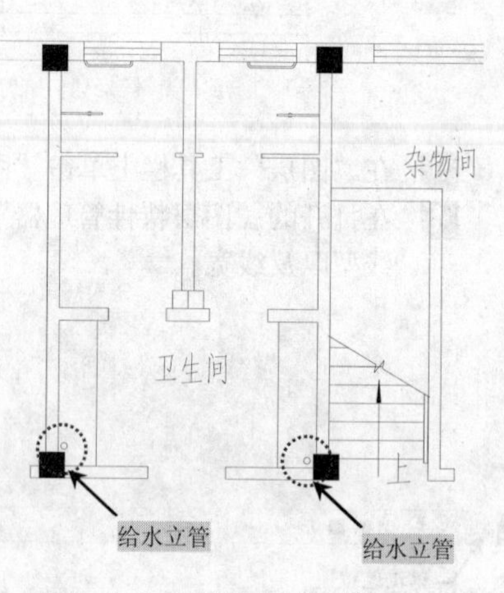

图10-7 绘制给水立管

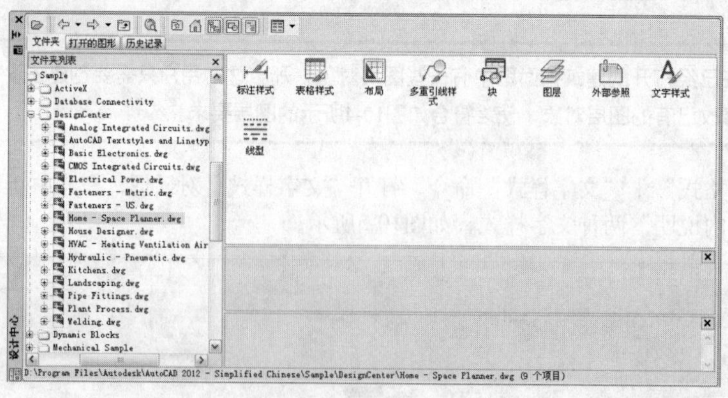

图10-8 “设计中心”窗口

4 在打开窗口的“文件夹列表”子菜单下双击“house designer.dwg”文件，然后在右侧的窗口中双击“块”，出现如图10-9所示的内容。

5 依次双击需要的图块，再将其分别插入到平面图中的相应位置，在插入的过程中可以调整块的大小，以适应房间布局的大小，其插入图块后的效果如图10-10所示。

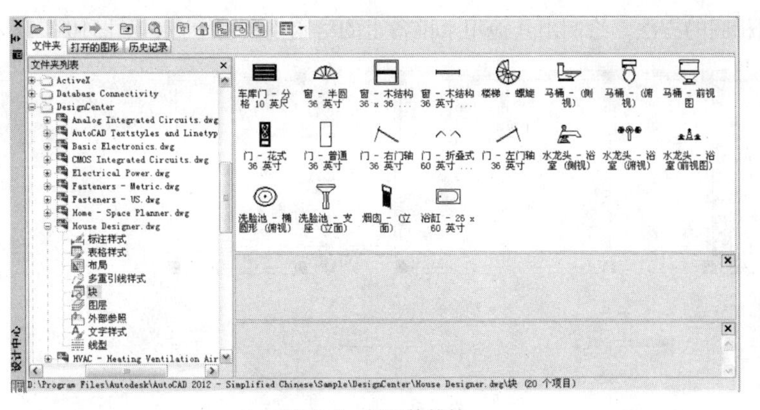

图10-9　打开的模块

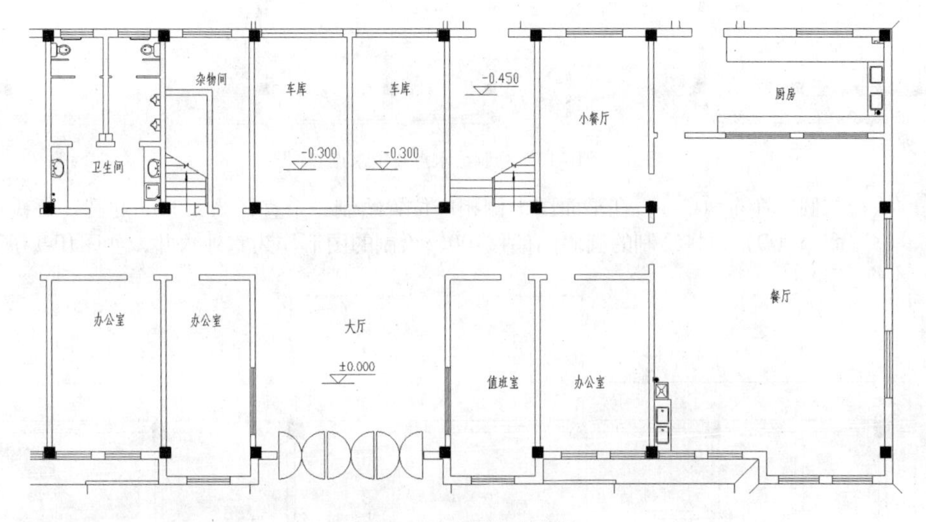

图10-10　布置用水设备

由于该图形文件比较大，读者可打开“案例\10\办公楼首层给水平面图.dwg”文件进行观察，再进行用水设备的布置，如果“设计中心”窗口中没有我们需要的图例文件，读者可自行进行绘制，再将其布置到相应的位置即可。

6 执行“圆”命令（C），在洗脸盆上的相应位置绘制一个直径为75mm的圆作为给水点，如图10-11所示。

7 结合“多段线”和“直线”命令，在给水点的右侧相应位置绘制出水点，如图10-12所示。

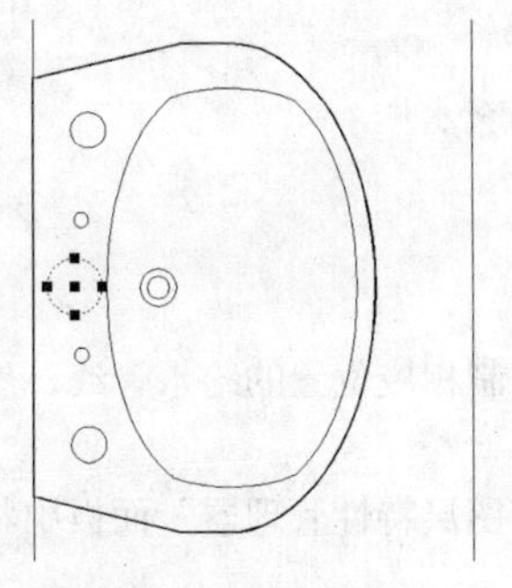

图10-11　绘制给水点

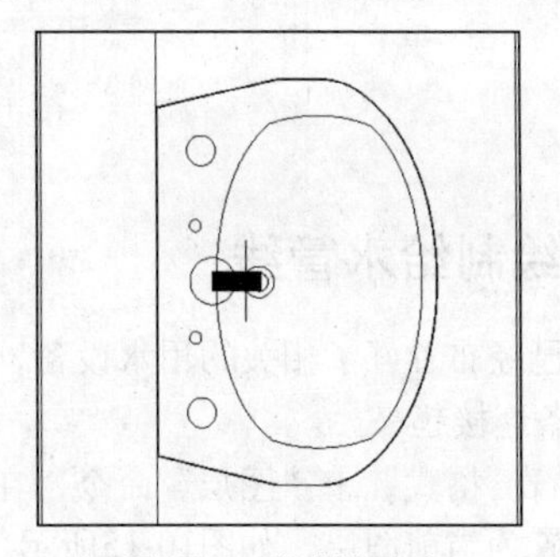

图10-12　绘制出水点

8 使用相同的方法，绘制出其他用水设备上的给水点及出水点，如图10-13所示。

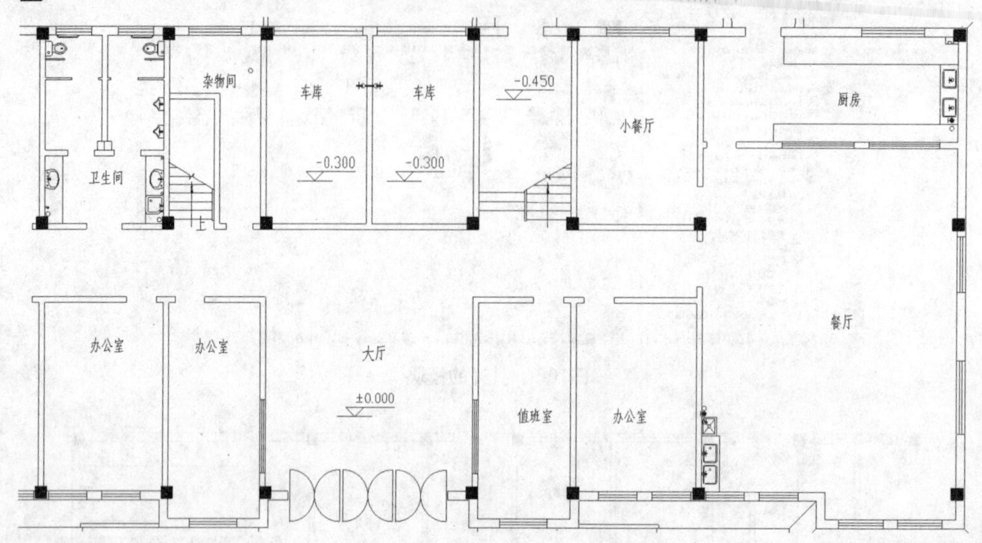

图10-13　绘制给水点及出水点

9 执行“圆”命令（C），在平面图上侧相应位置绘制一个直径为800mm的圆；再执行“偏移”命令（O），将绘制的圆向内偏移100，绘制的图形作为室外水井，如图10-14所示。

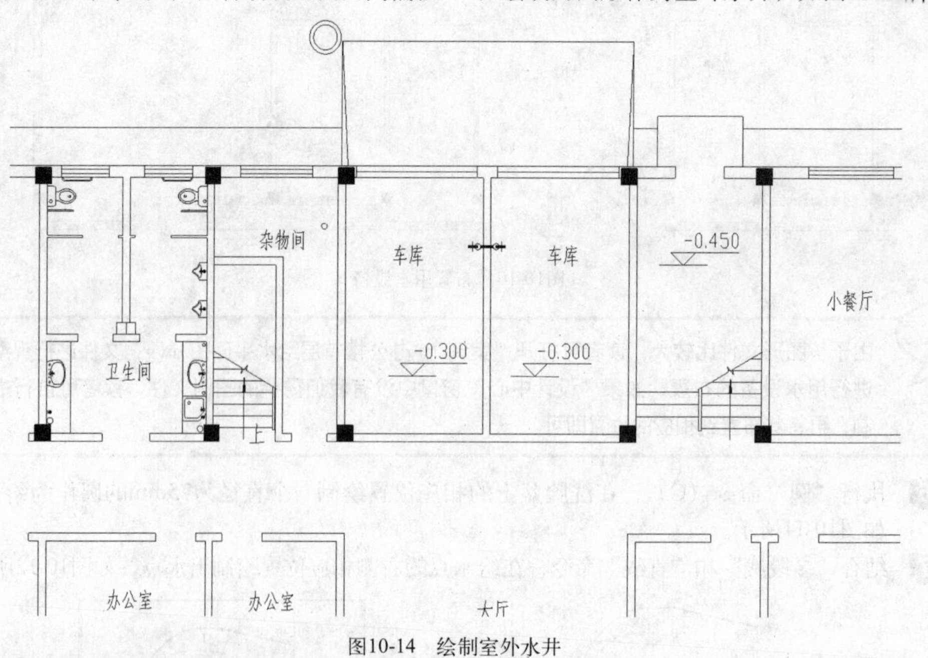

图10-14　绘制室外水井

10.1.3　绘制给水管线

在前面已经布置好了相关的用水设备，接下来绘制相应位置的给水管线，然后将给水管线与相关的用水设备连接起来。

1 执行“格式”｜“图层”命令，在弹出的“图层特性管理器”面板中将“给水管线”图层设置为当前图层，如图10-15所示。

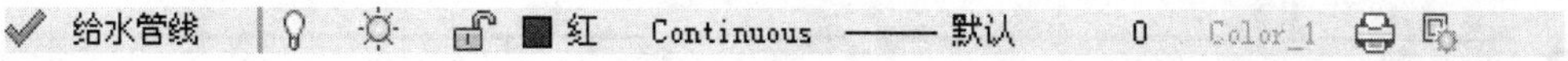

✔ 给水管线 | 💡 ☼ 🔓 ■ 红　Continuous —— 默认　0　Color_1 🖶

图10-15　设置当前图层

2 执行“多段线”命令（PL），根据命令行提示将多段线的起点及端点的宽度设置为30。

```
命令:                                                            //PL按Enter键
    指定起点:（指定多段线的起点）
    当前线宽为0.0000
    指定下一个点或 [圆弧(A)/半宽(H)/长度(L)/放弃(U)/宽度(W)]:  //W按Enter键
    指定起点宽度<0.000>:                                        //30按Enter键
    指定端点宽度<0.000>:                                        //30按Enter键
    指定下一个点或 [圆弧(A)/半宽(H)/长度(L)/放弃(U)/宽度(W)]: //指定多段线的下一点
```

3 执行“多段线”命令（PL），从室外水井引出连接至卫生间左侧竖向方向上各管道及各用水设备给水点的一条管线，如图10-16所示。

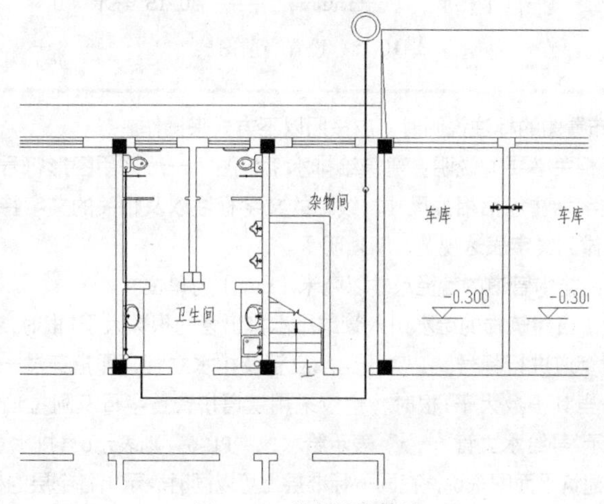

图10-16　绘制给水管线

4 继续执行“多段线”命令（PL），使用同样的方法，在图中绘制出其他位置的给水管线，如图10-17所示。

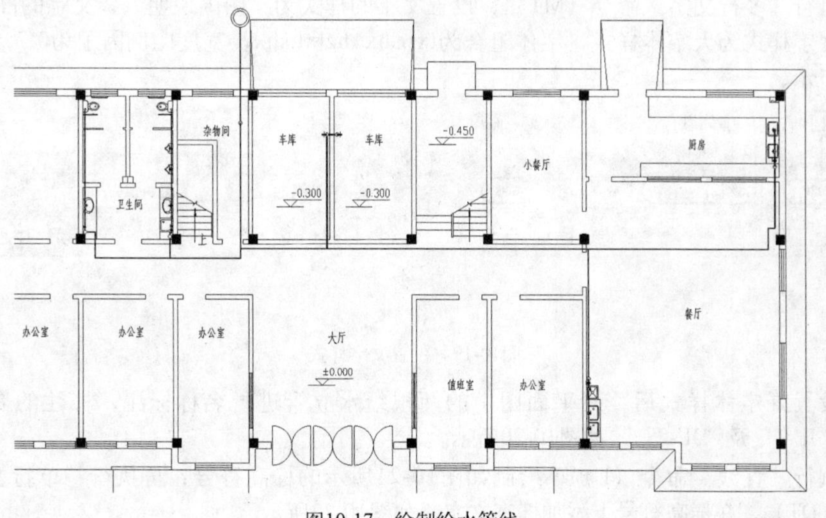

图10-17　绘制给水管线

确定线宽的方法有很多，管道的宽度也可以在设定图层性质的时候来定，这时管线用Continus线型绘制，给水管用0.25mm的线宽，排水管用0.30mm的线宽，用“点”表示用水点。但是如果对于初学者来说，在各步骤中可能对线宽的具体尺寸把握不好，所以在这时候根据实际效果来输入线宽可能比较直观。

10.1.4 文字标注

在前面已经绘制好了办公楼首层平面图内的所有给水管线及给水设备，下面讲解为给水平面图内的相关内容进行文字标注，其中包括给水立管名称标注、给水管管径标注、标注各层标高，以及标注图名及添加图框等。

1 执行“格式”｜“图层”命令，在弹出的“图层特性管理器”面板中将“标注”图层设置为当前图层，如图10-18所示。

✓ 标注 | 绿 Continuous —— 0.15 毫米 0 Color_3

图10-18 设置当前图层

在进行给排水布置图的标注说明时，应按照以下方式来操作。

- 文字标注及相关必要的说明：建筑给排水工程图，一般采用图形符号与文字标注符号相结合的方法，文字标注包括相关尺寸、线路的文字标注以及相关的文字特别说明等，都应按相关标准要求，做到文字表达规范、清晰明了。
- 管径标注：给排水管道的管径尺寸以毫米（mm）为单位。
- 管道编号：①当建筑物的给水引入管或排水排出管的根数大于1根时，通常用汉语拼音的首字母和数字对管道进行标号。②对于给水立管及排水立管，即指穿过一层或多层的竖向给水或排水管道，当其根数大于1根时，也应采用汉语拼音首字母及阿拉伯数字对其进行编号，如“JL-2”表示2号给水立管，“J”表示给水，“PL-6”则表示6号排水立管，“P”表示排水。
- 标高：对于建筑平面图来说，在同一标准层上可以同时表示出各个层的标高，这样更加直观。
- 尺寸标注：建筑的尺寸标注共三道，第一道是细部标注，主要是门窗洞的标注，第二道是轴网标注，第三道是建筑长宽标注。

2 执行“多行文字”命令（MT），设置文字的样式为“图内说明”，文字的高度为500，文字样式为大字体样式，字体组合为txt.shx+hztxt.shx，宽度比例因子为0.7，如图10-19所示。

图10-19 设置文字样式

3 设置好字体样式后，对平面图中的两根给水立管进行名称标注，标注的名称分别为“JL-1”及“JL-2”，如图10-20所示。

4 执行“直线”命令（L），绘制如图10-21所示的标高符号；再执行“单行文字”命令（DT），在标高符号上添加标高文字，如图10-22所示。

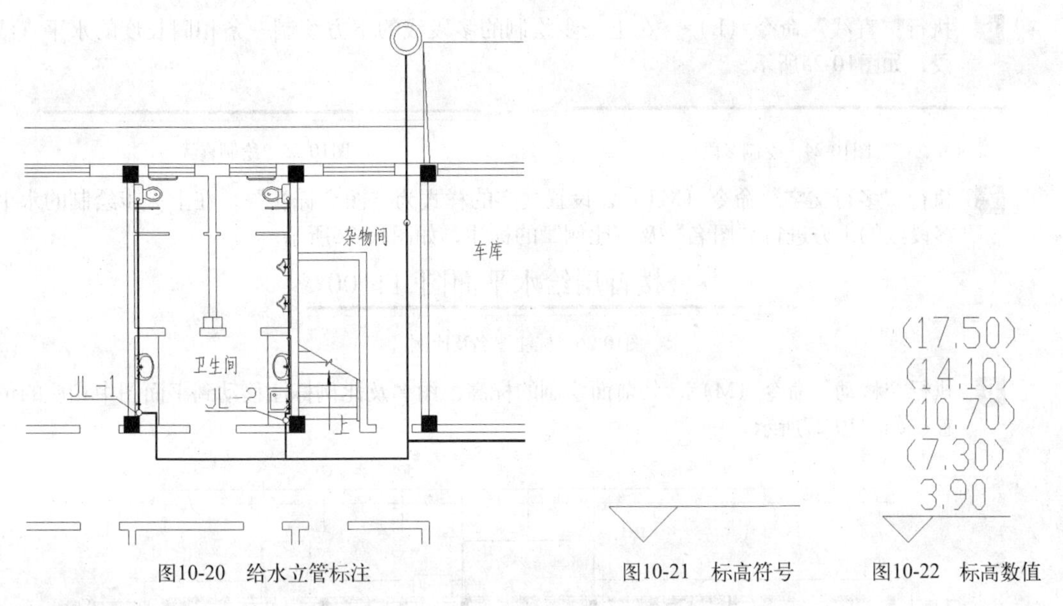

图10-20　给水立管标注　　图10-21　标高符号　　图10-22　标高数值

专业资料：标高

给水排水施工图中的标高以米（m）为单位，一般注写到小数点后第3位。住宅室内管道应标注相对标高，而室外管道没有绝对标高资料时，可标注相对标高，但应与总图一致。其常见的标高标注方法如图10-23所示。

在给排水工程图中通常下列部位应标注标高。

- 沟渠和重力流管道的起止点、转角点、连接点、变坡点、变尺寸（管径）点及交叉点。
- 压力流管道中的标高控制点。
- 管道穿外墙、剪力墙和构筑物的壁及底板等处。
- 不同水位线处。
- 构筑物和土建部分的相关标高。

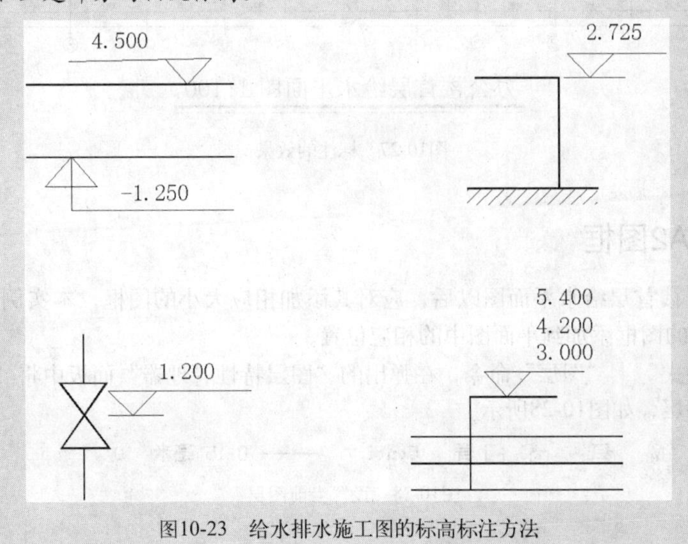

图10-23　给水排水施工图的标高标注方法

5 执行"多段线"命令（PL），根据命令行提示设置多段线的起点及端点宽度为150，绘制一条适当长度的水平多段线，如图10-24所示。

6 执行“直线”命令（L），在上一步绘制的多段线的下方绘制一条相同长度的水平直线段，如图10-25所示。

图10-24　绘制多段线　　　　图10-25　绘制直线

7 执行“多行文字”命令（MT），设置文字的样式为“图名标注”，在上一步绘制的水平多段线的上方进行“图名”及“比例”的标注，如图10-26所示。

办公楼首层给水平面图 1:100

图10-26　标注图名及比例

8 执行“移动”命令（M），将前面绘制的标高、图名及比例标注移动到平面图中相应的位置，如图10-27所示。

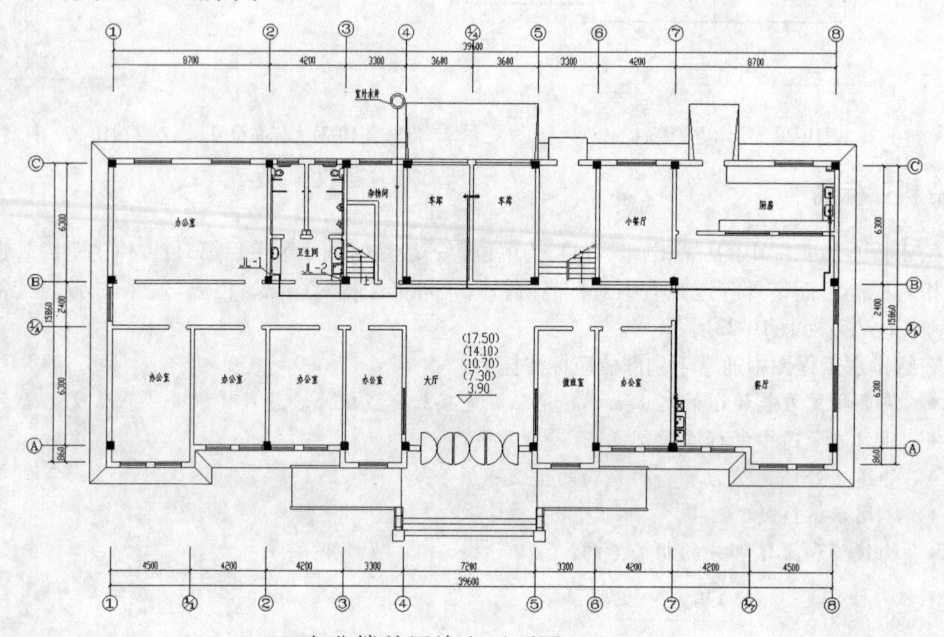

办公楼首层给水平面图 1:100

图10-27　标注的效果

10.1.5　绘制A2图框

在绘制完办公楼首层给水平面图以后，应对其添加相应大小的图框，本实例讲解A2标准图框的绘制，并将绘制的图框添加到平面图中的相应位置。

1 执行“格式”｜“图层”命令，在弹出的“图层特性管理器”面板中将“图框”图层设置为当前图层，如图10-28所示。

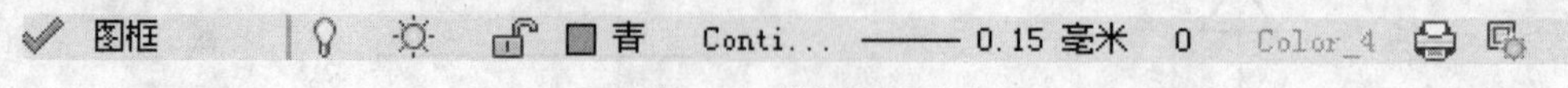

图10-28　设置当前图层

所有建筑图纸的幅面应符合如表10-1所示的相应规定，其图框示意如图10-29所示。

表10-1　图纸幅面规格　　（单位:mm）

基本幅面代号	0	1	2	3	4
bxL	841 × 1189	594 × 841	420 × 594	297 × 420	210 × 297
c	10	10	10	5	5
a	25	25	25	25	25

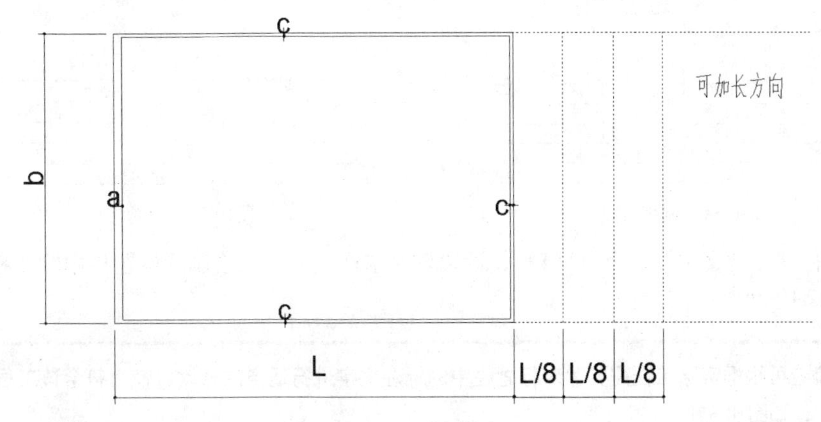

图10-29　图框示意

2 本实例采用A2标准图框，执行“矩形”命令（REC），绘制一个594 × 420的矩形，作为A2图框的外轮廓，如图10-30所示。

3 执行“分解”命令（X），将上一步绘制的矩形分解；再执行“偏移”命令（O），将矩形的左侧竖直边向内偏移25，再将矩形的其他三条边分别向内偏移10，图10-31所示。

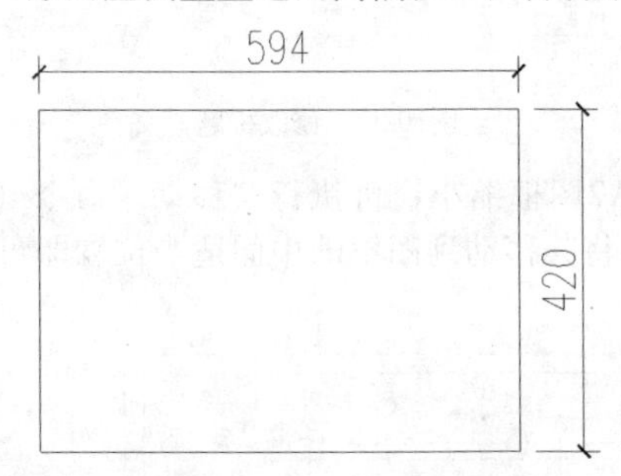

图10-30　绘制图框外轮廓

图10-31　偏移线段

4 执行“修剪”命令（TR），对上一步偏移的线段的相应位置进行修剪，如图10-32所示。

5 执行“矩形”命令（REC），绘制一个180 × 40的矩形，并将其移动到图框的右下角相应位置，如图10-33所示。

图10-32　修剪线段

图10-33　绘制矩形

6 执行“分解”命令（X），将上一步绘制的矩形分解；再执行“偏移”命令（O），将矩形的上侧水平边依次向下偏移10、10、10，再将矩形的左侧竖直边依次向右偏移25、25、6、60、20，如图10-34所示。

7 执行“修剪”命令（TR），对上一步偏移的线段的相应位置进行修剪，如图10-35所示。

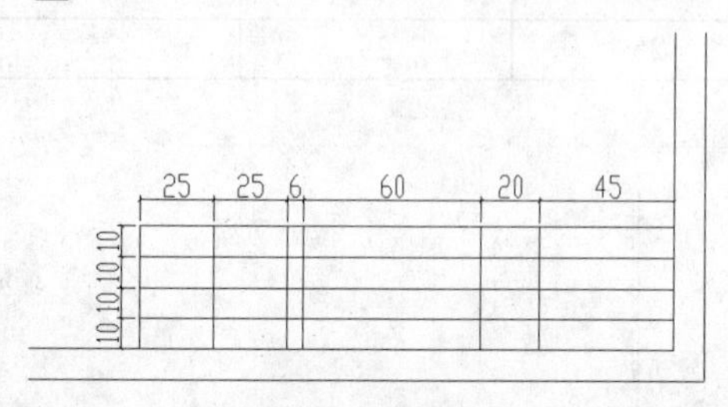

图10-34　偏移线段

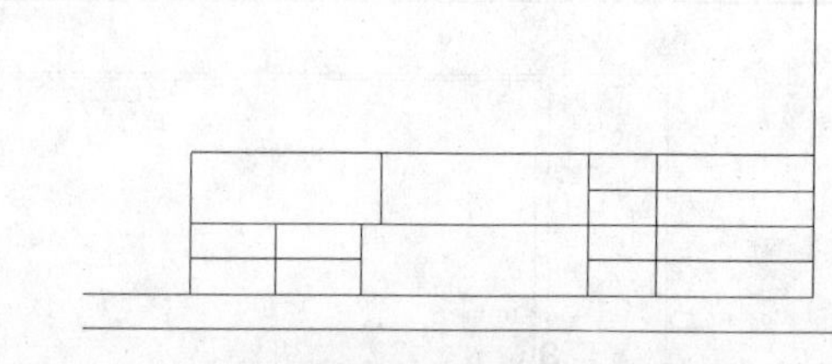

图10-35　修剪线段

8 执行“多行文字”命令（MT），设置好文字样式后，在绘制的标题栏中输入相关文字，如图10-36所示。

读者可根据实际工程需要，对标题栏中的标注文字进行适当的修改，使之符合该工程标注的要求，如图10-37所示。

设计单位名称		工程名称区	图别	
			图号	
制图		图名区	比例	
审核			日期	

图10-36　输入相关文字

XX建筑设计公司		XX公司五层办公楼	图 别	给水工程
			图 号	
制 图		首层给水平面图	比 例	1:100
审 核			日 期	2012.11

图10-37　修改标题栏文字

9 执行“缩放”命令（SC），将绘制完成的A2图框缩小；再执行“移动”命令（M），将绘制的办公楼首层给水平面图全部选中，将其移动到图框的中间适当位置即可，如图10-38所示。

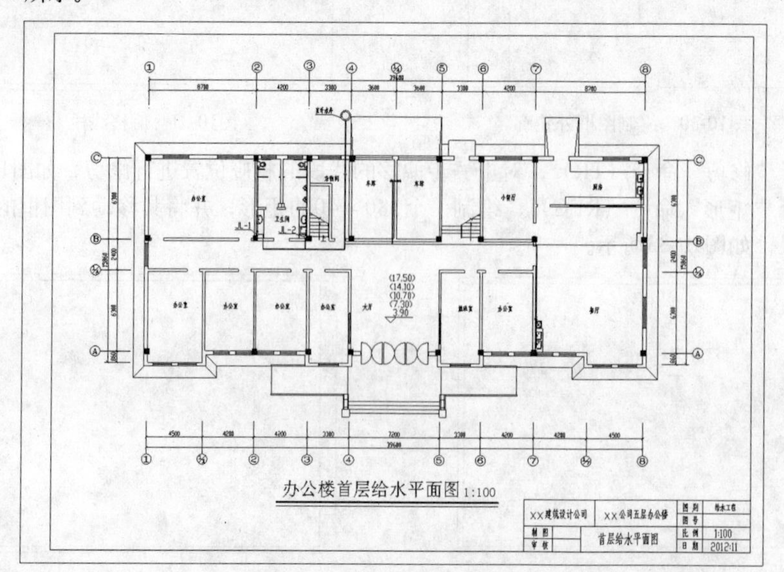

图10-38　插入图框的效果

TIP 由于本工程建筑制图比例为1∶100，此比例为缩小比例，因此需要将图框相对放大100，随后图样即可按照1∶1原尺寸绘制，从而获得1∶100的比例图样，对图框进行缩放的目的在于AutoCAD比例制图的概念，手工制图是在1∶1的纸质图纸中绘制缩小比例的图样，而在AutoCAD电子制图中却相反，即将图样按1∶1绘制，而将图框按放大比例绘制，也即相当于“放大了的标准图纸”。

10 至此，该办公楼的首层给水平面图已经绘制完成，然后按组合键Ctrl+S将该文件进行保存。

专业资料：室内给水系统的组成与分类

一般情况下，室内给水系统由以下几个基本部分组成。

- 供水管：供水管采用地下敷设的方式，穿越住宅建筑的基础和墙体，由室外给水管将水引入室内给水管网的管段。
- 水表节点：在供水管上安装水表、阀门、出水口等计量及控制附件，构成水表节点，其作用是对管道的用水进行计量或控制。
- 给水管网：由水平干管（俗称横杠）、立管（俗称立杠）和供水支线管等组成的管道系统。
- 用水和配水设备：即建筑物中的各种供水出口点（如各种水龙头、洁具出水口和淋浴喷头等）。水通过给水系统送到这些用水和配水设备后，才能供人们使用，从而完成供水过程。
- 给水附件：给水管线上安装与连接的各种闸门、止回阀、储用水设备（包括水泵、水箱）等。

根据室内给水引入管和干管的布置方式的不同，给水管网的布置形式可以分为环形布置和枝形布置两种。环形布置是指给水干管首尾相连形成环状，有两根引入管。枝形布置是指给水干管首尾不相连，只有一个引入管，支管布置形状像树枝。

根据给水干管敷设位置的不同，常见的给水管网的布置形式可分为下行上给式、上行下给式和分区供给式等。

- 下行上给式：当给水管网水压、水量能满足使用一定层高的建筑用水要求，或者在底层设有增压设备时，可将给水干管穿越建筑底层地面、墙体，经给水立管、支管直接送至各室内用水设备和用水点，如图10-39所示。
- 上行下给式：当给水管网水压及水量在用水高峰时间不能满足使用要求时，可用水泵将水输送至建筑顶部设置的水箱储水，给水干管敷设在建筑顶层上面，在管网直接供水不足时，再将水从水箱向下输送至各用水设备、出水点，又称二次供水，如图10-40所示。

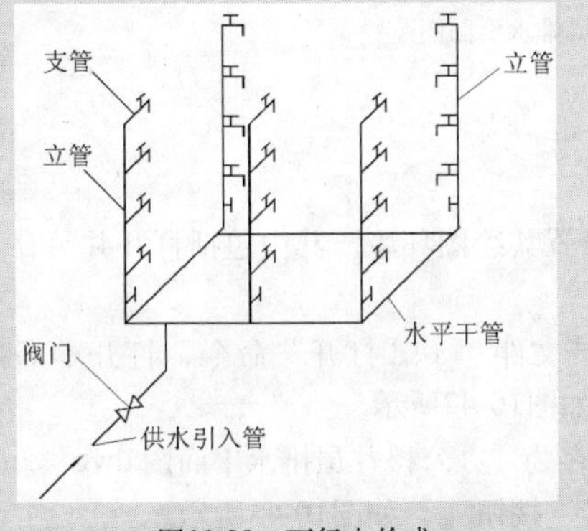

图10-39 下行上给式

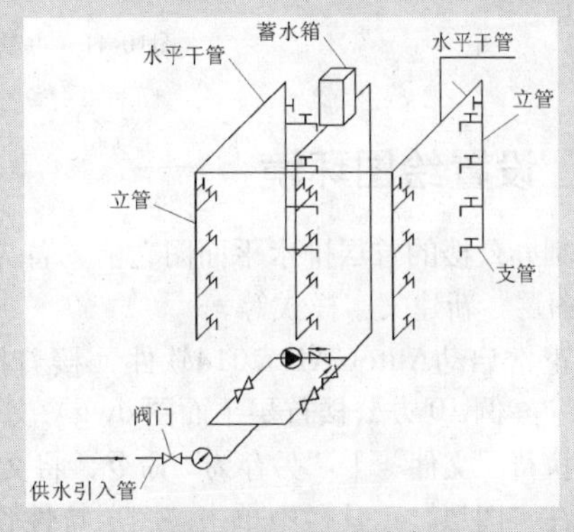

图10-40 上行下给式

- 分区供给式：是上述两种的结合，即下层由室外给水管网直接供水，上层由水箱供给。

10.2 绘制办公楼首层排水平面图

视频文件：视频\10\办公楼首层排水平面图.avi
结果文件：案例\10\办公楼首层排水平面图.dwg

室内给水排水施工图由室内给水系统安装和室内排水系统安装两部分组成，前者是指将水从室外自来水给水总管引入室内，并送至各个出水口（如各种水龙头、卫生洁具出水口、消防水栓等用水设备等）的管道施工；后者是指将生活污水从各污水收集点（如卫生间洁具、厨房盥洗槽的地漏等）引入排污管道，再排出到室外的检查井、化粪池段的安装施工。

本节以某地五层办公楼为例，介绍该办公楼首层排水平面图的绘制流程，使读者掌握建筑排水平面图的绘制方法以及相关的知识点，其绘制的该办公楼首层排水平面图，如图10-41所示。

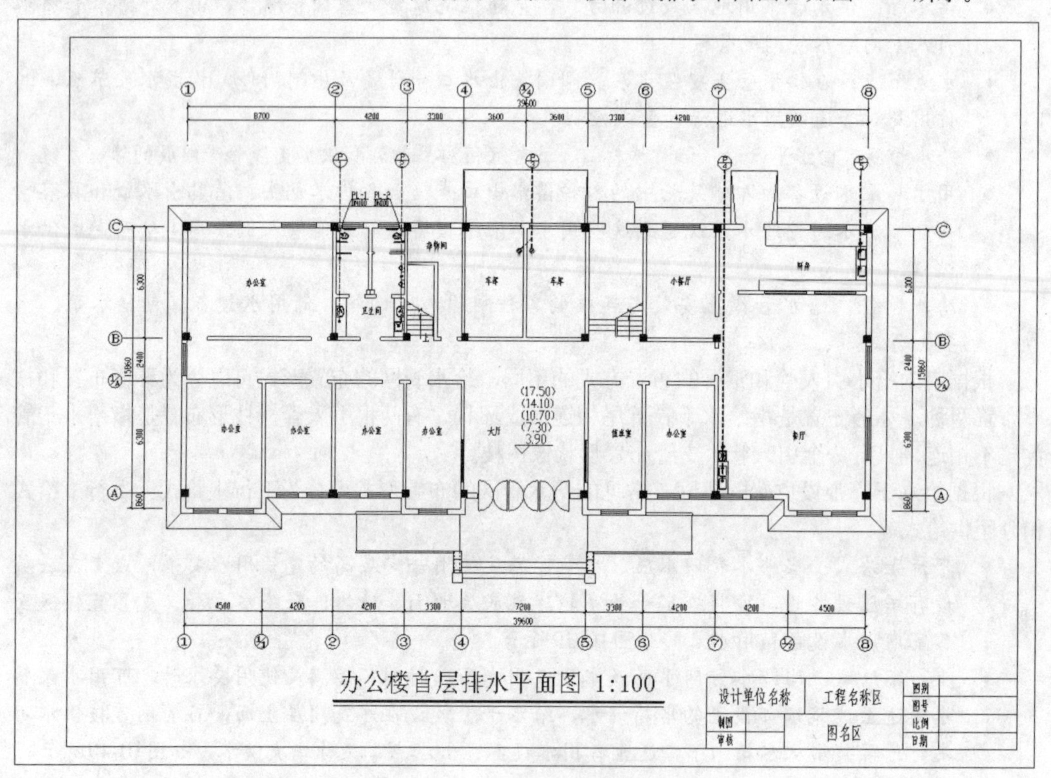

图10-41 办公楼首层排水平面图

10.2.1 设置绘图环境

在绘制办公楼的首层排水平面图之前，首先应设置其绘图环境，其中包括打开并另存文件、新建相应的图层、新建文字样式等。

1. 正常启动AutoCAD 2014软件，接着执行“文件”｜“打开”命令，打开本书光盘中的“案例\10\办公楼首层平面图.dwg”文件，如图10-42所示。
2. 执行“文件”｜“另存为”命令，将文件另存为“办公楼首层排水平面图.dwg”。
3. 在“图层”工具栏中单击“图层特性管理器”按钮，如图10-43所示。
4. 在打开的“图层特性管理器”面板中，建立如图10-44所示的图层，并设置好图层的颜色、线型以及线宽。

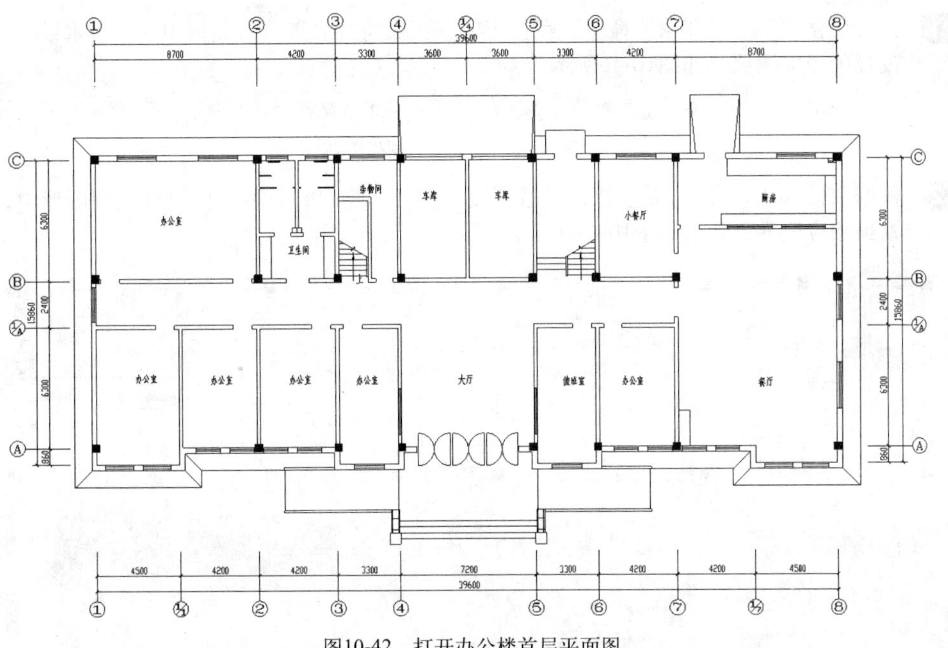

图10-42 打开办公楼首层平面图

图10-43 单击“图层特性管理器”按钮

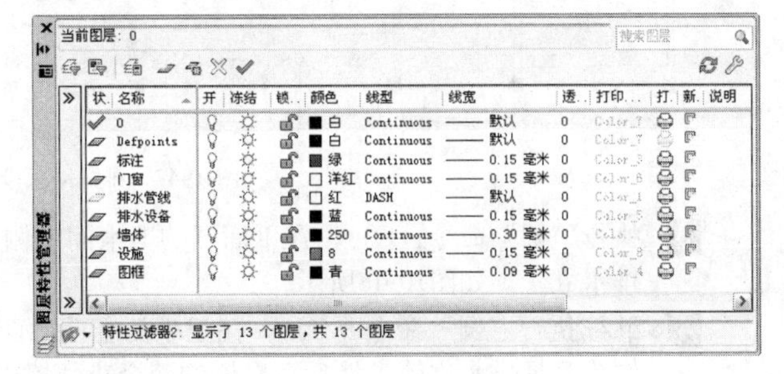

图10-44 设置图层

5 执行“格式” | “文字样式”命令，打开“文字样式”对话框，然后在其中新建“图内说明”和“图名标注”两种文字样式，如图10-45所示。

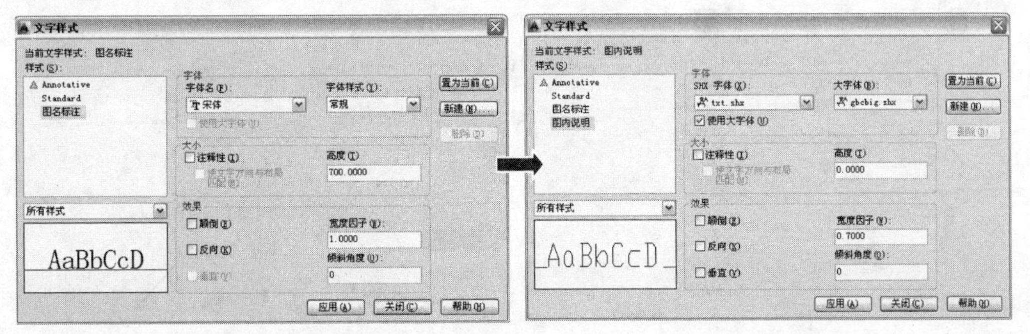

图10-45 新建文字样式

10.2.2 绘制排水设备

在前面已经设置好了绘图环境，接下来进行排水设备的绘制，其中包括绘制排水立管、圆形地漏、排水栓、管道标号等，然后将绘制的排水设备布置到平面图中相应的位置。

1 执行“格式”|“图层”命令，在弹出的“图层特性管理器”面板中将“排水设备”图层设置为当前图层，如图10-46所示。

✓ 排水设备 | 蓝 Continuous —— 0.15 毫米 0 Color_5

图10-46 设置当前图层

2 根据前面10.1.2节的绘制步骤，通过“设计中心”窗口，将相应图块插入到图形中，且放置到相应位置，效果如图10-47所示。

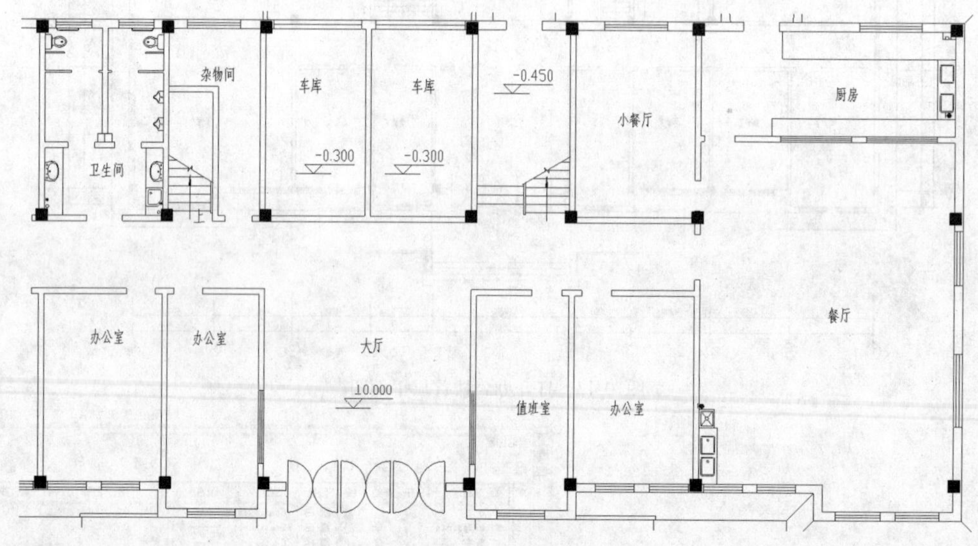

图10-47 布置用水设备

3 执行“圆”命令（C），在平面图的卫生间上侧相应位置绘制两个直径为100mm的圆作为排水立管，如图10-48所示。

4 继续执行“圆”命令（C），在卫生间上侧的两个马桶内分别绘制一个直径为75mm的圆作为马桶排水立管，然后在右侧的两个小便器内分别绘制一个直径为50mm的圆作为小便器排水立管，如图10-49所示。

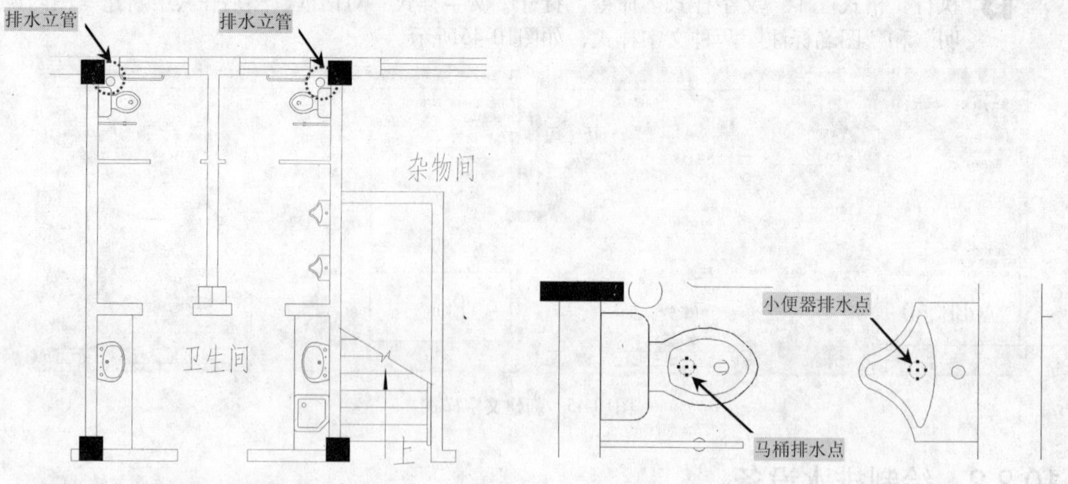

图10-48 绘制排水立管

图10-49 绘制马桶及蹲便器排水立管

5 绘制“圆形地漏”图例，执行“圆”命令（C），绘制一个半径为75mm的圆，如图10-50所示。

6 执行“图案填充”命令（H），为圆内部填充“ANSI31”图案，填充比例为5，如图10-51所示。

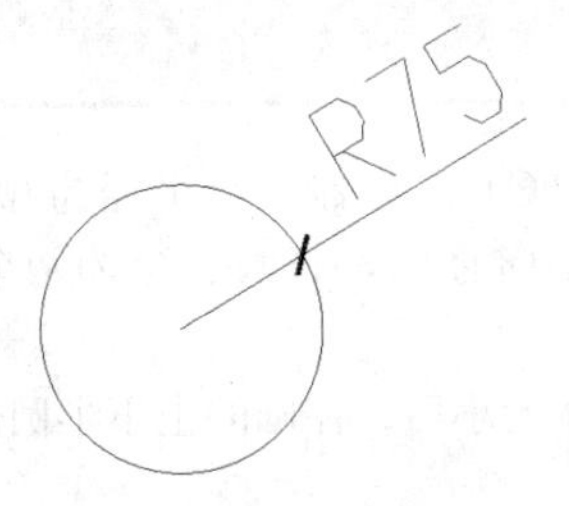

图10-50 绘制圆

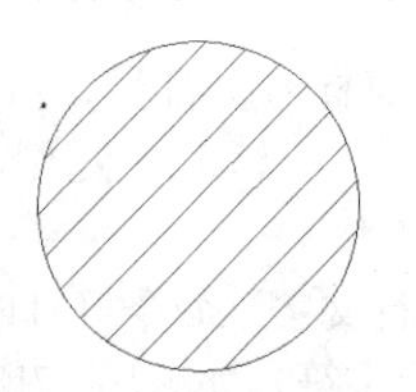
图10-51 填充图案

7 绘制“排水栓”图例，执行“圆”命令（C），绘制一个半径为75mm的圆，如图10-52所示。

8 执行“偏移”命令（O），将上一步绘制的圆向内偏移15，如图10-53所示。

9 执行“直线”命令（L），捕捉内部圆上的象限点分别绘制一条水平线段及竖直线段，如图10-54所示。

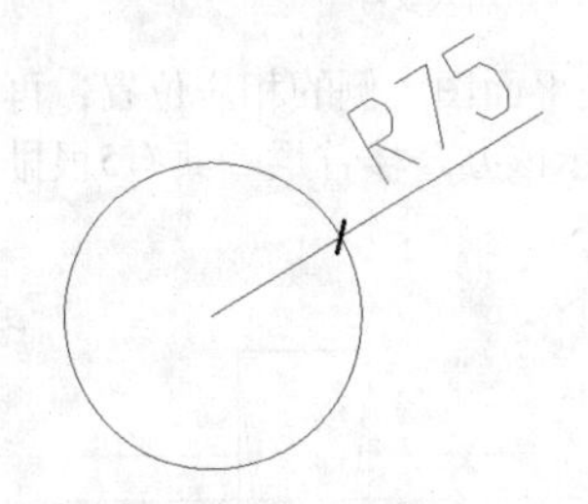

图10-52 绘制圆

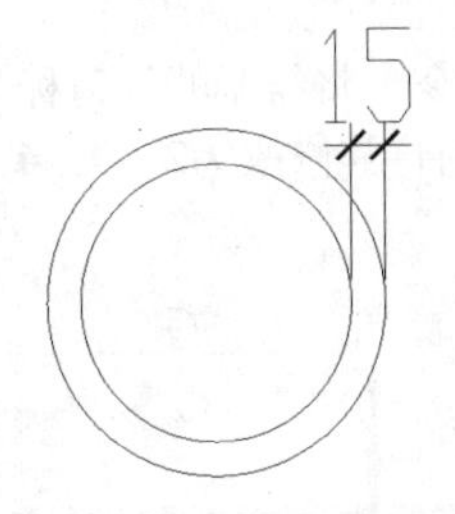

图10-53 偏移圆

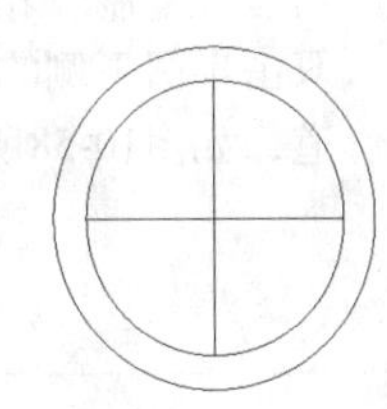
图10-54 绘制线段

10 将上面绘制的“圆形地漏”及“排水栓”图例分别选中后，执行“创建块”命令（B），将其分别创建为图块对象。

11 结合“复制”及“移动”命令，将绘制的“圆形地漏”及“排水栓”图例布置到平面图中需要安装排水设备的相应位置，如图10-55所示。

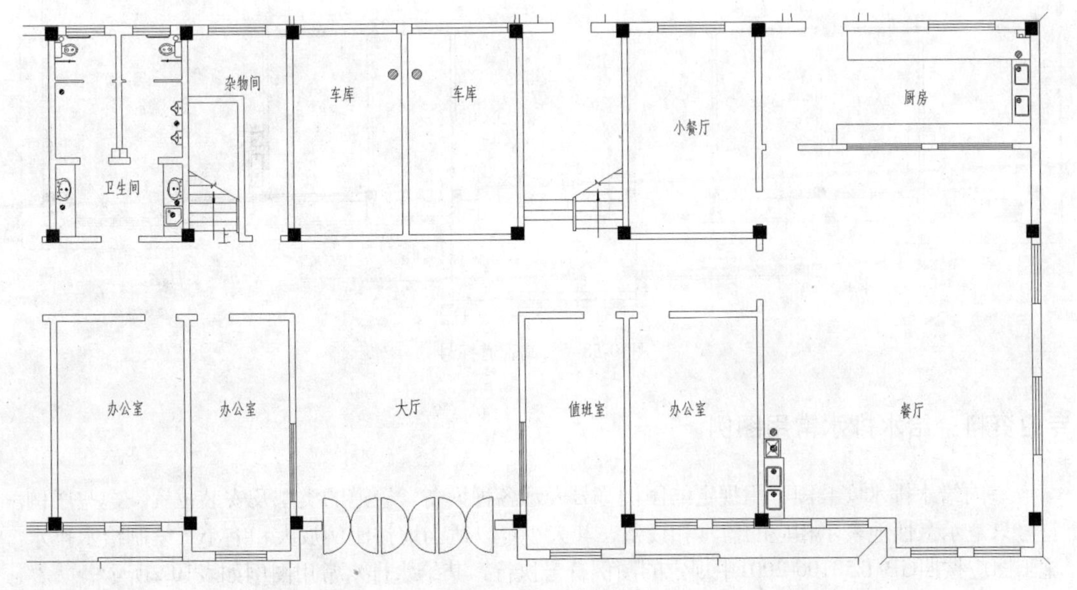

图10-55 布置排水设备

由于该图形区域比较大，用户可查看“案例\10\办公楼首层排水平面图.dwg”来进行排水设备的布置。

12 绘制“管道标号”符号，执行“圆”命令（C），绘制一个半径为400mm的圆；再执行“直线”命令（L），过圆心绘制圆的水平向直径，将圆平分为两个半圆，如图10-56所示。

13 执行“多行文字”命令（MT），设置好字体大小后，在圆的上下半圆中分别输入“P”、“1”两个字符，如图10-57所示。

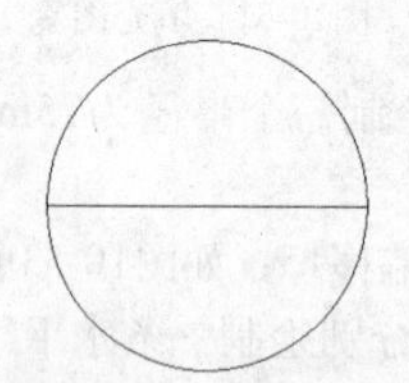

图10-56　绘制两半圆

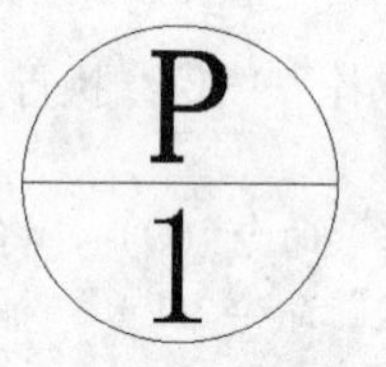

图10-57　输入文字

14 结合“复制”和“移动”命令，将绘制的管道标号布置到平面图上侧的相应位置；再逐一双击半圆下侧的数字1，分别将其修改为2、3、4、5，表示该办公楼首层一共有5根排水管道，如图10-58所示。

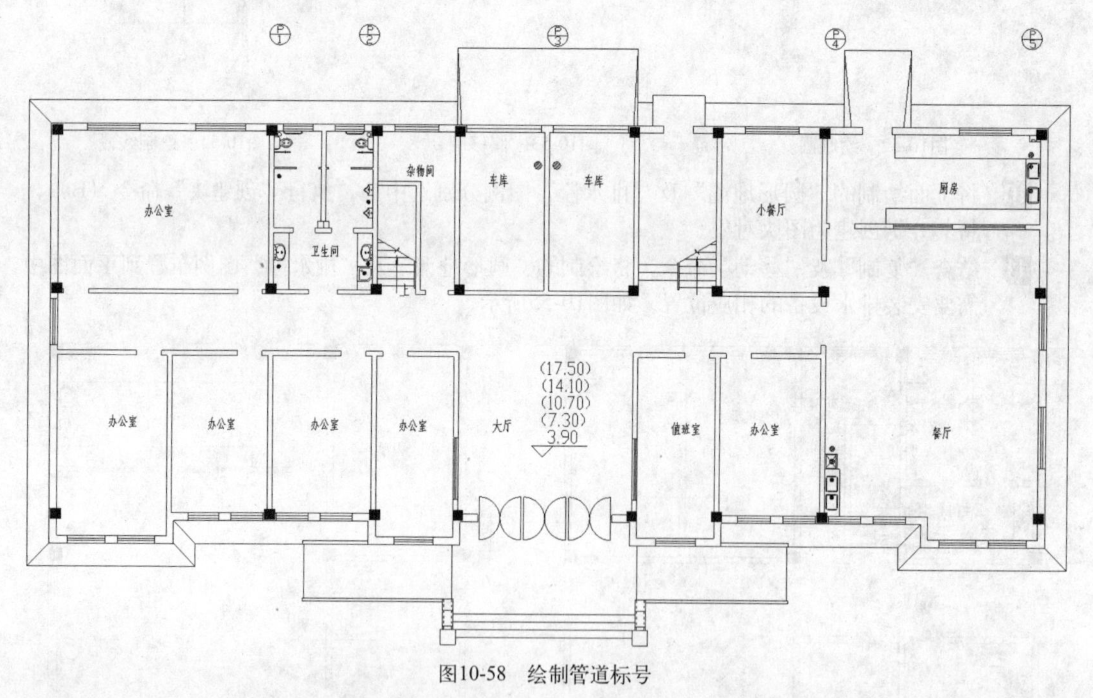

图10-58　绘制管道标号

专业资料：给水排水常用图例

室内给水排水安装图中用规定的图例符号表示各种设备、管道的类型及安装位置。这些图例符号只是示意性地表示相应的器具和设备，其大小可以适当地按比例放大和缩小。绘制给水排水施工图应按照GB/T 50106-2001中规定的图例符号执行，其给水排水常用图例如表10-2所示。

表10-2　给水排水常用图例

图　例	名　称	图　例	名　称	图　例	名　称	图　例	名　称
	套管伸缩器				潜水泵		室内双口消火栓
	波纹伸缩器	平面 系统	偏心异径管		定量泵	平面 系统	闭式自动洒水头（下喷）
	可曲挠橡胶接头		异径管		立式热交换器	平面 系统	闭式自动洒水头（上喷）
	立管检查口		乙字管（弯曲管）	平面 系统	开水器	平面 系统	闭式自动洒水头（上下喷）
平面 系统	清扫口	平面 系统	吸水喇叭口		户用水表	平面 系统	侧喷闭式洒水头
	通气帽		承插弯头		紫外线消毒器	平面	水喷雾喷头
YD- 平面 YD- 系统	雨水斗		吸水喇叭口支座		家用洗衣机	平面	水幕喷头
平面 HY- 系统	虹吸雨水斗		S形存水弯			平面 系统	湿式报警阀
平面 系统	圆形地漏		P形存水弯		温度计	平面 系统	预作用报警阀
平面 系统	排水漏斗		瓶形存水弯		压力表	平面 系统	雨淋阀
	形过滤器		浴盆排水件		自动记录压力表	平面 系统	干湿报警阀
	刚性防水套管				压力控制器		信号阀
	柔性防水套管		浴　盆		自动计录流量计		水流指示器
—*—*—	固定支架		洗脸盆（立式，墙挂式）		转子流量计		水力警铃
平面 系统	方型地漏		洗脸盆（台式）		真空表		消防水泵接合器
	减压孔板		坐式大便器		温度传感器		水炮
平面 系统	毛发聚集器		立式小便器		压力传感器	1XHL- 平面 1XHL-	低区消火栓立管
	金属软管		壁挂式小便器		PH值传感器	2XHL- 平面 2XHL-	高区消火栓立管
			蹲式大便器		酸传感器	1ZPL- 平面 1ZPL-	低区自动喷水灭火给水立管
	法兰连接		妇女卫生盆		碱传感器	2ZPL- 平面 2ZPL-	高区自动喷水灭火给水立管
	承插连接	平面 系统	自动冲洗水箱		余氯传感器	XH	消火栓给水引入管
	活接头	平面 系统	淋浴喷头	消防设施:		ZP	自动喷水灭火给水引入管
	管堵		洗涤盆(池)	— XH —	低区消火栓给水管	▲	手提式灭火器
	法兰堵盖		洗涤槽	— XH —	高区消火栓给水管		推车式灭火器
	管道弯转		洗涤盆 化验盆	— ZP —	低区自动喷水灭火给水管	灭火器表示方法	▲X-XX-X
	管道丁字上接		污水池	— ZP —	高区自动喷水灭火给水管		灭火剂充装量
	管道丁字下接		盥洗槽	— YL —	雨淋灭火给水管		灭火器型号
	三通连接			— SM —	水幕灭火给水管		灭火器数量
	四通连接		立式水泵	— SP —	水炮灭火给水管		灭火器图例
	管道交叉		卧式水泵		室内单口消火栓		

10.2.3 绘制排水管线

在前面已经绘制好了平面图中相应位置的排水设备，接下来进行排水管线的绘制，然后将绘制的排水管线与相应的排水设备连接起来。

1. 执行“格式”|“图层”命令，在弹出的“图层特性管理器”面板中将“排水管线”图层设置为当前图层，如图10-59所示。

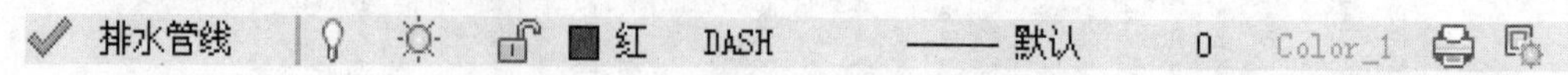

图10-59 设置当前图层

2. 执行“多段线”命令（PL），根据命令行提示将多段线的起点及端点的宽度设置为30。
3. 执行“格式”|“线型”命令，打开“线型管理器”对话框，然后单击右侧的“显示细节”按钮，将下方的“全局比例因子”设置为1000，如图10-60所示。

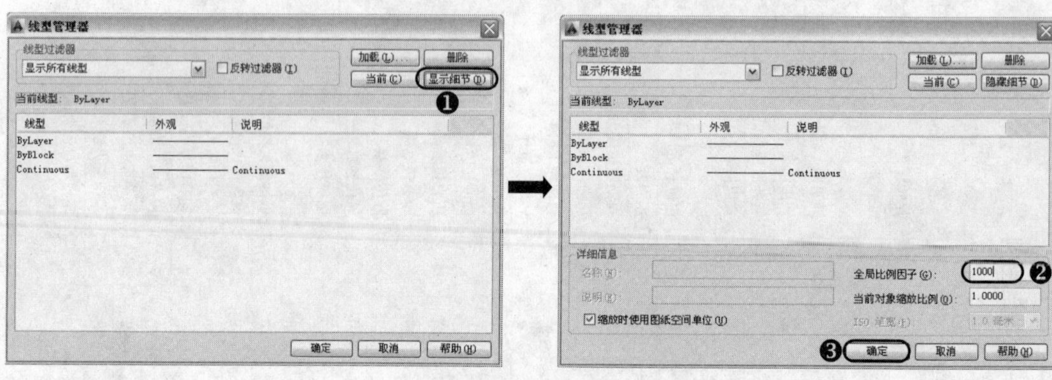

图10-60 设置线型

4. 设置好多段线的线宽及线型比例以后，执行“多段线”命令（PL），接着按照办公楼排水管线的布局设计要求，绘制连接室内各排水设备的排水管线，如图10-61所示。

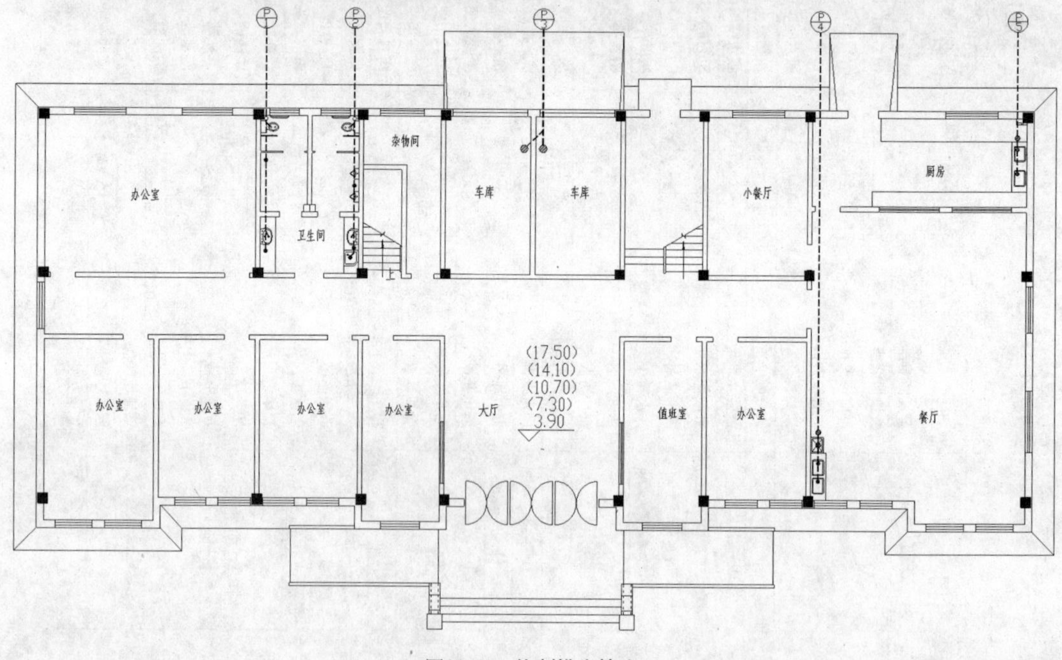

图10-61 绘制排水管线

10.2.4 排水施工图的标注

在前面已经绘制好了办公楼首层平面图内的所有排水管线及排水设备，下面讲解为排水平面图内的相关内容进行文字标注，其中包括排水立管名称标注、排水管管径标注，以及标注图名及添加图框等。

1 执行“格式” | “图层”命令，在弹出的“图层特性管理器”面板中将“标注”图层设置为当前图层，如图10-62所示。

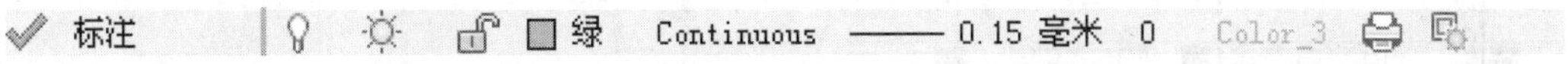

✓ 标注 | 绿 Continuous —— 0.15 毫米 0 Color_3

图10-62 设置当前图层

TIP▸▸ 在进行给排水布置图的标注说明时，应按照以下方式来操作。

- 文字标注及相关必要的说明：建筑给排水工程图，一般采用图形符号与文字标注符号相结合的方法，文字标注包括相关尺寸、线路的文字标注以及相关的文字特别说明等，都应按相关标准要求，做到文字表达规范、清晰明了。
- 管径标注：给排水管道的管径尺寸以毫米（mm）为单位。
- 管道编号：①当建筑物的给水引入管或排水排出管的根数大于1根时，通常用汉语拼音的首字母和数字对管道进行标号。②对于给水立管及排水立管，即指穿过一层或多层的竖向给水或排水管道，当其根数大于1根时，也应采用汉语拼音首字母及阿拉伯数字对其进行编号，如“JL-2”表示2号给水立管，“J”表示给水，“PL-6”则表示6号排水立管，“P”表示排水。
- 标高：对于建筑平面图来说，在同一标准层上可以同时表示出各个层的标高，这样更加直观。
- 尺寸标注：建筑的尺寸标注共三道，第一道是细部标注，主要是门窗洞的标注，第二道是轴网标注，第三道是建筑长宽标注。

2 执行“多行文字”命令（MT），设置文字的样式为“图内说明”，文字的高度为350，文字样式为大字体样式，字体组合为“txt.shx+hztxt.shx”，宽度比例因子为0.7，如图10-63所示。

图10-63 设置文字样式

3 设置好字体样式后，接着对卫生间的两根排水立管进行名称标注，标注的名称分别为“PL-1”及“PL-2”；再进行“管径大小”标注，管径的大小为100mm，用“DN100”来进行表示，如图10-64所示。

专业资料：管径

给水排水施工图中的管径尺寸应以mm为单位。镀锌钢管、铸铁管、PVC管等应以公称直径“DN”表示，如DN28表示公称直径为28mm；无缝钢管应以外径D和壁厚表示，如D114×5表示外径为114mm、壁厚为5mm；而陶瓷管、混凝土管等则采用内径“d”表示，如d230表示内径为230mm。同一种管径的管道较多时，可在附注中统一说明管径尺寸，而不用在图上标注。

管径在图纸上一般标注在：管径变径处；水平管道标注的管道上方；斜管道标注在管道的斜上方；立管道标注在管道的左侧。

4 执行“直线”命令（L），绘制如图10-65所示的标高符号，再执行“多行文字”命令（MT），在标高符号上添加标高文字，如图10-66所示。

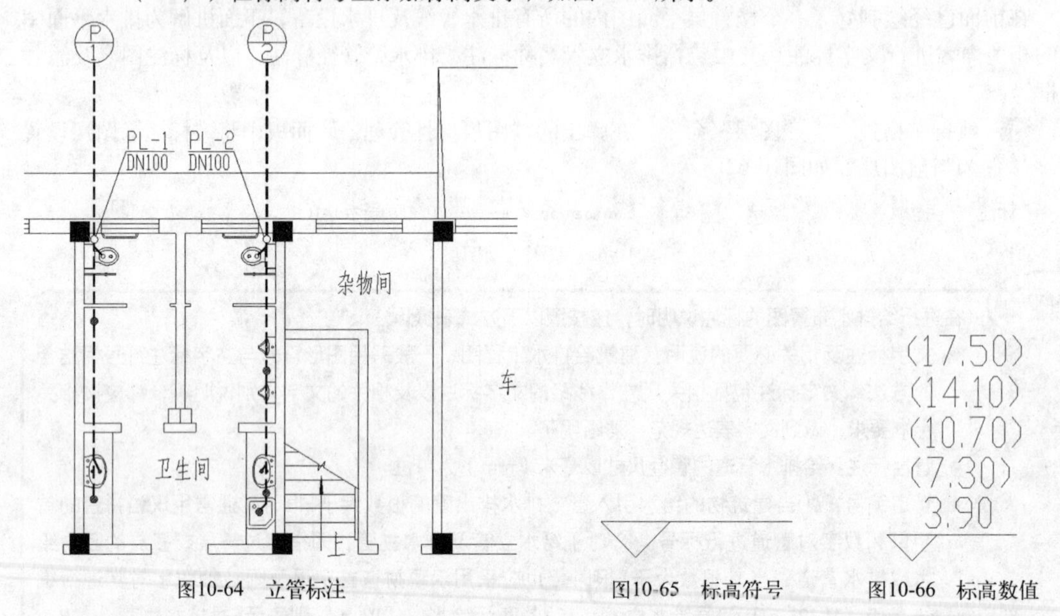

图10-64 立管标注　　　图10-65 标高符号　　　图10-66 标高数值

5 执行“移动”命令（M），将绘制的标高符号及标高文字选中后，将其移动到平面图中的相应位置。

6 执行“多行文字”命令（MT），设置文字的样式为“图名标注”，调整好文字大小后，在图形的下侧进行图名及比例的标注；再结合“多段线”及“直线”命令在图名的下侧绘制两条水平直线段，如图10-67所示。

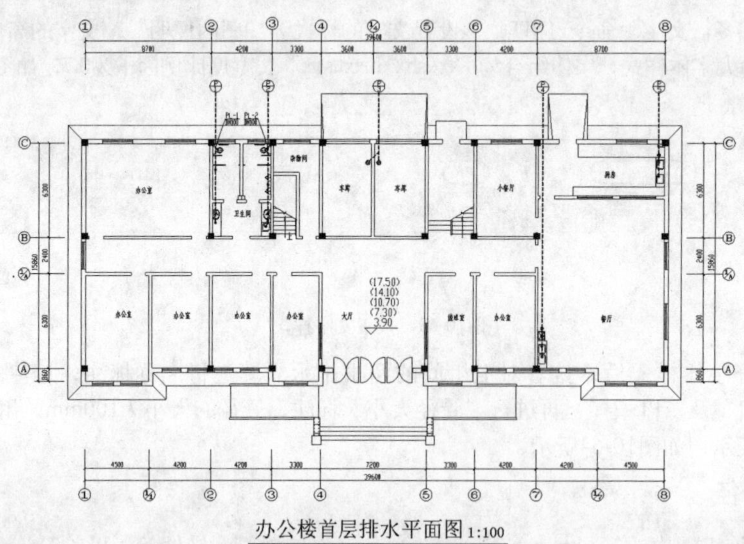

图10-67 标注的效果

7 执行“格式”|“图层”命令，在弹出的“图层特性管理器”面板中将“图框”图层设置为当前图层，如图10-68所示。

图框　青　Conti...　—— 0.15 毫米　0　Color_4

图10-68 设置当前图层

8 执行“插入”命令（I），将“案例\10\A2图框.dwg”文件插入到绘图区中。

9 执行“缩放”命令（SC），将图框缩小；再执行“移动”命令（M），将绘制的图形全部选中，然后移动到图框中的中间适当位置即可，如图10-69所示。

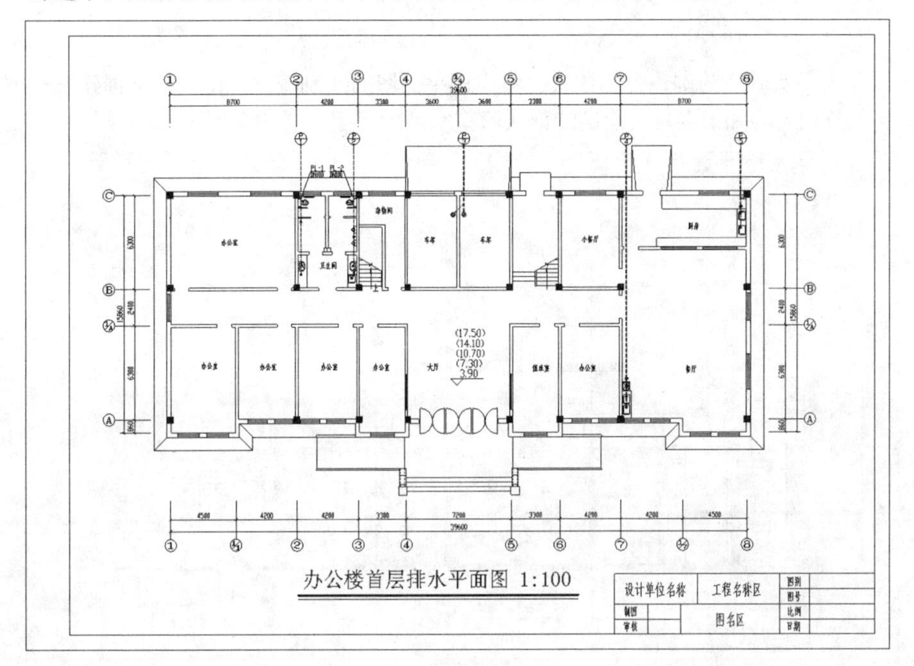

图10-69 插入图框的效果

10 至此，该办公楼的首层排水平面图已经绘制完成，然后按组合键Ctrl+S将该文件进行保存。

专业资料：室内排水系统的组成与分类

根据建筑的性质，排水系统分为生产污水管道、雨水管道和生活污水管道系统三类，住宅室内排水系统一般为生活污水管道系统。通常住宅室内排水系统管网布置效果。通常住宅室内排水系统有以下几个部分组成。

- 污水收集设备：是室内排水系统的起点，如各种盥洗池、浴盆、大便池、小便池等。卫生洁具带有的排水管一般设有水封（P形可S形存水弯）或地漏等，这些污水收集器具接纳各种污水后排入管网系统。
- 横支管：连接污水收集器具排水管和排水立管之间水平方向的管段，能够将从各污水收集器具流来的污水送至排水立管。横支管应具有一定的坡度，与排水立管相接的一端应较低，以利于排水。
- 排水立管：是主要的排水管道，接受各横支管流来的污水，再排至建筑物底部的排出管。
- 排出管：将排水立管流来的污水排至室外的检查井、化粪池的水平管段。埋地敷设的排出管应具有较大的坡度，与室外的检查井、化粪池相接的一端较低，以利于排除污水。
- 通气管：与排水立管相连，上口一般伸出屋面或室外，作用是排放排水管网中的有害气体和平衡管道内气压。
- 清通设备：用于排水管道的清理疏通，如检查口、清扫口等。
- 其他设备：包括污水抽升设备、局部污水处理设备等。

10.3 绘制实验室空调平面图

视频文件：视频\10\实验室空调平面图.avi
结果文件：案例\10\实验室空调平面图.dwg

本节以某大学实验室为例，介绍该实验室空调平面图的绘制流程，使读者掌握建筑空调平面图的绘制方法以及相关的知识点，其绘制的该实验室空调平面图如图10-70所示。

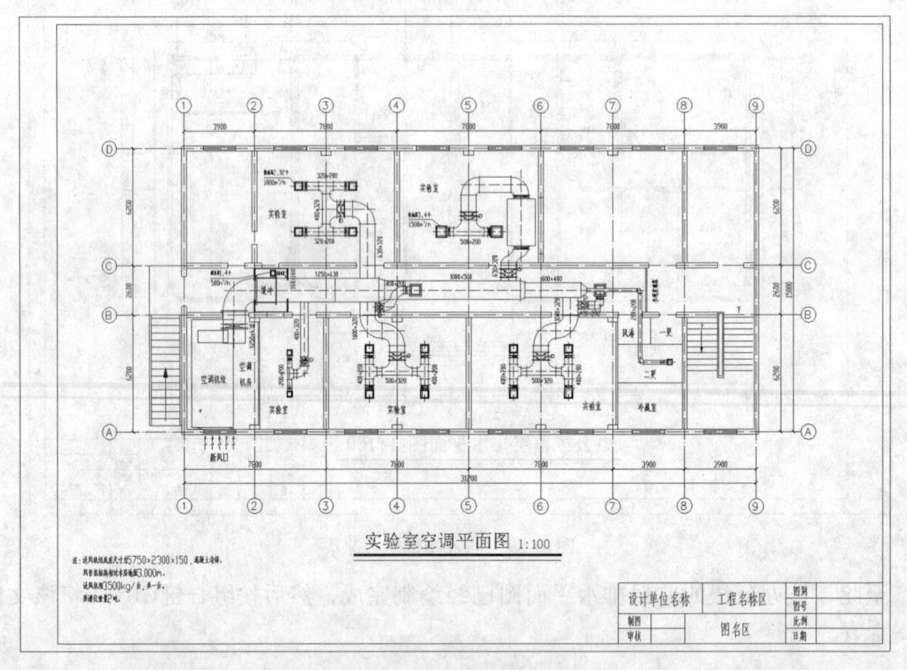

图10-70 实验室空调平面图

建筑室内空调系统平面图是在建筑平面图的基础上，根据建筑空调工程的表达内容及建筑空调制图的表达方法，绘制出的用于反映空调设备、风管、风口、管线等的安装平面布置状况的图样，图中应标注各种风管、管道、附件、设备等在建筑中的平面位置以及标注风管、管道规格型号等相关数值。

专业资料：电子电气施工图概念

电子电气安装工程可以分为强电和弱电两大类，强电和弱电没有严格的区别标准。强电一般指交流电或电压较高的直流电；弱电一般指直流通讯、广播线路上的电。在家居中弱电的安装项目相对较少，工程量相对较大的是电气设施的安装。住宅室内装饰装修的电气安装施工工程大致有电气设施安装、电子电器设备安装和综合布线系统施工三类。

这里的电气设施的安装包括照明工程和室内配线工程。照明工程是指各种类型的照明灯具、开关、插座和照明配电箱等设备安装，其中最主要的是照明线路的敷设与电气零配件的安装；电子电器安装包括各种家用电器和家用电子设备的安装，如电热水器、空调器、煤气报警器、电子门铃等；综合布线系统施工图是建筑工程的一种建筑集成化的配线安装方式，如智能化建筑各种设备、线路系统的综合敷设安装，它包括通信信息、有线电视、监控系统、远程检测作业信号的传送等。

10.3.1 设置绘图环境

1 正常启动AutoCAD 2014软件，接着执行“文件”｜“打开”命令，打开本书光盘中的“案例\10\实验室平面图.dwg”文件，如图10-71所示。

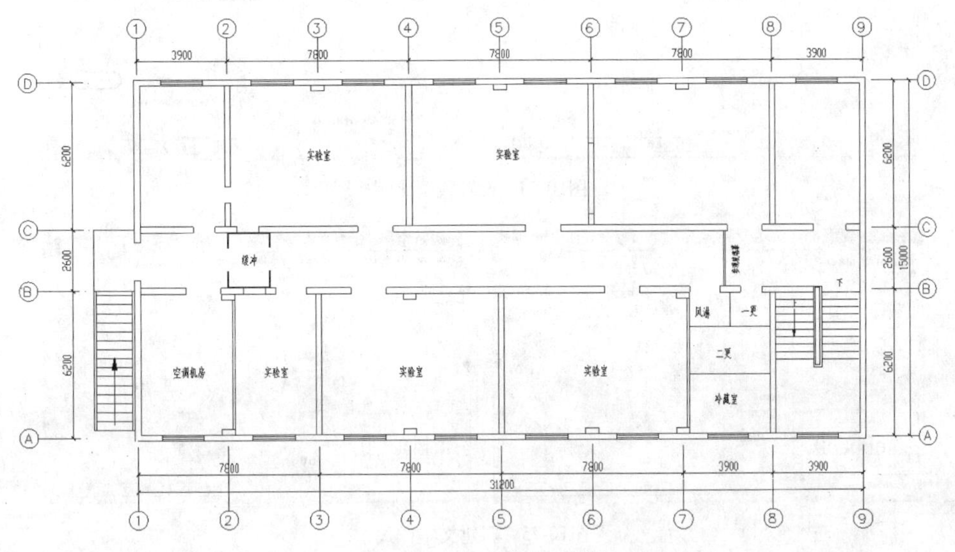

图10-71 打开实验室平面图

2 执行“文件”｜“另存为”命令，将文件另存为“实验室空调平面图.dwg”。

3 在“图层”工具栏中，单击“图层特性管理器”按钮，如图10-72所示。

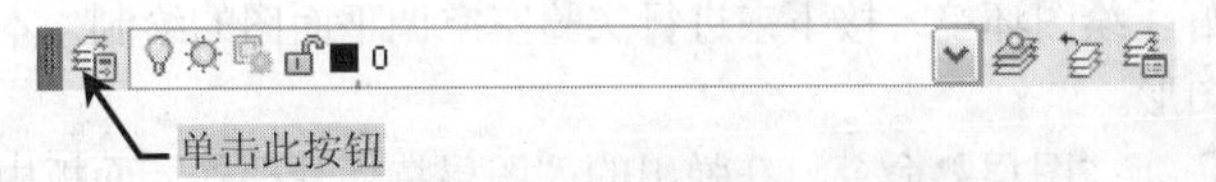

图10-72 单击“图层特性管理器”按钮

4 在打开的“图层特性管理器”面板中，建立如图10-73所示的图层，并设置好图层的颜色、线型以及线宽。

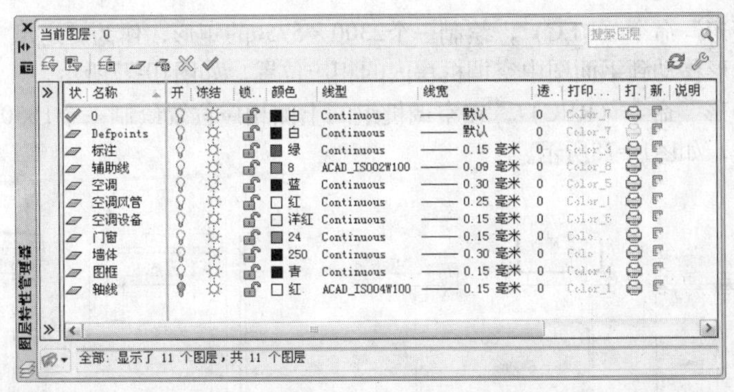

当前图层：0

名称	颜色	线型	线宽	透..	打印...
0	白	Continuous	默认	0	Color_7
Defpoints	白	Continuous	默认	0	Color_7
标注	绿	Continuous	0.15 毫米	0	Color_3
辅助线	8	ACAD_ISO02W100	0.09 毫米	0	Color_8
空调	蓝	Continuous	0.30 毫米	0	Color_5
空调风管	红	Continuous	0.25 毫米	0	Color_1
空调设备	洋红	Continuous	0.15 毫米	0	Color_6
门窗	24	Continuous	0.15 毫米	0	Colo...
墙体	250	Continuous	0.30 毫米	0	Colo...
图框	青	Continuous	0.15 毫米	0	Color_4
轴线	红	ACAD_ISO04W100	0.15 毫米	0	Color_1

全部：显示了 11 个图层，共 11 个图层

图10-73 设置图层

5 执行“格式”｜“线型”命令，打开“线型管理器”对话框，单击“显示细节”按钮，在下侧的“全局比例因子”右侧的文本框中输入50，然后单击“确定”按钮，如图10-74所示。

6 执行“格式”｜“文字样式”命令，打开“文字样式”对话框，然后在打开的“文字样式”对话框中新建“图名标注”及“图内说明”两种文字样式，如图10-75所示。

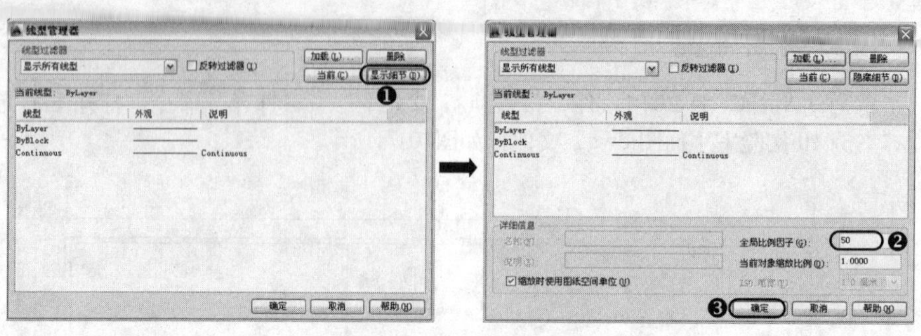

图10-74　设置线型比例

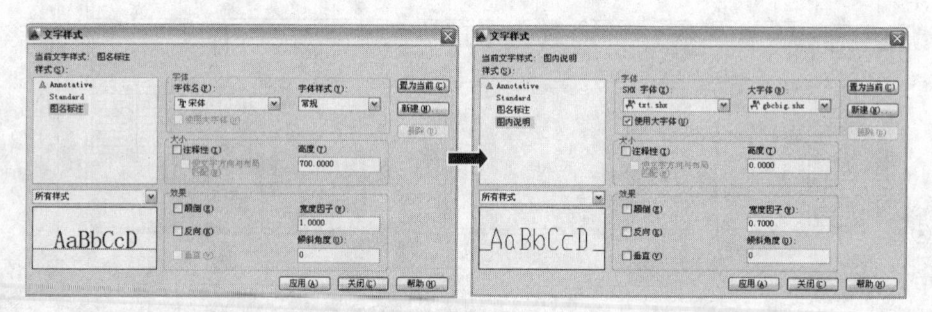

图10-75　新建文字样式

10.3.2　绘制空调机组平面图

在前面已经设置好了绘图环境，接下来进行实验室空调平面图的绘制，本实例首先讲解绘制空调机房中的空调机组图形。

1 执行“格式”｜“图层”命令，在弹出的“图层特性管理器”面板中将“空调”图层设置为当前图层，如图10-76所示。

空调　　　　■ 蓝　Conti...　—— 0.30 毫米　0　Color_5

图10-76　设置当前图层

2 执行“矩形”命令（REC），绘制一个2300×5750的矩形，作为“送风空调机组”，再将绘制的矩形移动到平面图中空调机房内的相应位置，如图10-77所示。

3 执行“矩形”命令（REC），在空调机组的上侧相应位置绘制一个1650×650的矩形，作为送风口，如图10-78所示。

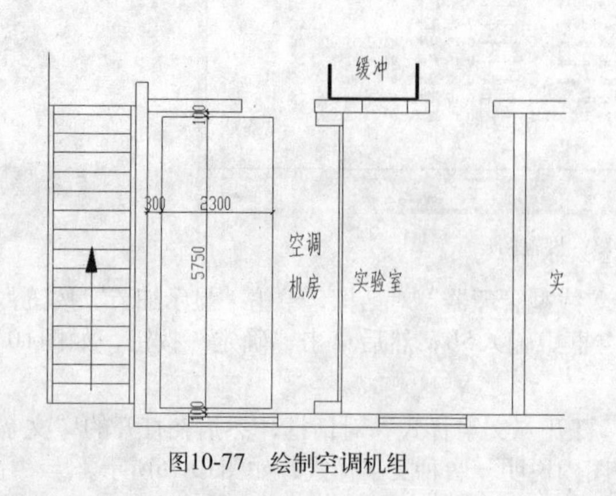

图10-77　绘制空调机组

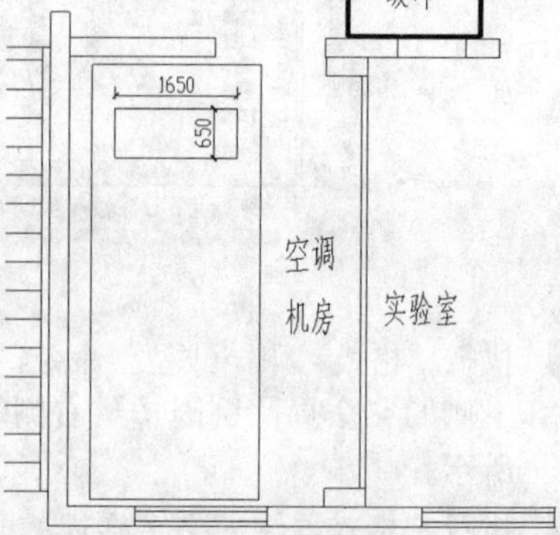

缓冲
1650
650
空调
机房
实验室

图10-78　绘制送风口

4 执行“直线”命令（L），在空调机房的窗口位置绘制两条短斜线将空调机组的入风口与窗口连接起来，如图10-79所示。

5 结合“直线”、“图案填充”、“复制”等命令，在空调机房的窗口位置绘制几个箭头，表示风向指示符号，如图10-80所示。

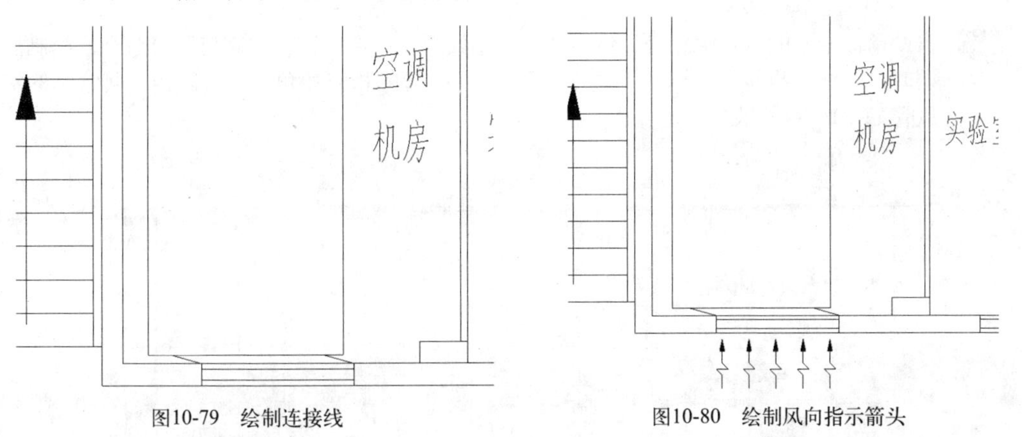

图10-79　绘制连接线　　　　图10-80　绘制风向指示箭头

10.3.3　绘制空调风管平面图

在上一实例中已经绘制好了空调机房中的空调机组，下面讲解空调风管的绘制过程，然后将绘制的空调风管连接到空调机组之上。

1 执行“格式”｜“图层”命令，在弹出的“图层特性管理器”面板中，将“辅助线”图层设置为当前图层，如图10-81所示。

✓ 辅助线 | 8 ACAD_ISO02W100 —— 0.09 毫米 0 Color_8

图10-81　设置当前图层

2 执行“直线”命令（L），绘制空调风管中轴线，绘制的中轴线主要用于绘制空调风管时作为辅助线，如图10-82所示。

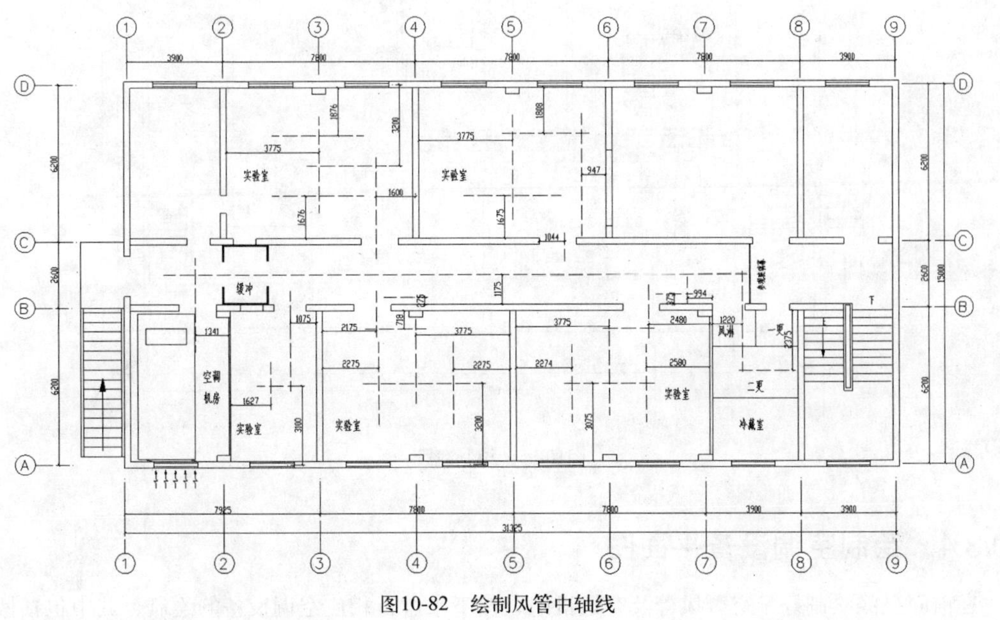

图10-82　绘制风管中轴线

3 执行“格式”｜“图层”命令，在弹出的“图层特性管理器”面板中将“空调风管”图层设置为当前图层，如图10-83所示。

✓ 空调风管 ｜ 💡 ☼ 🔓 ■红 Continuous —— 0.25 毫米 0 Color_1

图10-83 设置当前图层

4 借助前面绘制的风管中轴线，然后结合“直线”、“偏移”、“修剪”等命令，绘制出空调的风管线；再执行“圆角”命令（F），对风管的相应转角处进行圆角，其绘制的空调风管如图10-84所示。

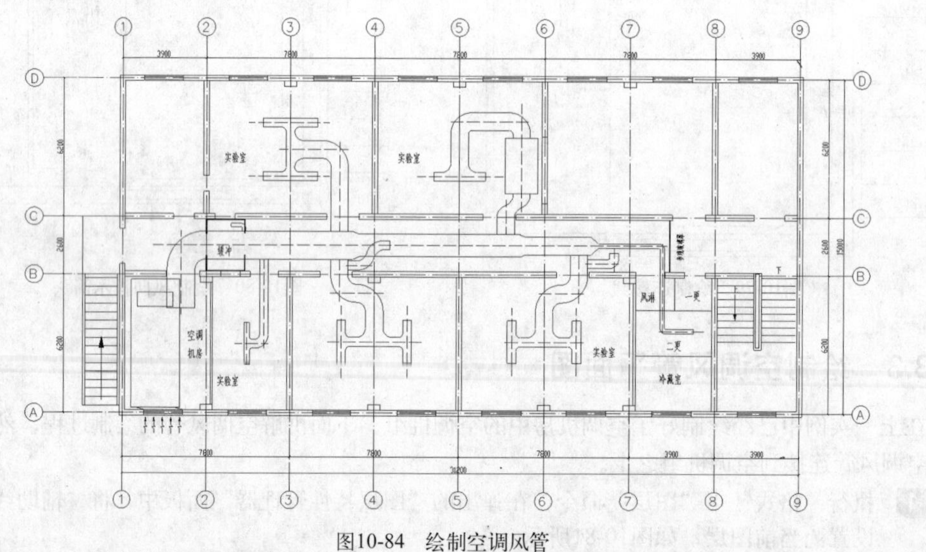

图10-84 绘制空调风管

5 执行“直线”命令（L），在风管上的相应位置绘制一些水平或垂直的段线，表示风管与设备的连接位置，如图10-85所示。

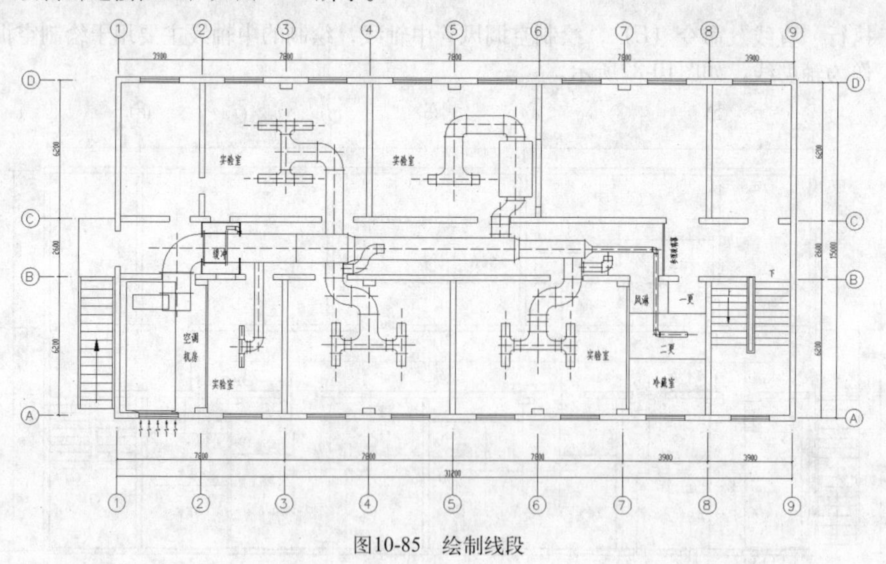

图10-85 绘制线段

10.3.4 绘制空调设备平面图

在前面已经绘制好了空调风管及空调机组，接下来进行相应空调设备的绘制，其中包括散流器、电动密闭式对开多叶调节阀、防火调节阀、风管软接头等的绘制，然后将绘制的空调设备连接到相应位置的空调风管上。

1 执行“格式”｜“图层”命令，在弹出的“图层特性管理器”面板中，将“空调设备”图层设置为当前图层，如图10-86所示。

✓ 空调设备 | 💡 ☼ 🔓 ■ 洋红 Continuous —— 0.15 毫米 0 Color_6

图10-86 设置当前图层

2 绘制方形“散流器”图例，执行“矩形”命令（REC），绘制一个630×630的矩形，如图10-87所示。

3 执行“偏移”命令（O），将上一步绘制的矩形依次向内偏移两次，偏移的距离为50，如图10-88所示。

4 执行“直线”命令（L），捕捉最外部矩形上相应的点绘制对角线，如图10-89所示。

图10-87 绘制矩形

图10-88 偏移矩形

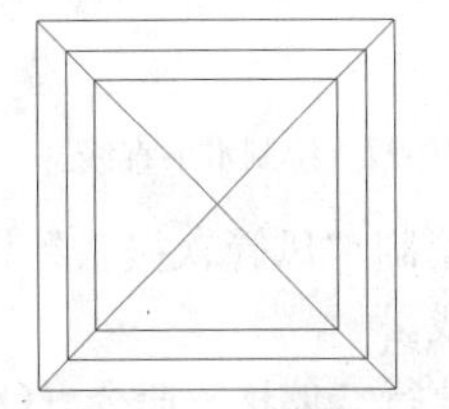

图10-89 绘制对角线

5 执行“修剪”命令（TR），修剪矩形内部多余的线段，如图10-90所示。

6 根据上面介绍的方法，再分别绘制一个480×480及320×320大小的散流器图例，如图10-91所示。

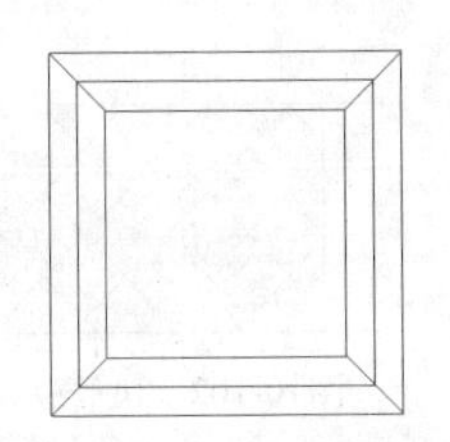

图10-90 修剪线段

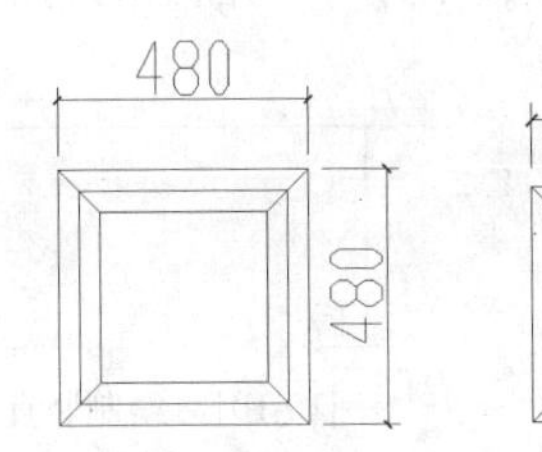

图10-91 绘制散流器图例

7 绘制“电动密闭式对开多叶调节阀”图例，执行“直线”命令（L），绘制一条长度为960mm的水平直线；再执行“偏移”命令（O），将水平直线向下偏移400，如图10-92所示。

8 执行“圆”命令（C），在两条水平直线的内部绘制一个半径为45mm的圆；再执行“直线”命令（L），过圆的圆心绘制一条短斜线，如图10-93所示。

9 执行“图案填充”命令（H），将上一步绘制的圆填充为黑色实心，如图10-94所示。

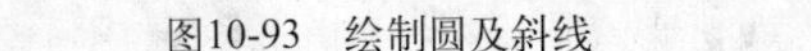

图10-92 绘制水平直线

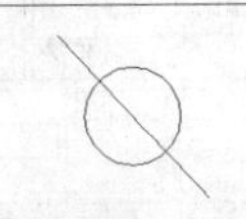

图10-93 绘制圆及斜线

图10-94 填充图案

10 执行“镜像”命令（MI），将绘制的圆及斜线选中，以水平线段的中点为镜像轴复制一个，如图10-95所示。

11 结合“直线”和“圆”命令，在调节阀图例的右侧绘制一个指向符号；再在圆内输入文字M，从而完成“电动密闭式对开多叶调节阀”图例的绘制，如图10-96所示。

12 绘制“防火调节阀”图例，执行“直线”命令（L），绘制一条长度为650mm的水平直

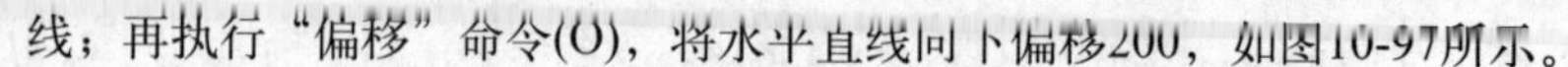
线；再执行“偏移”命令(O)，将水平直线向下偏移200，如图10-97所示。

13 执行“直线”命令（L），在两条水平直线段的内侧绘制两条交叉线，如图10-98所示。

14 执行“圆”命令（C），以两条交叉线的交点为圆心，绘制半径为50mm的圆，从而完成“防火调节阀”图例的绘制，如图10-99所示。

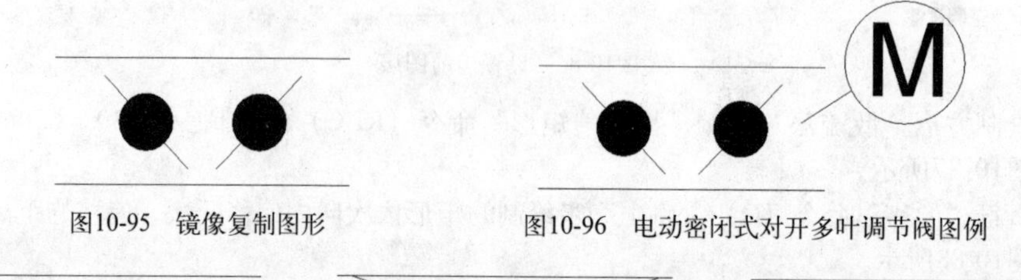

图10-95 镜像复制图形

图10-96 电动密闭式对开多叶调节阀图例

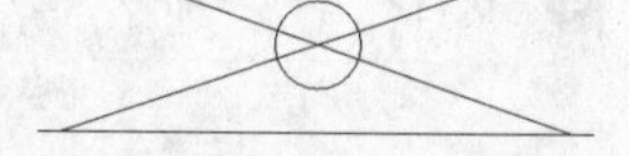

图10-97 绘制水平直线

图10-98 绘制交叉线

图10-99 防火调节阀图例

15 绘制“风管软接头”图例，执行“直线”命令（L），绘制一条长度为320mm的水平直线。

16 执行“偏移”命令（O），将绘制的水平直线向下偏移120，如图10-100所示。

17 执行“直线”命令（L），捕捉两条水平线段的中点绘制一条竖直线段；再执行“偏移”命令（O），将绘制的竖直线段分别向两侧偏移125，然后将中间的竖直线段删除掉，如图10-101所示。

18 执行“图案填充”命令（H），为图形的内部填充NET图案，填充角度为45°，比例为10，如图10-102所示。

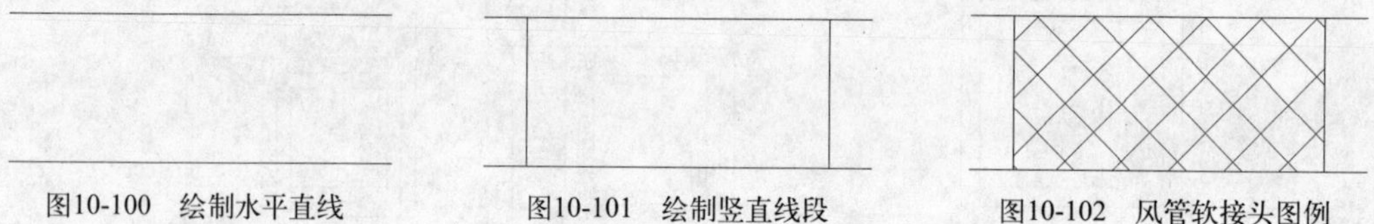

图10-100 绘制水平直线

图10-101 绘制竖直线段

图10-102 风管软接头图例

19 结合“复制”、“缩放”、“移动”等命令，将前面绘制的空调设备图例分别布置到图中相应的位置，如图10-103所示。

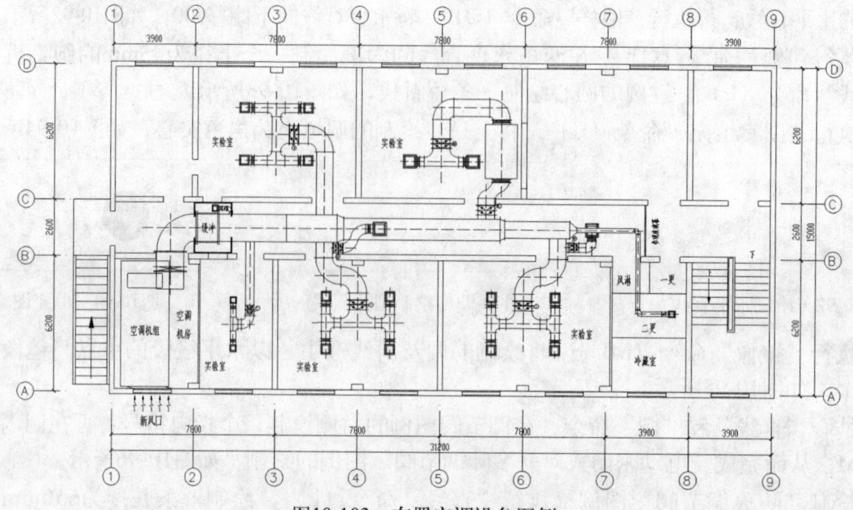

图10-103 布置空调设备图例

10.3.5　空调平面图的标注

在前面已经绘制好了实验室空调平面图的相关图形，本实例将讲解为绘制的空调平面图添加相关的文字标注说明、标注图名以及添加平面图图签。

1 执行“格式”｜“图层”命令，在弹出的“图层特性管理器”面板中将“标注”图层设置为当前图层，如图10-104所示。

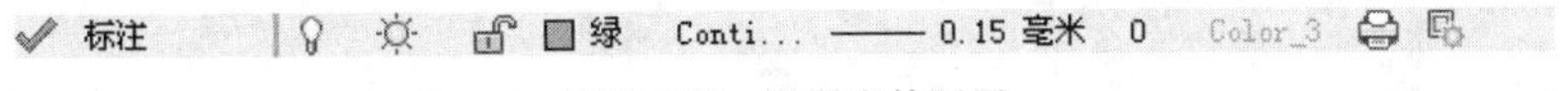

图10-104　设置当前图层

2 执行“多行文字”命令（MT），设置文字的样式为“图内说明”，字体组合为“txt.shx+hztxt.shx”，文字的高度为250，宽度比例因子为0.7，如图10-105所示。

图10-105　设置文字样式

3 设置好字体样式后，接着对图形中对应的风管进行截面尺寸标注，再对相应散流器的个数进行标注，如图10-106所示。

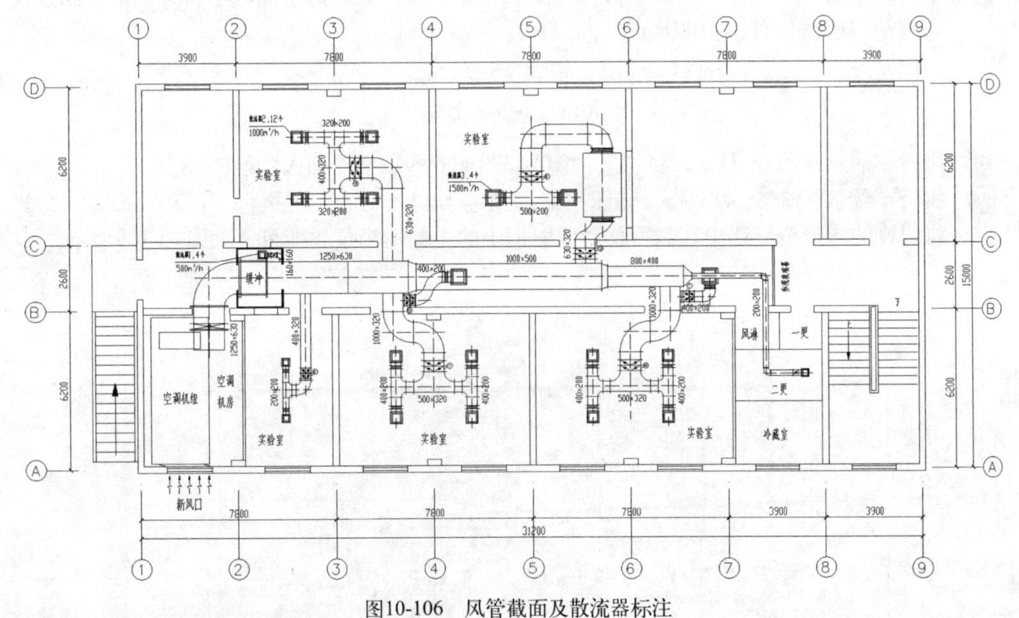

图10-106　风管截面及散流器标注

TIP▸▸ 在对图中的风管进行标注时，其标注的含义及标注原则如下。

- ◆ 风管截面尺寸指风管的截面宽度与高度的尺寸，例如：风管截面400mm×320mm表示风管的截面的宽度为400mm，高度为320mm。
- ◆ 对风管截面尺寸进行标注时，标注的文字应与对应风管的水平方向保持一致，这样便于快速观察标注风管的截面尺寸。

例如，图中标注的散流器1表示该散流器的编号，4个表示该散流器布置的个数，500m^3/h表示该散流器的送风风量为每小时500立方米。

4 执行“多行文字”命令（MT），设置文字的样式为“图名标注”，调整好文字大小后，在图形的下侧进行图名及比例的标注；再结合“多段线”和“直线”命令在图名的下侧绘制两条水平直线段，如图10-107所示。

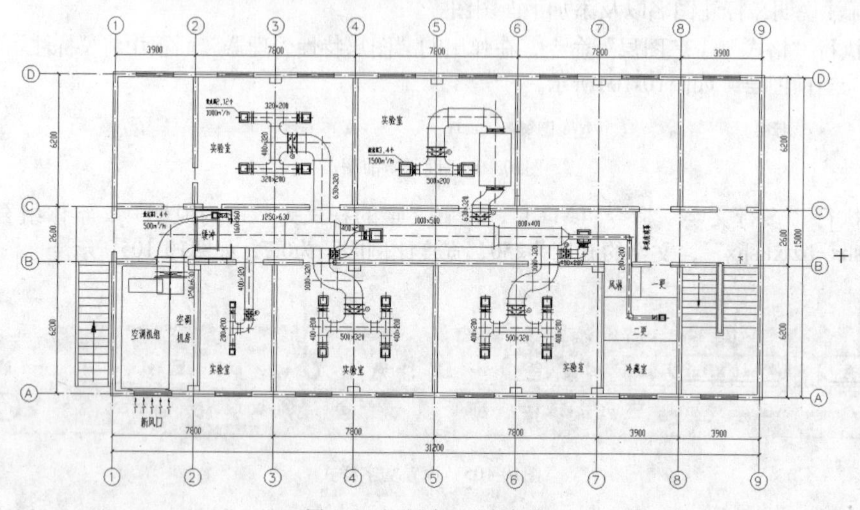

图10-107　图名及比例标注

5 执行“格式”｜“图层”命令，在弹出的“图层特性管理器”面板中将“图框”图层设置为当前图层，如图10-108所示。

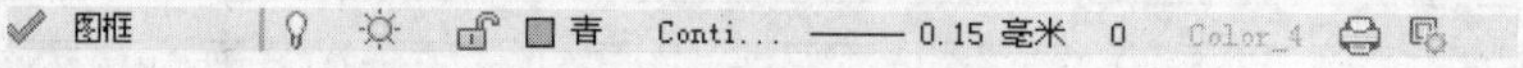

✓ 图框 | 青 Conti... —— 0.15 毫米 0 Color_4

图10-108　设置当前图层

6 执行“插入”命令（I），将“案例\10\A3图框.dwg”文件插入到绘图区中。

7 执行“缩放”命令（SC），将图框缩放到适当的大小后；再执行“移动”命令（M），将绘制的图形全部选中，然后移动到图框中的中间适当位置即可，如图10-109所示。

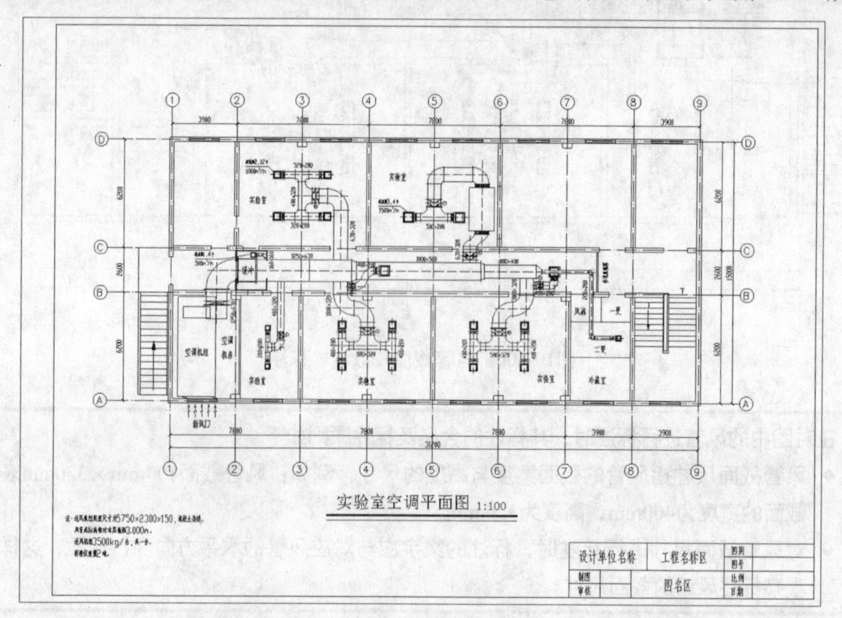

图10-109　插入图框的效果

8 至此，该实验室的空调通风平面图已经绘制完成，然后按组合键Ctrl+S将该文件进行保存。

专业资料：电子电气安装施工图的种类

住宅装修工程中电子电气系统施工图既有建筑的电气安装图、各种电子装置的电子线路图，还有专用于表达电气设施与建筑结构关系的灯位图，以及照明电气、通信信息、有线电视的综合布线图等。从目前来看，与建筑装修工程有关的电气安装施工图样资料主要有电气平面图、系统图、电路图、设备布置图、综合布线图和图例、设备材料明细表等几种。

各种电子设备与装置的电路安装图主要有电路原理图、元器件安装图和方框图三种。

设计说明主要表达电气工程设计的依据、施工原则和要求、建筑特点、电气安装标准、安装方法、工程等级、工艺要求等，以及有关设计的补充说明。图例一般只列出本套图纸中涉及到的一些图形符号。而设备材料明细表则是在图样中列出该项电气工程所需要的设备和材料的名称、型号、规格和数量，供设计概算和施工预算时参考。

10.4 绘制居民楼照明平面图

视频文件：视频\10\居民楼标准层照明平面图.dwg
结果文件：案例\10\居民楼标准层照明平面图.dwg

本节以某地七层居民楼为例，介绍该居民楼标准层照明平面图的绘制流程，使读者掌握建筑照明平面图的绘制方法以及相关的知识点，其绘制的该居民楼标准层照明平面图，如图10-110所示。

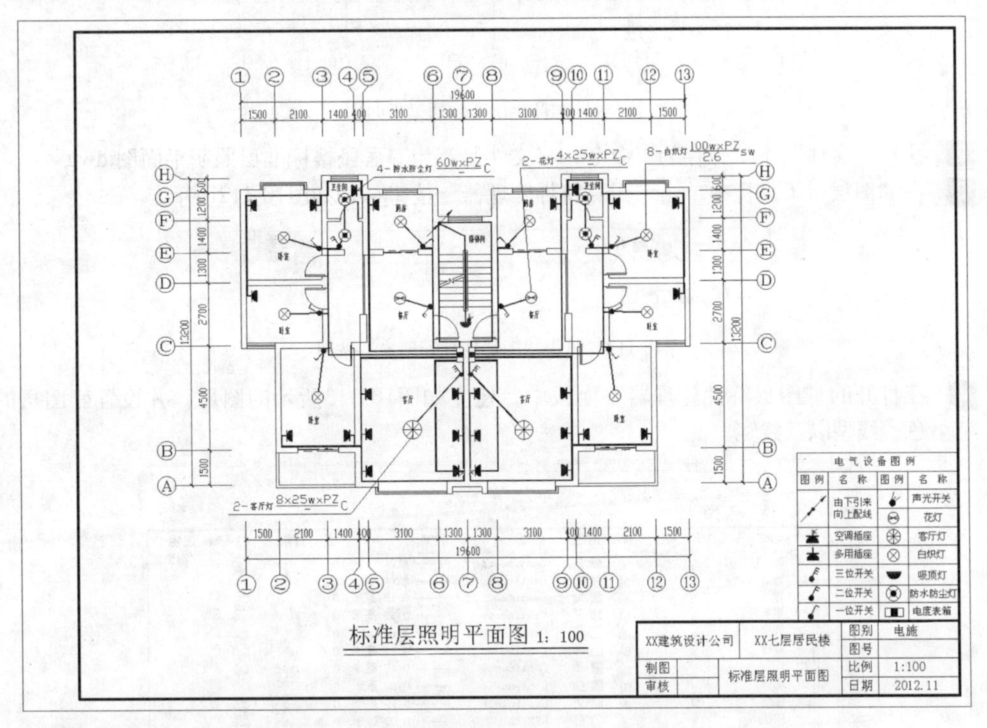

图10-110　居民楼标准层照明平面图

10.4.1　设置绘图环境

在绘制居民楼标准层的照明平面图之前，首先应设置其绘图环境，其中包括打开并另存文件、新建图层、新建文字样式。

1 正常启动AutoCAD 2014软件，接着执行“文件”|“打开”命令，打开本书光盘中的“案例\10\居民楼标准层平面图.dwg”文件，如图10-111所示。

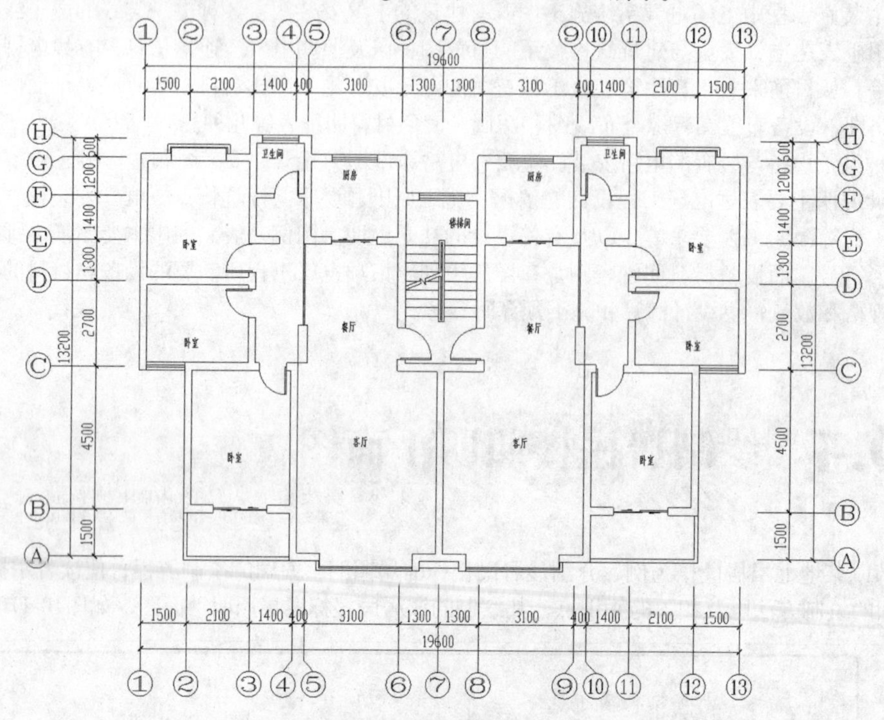

图10-111　打开住宅标准层平面图

2 执行“文件”|“另存为”命令，将文件另存为“居民楼标准层照明平面图.dwg”。

3 在“图层”工具栏中单击“图层特性管理器”按钮，如图10-112所示。

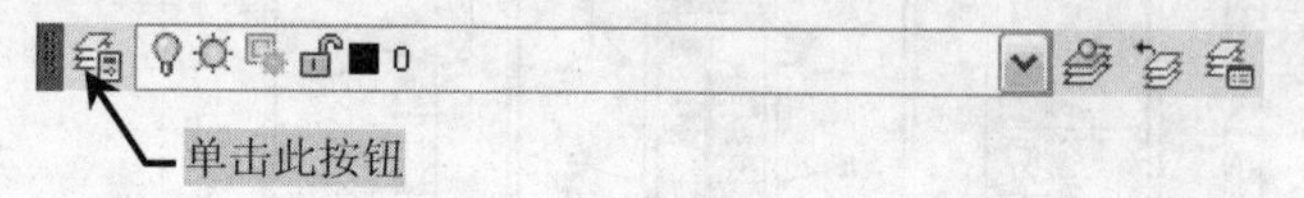

图10-112　单击“图层特性管理器”按钮

4 在打开的“图层特性管理器”面板中，建立如图10-113所示的图层，并设置好图层的颜色、线型以及线宽。

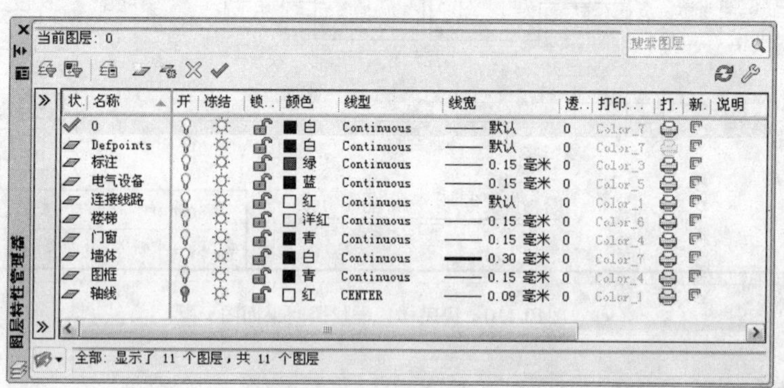

图10-113　设置图层

5 执行“格式”|“文字样式”命令，打开“文字样式”对话框，在其中新建“图内说明”和“图名标注”两种文字样式，如图10-114所示。

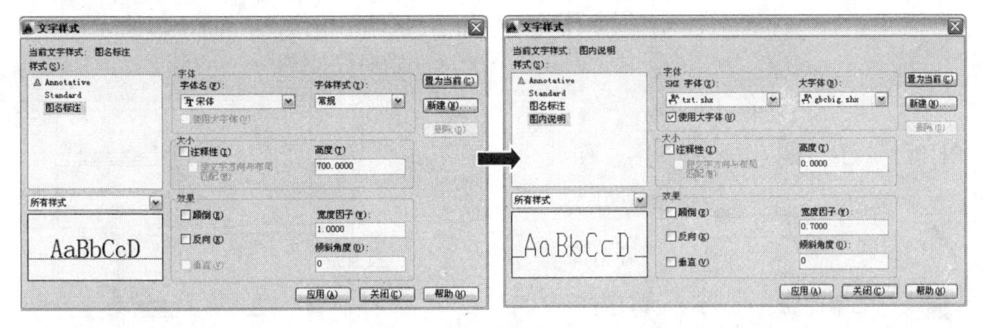

图10-114 新建文字样式

专业资料：电气系统图

电气系统图是表现建筑室内外电力、照明及其他日用电器的供电与配电的图样。在家居的装饰装修中，电气系统图不经常使用。它主要是采用图形符号表达电源的引进位置，配电箱（盘）、干线的分布，各相线的分配，电能表和熔断器的安装位置、相互关系和敷设方法等。住宅电气系统图常见的有照明系统图、弱电系统图等，如图10-115所示。

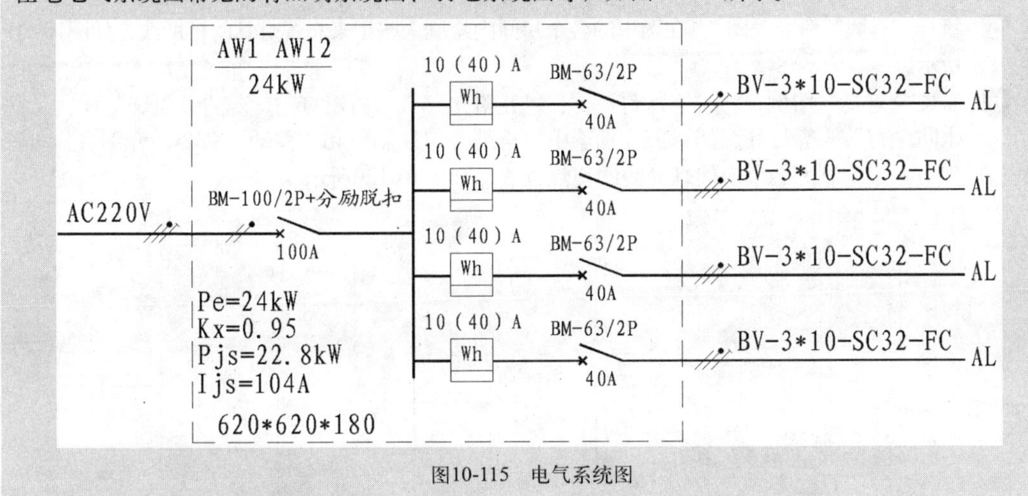

图10-115 电气系统图

10.4.2 布置电气设备

在前面已经设置好了绘图环境，本实例将讲解为居民楼的各个功能区布置相应的照明电气元器件。

1 执行“格式”｜“图层”命令，在弹出的“图层特性管理器”面板中将“电气设备”图层设置为当前图层，如图10-116所示。

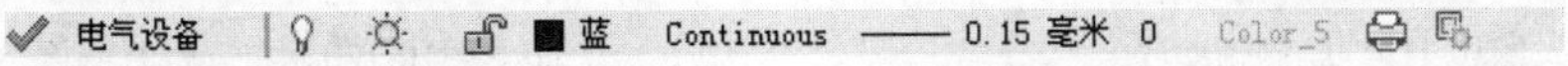

✔ 电气设备 | 💡 ☀ 🔓 ■ 蓝 Continuous —— 0.15 毫米 0 Color_5

图10-116 设置当前图层

2 执行“插入”命令（I），将“案例\10\电气设备图例1.dwg”文件插入到当前文件的空白位置，插入的图例文件如图10-117所示。

3 执行“分解”命令（X），将插入的图块对象分解。

4 执行“移动”命令（M），将图例表中的“由下引来 向上配线”符号 移动到楼梯间的相应位置；再将图例中的“电度表箱” ■ 图块对象选中，执行“旋转”命令（RO），将其旋转90°，然后将图块对象移动到入户门下侧的贴墙位置，如图10-118所示。

电气设备图例			
图例	名称	图例	名称
	由下引来向上配线		声光开关
			花灯
	空调插座		客厅灯
	多用插座		白炽灯
	三位开关		吸顶灯
	二位开关		防水防尘灯
	一位开关		电度表箱

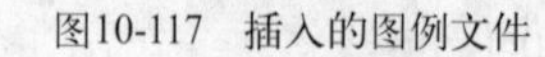

图10-117　插入的图例文件

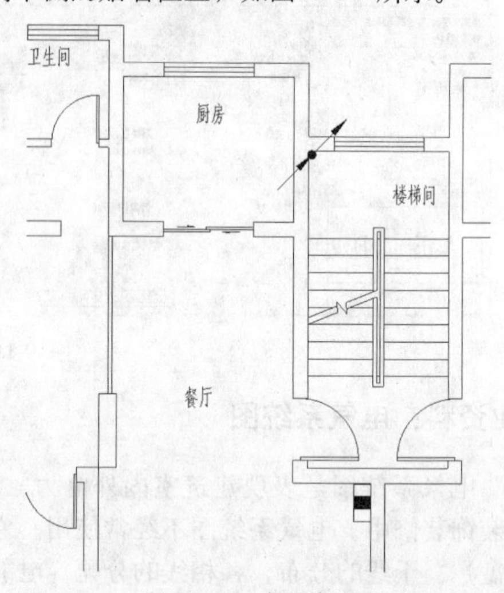

图10-118　布置的效果

5 执行“直线”命令（L），在图中的各个房间内绘制一些用来布置灯具的辅助线，如图10-119所示。

6 布置“灯具”图例，将“客厅灯”、“花灯”、“白炽灯”、“吸顶灯”、“防水防尘灯”等灯具图例对象分别选中，再结合“复制”和“移动”命令，分别将其布置到上一步绘制的各个房间辅助线的交点位置，如图10-120所示。

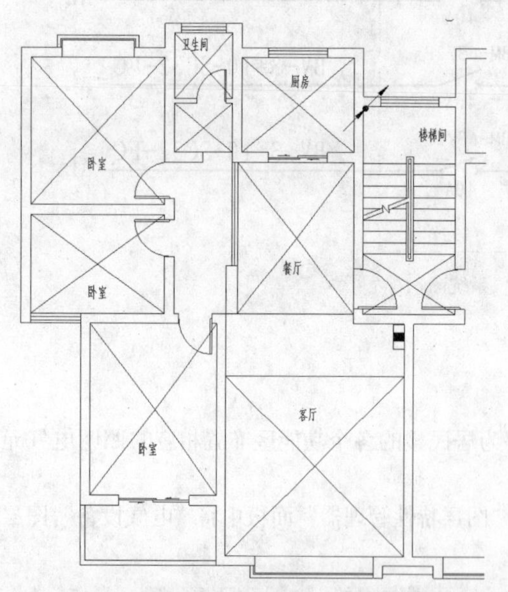

图10-119　绘制辅助线

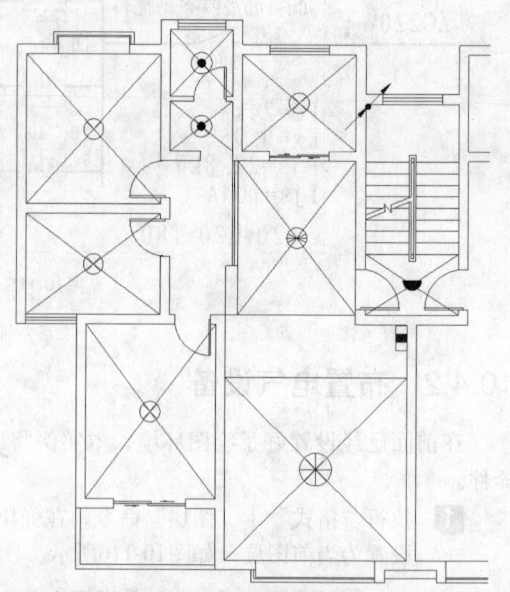

图10-120　布置灯具图例

7 布置“开关”图例，分别选中插入图例中的“一位开关”、“二位开关”、“三位开关”；再结合“复制”、“移动”、“旋转”等基本命令分别将其布置到各个房间相应的贴墙位置；再将“声控开关”图例布置到楼道处的相应位置，如图10-121所示。

8 布置“插座”符号，分别选中插入图例中的“多用插座”及“空调插座”；再结合“复制”、“移动”、“旋转”等基本命令，分别将其布置到各个房间相应的墙面上，如图10-122所示。

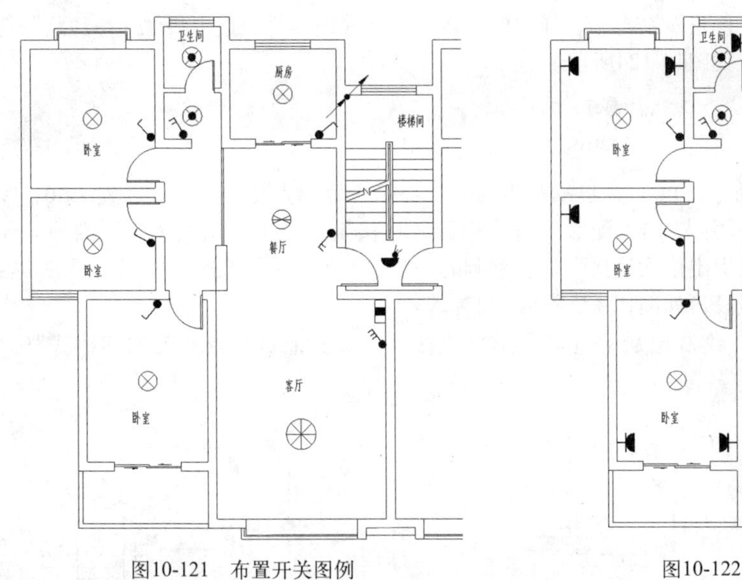

图10-121　布置开关图例

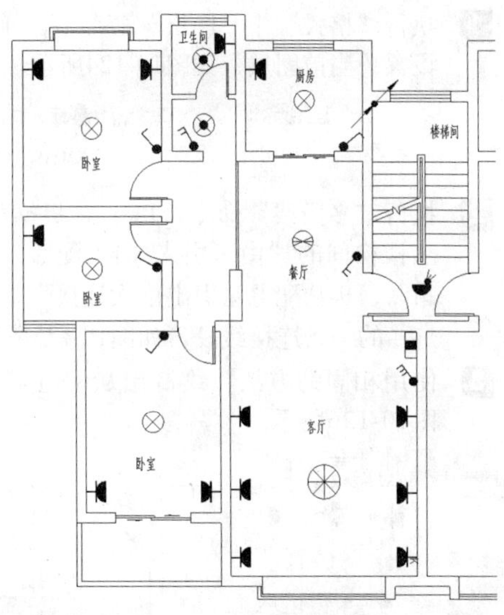

图10-122　布置插座图例

9 至此，建筑平面图左侧户型的电气元器件图例就布置完成了，接下来将布置的所有（楼梯间的吸顶灯和声控开关除外）电气元器件图例全部选中。

10 执行“镜像”命令（MI），捕捉相应的基点，将布置的电气元器件图例复制到右方的另一套户型中，镜像的效果如图10-123所示。

在进行电气图例布置时，对于相同户型房间的图例布置，可以使用“镜像”命令进行复制操作，这样可以加快制图速度，提高绘图效率。

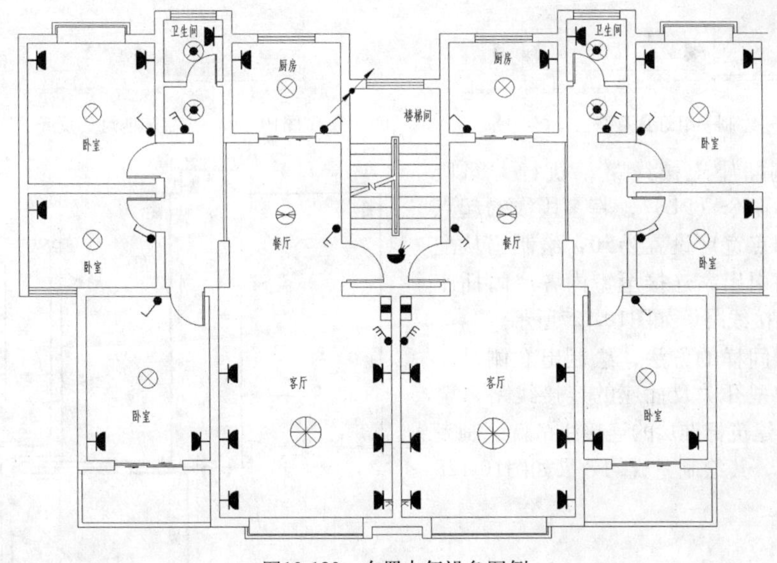

图10-123　布置电气设备图例

10.4.3　绘制连接线路

在前一实例中我们为居民楼的各个功能区布置好了照明电气元器件，接下来讲解如何绘制其照明连接线路，从而将布置的各个电气元器件连接起来。

1 执行“格式” | “图层”命令，在弹出的“图层特性管理器”面板中将“连接线路”图层设置为当前图层，如图10-124所示。

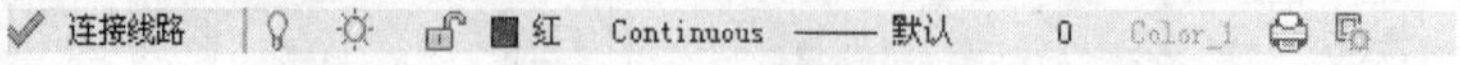

✓ 连接线路 | 红 Continuous —— 默认 0 Color_1

图10-124 设置当前图层

2 执行“多段线”命令（PL），根据如下命令行提示设置起点及端点宽度设置为30。绘制从楼梯间的“由下引来 向上配线”符号引出，连接至建筑平面图左侧户型内的“配电箱”，再从配电箱引出依次连接配电箱下侧的一个“三级开关”及客厅中间位置的“客厅灯”的一条连接线段，如图10-125所示。

3 使用相同的方法，绘制出从配电箱引出，连接至室内其他灯具及开关的连接线路，如图10-126所示。

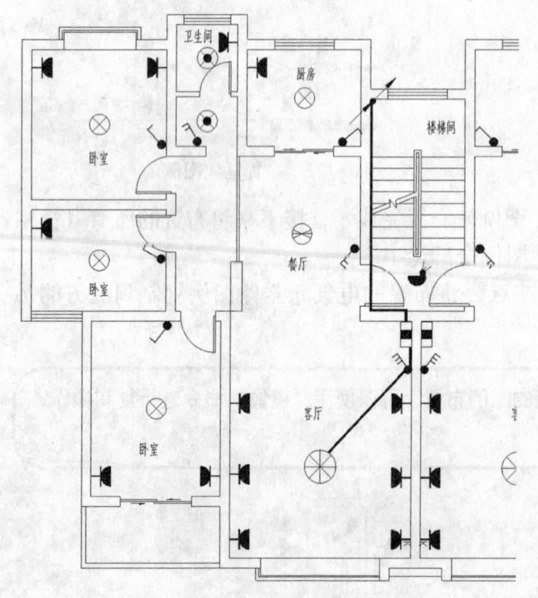

图10-125 绘制一组灯具及开关连接线路

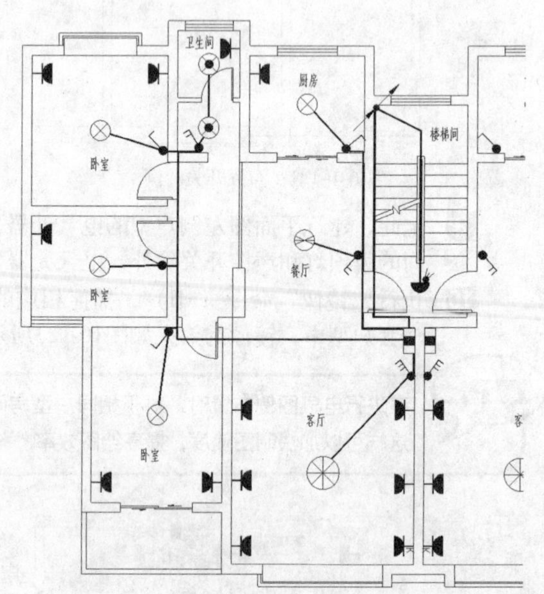

图10-126 绘制其他灯具及开关连接线路

4 绘制插座连接线路，执行“多段线”命令（PL），将多段线的起点及端点宽度设置为50；绘制出从配电箱引出，连接至室内各房间插座的连接线路，如图10-127所示。

5 使用同样的方法，绘制出右侧另一套户型开关及插座的连接线路，至此本建筑标准层的连接线路就绘制完成了，其绘制完成的效果如图10-128所示。

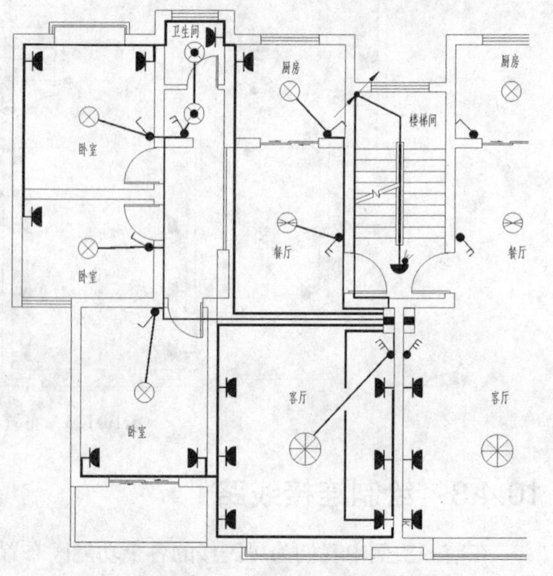

图10-127 绘制插座连接线路

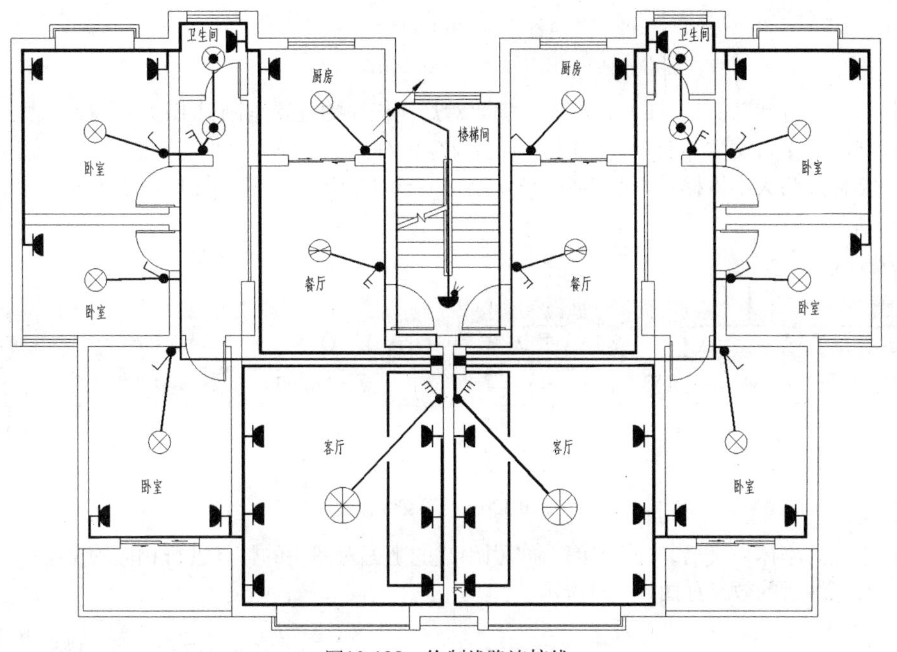

图10-128 绘制线路连接线

专业资料：电气线路的组成

住宅装饰装修工程中的电气线路主要由下面几部分组成。

- 进户线：进户线通常是由市电的架空线路引进建筑物的室内，如果是楼房，线路一般是进入楼房的二级配电箱前的一段导线。
- 配电箱：进户线首先是接入总配电箱（盘），然后再根据需要分别接入各个分配电箱（盘）。配电箱是住宅电气照明工程中的主要设备之一，城市住宅多数用明装（嵌入式）的方式进行安装，只绘出电气系统图即可。
- 室内照明电气线路：分为日敷设和暗敷设两种施工方式，暗敷设是指在建筑墙体内和吊顶棚内采用线管配线的敷设方法进行线路安装。线管配线就是将绝缘导线穿在线管内的一种配线方式，常用的线管有薄壁钢管、硬塑料管、金属软管、塑料软管等。在有易燃材料的线路敷设部位必须标注焊接要求，以避免产生打火点。
- 熔断器：为了保证用电安装，应根据负荷，选定额定的电压和额定电流的熔断器。
- 灯具：建筑住宅常用的有吊灯、吸顶灯、壁灯、荧光灯、射灯等。在图样上以图形符号或旁标文字表示，进一步说明灯具的名称、功能。
- 电子电气元件和用电器：主要是各种开关、插座和电子装置。插座主要用来插接各种移动电器和家用电器设备，应明确开关、插座是明装还是暗装，以及它们的型号；而各种电子装置和元器件则要注意它们的耐压和极性。其他用电器有电风扇、空调器等。

10.4.4 照明平面图的标注

在前面我们已经绘制好了居民楼标准层的照明平面图，本实例将讲解为绘制的照明平面添加相关的文字标注说明、标注图名以及添加平面图图签。

1. 执行“格式”|“图层”命令，在弹出的“图层特性管理器”面板中将“标注”图层设置为当前图层，如图10-129所示。

第6章
第7章
第8章
第9章
第10章

✓ 标注 | Continuous —— 0.15 毫米 0 Color_3

图10-129　设置当前图层

2 执行“直线”命令（L），在图中需要对灯具标注的位置绘制引出线。

3 执行“多行文字”命令（MT），设置文字的样式为“图内说明”，文字的高度为350，文字样式为大字体样式，字体组合为“txt.shx+hztxt.shx”，宽度比例因子为0.7，如图10-130所示。

图10-130　设置文字样式

4 设置好字体样式后，在前面绘制的引出线的上方对图中的灯具进行相应的文字标注说明，其标注后的效果如图10-131所示。

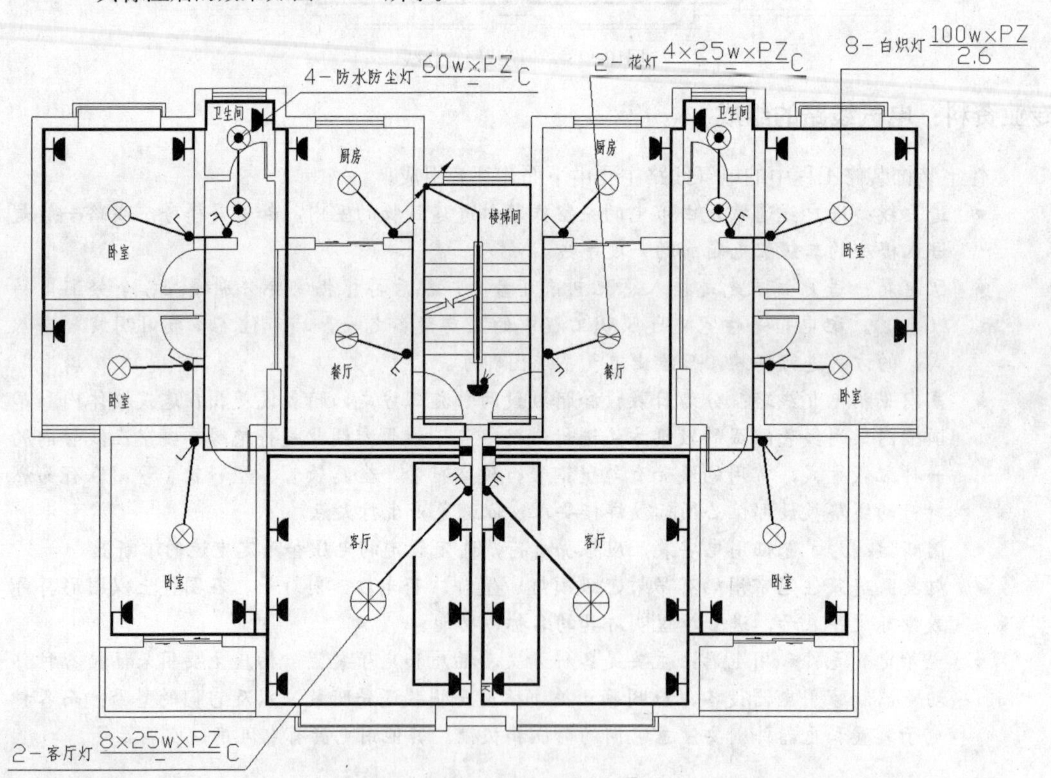

图10-131　灯具标注

5 执行“多行文字”命令（MT），设置文字的样式为“图名标注”，调整好文字大小后，在图形的下侧进行图名及比例的标注；再结合“多段线”和“直线”命令在图名的下侧绘制两条水平直线段，如图10-132所示。

6 执行“格式”｜“图层”命令，在弹出的“图层特性管理器”面板中将“图框”图层设置为当前图层，如图10-133所示。

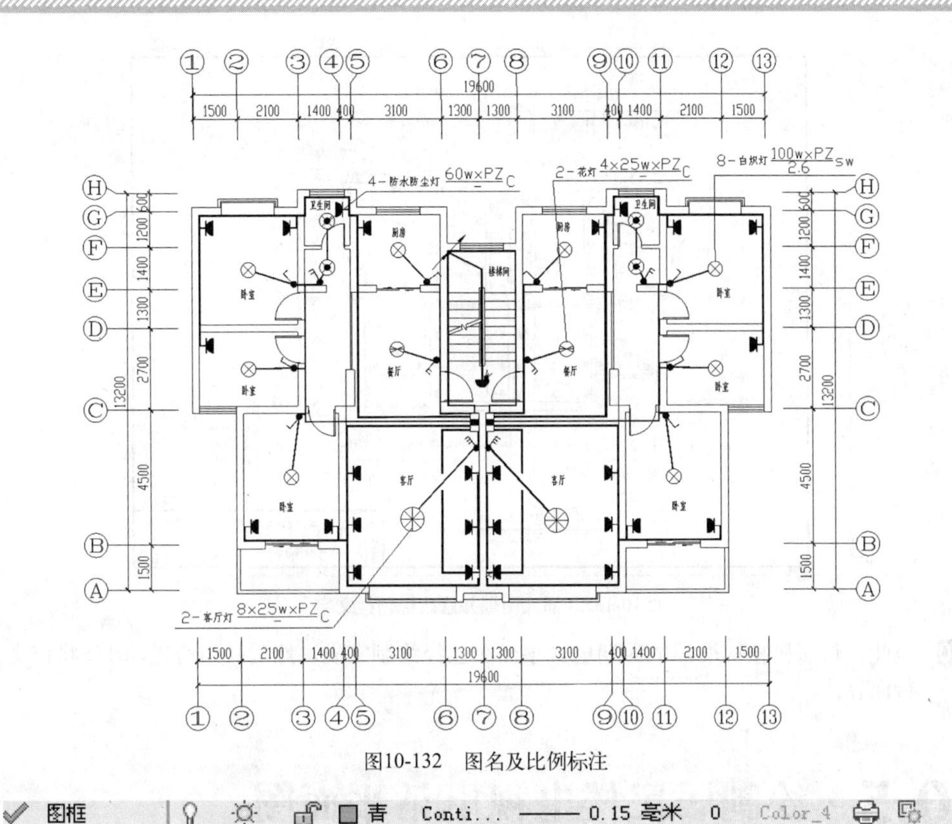

图10-132 图名及比例标注

✔ 图框 | 青 Conti... —— 0.15 毫米 0 Color_4

图10-133 设置当前图层

7 执行“插入”命令（I），将“案例\10\A3图框.dwg”文件插入到绘图区中，如图10-134所示。

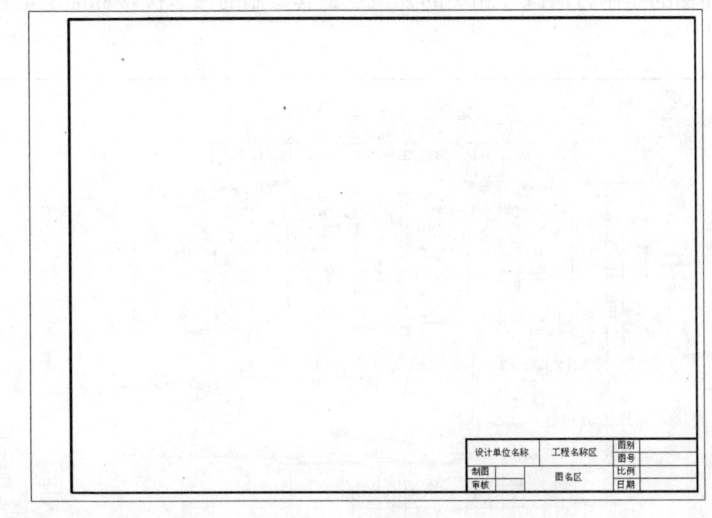

图10-134 插入的图框

8 执行“缩放”命令（SC），将图框缩放到适当的大小后，再执行“移动”命令（M），将绘制的图形全部选中，然后移动到图框中的中间适当位置即可。

9 执行“分解”命令（X），将插入的A3图框分解，然后对图框下侧标题栏中的文字进行相应的修改，如图10-135所示。

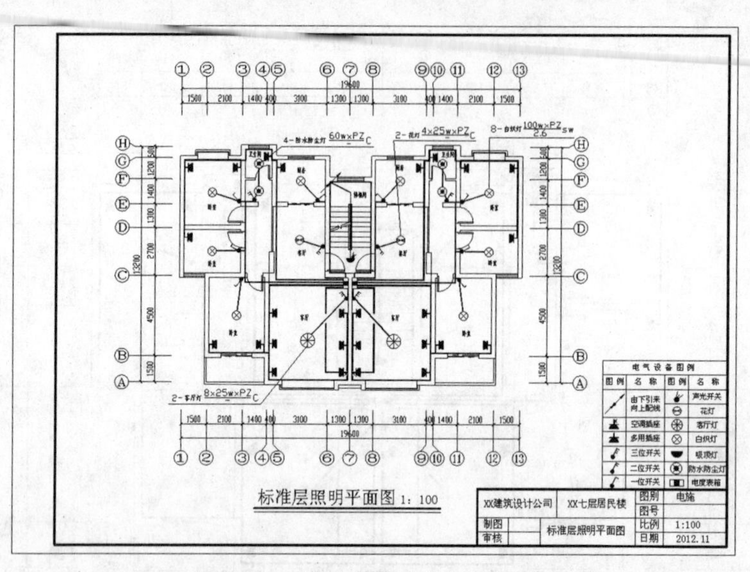

图10-135　插入图框并修改标题栏文字

10 至此，该居民楼标准层的照明电气平面图已经绘制完成，然后按组合键Ctrl+S将该文件进行保存。

10.5 绘制居民楼电视电话平面图

视频文件：视频\10\居民楼标准层电视电话平面图.dwg
结果文件：案例\10\居民楼标准层电视电话平面图.dwg

本节以某地七层居民楼为例，介绍该居民楼标准层电视电话平面图的绘制流程，使读者掌握建筑电视电话平面图的绘制方法以及相关的知识点，其绘制的该居民楼标准层电视电话平面图，如图10-136所示。

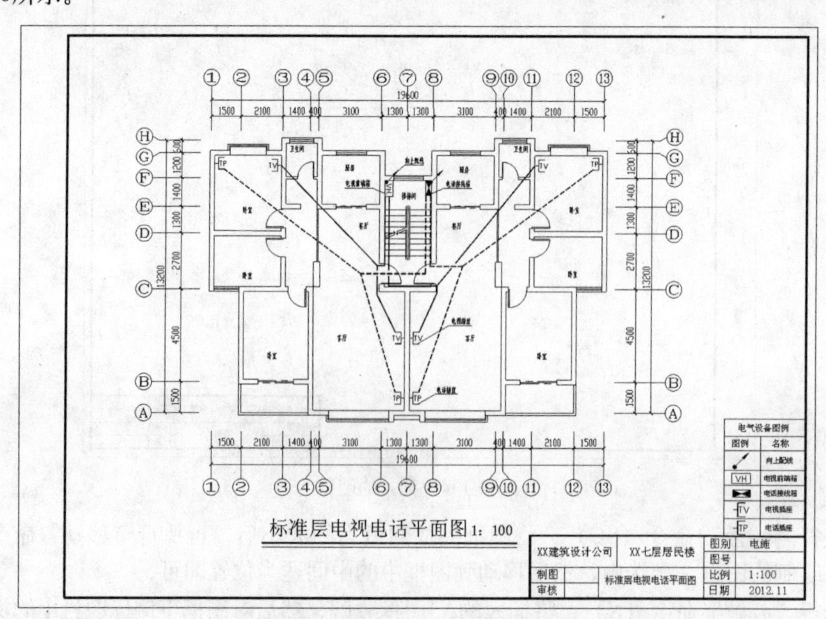

图10-136　居民楼标准层电视电话平面图

10.5.1　设置绘图环境

在绘制居民楼标准层的电视电话平面图之前，首先应设置其绘图环境，其中包括打开并另存文件、新建图层、新建文字样式。

1. 正常启动AutoCAD 2014软件，接着执行“文件”｜“打开”命令，打开本书光盘中的“案例\10\居民楼标准层平面图.dwg”文件，如图10-137所示。

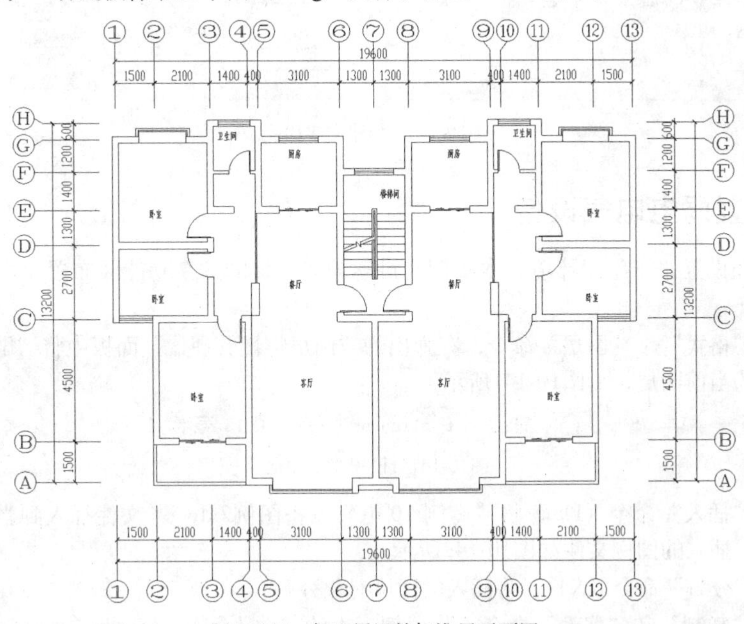

图10-137　打开居民楼标准层平面图

2. 执行“文件”｜“另存为”命令，将文件另存为“居民楼标准层电视电话平面图.dwg”。
3. 在“图层”工具栏中单击“图层特性管理器”按钮，如图10-138所示。

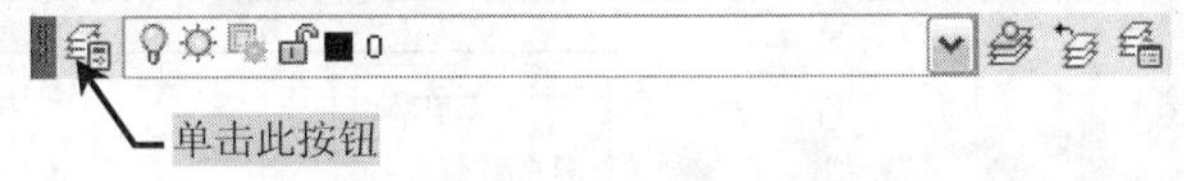

图10-138　单击“图层特性管理器”按钮

4. 在打开的“图层特性管理器”面板中，建立如图10-139所示的图层，并设置好图层的颜色、线型以及线宽。

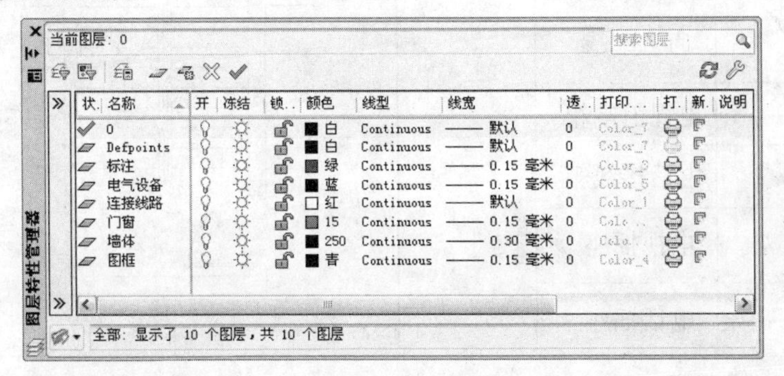

图10-139　设置图层

5. 执行“格式”｜“文字样式”命令，打开“文字样式”对话框，然后在打开的“文字样式”对话框中新建“图内说明”和“图名标注”两种文字样式，如图10-140所示。

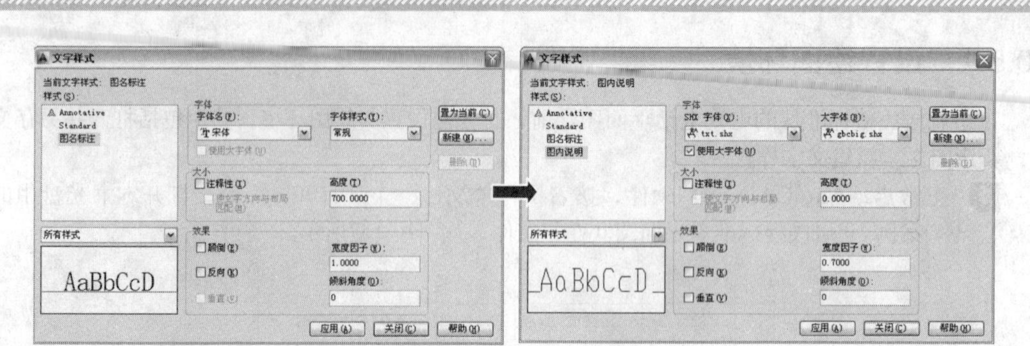

图10-140　新建文字样式

10.5.2　布置弱电电气设备

在前面已经设置好了绘图环境，本实例将讲解为居民楼的各个功能区布置相应的弱电电气元器件。

1. 执行“格式”｜“图层”命令，在弹出的“图层特性管理器”面板中将“电气设备”图层设置为当前图层，如图10-141所示。

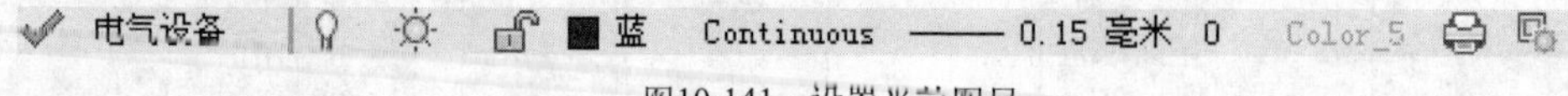

图10-141　设置当前图层

2. 执行“插入”命令（I），将“案例\10\电气设备图例2.dwg”文件插入到当前文件的空白位置，插入的图例文件如图10-142所示。
3. 执行“分解”命令（X），将插入的图块对象分解。
4. 结合“复制”和“移动”命令，将图例表中的“向上配线”符号复制并移动到楼梯间上侧的相应位置。
5. 将图例表中的“电视前端箱” VH 及“电话接线箱”图例分别选中，结合“旋转”和“移动”命令，将其布置到楼梯间上侧相应的贴墙位置，如图10-143所示。

电气设备图例	
图例	名称
	向上配线
VH	电视前端箱
	电话接线箱
TV	电视插座
TP	电话插座

图10-142　插入的图例文件

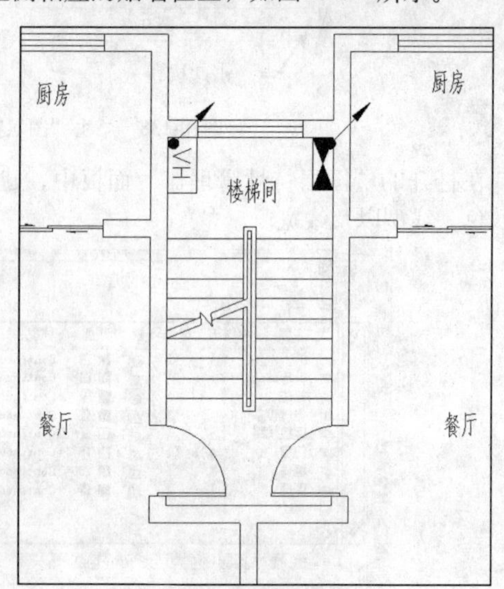

图10-143　布置的效果

6. 将图例表中的“电视插座”及“电话插座”分别选中，再结合“复制”、“移动”及“旋转”命令，分别将其布置到建筑平面图中各个房间相应的贴墙位置，如图10-144所示。

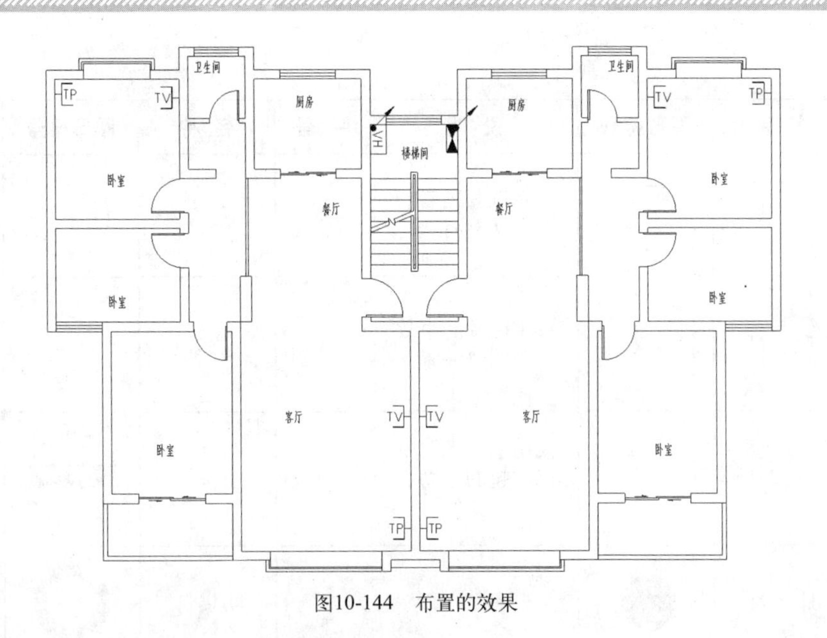

图10-144　布置的效果

专业资料：常用电气安装施工图的基本图例

新的《电气图用图形符号》国家标准代号为GB/T 4728。为了保证电气图用符号的通用性，不允许对GB/T 48728中已给出的图形符号进行修改和派生，但如果某些特定装置的符号在GB/T 4728中未作规定，允许按已规定的符号适当组合派生。

电气图应用的图形符号引线一般不能改变位置，但某些符号的引线变动不会影响符号的含义，则引线允许画在其他位置。电气安装施工基本图例见表10-3～6所示。

表10-3　线路走向方式代号

序 号	名 称	图形符号	说 明	序 号	名 称	图形符号	说 明
1	向上配线		方向不得随意旋转	5	由上引来		
2	向下配线		宜注明箱、线编号及来龙去脉	6	由上引来向下配线		
3	垂直通过			7	由下引来向上配线		
4	由下引来						

表10-4　灯具类型型号代号

序 号	名 称	图形符号	说 明	序 号	名 称	图形符号	说 明
1	灯		灯或信号灯一般符号	7	吸顶灯		
2	投光灯			8	壁灯		

（续表）

序 号	名 称	图形符号	说 明	序 号	名 称	图形符号	说 明
3	荧光灯	3	示例为三管荧光灯	9	花灯		
4	应急灯		自带电源的事故照明灯装置	10	弯灯		
5	气体放电灯辅助设施		仅用于与光源不在一起的辅助设施	11	安全灯		
6	球形灯			12	防爆灯		

表10-5　照明开关在平面布置图上的图形符号

序 号	名 称	图形符号	说 明	序 号	名 称	图形符号	说 明
1	开关		开关一般符号	5	单级拉线开关		
2	单级开关		分别表示明装、暗装、密闭(防水)、防爆	6	单级双控拉线开关		
				7	双控开关		
3	双级开关		分别表示明装、暗装、密闭（防水）、防爆	8	带指示灯开关		
				9	定时开关		
4	三级开关		分别表示明装、暗装、密闭（防水）、防爆	10	多拉开关		

表10-6　插座在平面布置图上的图形符号

序 号	名 称	图形符号	说 明	序 号	名称	图形符号	说 明
1	插座	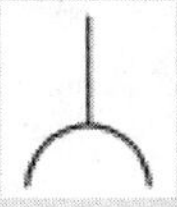	插座的一般符号，表示一个级	4	多孔插座	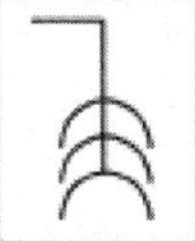	表示出三个
2	单相插座		分别表示明装、暗装、密闭（防水）、防爆	5	三相四孔插座		分别表示明装、暗装、密闭（防水）、防爆
3	单相三孔插座		分别表示明装、暗装、密闭（防水）、防爆	6	带开关插座	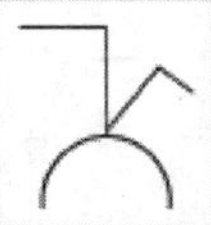	带一单级开关

10.5.3　绘制连接线路

在前一实例中为居民楼的各个功能区布置好了弱电电气元器件，接下来讲解如何绘制其连接线路，从而将布置的各个弱电电气元器件连接起来。

1 执行“格式”｜“图层”命令，在弹出的“图层特性管理器”面板中将“连接线路”图层设置为当前图层，如图10-145所示。

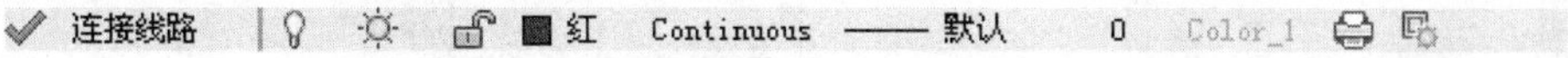

✓ 连接线路 | 💡 ☼ 🔓 ■红 Continuous —— 默认 0 Color_1

图10-145　设置当前图层

2 执行“多段线”命令（PL），将多段线的起点及端点宽度设置为30。设置好多段线的线宽之后，根据线路连接各电气元器件的控制原理，绘制从“电视前端箱” VH 引出的、连接至建筑左侧户型内的两个“电视插座” TV 的连接线路，如图10-146所示。

连接线路可以使用“直线”或“多段线”命令进行绘制，在这里为了方便观察及快速识读使用了具有一定宽度的多段线来进行绘制。当然读者也可使用“直线”命令来进行绘制，使用直线命令绘制时，需要先设置当前图层的线宽。

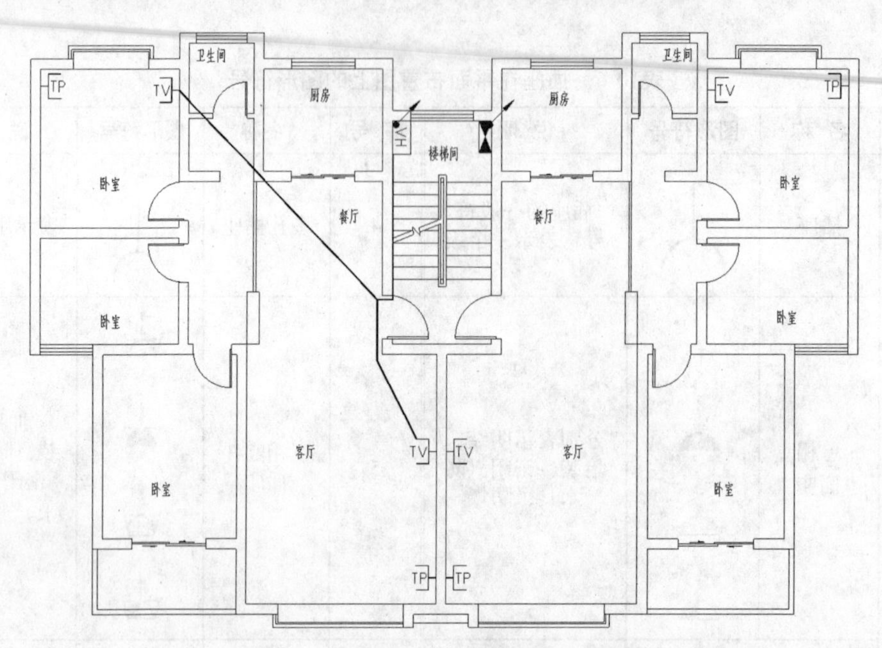

图10-146　绘制左侧户型电视插座连接线路

3 继续执行“多段线”命令（PL），绘制从“电视前端箱” VH 引出的、连接至建筑右侧户型内的“电视插座” TV 的连接线路，如图10-147所示。

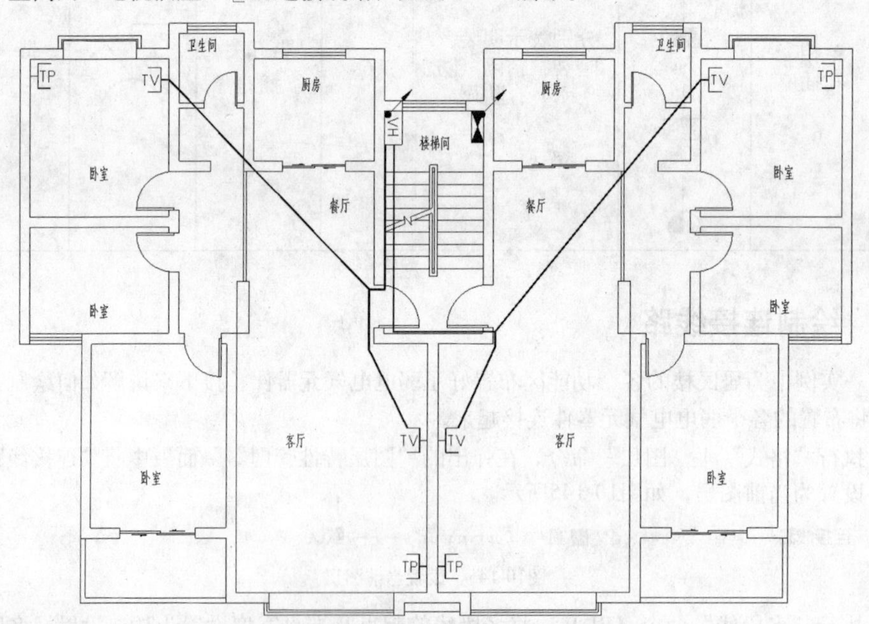

图10-147　绘制右侧户型电视插座连接线路

4 绘制“电话插座”的接连线路，执行“多段线”命令（PL），将多段线的起点及端点宽度设置为30，线型为DASH，线型比例为1000。

在这里为了区分“电视插座”连接线路和“电话插座”连接线路设置了不同的线型，以便于清楚、迅速地识读各连接线路代表的不同含义。

5 根据线路连接各电气元器件的控制原理，绘制从“电话接线箱” 引出的、连接至建筑标准层各房间内的“电话插座” 的连接线路，如图10-148所示。

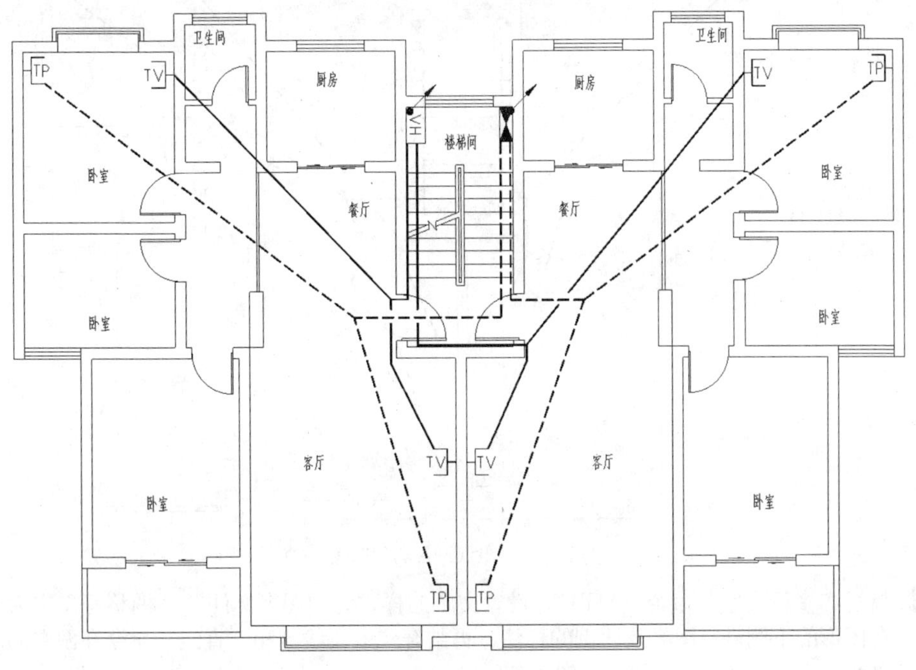

图10-148　绘制电话插座连接线路

10.5.4　电话平面图的标注

在前面已经绘制好了居民楼标准层的电视电话平面图，本实例将讲解为绘制的电视电话平面添加相关的文字标注说明、标注图名以及添加平面图图签。

1 执行“格式”｜“图层”命令，在弹出的“图层特性管理器”面板中将“标注”图层设置为当前图层，如图10-149所示。

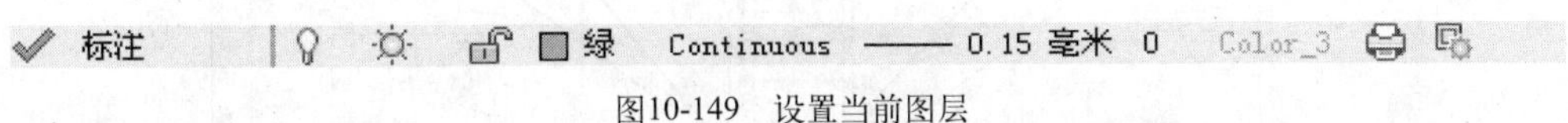

图10-149　设置当前图层

2 执行“多行文字”命令（MT），设置文字的样式为“图内说明”，文字的高度为350，文字样式为大字体样式，字体组合为“txt.shx+hztxt.shx”，宽度比例因子为0.7，如图10-150所示。

图10-150　设置文字样式

3 设置完字体样式后，接着对图形中相应的电气设备进行必要的文字标注说明，其标注后的效果如图10-151所示。

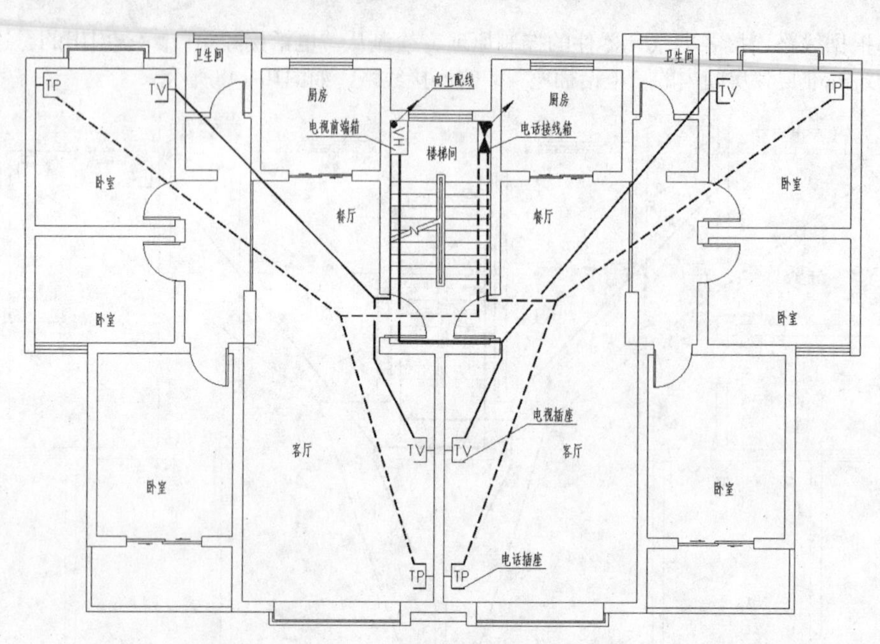

图10-151　电气设备名称标注

4 执行“多行文字”命令（MT），设置文字的样式为“图名标注”，调整好文字大小后，在图形的下侧进行图名及比例的标注，再结合“多段线”和“直线”命令在图名的下侧绘制两条水平直线段，如图10-152所示。

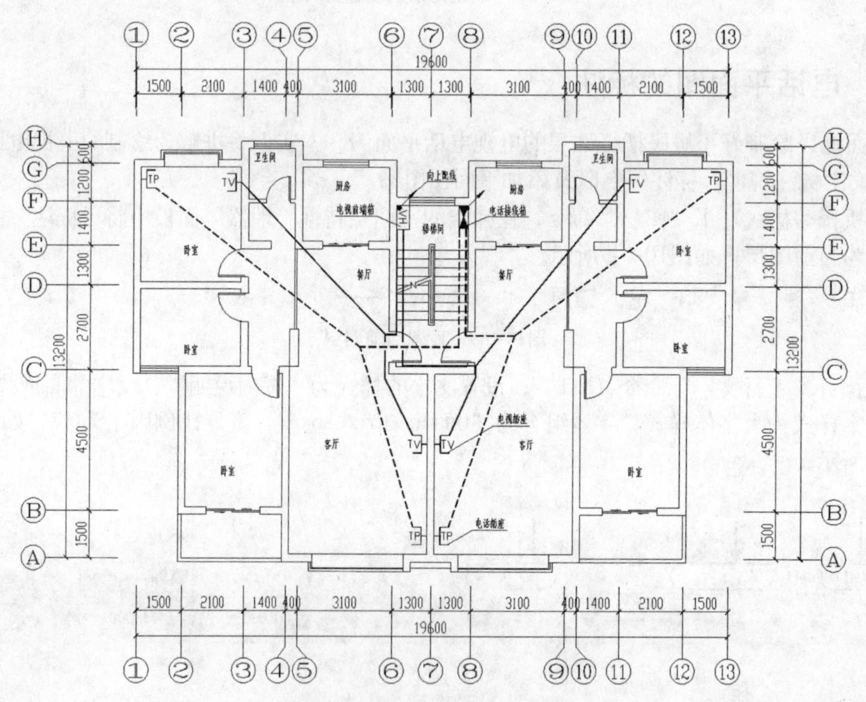

图10-152　图名及比例标注

5 执行“格式”｜“图层”命令，在弹出的“图层特性管理器”面板中将“图框”图层设置为当前图层，如图10-153所示。

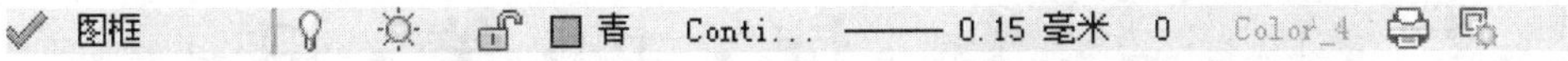

✓ 图框 青 Conti... —— 0.15 毫米 0 Color_4

图10-153 设置当前图层

6 执行“插入”命令（I），将“案例\10\A3图框.dwg”文件插入到绘图区中。

7 执行“缩放”命令（SC），将图框缩放到适当的大小后，再执行“移动”命令（M），将绘制的图形全部选中，然后移动到图框中的中间适当位置即可。

8 执行“分解”命令（X），将插入的A3图框分解，并对图框下侧标题栏中的文字进行相应的修改，如图10-154所示。

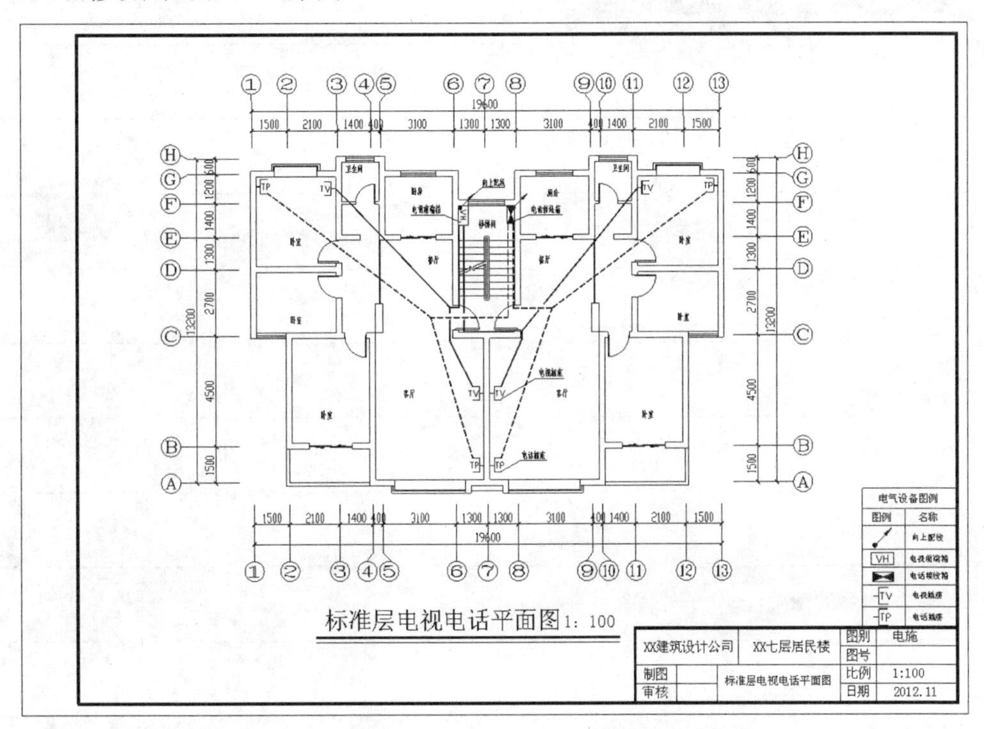

图10-154 插入图框并修改标题栏文字

9 至此，该居民楼标准层的电视电话平面图已经绘制完成，然后按组合键Ctrl+S将该文件进行保存。

读·书·笔·记

Chapter

11

第11章

别墅室内装潢设计图的绘制

本章讲解了装饰平面图、平面布置图、顶棚布置图、立面图、剖面图和详图的形成、比例、图示内容、分类等。首先绘制别墅一层、二层的平面布置图，别墅一层、二层的顶棚布置图，以及各个房间的立面图，最后再针对某吊顶剖面图以及某大样图进行绘制，从而使读者掌握别墅装饰的一些设计理念及绘图方法。

主要内容

- ✓ 掌握别墅室内一层平面布置图的绘制方法
- ✓ 掌握别墅室内一层顶棚布置图的绘制方法
- ✓ 掌握别墅各房间立面图的绘制方法
- ✓ 掌握别墅剖面图及结构大样图的绘制方法

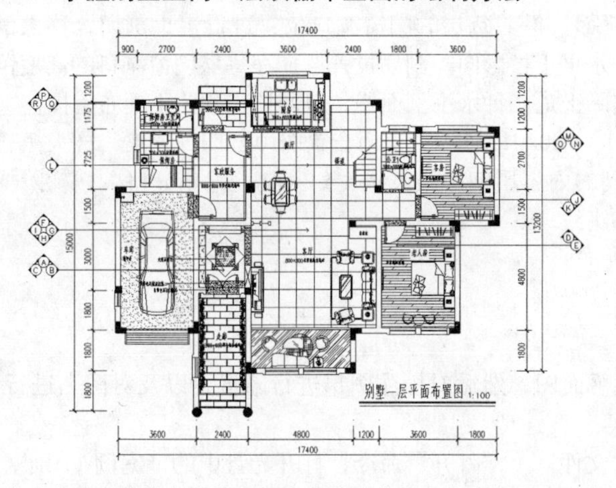

别墅一层平面布置图 1:100

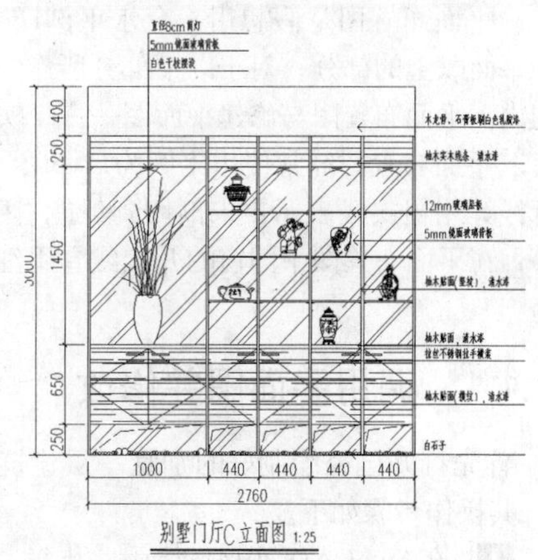

别墅门厅C立面图 1:25

11.1 别墅一层平面布置图的绘制

视频文件：视频\11\别墅一层平面布置图的绘制.avi
结果文件：案例\11\别墅一层平面布置图.dwg

平面布置图是装饰施工图中的首要图样，它是根据装饰设计原理、人体工程学以及用户要求画出，用于反映修建布局、装饰空间、功效区、家具装备的布置、绿化及陈设布局等内容的图样，是确定装饰空间平面尺度及装饰形体定位的首要依据。

在绘制别墅一层平面布置图时，首先打开已有的建筑平面图，并将尺寸标注删除，且另存为新的平面布置图文件，再调整绘图环境，然后布置每个房间的家具摆设，以及布置地板砖，最后进行内视符号、图名及比例的标注，如图11-1所示。

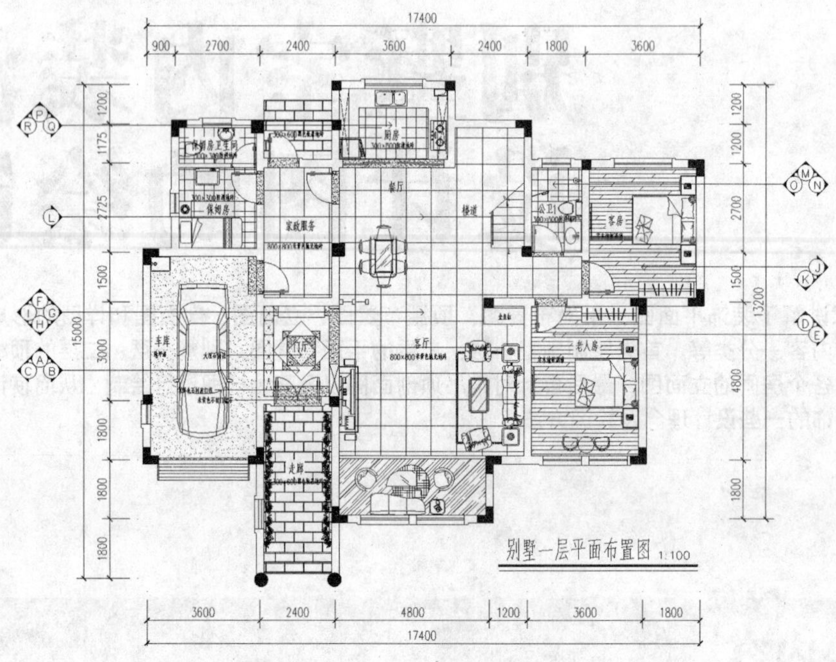

图11-1 别墅一层平面布置图效果

专业资料：装饰平面布置图的形成及比例

平面布置图是假想用一个水平剖切平面，沿着每层的门窗洞口位置进行水平剖切，移去剖切平面以上的部分，对于以下部分所作的水平正投影图。剖切位置选择在每层门窗洞口的高度范围内。平面布置图与修建平面图一样，实际上是一种水平剖面图，但习惯上称为平面布置图。

平面布置图经常使用比例为1：50、1：100和1：150。平面布置图中剖切到的墙、柱大概轮廓线等用粗实线表示；未剖切到但能看到的内容用细实线表示，如家具、地面分格、楼梯阶梯等；在平面布置图中门窗的开启线宜用细实线。

11.1.1 调用平面图并修改

首先打开已经绘制好的别墅一层建筑平面图，然后对标注图层进行隐藏，以及对图名进行修改，其操作步骤如下。

1 在AutoCAD 2014环境中，执行“文件”｜“打开”命令，打开光盘中的“案例\11\别墅一层建筑平面图.dwg”文件，如图11-2所示。

2 在“图层控制”下拉列表中，将“标注”图层隐藏，并双击下侧的图名，修改其图名为“别墅一层平面布置图”，如图11-3所示。

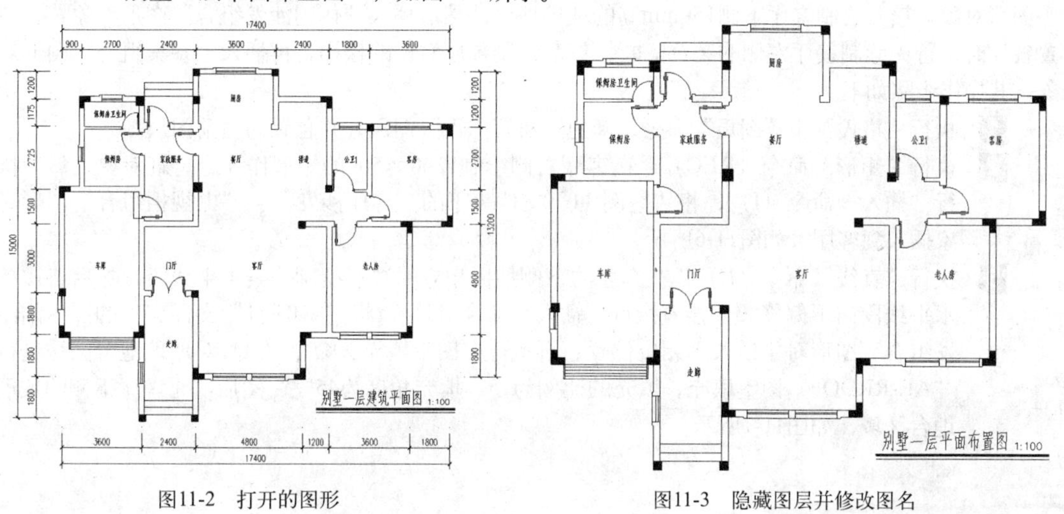

图11-2 打开的图形　　　　图11-3 隐藏图层并修改图名

11.1.2 布置走廊和门厅

在进行走廊平面布置时，首先在走廊两侧插入一些装饰植物；在布置门厅时，首先绘制门厅左侧的装饰柜与鞋柜组合，然后绘制门厅上侧的中式条案，再在门厅右侧绘制装饰隔断，其操作步骤如下。

1 执行“格式”｜“图层”命令，新建“布置陈设”图层，并且置为当前图层。

2 执行“插入”命令（I），在走廊两侧插入“案例\11”文件夹下的装饰植物，再将插入的植物进行多次复制，然后将复制的对象放置到相应的位置，如图11-4所示。

3 接着布置门厅，执行“矩形”命令（REC），在门厅的左侧绘制一个300×2760的矩形。

4 同样，在门厅的上侧中间位置绘制一个中式条案对象，其矩形的大小为1500×350。

5 然后在门厅的右侧绘制两个矩形来作为门厅处的装饰隔断，其矩形的大小分别为310×125、300×1000，然后执行“直线”、“修剪”等命令完成门厅右侧装饰隔断的绘制，如图11-5所示。

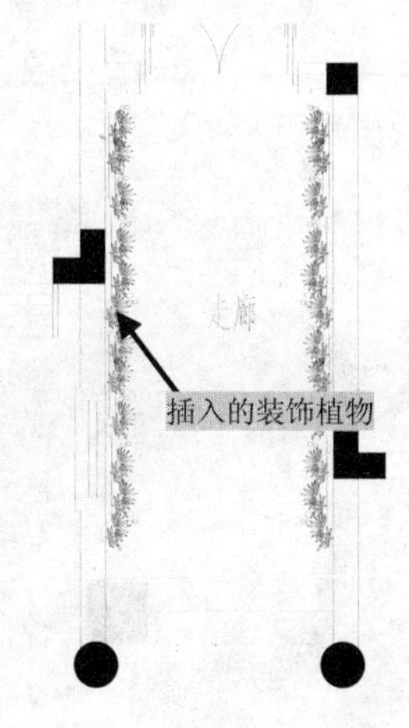

图11-4 插入的装饰植物

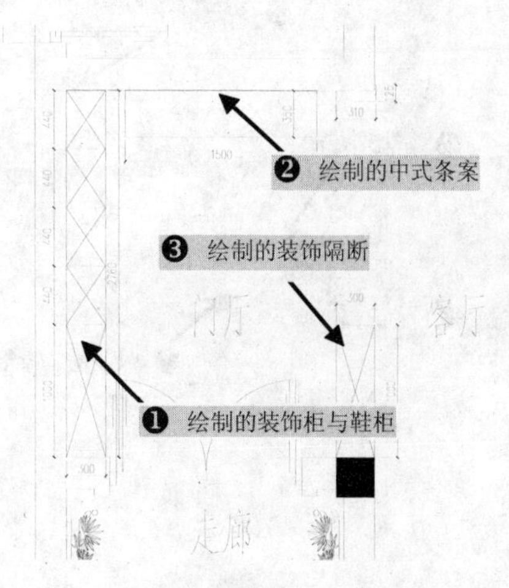

图11-5 绘制的门厅对象

11.1.3　布置客厅和餐厅

在进行客厅平面布置时，应首先绘制客厅右侧的金鱼缸，插入“客厅沙发”、“电视柜组合”等图形对象，接着绘制客厅下侧150mm高的玻璃地台，然后插入“休闲沙发组合”图形对象；在布置餐厅时，首先绘制餐厅左侧的装饰隔断，然后绘制餐厅右侧的楼梯，再插入“餐桌组合”图形对象，其操作步骤如下。

1. 执行“格式”｜“图层”命令，新建“布置陈设”图层，并且置为当前图层。
2. 执行“矩形”命令（REC），在客厅右侧绘制1260×500的矩形作为金鱼缸对象，然后执行“插入”命令（I），将“案例\11”文件夹下的“客厅沙发”、“电视柜组合”图形对象插入到客厅，如图11-6所示。
3. 执行“直线”命令（L），在客厅的下侧捕捉相应的端点绘制一条水平线段，然后将该条水平线段向下偏移80，接着执行“插入”命令（I），将“案例\11”文件夹下的“休闲沙发组合”图形对象插入到相应位置；再执行“图案填充”命令（H）对玻璃地台区域进行“AR-RROOF”图案填充，填充的比例为15，填充角度为45°，然后填充客厅下侧的玻璃地台区域，如图11-7所示。

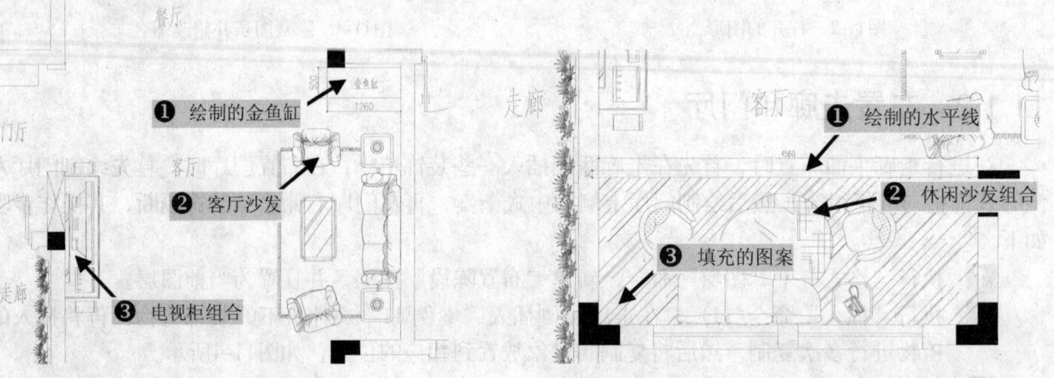

图11-6　布置的客厅　　图11-7　布置的玻璃地台

4. 执行“矩形”、“修剪”命令在餐厅的下侧绘制装饰隔断对象，再将“案例\11”文件夹下的“餐桌组合”图形对象插入到餐厅相应位置，然后执行“直线”、“偏移”、“修剪”等命令绘制餐厅右侧楼道处的楼梯对象，如图11-8所示。

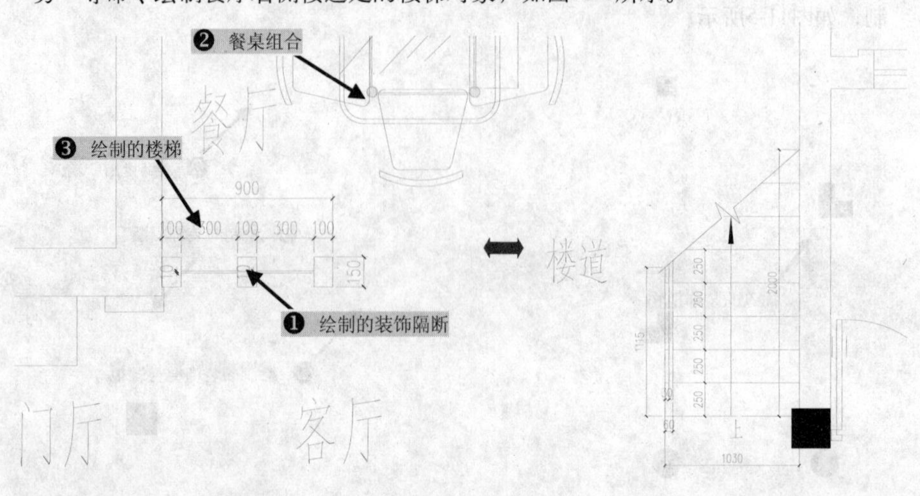

图11-8　布置的餐厅

11.1.4　布置厨房

在进行厨房平面布置时，应首先绘制橱柜地柜、橱柜吊柜，然后插入“冰箱”、“洗菜盆”、“燃气灶”等图形对象，其操作步骤如下。

1 执行“格式”|“图层”命令，新建“布置陈设”图层，并且置为当前图层。

2 执行“矩形”命令（REC），绘制800×30的矩形，然后将矩形移动到厨房的入口位置，将该矩形复制三个，再将复制的对象移动到相应的位置形成推拉门效果。

3 执行“直线”命令（L），在厨房中绘制距离墙600mm的操作案台，然后在厨房的左侧及右侧绘制距离墙300mm的吊柜对象。

4 执行“插入”命令（I），将“案例\11”文件夹下的“冰箱”、“洗菜盆”、“燃气灶”图形对象插入到厨房中相应的位置，如图11-9所示。

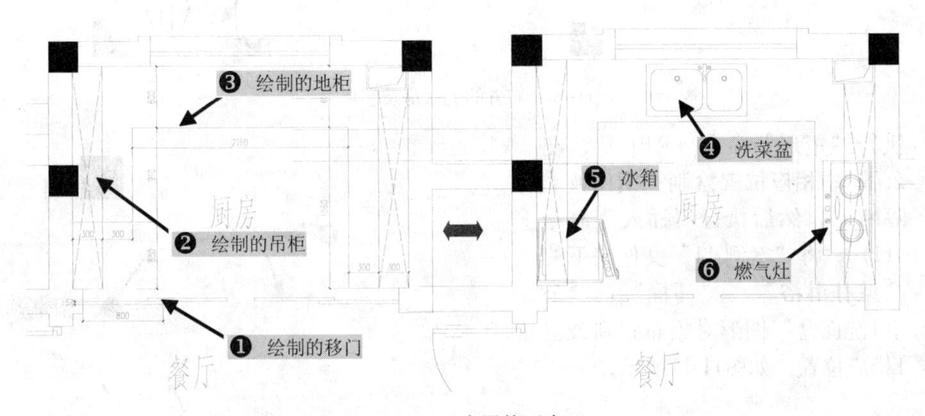

图11-9　布置的厨房

专业资料：装饰平面布置图的图示内容

平面布置图通常应图示以下内容。

- 创建平面图的基本内容，如墙柱与定位轴线、房间布局与名称、门窗位置及编号、门的开启方向等。
- 室内楼（地）面标高。
- 室内固定家具、活动家具、家用电器等的位置。
- 装饰陈设、绿化绿化等位置及图例符号。
- 室内立面图的内视投影符号（按顺时针从上至下在圆圈中编号）。
- 室内现场建造家具的定形、定位尺寸。
- 房屋外围尺寸及轴线编号等。
- 引向符号、图名及必要的说明等。

11.1.5　布置老人房、客房及公卫1

在进行老人房、客房平面布置时，应插入“老人房、客房衣柜”、“壁挂电视”、“1500双人床”、“休闲椅组合”等图形对象；在布置公卫1时，应首先绘制“钢化玻璃隔断”，然后插入“洗脸盆”、“马桶”、“壁挂淋浴”等图形对象，其操作步骤如下。

1 执行“格式”|“图层”命令，新建“布置陈设”图层，并且置为当前图层。

2 执行“插入”命令（I），将“案例\11”文件夹下的“老人房、客房衣柜”、“壁挂电视”、“1500双人床”、“休闲椅组合”图形对象插入到老人房、客房相应的位置，如图11-10所示。

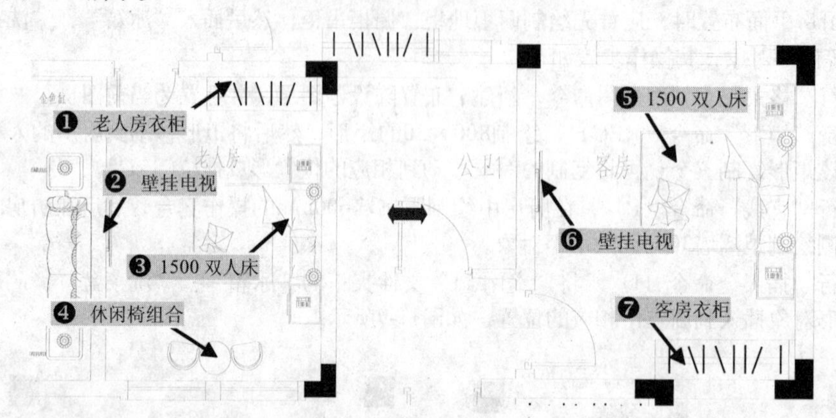

图11-10　布置的老人房及客房

3 执行“矩形”命令（REC），在公卫1中相应位置绘制“钢化玻璃隔断”，然后执行“插入”命令（I），将“案例\11”文件夹下的“壁挂淋浴”、“马桶”、“公卫1洗面盆”图形对象布置到公卫1相应位置，如图11-11所示。

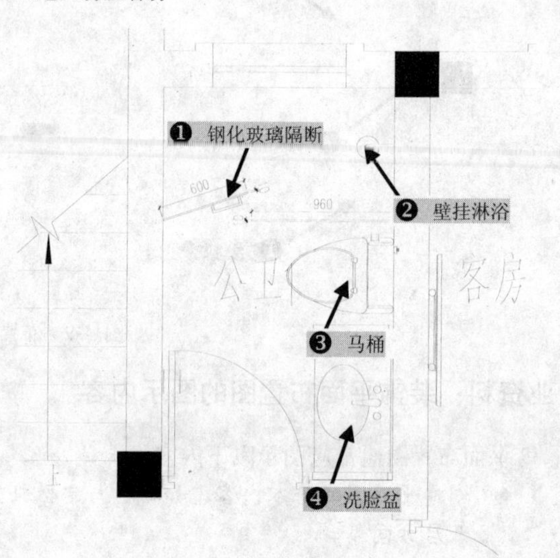

图11-11　布置的公卫1

11.1.6　布置保姆房及车库

在进行保姆房布置时，应插入“保姆房床”、“洗衣机”等图形对象，在布置保姆房卫生间时应插入“小马桶”、“壁挂淋浴”、“小洗脸盆”等图形对象，接着布置车库时应首先绘制车库的大门，然后插入“车辆”、“水槽”等图形对象，其操作步骤如下。

1 执行“格式”|“图层”命令，新建“布置陈设”图层，并且置为当前图层。

2 执行“插入”命令（I），将“案例\11”文件夹下的“保姆房床”、“洗衣机”图形对象插入到保姆房相应的位置，然后将“小马桶”、“壁挂淋浴”、“小洗脸盆”图形对象插入到保姆房卫生间的相应位置，如图11-12所示。

3 执行“直线”命令（L），在车库大门位置绘制一条水平线，然后将该水平线向上偏移60，再在两条线段之间捕捉相应的端点，执行“圆弧”命令（ARC），绘制圆弧对象作为车库卷闸门。

4 执行“插入”命令（I），将“案例\11”文件夹下的“车辆”、“水槽”图形对象插入到车库相应的位置，如图11-13所示。

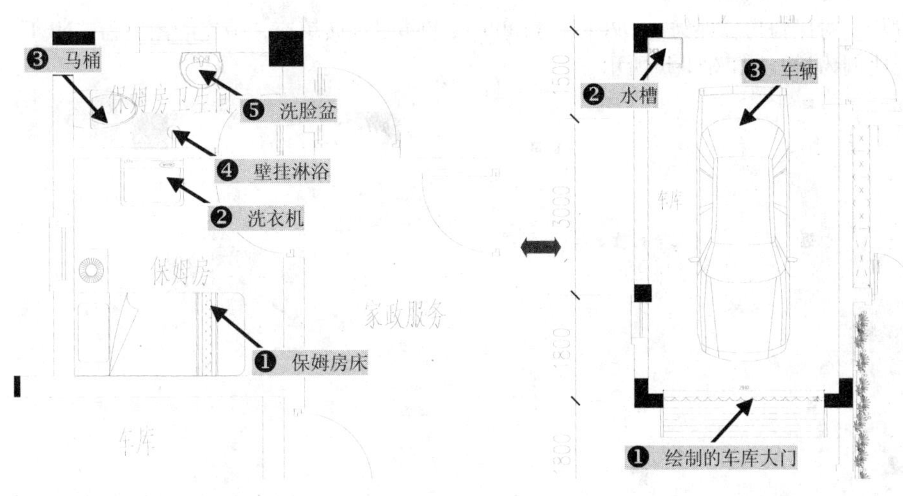

图11-12　布置的保姆房

图11-13　布置的车库

11.1.7　布置每个房间的地板砖

在前面已经将每个房间所定制的装饰隔断、矮柜、玻璃地台等对象绘制完成，且已经将相应的设备进行了布置，接下来就对每个房间的地板砖进行布置，其操作步骤如下。

1 将"填充"图层设置为当前图层，执行"直线"命令（L），在相应的房间门口位置绘制直线段。

2 执行"图案填充（BH）"命令，对走廊进行"AR-B816C"图案填充，填充的比例为1.5，从而填充300×600的黑色板岩地砖，如图11-14所示。

3 在门厅的四周执行"直线"、"偏移"、"修剪"等命令，绘制距离墙300mm宽的波打线，再对其进行"AR-SAND"图案填充，填充的比例为2，从而填充米黄色石材波打线，然后将"案例\11"文件夹下的"大理石拼花"图形对象布置到门厅的中间相应位置，如图11-15所示。

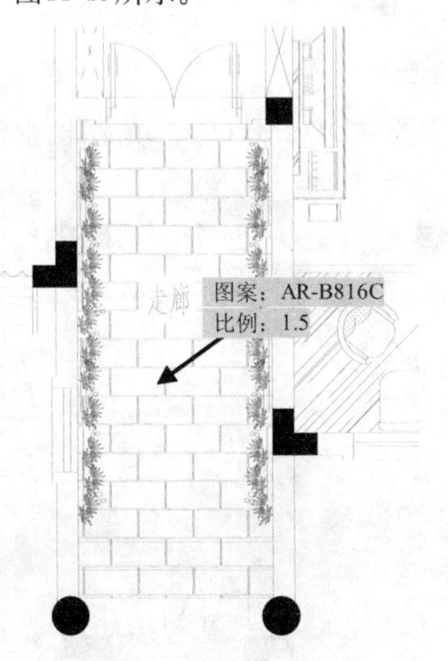

图11-14　布置走廊地板

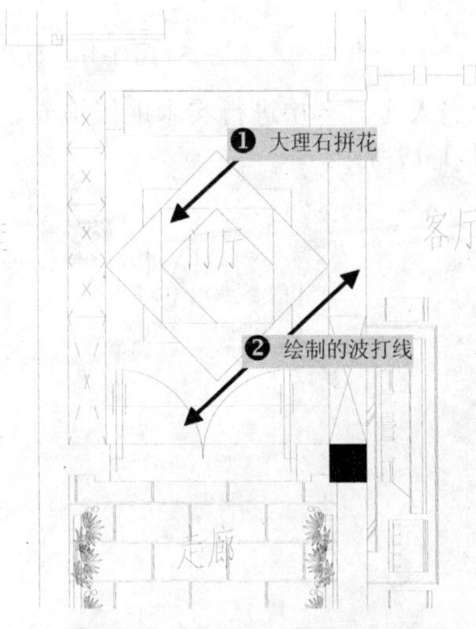

图11-15　布置门厅地板

4 再对客厅、餐厅、家政服务区进行800×800米黄色抛光砖填充，填充的图案为"NET"，填充比例为250，如图11-16所示。

5 同样，对保姆房、保姆房卫生间进行300×300防滑地砖填充，填充的图案为“NET”，填充比例为100，如图11-17所示。

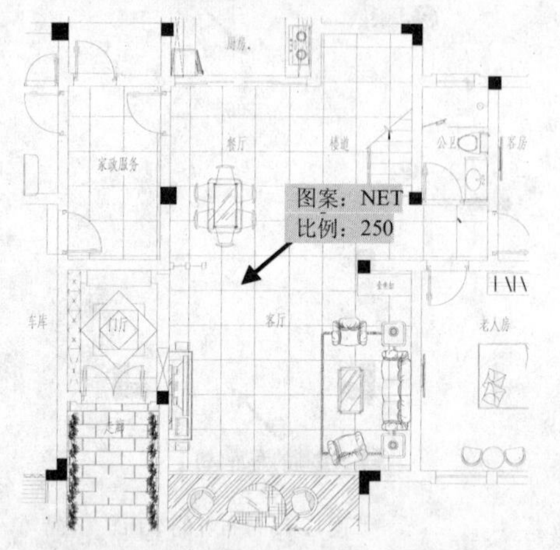

图11-16　布置800×800米黄色抛光砖

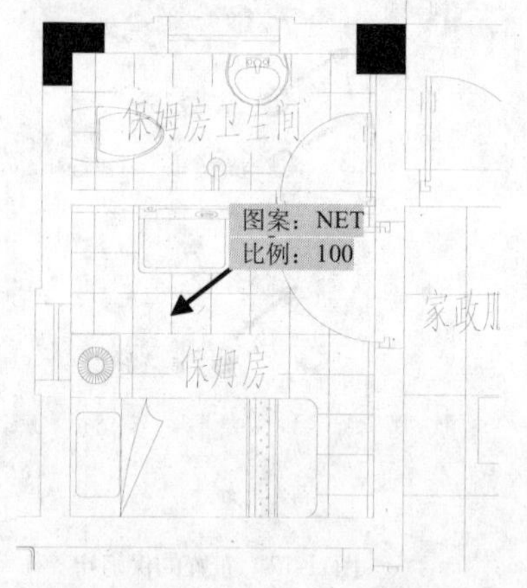

图11-17　布置300×300防滑地砖

6 再对厨房、公卫1进行300×300防滑地砖填充，填充的图案为“NET”，填充比例为100，如图11-18所示。

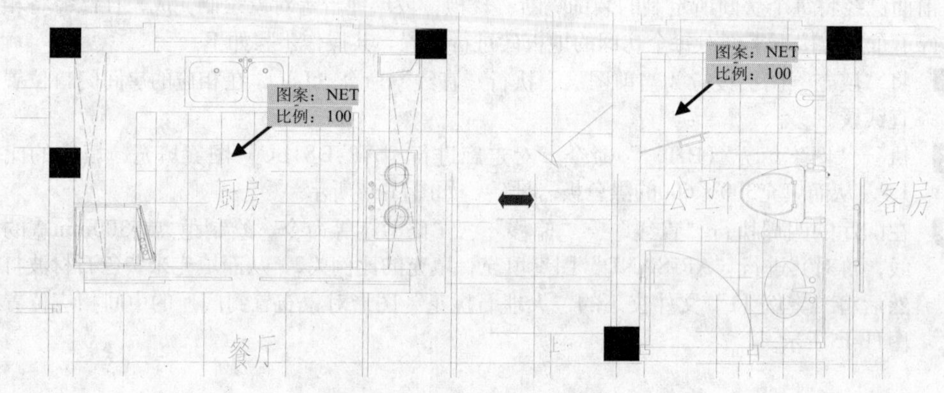

图11-18　布置300×300防滑地砖

7 对老人房、客房进行实木地板填充，填充的图案为“DOLMIT”，填充比例为20，如图11-19所示。

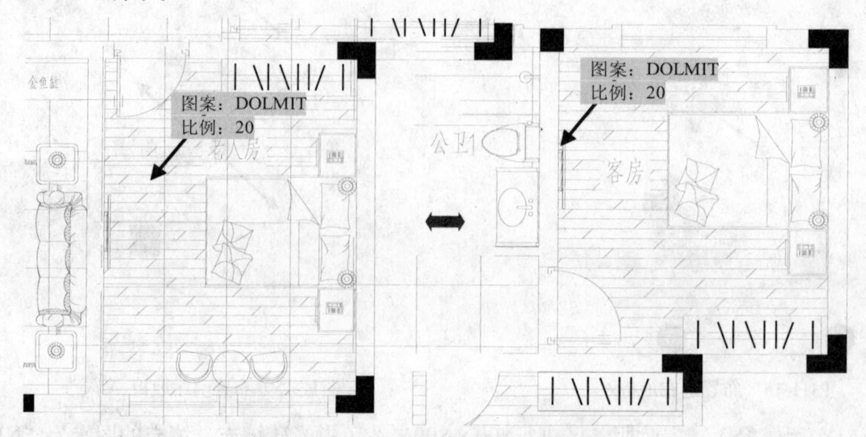

图11-19　布置的老人房、客房实木地板

8 对车库进行地坪漆填充，填充的图案为“AR-SAND”，填充比例为5，如图11-20所示。

9 最后对每个房间门口进行黑色石材门槛石填充，填充的图案为“AR-SAND”，填充比例为2，如图11-21所示。

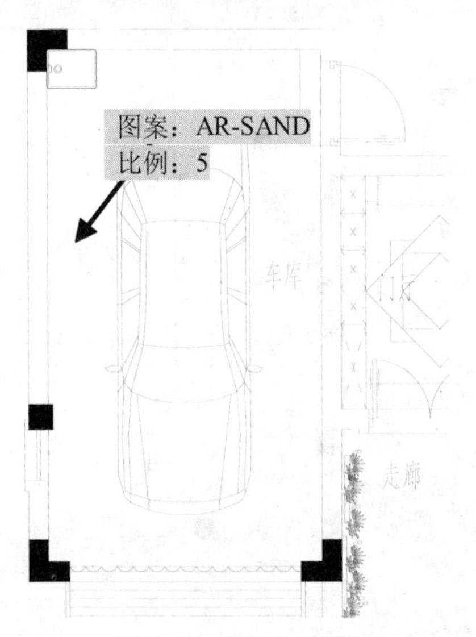

图11-20　布置车库地板

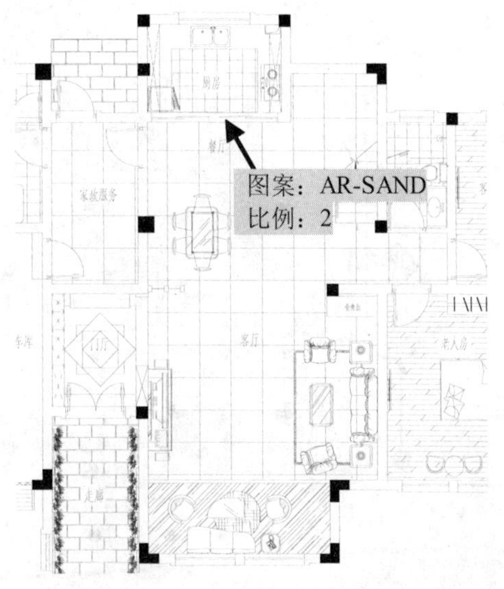

图11-21　布置房间门槛石

11.1.8　进行内视符号及图名的标注

根据平面布置图的要求，应对每个功能区进行主要内视符号的标注，然后对其进行尺寸、文字、图名及比例的标注，其操作步骤如下。

1 由于之前打开的“别墅一层建筑平面图.dwg”中有图层标注对象，为了方便绘制，已经将“标注”图层隐藏关闭，所以在此用户直接在“图层”工具栏的“图层控制”组合框中将“标注”图层打开显示出来即可，如图11-22所示。

2 将“文字标注”图层置为当前图层，在“标注”工具栏中单击“引线标注”按钮，在门厅的左下侧引出一条水平箭头线段，其箭头的大小为10，箭头样式为直角。

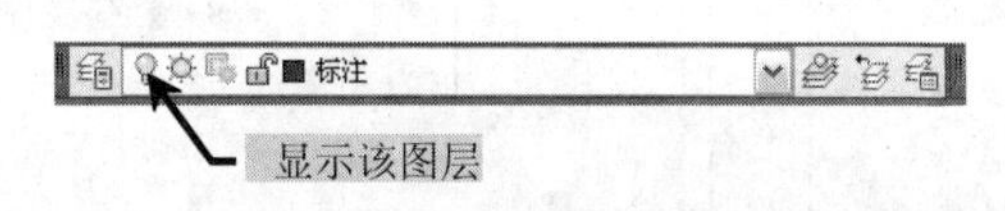

图11-22　打开“标注”图层

3 执行“插入块”命令（I），将“案例\11”文件夹下的“内视符号”图块插入箭头的另一端，如图11-23所示。

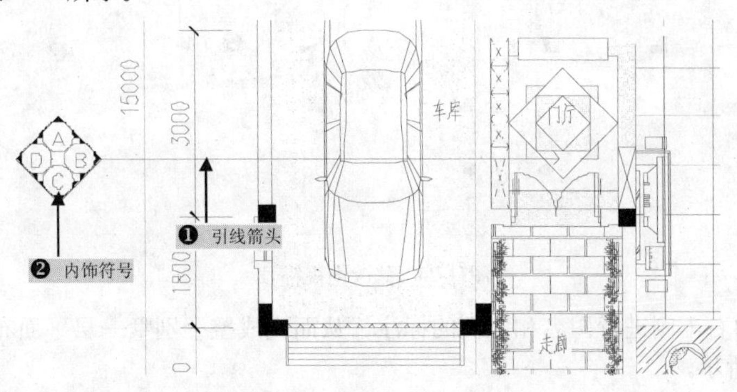

图11-23　插入的内视符号

4 使用复制、夹点编辑等命令，将该引线箭头和内视符号图块对象进行多次复制，使之指向相应的功能房间，如图11-24所示。

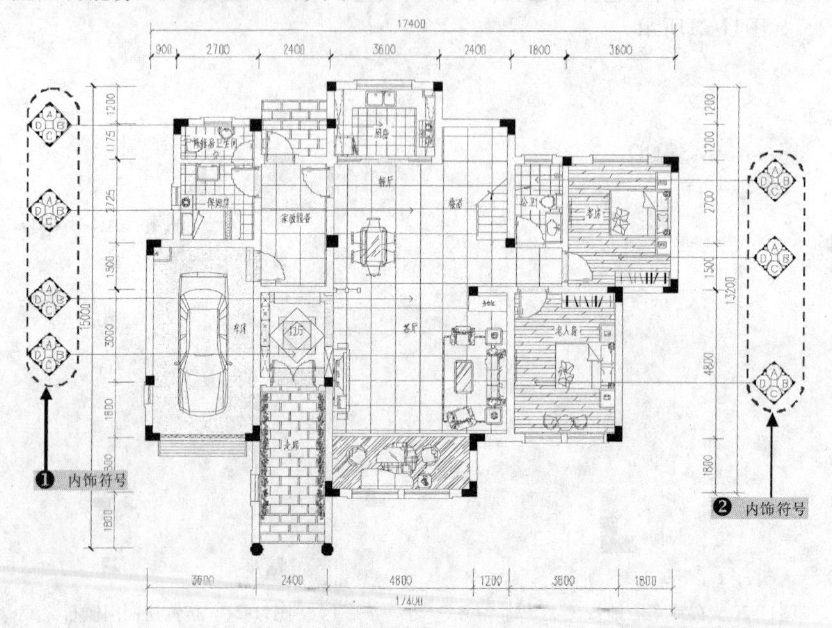

图11-24　布置到其他位置的内视符号

5 执行“分解”命令（EX），将插入的内视符号图块全部打散，然后将多余的内视对象进行修剪和删除，再将其内视符号中的文字进行修改，如图11-25所示。

6 选择“文字标注”图层，分别对每个房间铺设的地砖进行文字标注说明。

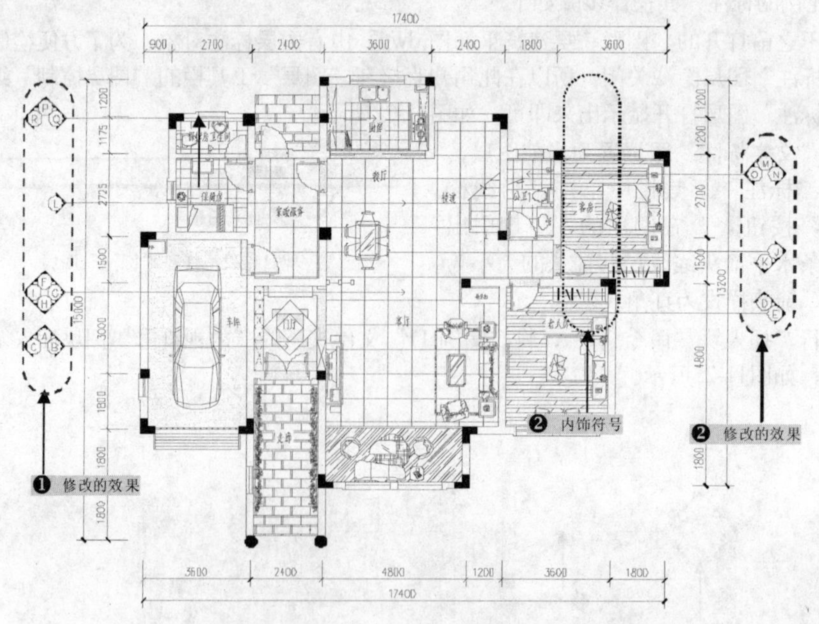

图11-25　修改内视符号

7 在图形的右下侧进行图名和比例的标注，从而完成整个别墅一层平面布置图的绘制，如图11-26所示。

8 至此，该别墅一层平面布置图已经绘制完成，按组合键Ctrl+S将其文件进行保存。

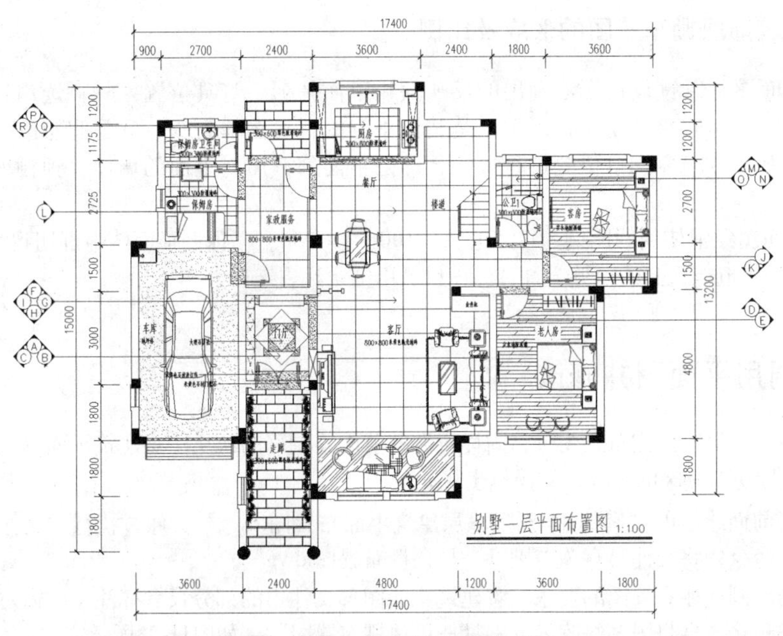

图11-26　文字、图名及比例标注

11.2 别墅一层顶棚布置图的绘制

视频文件：视频\11\别墅一层顶棚布置图.avi
结果文件：案例\11\别墅一层顶棚布置图.dwg

顶棚图的功能综合性较强，其使用除装饰外，还兼有照明、音响、空调、防火等功能。它是室内设计的重要部位，其设计既要有较高的净空，扩大空间效果，又要把在视觉范围内的梁、板处理好。

在绘制别墅一层顶棚布置图时，首先打开绘制的建筑平面图，将部分对象删除，并另存为新的顶棚布置图文件，绘制直线对顶棚进行功能划分，然后布置吊灯及灯具，最后进行文字标注，其效果如图11-27所示。

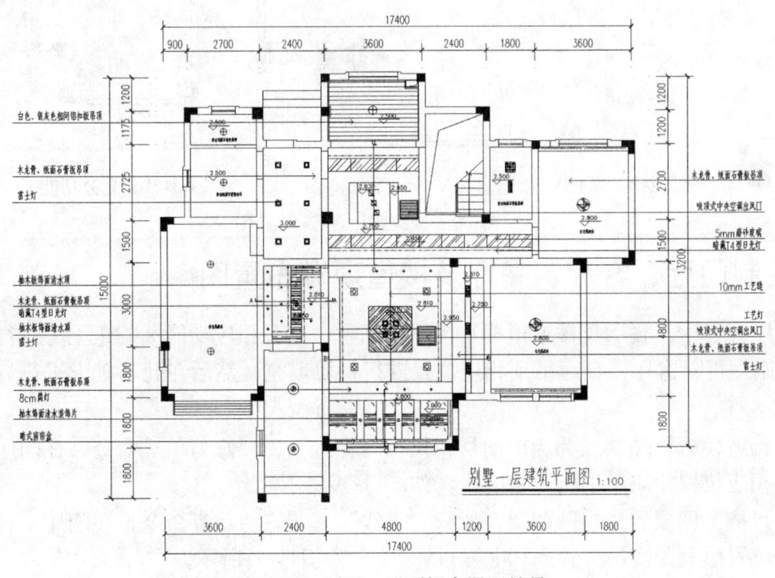

图11-27　别墅一层顶棚布置图效果

专业资料：装饰顶棚布置图的形成及比例

顶棚平面图是以镜像投影法画出的反映顶棚平面外形、灯具位置、材料选用、尺寸标高及相关做法等内容的水平镜像投影图，是装饰施工的首要图样之一。它是假想以一个水平剖切平面沿顶棚下方门窗洞口位置进行剖切，移去下面部分后对上面的墙体、顶棚所作的镜像投影图。

顶棚平面图经常使用的比例为1：50、1：100、1：150。在顶棚平面图中剖切到的墙柱用粗实线，未剖切到但能看到的顶棚、灯具、风口等用细实线表示。

11.2.1　调用平面图并修改

在绘制别墅一层的顶棚布置图时，同样应借助前面绘制好的跃层一层建筑平面图来进行绘制，然后对顶棚进行功能分区的划分，其操作步骤如下。

1. 打开前面绘制的“案例\11\别墅一层建筑平面布置图.dwg”文件，执行“文件”｜“另存为”命令，将文件另存为“别墅一层顶棚布置图.dwg”。
2. 根据绘制顶棚布置图的要求，将建筑平面图形文件中的部分尺寸标注、门窗对象、房间名称等删除，再将图名修改为“别墅一层顶棚布置图”，如图11-28所示。
3. 将“区域划分”图层置为当前图层，执行“直线”命令（L），在门洞口位置绘制直线段，并捕捉相应的交点绘制直线段，从而进行功能分区的划分，如图11-29所示。

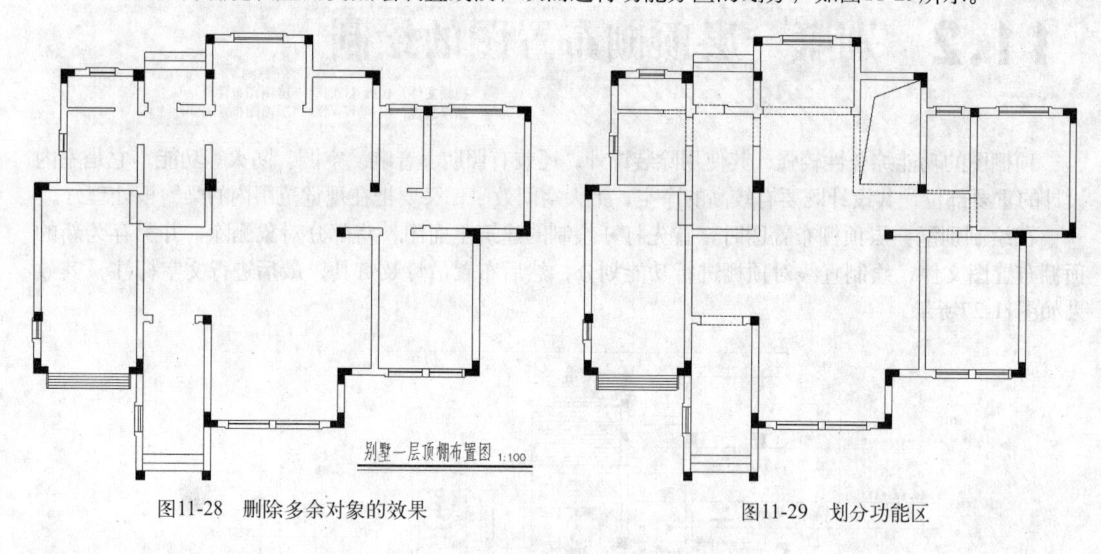

图11-28　删除多余对象的效果　　图11-29　划分功能区

11.2.2　绘制门厅、客厅、餐厅及楼道顶棚布置图

在进行门厅、客厅、餐厅及楼道顶棚布置图绘制时，应对相应功能区的正上方进行吊顶构造轮廓及灯槽的绘制，再对客厅、餐厅吊顶相应位置进行材质填充，然后在此基础上进行灯具布置，其操作步骤如下。

1. 将“构造轮廓”图层置为当前图层，执行“直线”、“修剪”等命令，在门厅、客厅及餐厅的相应位置绘制吊顶构造轮廓线，如图11-30所示。
2. 将“灯槽”图层置为当前图层，执行“直线”、“修剪”等命令，在门厅、客厅及餐厅的相应位置绘制距离吊顶轮廓100的灯槽对象，如图11-31所示。

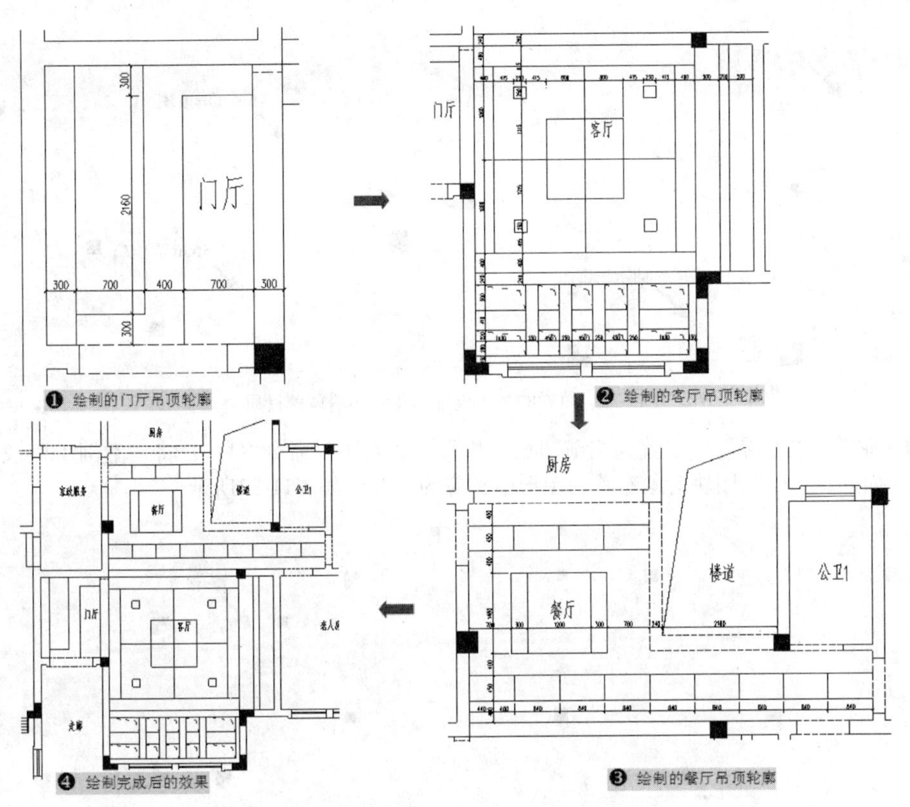

图11-30　绘制的门厅、客厅及餐厅吊顶轮廓

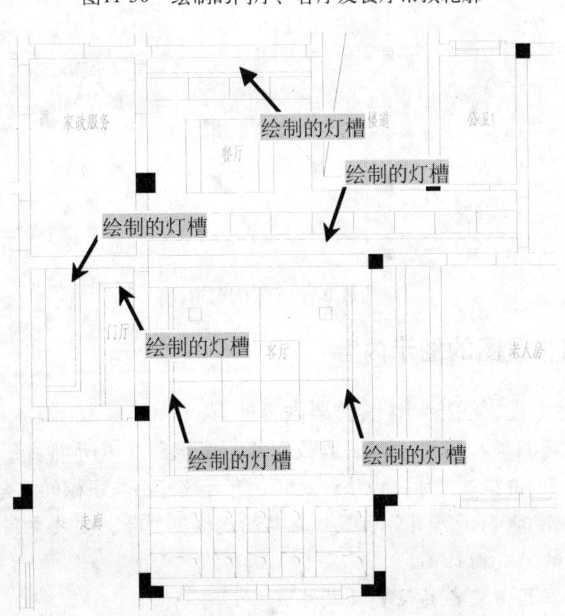

图11-31　绘制的门厅、客厅及餐厅灯槽

3 将“图案填充”图层置为当前图层，执行“图案填充”命令（BH），对门厅和客厅顶棚的相应位置进行柚木板饰面材质填充，填充的图案为“AR-RROOF”，比例为5，角度为0°、45°或-45°；再对餐厅顶棚的相应位置进行5mm清玻璃材质填充，填充的图案为“AR-RROOF”，比例为15，角度为45°，如图11-32所示。

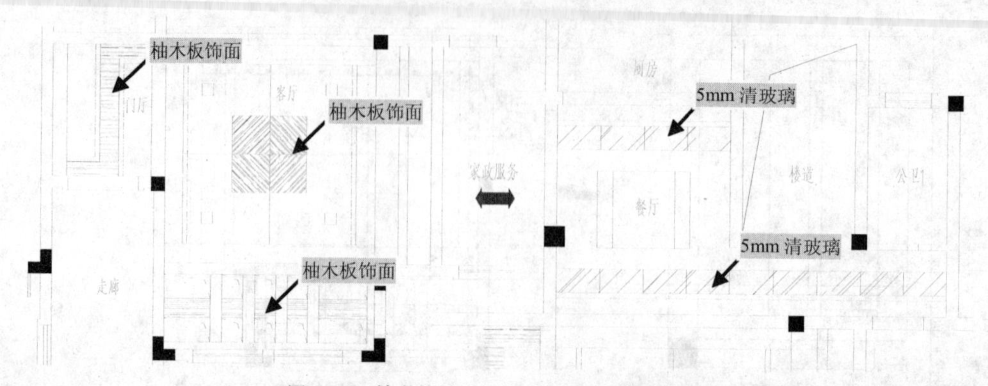

图11-32　填充的柚木板饰面及5mm清玻璃材质

4 将“陈设布置”图层置为当前图层，执行“插入块”命令（I），将“案例\11”文件夹下面的“窗帘”图块对象布置到图形中相应的位置，如图11-33所示。

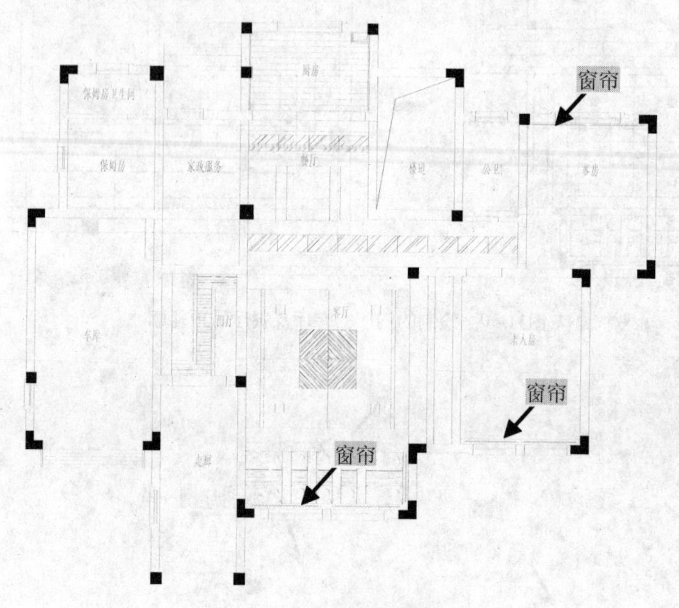

图11-33　布置的窗帘

专业资料：装饰顶棚布置图的图示内容

顶棚平面图采用镜像投影法绘制，其首要内容如下。

- 创建平面及门窗洞口，门画出门洞边线即可，不画门扉及开启线。
- 室内（外）顶棚的造型、尺寸、做法和说明，有时候可画与顶棚的重合断面图并示明标高。
- 室内（外）顶棚灯具符号及具体位置（灯具的规格、型号、安装要领由电气施工图反映）
- 室内各种顶棚的完成面标高。
- 与顶棚相接的家具、装备的位置及尺寸。
- 窗帘及窗帘盒、窗帘帷幕板等。
- 空调送风口位置、消防自动报警系统及与吊顶有关的音视频文件装备的平面布置形式及安装位置。
- 图外示明开间、进深、总长、总宽等尺寸。
- 引向符号、说明书契、图名及比例等。

11.2.3　布置厨房顶棚图

将“图案填充”图层置为当前图层，执行“图案填充”命令（BH），对厨房的顶棚区域进行条形铝扣板填充，填充的图案为“ANSI31”，旋转角度为-45或45°，填充的比例为50，如图11-34所示。

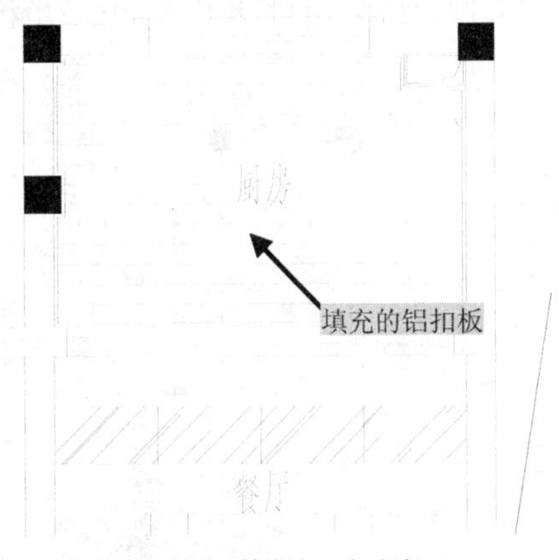

图11-34　填充条形铝扣板

11.2.4　布置灯具并标注高度

当对吊顶进行了相应轮廓的绘制后，即可开始进行相应房间灯具的安装，并标注出不同吊顶和灯具对象的安装高度，其操作步骤如下。

1 执行“格式”｜“图层”命令，打开“图层特性管理器”面板，新建“灯具”图层，且将“灯具”图层置为当前图层，如图11-35所示。

灯具

图11-35　建立灯具图层

2 执行“插入块”命令（I），将“案例\11”文件夹下的“灯具图块”对象插入进来，再布置到相应的位置，如图11-36所示。

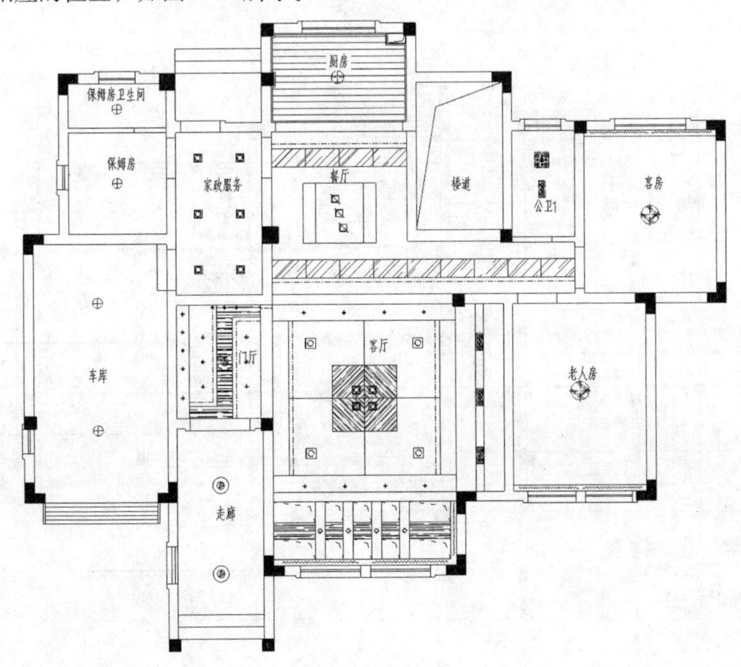

图11-36　布置灯具的效果

3 将“文字标注”图层置为当前图层，将“案例\11”文件夹下的“标高符号”对象插入进来，然后执行“分解”命令（X）将图块分解，再将图块的文字进行修改，然后进行多次复制和修改，再将其放置到图形中相应的位置，如图11-37所示。

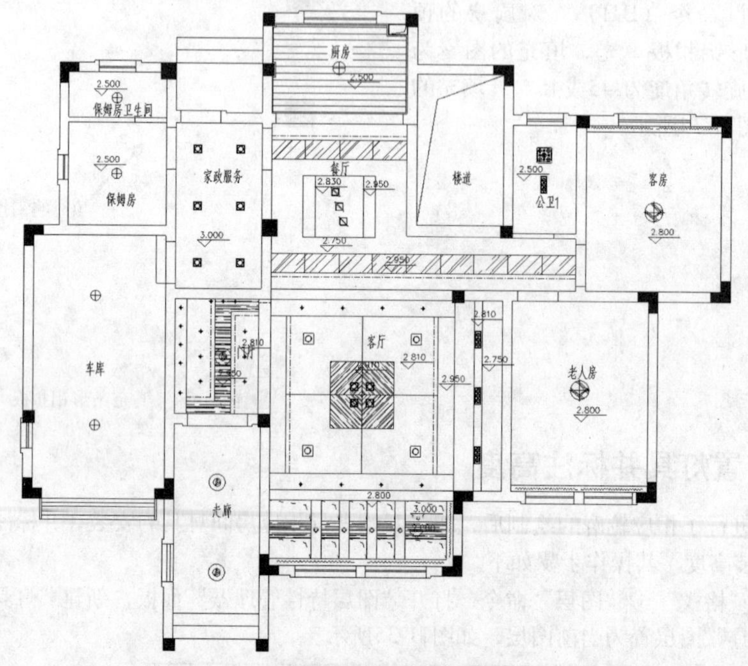

图11-37　标高标注的效果

4 将“案例\11”文件夹下的“中央空调”插入到图形中相应的位置，再在“标注”工具栏中单击“引线标注”按钮，对相应的灯具名称进行标注，然后对吊顶的材质进行标注，如图11-38所示。

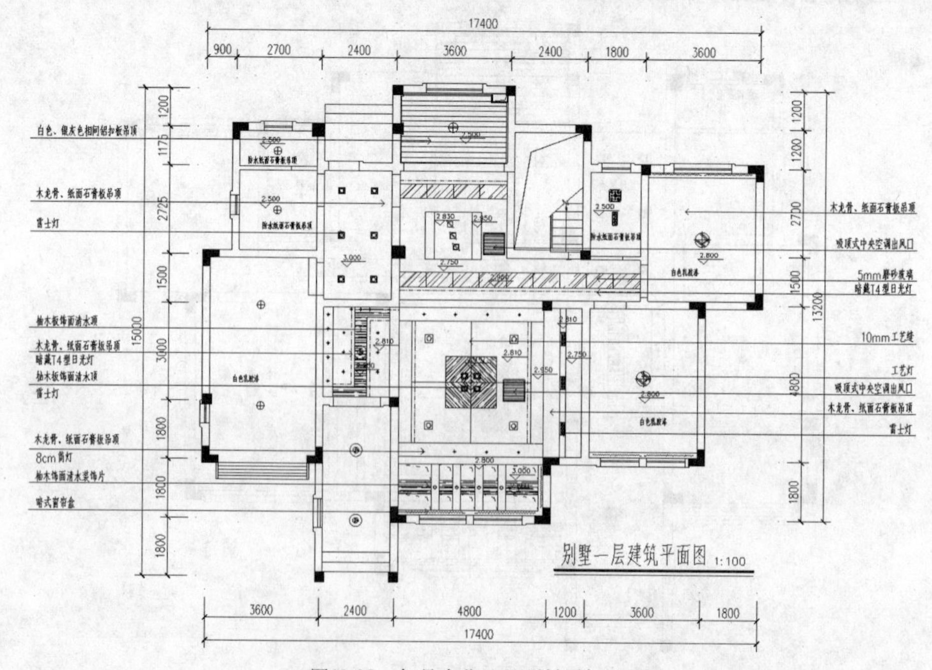

图11-38　灯具名称及吊顶材质标注

5 将“案例\11”文件夹下的“剖切号”插入图形中相应的位置，再执行“分解”命令（X），将图块打散，然后双击剖切号文字对象，改成相应的文字对象；最后将“标注”图层显示出来，然后在图形的右下侧进行图名及比例的标注，如图11-39所示。

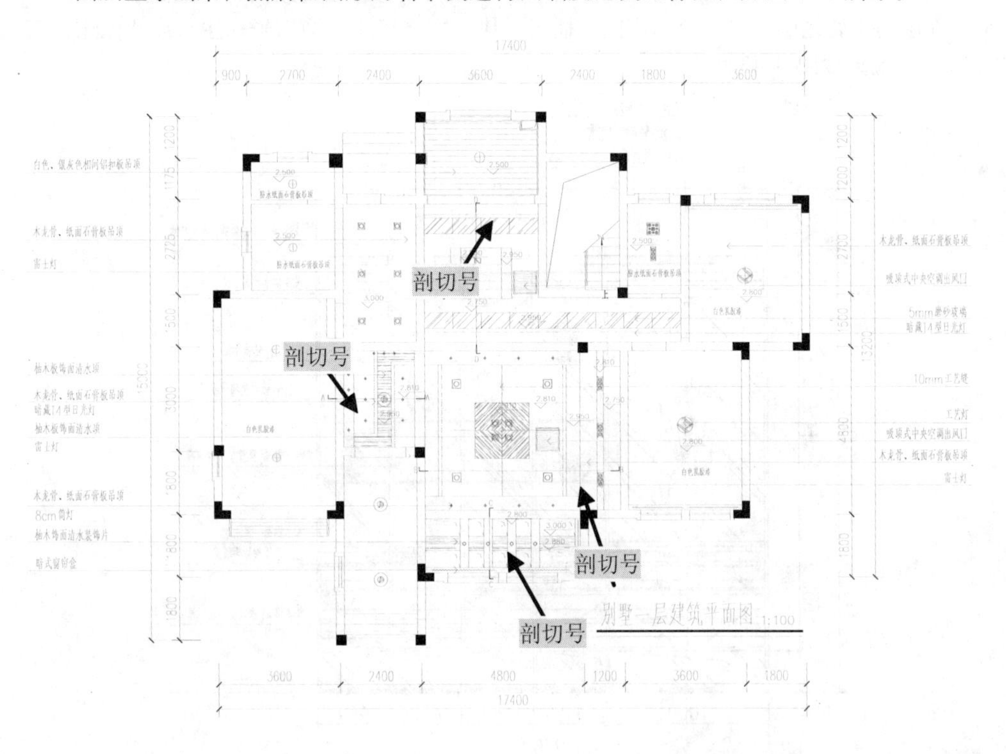

图11-39 剖切号、尺寸及图名标注

6 至此，该别墅一层顶棚布置图已经绘制完成，按组合键Ctrl+S进行保存。

11.3 别墅各房间立面图的绘制

在前面已经绘制好了别墅各平面布置图和顶棚布置图，在下面的案例中将绘制别墅各主要房间的立面图。

专业资料：装饰立面图的形成与比例

室内立面图是将房屋的室内墙面按内视投影符号的指向，向直立投影面所作的正投影图。它用于反映室内空间垂直方向的装饰设计形式、尺寸与做法、材料与色彩的选用等内容，是装饰工程图中的首要图样之一，是确定墙面做法的首要依据。房屋室内立面图的名称，应根据平面布置图中内视投影符号的编号或字母确定。

室内立面图经常使用的比例为1：50，可用比例为1：20、1：30、1：40等。室内立面图的外大概轮廓用粗实线表示，墙面上的门窗及凸凹于墙面的造型用中实线表示，其他图示内容、尺寸示明、引出线等用细实线表示，室内立面图一般不画虚线。

11.3.1 绘制别墅门厅C立面图

视频文件：视频\11\别墅门厅C立面图.avi
结果文件：案例\11\别墅门厅C立面图.dwg

打开绘制的平面布置图，以门厅左侧的相应轮廓线向下引伸垂直线段，并绘制水平线段，从而确定C立面图的主要轮廓，然后绘制线段，插入图块、文字标注、剖切号标注、尺寸标注、图名及图名标注，其效果如图11-40所示。

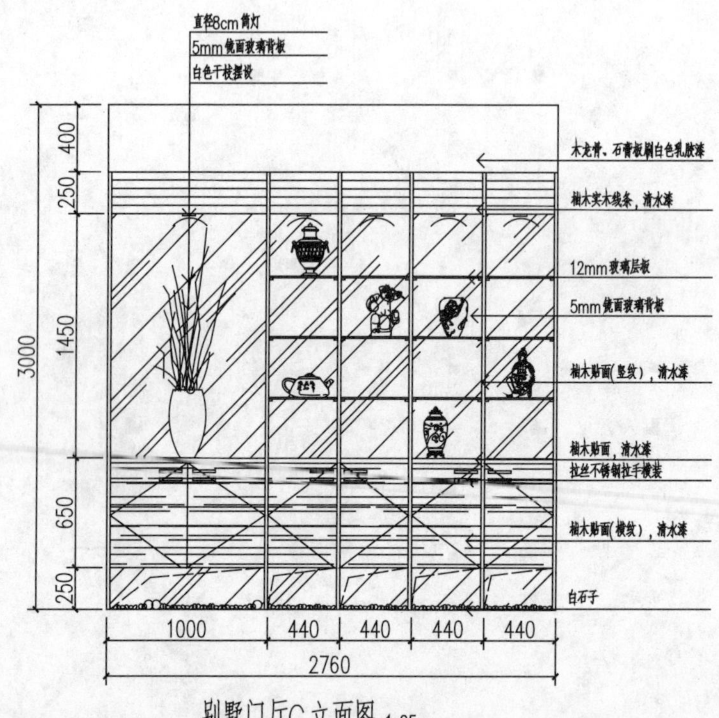

图11-40　别墅门厅C立面图

绘制门厅C立面图的轮廓时，应捕捉平面布置图中门厅上侧方向的指定交点向下引伸出相应的直线段，并绘制水平线段，以及将该水平线段向上偏移，然后对图形进行内部划分、图块导入、图案填充等，其操作步骤如下。

1. 打开前面绘制的“案例\11\别墅一层平面布置图.dwg”文件，执行“文件”｜“另存为”命令，将其另存为“别墅门厅C立面图.dwg”文件。
2. 执行“格式”｜“图层”命令，在弹出的“图层特性管理器”面板中新建“立面轮廓”图层，并置为当前图层，如图11-41所示。

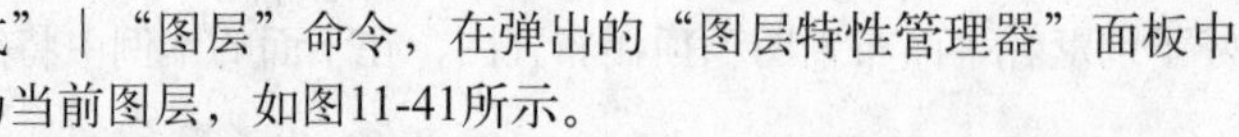

立面轮廓

图11-41　新建“立面轮廓”图层

3. 执行“直线”命令（L），捕捉门厅C立面上侧相应轮廓的交点向下绘制多条垂直线段，再绘制相应的水平线段，然后执行“偏移”命令（O），将该水平线段垂直向下偏移3000，然后将多余的线段修剪，如图11-42所示。
4. 执行“偏移”命令（O），将上侧的水平线段向下偏移400、250、1450、650、250，再将偏移的水平线段转换为“轮廓构造”图层。
5. 执行“偏移”、“修剪”等命令，将图形中的相应线段进行“偏移”、“修剪”操作，使其划分出装饰柜与鞋柜的内部结构，如图11-43所示。

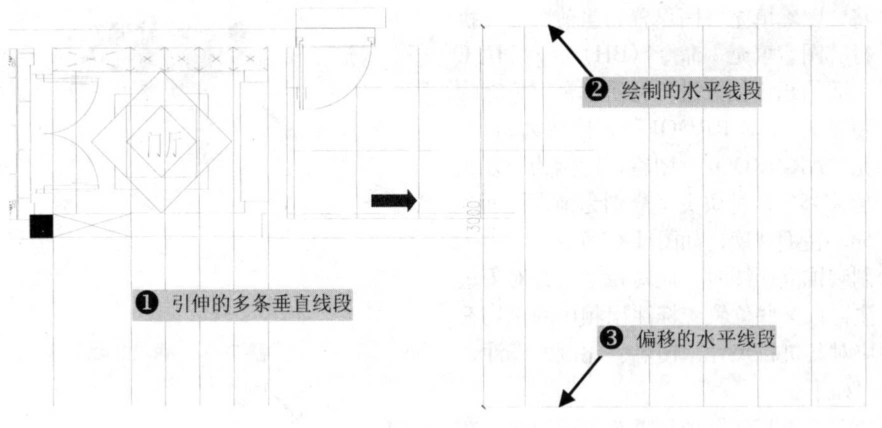

图11-42　创建立面图的主要轮廓

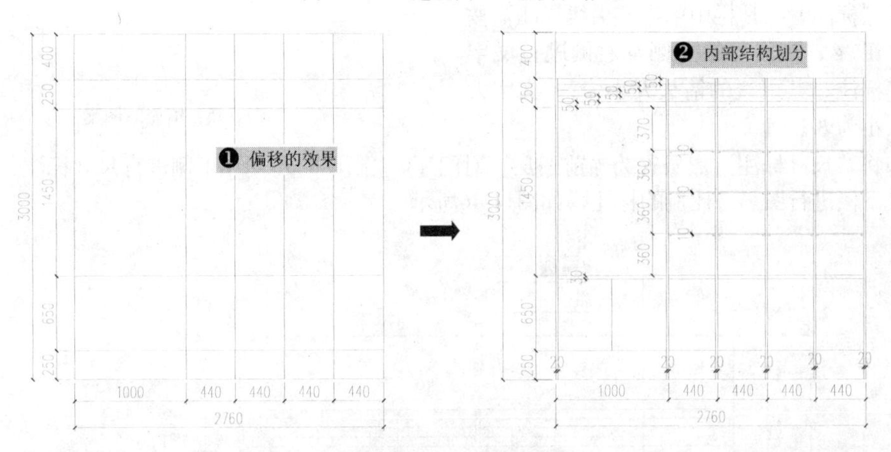

图11-43　装饰柜与鞋柜内部划分

6 将“陈设布置”图层置为当前图层，执行“插入块”命令（I），将“案例\11”文件夹下的“装饰品组合”、“白石子”、“直径8cm筒灯”等图块插入到门厅C立面的相应位置。

7 绘制装饰柜与鞋柜的柜门拉手，执行“矩形”命令（REC），绘制一个140×15的矩形作为柜门拉手，再将矩形进行多次复制，放置到柜门的相应位置，如图11-44所示。

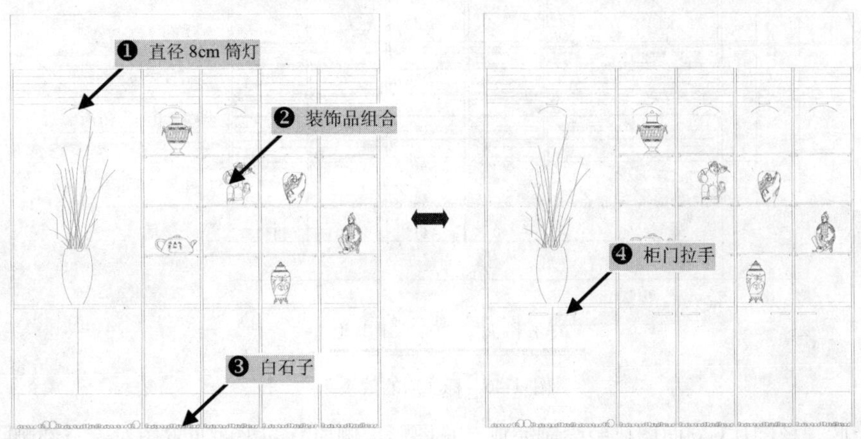

图11-44　插入立面图块及绘制的柜门拉手

8 将“图案填充”图层置为当前图层，执行“图案填充”命令（BH），对门厅C立面的相应位置进行材质填充，填充的图案为“AR-RROOF”，比例为5；填充“AR-RROOF”图案，比例为15，角度为45°，材质类型分别为柚木饰面及5mm镜面玻璃，如图11-45所示。

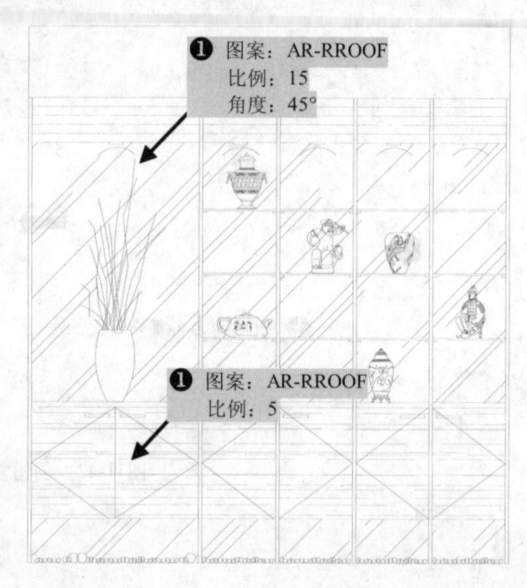

图11-45 填充的图案

在绘制装饰立面图时，应对每个装饰对象进行文字标注，在某些位置应标注出相应的剖切符号，最后应对其进行尺寸、图名、比例的标注，其操作步骤如下。

1 将“文字标注”图层置为当前图层，在“标注”工具栏中单击“引线标注”按钮，在图形的上侧及右侧进行文字标注，其引线的箭头大小为2，文字大小为90。

2 将“尺寸标注”图层置为当前图层，对门厅C立面图的左侧和下侧进行尺寸标注，然后在下侧进行图名、比例的标注，如图11-46所示。

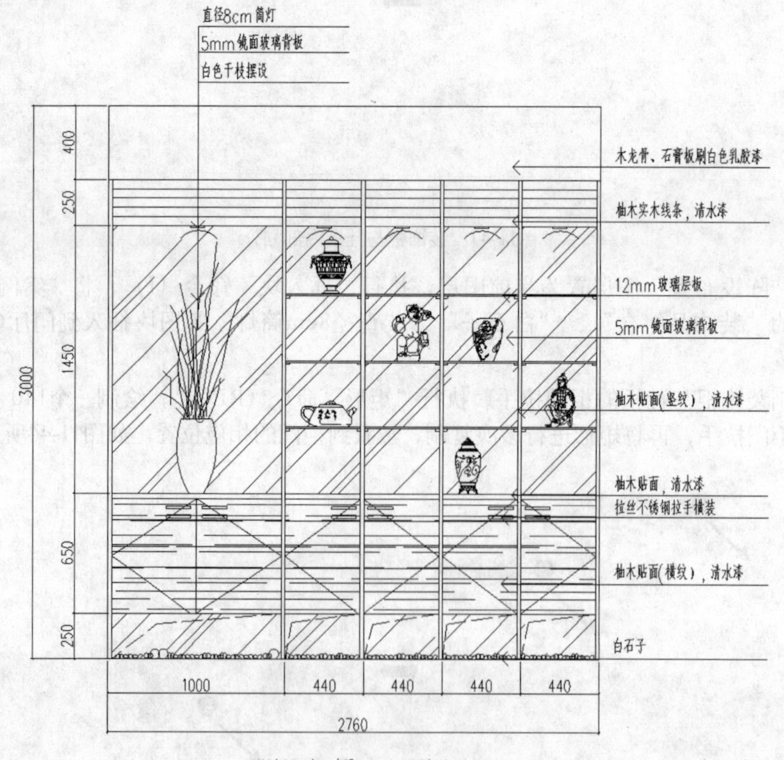

图11-46 标注后的效果

3 至此，该门厅C立面图已经绘制完成，将图形上侧原有的平面布置图对象全部删除，只保留立面图对象，然后按组合键Ctrl+S对其进行保存。

专业资料：装饰立面图的图示内容

在绘制装饰立面图时，其首要内容如下。

- 室内立面大概轮廓线，顶棚有吊顶时可画出吊顶、叠级、灯槽等剖切大概轮廓线（用粗实线表示），墙面与吊顶的收口形式，可见的灯具投影图形等。
- 墙面装饰造型及陈设（如壁挂、工艺品等），门窗造型及分格，墙面灯具、暖气罩等装饰内容。
- 装饰选材、立面的尺寸标高及做法说明。图外一般示明一至两道竖向及水平向尺寸，以及楼地面、顶棚等的装饰标高；图内一般应示明首要装饰造型的定形、定位尺寸。做法示明采用细实线引出。
- 附墙的固定家具及造型（如影视墙、壁柜）。
- 引得符号、说明书契、图名及比例等。

11.3.2 绘制别墅门厅A立面图及客厅F立面图

视频文件：视频\11\别墅门厅A立面及客厅F立面图.avi
结果文件：案例\11\别墅门厅A立面及客厅F立面图.dwg

打开绘制的平面布置图，参照前一章节绘制别墅门厅C立面图的方法，首先确定别墅门厅A立面及客厅F立面的主要轮廓，然后绘制线段，插入图块、文字标注、剖切号标注、尺寸标注、图名及图名标注，其效果如图11-47所示。

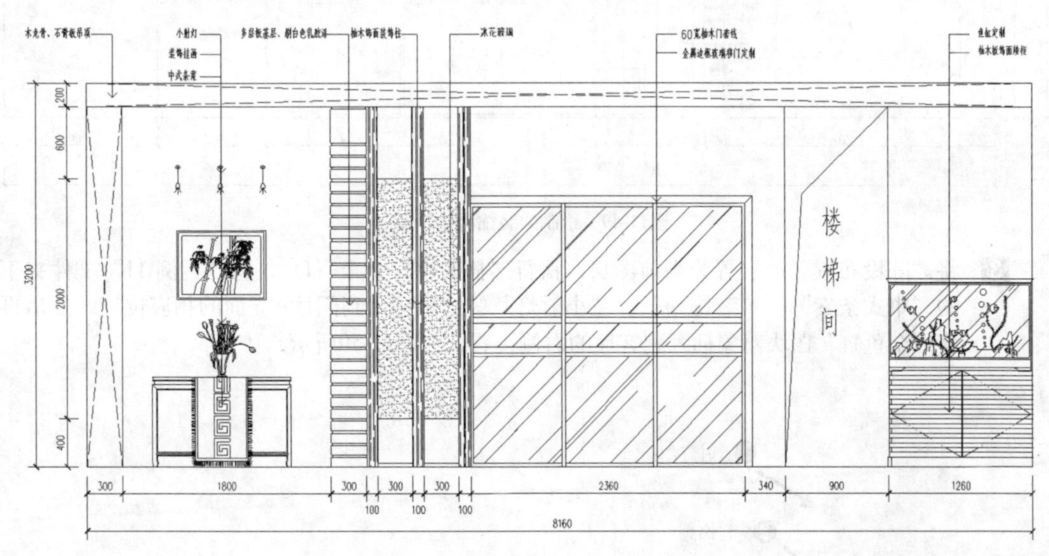

图11-47 别墅门厅A立面图及客厅F立面图

绘制门厅A立面及客厅F立面图的轮廓时，应捕捉平面布置图中门厅上侧方向的指定交点向下引伸出相应的直线段，并绘制水平线段，以及将该水平线段向上偏移，然后对图形进行内部划分，导入图块，填充图案等，其操作步骤如下。

1. 根据平面布置图绘制多条引伸线段，然后执行“直线”、“偏移”、“修剪”等命令，首先绘制出需要的主要轮廓对象，如图11-48所示。
2. 执行“直线”、“偏移”、“修剪”等命令，对图形中的装饰构建进行再次划分，如图11-49所示。

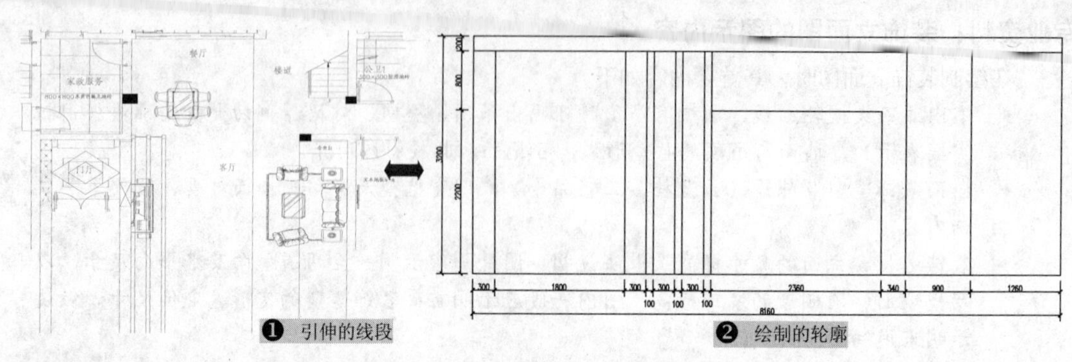

图11-48　绘制的主要轮廓

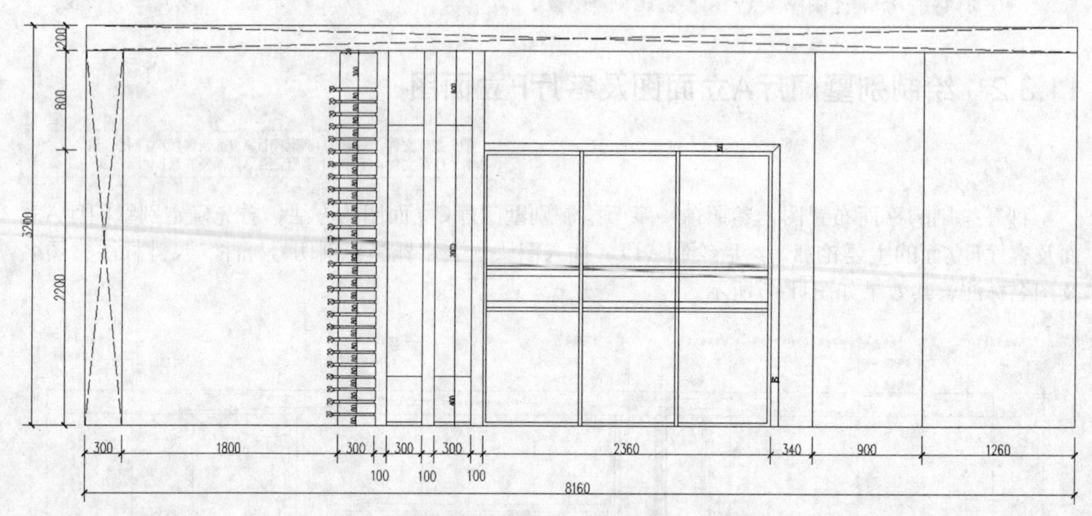

图11-49　绘制的装饰构建轮廓

3 将“陈设布置”图层置为当前图层，执行“插入块”命令（I），将“案例\11”文件夹下的“中式条案”、“装饰画”、“小射灯”等图块插入到门厅A立面的相应位置，然后再将“金鱼缸”图块对象插入到客厅的右侧位置，如图11-50所示。

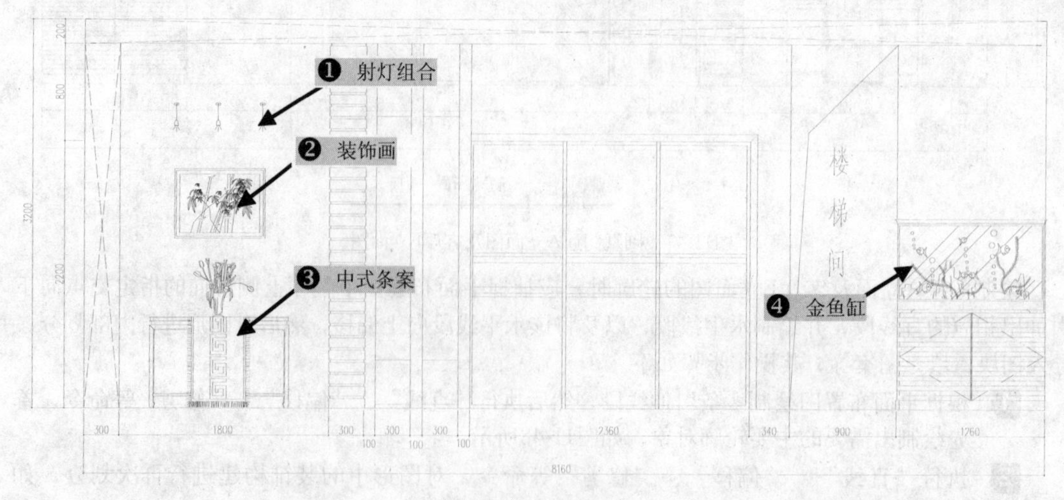

图11-50　插入的图块

4 将“图案填充”图层置为当前图层，执行“图案填充”命令（BH），对客厅F立面的相应位置进行材质填充，填充的图案为“AR-RROOF”，比例为2，角度为90°，材质类型为柚木饰面；再填充“AR-SAND”图案，比例为1，材质类型为冰花玻璃；填充“AR-RROOF”图案，比例为15，角度为45°，材质类型为玻璃移门，如图11-51所示。

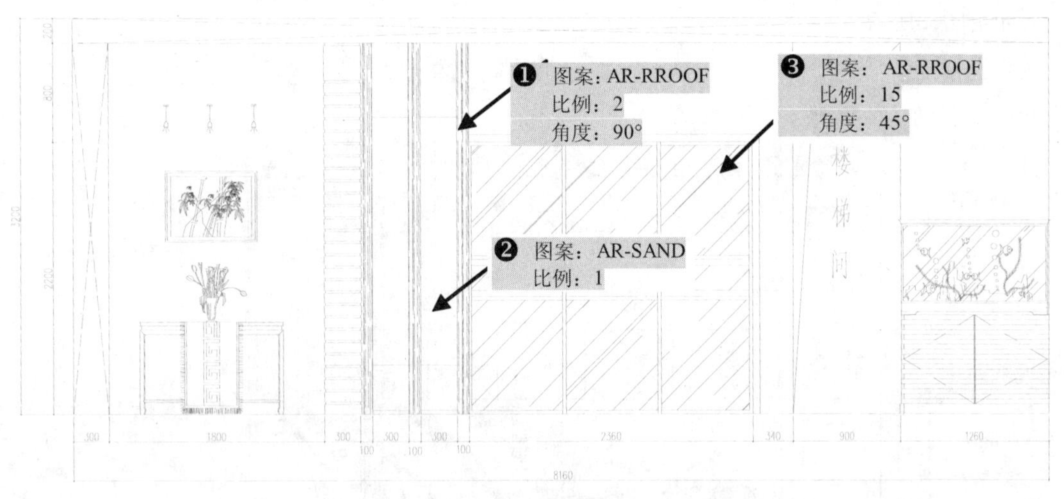

图11-51　填充的图案

在绘制装饰立面图时，应对每个装饰对象进行文字标注，在某些位置应标注出相应的剖切符号，最后应对其进行尺寸、图名、比例的标注，其操作步骤如下。

1 将“文字标注”图层置为当前图层，在“标注”工具栏中单击“引线标注”按钮，在图形的上侧及右侧进行文字标注，其引线的箭头大小为2，文字大小为90。

2 将“尺寸标注”图层置为当前图层，对立面图的左侧和下侧进行尺寸标注，然后在下侧进行图名、比例的标注，如图11-52所示。

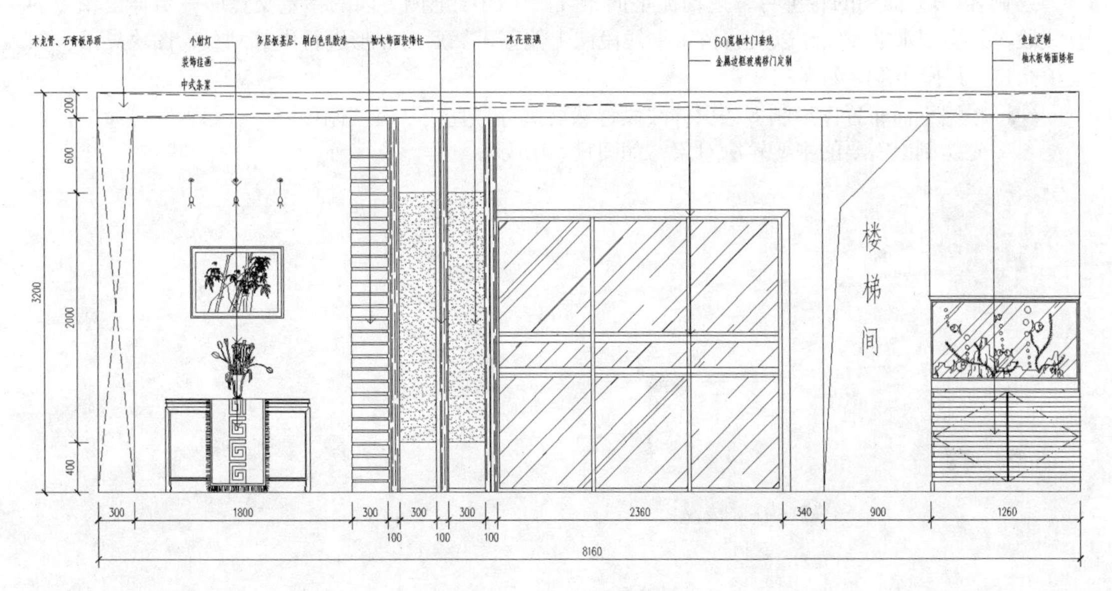

图11-52　标注后的效果

3 至此，该门厅A立面及客厅F立面图已经绘制完成，将图形上侧原有的平面布置图对象全部删除，只保留立面图对象，然后按组合键Ctrl+S将其进行保存。

11.3.3 绘制别墅客厅I立面图

打开绘制的平面布置图，参照前一章节绘制别墅门厅C立面图的方法，首先确定别墅客厅I立面的主要轮廓，然后绘制线段，插入图块、文字标注、剖切号标注、尺寸标注、图名及图名标注，其效果如图11-53所示。

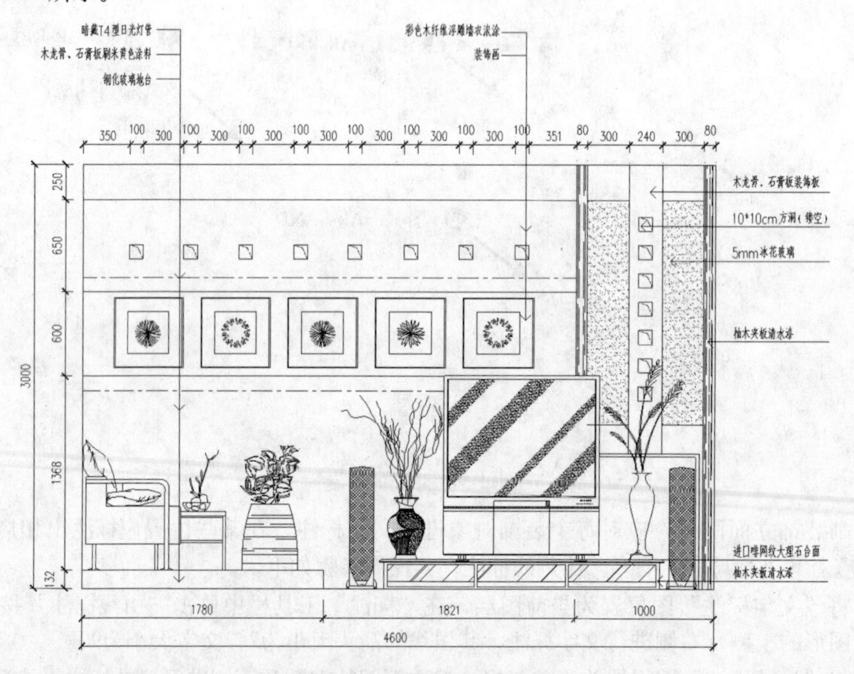

图11-53 别墅客厅I立面图

绘制客厅I立面图的轮廓时，应捕捉平面布置图中门厅上侧方向的指定交点向下引伸出相应的直线段，并绘制水平线段，以及将该水平线段向上偏移，然后对图形进行内部划分、图块导入、图案填充等，其操作步骤如下。

1 根据平面布置图绘制多条引伸线段，然后执行“直线”、“偏移”、“修剪”等命令，首先绘制出需要的主要轮廓对象，如图11-54所示。

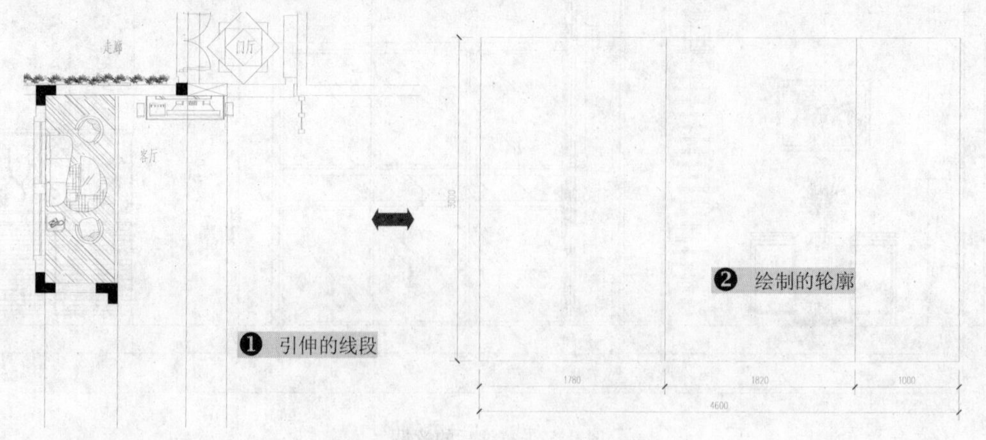

图11-54 绘制的主要轮廓

2 执行“直线”、“偏移”、“修剪”等命令，对图形中的装饰构建进行再次划分，如图11-55所示。

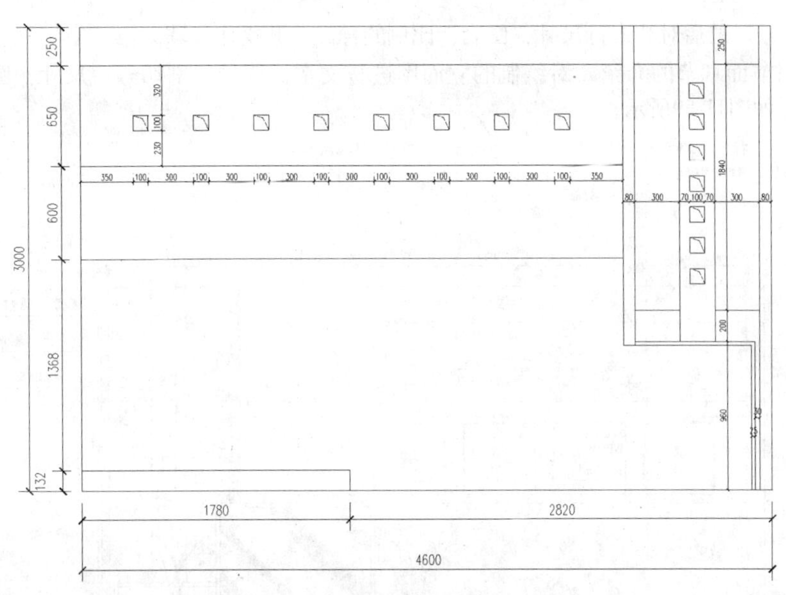

图11-55　绘制的装饰构建轮廓

3 新建“灯槽”图层，在图形中相应位置绘制灯槽对象，如图11-56所示。

4 将“陈设布置”图层置为当前图层，执行“插入块”命令（I），将“案例\11”文件夹下的“客厅电视组合”、“客厅装饰画”、“玻璃台沙发”等图块插入到客厅I立面的相应位置，如图11-57所示。

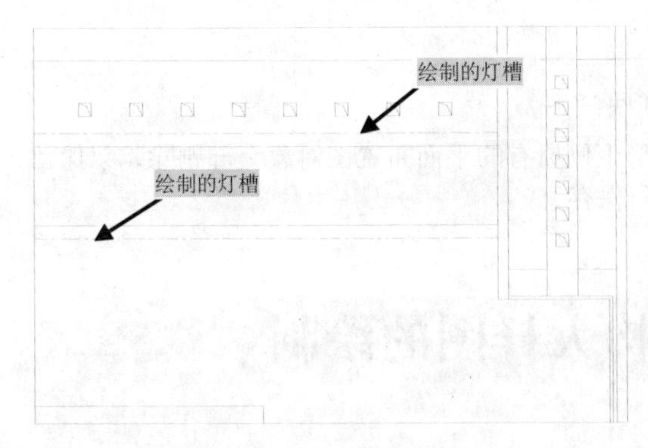

图11-56　绘制的灯槽对象

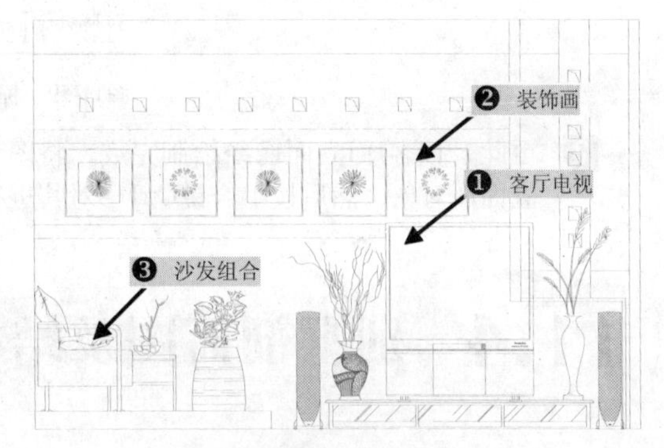

图11-57　插入的图块

5 将“图案填充”图层置为当前图层，执行“图案填充”命令（BH），对客厅I立面的相应位置进行材质填充，填充的图案为“AR-RROOF”，比例为2，角度为90°，材质类型为柚木饰面；再填充“AR-SAND”图案，比例为1，材质类型为5mm厚冰花玻璃，如图11-58所示。

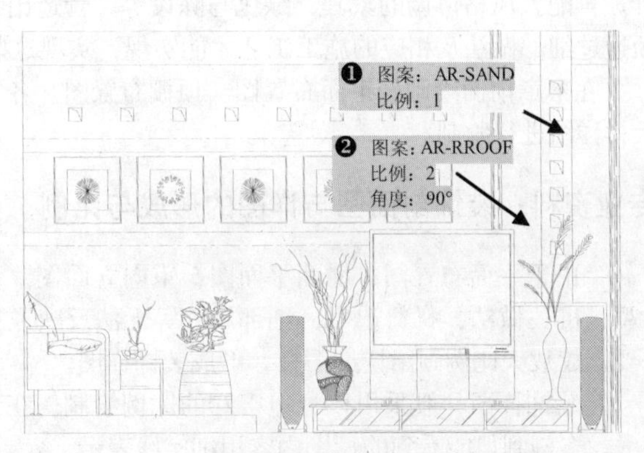

图11-58　填充的图案

在绘制装饰立面图时，应对每个装饰对象进行文字标注，在某些位置应标注出相应的剖切符号，最后对其进行尺寸、图名、比例的标注，其操作步骤如下。

1 参照前面章节的介绍，对绘制的立面图进行文字、符号、剖切号、尺寸、图名及比例标注，如图11-59所示。

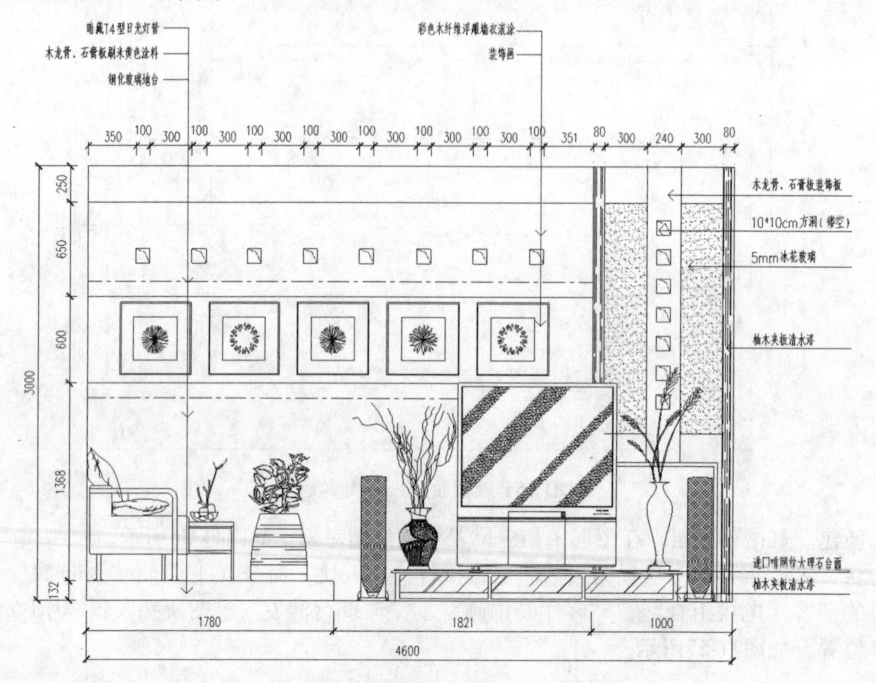

图11-59 标注的效果

2 至此，该客厅I立面已经绘制完成，将图形上侧原有的平面布置图对象全部删除，只保留立面图对象，然后按组合键Ctrl+S对其进行保存。

11.4 别墅剖面图及结构大样图的绘制

室内装饰空间通常由三个基面构成：顶棚、墙面和地面。这三个基面经过装饰设计师的精心设计，再配置风格协调的家具、绿化与陈设等，营造出特定的气氛和效果，这些气氛和效果的营造必须通过细部做法及相应的施工工艺才能实现，实现这些内容的重要技术文件就是装饰详图。

在本章前面绘制好平面布置图、顶棚布置图、各主要立面图后，还应将其主要的剖面图及结构大样详图进行绘制。

专业资料：装饰剖面图与详图的形成与比例

由于平面布置图、地面平面图、室内立面图、顶棚平面图等的比例一般较小，很多装饰造型、机关做法、材料选用、细部尺寸等无法反映或反映不清晰，满足不了装饰施工、建造的需要，故放大比例画出详细图样，形成装饰样图。

装饰详图一般采用1：1~1：20的比例绘制。在装饰详图中剖切到的装饰体大概轮廓用粗实线，未剖到但能看到的投影内容用细实线表示。

11.4.1　绘制别墅吊顶A-A剖面图

视频文件：视频\11\别墅一层A-A剖面图.avi
结果文件：案例\11\别墅一层A-A剖面图.dwg

打开绘制的别墅一层顶棚布置图，首先确定别墅A-A剖面图的主要轮廓，接着绘制A-A剖面图的细节轮廓，然后对A-A剖面图进行标注，其效果如图11-60所示。

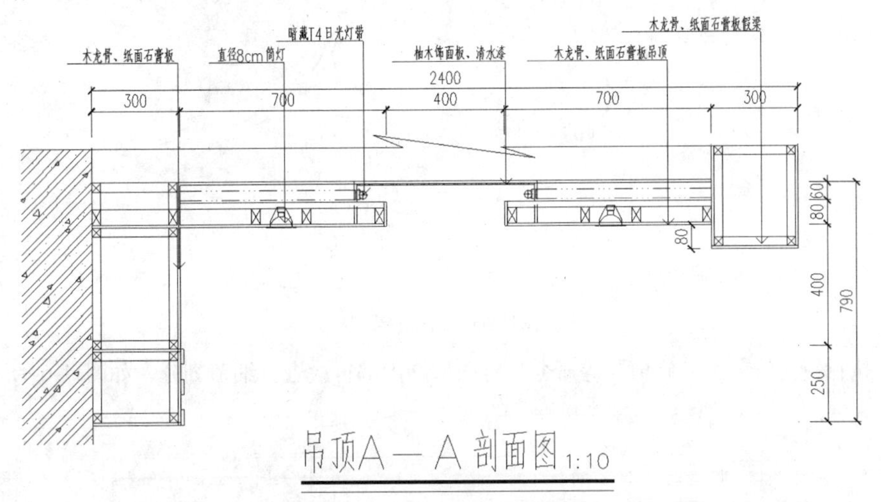

图11-60　别墅吊顶A-A剖面图

1. 在光盘的“案例\11”文件夹下打开“别墅一层顶棚布置图.dwg”文件，将其另存为“别墅一层A-A剖面图”，再将“轮廓”图层置为当前图层，然后执行“直线”、“修剪”等命令，根据A-A剖面的设计结构要求绘制出A-A剖面的主要轮廓，如图11-61所示。

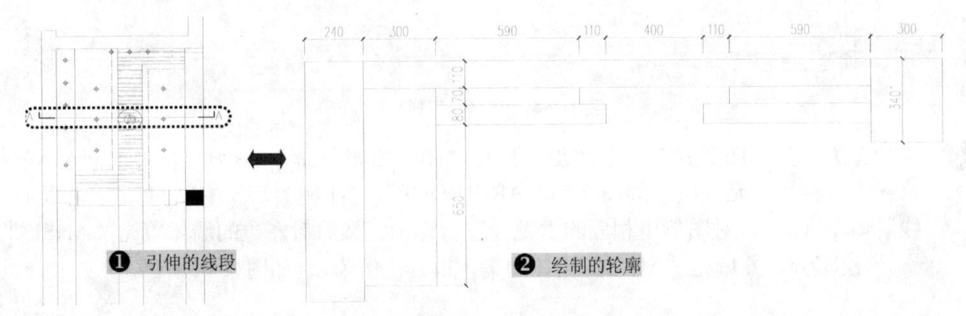

图11-61　绘制的A-A剖面主要轮廓

2. 执行“多段线”命令（PL），在图形的上侧绘制一个断面符号，然后执行“修剪”命令（TR），将多余的线段修剪，如图11-62所示。

图11-62　绘制的断面符号

3 执行“偏移”命令（O），将图形中的相应线段向内偏移9，再将吊顶中间位置的线段再次向下偏移3，然后再对多余的线段进行修剪操作，如图11-63所示。

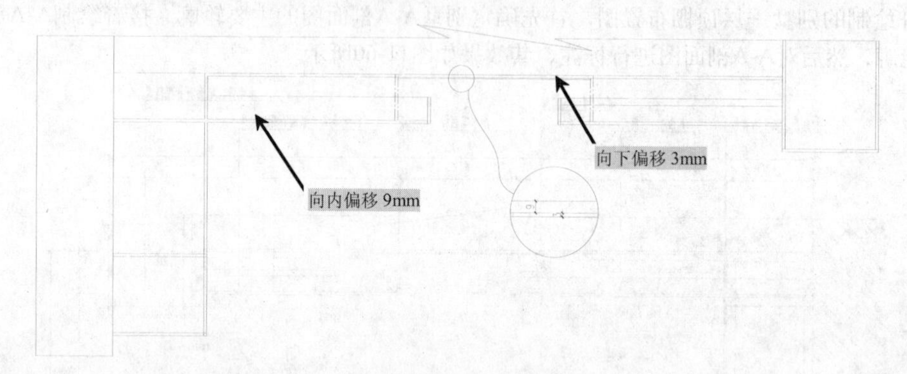

图11-63　偏移的线段

4 执行“直线”、“修剪”等命令，对图形的内部再次进行细节划分，如图11-64所示。

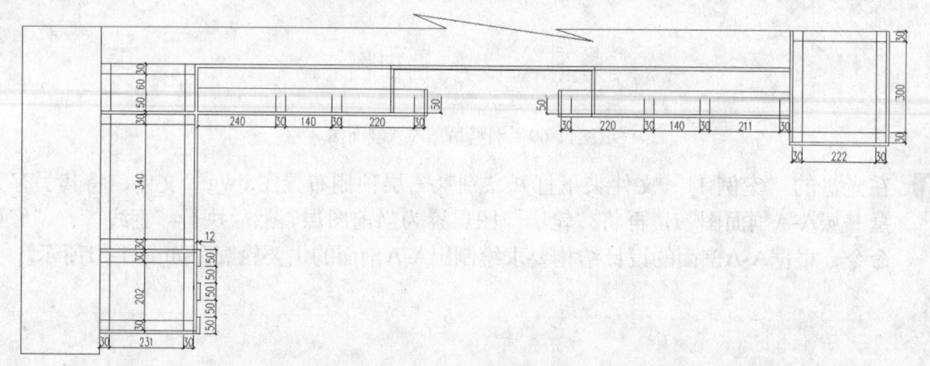

图11-64　内部细节划分

5 将“图案填充”图层置为当前图层，执行“图案填充”命令（BH），对剖面A-A的相应位置进行材质填充，填充的图案为“AR-RROOF”，比例为1，角度为45°；再执行“直线”命令（L），对图形中相应的木龙骨进行标示；然后对左边的墙体填充“ANSI32”图案，比例为5，并填充“AR-CONC”图案，设置比例为1，如图11-65所示。

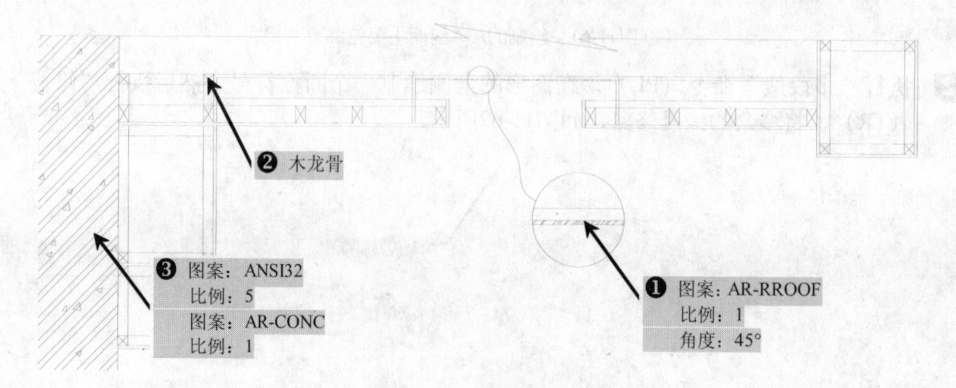

图11-65　填充的图案

6 将“陈设布置”图层置为当前图层，执行“插入块”命令（I），将“案例\11”文件夹下的“A-A剖面灯具”图块插入到图形中A-A剖立面的相应位置。

7 将“灯槽”图层置为当前图层，在图形中相应位置绘制灯槽对象，如图11-66所示。

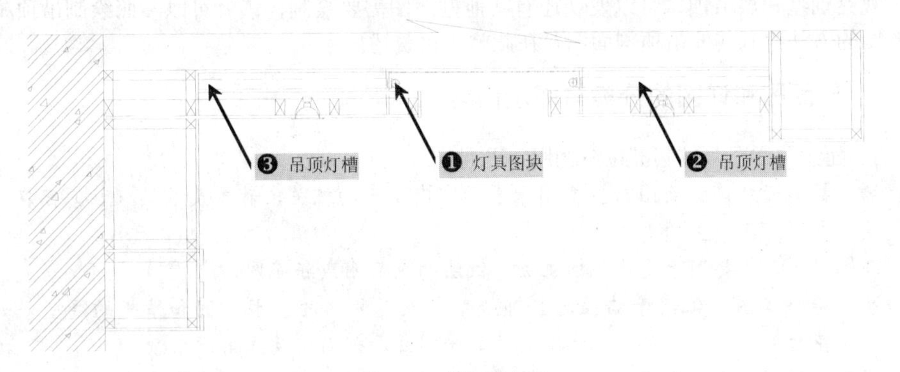

图11-66　插入的灯具

在绘制完A-A剖面图以后，接下来应对其剖面图进行文字说明标注、尺寸标注、图名及比例标注等，其操作步骤如下。

1 将“尺寸标注”图层置为当前图层，在“标注”工具栏中选择“线性标注”和“连续标注”命令，对A-A剖面图进行尺寸标注，如图11-67所示。

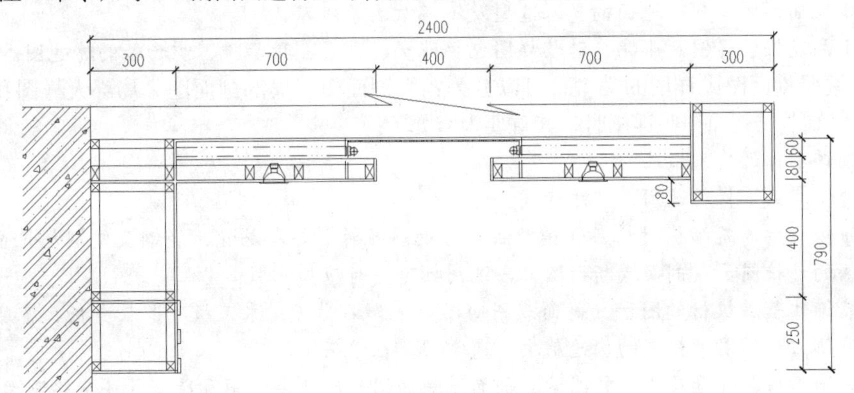

图11-67　尺寸标注

2 将“文字”图层置为当前图层，在“标注”工具栏中使用“引线标注”命令对A-A剖面图进行文字说明标注，再在图形的下侧进行图名及比例标注，如图11-68所示。

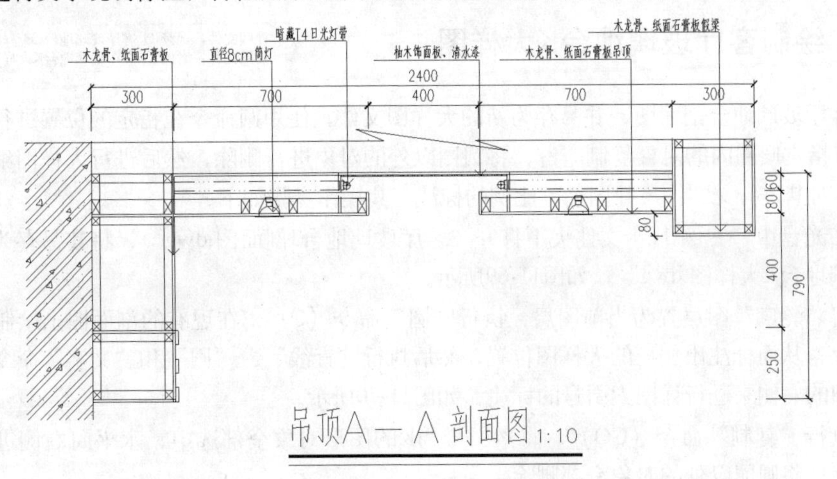

图11-68　文字及图名标注

3 至此，别墅吊顶A-A剖面图已经绘制完成，按组合键Ctrl+S将文件进行保存。

4 观察别墅一层吊顶，可以发现还有其他剖面图需要绘制，读者可以参照绘制吊顶A-A剖面图的方法绘制其他吊顶剖面图，在此就不再赘述。

专业资料：剖面图和详图的分类与图示内容

装饰剖面图与详图，按其部位分为以下几种。

- 墙（柱）面装饰剖面图。主要用于表示室内立面的机关，着重反映墙（柱）面在分层做法、选材、色彩上的要求。
- 顶棚详图。主要用于反映吊顶机关、做法的剖面图或断面图。
- 装饰造型详图。依附于墙柱的装饰造型，表现装饰的艺术氛围和情趣的造型，如影视墙、花台、屏风、壁龛、雕栏造型等的平、立、剖面图及线角详图。
- 家具详图。主要指需要现场建造、加工、油漆加工、固定家具（如衣柜、书柜储藏柜）等，有时候包括可移动家具（如床、书桌儿、展示台等）。
- 装饰门窗及门窗套详图。门窗是装饰工程中的首要施工内容之一，其形式多端，在室内起着划分空间、烘托装饰成效的作用，它的样式、选材和工艺做法在装饰图中有特殊的地位。其图样有门窗及门窗套立面图、剖面图和节点详图。
- 楼地面详图。反映地面的艺术造型及细部做法等内容。
- 小品及饰物详图。小品、饰物详图包孕雕塑、水景、指示牌、织物等的建造图。

如果按照剖面图或详图的类型，可以分为：大剖面图、局部剖面图、局部大样图和节点详图等。在绘制装饰剖面图与详图时，其首要内容如下。

- 装饰形体的建筑做法。
- 造型样式、材料选用、尺寸标高。
- 所依附的建筑结构材料、连接做法，如钢筋混凝土与木龙骨、轻钢及型钢龙骨等内部骨架的连接图示（剖面或断面图），选用标准图时应加索引。
- 装饰体基层板材的图示（剖面或断面图），如石膏板、木工板、多层夹板、密度板。水泥压力板等用于找平的构造层次（通常固定在骨架上）。
- 装饰面层、胶缝及线角的图示（剖面或断面图），复杂线角及造型等还应绘制大样图。
- 色彩及做法说明、工艺要求等。
- 索引符号、图名、比例等。

11.4.2 绘制客厅玻璃地台K大样图

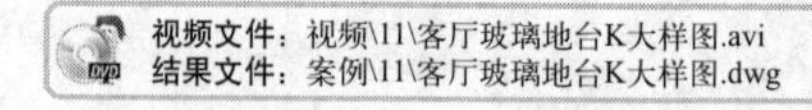

打开客厅玻璃地台剖面图，并另存为新的大样图文件，使用圆命令在指定的位置进行索引号的标注，再将指定圆圈内的对象复制一份，将圆圈以外的对象进行删除，然后进行大样图细部轮廓的绘制，最后对其进行文字、尺寸图名、比例的标注，其操作步骤如下。

1 在光盘中“案例\11”文件夹下打开“客厅玻璃地台J剖面图.dwg”，将其另存为“客厅玻璃地台K大样图.dwg”，如图11-69所示。

2 将“轮廓”图层置为当前图层，执行“圆”命令（C），在现有的剖面图上绘制一个圆对象，从而标注出相应的大样图位置，然后执行“直线”、“圆”和“文字”命令，在绘制圆的右侧来进行详图索引号的标注，如图11-70所示。

3 执行“复制”命令（CO），将索引号为K的图形对象全部选中，水平向右侧进行复制，然后将圆圈以外的对象全部删除。

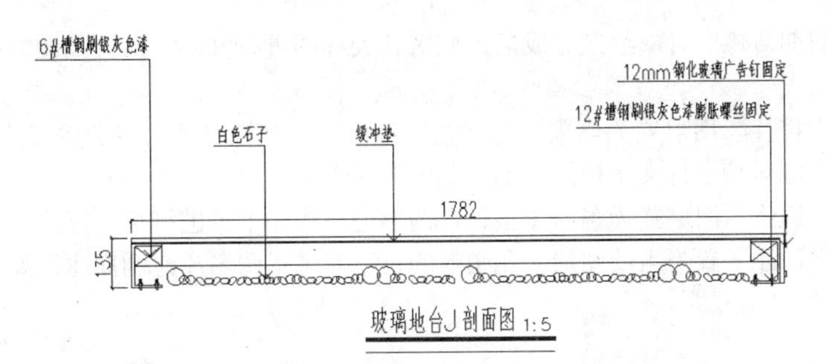

图11-69　打开的图形

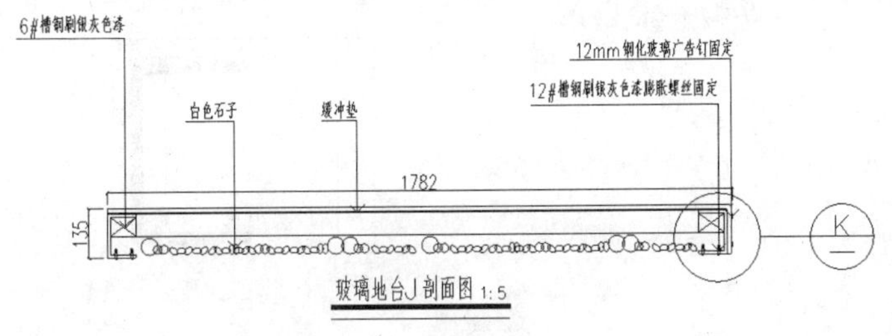

图11-70　大样图索引号的标注

4 执行“缩放”命令（SC），将整个圆圈内的所有对象放大3倍，如图11-71所示。

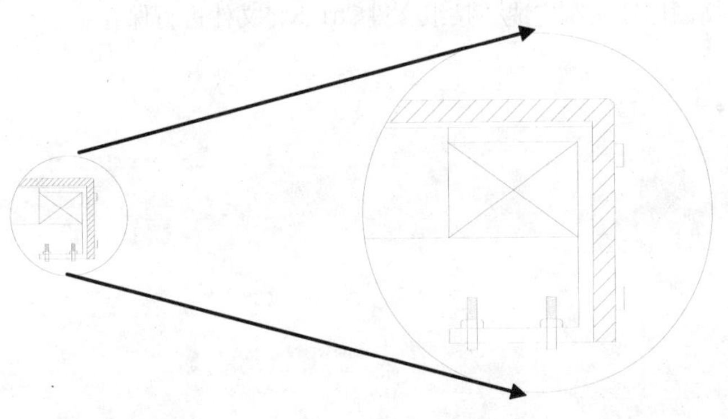

图11-71　放大效果

TIP

将圆内右侧的填充对象删除，再将“图案填充”图层置为当前图层。
执行“图案填充”命令，对该区域填充“ANSI31”图案，填充的比例为3。
同样，对图形中指定的区域填充图案“DOTS”，比例为1，并填充图案“SOLID”，如图11-72所示。

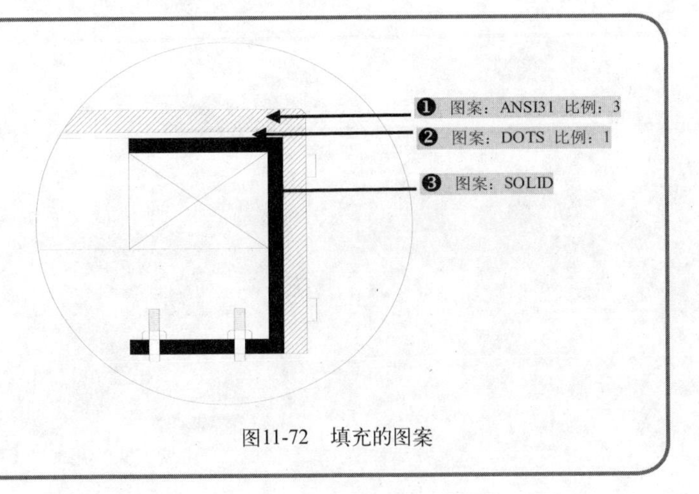

图11-72　填充的图案

当对大样图的细节轮廓对象绘制完成后，应对其大样图进行文字、尺寸及图名标注说明，其操作步骤如下。

1. 将“文字标注”图层置为当前图层，在“标注”工具栏中单击“引线标注”按钮，在K大样图的上侧对其进行文字标注说明，如图11-73所示。
2. 将“尺寸标注”图层置为当前图层，在图形的左侧和下侧进行尺寸标注。
3. 将“文字标注”置为当前图层，在图形的正下方进行图名及比例标注，如图11-74所示。

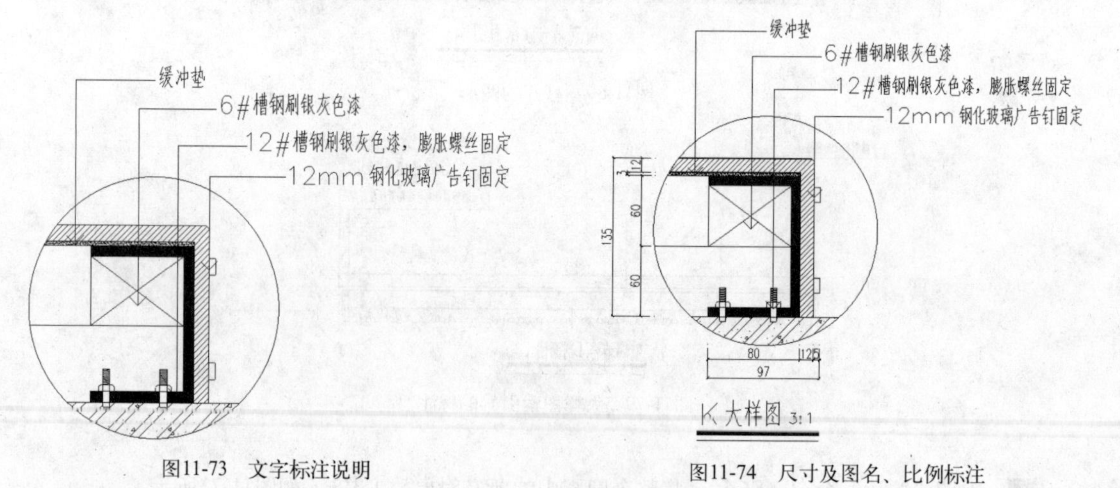

图11-73　文字标注说明　　图11-74　尺寸及图名、比例标注

4. 至此，该大样图已经绘制完成，按组合键Ctrl+S将文件进行保存。

Chapter

12

第12章 医院后勤洗涤中心建施图的绘制

在本章中，以某医院后勤洗涤中心建筑施工图为例，对相应的施工图进行详略得当的绘制讲解，包括图纸封面及采用标准图集效果预览、门窗表及门窗大样效果预览、建筑设计总说明预览、施工总平面图预览、洗涤中心一层平面图的绘制、二三层平面图效果预览、屋顶及梯间平面图效果预览、1~10立面图效果的绘制、10~1立面图效果预览、A~N立面图效果预览、N~A立面图效果预览，以及其他相关施工图的效果预览。通过该套建施图的预览及绘制，让用户掌握如何综合阅读一整套施工图。

主要内容

- ✓ 预览并识读洗涤中心图纸目录、门窗表及门窗大样图效果
- ✓ 预览并识读洗涤中心建筑设计总说明及总平面效果
- ✓ 熟练掌握洗涤中心一层平面图的绘制方法及步骤
- ✓ 预览并识读洗涤中心二、三层平面图和屋顶层平面图效果
- ✓ 熟练掌握洗涤中心1~10立面图的绘制方法及步骤
- ✓ 预览并识读洗涤中心10~1、A~N、N~A立面图效果
- ✓ 预览并识读洗涤中心楼梯间平面图、剖面图、卫生间大样图等效果

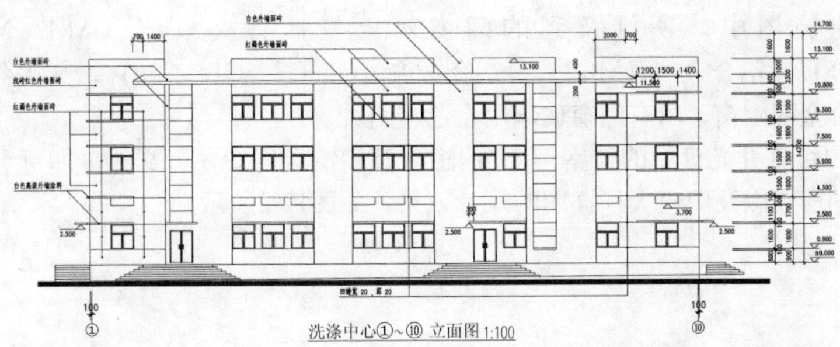

洗涤中心①~⑩ 立面图 1:100

12.1 图纸目录及采用标准目录

结果文件：案例\12\图纸目录.dwg

根据该医院后勤洗涤中心建施图施工图的要求，全部按照A1幅面纸张以1.00标准出图，共有17张建施图纸。另外，一些地方按照标准图集进行绘制，从而绘出了要采用标准图集的代号。

由于篇幅有限，其图纸目录及采用标准图集目录的制作方法在此就不作详细的讲解，用户可打开光盘中的“案例\12\图纸目录.dwg”文件，即可查看该套建施图所涉及到的相关图纸，如图12-1所示。

序号 SERIAL No	图纸名称 TITLE OF DRAWINGS	图号 DRAWN No	规格 SPECS	附注 NOTE
1	图纸目录,采用标准图目录	TM	1.00A1	
2	门窗表及门窗大样	01	1.00A1	
3	工程做法表及内装修做法表	02	1.00A1	
4	防水构造做法表	03	1.00A1	
5	设计总说明	04	1.00A1	
6	总平面图	05	1.00A1	
7	洗涤中心一层平面图	06	1.00A1	
8	洗涤中心二~三层平面图	07	1.00A1	
9	洗涤中心屋顶平面图	08	1.00A1	
10	洗涤中心①~⑩?⑩~①立面图	09	1.00A1	
11	洗涤中心Ⓐ~Ⓝ?Ⓝ~Ⓐ立面图	10	1.00A1	
12	洗涤中心楼梯间平面图	11	1.00A1	
13	洗涤中心楼梯间剖面图	12	1.00A1	
14	洗涤中心卫生间大样图	13	1.00A1	
15	锅炉房平面?立面?剖面图	14	1.00A1	
16	变配电房平面?立面?剖面图	15	1.00A1	
17	建筑详图	16	1.00A1	

图纸目录

序号 SERIAL No.	图纸名称 TITLE OF DRAWINGS	图集代号 DRAWN No	页次 Page No	图集名称 DRAWN Name
1	水箱检修孔	98ZJ201	26	中南地区标准图
2	雨水口及雨水管安装详图	98ZJ201	35	中南地区标准图
3	铸铁雨水口?雨水斗	98ZJ201	36	中南地区标准图
4	楼梯栏杆	98ZJ401	12	中南地区标准图
5	楼梯扶手	98ZJ401	27	中南地区标准图
6	踏步防滑	98ZJ401	29	中南地区标准图
7	钢爬梯	98ZJ501	40	中南地区标准图
8	厕所塑料隔断	98ZJ512	11	中南地区标准图
9	洗池	98ZJ512	27	中南地区标准图
10	室内混凝土排水沟及盖板	98ZJ512	31	中南地区标准图
11	洗脸台	98ZJ513	20	中南地区标准图
12	铝合金门	98ZJ641		中南地区标准图
13	铝合金窗	98ZJ721		中南地区标准图
14	台阶 — 踏步?一?	98ZJ901	8	中南地区标准图
15	台阶 — 踏步?二?	98ZJ901	9	中南地区标准图
16	花池	98ZJ901	16	中南地区标准图
17	雨篷	98ZJ901	21	中南地区标准图
18	防水构造	SJ.A		深圳防水构造图集
	女儿墙泛水	SJ.A	27	深圳防水构造图集
	内水落管	SJ.A	36	深圳防水构造图集

采用标注图集目录

图12-1　图纸目录及标准图集目录

12.2 门窗表及门窗大样

结果文件：案例\12\门窗表及门窗大样.dwg

在整个建施图中，所涉及到的门窗对象包括有夹板门（M1~M3）、防火门（FHM1~FHM5）、铝合金门（MC2）、铝合金窗（C1~C7、C1a~C3a），其铝合金窗全部采用90系列磨砂白铝合金固定窗，所有门窗玻璃用无色透明玻璃。

同样，用户可打开光盘中的“案例\12\门窗表及门窗大样.dwg”文件，即可看到该套建施图所涉及到的相关门窗表以及门窗大样详图的尺寸效果，如图12-2所示。

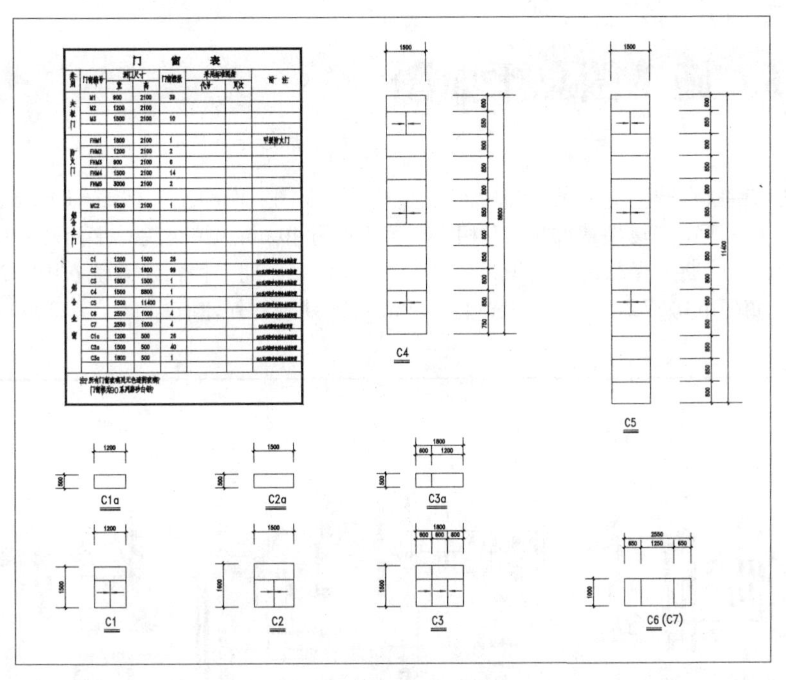

图12-2　门窗表及门窗大样

12.3 建筑设计总说明

结果文件：案例\12\建筑设计总说明.dwg

根据建筑施工图的要求，都应有相关的设计说明。在本实例中，分别讲解了该施工图的设计依据、工程概况、设计标高、尺寸单位、墙体对象、建筑防水、室内装饰设计、外墙与门窗、室外工程、消防设计等相关的设计说明，从而使施工人员对整个工程有大概的了解。

同样，用户打开光盘中的“案例\12\建筑设计总说明.dwg”文件，即可看到该套建施图中的《建筑设计总说明》的一些概况，如图12-3所示。

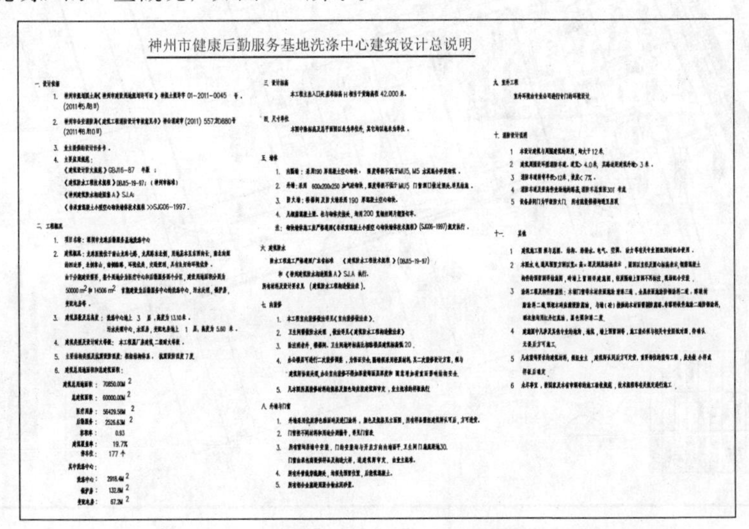

图12-3　建筑设计总说明

12.4 施工图总平面图

结果文件：案例\12\施工图总平面图.dwg

根据如图12-4所示的医院后勤洗涤中心施工图总平面图可以看出，按照A1图纸幅打印，其比例为1：400，上北下南，场地基准标高H相当于黄海高程40.6m。该医院总平面图一期工程总建筑面积为3118.4m²，二期工程总建筑面积为17000.0m²。其中一期工程新建有洗衣中心2918.4m²、水泵房132.8m²、变配电房67.2m²、污水处理池42.9m²；二期工程新建有标准厂房12000.0m²、综合楼5000.0m²。

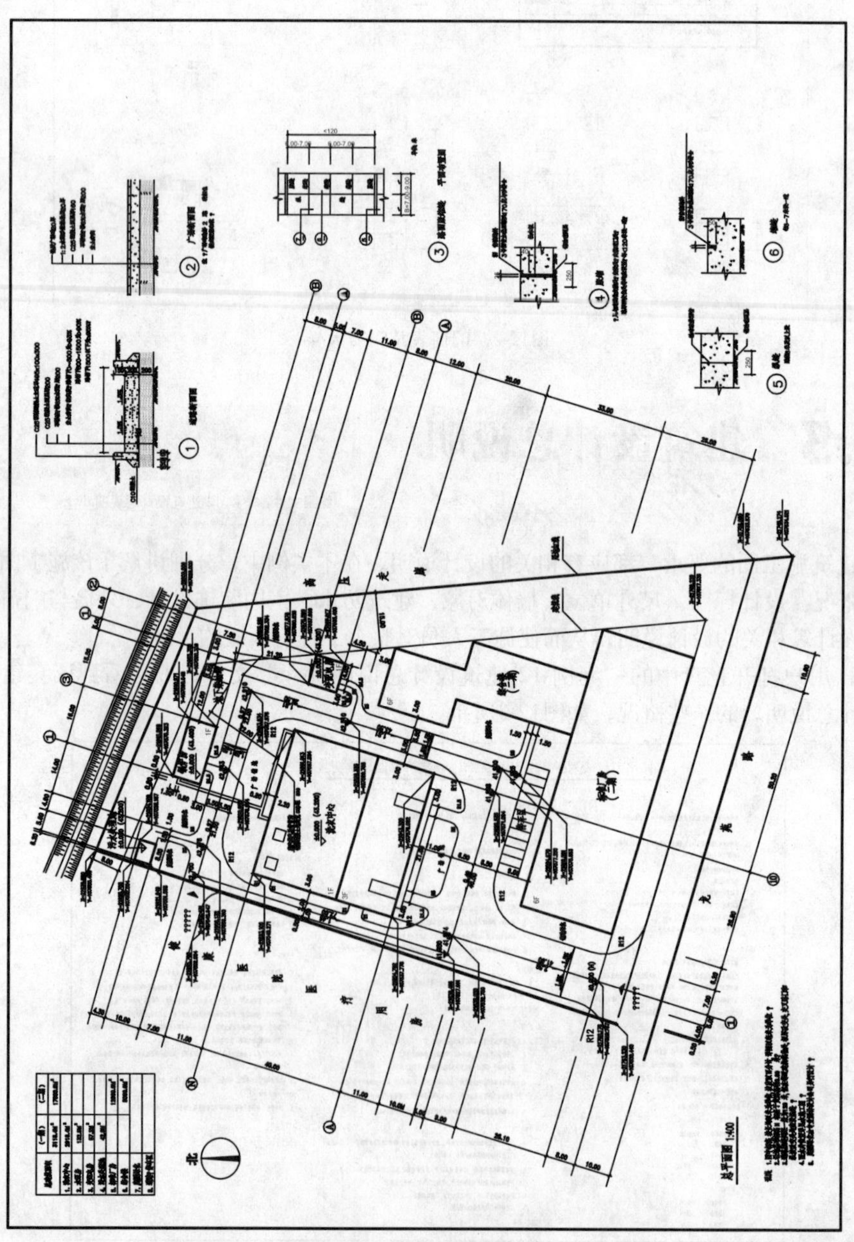

图12-4 施工图总平面图

在该总平面图的主要工程中，其一期工程中的洗衣中心建筑轮廓效果如图12-5所示，锅炉房和变配电房建筑轮廓效果如图12-6所示。

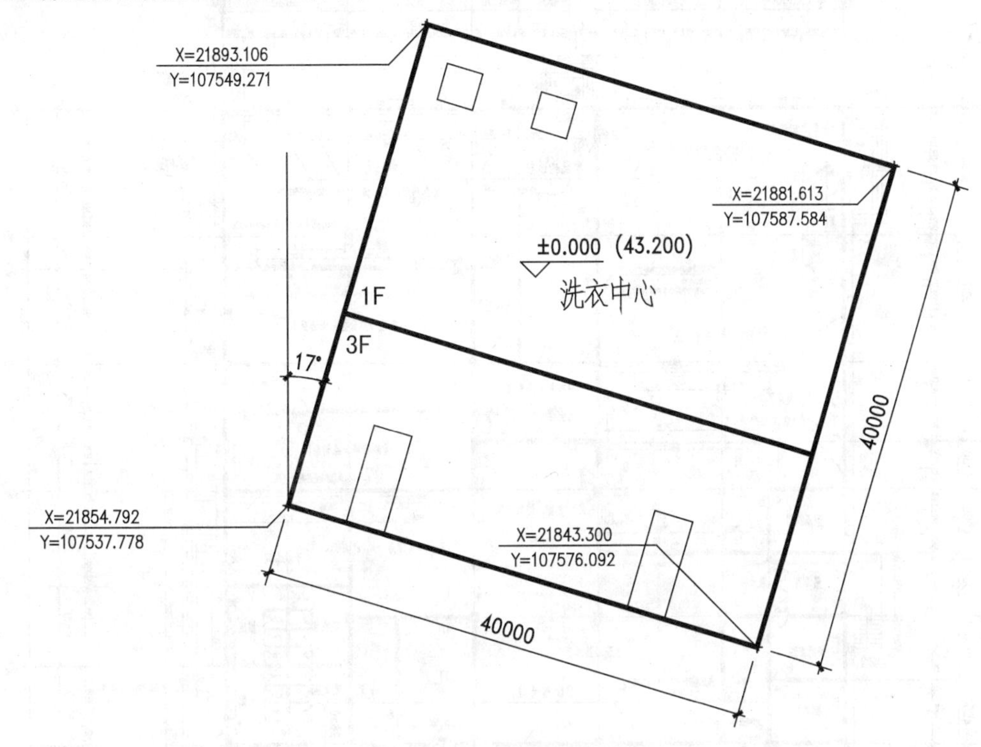

图12-5　洗衣中心建筑轮廓

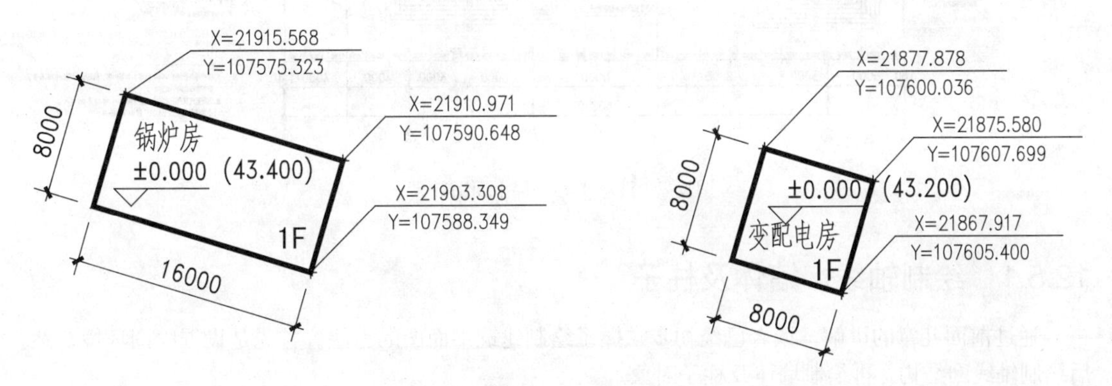

图12-6　锅炉房和变配电房建筑轮廓

12.5 洗涤中心一层平面图

视频文件：视频\12\洗涤中心一层平面图.avi
结果文件：案例\12\洗涤中心一层平面图.dwg

洗涤中心一层平面图水平宽度为40200mm，有1~10号纵向轴线，垂直宽度为40200mm，有A~N号横向轴线，其室内标高为±0.000，室外标高不等；上下、左右均设置有台阶，台阶的高度为300mm；平面图的内外墙宽度为200mm；分别安装有平板门和防火门，以及有90系列磨砂白铝合金固定窗，其一层平面图的效果如图12-7所示。

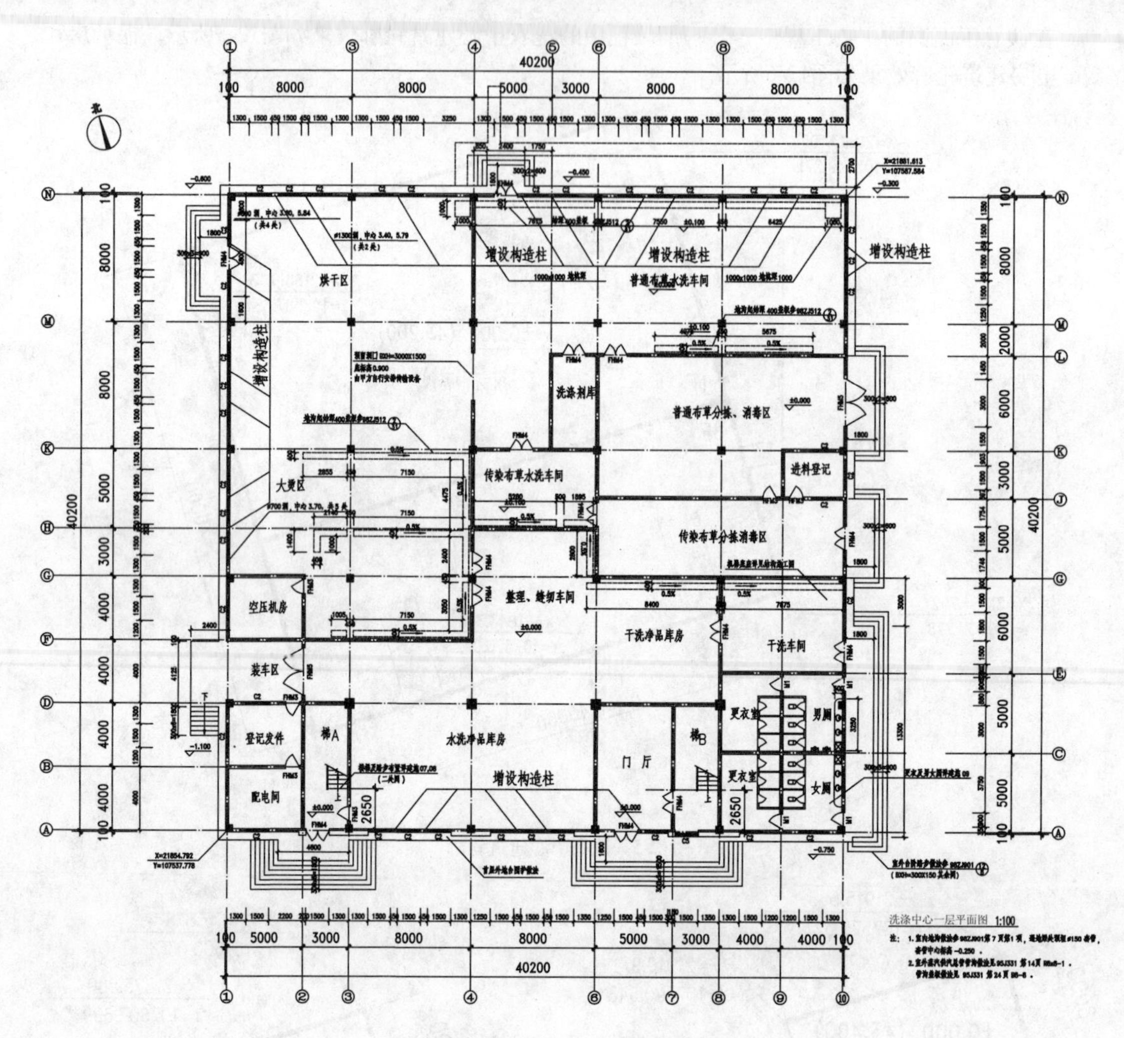

图12-7 洗涤中心一层平面图效果

12.5.1 绘制轴线、墙体及柱子

通过前面几章的讲解，读者已经初步掌握了绘制建筑平面图的方法。首先是设置绘图环境，然后绘制轴线网结构，再绘制墙体及柱子对象。

1. 正常启动AutoCAD 2014软件，执行“文件” | “打开”命令，将事先准备好的文件打开，即“案例\12\建筑样板.dwt”文件。
2. 执行“文件” | “另存为”命令，将现在的文件另存为“洗涤中心一层平面图.dwg”。
3. 在“图层”工具栏的“图层控制”下拉列表中，选择“DOTE”图层作为当前图层。
4. 执行“构造线”命令（XL），分别绘制水平和垂直的构造线各一条，再执行“偏移”命令（O），按照如图12-8所示将构造线进行偏移，然后执行“修剪”命令（TR）对轴线结构进行修剪操作，从而完成轴线网结构的绘制。
5. 将“WALL”图层置为当前图层，执行“多线”命令（ML），根据命令行提示设置“当前设置：对正 = 无，比例 = 1.00，样式 = STANDARD”。
6. 此时使用鼠标分别捕捉相应的交点来绘制200墙体对象，如图12-9所示。

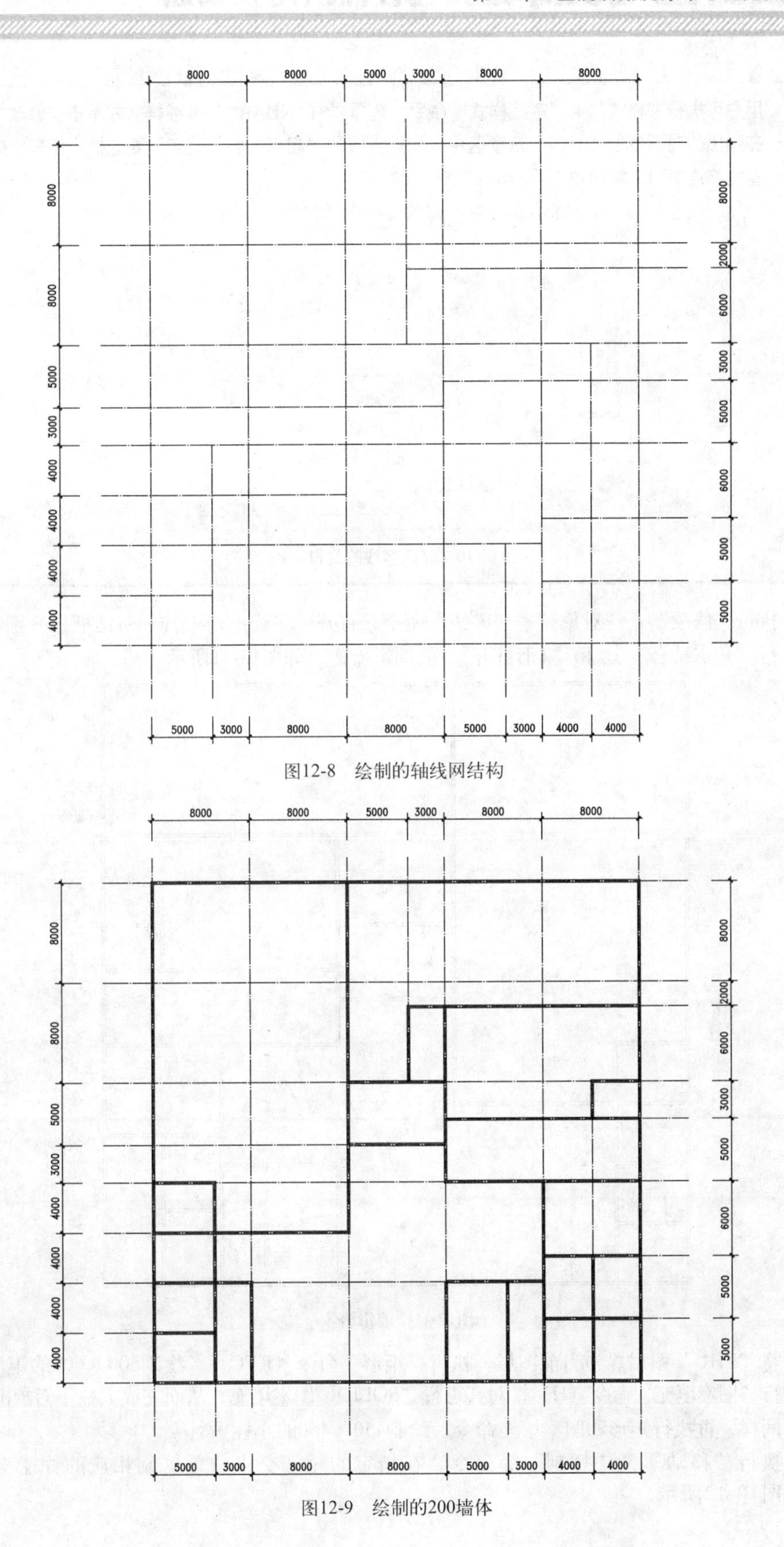

图12-8 绘制的轴线网结构

图12-9 绘制的200墙体

TIP

用户可执行“格式”|“多线样式”命令，选择“STANDARD”多线样式并单击“修改”按钮，在弹出的对话框的“封口”选项区中，勾选直线的“起点”和“端点”复选框，使多线的两端被直线接连封口，如图12-10所示。

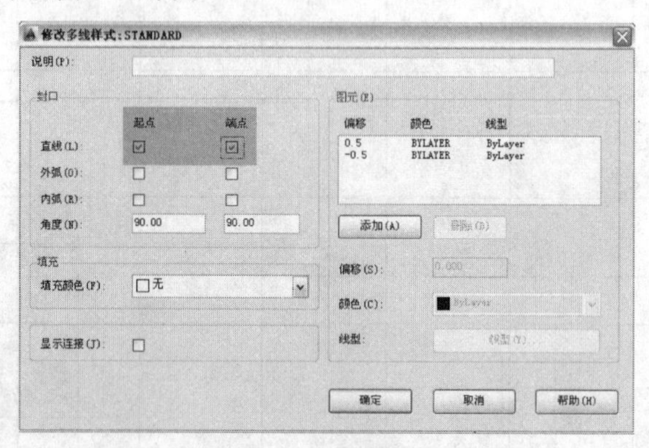

图12-10　修改多线的封口样式

7 执行“修改”|“对象”|“多线”命令，打开“多线编辑工具”对话框，分别对多线进行“角点结合”和“T形打开”编辑操作，如图12-11所示。

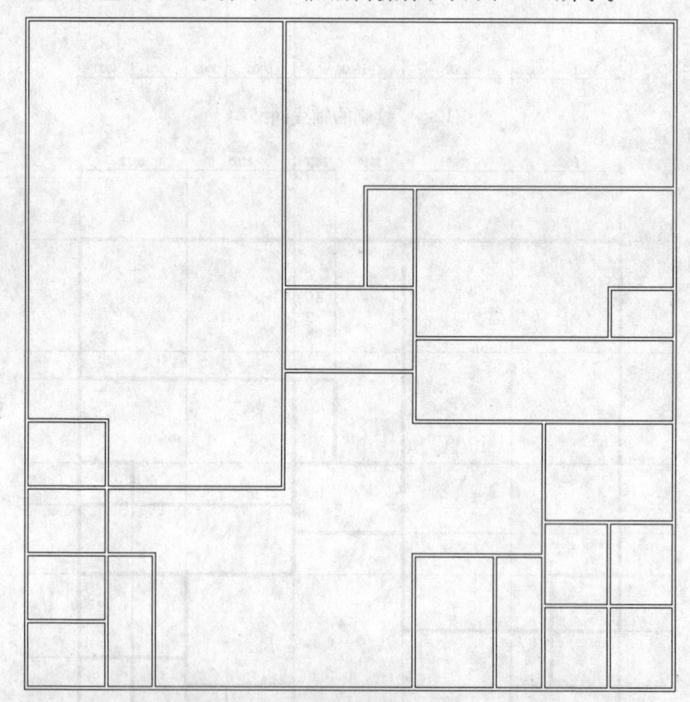

图12-11　编辑墙体

8 将“ZHU”图层置为当前图层，执行“矩形”命令（REC），绘制600×600的矩形；再执行“图案填充”命令（H），对其进行“SOLID”图案填充，从而完成大柱子对象的绘制。

9 同样，再执行矩形和图案填充命令，绘制450×450的小柱子对象。

10 执行“移动”、“复制”等命令，在指定的轴网交点位置复制相应的柱子对象，如图12-12所示。

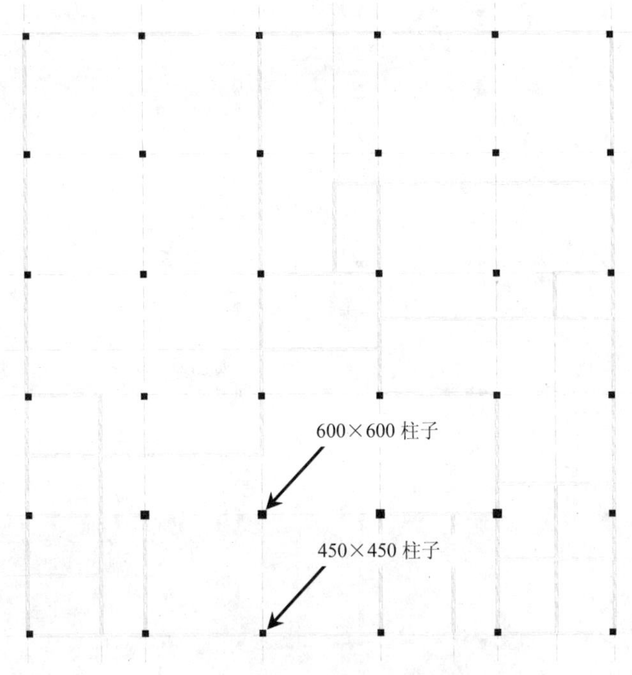

图12-12　绘制的柱子对象

12.5.2　开启门窗洞口并安装门窗

根据图形的要求，在一层平面图中安装有相应的门窗对象，其门窗的尺寸可参照前面12.2中的图形来绘制。

1. 执行“偏移”命令（O），将左下侧的1号垂直轴线向右偏移1300和1500，将2号垂直轴线向右偏移200和1500；再执行“修剪”命令（TR），将指定的轴线墙体进行修剪，如图12-13所示。

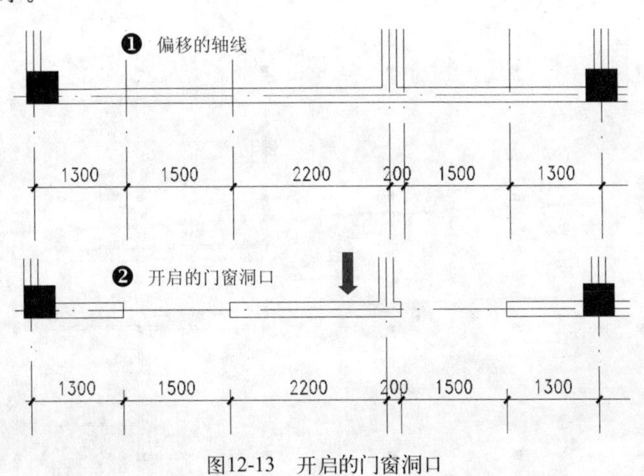

图12-13　开启的门窗洞口

2. 按照同样的方法，参照图中所示的效果，分别对其他位置进行门窗洞口的开启，如图12-14所示。
3. 将“Windows”图层置为当前图层，使用“直线”、“圆弧”、“修剪”等命令，绘制相应的夹板门（M1）及防火门（FHM3、FHM4、FHM5）对象，如图12-15所示。

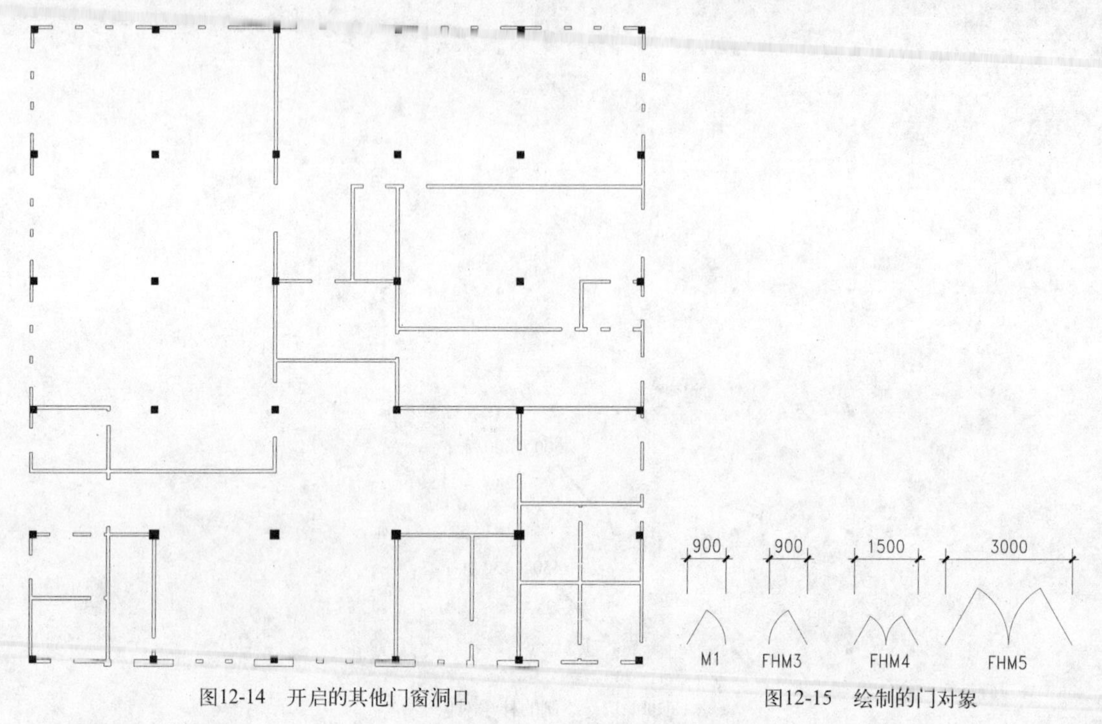

图12-14　开启的其他门窗洞口

图12-15　绘制的门对象

4 执行“写块”命令（W），分别将相应的门对象以图块的方式保存在“案例\12”文件夹下，其图块名称分别为“M1”、“FHM3”、“FHM4”、“FHM5”。

5 执行“插入块”命令（I），分别将前面所保存的图块对象“M1”、“FHM3”、“FHM4”、“FHM5”依次插入到相应的门洞口位置，并进行适当的旋转、镜像等操作，使之能够正确地将平面门对象安装在相应的位置，如图12-16所示。

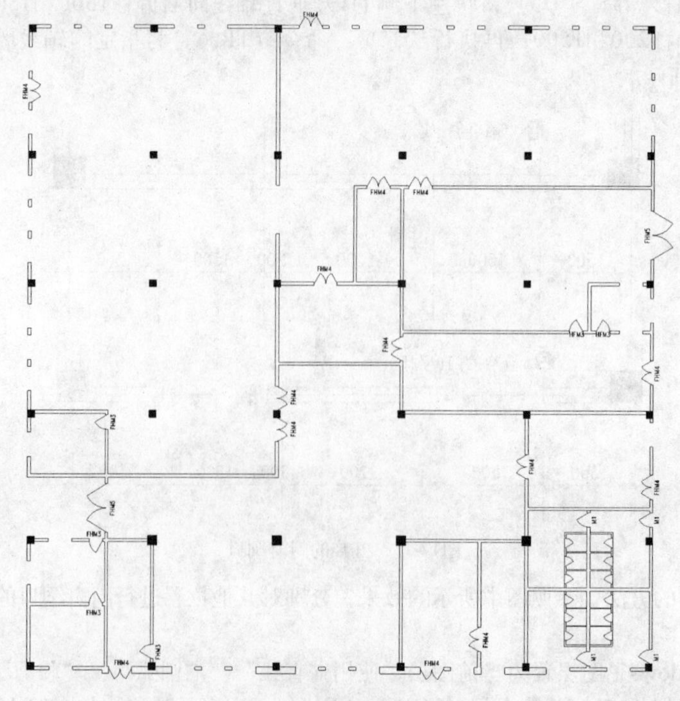

图12-16　插入的门对象

6 执行“格式”｜“多线样式”命令，新建“C200”多线样式，设置偏移的图元分别为100、35、-35、-100，如图12-17所示。

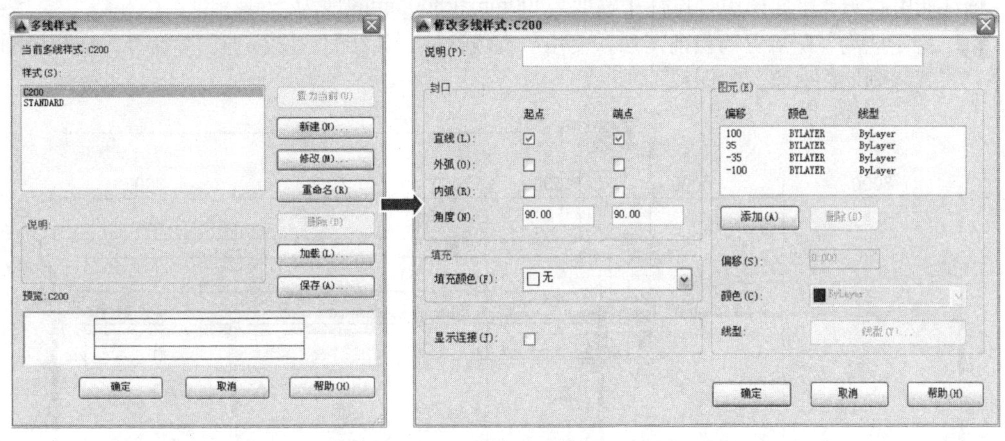

图12-17　新建“C200”多线样式

7 使用“多线”命令（ML），在相应的位置绘制铝合金玻璃窗对象，如图12-18所示。

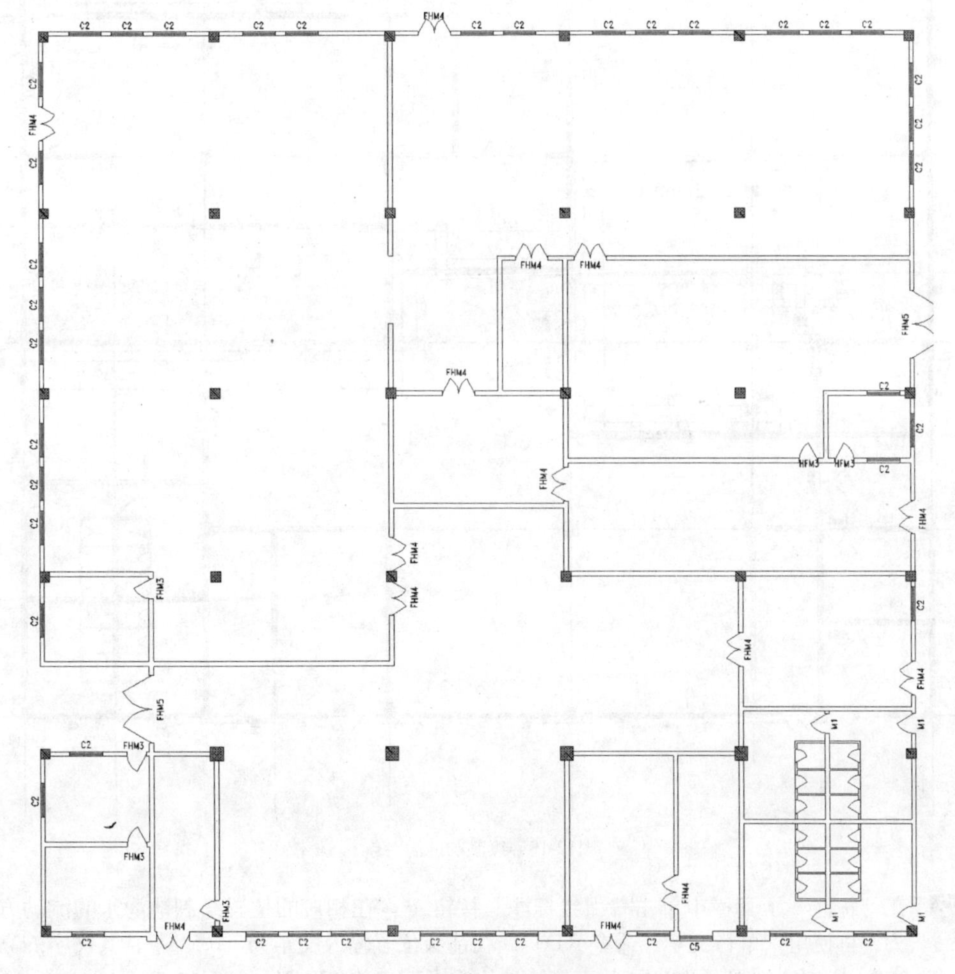

图12-18　绘制的铝合金玻璃窗

12.5.3 绘制地沟对象

该洗涤中心一层平面图中，设计了宽度为400mm和800mm的地沟。

1 将“地沟”图层置为当前图层，使用“直线”、“偏移”、“修剪”等命令，在相应的位置绘制地沟对象，如图12-19所示。

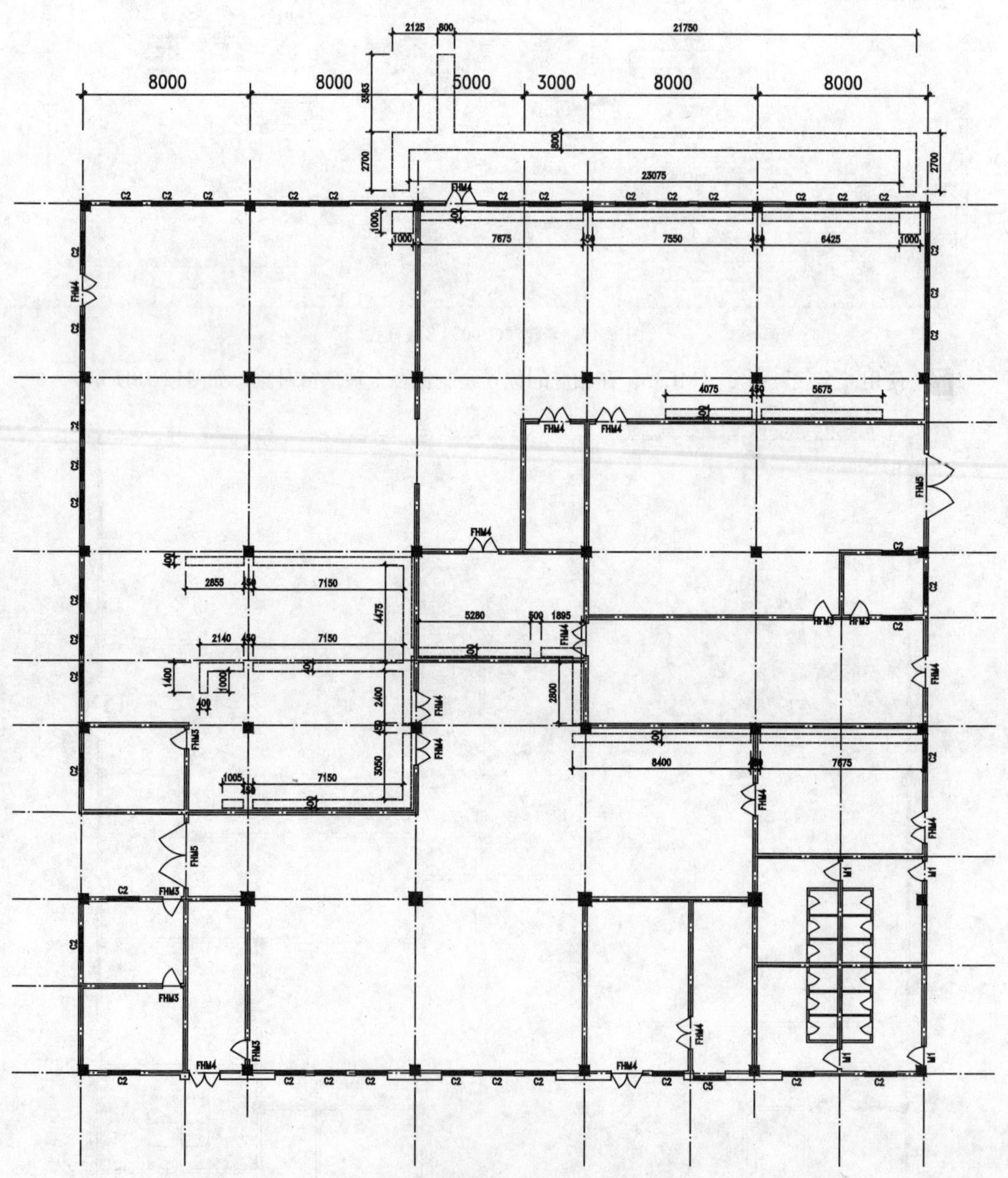

图12-19　绘制的地沟对象

2 在“标注”工具栏中单击“引线标注”按钮，在相应的位置绘制地沟水的流动方向箭头，再使用“单行文字”命令（D），在箭头位置输入文字为“0.5%”，其文字的高度为300，宽度比例因子为0.8，从而标注地沟的上下高差为0.5%，如图12-20所示。

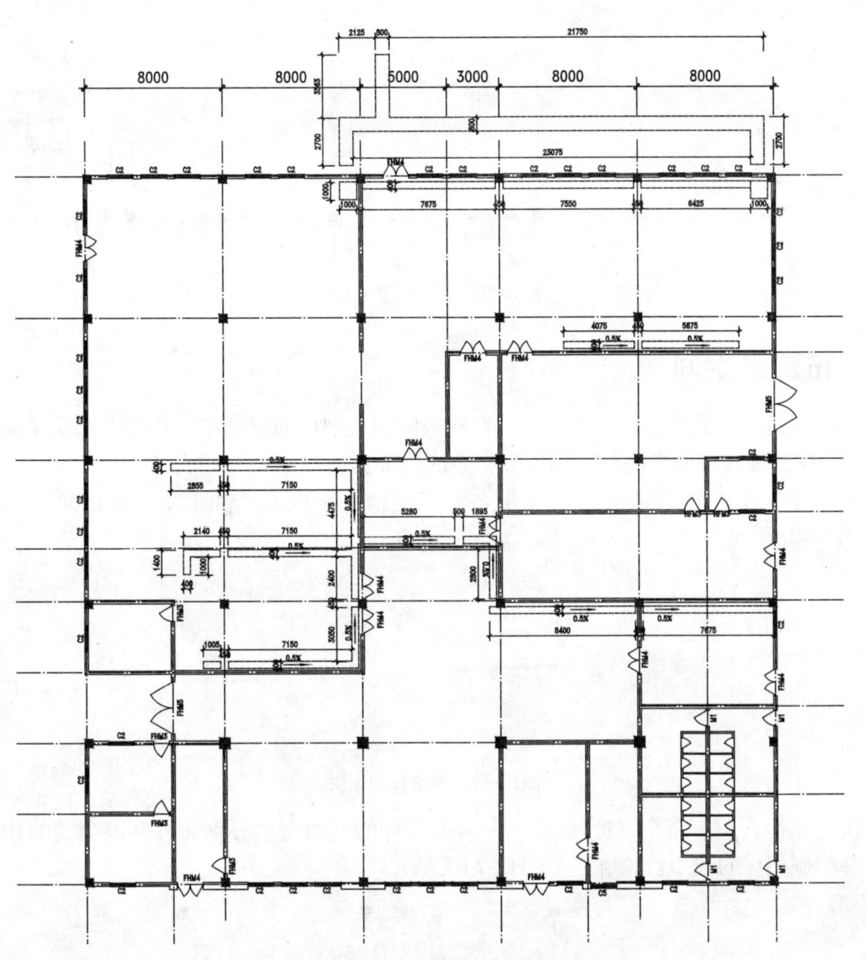

图12-20　标注地沟流向及高差

12.5.4　绘制楼梯对象

根据一层平面图可以看出，在2、3和7、8号纵向轴线之间的A、B横向轴线之间布置有楼梯对象。

1 将“STAIR”图层置为当前图层，使用“直线”、“偏移”、“修剪”、“多段线”、“文字”等命令，绘制一层平面图的楼梯对象，如图12-21所示。

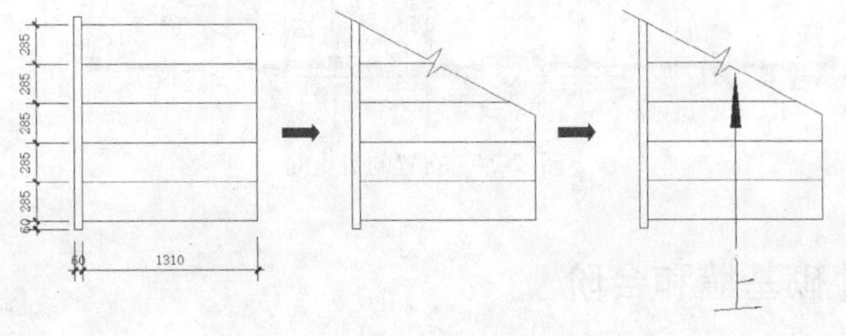

图12-21　绘制的一层楼梯对象

2 执行“写块”命令（W），将绘制的楼梯对象保存为“一层平面图楼梯.dwg”。

3 使用“插入块”命令，将前面保存的“案例\12\一层平面图楼梯.dwg”图块对象插入到楼梯的相应位置，如图12-22所示。

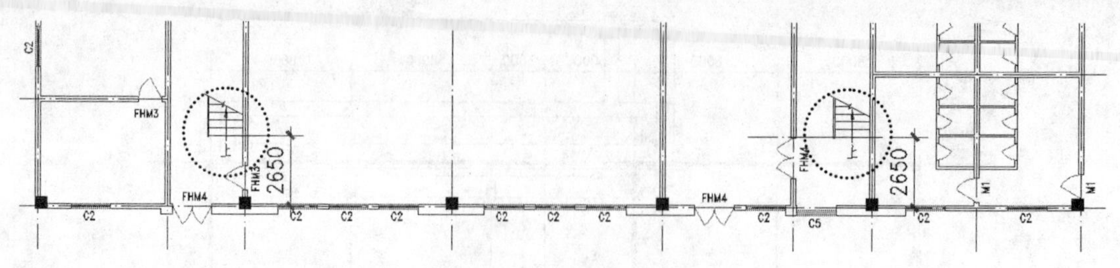

图12-22　安装的楼梯对象

12.5.5　布置卫生间

在图形右下角位置是男、女卫生间，应在相应的卫生间中布置便槽、小便器、洗手盆、拖把池等，此时可以使用插入块的方法将其插入到相应的位置。

1 在“案例\12”文件夹下，事先准备好了便槽、小便器、洗手盆、拖把池图块对象，如图12-23所示。

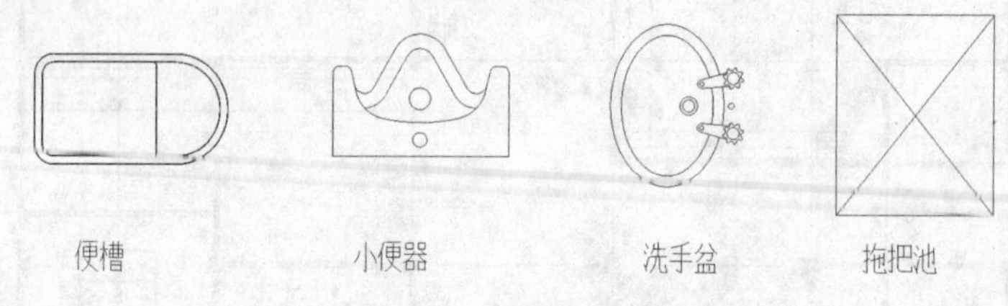

图12-23　准备好的图块

2 执行“插入块”命令（I），将上一步准备好的图块对象分别布置到卫生间的相应位置，并绘制相应的洗手台轮廓，如图12-24所示。

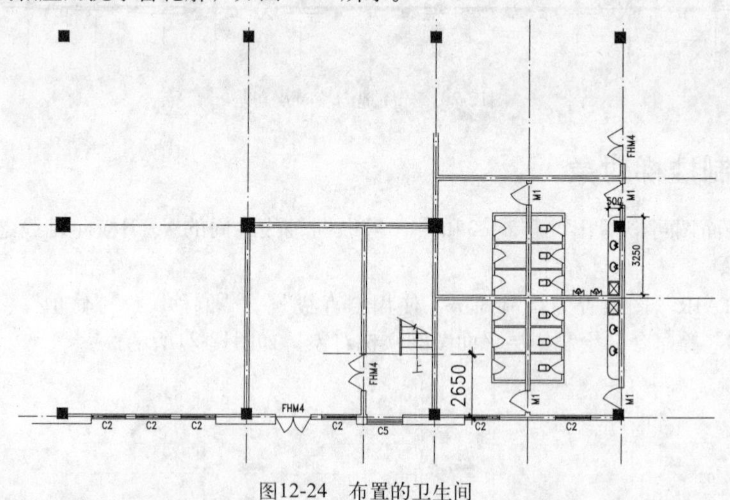

图12-24　布置的卫生间

12.5.6　绘制外砌基墙和台阶

从洗涤中心一层平面图可以看出，围绕外墙有外砌基墙对象，距外墙宽度为500mm，然后在图形的上、下、左、右多处都有台阶，每步台阶的高度为300mm。

1 将“ARCH”图层置为当前图层，执行“多段线”命令（ML），围绕外墙的左下、左上、右上、右下四个角点来绘制一条封闭的多段线；再执行“偏移”命令（O），将绘制的多段线向外偏移500，然后将绘制的多段线删除。

2 在图形的右下角位置绘制一条多段线，再将其向外偏移300，偏移次数为5次，如图12-25所示。

3 按照相同的方法，在图形的左下侧位置绘制6步台阶，如图12-26所示。

4 同样，在图形的左侧有3步台阶、有步行上二楼的楼梯，上侧有2步台阶，右侧有2步和3步台阶对象，可使用“多段线”、“偏移”等命令按照如图12-27所示进行绘制。

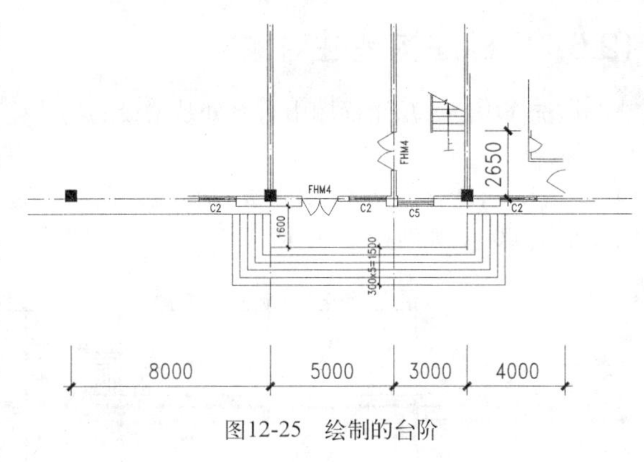

图12-25　绘制的台阶

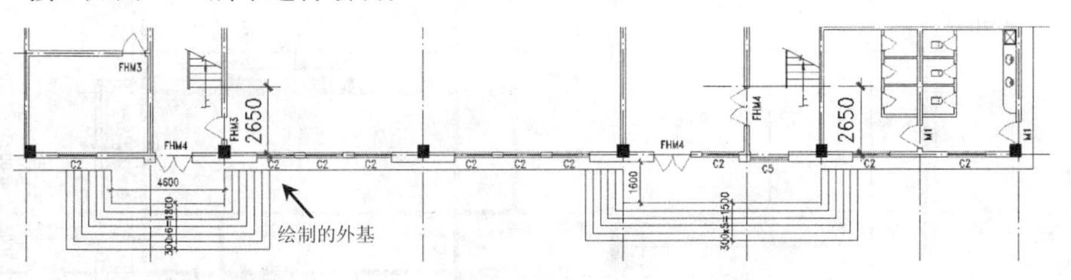

图12-26　绘制的左侧台阶

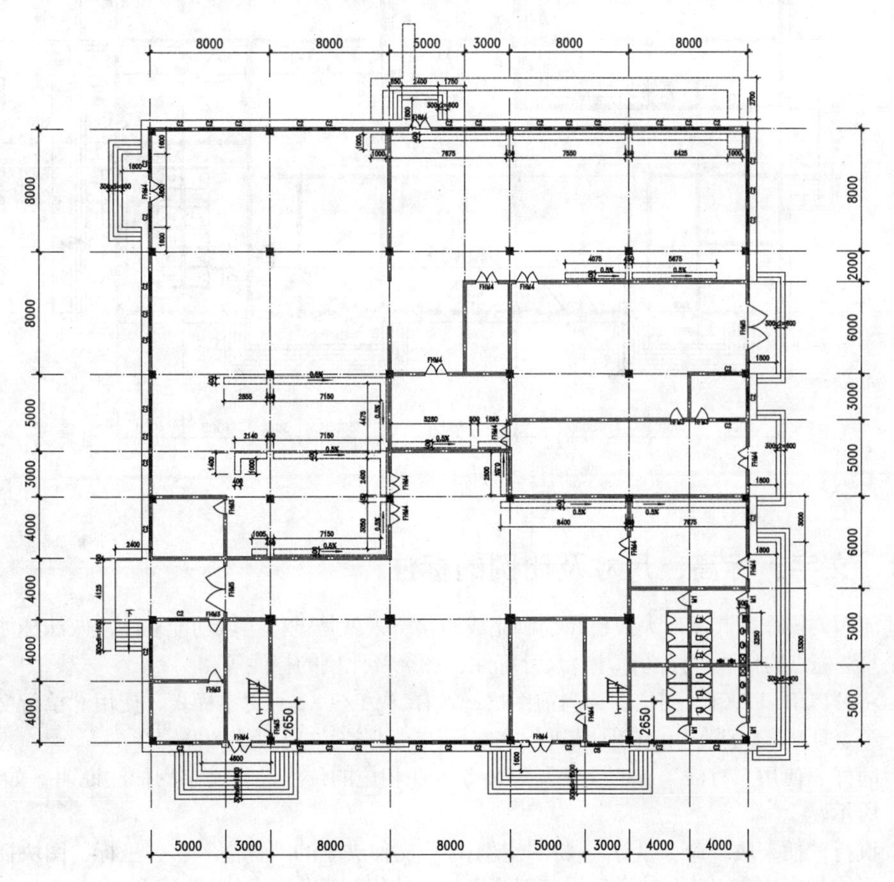

图12-27　绘制的其他台阶

12.5.7　标注构造柱对象

该洗涤中心一层平面图中有多处是增设的构造柱对象，用户可以使用直线和文字的方式对其进行标注说明。首先将“0”图层置为当前图层，使用“直线”命令（L）对增设的构造柱对象“指引”出来；再选择“_TZTXT”文字样式，在相应的位置标注“增设构造柱”对象，并设置其文字的大小为1000，如图12-28所示。

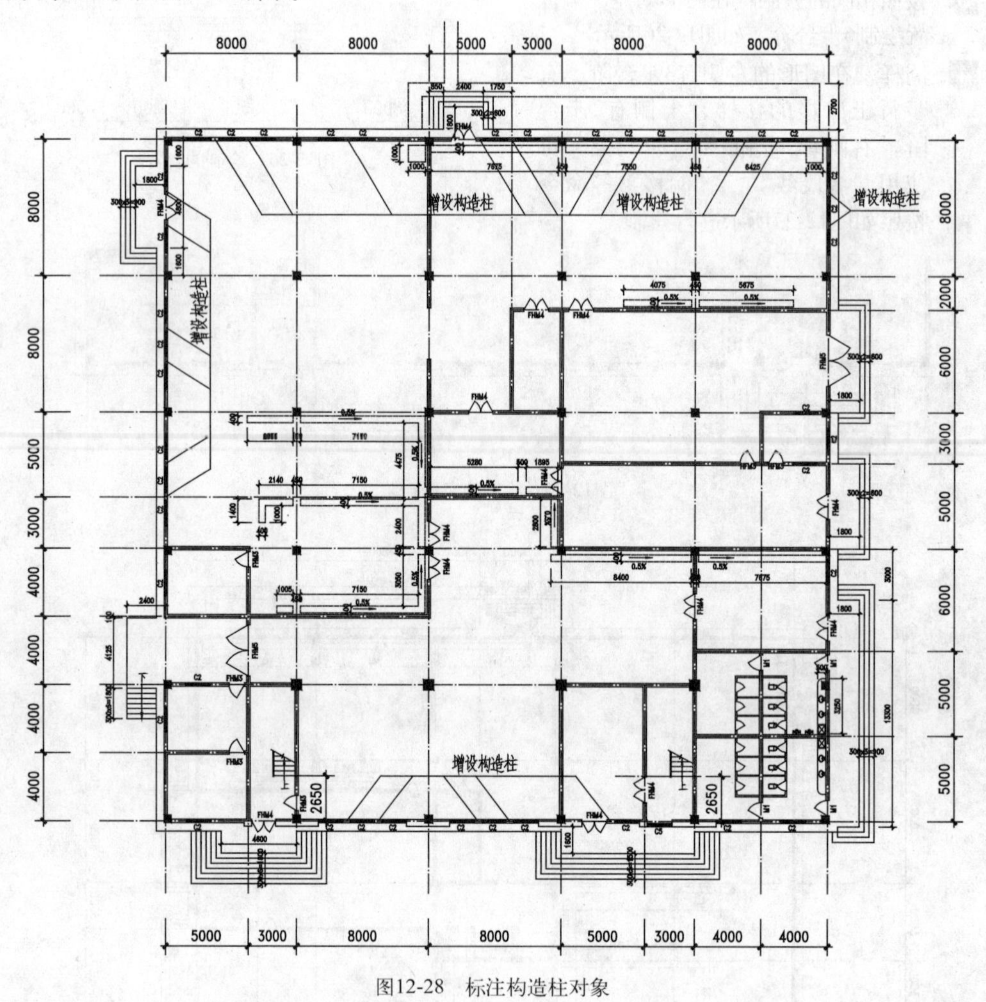

图12-28　标注构造柱对象

12.5.8　文字、标高、尺寸及比例的标注

通过前面的操作，其图形大致已经绘制完成，接下来就是进行区域功能标注、做法标注、详图编号标注、坐标点的标注、标高标注、尺寸标注、图名及比例的标注等。

1 将“PUB_TEXT”图层置为当前图层，选择“_TZTXT”文字样式，使用“单行文字”命令（D），分别在相应的区域进行文字标注，其文字的大小为800。

2 同样，使用“直线”、“文字”等命令，在相应的位置进行文字的标注说明，如图12-29所示。

3 执行“插入块”命令（I），将“案例\12”文件夹下的“标高”、“坐标”图块插入到图形的相应位置，并对其进行标高值及坐标点的修改操作，如图12-30所示。

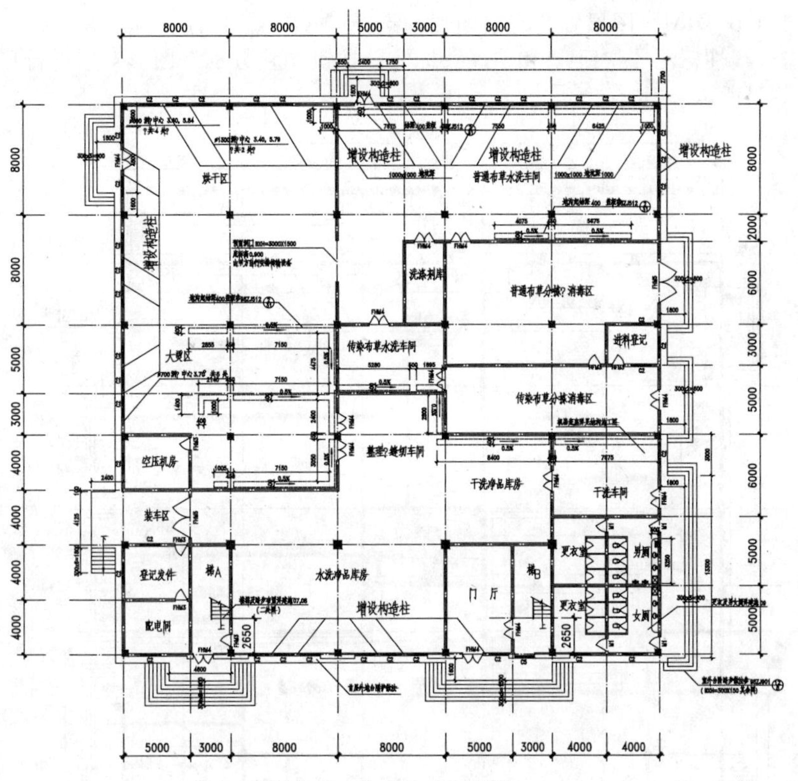

图12-29　文字及对象的标注

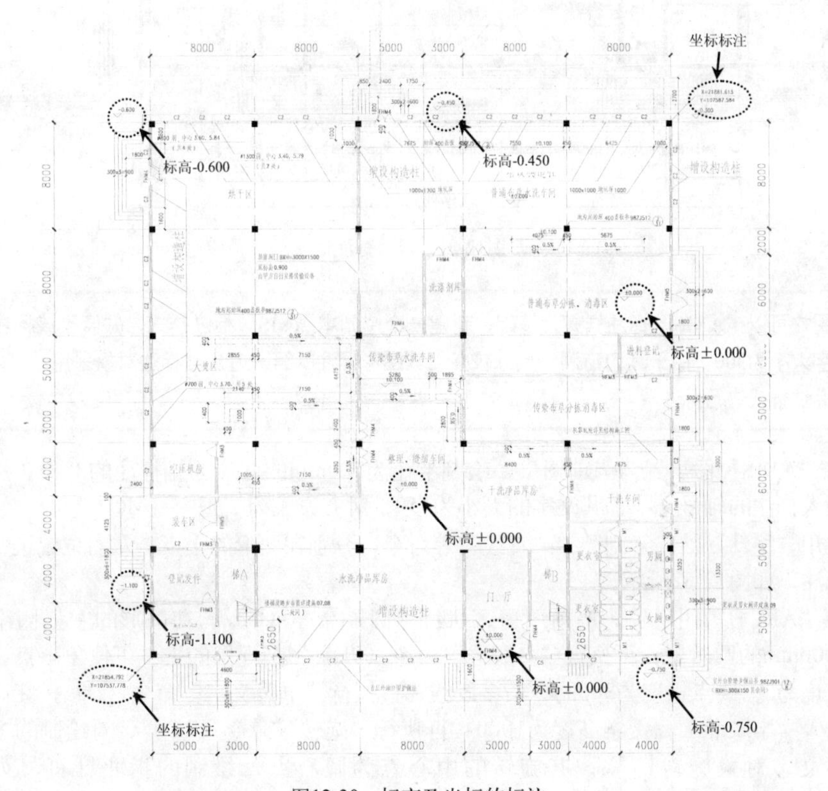

图12-30　标高及坐标的标注

4 将“PUB_DIM”图层置为当前图层，选择“AXIS”标注样式，在“标注”工具栏中单击“线性标注”按钮⊢⊣和“连续标注”按钮⊢⊢⊣，分别对图形对象进行尺寸标注，如图12-31所示。

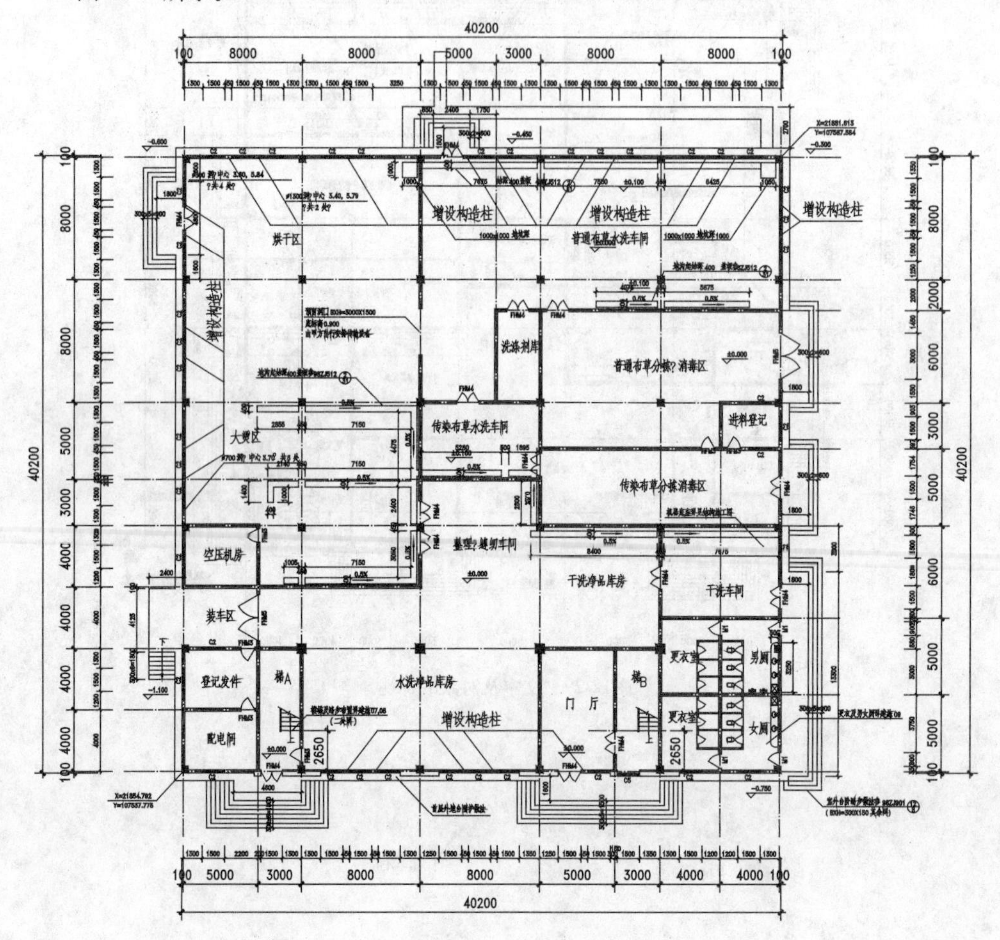

图12-31　尺寸标注

用户可以“AXIS”标注样式为基础，新建一个“副本-AXIS”标注样式，并修改该标注样式的文字大小为300。由于其门窗洞口尺寸较多，其图形标注的第一道尺寸标注对象采用“副本-AXIS”标注样式进行标注。

5 将“AXIS”图层置为当前图层，绘制半径为400mm的圆作为轴标注的对象，然后在其中输入标注的轴号文字，其文字的大小为450，对齐方式为“正中（MC）”。

6 使用“移动”、“复制”、“直线”等命令，分别在图形的上下、左右位置进行轴标号的标注，如图12-32所示。

7 将“ARCH”图层置为当前图层，执行“圆”命令（C），在图形的左上侧绘制半径为1000mm的圆对象；再执行“多段线”命令（PL），捕捉圆的上、下侧象限点，绘制起点宽度为0、终点宽度为300的一条多段线；再执行“单行文字”命令（D），在圆的正上方输入文字“北”，文字高度为1000；再执行“旋转”命令（RO），对绘制的多段线箭头和文字对象旋转17°，其旋转的中心点为圆心点，绘制的指北针符号如图12-33所示。

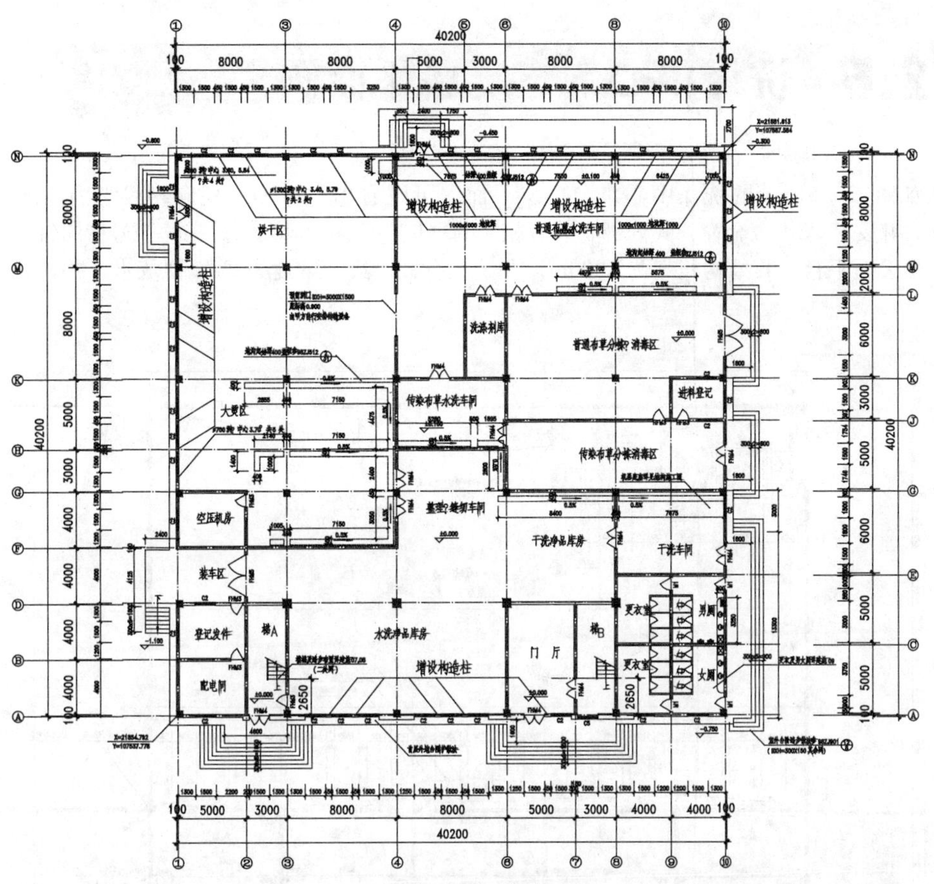

图12-32　轴标号的标注

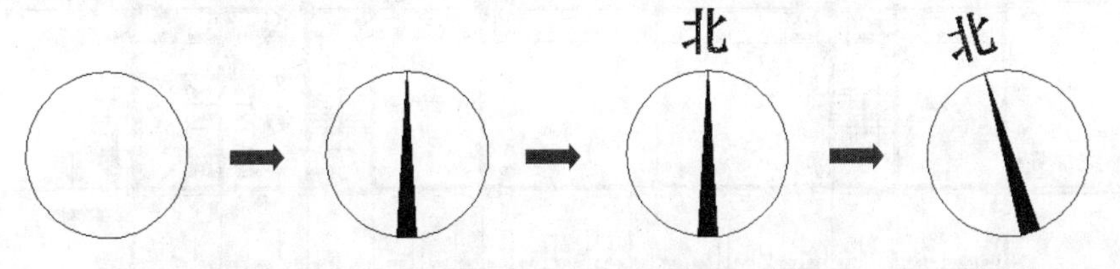

图12-33　绘制的指北针符号

8 将“PUB_TEXT”图层置为当前图层，在图形的右下角位置输入图名及比例，其字体为宋体，字高为500；再在其下输入其他说明文字内容，其字体为gbeitc，字高为500，如图12-34所示。

洗涤中心一层平面图　1:100

注：　1.室内地沟做法参98ZJ901第7页第1项，遇地梁处预埋ø150套管，
　　　套管中心标高 -0.250 。
　　2.室外蒸汽供汽总管管沟做法见95J331 第14页 R8x8-1 。
　　　管沟盖板做法见 95J331 第24页 B8-8 。

图12-34　文字标注效果

9 至此，该洗涤中心一层平面图已经绘制完成，用户可按组合键Ctrl+S对所绘制的图形进行保存。

12.6 洗涤中心二、三层平面图

结果文件：案例\12\洗涤中心二三层平面图.dwg

从如图12-35所示的洗涤中心二、三层平面图可以看出，A~G号横向轴线之内的所有墙厚200mm，并安装C2铝合金窗，其内部安装有相应的夹板门（M1、M3）。在G~N号横向轴线之内是首层屋顶天面平台，其结构标高为5.000m，并设置有分水线，坡度为2%以便流水，并且开启有风机口。

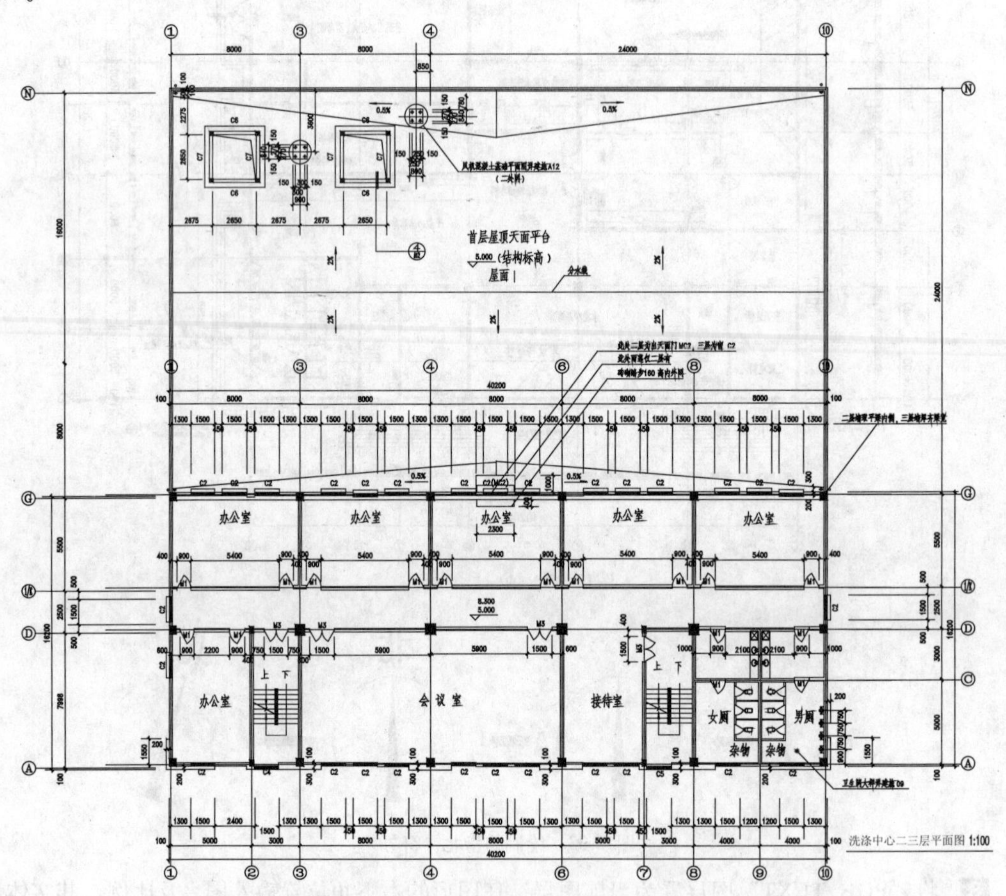

图12-35 洗涤中心二、三层平面图效果

TIP 由于篇幅有限，用户可以参照前面的方法绘制该洗涤中心二、三层平面图，使用户能够提高绘图能力以及综合看图的能力。

12.7 洗涤中心屋顶及梯间平面图

结果文件：案例\12\屋顶及梯间平面图.dwg

从如图12-36所示的洗涤中心屋顶及梯间平面图可以看出，屋顶A~G号横向轴线之内的所有墙厚200mm，通过D号轴线来绘制分水线，向上、下进行分水流动，其坡度为2%；在A-D横向轴线的2~3和7~8号纵向轴线处留有上屋顶的楼梯间。

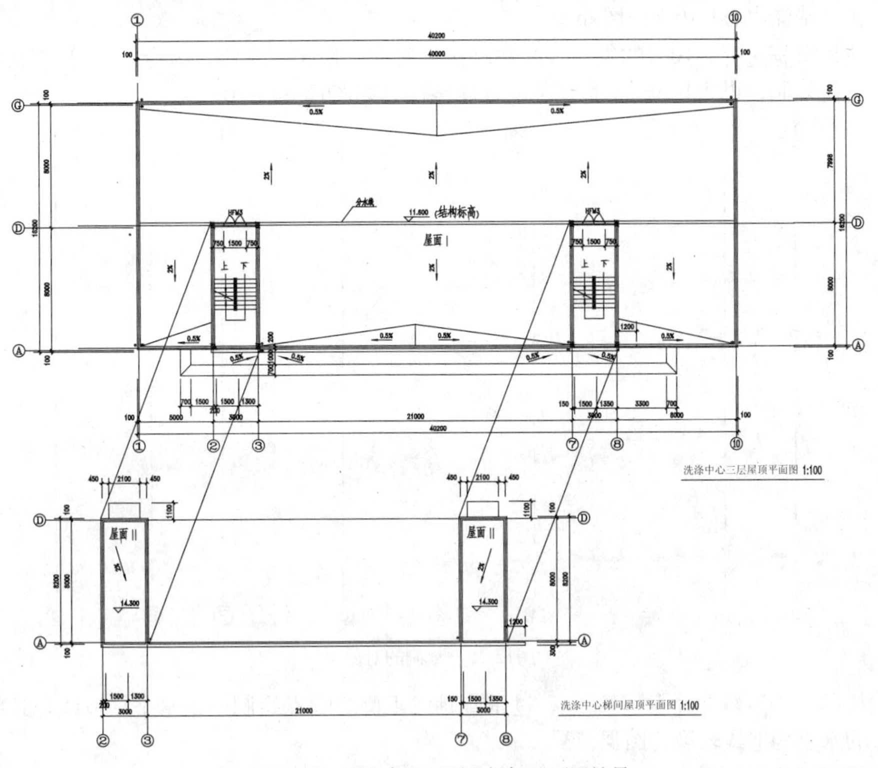

图12-36　洗涤中心屋顶及梯间平面图效果

12.8 洗涤中心1~10立面图

视频文件：视频\12\洗涤中心1-10立面图.avi
结果文件：案例\12\洗涤中心1-10立面图.dwg

从如图12-37所示的洗涤中心1~10立面图可以看出，该洗涤中心共三层楼，地坪线距离室内高度为1200mm，一层楼高为4300mm，二层楼高为3300mm，三层楼高为3300mm，屋顶标高为2300mm，顶层高度为1600mm；另外铝合金窗C2距楼层高度为1700mm，C2窗的高度为1600mm。

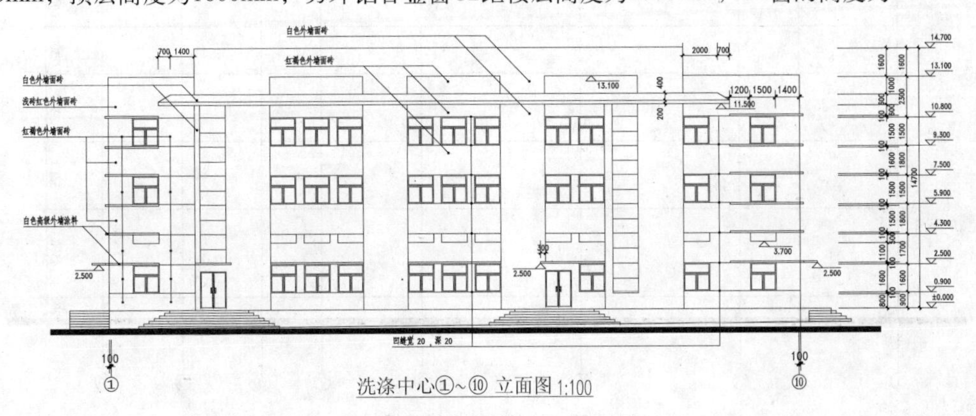

图12-37　洗涤中心1~10立面图效果

1 在AutoCAD 2014环境中，执行“文件”|“打开”命令，将前面12.5节中绘制的“案例\12\洗涤中心一层平面图.dwg”文件打开，再执行“文件”|“另存为”命令，将其另存为“洗涤中心1-10立面图.dwg”。

2 使用鼠标选择1-10号的纵向轴线和轴标号对象，使用“复制”命令（CO）将其水平向右进行复制，得到1-10号立面图的纵向轴线网，如图12-38所示。

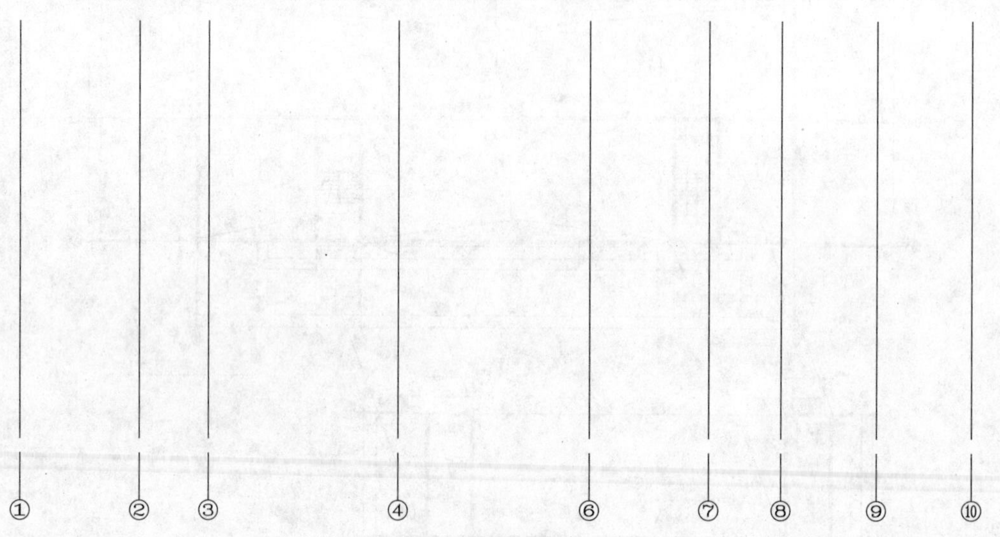

图12-38 复制的对象

3 执行“构造线”命令（XL），过垂直轴线下侧的端点绘制一条水平构造线，且将其绘制的水平构造线转换为图层“3”。

4 执行“偏移”命令（O），将水平构造线向上依次偏移1200、4300、3300、3300、2300、1600，从而分开地坪线、室内平面线、楼层线和屋顶线。

5 执行“修改”|“对象”|“多段线”命令，选择最下侧的水平线段，将其转换为多段线，并设置宽度为300，使之成为地坪线，再将该线段切换到“TMP_FLOOR”图层，如图12-39所示。

6 执行“偏移”命令（O），将1和10号轴线分别向外侧各偏移100。

7 将“ARCH”图层置为当前图层，使用“直线”、“偏移”、“修剪”等命令，在地坪线上绘制不同数量的台阶，每步台阶的高度均为150mm，如图12-40所示。

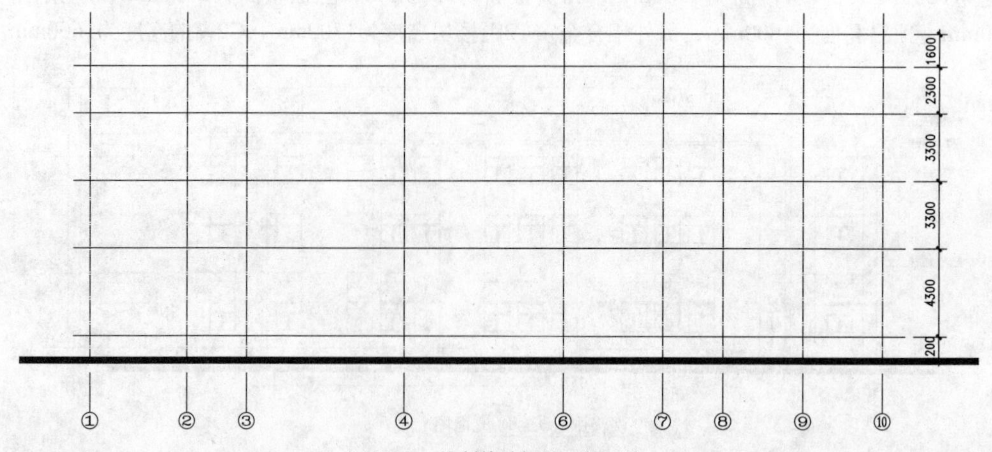

图12-39 绘制的地坪线及楼层线

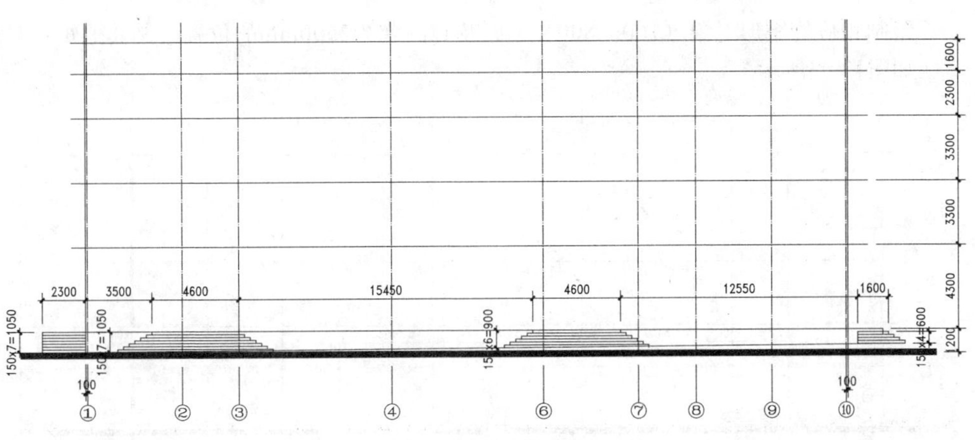

图12-40　绘制的台阶

8 执行“偏移”命令（O），将一、二、三层楼的水平楼层线向上偏移100，将①和⑩号纵向轴线向外各偏移300，将2号轴线向左偏移2200，如图12-41所示。

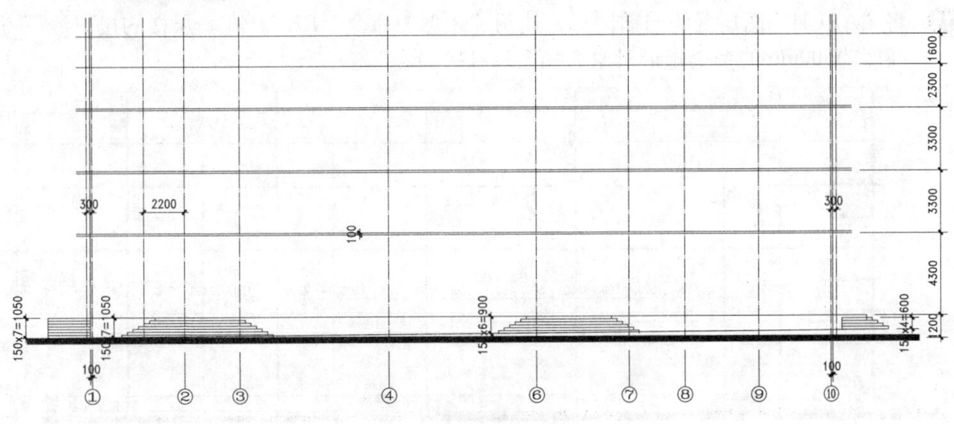

图12-41　偏移的轴线

9 将“OTHER”图层置为当前图层，使用“矩形”命令（REC），捕捉相应的交点来绘制小矩形，然后将上一步所偏移的轴线删除，如图12-42所示。

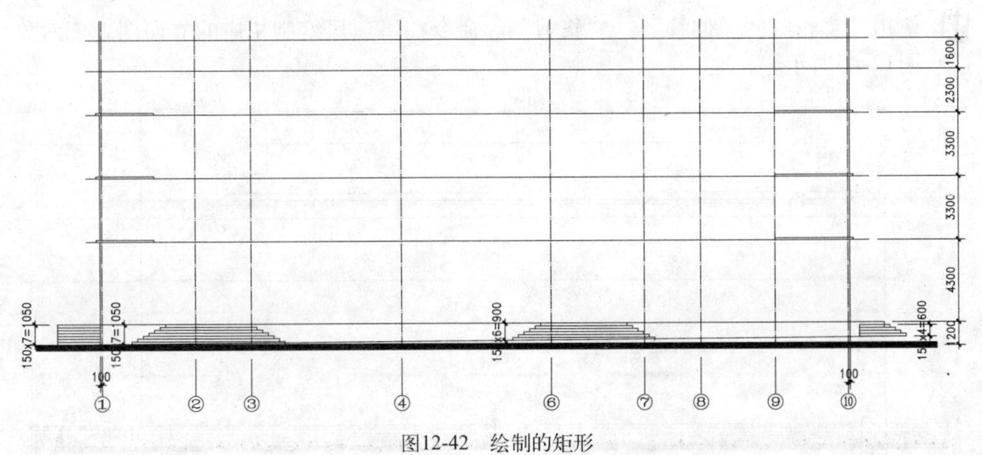

图12-42　绘制的矩形

10 选择上一步绘制的全部矩形对象，再执行“复制”命令（CO），将其垂直向下复制，复制的距离为1700mm；再执行“矩形”命令（REC），分别在最下侧的左、右两端各绘制相应的矩形对象（100×800），以及在高度为2500mm的位置绘制其他矩形对象，如图12-43所示。

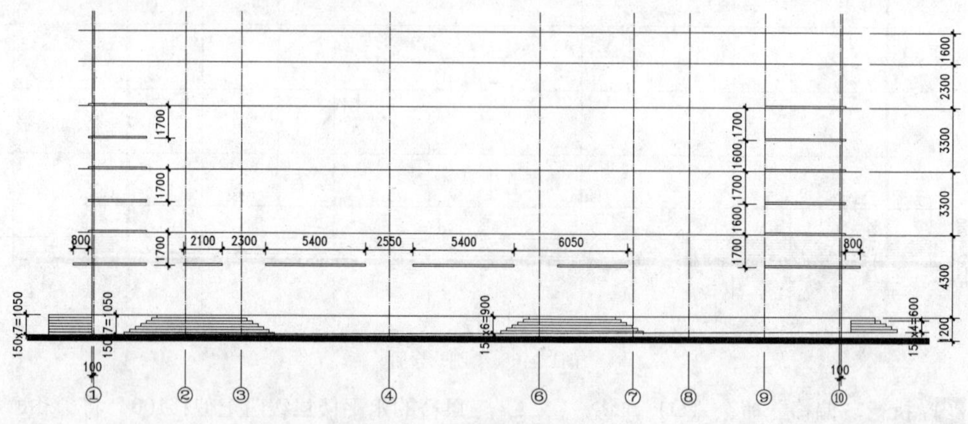

图12-43　复制并绘制的矩形

11 将“ARCH”图层置为当前图层，使用“矩形”命令（REC）在一层楼的楼层线下方绘制高度为500mm的多个矩形对象，如图12-44所示。

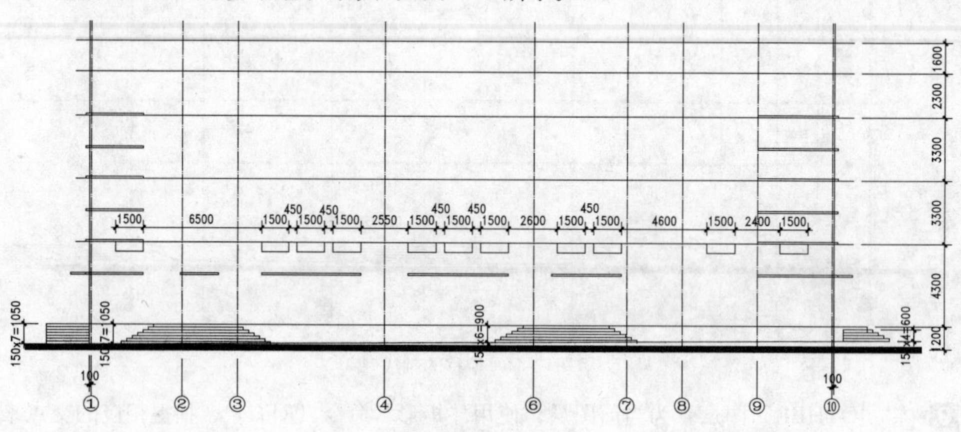

图12-44　绘制的矩形

12 使用“直线”、“偏移”、“修剪”等命令在屋顶层绘制相应的立面图轮廓对象，如图12-45所示。

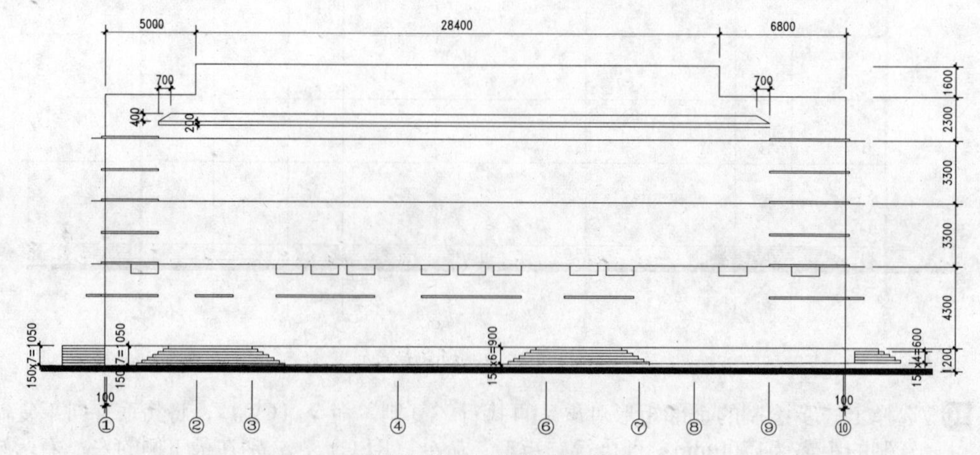

图12-45　绘制屋顶层轮廓

为了更好地观察图形效果，用户可以暂时将“DOTE”轴线网图层关闭。

13 使用“直线”、“偏移”、“修剪”等命令，分别在2号和7号轴线的右侧绘制楼梯位置的采光窗口，其采光窗口的宽度为1500mm，高度为850mm，一直绘制到屋顶层，如图12-46所示。

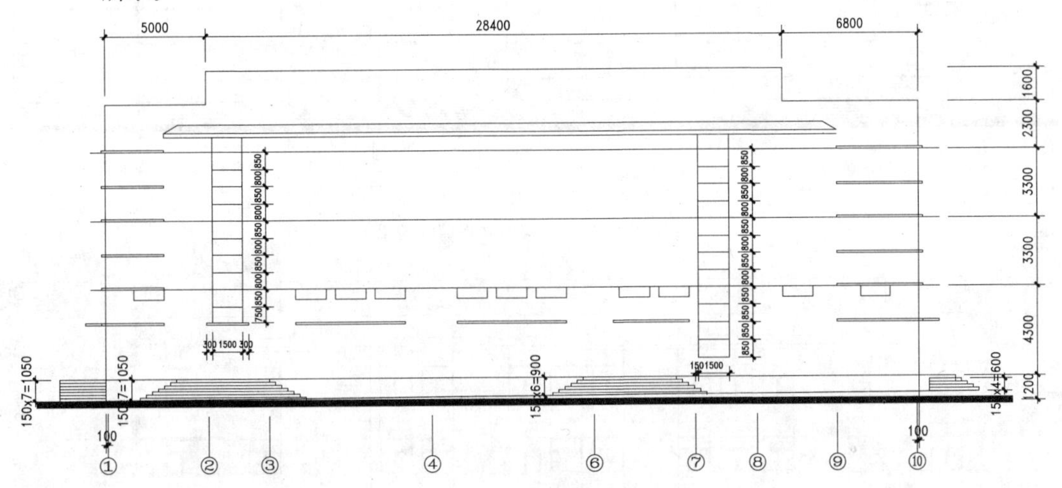

图12-46　绘制楼梯位置的窗口

14 执行“直线”、“偏移”、“修剪”等命令，在相应的位置绘制外墙轮廓线，如图12-47所示。

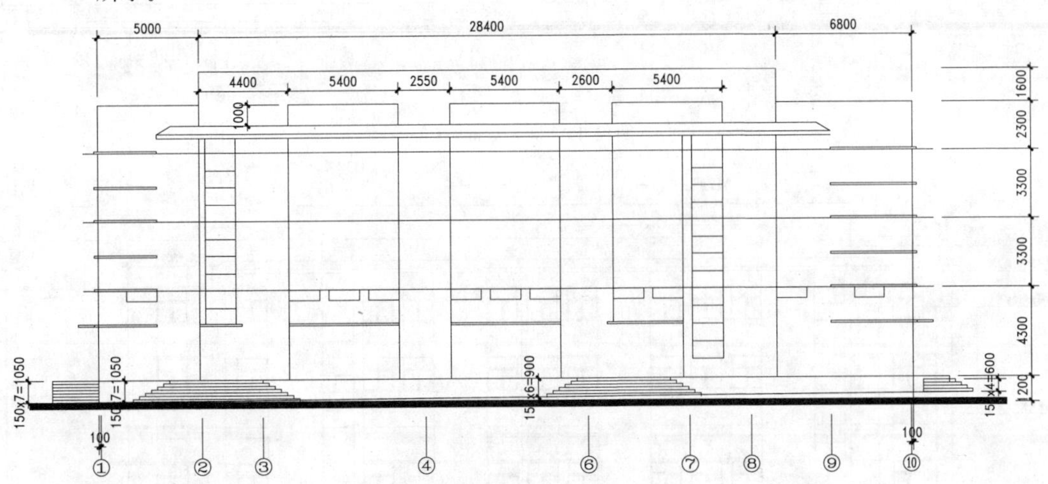

图12-47　绘制的外墙轮廓线

15 执行“偏移”命令（O），将指定的楼层线向下偏移1600，再执行“修剪”命令（TR），将多余的楼层线进行修剪操作，如图12-48所示。

16 执行“插入块”命令（I），将“案例\12\C2.dwg”图块对象插入到当前立面图的相应位置，即插入立面窗C2（1500×1600），如图12-49所示。

17 将“PUB_TEXT”图层置为当前图层，选择“_TZTXT”文字样式，字高大小为500，使用“圆”命令绘制圆心点来确定标注位置，使用“直线”命令来进行指引，并对立面图进行文字标注，如图12-50所示。

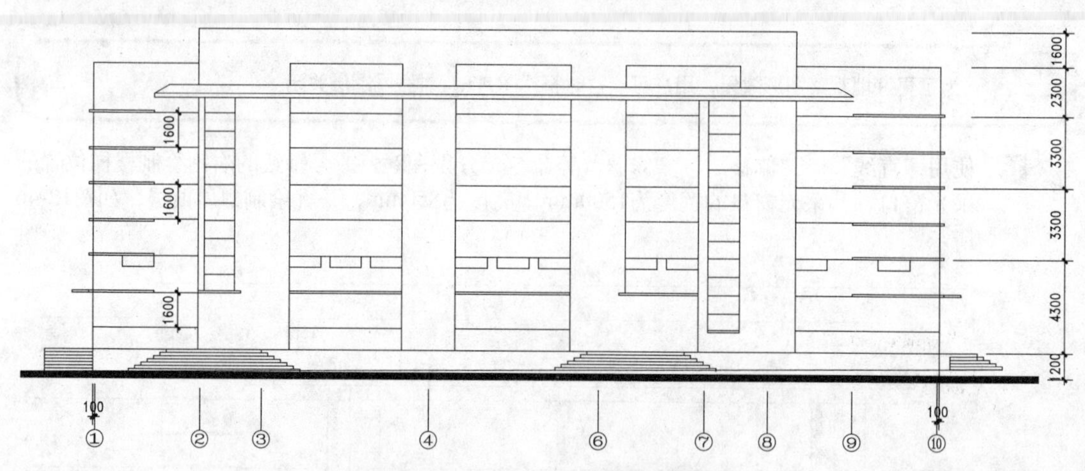

图12-48　偏移楼层线并修剪的效果

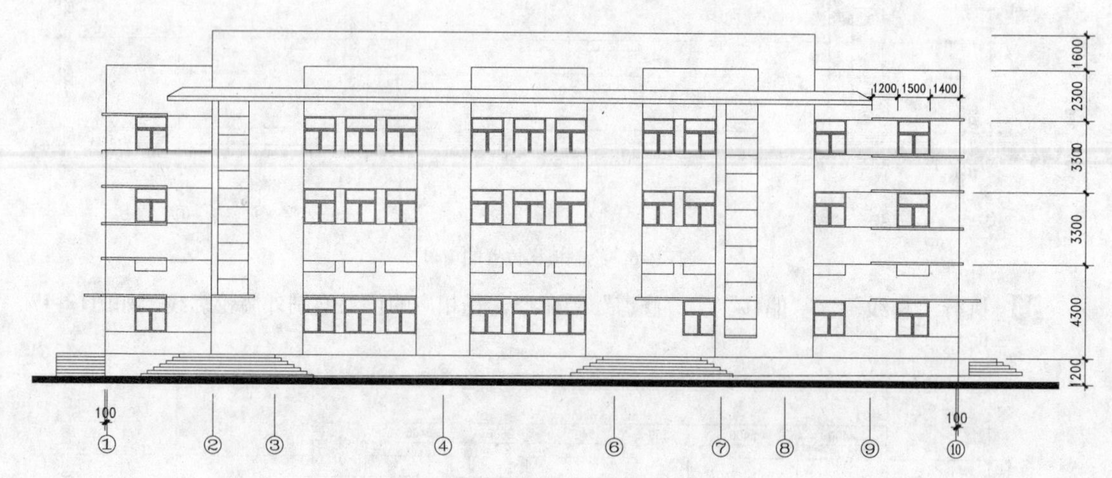

图12-49　插入立面窗C2

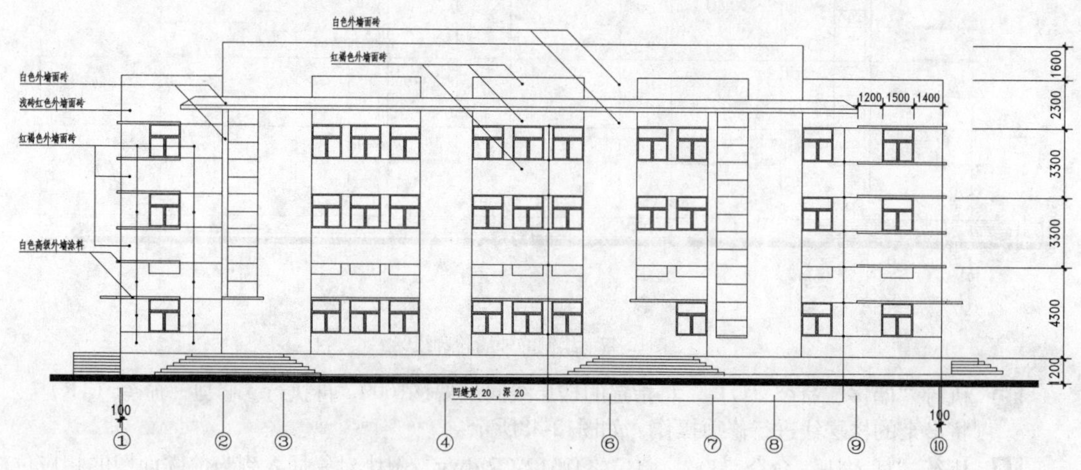

图12-50　文字标注效果

18 将“PUB_DIM”图层置为当前图层，在图形的右侧对其进行尺寸标注；再执行“插入块”命令（I），将“案例\12\标高.dwg”图块插入到当前图表的适当位置，并修改不同的标高值；再使用“单行文字”命令（D），在图形的正下方进行图名及比例标高，其字高为800，然后将2~9号轴标注删除，如图12-51所示。

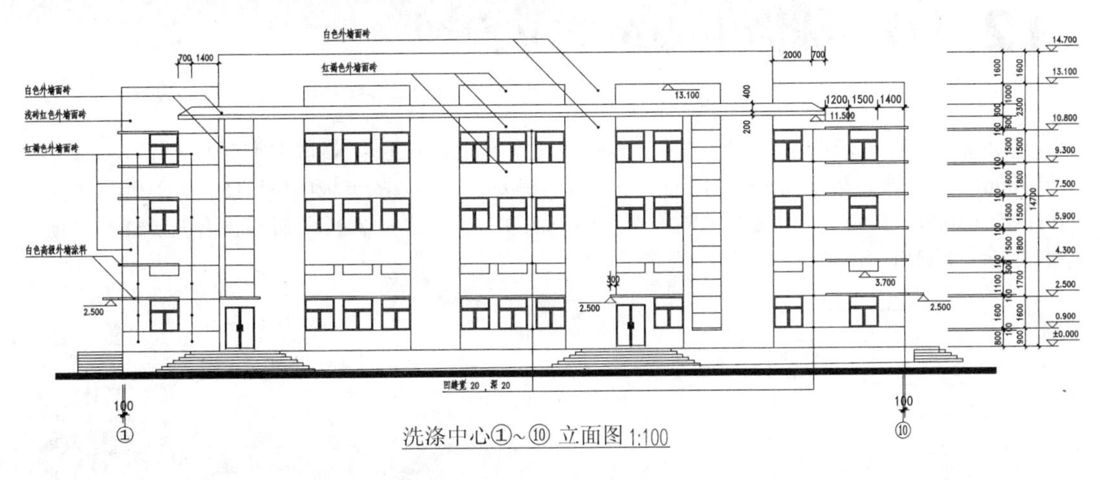

图12-51　标注后的效果

19 至此，该洗涤中心1~10立面图已经绘制完成，用户可按组合键Ctrl+S对所绘制的图形进行保存。

第11章
第12章

12.9 洗涤中心10~1立面图

结果文件：案例\12\洗涤中心10-1立面图.dwg

从如图12-52所示的洗涤中心10~1立面图可以看出，从后侧的左、右两道门可以上屋顶，屋顶门高是14.000m；后侧有两道台阶，且在一层楼安装有1500×2100的防火门，二层楼安装有铝合金门MC2（1500×2100）进入首层屋顶平台效果，其余楼层都安装有铝合金窗C2（1500×1600）。

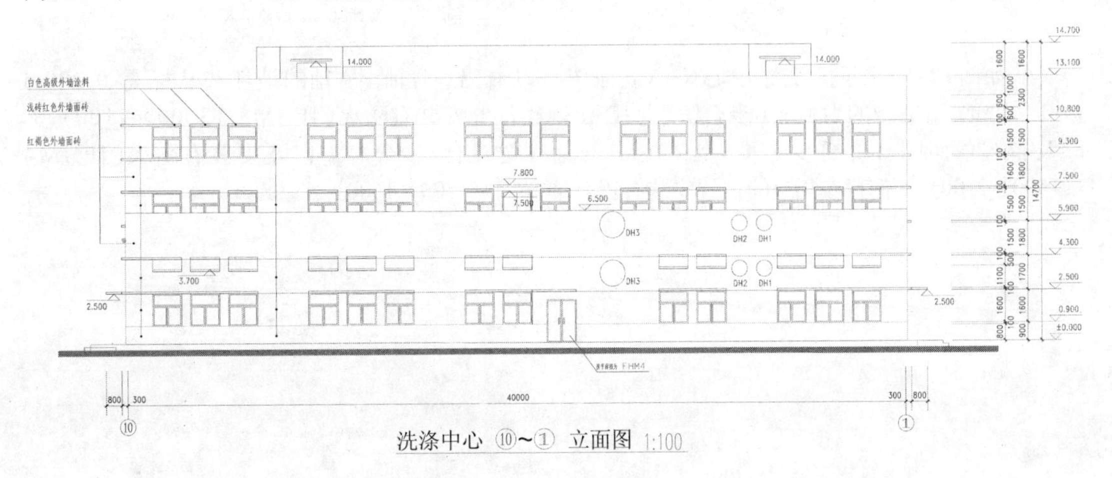

图12-52　洗涤中心10~1立面图效果

由于篇幅有限，用户可以参照前面的方法绘制该洗涤中心10~1立面图，从而提高绘图和综合看图的能力。

12.10 洗涤中心A~N立面图

结果文件：案例\12\洗涤中心A-N立面图.dwg

从如图12-53所示的洗涤中心A~N立面图可以看出，A轴至N轴的地坪线从标高-1.200m至-0.300m，台阶步数依次为5步、4步、3步，首层楼安装有相应的夹板门M1（900×2100）、防火门FHM5（3000×2100），并安装有铝合金窗C2（1500×1600）；A~G号轴线上有三层楼及屋顶，G~N号轴线上只有一层楼。

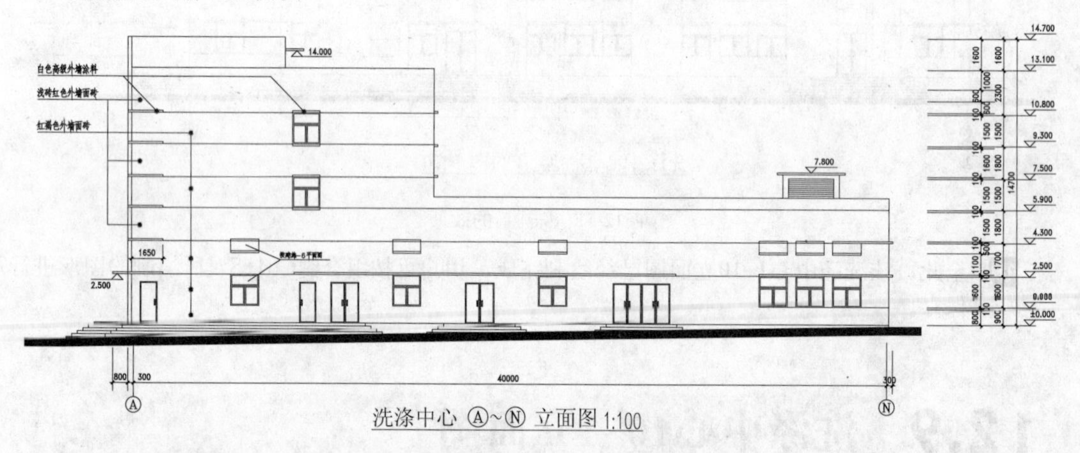

图12-53 洗涤中心A~N立面图效果

12.11 洗涤中心N~A立面图

结果文件：案例\12\洗涤中心N-A立面图.dwg

从如图12-54所示的洗涤中心N~A立面图可以看出，N轴至A轴的地坪线从标高-0.300m至-1.200m，在A轴的右侧有6步台阶，在D~F轴线位置安装有防火门FHM5（3000×2100），以及留有单面的台阶梯步，共6步，在M~N轴线位置有3步台阶，以及安装有防火门FHM4（1500×2100），同样在相应的位置安装有铝合金窗C2（1500×1600）。

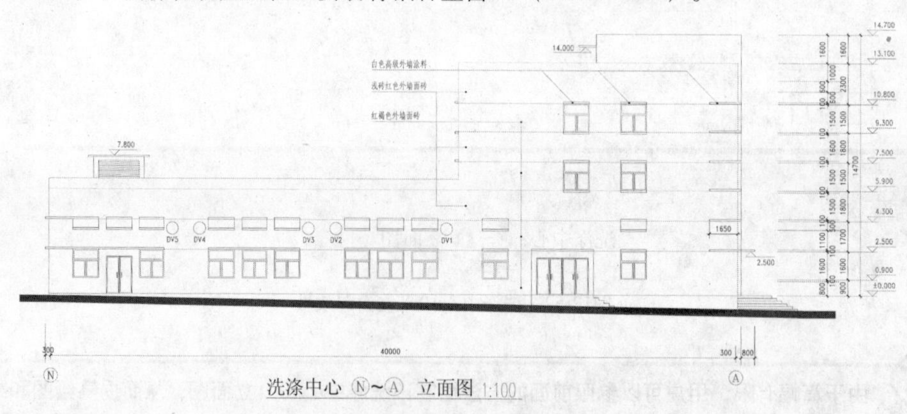

图12-54 洗涤中心N~A立面图效果

12.12 洗涤中心其他相关施工图

根据如图12-1所示的图纸目录可以看出，该套施工图中还包括“洗涤中心楼梯间平面图”、“洗涤中心楼梯间剖面图”、“洗涤中心卫生间大样图”、“锅炉房平面-立面-剖面图”、“变配电房平面-立面-剖面图”、“建筑详图”等，如图12-55至图12-61所示。

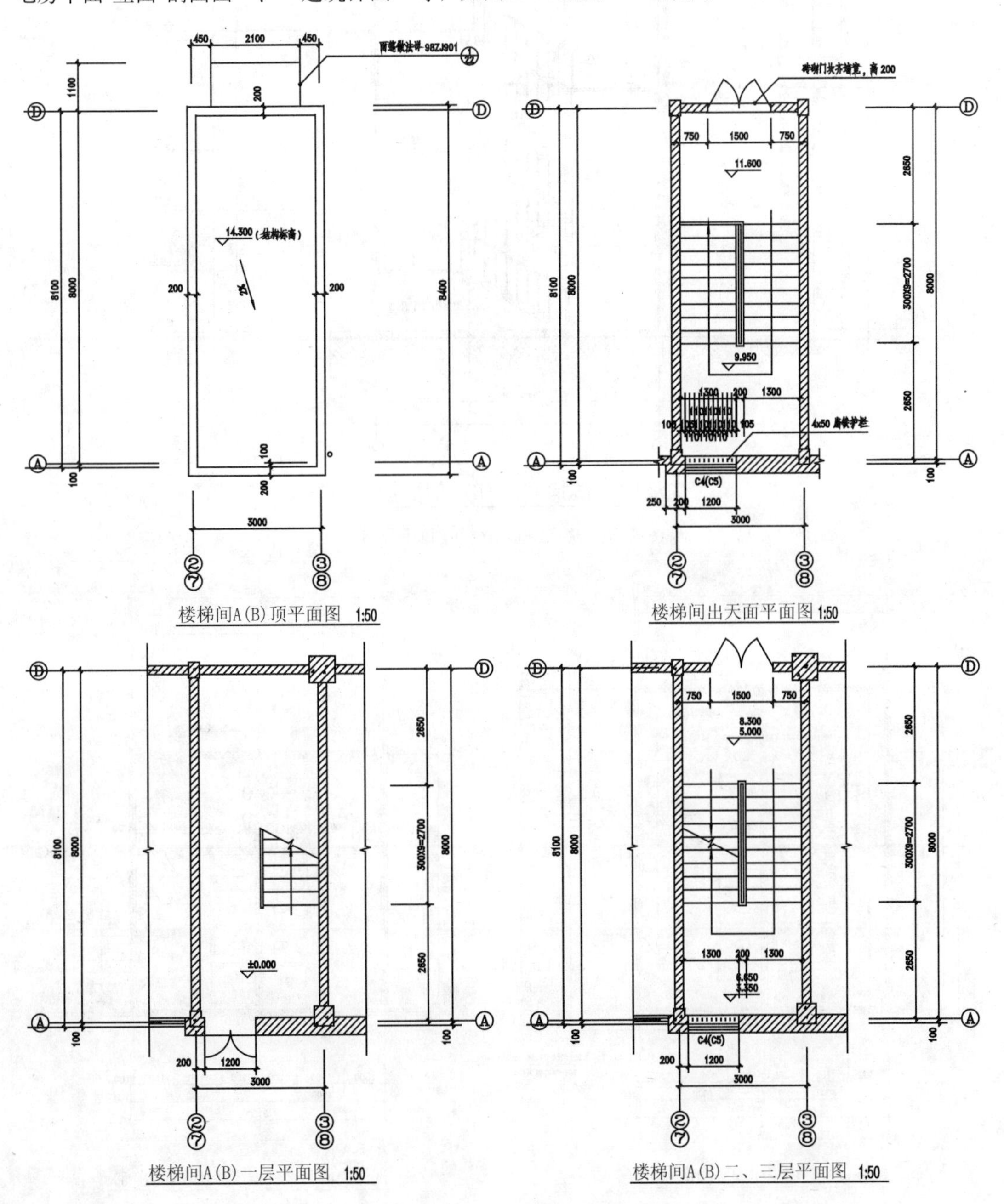

图12-55　洗涤中心楼梯间平面图效果

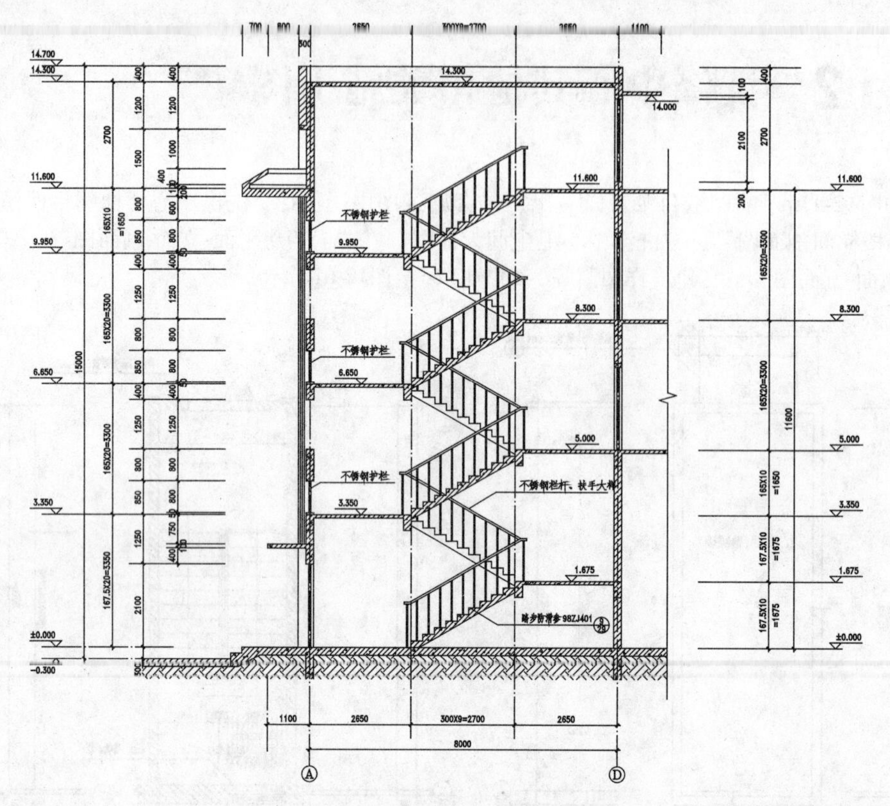

图12-56 洗涤中心楼梯间剖面图效果

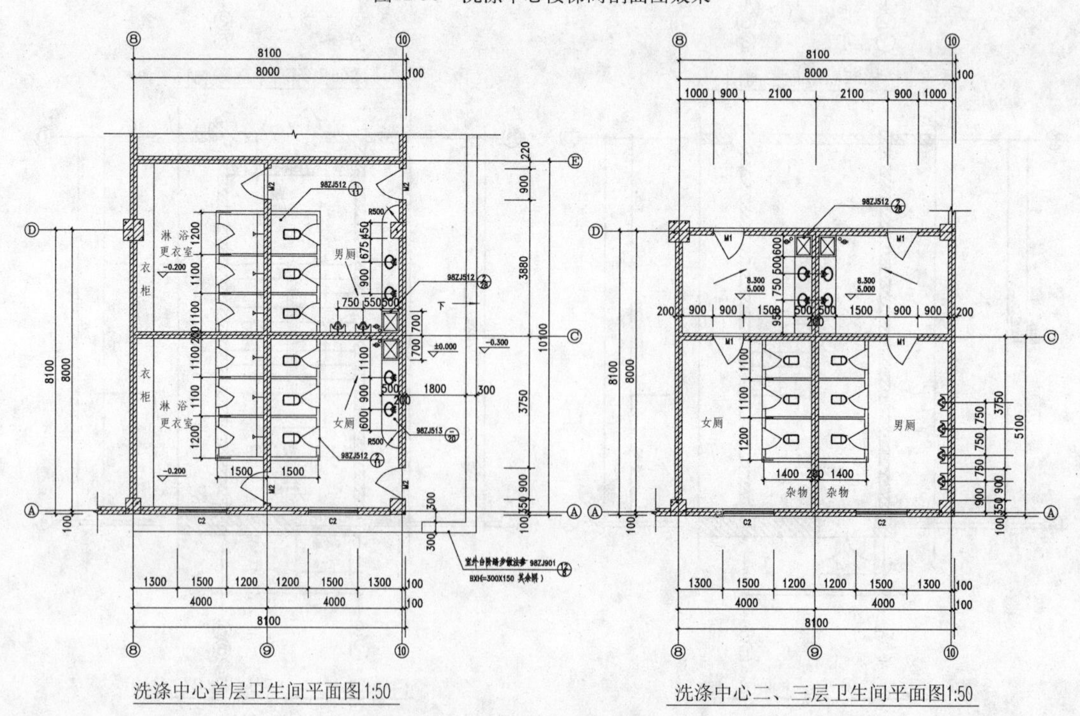

图12-57 洗涤中心卫生间大样图效果

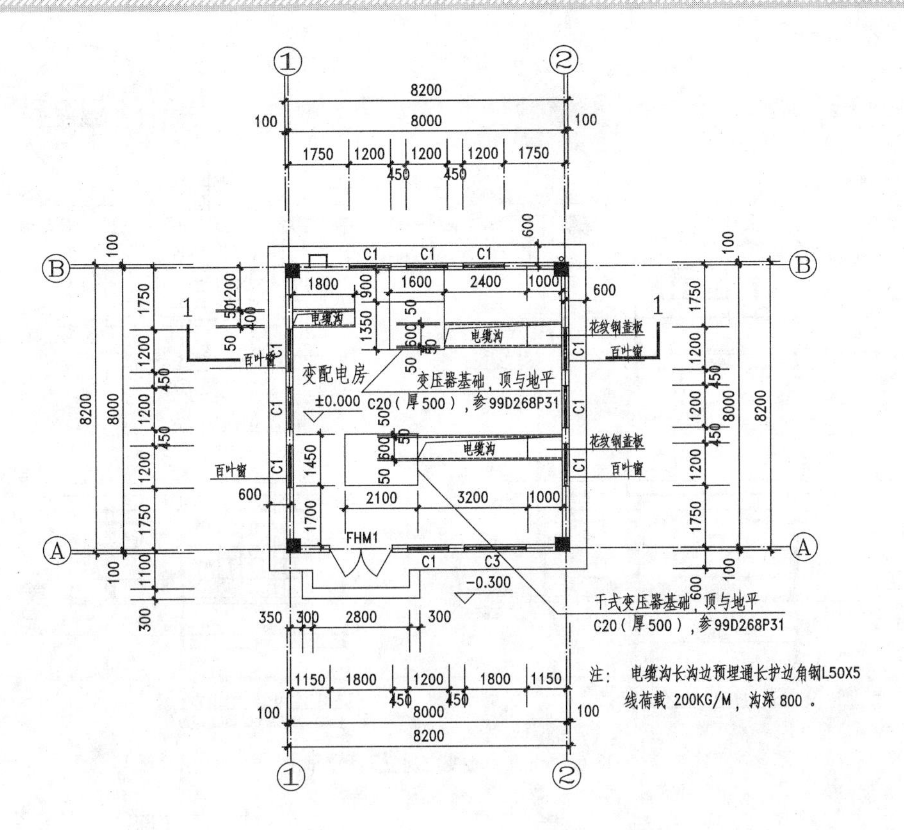

图12-58　洗涤中心变电房一层平面图

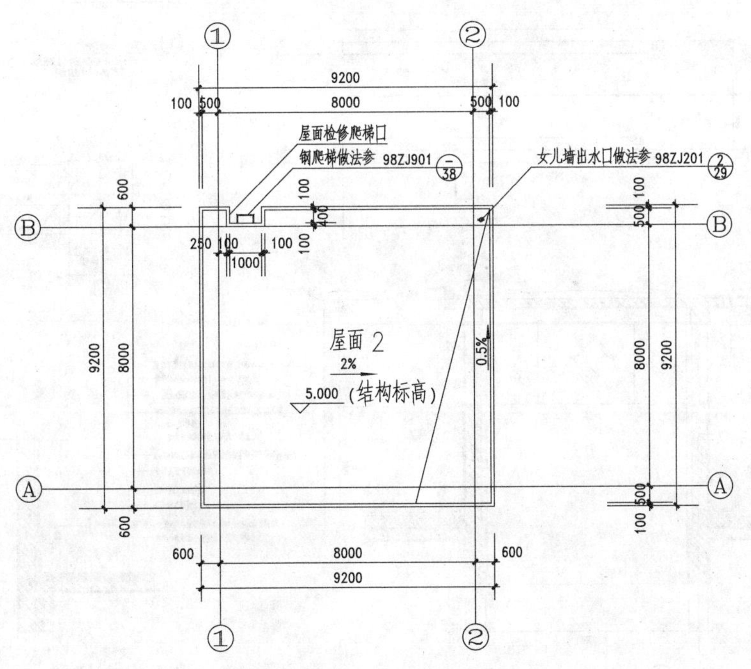

图12-59　洗涤中心变电房屋顶平面图

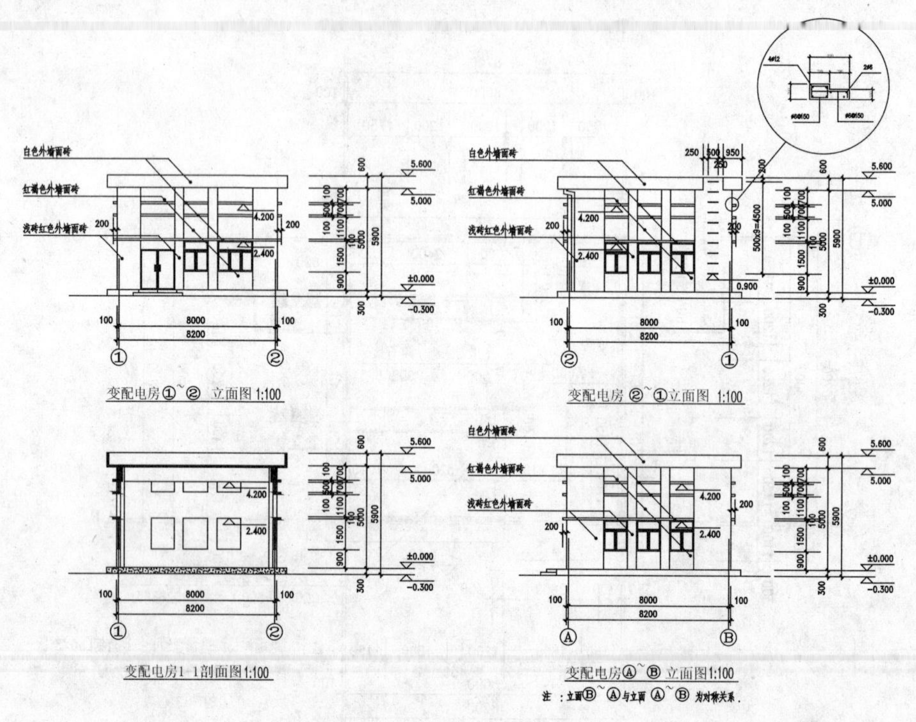

图12-60 洗涤中心变电房立面和剖面图

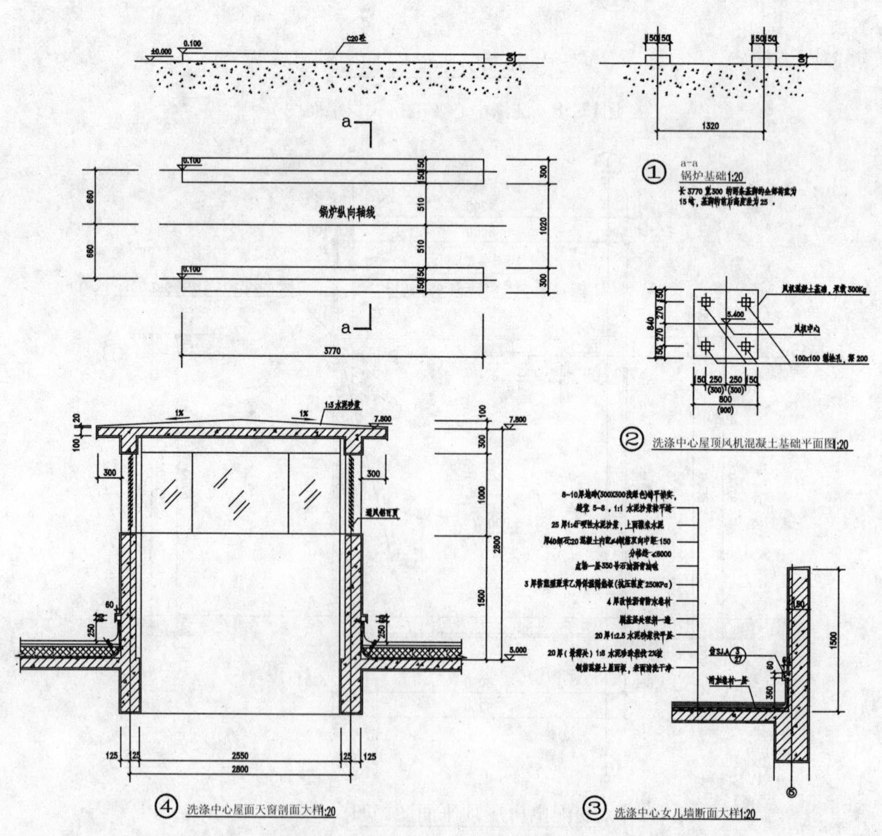

图12-61 洗涤中心其他建筑详图效果